EUROPA-FACHBUCHREIHE
für Holz verarbeitende Berufe

Holztechnik – Mathematik

9. überarbeitete Auflage

VERLAG EUROPA-LEHRMITTEL · Nourney, Vollmer GmbH & Co. KG
Düsselberger Straße 23 · 42781 Haan-Gruiten

Europa-Nr.: 4001X

Bearbeiter der „Holztechnik – Mathematik“ sind:

Nutsch, Wolfgang	Dipl.-Ing., Studiendirektor	Stuttgart
Sagmeister, Martin	Industriemeister Holzverarbeitung	Rosenheim
Spellenberg, Bernd	Dipl.-Ing., Studiendirektor	Stuttgart

Lektorat und Bildbearbeitung:
Wolfgang Nutsch, Stuttgart, Verlag Europa-Lehrmittel, Haan-Gruiten

9. Auflage 2011
Druck 5 4 3 2
Alle Drucke derselben Auflage sind parallel einsetzbar, da sie bis auf die Behebung von Druckfehlern untereinander unverändert sind.

ISBN 978-3-8085-4009-1

http://www.europa-lehrmittel.de
Satz & Bild: Punkt für Punkt GmbH · Mediendesign, 40549 Düsseldorf
Druck: Konrad Triltsch, Print und digitale Medien GmbH, 97199 Ochsenfurt-Hohestadt

Vorwort

Das vorliegende Fachbuch „Holztechnik – Mathematik" ist überarbeitet worden. Es ergänzt die erfolgreiche Europa-Fachbuchreihe für Berufe der Holztechnik.

Das Buch vermittelt mathematische Grund- und Fachkenntnisse für die Ausbildung der Holzmechaniker, Tischler, Fensterbauer und Glaser. Es enthält außerdem wesentliche Ausbildungsinhalte für den Beruf der Technischen Zeichner mit dem Schwerpunkt Holztechnik. Die einschlägigen Normen wurden berücksichtigt.

Die Gliederung der „Holztechnik – Mathematik" folgt im Wesentlichen dem zeitlichen Fortschreiten der Ausbildung sowie fachdidaktischen Grundsätzen. Alle zur Ausbildung notwendigen Informationen mit fachmathematischem Inhalt werden in diesem Buch dargestellt. Sie sind sachlogisch nach Leitthemen unterteilt und unter Berücksichtigung des jeweiligen Schwierigkeitsgrades geordnet. Zu jedem Teillernziel gehören Beispiele mit Lösungen und eine Vielzahl von Aufgaben, sodass der Schüler durch Üben der Rechenfertigkeiten eine unmittelbare Lernkontrolle erhält.

Das Buch ist in Text- und Bildteil sowie in lernstoffvermittelnde Abschnitte und Aufgabenblöcke klar gegliedert. Die zu den jeweiligen Abschnitten gehörenden mathematischen Formeln, Rechenregeln und Merksätze sind im Text farbig besonders hervorgehoben. Die über 600 praxisnahen Zeichnungen sind meistens zweifarbig angelegt. Sie erläutern lernstoffvermittelnden Text und Anwendungsbeispiele oder sind Bestandteil der Aufgabenstellungen. Parallel zur „Holztechnik – Mathematik" erscheint ein Lösungsbuch, in dem sehr ausführlich die Lösungswege der gestellten Aufgaben aufgezeigt werden. Beide Fachbücher, das Mathematikbuch und das Lösungsbuch, sind für den projektorientierten Unterricht und ein erfolgreiches Selbststudium besonders geeignet.

Die „Holztechnik – Mathematik" eignet sich als Lehr- und Übungsbuch für Auszubildende und Schüler in Berufs-, in Berufsfachschulen sowie in betrieblichen und überbetrieblichen Ausbildungsstätten. Den Schülern von Meister- und Fachschulen bietet dieses Buch Gelegenheit zur Wiederholung der fachmathematischen Grundlagen und zur Vorbereitung auf die Meisterprüfung im Schreinerhandwerk.

Sommer 2011 — Wolfgang Nutsch

Inhaltsverzeichnis

1 Mathematische Grundlagen

1.1 Mathematische und physikalische Begriffe

Begriffe	Erklärung	Beispiele
Größen	Größen sind messbare physikalische Eigenschaften von Zuständen und Vorgängen. Größen kürzt man mit Formelzeichen ab. Der Wert der Größe wird dabei durch das Produkt aus Zahlenwert und Einheit angegeben.	Länge, Masse, Zeit, Kraft. Bei der Länge $l = 4{,}50$ m ist l das Formelzeichen, 4,50 der Zahlenwert und m (Meter) die Einheit.
Einheiten	Einheiten geben den festgelegten Wert für Größen an. Sie sind in Normen (z. B. SI-Einheiten) festgelegt oder bilden sich aus den Beziehungen der Größen in Formeln.	cm; kg; min; N $\frac{kg}{m^3}$; $\frac{m}{min}$
SI-Einheiten	SI-Basiseinheiten sind im „Gesetz über Einheiten im Messwesen" vom 2. Juli 1969 festgelegt. SI = Système International d'Unités	Länge l in m; Masse m in kg; Zeit t in s; elektrische Stromstärke I in A; Temperatur θ in °C
Wert der Größe	Der Wert der Größe wird durch das Produkt aus Zahlenwert und dazugehöriger Einheit angegeben.	4,5 m; 8,5 kg; 35 s; 16 A; 273 K
Konstante	Eine Konstante ist ein Zeichen mit einer selbstständigen Bedeutung. Sie ist ein gleich bleibender Zahlenwert (Zahlenfaktor) oder Größe bei Berechnungen in der Mathematik oder Physik. Sie wird in Größengleichungen durch Buchstaben dargestellt.	π: Zahl Pi ($\pi = 3{,}14159...$)
Variable	Eine Variable ist ein Zeichen ohne eine selbstständige Bedeutung. Die Variablen werden auch als Leerstellen oder Platzhalter bezeichnet.	$\alpha + \beta + \gamma = 180°$ $x + 5 = 15$ $3z = 24$
Term	Ein Term ist ein Ausdruck aus zwei oder mehr Zeichen für Zahlen, Konstanten und Variablen, die durch Addition, Subtraktion, Multiplikation, Division oder andere Rechenanweisungen verbunden sind.	$3 + 4$ 6^2 $l \cdot b$ $(x + y)$
Koeffizient	Größe, die den Einfluss einer Stoffeigenschaft auf einen physikalischen Vorgang kennzeichnet.	U: Wärmedurchgangskoeffizient μ: Reibungszahl
Potenz	Ein Produkt aus gleichen Faktoren kann man als Potenz schreiben. Eine Potenz besteht aus Basis (Grundzahl) und dem Exponenten (Hochzahl). Den Rechenvorgang nennt man Potenzieren.	$a \cdot a \cdot a = a^3$ Basis Exponent $5^3 = 5 \cdot 5 \cdot 5 = 125$ Potenz Faktoren Potenzwert
Exponent	Hochzahl einer Potenz, die angibt, wie oft eine Zahl mit sich selbst multipliziert werden soll.	10^2; 10^{-4}; d^2; m^3; a^n
Radizieren	Radizieren (Wurzelziehen) ist eine Umkehrung des Potenzierens.	Wurzelexponent Radikant $\sqrt[3]{125} = \sqrt[3]{5 \cdot 5 \cdot 5} = 5$ Wurzel (Faktoren) Wurzelwert
Indizes (Index)	Indizes sind tiefgestellte Ziffern oder Buchstaben zur Unterscheidung gleichartiger Größen. Sie werden z. B. bei Formelzeichen angewendet.	$l_1 + l_2 + l_3$ d_m v_s

1 Mathematische Grundlagen

1.1 Mathematische und physikalische Begriffe

Begriffe	Erklärung	Beispiele
Formelzeichen	Formelzeichen ersetzen Größen und dienen zum Rechnen mit Formeln bzw. Größengleichungen. Sie stehen stellvertretend für das Produkt aus Zahlenwert und Maßeinheit. Formelzeichen werden *kursiv* geschrieben.	A = Fläche m = Masse F = Kraft t = Zeit V = Volumen
Formeln	Formeln sind technische, mathematische oder physikalische Gleichungen. Sie werden durch 2 Rechenausdrücke (Terme) mit dem Gleichheitszeichen verbunden. Durch Einsetzen der Zahlenwerte mit den gewählten Einheiten erhält man den Zahlenwert mit der entsprechenden Einheit.	$A = l \cdot b$ $I = \frac{U}{R}$ $c = \sqrt{a^2 + b^2}$
Größengleichungen	Die Größengleichungen stellen Beziehungen zwischen Größen dar. Sie können Formelzeichen, mathematische Zeichen, z. B. $\sqrt{\ }$ und Konstanten (Zahlenfaktoren), z. B. π enthalten. Sie sind unabhängig von der Wahl der Einheit.	$U = d \cdot \pi = 0{,}95\ \text{m} \cdot 3{,}14 = \mathbf{2{,}98\ m}$ $A = \frac{l \cdot b}{2} = \frac{1{,}25\ \text{m} \cdot 0{,}72\ \text{m}}{2}$ $A = \mathbf{0{,}45\ m^2}$
Zahlenwertgleichungen	Bei den Zahlenwertgleichungen sind die Zahlenwerte an vorgeschriebene Einheiten gebunden. Den Zahlenwert des Ergebnisses erhält man nur, wenn alle Zahlenwerte der Gleichung in den jeweils vorgeschriebenen Einheiten eingesetzt werden.	$v_c = \frac{d \cdot \pi \cdot n}{60}$ Schnittgeschwindigkeit v_c in m/s Durchmesser d in m Umdrehungsfrequenz n in 1/min
Einheitengleichungen	Die Einheitengleichungen enthalten nur Rechenausdrücke mit Einheiten. Sie dienen auch dem korrekten Umrechnen von Einheiten innerhalb von Größengleichungen.	1 m = 100 cm = 1 000 mm 3 600 s = 60 min = 1 h $\frac{\text{km} \cdot 1\ \text{h} \cdot 1\,000\ \text{m}}{\text{h} \cdot 3\,600\ \text{s} \cdot 1\ \text{km}} = \frac{\text{m}}{\text{s}}$
Bestimmungsgleichungen	Die Bestimmungsgleichungen sind algebraische Gleichungen, bei denen Werte bestimmter Variablen zu berechnen sind.	$x + a = b$ $x = b - a$
Verhältnisgleichung (Proportion)	Eine Verhältnisgleichung wird gebildet, wenn zwei Quotienten den gleichen Wert haben. Sie werden gleichgesetzt. Man kann sie auch als Bruchgleichung schreiben.	$a : b = x : y$ (Proportion) $\frac{a}{b} = \frac{x}{y}$ (andere Schreibweise als Bruchgleichung)
Runden	Für das Auf- oder Abrunden gelten folgende Regeln: ist die über die angegebene Stellenzahl hinausgehende Ziffer 5 oder größer 5, wird aufgerundet, ist die betreffende Ziffer kleiner als 5, wird abgerundet.	24,827 m² = 24,83 m² 138,744 % = 139 % 0,87552 m³ = 0,876 m³ 9,495 € = 9,50 €
Ergebnisse	Die Ergebnisse sind bei technischen Berechnungen sinnvoll oder bei Zahlen mit Einheiten nach vorliegenden Regeln zu runden. Die Ergebnisse sind bei handschriftlichen Berechnungen durch zweimaliges Unterstreichen hervorzuheben.	$A = l \cdot b$ $A = 3{,}45\ \text{m} \cdot 2{,}20\ \text{m}$ $A = \mathbf{7{,}59\ m^2}$
Genauigkeit siehe Seite 8	Die Genauigkeit eines Ergebnisses kann nicht höher sein, als die zugrunde liegenden Angaben	2,5 m/2 = (1,25 m) = 1,3 m 2,50 m/2 = (1,25 m) = 1,25 m

1 Mathematische Grundlagen

1.2 Genauigkeit der Rechenergebnisse

Die Genauigkeit des Ergebnisses einer Berechnung, der Messwerte zugrunde liegen, kann nicht größer sein, als die Genauigkeit der Messwerte selbst.

Die Genauigkeit der Messmittel, die in der Holztechnik zur Verfügung stehen und geeignet sind Holzwerkstoffe sinnvoll und hinreichend genau zu messen, bewegt sich im Zehntelmillimeterbereich, meist sogar nur im Millimeterbereich. Bei Massenangaben und Volumenangaben maximal im Gramm- bzw. im Milliliterbereich.

Das Ergebnis von Messungen ist immer relativ (ungenau), niemals absolut (exakt).

Dies stellt eine natürliche Grenze für die Angabengenauigkeit dar **(Bild 1)**.

Es gibt Regeln und Vorschriften bezogen auf Toleranzen für Längenmaße, Gewichts- und Mengenangaben. (siehe z. B. DIN, EN, ISO, ÖNORM usw.)

Beispiele:
- Ein Manometer zeigt am Kompressor den Druck nicht exakt an.
- Eine Sitzgruppe mit 6 Stühlen besteht exakt aus 6 Stühlen.
- Ein Millimeter auf dem Meterstab differiert sicher im 10tel Bereich.
- 5 kg Leimflotte könnten auch nur 4,5 oder auch 5,4 kg sein.

Wir rechnen mit gemessenen, gerundeten oder gar geschätzten Werten, mit dem Ergebnis, dass sich Fehler fortpflanzen, addieren oder auch multiplizieren. Daraus resultiert, dass es in der Praxis sinnlos ist Ergebnisse auf unzählige Stellen genau anzugeben, da ja schon die zugrundeliegenden Werte ungenau (unscharf) und fehlerbehaftet waren.

Erste Überlegung bei Rechenergebnissen aufgrund von Messungen muss daher immer sein:

Welche Genauigkeit ist für das Ergebnis sinnvoll?

Ein Hilfsmittel dabei bieten die „signifikanten Stellen" (zuverlässigen Ziffern) **(Bild 2)**.

Signifikante Stellen

Die signifikanten Stellen sind in der DIN 1333 festgeschrieben. Sie sind definiert als die erste von Null unterschiedliche Stelle bis zur Rundungsstelle, welche die letzte zählbare Stelle ist. Die entfallenden Ziffern beim Runden sollten nicht durch Nullen aufgefüllt werden **(Bild 3)**.

Beispiel:

Ein Messwert sei 25 kg, und es wurde auf kg gerundet. Der genaue Wert liegt als dabei zwischen 24 500 g und 25 499 g

$$24\,500 \text{ g} \leq \text{Istwert} \leq 25\,499 \text{ g}$$

Wird nun mit der Zahl 25 000 g weitergerechnet, macht man eventuell einen Fehler von bis zu 500 g.
Genau betrachtet sind die 3 letzten Ziffern unsicher, da der gerundete Wert mit Nullen aufgefüllt wurde.

Bild 1: Messgenaugigkeit

Mangel an mathematischer Bildung gibt sich durch nichts so auffallend zu erkennen, wie durch maßlose Schärfe im Zahlenrechnen.

Zitat von Carl Friedrich Gauss, deutscher Mathematiker

Messwert	signifikante Stellen	Nachkommastellen
200 cm	3	0
1,2 kg	2	1
0,003 m	1	3
0,340 m	3	3

Bild 2: Signifikante Stellen und Nachkommastellen

Rechnung	kleinste Zahl signifikanter Stellen	kleinste Zahl Nachkommastellen	Ergebnis
12,5 + 0,88		1	(13,38) **13,4**
0,357 – 0,03		2	(0,387) **0,39**
1,50 + 0,5		1	(2,00) **2,0**
4,33 · 2,3	2		(9,959) **10**
1,67 · 3	1		(5,01) **5**
π · 5,13	3		(16,11..) **16,1**
24 · 1,8	2		(43,2) **43**

Bild 3: Beispiele zur Signifikanz

1.2 Genauigkeit der Rechenergebnisse

Wäre der Wert genau 25 kg, so müsste er folgendermaßen geschrieben werden: 25,000 kg.

Bei 25 000 g sind allein die ersten beiden Ziffern, die 2 und 5, zuverlässig (signifikant).
Es gibt bei dieser Rechnung also 2 zuverlässige, signifikante Stellen.

Signifikanz einer Zahl sagt aus, wie viele signifikanten Stellen vorhanden sind. Sie ist die Angabe der Genauigkeit!!!

Rechenergebnisse

Ergebnisse von Subtraktionen oder Additionen erhalten nur so viele Nachkommastellen, wie die Zahl mit den wenigsten Nachkommastellen.

Ergebnisse von Divisionen oder Multiplikationen erhalten nur so viele signifikante Stellen, wie die Zahl mit der kleinsten Signifikanz. **(Bild 3, Seite 8)**

Beispiel:

Eine Leimflotte wiegt 30,5 kg und besteht aus 75 % Leim, 10 % Härter und 15 % Streckmittel.
Welche Menge an Streckmittel wurde dem Leim beigegeben?

Lösung:
100 % ≙ 30,5 kg
1 % ≙ 0,305 kg
15 % ≙ 4,575 kg (mathematisch richtig aber Genauigkeit falsch)

Angabengenauigkeit! 30,5 kg besitzt 3 signifikante Stellen, daher kann die Lösung auch nur 3 signifikante Stellen aufweisen. Das bedeutet die Lösung = 4,575 kg (4 signifikante Stellen) muss auf 3 signifikante Stellen gerundet werden. (4,575 kg) → **4,58 kg**

Aufgaben zu 1.2 Genauigkeit der Rechenergebnisse

9.1

Ermitteln Sie die, in der nachfolgenden Tabellen fehlenden Werte.

Messwert	signifikante Stellen	Nachkommastellen
20,0 kg		
2310 mm		
16,345 m		
1500 g		
134,0 cm		
0,750 m		
0,5 m		
0,050 kg		

9.2

Ermitteln Sie die, in der nachfolgenden Tabelle fehlenden Werte.

Rechnung	kleinste Zahl signifikanter Stellen	kleinste Zahl Nachkommastellen	Ergebnis
3,54 + 15,357		2	(18,897) **18,90**
0,85 – 0,043		2	(0,807) **0,81**
1,507 + 0,5		1	(2,007) **2,0**
3,33 · 3,3	2		(10,989) **11**
14 · 1,80	2		(25,2) **25**
π · 4,13	3		(12,974..) **13,0**
0,1 · 0,012	1		(0,0012) **0,001**

9.3

Für einen 3-türigen Schrank schreibt der Auszubildende folgende gemessene Breitenmaße auf:
4 Seiten mit je 0,020 m Dicke, 2 kurze Fachböden mit 0,50 m Breite und ein langer Fachboden mit 0,8 m.

a) Welche Breite darf für den Schrank angegeben werden?
b) Ergibt das Ergebnis eine vernünftige Lösung? (Begründung)
c) Sie würden selbst messen. Welche Werte würden Sie angeben, wenn bei oben genannten Bedingungen der Schrank eine Breite von 1880 m hätte?

9.4

Eine Glasscheibe für einen Verkaufsraum ist 1,28 m breit, 2,50 m hoch und 12 mm dick. Das Glas hat eine Dichte von $\rho = 2{,}6\ kg/dm^3$.

a) Welche Masse hat die Glasscheibe in kg?
b) Wie viele signifikanten Stellen sind bei der Berechnung ausschlaggebend?

1.3 Grundrechenarten

Zu den Grundrechenarten gehören in der ersten Stufe die Addition und die Subtraktion sowie in der zweiten Stufe die Multiplikation und die Division.

1.3.1 Addition und Subtraktion

Addition und Subtraktion werden wegen ihrer Rechenzeichen als Strichrechnungen bezeichnet **(Tabelle 1)**.

Die Addition der Summanden ergibt die Summe. Auf dem Zahlenstrahl werden die einzelnen Werte von links nach rechts aneinander gereiht **(Bild 1)**.

Die Subtraktion von Minuend und Subtrahend ergibt die Differenz. Auf dem Zahlenstrahl werden die zu subtrahierenden Werte (der Subtrahend) von rechts nach links dargestellt **(Bild 2)**.

Addition und Subtraktion sind entgegengesetzte Rechenarten, sie heben einander auf (Bild 2).

Beispiel: $2 + 4 - 4 = (2 + 4) - 4 = 6 - 4 = \mathbf{2}$
$2 + (4 - 4) = 2 + 0 = \mathbf{2}$

In einer Summe kann man die Summanden beliebig vertauschen (Kommutativgesetz*). Dadurch kann der Rechenvorgang manchmal vereinfacht werden.

Beispiel: $17 + 8 + 13 + 9 + 2 = 17 + 13 + 8 + 2 + 9 = 30 + 10 + 9 = \mathbf{49}$

Es können immer nur gleichartige Größen wie Meter mit Meter oder Stück einer bestimmten Sorte mit den Stückzahlen der gleichen Sorte addiert oder subtrahiert werden.

Gleichartige Größen in einer Aufgabe werden addiert oder subtrahiert, indem man die Zahlenwerte der verschiedenen Arten addiert oder subtrahiert und die Einheit beibehält.

Beispiel: Aus dem Materiallager wurden ein 20-Liter-Gebinde Einkomponentenlack (20 l), zwei Stück Einsteckschlösser (2 Stück), drei Pakete Schrauben (3 Pakete), ein 5-Liter- (5 l) und ein 10-Liter-Gebinde Einkomponentenlack (10 l) entnommen. Fassen Sie die Lagerentnahmen zusammen **(Bild 3)**.

Lösung: 20 l + 2 Stück + 3 Pakete + 5 l + 10 l =
20 l + 5 l + 10 l + 2 Stück + 3 Pakete = **35 l + 2 Stück + 3 Pakete**

Dezimalzahlen

Dezimalzahlen sind auf dem Zehnersystem aufgebaut und bestehen aus Ziffernfolgen vor und hinter dem Komma. Die Stellen vom Komma beginnend nach links sind die Einer (E), die Zehner (Z), die Hunderter (H), die Tausender (T), die Zehntausender (ZT), die Hunderttausender (HT) usw. Die Stellen vom Komma beginnend nach rechts heißen Zehntel (z), Hundertstel (h), Tausendstel (t) usw.

Das Dezimalsystem ist ein **Stellenwertsystem**. Jede Ziffer bekommt erst ihre Bedeutung durch die Stelle, die sie innerhalb der Dezimalzahl einnimmt **(Bild 4)**.

*kommutativ – lat. umstellbar, vertauschbar

Tabelle 1: Rechenarten

Rechenarten		Rechenzeichen
Strichrechnung	Addition	+
	Subtraktion	–

Rechenvorgang Addition

Summand	plus	Summand	gleich	Summe
5	+	2	=	7

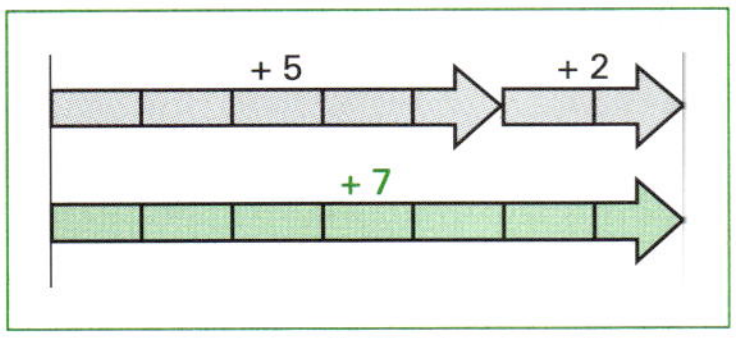

Bild 1: Addition mit Zahlenstrahl

Rechenvorgang Subtraktion

Minuend	minus	Subtrahend	gleich	Summe
7	–	5	=	2

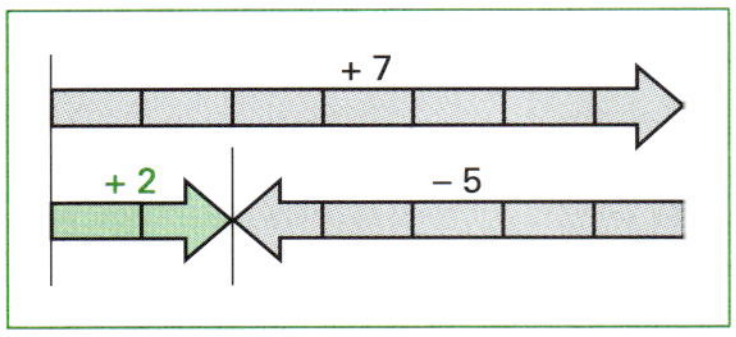

Bild 2: Subtraktion mit Zahlenstrahl

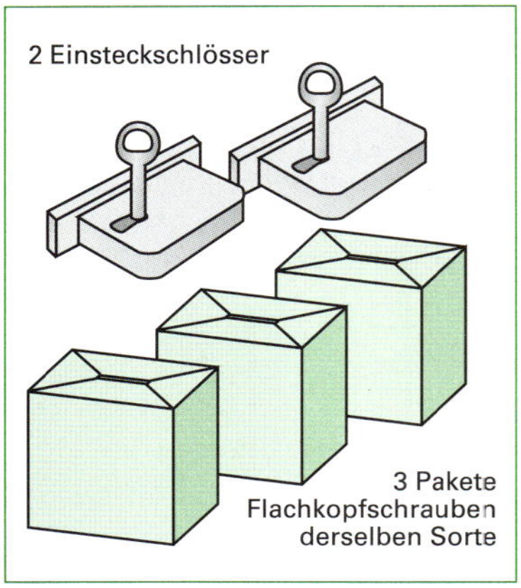

Bild 3: Nur Gleichartiges addieren oder subtrahieren

Stelle	T	H	Z	E	,	z	h	t
Ziffer	3	8	4	2	,	5	6	7

Bild 4: Stellen der Zahl 3 842,567

1.3 Grundrechenarten

Beim Addieren und Subtrahieren von Dezimalzahlen müssen Kommata und Ziffern an derselben Stelle bleiben. Am übersichtlichsten wird dies, wenn man die Dezimalstellen zum Addieren und Subtrahieren untereinander schreibt **(Tabelle 1)**.

Runden von Dezimalzahlen

Unter Runden von Dezimalzahlen versteht man das Auf- oder Abrunden der Dezimalzahlen hinter dem Komma auf eine, zwei oder drei Stellen. Die letzte gewünschte Ziffer in der Dezimalzahl ist dabei die Rundungsstelle. Steht rechts neben der Rundungsstelle eine Ziffer von 0 bis 4, wird abgerundet, d. h. die Ziffer der Rundungsstelle bleibt wie sie ist. Steht rechts neben der Rundungsstelle eine Ziffer von 5 bis 9, wird aufgerundet, d. h. die Ziffer der Rundungsstelle um eins erhöht **(Beispiel 1)**.

Algebraische Summen

Algebraische Zahlen bestehen aus der Vorzahl, auch Koeffizient genannt, und der Variablen. Innerhalb einer Aufgabe haben die Variablen jeweils einen bestimmten Wert, sie sind Platzhalter dieses Wertes. Sie werden durch Kleinbuchstaben, z. B. *a*, *b*, *c* ... oder *x*, *y*, *z* ... ersetzt.

Die Zahl $4a$ entsteht, wenn man viermal den Wert a hat. Ein Malzeichen zwischen Koeffizienten und Variablen darf man weglassen: $4 \cdot a = 4a$. Nicht so zwischen Zahlen: $4 \cdot 5 \neq 45$.

Ist der Koeffizient 1, wird dieser nicht geschrieben.

Für das Rechnen mit algebraischen Zahlen gelten die gleichen Rechengesetze wie für das Rechnen mit bestimmten Zahlen. Es kann nur Gleichnamiges (gleiche Buchstaben) addiert oder subtrahiert werden **(Beispiel 2)**.

> Gleichnamiges wird addiert oder subtrahiert, indem man nur die Koeffizienten der jeweiligen Variablen addiert oder subtrahiert.

Rechnen mit Klammern

Mathematische Ausdrücke können durch Klammern zusammengefasst werden. Es handelt sich hier dann um Werte gleichartiger oder zusammengehörender Größen.

> Man löst die Klammern auf, indem man zuerst die Werte in der Klammer berechnet **(Beispiel 3)**.

In **algebraischen Summen** sind die Klammerwerte meistens nicht gleichartig, sodass man diese nicht miteinander verrechnen kann.

> Steht vor der Klammer ein **positives** Rechenzeichen, löst man die Klammer auf, indem man sie einfach weglässt.
>
> Steht vor der Klammer ein **negatives** Rechenzeichen, kann man die Klammer auflösen, indem man alle Rechenzeichen in der Klammer umdreht (Beispiel 3).

Tabelle 1: Addition und Subtraktion von Dezimahlzahlen

Stellen	H	Z	E	,	z	h	t
Summanden	4	8	7	,	9	5	0
			0	,	0	3	5
+			9	,	9	7	0
Zwischensumme	4	9	7	,	9	5	5
Subtrahend −	3	7	6	,	8	0	6
Ergebnis	1	2	1	,	1	4	9
487,95 − 376,806 + 0,035 + 9,97 = **121,149**							

Beispiel 1: Runden

Auf zwei Stellen runden:
39,374 m = 39,37 m
25,285 m^2 = 25,29 m^2
173,344 6 € = 173,34 €

Auf drei Stellen runden:
9,437 54 m^3 = 9,438 m^3
62,354 45 kg = 62,354 kg
2 412,999 5 N = 2 413,000 N

Vorzahl oder Koeffizient → 4 | a ← Variable

$$a + a + a + a = 4 \cdot a = 4a$$
$$a = 1a$$

Beispiel 2: Algebraische Summen

$a + b + b + c + d + c = \mathbf{a + 2b + 2c + d}$
$a - b + b - c + d = \mathbf{a - c + d}$

$2a + 3b + a - 2c + 4b$
$= 2a + (1)a + 3b + 4b - 2c$
$= \mathbf{3a + 7b - 2c}$

Beispiel 3: Klammerrechnungen

Zahlenbeispiel:
$15 + (7 - 4) = 15 + 7 - 4 = \mathbf{18}$
$15 + 3 = \mathbf{18}$

Algebraische Beispiele:
$a + (b - c) = \mathbf{a + b - c}$
$7a + (4b - 3a) + 2b$
$= 7a + 4b - 3a + 2b = \mathbf{4a + 6b}$

Zahlenbeispiel:
$18 - (25 - 13) = 18 - 25 + 13 = \mathbf{6}$
$18 - 12 = \mathbf{6}$

Algebraische Beispiele:
$a - (b - c) = \mathbf{a - b + c}$
$42a - (3a + 4b - 6c)$
$= 42a - 3a - 4b + 6c = \mathbf{39a - 4b + 6c}$

1.3 Grundrechenarten

Aufgaben zu 1.3.1 Addition und Subtraktion

12.1 Rechenvorgänge durch Vertauschen vereinfachen

a) 256 + 310 + 44 + 90 + 87
b) 488 + 368 + 12 + 37 + 68 + 13
c) 132,5 + 416 + 32,5 + 184 + 19
d) 1 468 + 4 320 + 532 + 1 320 + 68
e) 55,68 + 128,37 + 0,13 + 14,32 + 2,50
f) 18 – 27 + 57 + 52 + 230 + 82
g) 1 352 – 437 + 4 248 – 147 + 2 437 + 47
h) 377 + 226 + 253 + 444 – 88 + 168

12.2 Addition von Dezimalzahlen

a) 4,6 + 10 340 + 0,64 + 0,083 + 2 480 + 0,36
b) 42 348 + 176,38 + 0,018 + 4,013 + 246,24
c) 738,40 + 4,382 + 256,14 + 50 368,12 + 0,025
d) 0,009 + 2 418,76 + 312,186 + 433,33 + 166,67
e) 310 488,68 + 212,887 + 0,448 1 + 312,48 + 1 289
f) 3 488 244,68 + 4 522,235 + 18 478,778 + 345,222
g) 0,001 4 + 0,037 + 3,64 + 0,001 8 + 0,198 4
h) 0,102 8 + 2,887 + 0,006 4 + 22,683 + 0,594 2

12.3 Subtraktion von Dezimalzahlen

a) 4 568,63 – 598,62
b) 723,587 – 256,09
c) 9 454,19 – 5 467,12
d) 0,054 7 – 0,038 9
e) 9 685,37 – 8 796,38
f) 10 866,38 – 985,42
g) 4 588 122,89 – 1 996 485,93
h) 8 005 649,57 – 6 891 760,59

12.4 Addition und Subtraktion von Dezimalzahlen

a) 24,6 + 18 340 + 10,64 + 0,208 3 – 4 680 + 20,36
b) 745,48 + 2 176,38 + 0,918 + 42,013 – 146,284
c) 9 739,40 – 45,282 + 1 256,94 + 69 368,12 – 208,025
d) 0,209 + 9 128,76 + 512,187 + 2 333,33 – 166,67
e) 310 488,68 + 5 218,887 + 40,481 + 3 152,78 – 12 989
f) 4 988 244,67 + 8 952,265 – 18 778,778 + 75 469,163
g) 0,401 6 + 0,039 + 5,264 – 0,091 8 – 0,198 4
h) 0,102 8 + 62,888 – 10,007 8 + 212,699 – 0,694 3

12.5 Ergebnis auf zwei Stellen nach dem Komma runden

a) 0,257 9 m^2 + 25,68 m^2
b) 8,796 5 m^2 + 1 798,698 m^2
c) 7,834 6 m^2 + 12,163 7 m^2
d) 0,342 5 m^2 + 0,784 4 m^2
e) 458,479 m – 396,897 5 m
f) 6 489,699 9 m – 245,355 4 m
g) 93,789 m – 42,244 m
h) 0,578 3 m – 0,333 3 m

12.6 Ergebnis auf drei Stellen nach dem Komma runden

a) 149,156 N + 498,299 N
b) 487,593 3 m^3 + 24,145 2 m^3
c) 82,697 8 m^3 + 17,303 2 m^3
d) 121,445 6 m^3 + 8,554 m^3
e) 891,678 N – 129,324 4 N
f) 467,376 m^3 – 267,482 5 m^3
g) 72,434 kg – 1,528 3 kg
h) 12,344 kg – 2,455 5 kg

12.7 Algebraische Summen

Fassen Sie Gleichnamiges zusammen und berechnen Sie die algebraischen Summen.

a) $2a + b + b + c + 2c$
b) $28a - 12b - 13a + 24b$
c) $14a + 15b - 14a + 12$
d) $27a + 69b - 18a + b$
e) $5a + 3b + 6a + 2b + 0{,}5$
f) $58a + 587b - 124a + 12b$
g) $29a + 17b - 13a + 256b$
h) $2\,759a + 13b + b - 327a$
i) $12a + b + b + c + 2c - 4b + 5a + 3b + 6a + 2b + 4$
j) $528a - 127b - 123a + 124b + 56a + 587b - 124a + a$
k) $124a + 215b - 46a + 12 - 29a + 37b - 13a + 256b$
l) $267a + 165b - 118a + 4b + 2\,756c + 83b + b - 317c$

Alternativaufgabe:

Berechnen Sie die Summen der Aufgaben a bis l, wenn für a der Wert 2, für $b = 3$ und für $c = 4$ einzusetzen ist.

12.8 Klammerausdrücke auflösen

a) 345 + (125 – 68)
b) 246 – (128 + 1 287)
c) $18x + (22x - 24y) - y$
d) $6a - (4a - 5b + 9c)$
e) $25a - (25b + 12a) + 325b$
f) $(14a - 32b) - (3a - 52b)$
g) $24u - (14v - 18u + 13w)$
h) $(9{,}7x - 0{,}5z) - (8x - 0{,}9z)$
i) $36a + (4a - 6b + 3c) + 45a - (38a - 14b + 4c) - 7a$
j) $286x - (46x - 54y + 23z) + 44x - (53x - 67y + 33z)$
k) $(34a + 58b - 87c + 56d) - (12a + 12b - 125c + 36d)$
l) $59x - (13x - 34y) - (23x + 14x - 35y + 36z) + 18y$
m) Ermitteln Sie die Summen der Aufgaben i bis m, wenn für $a = 3$, $b = 5$, $c = 4$, $d = 6$ und für $x = 2$, $y = 6$ und $z = 7$ eingesetzt wird.
n) $1\,245a - (987a + 356b - 459c) - (368a - 422b + 419c)$
o) $0{,}768a + (0{,}32a - 9{,}15b) - (0{,}125a - 0{,}038b - 0{,}15c)$
p) $645a - (457a - 365b + 43c - 0{,}94) + 935b - 12c$
q) $0{,}32a + 0{,}45b - (0{,}23a + 0{,}012b + 0{,}125c) + 123{,}9c$
r) Wie groß sind die Endsummen der Aufgaben n bis q, wenn für $a = 0{,}5$, für $b = 5$ und für $c = 4$ eingesetzt wird?

12.9 Klammerausdrücke bilden

Setzen Sie die letzten zwei Glieder der Aufgabe in Klammern.

a) 555 + 1 252 – 168
b) 2 476 – 2 128 + 1 287
c) $18x + 292y - 1\,024z$
d) $16a - 34d - 5b + 9c$
e) $135a - 225b - 32c + 35d$
f) $314a - 312b - 13c - 82d$
g) $24u - 214v - 61 + 13w$
h) $9{,}7x - 0{,}5y - 8z - 0{,}9$

Setzen Sie die letzten drei Glieder der Aufgabe in Klammern.

i) $2a + 4b - 7c + 3d$
j) $7x - 473y + 235z - 473$
k) $5u - 5v - 4w + 126$
l) $8o - 897p + 312q - 317r$

1.3.2 Multiplikation und Division

Multiplikation und Division werden wegen ihrer Rechenzeichen (Punkt oder Doppelpunkt) als Punktrechnungen bezeichnet **(Tabelle 1)**. Die **Multiplikation** ist eine vereinfachte Addition.

Beispiel: In einem Sprudelkasten sind vier Reihen zu je fünf Flaschen untergebracht **(Bild 1)**, das sind: $5 + 5 + 5 + 5 = 4 \cdot 5 = \mathbf{20}$.

Beim **Multiplizieren** werden die Faktoren miteinander multipliziert. Das Ergebnis ist das Produkt. Die Faktoren können vertauscht werden (Kommutativgesetz).

Das neutrale Glied der **Multiplikation** ist der Faktor eins.

Beispiel: $\mathbf{1} \cdot 5 = \mathbf{5}$ $\quad$ $\mathbf{1} \cdot 7 = \mathbf{7}$

Ist ein Faktor im unausgerechneten Produkt **null**, ist auch das ausgerechnete Produkt **null**.

Beispiel: $5 \cdot \mathbf{0} = \mathbf{0}$ $\quad$ $4 \cdot 3 \cdot \mathbf{0} = \mathbf{0}$

Die **Division** ist die Umkehrung der Multiplikation. Dadurch ist für die Division eine Proberechnung durch Multiplikation (Quotient mal Divisor) möglich.

Beispiel: $20 : 5 = \mathbf{4}$ $\quad$ $4 \cdot 5 = \mathbf{20}$

Eine **Division** kann statt mit Doppelpunkt mit Bruchstrich geschrieben werden, dabei steht der Dividend im Zähler, also auf dem Bruchstrich und der Divisor im Nenner unter dem Bruchstrich. In einer **Division** dürfen Zähler und Nenner bzw. Dividend und Divisor **nicht** vertauscht werden.

Beispiel: $\frac{20}{4} \neq \frac{4}{20}$ (Kommutativgesetz gilt hier nicht)

Neutrales Glied der **Division** ist die Zahl eins im Nenner bzw. als Divisor.

Beispiel: $5 : 1 = \mathbf{5}$ $\quad$ $\frac{20}{1} = \mathbf{20}$

Ist in einer Division der **Dividend null**, ist auch der Quotientwert **null**. Ist der **Divisor null**, ist die Rechnung **nicht erlaubt**.

Beispiel: $0 : 5 = \mathbf{0}$ $\quad$ denn $\quad$ $0 \cdot 5 = \mathbf{0}$

Kommen in einer Rechnung Punktrechnung und Strichrechnung vor, dann ist immer die Punktrechnung vor der Strichrechnung durchzuführen.

Beispiel:

$\boxed{3 \cdot 4} + 5 - 2 =$	$3 \cdot \boxed{4 + 5 - 2} =$
$\boxed{12} + 5 - 2 = \mathbf{15}$ **(richtig)**	$3 \cdot \boxed{7} = \mathbf{21}$ **(falsch)**

Dezimalzahlen

Beim **Multiplizieren** von Dezimalzahlen ist die Zahl der Stellen nach dem Komma im Produkt gleich der Summe der Stellen nach dem Komma der beiden Faktoren **(Beispiel 1)**.

Beim **Dividieren** von Dezimalzahlen muss das Komma vom Dividend und Divisor so weit in gleicher Weise nach rechts verschoben werden, bis beide ganze Zahlen sind **(Beispiel 2)**.

Tabelle 1: Rechenarten

Rechenarten		Rechenzeichen
Punktrechnung	Multiplikation	· (×)
	Division	:

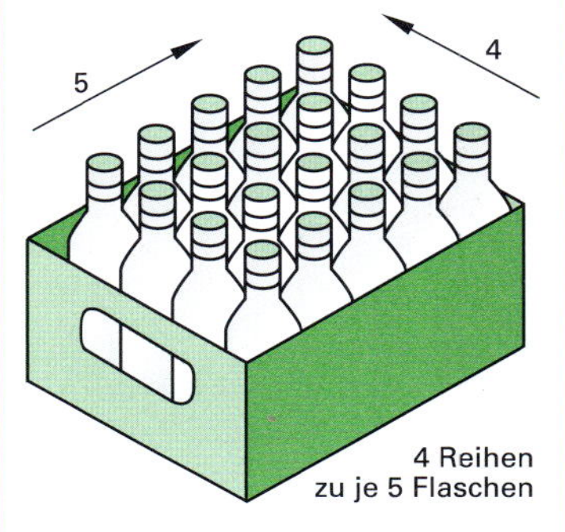

Bild 1

Rechenvorgang Multiplikation				
Faktor mal Faktor gleich Produkt				
4	·	5	=	20
5	·	4	=	20
Kommutativgesetz				

Rechenvorgang Division				
Dividend durch Divisor gleich Quotient				
20 (Zähler)	:	4 (Nenner)	=	5
als Bruch		$\frac{20}{4}$	=	5

Merke: Punktrechnung geht vor Strichrechnung.

Beispiel 1:

2 + 3 = 5 Stellen

$8{,}35 \cdot 0{,}125 = \mathbf{1{,}043\,75}$

Beispiel 2:

```
142,375 : 0,25 =
142375 : 250 = 569,5
1250      0 Null hinzugefügt
 1737
 1500
  2375
  2250    Komma setzen
   1250
   1250
```

1 Mathematische Grundlagen

1.3 Grundrechenarten

Klammern

Sollen Summen multipliziert oder dividiert werden, sind diese in Klammern zu setzen. Diese Klammerausdrücke werden multipliziert oder dividiert, indem man erst den Inhalt der Klammer berechnet und danach mit dem Faktor multipliziert oder mit dem Divisor dividiert.

Beispiele: Ohne Klammern — Mit Klammern

$\boxed{5 \cdot 3} + 4 =$ — $5 \cdot \boxed{(3+4)} =$

$\boxed{15} + 4 = \mathbf{19}$ — $5 \cdot \boxed{7} = \mathbf{35}$

(Malzeichen vor der Klammer müssen nicht geschrieben werden.)

$6 + \boxed{8:2} =$ — $\boxed{(6+8)} : 2 =$

$6 + \boxed{4} = \mathbf{10}$ — $\boxed{14} : 2 = \mathbf{7}$

> Sind mehrere Klammerausdrücke miteinander zu multiplizieren, sind erst die Klammerwerte auszurechnen und diese dann zu multiplizieren.

Beispiele: $(7+31) \cdot (5+3) =$

$38 \cdot 8 = \mathbf{304}$

$(2+6-5) \cdot (9-5+3) =$

$3 \cdot 7 = \mathbf{21}$

(Das Malzeichen zwischen den Klammern muss nicht geschrieben werden.)

> Man dividiert eine algebraische Summe durch eine Zahl, indem man jedes Glied der Klammer durch diese Zahl dividiert und die Teilquotienten zu einer algebraischen Summe vereinigt.

Beispiele: $(a+b) : m = \mathbf{(a : m) + (b : m)} = \mathbf{\frac{a}{m} + \frac{b}{m}}$

$(a-b) : m = \mathbf{(a : m) - (b : m)} = \mathbf{\frac{a}{m} - \frac{b}{m}}$

(Setzen Sie für $a = 15$, für $b = 25$ und für $m = 5$ und kontrollieren Sie den Lehrsatz.)

Algebraische Summen

Handelt es sich um algebraische Summen, ist ein Berechnen des Ausdrucks in der Klammer wegen der Variablen meistens nicht möglich.

Für das Multiplizieren von Klammerausdrücken mit algebraischen Summen gelten folgende Regeln:

> Eine algebraische Summe wird mit einer Zahl multipliziert, indem man jedes Glied in der Klammer mit der Zahl multipliziert und die Teilprodukte zu einer algebraischen Summe zusammenfasst **(Bild 1)**.

Beispiele: $3 \cdot (4a + 3b - 2c) = \mathbf{12a + 9b - 6c}$

$a \cdot (b + c) = \mathbf{ab + ac}$

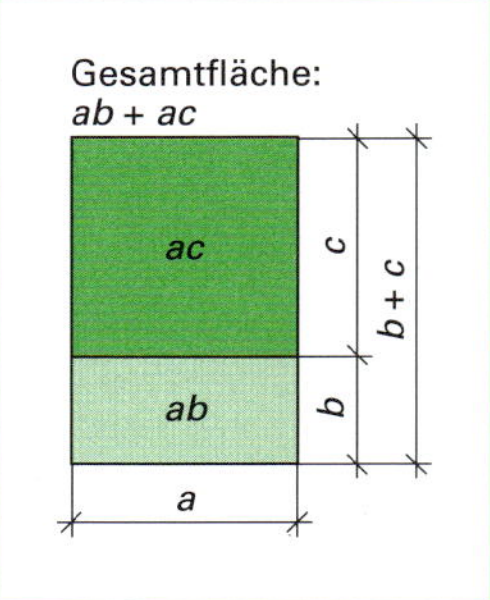

Bild 1

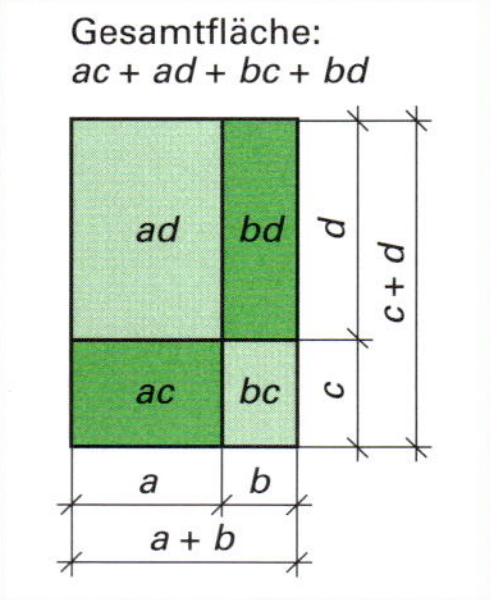

Bild 2

> Eine algebraische Summe wird mit einer algebraischen Summe multipliziert, indem man jedes Glied der einen Klammer mit jedem Glied der anderen Klammer multipliziert und die Teilprodukte zu einer algebraischen Summe zusammenfasst **(Bild 2)**.

Beispiele: $(a+b) \cdot (c+d) = \mathbf{ac + ad + bc + bd}$

$(3+a) \cdot (5+b+c) = \mathbf{15 + 3b + 3c + 5a + ab + ac}$

■ Aufgaben zu 1.3.2 Multiplikation und Division

14.1 Dezimalzahlen multiplizieren

a) $8{,}98 \cdot 2{,}45$ b) $97{,}03 \cdot 0{,}054$
c) $2{,}75 \cdot 7{,}34 \cdot 0{,}5$ d) $0{,}87 \cdot 0{,}35 \cdot 0{,}7$

14.2 Dezimalzahlen dividieren

a) $7\,456{,}7 : 0{,}5$ b) $0{,}768\,6 : 0{,}252$
c) $87{,}97 : 0{,}876$ d) $0{,}564 : 0{,}125$

14.3 Punkt- und Strichrechnung

a) $23 - 3 \cdot 4 + 5$ b) $250 - 6 + 25 \cdot 4 - 2$
c) $75 : 3 + 2 \cdot 5 - 5$ d) $0{,}48 \cdot 4 + 8 - 12 : 3$

14.4 Klammeraufgaben

a) $(23 + 12) \cdot 7$ b) $21 \cdot (125 - 85) - 12$
c) $56 - 0{,}25 \cdot (34{,}7 + 5{,}3)$ d) $77{,}9 + 13 \cdot (4{,}5 - 2{,}5) - 5$
e) $(35 - 17) \cdot (94 - 6)$ f) $(12{,}5 + 125{,}5)(7 + 2)$
g) $(245 - 113) : 17$ h) $(23 - 15) \cdot (17 + 12) + 89$
i) $1\,258 \cdot (243 + 156)(7 - 4)$ j) $(1276 - 126) : (344 - 12)$

14.5 Algebraische Summen

a) $25(4a + 3b)$ b) $5a(3b - 5c + 6d)$
c) $4{,}5(25a - 36b)$ d) $3a(5x + 3y - 8z)$
e) $7 + 5(a + 3b - 2c)$ f) $(2a + 3b)(4c + 5d)$
g) $354 - 64(2{,}5 + a - 4b + 3c)$ h) $(x + 3z)(48y - 34)$

1 Mathematische Grundlagen

1.4 Rechnen mit positiven und negativen Zahlen

Positive und negative Zahlen kommen zum Beispiel beim Messen von Temperaturen, beim Kontostand und bei Kräften vor. Wir sprechen von Plusgraden und Minusgraden auf dem Thermometer, von Guthaben und Schulden auf dem Kontostand und von Druckkräften und Zugkräften. Sind diese ausgeglichen, haben sie den Wert null **(Bild 1)**.

Es gibt also Zahlen, die von Null aus ansteigen bzw. auf dem Zahlenstrahl von Null aus nach rechts gehen, das sind die **positiven Zahlen**. Sie erhalten das Vorzeichen **Plus (+)** oder kein Vorzeichen. Es gibt die negativen Zahlen, die von Null aus abfallen bzw. auf dem Zahlenstrahl von Null aus nach links gehen. Die **negativen Zahlen** erhalten das Vorzeichen **Minus (–)**.

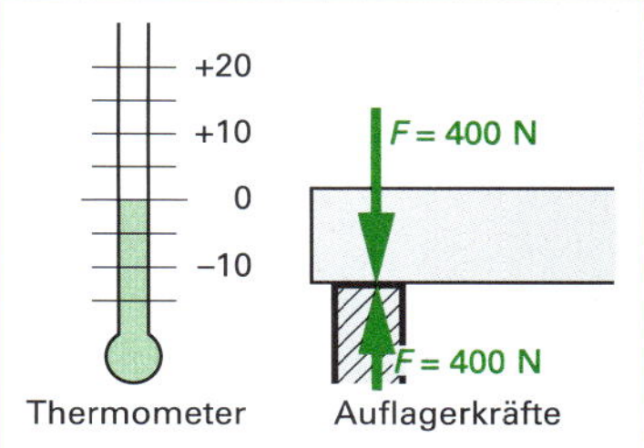

Bild 1

Die positiven Zahlen (+) und die negativen Zahlen (–) einschließlich der Null heißen rationale Zahlen.

Addition und Subtraktion relativer Zahlen

Man unterscheidet zwei Möglichkeiten der Addition und zwei Möglichkeiten der Subtraktion positiver und negativer Zahlen:

1. Positive Zahlen addieren **(Bild 2)**.
   Beispiel: Zum Guthaben auf dem Konto eine Einzahlung hinzufügen (Zahlen in tausend €).
2. Negative Zahlen addieren **(Bild 3)**.
   Beispiel: Zum Guthaben auf dem Konto eine Lastschrift hinzufügen.
3. Positive Zahlen subtrahieren **(Bild 4)**.
   Beispiel: Vom Guthaben auf dem Konto Geld auszahlen lassen.
4. Negative Zahlen subtrahieren **(Bild 5)**.
   Beispiel: Das Guthaben um Schulden vermindern.

Sind Rechenzeichen und Vorzeichen gleich, so wird die relative Zahl addiert. Sind Rechenzeichen und Vorzeichen ungleich, so wird die Zahl subtrahiert.

Beispiel: $(13a) + (-7b) - (-34a) + (+25b) - (+24a) + (-12b) =$
$13a - 7b + 34a + 25b - 24a - 12b = \mathbf{23a + 6b}$

Vereinfacht gilt für das Beseitigen von Klammern bei algebraischen Summen:

Eine positive Klammer wird aufgelöst, indem man die Klammer weglässt. Eine negative Klammer (Minusklammer) wird aufgelöst, indem man die Klammer weglässt und die Rechenzeichen der Klammerglieder umdreht (Seite 11).

Beispiel: $22a + (12a - 65b) - (32a - 7b) =$
$22a + 12a - 65b - 32a + 7b = \mathbf{2a - 58b}$

Kommen in einem Ausdruck verschiedene Klammerarten vor, so löst man am besten erst die inneren ( ), dann die äußeren Klammern [ ].

Beispiel: $120a + [128b - (7a - 4b) - (20a - 9b - 2)] =$
$120a + [128b - 7a + 4b - 20a + 9b + 2] =$
$120a + 128b - 7a + 4b - 20a + 9b + 2 = \mathbf{93a + 141b + 2}$

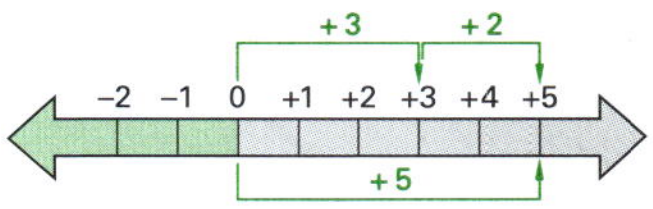

Aufgabe: (+3) + (+2) = **+5**

Bild 2

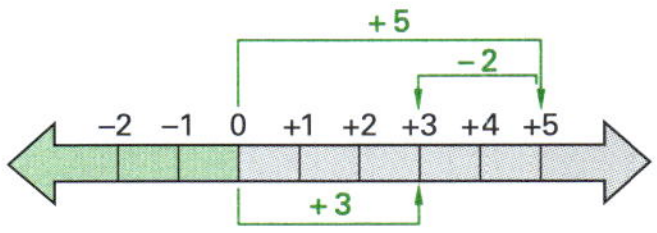

Aufgabe: (+5) + (–2) = **+3**

Bild 3

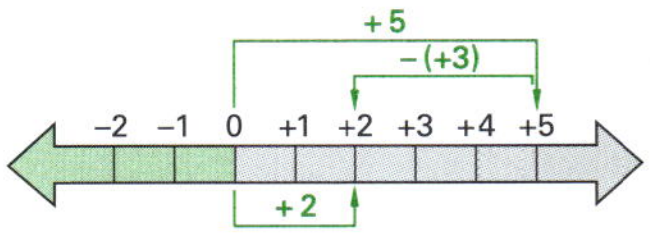

Aufgabe: (+5) – (+3) = **+2**

Bild 4

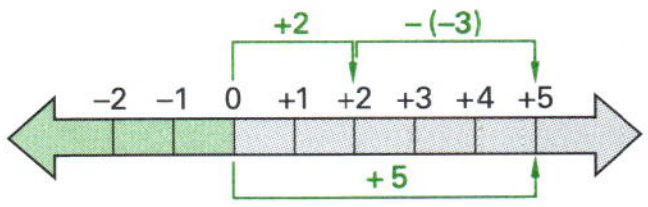

Aufgabe: (+2) – (–3) = **+5**

Bild 5

1.4 Rechnen mit positiven und negativen Zahlen

Multiplikation positiver und negativer Zahlen

Da die Multiplikation eine erweiterte Addition ist, kann hier die gleiche Vorzeichenregel angewendet werden. Als Regel gilt:

> Das Produkt aus zwei Zahlen mit gleichen Vorzeichen ist positiv – mit entgegengesetzten Vorzeichen negativ **(Bild 1)**.

Beispiele:

$(+4) \cdot (+12a) = \mathbf{+48a}$ $\quad (+5b) \cdot (-7) = \mathbf{-35b}$

$(-8x) \cdot (-6) = \mathbf{+48x}$ $\quad (-6u) \cdot (+9v) = \mathbf{-54uv}$

$(-3a) \cdot (-5 + 4b - c + 8d) = \mathbf{+15a - 12ab + 3ac - 24ad}$

$(4a - 3b) \cdot (12c + 2) = \mathbf{48ac + 8a - 36bc - 6b}$

Multiplikation:

$(+1) \cdot (+1) = +1$ $\quad (+1) \cdot (-1) = -1$

$(-1) \cdot (-1) = +1$ $\quad (-1) \cdot (+1) = -1$

(Erklärung auch mit dem Koordinatensystem, S. 40).

Division:

$(+1) : (+1) = +1$ $\quad (+1) : (-1) = -1$

$(-1) : (-1) = +1$ $\quad (-1) : (+1) = -1$

oder $\quad \dfrac{+1}{+1} = +1 \quad \dfrac{-1}{-1} = +1$

$\dfrac{+1}{-1} = -1 \quad \dfrac{-1}{+1} = -1$

Bild 1: Vorzeichenregel

Division positiver und negativer Zahlen

Die Division ist die Umkehrung der Multiplikation, daher gelten die Vorzeichenregeln sinngemäß wie bei der Multiplikation. Als Regel gilt:

> Der Quotient von Zahlen mit gleichen Vorzeichen ist positiv. Der Quotient von Zahlen mit entgegengesetzten Vorzeichen ist negativ (Bild 1).

Beispiel: $(+35) : (+7) = \mathbf{+5}$ $\quad (-75a) : (-25a) = \mathbf{+3}$

$(-72a) : (+8) = \mathbf{-9a}$ $\quad (+25c) : (-5) = \mathbf{-5c}$

$(48ab + 60b) : (-12b) = \mathbf{-4a - 5}$

■ Aufgaben zu 1.4 Rechnen mit positiven und negativen Zahlen

16.1 Addition und Subtraktion positiver und negativer Zahlen

a) $275 + (+235) + 322 - 45$
b) $4 - (-2) - (-7) - 5$
c) $365 + (-187) - (-269)$
d) $1{,}5a + (+2{,}1a) + (-a)$
e) $6{,}3v - (-2{,}8v) - 2{,}5u$
f) $-1{,}5x - (+1{,}2x)$
g) $1{,}7c - (-4{,}8c) + 3{,}6c$
h) $63{,}36 - (-12{,}64) - 75$
i) $4{,}75x + (-32{,}9y) - (+68{,}65z) + (+53{,}7x) - (-38{,}35z)$
j) $978u + (+34{,}6v) - (-296u) + (-45{,}2v) - (-1\,472u$
k) $x + (-y) - (+2z) - (-42) + (-86x) + 87 - (-34x)$
l) $0{,}765a - (-0{,}043b) + (-0{,}34a) - (+0{,}456b) + 342{,}37$
m) $-0{,}67 - (-75{,}25a) + (-89{,}33) + (-0{,}045b) + 0{,}055$
n) $456 - (-254a) + (+546a) - (-654b) - (+645) + 655$

16.2 Verschiedene Klammern auflösen

a) $27 - (18 - 19) + 13$
b) $23x + (23y - 46x) - 7y$
c) $7c - [(8b + 9c) - 5c]$
d) $6a - (23b - 8a + 4b)$
e) $4a - [34a - (a + 6a)]$
f) $3x - [(13y + 12x) + y]$
g) $121a - \{[14 - (2a + b)] - [25 + (a - 5b + 126)]\}$
h) $37x - \{+32x - [3x - (35x + 42y) - (23x - 12y)]\}$
i) $7u - 9v + \{12u - [(3u - 7v) - (21u - 12v)] - 2u\}$
j) $\{-3x + [(2x - 5y) - (12x - 15y) + 31] - 136\}$
k) $[12a - (13a + 12b - 7c)] - [13a + 17b - (a + b)]$
l) $9x - [6x - (12x + 8y - 19z) - (-12x + 23y - 18z)]$
m) $7a - \{5b - [71a - 18b - (21a - 31b + 55)] - 14a\}$
n) $5x - \{[(32x - 44y + 55z) - 13x - (12x + 4z) + y]\}$

16.3 Multiplikation positiver und negativer Zahlen

a) $24 \cdot (-12 + 4 - 5)$
b) $-14 \cdot (-14a - 12b + 13)$
c) $(75 - 25a + 16b) \cdot (-5)$
d) $-2a \cdot (12 - 51b + 3c)$
e) $-1{,}8 \cdot (120a - 1\,000b)$
f) $(0{,}5a - 0{,}25b) \cdot (-0{,}1)$
g) $[12a - (14b - 7a + 3) - (121 + 24a - 4b)] \cdot (-3)$
h) $17a - [4a - 2b - (3a + 4b)] \cdot (-2) + 123a - 6b$
i) $-0{,}5 \cdot [12a - (16a + 14b - 121) - (144 + 17a - 4b)]$
j) $(2a - 3b) \cdot (3 + 4c)$
k) $(7x - 9y) \cdot (-9 + 8z)$
l) $(9x - 7y + 8) \cdot (-2 + z)$
m) $(3a - 4b - 7) \cdot (4 - c)$
n) $(6x - 9 + 3y) \cdot (-5z)$
o) $(-17a - 81b) \cdot (-0{,}5)$

16.4 Division positiver und negativer Zahlen

a) $(+125) : (-25)$
b) $(-1\,254) : (-0{,}5)$
c) $(+0{,}5) : (+0{,}025)$
d) $(-14a) : (+0{,}7)$
e) $(+144a) : (-12a)$
f) $(-1\,467b) : (-b)$
g) $(+365\,288{,}98) : (-0{,}1)$
h) $(-24ab) : (+12a)$
i) $(24a - 36b) : 12$
j) $(-29a + 54b) : (-0{,}5b)$
k) $(575x - 725y) : (-25xy)$
l) $(+264ab - 344b) : (-4a)$
m) $(-75xyz - 25x) : (-25x)$
n) $(+68ab - 42abc) : (4ab)$

16.5 Gemischte Aufgaben

a) $[(-4a + 4b) - 5b] \cdot 5c - (75c - 25bc) : 5c + 125$
b) $[35x - (30x + 20xy)] : (-5x) + (254x - 987y) - 375$
c) $-45a - (45b - 75c) + 873 - (24a + 97b) - 543c + 27$
d) $[35a - 45b - (35a + 15b)] : (-5a) - (-254 + 56b)$
e) $(0{,}048x - 0{,}012y) : (-0{,}04y) + (0{,}34x - 8{,}5) + 12x$

1.5 Bruchrechnen

Brüche entstehen durch Teilen von ganzen Zahlen. Der Quotient wird statt mit Doppelpunkt mit Bruchstrich geschrieben.

1.5.1 Arten von Brüchen

Man unterscheidet echte Brüche und unechte Brüche, gleichnamige und ungleichnamige Brüche sowie Scheinbrüche.

Ein **echter Bruch** ist ein Teil eines Ganzen. Hier ist der Zähler immer kleiner als der Nenner **(Bild 2)**.

Ein **unechter Bruch** ist größer als ein Ganzes und wird so geschrieben, dass der Zähler größer als der Nenner ist **(Bild 3)**.

Ein unechter Bruch lässt sich in eine gemischte Zahl umwandeln, zum Beispiel: $\boxed{\mathbf{\frac{5}{4}}} = \boxed{\mathbf{1\frac{1}{4}}}$.

Gleichnamige Brüche weisen den gleichen Nenner auf **(Bild 4)**.

Ungleichnamige Brüche haben ungleiche Nenner **(Bild 5)**.

Ein **Scheinbruch** liegt vor, wenn der Nenner 1 ist wie zum Beispiel: $\boxed{\mathbf{\frac{4}{1}}} \mathbf{= 4}$.

1.5.2 Erweitern und Kürzen von Brüchen

Brüche können durch Zahlen erweitert oder gekürzt werden, ohne dass sich der Wert des Bruches verändert.

Man erweitert einen Bruch, indem man Zähler und Nenner mit der gleichen Zahl multipliziert.

Beispiele: $\frac{1}{3}$ erweitert mit der Zahl $\boxed{5} = \frac{1 \cdot \boxed{5}}{3 \cdot \boxed{5}} = \mathbf{\frac{5}{15}}$

$\frac{x}{y}$ erweitert mit der Variablen $\boxed{z} = \frac{x \cdot \boxed{z}}{y \cdot \boxed{z}} = \boldsymbol{\frac{xz}{yz}}$

Man kürzt einen Bruch, indem man Zähler und Nenner durch die gleiche Zahl dividiert.

Beispiele: $\frac{4}{6}$ gekürzt durch die Zahl $\boxed{2} = \frac{4 : \boxed{2}}{6 : \boxed{2}} = \mathbf{\frac{2}{3}}$

$\frac{xz}{yz}$ gekürzt durch die Variable $\boxed{z} = \frac{xz : \boxed{z}}{yz : \boxed{z}} = \boldsymbol{\frac{x}{y}}$

Summen und Differenzen können im Allgemeinen nicht gekürzt werden. Sie sind vorher zu berechnen.

Beispiel: $\frac{3+5}{6+15} = \frac{\not{1}+\not{1}}{\not{2}+\not{3}} = \frac{\not{2}}{\not{5}}$ $\qquad \frac{3+4}{6+15} = \frac{7}{21} = \mathbf{\frac{1}{3}}$

Lösung ist **falsch**! Lösung ist **richtig**!

Algebraische Summen kann man nur dann kürzen, wenn man sie vorher in ein Produkt verwandelt.

Beispiel: $\frac{6x+6y}{4x-8y} = \frac{2(3x+3y)}{2(2x-4y)} = \frac{(3x+3y)}{(2x-4y)} = \boldsymbol{\frac{3(x+y)}{2(x-2y)}}$

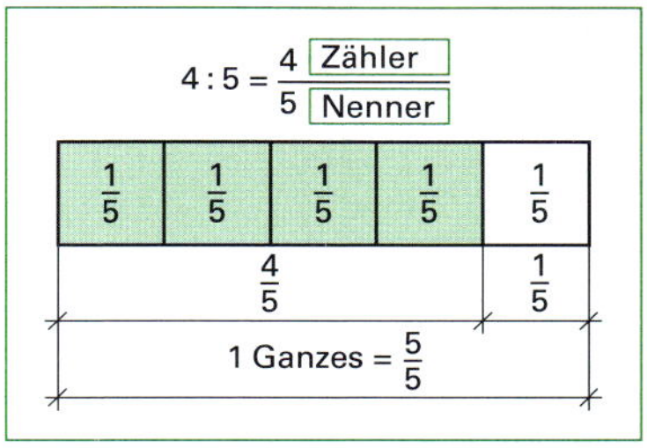

Bild 1

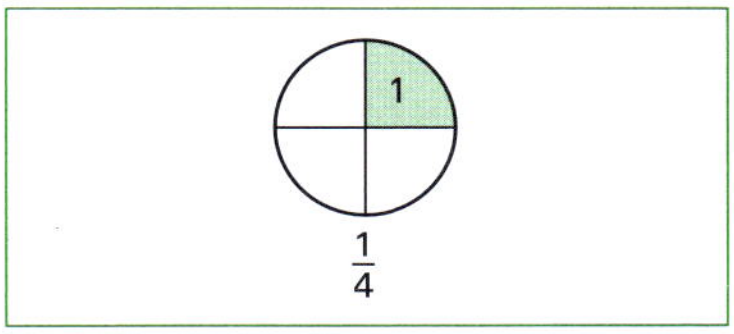

Bild 2: Echter Bruch

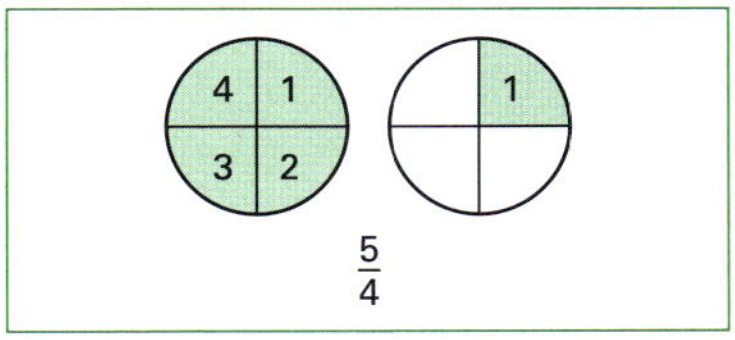

Bild 3: Unechter Bruch

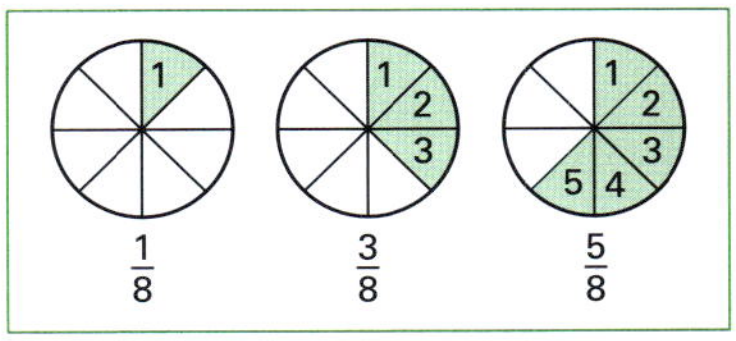

Bild 4: Gleichnamige Brüche

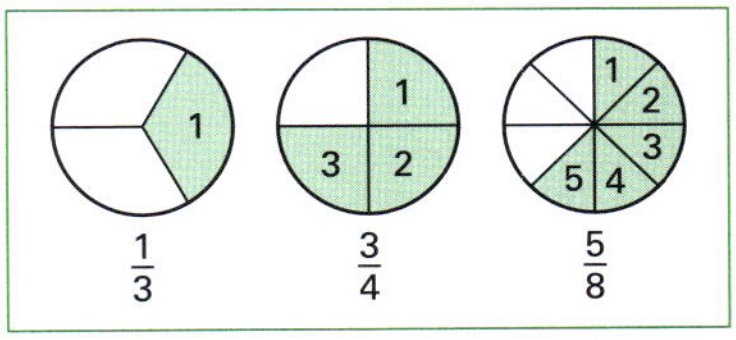

Bild 5: Ungleichnamige Brüche

1.5.3 Addieren und Subtrahieren von Brüchen

Nur **gleichnamige Brüche** können addiert oder subtrahiert werden.

Gleichnamige Brüche werden addiert oder subtrahiert, indem man die Zähler addiert oder subtrahiert und den Nenner beibehält **(Bild 1)**.

Beispiele: $\frac{3}{8}+\frac{2}{8}+\frac{1}{8}=\boxed{\frac{6}{8}}=\boxed{\frac{3}{4}}$ $\qquad$ $\frac{3}{a}+\frac{2}{a}-\frac{1}{a}=\boxed{\frac{4}{a}}$

Ungleichnamige Brüche kann man durch Erweitern einzelner Brüche gleichnamig machen. Der Hauptnenner (HN) ist das kleinste gemeinsame Vielfache der Einzelnenner.

Man findet den Hauptnenner, indem man die einzelnen Nenner in Primzahlen zerlegt. Das Produkt der größten Gruppen gleicher Faktoren ergibt den Hauptnenner **(Bild 3)**.

Ungleichnamige Brüche werden addiert oder subtrahiert, indem man sie erst gleichnamig macht, indem man den Hauptnenner bildet, und dann die Zähler addiert bzw. subtrahiert **(Bild 2)**.

Beispiel 1: $\frac{1}{6}+\frac{4}{9}+\frac{3}{5}-\frac{4}{15}=\boxed{\frac{15+40+54-24}{90}}=\boxed{\frac{85}{90}}=\boxed{\frac{17}{18}}$

Der **Hauptnenner** ist **90**. Bei Nenner 6 ist der Zähler mit 90 : 6 = 15 zu erweitern, bei Nenner 9 mit 10, bei Nenner 5 mit 18, bei Nenner 15 mit 6 **(Bild 4)**.

Beispiel 2: $\frac{a}{bc}+\frac{a}{b}-\frac{3}{c}=\boxed{\frac{a+ac-3b}{bc}}$ $\qquad$ **HN** = ***bc***

Aufgaben zu 1.5.2 – Erweitern und Kürzen von Brüchen

18.1 Erweitern mit der Zahl 3 (5)

$\frac{8}{9}$; $\frac{3}{3}$; $\frac{14}{27}$; $\frac{18}{23}$; $\frac{125}{250}$; $\frac{a}{b}$; $\frac{3xy}{5z}$

18.2 Erweitern mit dem Term 2x (3y)

$\frac{13ab}{cd}$; $\frac{89z}{141}$; $\frac{64u}{87v}$; $\frac{0{,}67a}{0{,}87b}$

18.3 Wandeln Sie gemischte Zahlen in unechte Brüche um

$2\frac{1}{2}$; $4\frac{3}{4}$; $2\frac{8}{16}$; $8\frac{1}{9}$; $7\frac{25}{36}$; $4\frac{3}{8}$

18.4 Kürzen Sie die Brüche

$\frac{15}{75}$; $\frac{27a}{99}$; $\frac{33ab}{121a}$; $\frac{84x}{636xy}$; $\frac{72a}{88b}$

18.5 Verwandeln Sie algebraische Summen zum Kürzen in Produkte

a) $\frac{12x+4y}{4z-8y}$ $\quad$ b) $\frac{7a+21b}{14z-7b}$ $\quad$ c) $\frac{18a-6b}{54a+12b}$ $\quad$ d) $\frac{121x+99z}{22y}$

Aufgaben zu 1.5.3 – Addition und Subtraktion von Brüchen

18.6 Gleichnamige Brüche addieren oder subtrahieren

a) $\frac{15}{7}+\frac{2}{7}-\frac{5}{7}$ $\quad$ b) $\frac{4a}{b}-\frac{6a}{b}+\frac{8a}{b}$ $\quad$ c) $\frac{15}{ab}-\frac{5}{ab}+\frac{20}{ab}$

18.7 Ungleichnamige Brüche addieren oder subtrahieren

a) $\frac{1}{2}+\frac{2}{3}-\frac{3}{4}$ $\quad$ b) $\frac{2}{3}+\frac{5}{8}+\frac{4}{5}$ $\quad$ c) $5-\frac{5}{6}-\frac{1}{15}$

d) $\frac{8a}{b}+\frac{2c}{d}-\frac{1}{4}$ $\quad$ e) $10+\frac{7}{12}-2\frac{4}{15}-\frac{7}{9}+\frac{1}{5}+\frac{2}{3}$

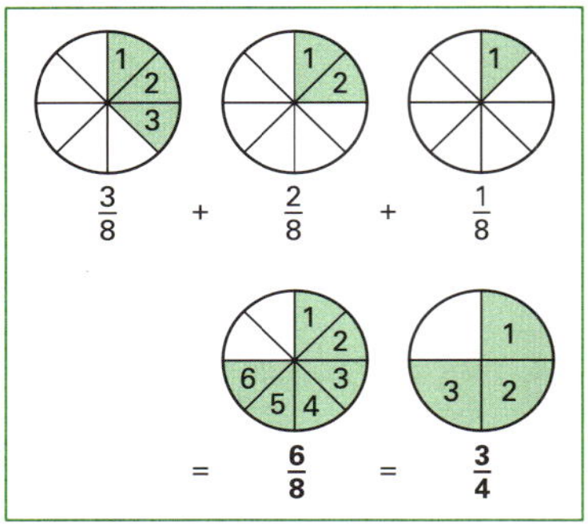

Bild 1: Addition gleichnamiger Brüche

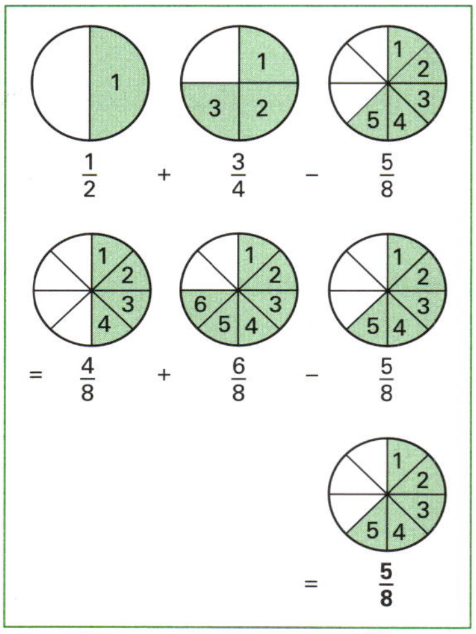

Bild 2: Addition und Subtraktion ungleichnamiger Brüche

Nenner	Primzahlzerlegung
6	2 · 3
9	3 · 3
5	5
15	3 · 5
HN	= 2 · 3 · 3 · 5 = 90

Bild 3

Erweiterungszahlen der Zähler

Bei Nenner 6 ⇒ 90 : 6 = 15
Bei Nenner 9 ⇒ 90 : 9 = 10
Bei Nenner 5 ⇒ 90 : 5 = 18
Bei Nenner 15 ⇒ 90 : 15 = 6

Bild 4

1.5.4 Multiplizieren und Dividieren von Brüchen

Multiplizieren von Brüchen

Brüche kann man mit einer ganzen Zahl oder mit einem anderen Bruch multiplizieren.

Ein Bruch wird mit einer ganzen Zahl multipliziert, indem man den Zähler mit der ganzen Zahl multipliziert **(Bild 1)**.

Beispiele: $\frac{1}{8} \cdot 3 = \frac{1 \cdot 3}{8} = \boxed{\frac{3}{8}}$ $\qquad \frac{a}{b} \cdot c = \boxed{\frac{ac}{b}}$

Ein Bruch wird mit einem anderen Bruch multipliziert, indem man Zähler mit Zähler und Nenner mit Nenner multipliziert **(Bild 2)**.

Beispiele: $\frac{2}{3} \cdot \frac{1}{2} = \frac{2 \cdot 1}{3 \cdot 2} = \boxed{\frac{2}{6}} = \boxed{\frac{1}{3}}$ $\qquad \frac{3}{7} \cdot \frac{3}{4} = \boxed{\frac{9}{28}}$ $\qquad \frac{a}{c} \cdot \frac{b}{d} = \boxed{\frac{ab}{cd}}$

Dividieren von Brüchen

Brüche kann man durch eine ganze Zahl oder durch einen anderen Bruch dividieren. Außerdem kann eine ganze Zahl durch einen Bruch dividiert werden.

Man dividiert einen Bruch durch eine ganze Zahl, indem man den Zähler durch die ganze Zahl dividiert oder den Nenner mit dieser Zahl multipliziert **(Bild 3)**.

Beispiele: $\frac{4}{9} : 2 = \frac{4 : 2}{9} = \boxed{\frac{2}{9}}$ $\qquad \frac{3}{7} : 4 = \frac{3}{7 \cdot 4} = \boxed{\frac{3}{28}}$

$\frac{ab}{c} : a = \boxed{\frac{b}{c}}$ $\qquad \frac{ab}{c} : d = \boxed{\frac{ab}{cd}}$

Ein Bruch wird durch einen Bruch dividiert, indem man ihn mit dem Kehrwert des anderen Bruches multipliziert. Vertauscht man Zähler und Nenner, so entsteht der Kehrwert **(Bild 4)**.

Beispiele: $\frac{3}{4} : \frac{4}{5} = \frac{3 \cdot 5}{4 \cdot 4} = \boxed{\frac{15}{16}}$ $\qquad \frac{a}{b} : \frac{c}{d} = \frac{a \cdot d}{b \cdot c} = \boxed{\frac{ad}{bc}}$

Ist ein Bruch eine gemischte Zahl, muss man diese erst in einen unechten Bruch umwandeln **(Bild 5)**.

Beispiele: $1\frac{3}{4} : 3 = \frac{7}{4} : 3 = \boxed{\frac{7}{12}}$ $\qquad 4\frac{2}{3} : \frac{2}{3} = \frac{\overset{7}{\cancel{14}} \cdot \overset{1}{\cancel{3}}}{\underset{1}{\cancel{3}} \cdot \underset{1}{\cancel{2}}} = \frac{7}{1} = \boxed{7}$

Durch Kürzen entsteht der Scheinbruch $\frac{7}{1}$.

Eine ganze Zahl wird durch einen Bruch dividiert, indem man die ganze Zahl zu einem Scheinbruch macht und diesen mit dem Kehrwert des Bruches multipliziert.

Beispiel: $5 : \frac{2}{3} = \frac{5 \cdot 3}{1 \cdot 2} = \frac{15}{2} = \boxed{7\frac{1}{2}}$ $\qquad a : \frac{b}{c} = \frac{a \cdot c}{1 \cdot b} = \boxed{\frac{ac}{b}}$

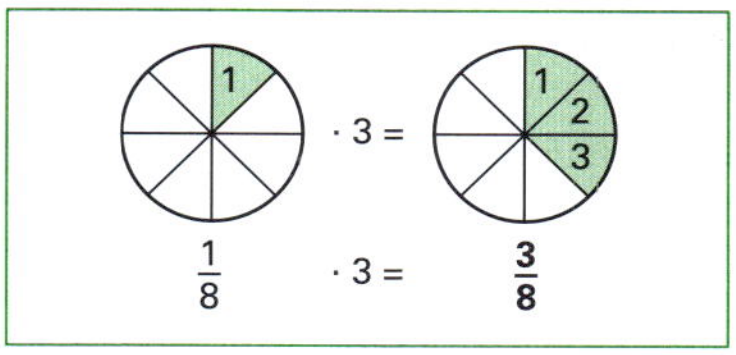

Bild 1: Bruch mal Zahl

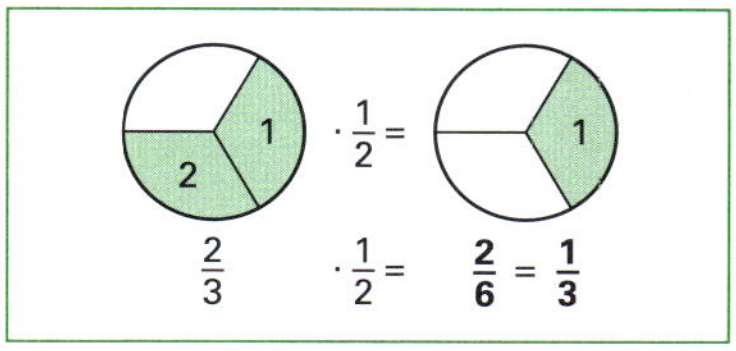

Bild 2: Bruch mal Bruch

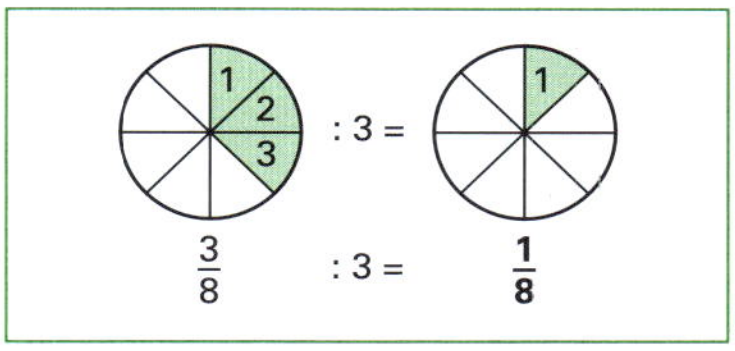

Bild 3: Bruch durch ganze Zahl

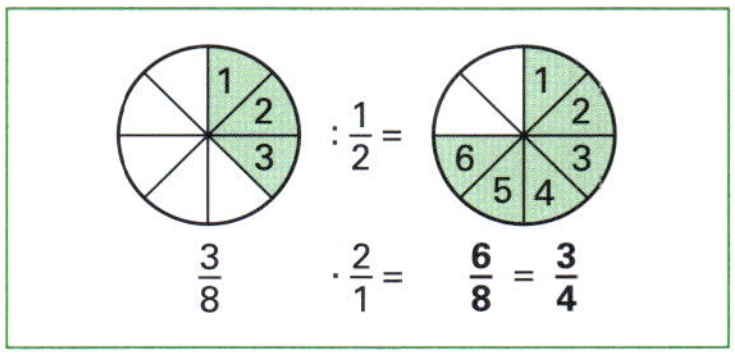

Bild 4: Bruch durch Bruch

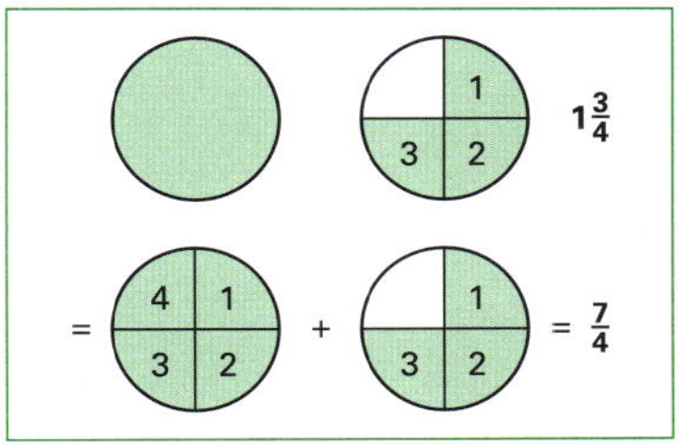

Bild 5: Gemischte Zahl in unechten Bruch verwandeln

Aufgaben zu 1.5.4 Multiplizieren und Dividieren von Brüchen

20.1 Bruch mit ganzer Zahl multiplizieren

a) $4 \cdot \frac{2}{5}$; $8 \cdot \frac{62}{87}$; $9 \cdot \frac{79}{81}$; $76 \cdot \frac{17}{18}$; $823 \cdot \frac{13}{15}$

b) $\frac{17}{c} \cdot ab$; $\frac{137}{xy} \cdot x$; $\frac{4a}{36b} \cdot 6b$; $\frac{78x}{125y} \cdot 5y$

20.2 Bruch mit Bruch multiplizieren

a) $\frac{3}{5} \cdot \frac{5}{18}$; $\frac{13}{28} \cdot \frac{14}{39}$; $\frac{12}{57} \cdot \frac{19}{144}$; $\frac{16}{99} \cdot \frac{9}{32}$; $\frac{185}{240} \cdot \frac{12}{15}$

b) $\frac{a}{b} \cdot \frac{c}{d}$; $\frac{xy}{24} \cdot \frac{12}{x}$; $\frac{ab}{c} \cdot \frac{3c}{ab}$; $\frac{17a}{b} \cdot \frac{b}{34a}$

c) $\frac{21 \cdot 45 \cdot 16}{15 \cdot 35 \cdot 20}$; $\frac{100 \cdot 72 \cdot 75}{45 \cdot 25 \cdot 30}$; $\frac{350 \cdot 88 \cdot 18}{16 \cdot 70 \cdot 90}$

d) $\frac{5 \cdot 25 \cdot 12a}{6 \cdot 145 \cdot 5}$; $\frac{3a \cdot 7b \cdot 125}{7 \cdot 5a \cdot 6b}$; $\frac{28x \cdot 7y \cdot 5}{91y \cdot 15y \cdot 3}$

e) $\frac{(a+3)}{(9+a)} \cdot \frac{(5+b)}{(b-8)}$; $\frac{(2a-3b)}{(3a-2b)} \cdot \frac{(5+c)}{(24c+4)}$

f) $\frac{a-b}{5} \cdot 20 \cdot \frac{10}{a-b}$; $\left(\frac{m+n}{a-b}\right) \cdot \left(\frac{a-b}{m-x}\right)$;

$\frac{a+b}{4x+4y} \cdot \frac{5x+5y}{a-b}$; $\frac{(x-y)}{(y+z)} \cdot \frac{(-45)}{(12)}$

(Die Länge des Bruchstrichs ersetzt die Klammer.)

20.3 Bruch durch eine ganze Zahl dividieren

a) $\frac{54}{76} : 27$; $\frac{125}{512} : 25$; $\frac{63}{87} : 9$; $\frac{89}{121} : (-2)$; $\frac{71}{90} : 3a$

b) $\frac{25a}{12b} : 5a$; $\frac{37b}{13} : 37b$; $\frac{9ac}{11b} : (-9c)$; $\frac{144bc}{156d} : 12b$;

$\frac{12xy}{55z} : 6x$; $\frac{29z}{31} : 2z$

c) $\frac{-32}{5bc} : (-16)$; $\frac{7ab}{-8c} : (-7a)$; $\frac{-76c}{+17a} : (-38)$;

$\frac{3ax}{-7by} : (-3a)$; $\frac{-18x}{144bc} : 9x$; $\frac{2b}{-7c} : 4b$

d) $\frac{(12a-48b)}{37b} : (-12)$; $\frac{(121x+88y)}{23x} : 11y$

20.4 Bruch durch einen anderen Bruch dividieren

a) $\frac{14}{32} : \frac{7}{8}$; $\frac{76}{26} : \frac{4}{13}$; $\frac{81}{94} : \frac{9}{47}$; $\frac{12}{37} : \frac{4}{37}$; $\frac{72}{121} : \frac{36}{77}$

b) $\frac{ab}{c} : \frac{b}{d}$; $\frac{xy}{24} : \frac{x}{4}$; $\frac{5x}{136} : \frac{x}{13}$; $\frac{14z}{45x} : \frac{7z}{9}$

c) $\frac{136x+81y}{12x-12y} : \frac{3}{5}$; $\frac{72a-81b}{9a-9b} : \frac{4c}{3}$

d) $\frac{6x+3y}{4a-4b} : \frac{12ax+6ay}{7ax-7bx}$; $\frac{8x+8y}{3a-3b} : \frac{4x+4y}{9a-9b}$

20.5 Gemischte Zahlen dividieren

(Vereinfachen Sie die Brüche so weit wie möglich)

a) $4\frac{3}{8} : 2\frac{2}{5}$; $5\frac{6}{4} : 7\frac{2}{3}$; $1\frac{5}{8} : -\frac{3}{4}$; $2\frac{3}{7} : 4\frac{5}{6}$

b) $5\frac{a}{b} : 7\frac{c}{d}$; $4\frac{x}{y} : -5\frac{3}{4}$; $8\frac{4}{13x} : \frac{2y}{5x}$

20.6 Ganze Zahl durch Bruch dividieren

a) $121 : \frac{11}{40}$; $13 : \frac{26}{19}$; $25 : \frac{5}{7}$; $14 : \frac{7}{9}$; $3 : \frac{5}{7}$

b) $25 : \frac{a}{b}$; $27 : \frac{9a}{b}$; $3ab : \frac{6a}{c}$; $5xy : \frac{15x}{7}$

20.7 Gemischte Aufgaben – Multiplizieren von Brüchen

a) $\left(\frac{4}{a} + \frac{3}{b-c}\right) \cdot 5a$; $\left(\frac{3}{5} + \frac{4}{5} - \frac{2}{9} - \frac{8}{9}\right) \cdot 7a$

b) $\frac{2a-6b+8c-12d}{14a} \cdot 7$; $\frac{25+35a-40b}{5b} \cdot 15$

c) $\frac{[(32a-40b+72)-24]}{8a} \cdot 48c$; $\frac{7a-5b}{4c} \cdot 12c$

d) $\frac{[66-(56-72a)-40a]}{16a+32} \cdot 8c$; $\frac{8x+4y}{14a} \cdot -7a$

e) $\frac{3a}{17} \cdot \frac{17b}{33a}$; $\frac{5x}{45} \cdot \frac{90}{25xy}$; $\frac{12ab}{15c} \cdot \frac{5a}{24a}$

f) $\frac{25a}{20c} \cdot \frac{4c}{5a}$; $\frac{121x}{81x} \cdot \frac{9z}{11x}$; $\frac{143a}{56b} \cdot \frac{6b}{13a}$

g) $\frac{abc}{4xy} \cdot \frac{xy}{2ab}$; $\frac{45ab}{60c} \cdot \frac{2c}{9b}$; $\frac{11xy}{50ab} \cdot \frac{5a}{55}$

h) $\frac{a+b}{4x+4y} \cdot \frac{5x+5y}{a-b}$; $\frac{3a+3b}{5x-5y} \cdot \frac{10x-10y}{9a+9b}$

i) $\frac{3a-5b}{2a-7b} \cdot \frac{2c+4d}{6c+4d}$; $\frac{24x+24y}{12x-28y} \cdot \frac{13z}{9z}$

20.8 Gemischte Aufgaben – Dividieren von Brüchen

a) $\frac{56}{59} : 8$; $\frac{48a}{63b} : 6a$; $\frac{16x}{81y} : 8x$; $\frac{72ab}{125} : 8a$

b) $\frac{5a}{6b} : 12a$; $\frac{9xy}{13y} : -2x$; $\frac{13ab}{15} : 13a$; $\frac{121}{13a} : 11b$

c) $4\frac{1}{3} : 15$; $7\frac{7}{9b} : 6b$; $8\frac{5x}{7y} : \frac{4}{7x}$; $5\frac{9a}{10} : \frac{3}{10}$

d) $\frac{3}{5} : \frac{4}{10}$; $\frac{5a}{8c} : \frac{3ab}{4c}$; $\frac{7x}{8} : \frac{21x}{48y}$; $\frac{3a}{8b} : \frac{9}{16}$

e) $\frac{ab}{12} : \frac{b}{4}$; $\frac{4xy}{13} : \frac{8yz}{39}$; $\frac{6a}{21} : \frac{48ab}{7c}$; $\frac{3x}{14} : \frac{6xy}{21z}$

f) $\frac{a}{a+b} : \frac{x}{a+b}$; $\frac{6x+6y}{4a-4b} : \frac{12}{ab}$

1.5 Bruchrechnen

Tabelle 21/1: Bruchrechnen – Zusammenfassung der Regeln

Regeln	Beispiele
Erweitern und Kürzen von Brüchen	
Man erweitert einen Bruch, indem man Zähler und Nenner mit der gleichen Zahl multipliziert.	$\frac{1}{3}=\frac{1\cdot 7}{3\cdot 7}=\frac{7}{21};\ \frac{a}{b}=\frac{a\cdot c}{b\cdot c}=\frac{ac}{bc}$
Man kürzt einen Bruch, indem man Zähler und Nenner durch die gleiche Zahl dividiert.	$\frac{7}{21}=\frac{7:7}{21:7}=\frac{1}{3};\ \frac{(a\cdot c):c}{(b\cdot c):c}=\frac{a}{b}$
Summen und Differenzen können im Allgemeinen nicht gekürzt werden. Sie sind vorher zu berechnen.	$\frac{3+4}{21-7}=\frac{7}{14}=\frac{1}{2}$
Algebraische Summen kann man nur dann kürzen, wenn man sie vorher in ein Produkt verwandelt.	$\frac{12x+6y}{4x-2y}=\frac{6(2x+y)}{2(2x-y)}=\frac{3(2x+y)}{2x-y};$ $\frac{ax+bx}{ay+by}=\frac{x(a+b)}{y(a+b)}=\frac{x}{y}$
Addition und Subtraktion von Brüchen	
Gleichnamige Brüche werden addiert oder subtrahiert, indem man die Zähler addiert oder subtrahiert und den Nenner beibehält.	$\frac{3}{7}+\frac{4}{7}-\frac{1}{7}=\frac{3+4-1}{7}=\frac{6}{7}$ $\frac{3}{a}+\frac{2}{a}-\frac{4}{a}=\frac{3+2-4}{a}=\frac{1}{a}$
Ungleichnamige Brüche kann man durch Erweitern einzelner Brüche gleichnamig machen. Der Hauptnenner (HN) ist das kleinste gemeinsame Vielfache der Einzelnenner.	$\frac{1}{3};\ \frac{1}{2};\ \frac{2}{6}$ HN = 6 $\frac{1}{3}=\frac{2}{6};\ \frac{1}{2}=\frac{3}{6};\ \frac{2}{6}=\frac{2}{6}$
Ungleichnamige Brüche werden addiert oder subtrahiert, indem man sie erst auf einen gemeinsamen Hauptnenner gleichnamig macht und dann die Zähler addiert bzw. subtrahiert.	$\frac{1}{4}+\frac{2}{7}-\frac{3}{14}=?$ HN = 28 $\frac{1\cdot 7}{4\cdot 7}+\frac{2\cdot 4}{7\cdot 4}-\frac{3\cdot 2}{14\cdot 2}=\frac{7+8-6}{28}=\frac{9}{28}$
Multiplizieren von Brüchen	
Ein Bruch wird mit einer ganzen Zahl multipliziert, indem man den Zähler mit der ganzen Zahl multipliert.	$\frac{2}{5}\cdot 4=\frac{8}{5}=1\frac{3}{5};\ \frac{a}{b}\cdot c=\frac{a\cdot c}{b}=\frac{ac}{b}$
Ein Bruch wird mit einem Bruch multipliziert, indem man Zähler mit Zähler und Nenner mit Nenner multipliziert.	$\frac{2}{5}\cdot\frac{2}{3}=\frac{2\cdot 2}{5\cdot 3}=\frac{4}{15};\ \frac{a}{b}\cdot\frac{c}{d}=\frac{a\cdot c}{b\cdot d}=\frac{ac}{bd}$
Dividieren von Brüchen	
Man dividiert einen Bruch durch eine ganze Zahl, indem man den Zähler durch die ganze Zahl dividiert oder den Nenner mit dieser Zahl multipliziert.	$\frac{4}{7}:2=\frac{4:2}{7}=\frac{2}{7};\ \frac{a}{b}:a=\frac{a:a}{b}=\frac{1}{b}$ $\frac{5}{7}:2=\frac{5}{7\cdot 2}=\frac{5}{14};\ \frac{a}{b}:c=\frac{a}{b\cdot c}=\frac{a}{bc}$
Ist ein Bruch eine gemischte Zahl, muss man diese erst in einen unechten Bruch umwandeln.	$1\frac{2}{3}:3=\frac{5}{3}:3=\frac{5}{3\cdot 3}=\frac{5}{9}$
Ein Bruch wird durch einen Bruch dividiert, indem man ihn mit dem Kehrwert des anderen Bruches multipliziert.	$\frac{2}{3}:\frac{1}{4}=\frac{2\cdot 4}{3\cdot 1}=\frac{8}{3}=2\frac{2}{3};\ \frac{a}{b}:\frac{c}{d}=\frac{ad}{bc}$
Eine ganze Zahl wird durch einen Bruch dividiert, indem man die Zahl zu einem Scheinbruch macht und diesen mit dem Kehrwert des Bruches multipliziert, oder die ganze Zahl mit dem Zähler des Kehrwertes multipliziert.	$5:\frac{3}{4}=\frac{5}{1}:\frac{3}{4}=\frac{5\cdot 4}{1\cdot 3}=\frac{20}{3}=6\frac{2}{3}$ $a:\frac{b}{c}=\frac{a}{1}:\frac{b}{c}=\frac{a\cdot c}{1\cdot b}=\frac{ac}{b}$

1 Mathematische Grundlagen

1.6 Potenzen

1.6.1 Allgemeine Regeln des Potenzierens

Ein Produkt aus mehreren gleichen Faktoren, wie zum Beispiel $3 \cdot 3 \cdot 3$, kann abgekürzt als Potenz, z. B. 3^3 geschrieben werden. Den Rechenvorgang nennt man **Potenzieren**. Die Potenz besteht aus der **Basis** (Grundzahl) und dem **Exponenten** (Hochzahl). Der Exponent der Potenz gibt an, wie oft die Basis mit sich selbst multipliziert werden muss **(Bild 1** und **Bild 2)**.

Zehnerpotenzen

Sehr große und sehr kleine Zahlen werden in der Technik gern verkürzt geschrieben, indem man sie zu einstelligen Zahlen reduziert und diese mit der Zehnerpotenz multipliziert. Bei Zahlen größer als 1 ist der Exponent der Zehnerpotenz positiv, bei Zahlen kleiner als 1 negativ **(Tabelle 1** und **Bild 3)**.

Beispiel: $6\,500\,000 = 6{,}5 \cdot 1\,000\,000 = \boxed{6{,}5 \cdot 10^6}$

$0{,}000\,006\,5 = 6{,}5 \cdot 0{,}000\,001 = \boxed{6{,}5 \cdot 10^{-6}}$

Vorzeichen beim Potenzieren können positiv oder negativ sein.

> Ist die Basis einer Potenz positiv, so ist auch der Potenzwert positiv.

Beispiel: $+3^2 = +3 \cdot +3 = \boxed{+9}$ $\qquad +3^3 = +3 \cdot +3 \cdot +3 = \boxed{+27}$

> Ist die Basis einer Potenz negativ, so ist der Wert der Potenz positiv, wenn der Exponent eine gerade Zahl ist und negativ, wenn der Exponent eine ungerade Zahl ist.

Beispiel: $(-3)^2 = (-3) \cdot (-3) = \boxed{+9}$ $\qquad (-a)^2 = \boxed{+a^2}$

$(-3)^3 = (-3) \cdot (-3) \cdot (-3) = \boxed{-27}$ $\qquad (-a)^3 = \boxed{-a^3}$

Potenzen mit negativem Exponent

Stehen Potenzen im Nenner eines Bruches, kann diese Potenz auch mit negativem Exponenten in den Zähler geschrieben werden. Umgekehrt kann eine Potenz mit negativem Exponenten im Zähler mit positivem Exponenten im Nenner geschrieben werden.

Beispiel: $\frac{1}{5^2} = \boxed{5^{-2}}$ $\qquad \frac{1}{a^n} = \boxed{a^{-n}}$ $\qquad 7^{-3} = \boxed{\frac{1}{7^3}}$

1.6.2 Addieren und Subtrahieren von Potenzen

Potenzen kann man addieren oder subtrahieren, allerdings nur dann, wenn die **Basen** und auch die **Exponenten** gleich sind.

> Potenzen mit gleichen Basen und Exponenten werden addiert oder subtrahiert, indem man die Beizahlen addiert bzw. subtrahiert und die Basis mit dem Exponenten beibehält.

Beispiel: $4^2 + 4^2 = 2 \cdot 4^2 = 2 \cdot 16 = \boxed{32}$ $\qquad 2a^3 + 3a^3 + a^2 = \boxed{5a^3 + a^2}$ (Beizahlen)

$\frac{1}{4^2} + \frac{1}{4^2} + \frac{1}{4^2} = \frac{3}{4^2} = \boxed{\frac{3}{16}}$

oder: $4^{-2} + 4^{-2} + 4^{-2} = 3 \cdot 4^{-2} = \frac{3}{4^2} = \boxed{\frac{3}{16}}$

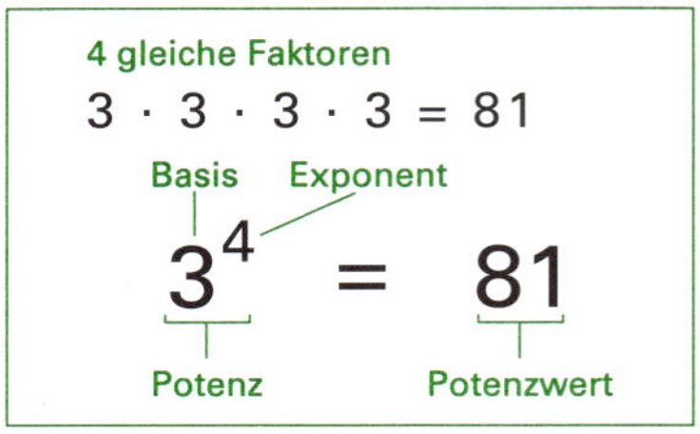

Bild 1

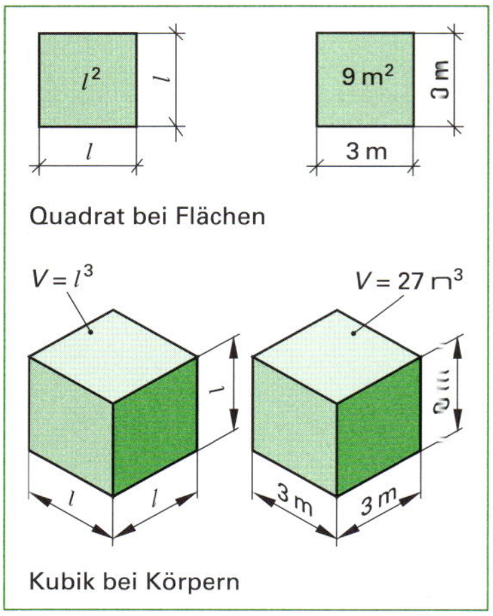

Bild 2

Tabelle 1: Zehnerpotenzen		
Schreibweise als		
ausgeschriebene Zahl	Zehnerpotenz	Vorsilben bei Einheiten
1 000 000	10^6	Mega (M)
100 000	10^5	–
10 000	10^4	–
1 000	10^3	Kilo (k)
100	10^2	hekto (h)
10	10^1	deka (da)
1	10^0	–
0,1	10^{-1}	deci (d)
0,01	10^{-2}	centi (c)
0,001	10^{-3}	milli (m)
0,000 1	10^{-4}	–
0,000 01	10^{-5}	–
0,000 001	10^{-6}	mikro (μ)

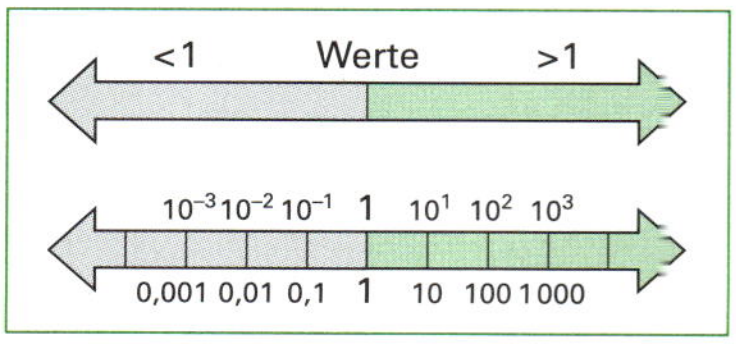

Bild 3

1.6 Potenzen

1.6.3 Multiplizieren und Dividieren von Potenzen

Potenzen können multipliziert und dividiert werden. Hierfür gelten folgende Regeln:

Man multipliziert Potenzen mit gleichen Basen, indem man ihre Exponenten addiert.

Beispiel: $3^3 \cdot 3^2 = 3^{3+2} = \boxed{3^5}$
oder
$3 \cdot 3 \cdot 3 \cdot 3 \cdot 3 = \boxed{3^5}$

$a^3 \cdot a^2 = a^{3+2} = \boxed{a^5}$

Man multipliziert Potenzen mit gleichen Exponenten, indem man ihre Basen multipliziert und den Exponenten beibehält.

Beispiel: $3^2 \cdot 6^2 = (3 \cdot 6)^2 = 18^2 = \mathbf{324}$

$a^2 \cdot b^2 = (\boldsymbol{a \cdot b})^2$

Man dividiert Potenzen mit gleicher Basis, indem man ihre Exponenten subtrahiert.

Beispiel: $\frac{3^3}{3^2} = \frac{3 \cdot 3 \cdot 3}{3 \cdot 3} = \boxed{3}$ $\qquad \frac{a^3}{a^2} = \frac{a \cdot a \cdot a}{a \cdot a} = \boxed{a}$
oder:
$\frac{3^3}{3^2} = 3^{3-2} = 3^1 = \boxed{3}$ $\qquad \frac{a^3}{a^2} = a^{3-2} = a^1 = \boxed{a}$

Ist der Exponentwert 1, ist der Potenzwert gleich der Basis, deshalb wird der Exponent 1 nicht geschrieben.

Man dividiert Potenzen mit gleichen Exponenten, indem man ihre Basen dividiert und den Exponenten beibehält.

Beispiel: $\frac{6^2}{3^2} = \left(\frac{6}{3}\right)^2 = 2^2 = \boxed{4}$ $\qquad \frac{a^2}{b^2} = \boxed{\left(\frac{a}{b}\right)^2}$

Man potenziert Potenzen, indem man ihre Exponenten multipliziert.

Beispiel: $(3^2)^3 = 3^2 \cdot 3^2 \cdot 3^2 = \mathbf{3^6} = \mathbf{729}$

oder: $(3^2)^3 = 3^{2 \cdot 3} = \mathbf{3^6} = \mathbf{729}$

Ist der Exponent einer Potenz „Null“, dann ist der Potenzwert 1.

Beispiel: $\frac{3^2}{3^2} = \frac{9}{9} = \boxed{1}$ $\qquad \frac{x^n}{x^n} = \boxed{1}$

oder: $\frac{3^2}{3^2} = 3^{2-2} = \boxed{3^0} = \boxed{1}$

Eine Summe oder eine Differenz wird potenziert, indem man die Potenz in ein Produkt verwandelt und die entstehenden Klammern ausrechnet (siehe Seite 14).

Eine algebraische Summe aus zwei Gliedern nennt man ein Binom.

Beispiel: $(2a + 4b)^2 = (2a + 4b) \cdot (2a + 4b)$
$= 4a^2 + 8ab + 8ab + 16b^2$
$= \boxed{\mathbf{4a^2 + 16ab + 16b^2}}$

Die Rechenvorgänge werden einfacher, wenn man die **Binomischen Formeln** anwenden kann:

1. $\boxed{(a + b)^2} = \mathbf{a^2 + 2ab + b^2}$

2. $\boxed{(a - b)^2} = \mathbf{a^2 - 2ab + b^2}$

Sonderform: 3. $\boxed{(a + b) \cdot (a - b)} = \mathbf{a^2 - b^2}$

Aufgaben zu 1.6.1

23.1 Berechnen der Potenzwerte

a) 2^3; 2^4; 4^2; 12^2; 8^4; 9^5; 7^4; 25^2

b) 10^2; 10^3; 10^4; 10^6; $0{,}5^2$; $0{,}1^4$; $0{,}04^2$

23.2 Verwandeln der Zahlen in Zehnerpotenzen

a) 10 000; 1 000 000; 0,001; 0,000 001; 100

b) 43 265; 1 675 975; 0,033; 0,000 045; 465

23.3 Positive und negative Potenzen

a) -25^2; -5^5; $+7^3$; -9^3; -13^5; $+5^3$; -2^6; -4^4

b) 13^{-2}; 7^{-3}; -12^{-3}; $(ab)^{-2}$; x^{-4}; 80^{-2}; -17^{-3}

Aufgaben zu 1.6.2

23.4 Addieren und Subtrahieren von Potenzen

a) $b^5 + b^5 + b^5 + b^5$ b) $4a^4 + 5a^4 + 2a^8 + 8a^8$

c) $14x^2 + 3a^2 + 2a^2 - 3a^2b$ d) $11x^3 + 5x^3 - 10x^3$

Aufgaben zu 1.6.3

23.5 Multiplizieren von Potenzen

a) $4^2 \cdot 4^3$; $5^3 \cdot 5^2$; $x^5 \cdot x^7$; $y^4 \cdot y^9$; $(ab)^6 \cdot (ab)^7$

b) $4x^3 \cdot 5x^2 \cdot 4x$; $3a^3 \cdot 6a^2 \cdot 5x$; $b^{2a} \cdot b^{4a}$

23.6 Dividieren von Potenzen

a) $y^5 : y^2$; $x^8 : x^3$ b) $15x^5y^2b : 5x^4n^3b^2$

23.7 Potenzieren von Potenzen

a) $(b^3)^2$; $(n^x)^2$; $(b^x)^{-n}$ b) $(a^{n-1})^3$; $(x^{a+2})^4$

23.8 Potenzieren von Summen

a) $(a + b)^2$; $(a - b)^2$ b) $(5x^2 - 2y)^2$; $4(a + b)^2$

1.7 Wurzeln

1.7.1 Allgemeines

Eine Wurzel besteht aus dem Wurzelzeichen mit dem Wurzelexponenten darüber und dem Radikanden unter dem Wurzelzeichen **(Bild 1)**. Aus diesem Radikanden ist die Wurzel zu ziehen. Man nennt dieses Wurzelziehen auch Radizieren. Das Wurzelziehen ist die Umkehrung des Potenzierens. Der Wurzelexponent gibt an, in wie viel gleiche Faktoren der Radikand aufgeteilt werden soll **(Bild 2)**.

In der Praxis kommt der Wurzelexponent 2 für Quadratwurzeln und der Wurzelexponent 3 für Kubikwurzeln vor.

4 gleiche Faktoren

$3 \cdot 3 \cdot 3 \cdot 3 = 81$

als Potenz $3^4 = 81$

$$\sqrt[4]{81} = \sqrt[4]{3^4} = 3$$

Wurzel ≙ Umkehrung der Potenz

Bild 1

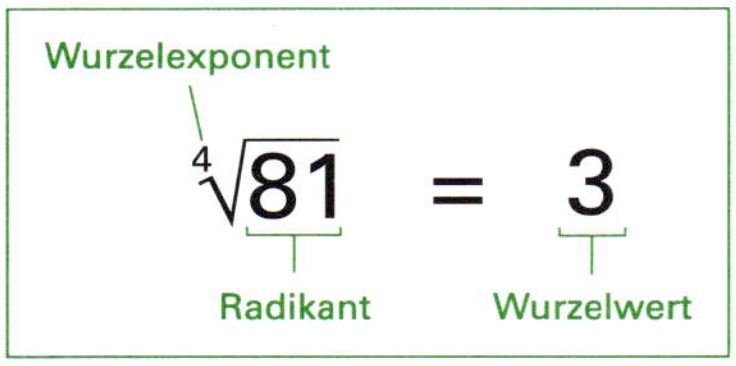

Bild 2

Quadratwurzeln

Bei Quadratwurzeln wird der Wurzelexponent 2 meistens nicht geschrieben. $\sqrt{9}$ spricht man: Quadratwurzel aus neun oder kurz: Wurzel aus neun **(Bild 3)**.

Beispiele: $\sqrt[2]{9} = \sqrt{3 \cdot 3} = \sqrt[2]{3^2} = \boxed{3}$

$\sqrt[2]{a^2} = \sqrt{a \cdot a} = a^1 = \boxed{a}$

Kubikwurzel

Bei einer Kubikwurzel ist der Wurzelexponent = 3.

$\sqrt[3]{27}$ man spricht: 3. Wurzel aus siebenundzwanzig oder: Kubikwurzel aus siebenundzwanzig (Bild 3).

Beispiele: $\sqrt[3]{27} = \sqrt{3 \cdot 3 \cdot 3} = \sqrt[3]{3^3} = \boxed{3}$

$\sqrt[3]{a^3} = \sqrt[3]{a \cdot a \cdot a} = a^1 = \boxed{a}$

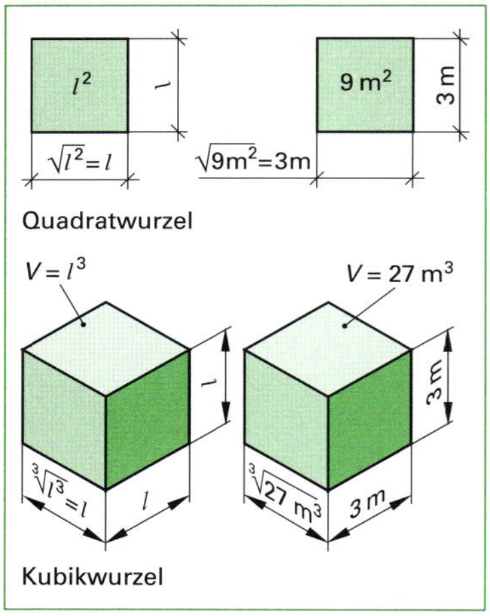

Bild 3

1.7.2 Radizieren

Bei kleineren Radikanden kann man den Wert der Wurzel im Kopf überschlagen.

Beispiel: $\sqrt{25} = \sqrt{5 \cdot 5} = \sqrt[2]{5^2} = \boxed{5}$ *Kontrolle:* $5 \cdot 5 = \mathbf{25}$

$\sqrt[4]{81} = \sqrt[4]{3 \cdot 3 \cdot 3 \cdot 3} = \sqrt[4]{3^4} = \boxed{3}$ *Kontrolle:* $3 \cdot 3 \cdot 3 \cdot 3 = \mathbf{81}$

Wurzeln mit großen Radikanden und großen Exponenten kann man nicht mehr im Kopf berechnen. Sie lassen sich mit dem elektronischen Taschenrechner oder mithilfe von Logarithmen lösen.

Quadratwurzeln kann man auch schriftlich radizieren, indem man den Radikanden von der letzten Zahl bzw. von der letzten Zahl vor dem Komma ab in Zweierstellen einteilt **(Bild 4)**. Man zieht dann aus der ersten Zweierstelle die Wurzel (im Beispiel = 9) und zieht von dieser die Quadratzahl (81) ab. Holt die nächste Zweierstelle (44) herunter, streicht eine Stelle ab, teilt die verbliebene Zahl (94) durch das Doppelte der ersten Zahl (18). Das Ergebnis (5) ist die letzte Stelle an der Zahl (185), diese mit dem Ergebnis multipliziert, ergibt die zu subtrahierende Zahl (185 · 5 = 925). Man holt die nächsten beiden Stellen herunter und verfährt in gleicher Weise.

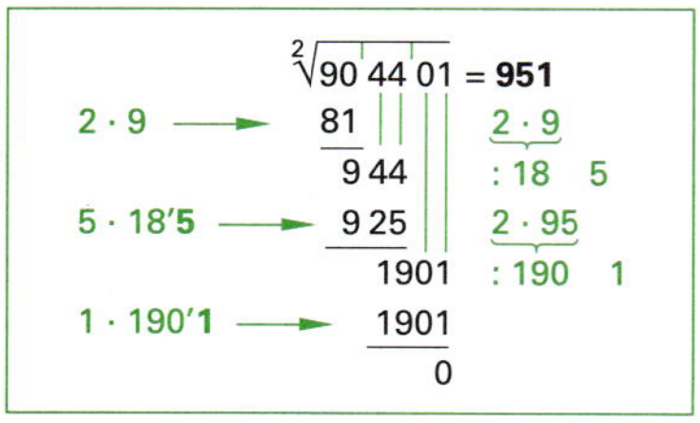

Bild 4

1.7.3 Rechnen mit Wurzeln

Wurzeln kann man unter bestimmten Voraussetzungen addieren und subtrahieren, multiplizieren und dividieren sowie potenzieren und radizieren. Hier gelten folgende Regeln:

Addieren und Subtrahieren von Wurzeln

Man kann Wurzeln nur addieren oder subtrahieren, wenn sie gleiche Radikanden und gleiche Wurzelexponenten aufweisen.

Man addiert bzw. subtrahiert Wurzeln mit gleichen Radikanden und gleichen Wurzelexponenten, indem man die Beizahlen (Koeffizienten) addiert bzw. subtrahiert. Das Malzeichen zwischen Wurzel und Beizahl kann man weglassen.

Beispiel: $3\sqrt{6} + 5\sqrt{6} - 2\sqrt{6} =$

$8\sqrt{6} - 2\sqrt{6} = \boxed{\mathbf{6\sqrt{6}}}$

Radizieren von Produkten

Produkte werden radiziert, indem man jeden Faktor radiziert und den Wurzelwert miteinander multipliziert.
Man zerlegt Radikanden in Faktoren, um einfacher radizieren zu können.

Beispiel: $\sqrt{64} = \sqrt{4 \cdot 16} = \sqrt{4} \cdot \sqrt{16} = 2 \cdot 4 = \mathbf{8}$

$2\sqrt{49xy} = 2\sqrt{49} \cdot \sqrt{xy} = 2 \cdot 7\sqrt{xy} = \boxed{\mathbf{14\sqrt{xy}}}$

Radizieren von Quotienten

Quotienten werden radiziert, indem man aus dem ausgerechneten Quotienten oder aus dem Zähler und Nenner getrennt die Wurzel zieht.

Beispiel: $\sqrt{\frac{625}{25}} = \sqrt{25} = \boxed{\mathbf{5}}$

oder $\sqrt{\frac{49}{9}} = \frac{\sqrt{49}}{\sqrt{9}} = \frac{7}{3} = \boxed{\mathbf{2\frac{1}{3}}}$

$\sqrt{\frac{a}{b}} = \boxed{\frac{\sqrt{a}}{\sqrt{b}}}$

Aufgaben zu 1.7.2 – Radizieren

25.1 Radizieren Sie folgende kleine Zahlen

a) $\sqrt{36}$; $\sqrt{121}$; $\sqrt{144}$; $\sqrt{625}$; $\sqrt{576}$; $\sqrt{225}$; $\sqrt{6,25}$; $\sqrt{16}$

b) $\sqrt{0,36}$; $\sqrt{1,21}$; $\sqrt{0,0576}$; $\sqrt{0,0049}$; $\sqrt{0,0225}$

c) $\sqrt{64}$; $\sqrt[3]{27}$; $\sqrt{729}$; $\sqrt[3]{0,027}$; $\sqrt[3]{125}$; $\sqrt[3]{216}$; $\sqrt{8000}$

25.2 Radizieren Sie mit dem Taschenrechner oder schriftlich folgende Zahlen

a) $\sqrt{64009}$; $\sqrt{9801}$; $\sqrt{1926}$; $\sqrt{32,49}$; $\sqrt{193,21}$

b) $\sqrt{3158,44}$; $\sqrt{15376}$; $\sqrt{18,0625}$; $\sqrt{10,5625}$

c) $\sqrt{4624}$; $\sqrt{67,24}$; $\sqrt{7569}$; $\sqrt{55,5025}$; $\sqrt{1,96}$

Aufgaben zu 1.7.3 – Rechnen mit Wurzeln

25.3 Addieren und Subtrahieren von Wurzeln

a) $3\sqrt{16} + 2\sqrt{16} + 0,5\sqrt{16}$
b) $3\sqrt{a} + 5\sqrt{a} - 4\sqrt{a}$
c) $5\sqrt{ax} + 4\sqrt{ax} - \sqrt{ax}$
d) $1,8\sqrt{x} - 0,9\sqrt{x} + 3,6\sqrt{x}$
e) $\frac{3}{4} \cdot \sqrt{9} - \frac{1}{2}\sqrt{9} + \frac{1}{5}\sqrt{9}$
f) $\frac{3}{4}\sqrt{xy} - \frac{1}{2}\sqrt{xy} + \frac{2}{5}\sqrt{xy}$
g) $0,9\sqrt{n} + 1,8\sqrt{n} - 0,7\sqrt{n}$
h) $\sqrt{an} - \sqrt{an} + \sqrt{an}$
i) $2,7\sqrt{y} - 3,6\sqrt{y} + 4,8\sqrt{y} - 2,3\sqrt{z} + 3,9\sqrt{z} + 7,5\sqrt{z}$
j) $4,5\sqrt{a} + 57\sqrt{a} - 32\sqrt{ab} + 76\sqrt{ab} - 23\sqrt{a} + 13,5\sqrt{b}$

25.4 Radizieren von Produkten

a) $\sqrt{125 \cdot 625}$ b) $\sqrt[3]{27 \cdot 64}$ c) $\sqrt[3]{16 \cdot 4}$
d) $\sqrt{144 \cdot 121}$ e) $\sqrt{81 \cdot 49}$ f) $3\sqrt{3} \cdot 2\sqrt{3}$
g) $4\sqrt{36 \cdot 25}$ h) $8\sqrt{121 \cdot 16}$ i) $5\sqrt{ab} \cdot 3a\sqrt{ab}$

25.5 Radikanden in Faktoren zerlegen, dann radizieren

a) $\sqrt{72}$ b) $\sqrt{32}$ c) $\sqrt{180}$ d) $\sqrt{75}$
e) $\sqrt{200}$ f) $\sqrt{99}$ g) $\sqrt{250}$ h) $4x\sqrt{75}$

25.6 Radizieren von Quotienten

a) $\sqrt{\frac{25}{64}}$ b) $\sqrt[3]{\frac{64}{121}}$ c) $\sqrt{\frac{4x^2}{49x^2}}$ d) $\sqrt{\frac{64}{625}}$
e) $\sqrt{\frac{121}{484}}$ f) $\sqrt{\frac{625}{225}}$ g) $\sqrt{\frac{169}{196}}$ h) $\sqrt{\frac{225}{81}}$

25.7 Durch Erweitern Wurzeln aus dem Nenner entfernen

a) $\frac{3}{\sqrt{7}}$ b) $\frac{5}{\sqrt{6}}$ c) $\frac{4}{\sqrt{4}}$ d) $\frac{12}{\sqrt{144}}$
e) $\frac{13}{\sqrt{169}}$ f) $\frac{11}{\sqrt{121}}$ g) $\frac{15}{\sqrt{625}}$ h) $\frac{25}{\sqrt{225}}$
i) $\frac{74}{\sqrt{ab}}$ j) $\frac{45}{\sqrt{15}}$ k) $\frac{23}{\sqrt{23}}$ l) $\frac{21}{\sqrt{21}}$

1.8 Gleichungen

Gleichungen bestehen aus zwei mathematischen Ausdrücken, die sich links und rechts vom Gleichheitszeichen gegenüberstehen und jeweils das gleiche Ergebnis haben müssen.

> In jeder Gleichung ist die linke Seite gleich der rechten Seite.

Eine Gleichung kann man mit einer im Gleichgewicht befindlichen Waage vergleichen. Wenn diese im Gleichgewicht sein soll, muss links und rechts die gleiche Masse aufgelegt werden.

Legt man links etwas hinzu, muss das gleiche auch rechts geschehen, entfernt man links 20 kg, muss man auch rechts 20 kg entfernen. Verdoppelt man links das Gewicht, muss man auch rechts das Gewicht verdoppeln, wird es links halbiert, muss es auch rechts halbiert werden **(Bild 1)**.

> Die Gleichung bleibt im Gleichgewicht, wenn man auf jeder Seite der Gleichung die gleiche Rechnung durchführt.

20 kg + 40 kg = 60 kg

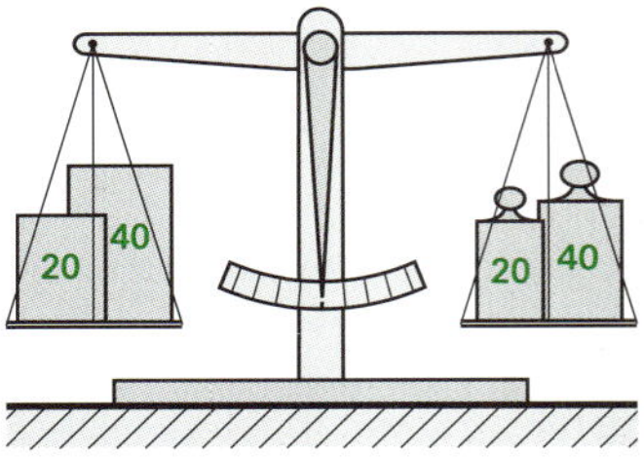

linke Seite	=	rechte Seite
40 kg	=	40 kg
40 kg + 20 kg	=	40 kg + 20 kg
60 kg – 20 kg	=	60 kg – 20 kg
40 kg · 2	=	40 kg · 2
80 kg : 2	=	80 kg : 2
40 kg	=	40 kg

Bild 1

1.8.1 Bestimmungsgleichungen

In Bestimmungsgleichungen kann man durch die bekannten Werte die unbekannten Werte errechnen. Der unbekannte Wert, kurz Unbekannte, wird in der Regel mit ***„x"*** bezeichnet.

Das Ziel beim Lösen einer Bestimmungsgleichung ist es, die **Unbekannte *x*** zu isolieren **(Bild 2)**.

Die Gleichungen bleiben im Gleichgewicht, wenn man die Zahlen von der einen Seite zur anderen Seite der Gleichung bringt und dabei die Rechenzeichen umdreht.

Für jede Gleichung lässt sich die Kontrolle durchführen, indem man den rechnerisch bestimmten Wert für ***„x"*** in der ersten Zeile einsetzt.

Beispiele:

1. $x + 79 = 130$
   $x = 130 - 79$
   $\boxed{x = 51}$
   Kontrolle:
   $51 + 79 = 130$
   $\mathbf{130 = 130}$

2. $x - 175{,}2 = 24{,}8$
   $x = 24{,}8 + 175{,}2$
   $\boxed{x = 200}$
   Kontrolle:
   $200 - 175{,}2 = 24{,}8$
   $\mathbf{24{,}8 = 24{,}8}$

3. $3x + 2x - x = 12$
   $5x - x = 12$
   $4x = 12 \;|:4$
   $\boxed{x = 3}$
   Kontrolle:
   $3 \cdot 3 + 2 \cdot 3 - 3 = 12$
   $9 + 6 - 3 = 12$
   $\mathbf{12 = 12}$

4. $\frac{6}{x} + 5 = 41 \quad |-5$
   $\frac{6}{x} = 41 - 5$
   $\frac{6}{x} = 36 \quad |\cdot x$
   $6 = 36x$
   $36x = 6 \quad |:36$
   $\boxed{x = \frac{6}{36} = \frac{1}{6}}$
   Kontrolle:
   $6 : \frac{1}{6} + 5 = 41$
   $\mathbf{41 = 41}$

Umformen einer Gleichung durch:

Addieren

$x - 18 = 42$
$x - 18 + 18 = 42 + 18$
Π $\mathbf{x = 60}$

Kontrolle:
$60 - 18 = 42$
$\mathbf{42 = 42}$

Subtrahieren

$x + 18 = 78$
$x + 18 - 18 = 78 - 18$
$\mathbf{x = 60}$

Kontrolle:
$60 + 18 = 78$
$\mathbf{78 = 78}$

Multiplizieren

$\frac{x}{5} = 12$
$\frac{x}{5} \cdot 5 = 12 \cdot 5$
$\mathbf{x = 60}$

Kontrolle:
$\frac{60}{5} = 12$
$\mathbf{12 = 12}$

Dividieren

$8x = 480$
$8x : 8 = 480 : 8$
$\mathbf{x = 60}$

Kontrolle:
$8 \cdot 60 = 480$
$\mathbf{480 = 480}$

Potenzieren

$\sqrt{x} = 6 \quad |^2$
$\sqrt{x} \cdot \sqrt{x} = 6^2$
$\mathbf{x = 36}$

Kontrolle:
$\sqrt{36} = 6$
$\mathbf{6 = 6}$

Radizieren

$x^2 = 3\,600$ |√£
$\sqrt{x^2} = \sqrt{3\,600}$
$\mathbf{x = 60}$

Kontrolle:
$60^2 = 3\,600$
$\mathbf{3\,600 = 3\,600}$

Bild 2

Aufgaben zu 1.8.1

27.1 Bestimmungsgleichungen

Einfache Bestimmungsgleichungen durch Addieren, Subtrahieren, Multiplizieren oder Dividieren lösen. Kontrollieren Sie jeweils das Ergebnis!

a) $x - 9 = 1$
b) $x - 17 = 15$
c) $x + 36 = 40$
d) $3x - 5 = 10$
e) $3x + 2x - x = 24$
f) $x + 45 = -4x + 60$
g) $6x + 7{,}5 = 3x + 12{,}5$
h) $4x + 5x - 2 = 43$
i) $7x - 4x + 1 = 16$
j) $11 + 7x = 60$
k) $57 = 4x + 13 - 8$
l) $8x + 10 = 3x + 30$
m) $5x - 12 = 28 - 3x$
n) $11 - 4x + 7x = 8x - 4$
o) $2x + 5 = 9 - 4x + 20$
p) $3(4x - 7) = 15 + 6x$
q) $\frac{4}{5} = 8x$
r) $\frac{13}{x} = 3\frac{1}{2}$
s) $\frac{5{,}4}{x} = 1\frac{4}{5}$
t) $\frac{20}{x} = 3\frac{1}{3}$
u) $\frac{15}{x} - 3\frac{1}{2} = 1\frac{1}{2}$
v) $3\frac{3}{4} = 2\frac{1}{2}x$
w) $\frac{x}{4} + 2\frac{1}{2} = 4\frac{1}{4}$
x) $\frac{6}{x} = \frac{72}{4}$
y) $\frac{x}{0{,}5} + 5 = 20$
z) $\frac{3}{4}x + 4 = 25$

27.2 Bestimmungsgleichungen mit Klammern lösen und das Ergebnis kontrollieren!

a) $25x - (19x - 48) = 18x - (36 - 13) - (66 - 5x)$
b) $5x - [(3x + 2) + 20] = 37 - [(4x - 19) - (32 - 5x)]$
c) $7x + 15 = 15x - [5 - (12x + 18) + 13x] - 12$
d) $5(8x - 4) + 2(5 - 4x) = 20 + 3(2 - 6x)$
e) $(x - 1)(x - 2) = (x - 3)(x + 1)$
f) $100 + 2x - (9x - 15) = 10 - (7x + 5 + 11x)$
g) $2[100 - (11x + 42)] = 2[9x + (22 - 2x)]$
h) $3(2x - 2) + 8(32 - 6x) - 40 = 42$
i) $5x + 6(x + 7) - 36 = 8(x + 3) + 7(x + 2)$
j) $4[3x + 2(3x - 2)] = 8(4x - 1)$
k) $2\{9(5x - 24) - [4(42 - x) - 9(256 - 10x)]\} = 14x$
l) $2(x + 9) - x = 7x - 4(x + 0{,}5)$
m) $\frac{3x + 1}{84x - 7} + \frac{2x}{7} = \frac{14x + 2}{49}$
n) $\frac{11x + 7}{20} - \frac{9x - 7}{5} = -2$
o) $14x + 3(x - 8) = 2(x + 3) + 3(2x + 2) + 7x$

27.3 Aufgaben mit Potenzen und Wurzeln lösen und das Ergebnis kontrollieren!

a) $7 + 4\sqrt{x + 7} = 23$
b) $\sqrt{15 - x} = \sqrt{3 + x}$
c) $9x^2 + 23 = 2x^2 + 72$
d) $x^3 - 120 = 5$
e) $9x^2 = 81$
f) $\sqrt{x^2 - 5x + 2} = x - 3$

27.4 Textaufgaben

a) Welche Zahl um 14 vermehrt ergibt 32?

b) Welche Zahl vermindert um 8 ergibt 16?

c) Aus einer Bohle, 4,75 m lang, sollen 5 gleich große Teile zugeschnitten werden. Wie groß ist jedes Teil, wenn jedes Teil 3 cm Zugabe haben soll?

d) Drei Arbeiter (A, B und C) haben zusammen in 3 Tagen 540 € verdient, B das Doppelte von A und C 60 € weniger als B. Wie viel verdiente jeder?

e) Verdoppelt man eine Zahl und vermindert das Ergebnis um 13, so ergibt sich der gleiche Wert, wie wenn man das Fünffache der Zahl um 55 vermindert. Wie heißt die Zahl?

f) Die Summe dreier Zahlen beträgt 40. Die zweite ist um 3 größer als die erste, die dritte um 8 kleiner als die erste Zahl. Wie heißt die Zahl?

g) Schreinermeister Kluge kauft 25 kg Nägel und 3 kg Schrauben. 1 kg Schrauben kosten 3,5-mal so viel wie 1 kg Nägel. Wie viel kostet 1 kg jeder Sorte, wenn der Schreinermeister 88,75 € gezahlt hat?

h) Drei Facharbeiter (A, B und C) erhalten einen Akkordzuschlag von 1 150 €. Aufgrund der Arbeitsbewertung erhalten B und C halb so viel wie A. Wie viel bekommt jeder?

i) Addiert man zur Hälfte einer gedachten Zahl das Fünffache der um 3 verkleinerten Zahl, so erhält man das Fünffache der Zahl, vermindert um 10. Wie heißt die Zahl?

j) In einem Rechteck sind die langen Seiten 1,5-mal so lang wie die kurzen. Wie lang sind die Seiten, wenn der Umfang des Rechtecks 4,50 m beträgt?

k) Ein Geselle will für eine bestimmte Summe Geldes Kanthölzer einkaufen. Kauft er 60 m, so fehlen ihm 70 €, kauft er 35 m dann hat er 11,25 € übrig. Wie viel Geld besitzt er und wie viel kostet 1 Meter dieser Kanthölzer?

l) Eine gebrauchte Kreissäge soll verkauft werden und noch einen Erlös von 6 750 € für den Betrieb erbringen. Um wie viel muss der Verkaufspreis erhöht werden, wenn der Zwischenhändler den 10ten Teil des Verkaufspreises haben will?

1.8 Gleichungen

1.8.2 Verhältnisgleichungen

Zwei gleichartige Größen kann man miteinander vergleichen. Zum Beispiel verhält sich die Länge l_1 zur Länge l_2 im Verhältnis 1 : 2. Das heißt, die Länge l_2 ist doppelt so lang wie die Länge l_1 **(Bild 1)**. Man kann solche Verhältnisse in einer **Verhältnisgleichung** oder **Proportion** ausdrücken. Es dürfen immer nur gleichartige Größen, also zum Beispiel Meter mit Meter oder Quadratmeter mit Quadratmeter verglichen werden.
Die Verhältnisse werden als Quotienten geschrieben. Sie werden innerhalb der Verhältnisgleichung gleichgesetzt.

Beispiel: 420 mm : 840 mm = 1 : 2 kurz: 420 : 840 = 1 : 2

$a : b = c : d$ oder: $\frac{a}{b} = \frac{c}{d}$

Man spricht: 420 verhält sich zu 840 wie 1 zu 2

oder: *a* verhält sich zu *b* wie *c* zu *d*

In der Proportion zum Beispiel $a : b = c : d$ sind a und d die Außenglieder und b und c die Innenglieder **(Bild 2)**.

Die Seiten der Verhältnisgleichung können vertauscht werden.

Beispiel: 420 : 840 = 1 : 2 oder 1 : 2 = 420 : 840

Auf jeder Gleichungsseite können die Außenglieder mit den Innengliedern vertauscht werden.

Beispiel: 420 : 840 = 1 : 2 oder 840 : 420 = 2 : 1

Die Verhältnisgleichung wird zur Produktengleichung:

$420 : 840 = 1 : 2 \quad = \quad \frac{420}{840} = \frac{1}{2} \quad = \quad 840 \cdot 1 = 420 \cdot 2$, **840 = 840**

Wenn in einer Proportion nur ein Glied unbekannt ist, kann man mithilfe der anderen Glieder die Unbekannte berechnen.

Beispiel: Die kurze Seite eines Tisches ist 780 mm lang. Wie lang muss die lange Seite des Tisches sein, wenn sich die Seiten im Verhältnis 3 : 5 verhalten sollen **(Bild 3)**?

Lösung:
$780 : x = 3 : 5$ (Verhältnisgleichung)
$3 \cdot x = 5 \cdot 780$ (Produktengleichung)
$3x = 3\,900$
$\mathbf{x = 1\,300}$

Fortlaufende Proportionen

Sie sind eine Zusammenfassung und damit eine kürzere Schreibweise für die bereits bekannten Verhältnisgleichungen nach der Form $a{:}b = u{:}v$ und $b{:}c = v{:}w$. Diese beiden Verhältnisgleichungen lassen sich nun als eine Verhältnisgleichung (als Fortlaufende Proportion) schreiben und ergeben damit folgende Form: $a{:}b{:}c = u{:}v{:}w$
oder in einem Zahlenbeispiel ausgedrückt: 2:3:4 = 4:6:8
gesprochen wir diese Fortlaufende Proportion: (***a** zu **b** zu **c** verhält* sich wie ***u** zu **v** zu **w***)
Will man nun eine Unbekannte (x) in einer solchen Verhältnisgleichung lösen, so muss diese fortlaufende Proportion wieder in einzelne Proportionen zerlegt werden, indem die jeweiligen Paare separat geschrieben werden.
Zu beachten ist hierbei, dass auf beiden Seiten des Gleichheitszeichens jeweils die Vorderglieder, (Mitglieder, soweit vorhanden) und Hinterglieder zu separaten Verhältnissen werden.

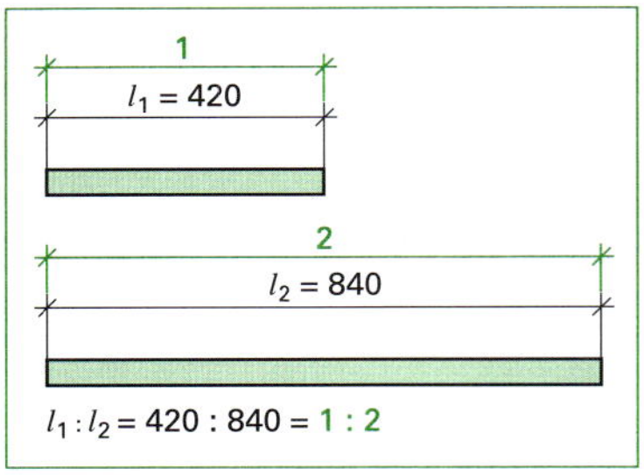

Bild 1: Längenverhältnisse

In einer Proportion dürfen nur gleichartige Größen miteinander verglichen werden.

Die Quotienten in einer Verhältnisgleichung sind einander gleich.

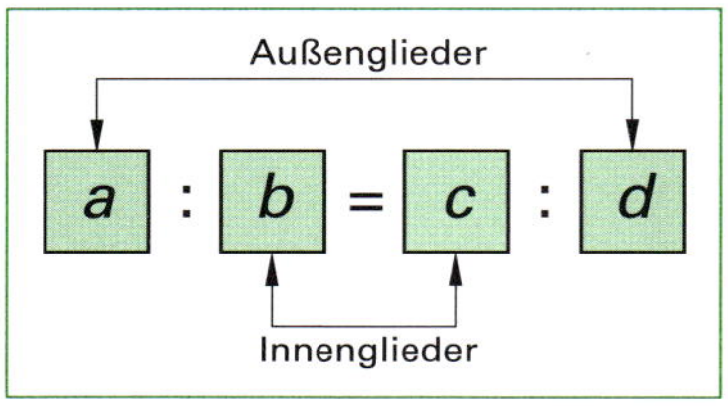

Bild 2

In einer Verhältnisgleichung ist das Produkt der Außenglieder gleich dem Produkt der Innenglieder.

Eine Verhältnisgleichung kann in eine Produktengleichung verwandelt werden.

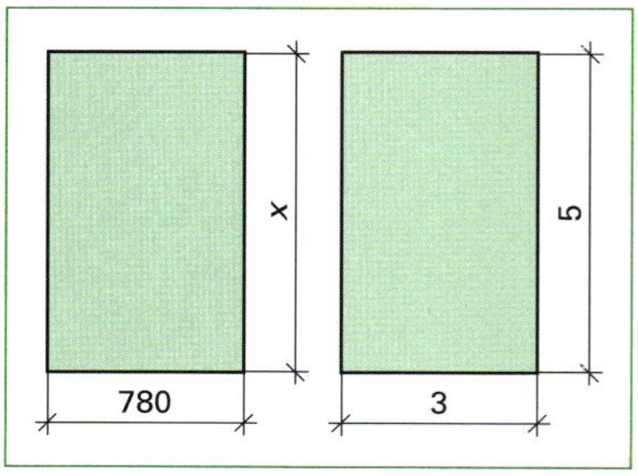

Bild 3: Seitenverhältnisse

1.8 Gleichungen

So wird aus $a{:}b{:}c \leftrightarrow a{:}b$ und $b{:}c$, und aus $u{:}v{:}w \leftrightarrow$ wird u:v und v:w was folgende Schreibweise ergibt: $a{:}b = u{:}v$, und $b{:}c = v{:}w$, oder in Zahlen, aus 2:3:4 = 4:6:*x* wird 2:3 = 4:6 und 3:4 = 6:*x*. Diese Proportionen lassen sich nun wieder nach der eingangs eingeführten Produktregel lösen. Weiter muss auch nur noch die Verhältnisgleichung beachtet werden, in der sich die unbekannte befindet.

3:4 = 6:*x* oder $\frac{3}{4} = \frac{6}{x}$ oder $3 \cdot x = 6 \cdot 4$ nach x aufgelöst

erhält man das Ergebnis: $x = \frac{6 \cdot 4}{3}$ => $x = 8$ *w.z.b.w*

Beispiel: 90 : 6 : 36 = *x* : 1 : 16

Lösung fortlaufende Proportion

90 : 6 : 36 = *x* : 1 : 16 →
(Fortlaufende Proportion) (Umwandlung in)
90 : 6 = *x* : 1 und 6 :36 = 1 :16
(2 Verhältnisgleichungen)

Zur weiteren Lösung ist nur noch die Verhältnisgleichung 90 : 6 = *x* : 1 nötig.

Dies kann durch weiteres Umwandeln in eine Produktengleichung sehr schnell gelöst werden.

90 : 6 = *x* : 1 (Verhältnisgleichung)
90 : 1 = *x* 6 (Produktengleichung)
90 = 6*x*
15 = *x*

1.8.3 Formeln umstellen

Formeln geben mathematische oder physikalische Zusammenhänge durch verschiedene Formelzeichen wieder. Formeln sind ebenfalls Gleichungen, weil auch hier immer die linke Seite der Formel gleich der rechten Seite der Formel ist.

Formeln müssen umgestellt werden, wenn man einen anderen Wert aus der Formel berechnen will. Für das Umstellen der Formeln sind die selben Gesetze wie zum Lösen von Gleichungen anzuwenden.

Beispiel 1:
Der Umfang *U* eines Rechtecks ist gleich der Summe der Rechteckseiten 2(*l* + *b*). Stellen Sie die Formel nach der Rechteckseite *l* und der Rechteckseite *b* um.

$$U = 2(l + b) \qquad U = 2(l + b)$$
$$\frac{U}{2} = l + b \qquad \frac{U}{2} = l + b$$
$$\frac{U}{2} - b = l \qquad \frac{U}{2} - l = b$$

Aufgaben zu 1.8.2 – Verhältnisgleichungen

29.1 Verwandeln der Verhältnisgleichung in eine Produktengleichung

a) 32 : 64 = 1 : 2 b) 5 : 8 = 555 : 888
c) 855 : 171 = 5 : 1 d) 25,25 : 5 = 20,2 : 4
e) 542 : 1897 = 2 : 7 f) 4,5 : 2 = 29,25 : 13
g) 62,5 : 12,5 = 5 : 1 h) 0,366 : 3 = 0,61 : 5

29.2 Berechnen der Unbekannten

a) 340 : *x* = 1 : 2 b) 420 : *x* = 3 : 4
c) *x* : 750 = 5 : 8 d) 8,75 : 1,25 = *x* : 1
e) 645 : 1290 = *x* : 2 f) *x* : 1286 = 3 : 5

29.3 Drei Verhältniszahlen

a) 125 : 250 : *x* = 1 : 2 : 4
b) 4 : *x* : 8 = 480 : 600 : 960
c) 2 : 3 : 6 = 25 : *x* : 75
d) *x* : 3 : 2 = 42 : 21 : 14
e) 4 : 7 : *x* = 0,8 : 1,4 : 3,2
f) 3 : 2 : 4 = 9 : 6 : *x*
g) 120 : 60 : 180 = 2 : 1 : *x*
h) 10 : 2 : 14 = 5 : 1 : *x*
i) 7 : *x* : 21 = 2 : 1 : 6

29.4 Textaufgaben

a) Eine Strecke von 2,36 m soll sich zu einer anderen im Verhältnis von 5 : 8 verhalten. Wie lang ist die andere Seite?
b) Das Verhältnis 3 : 5 entspricht dem Verhältnis des Goldenen Schnittes. Wie lang ist die längere Strecke, wenn die kürzere 420 mm (650 mm) beträgt?
c) Das DINA4-Format verhält sich 1 : $\sqrt{2}$. Wie groß sind jeweils die kurzen Seiten, wenn bei diesem Verhältnis die langen Seiten 210 mm, 297 mm, 420 mm und 594 mm betragen?
d) In einem rechtwinkligen Dreieck verhalten sich die Seiten im Verhältnis 3 : 4 : 5. Wie lang sind die anderen Seiten in diesem Dreieck, wenn die kürzeste 231 mm beträgt?
e) Ein Bauplatz misst 25,36 m × 56,89 m. Wie groß ist er auf dem Zeichenblatt im Maßstab 1 : 500 zu zeichnen?

Aufgaben zu 1.8.3 – Formeln umstellen

29.5 Formeln für jedes Formelzeichen umstellen

a) $U = d \cdot \pi$ b) $A = l \cdot b$
c) $A_M = d \cdot \pi \cdot h$ d) $V = \frac{A \cdot h}{3}$
e) $A = \frac{l_1 + l_2}{2} b$ f) $n_1 \cdot d_1 = n_2 \cdot d_2$
g) $z = \frac{K \cdot p\% \cdot t}{100}$ h) $A_M = \frac{d \cdot \pi \cdot s}{2}$
i) $U = 2l + 2b$ j) $A = \frac{G + g}{2} \cdot h$
k) $U = a + b + c$ l) $V = \frac{A_1 + A_2}{2} \cdot h$
m) $a : b = b : c$ n) $A = \frac{l \cdot b}{2}$
o) $A = \frac{d^2}{4} \cdot \pi$ p) $V = d^2 \cdot \frac{\pi}{4} \cdot h$
q) $A_M = (2l + 2b) \cdot h$

1.9 Dreisatzrechnen

1.9.1 Dreisatz mit geradem und mit umgekehrtem Verhältnis

Beim Dreisatzrechnen wird in der Regel aus zwei Größen die dritte gesucht, indem man vom bekannten Vielfachen (Aussagesatz) auf die Einheit schließt (Einheitsatz) und mit der Einheit das neue Vielfache (Lösungssatz) berechnet **(Bild 1)**.

Dreisatz mit geradem Verhältnis

Die Dreisatzrechnung mit geradem Verhältnis (steigende oder abnehmende Verhältnisse) im Beispiel:

Beispiel: Eine Fußleiste von 5 m Länge kostet 9,25 €. Wie viel kosten 23 m Fußleisten derselben Sorte (Bild 1)?

Lösung:

5 Meter Fußleiste kosten	9,25 €	(Aussagesatz)
1 Meter Fußleiste kostet	$\frac{9{,}25\ €}{5}$	(Einheitsatz)
23 Meter Fußleiste kosten	$\frac{9{,}25\ € \cdot 23}{5}$	(Lösungssatz)
Preis	**42,55 €**	(Ergebnis)

Dreisatz mit umgekehrtem Verhältnis

Das Dreisatzrechnen mit umgekehrtem Verhältnis, bei dem eine Größe abnimmt und die andere zunimmt, im Beispiel:

Beispiel: Für die Herstellung eines Produktes benötigen drei Arbeiter insgesamt 12 Arbeitsstunden. Wie lange dauert die Arbeit, wenn das Team auf 9 Arbeiter verstärkt wird?

Lösung:

3 Arbeiter benötigen	12 Std.	(Aussagesatz)
1 Arbeiter benötigt	12 Std. · 3	(Einheitsatz)
9 Arbeiter benötigen	$\frac{12\ \text{Std.} \cdot 3}{9}$	(Lösungssatz)
Arbeitszeit	**4 Stunden**	(Ergebnis)

1.9.2 Zusammengesetzter Dreisatz

Bei einer zusammengesetzten Dreisatzaufgabe sind mehr als drei Größen vorhanden, sodass man einen weiteren Einheitsatz folgen lassen muss, um auf die neuen Vielfachen schließen zu können.

Beispiel: In einem Forstbetrieb fahren 6 Lkw in 8 Stunden 480 m³ Langholz ab. Wie viel Langholz fahren 8 Lkw in 10 Stunden ab?

Lösung:

6 Lkw schaffen in 8 Std.	$480\ m^3$	(Aussagesatz)
1 Lkw schafft in 8 Std.	$\frac{480\ m^3}{6}$	(Einheitsatz 1)
1 Lkw schafft in 1 Std.	$\frac{480\ m^3}{6 \cdot 8}$	(Einheitsatz 2)
8 Lkw schaffen in 1 Std.	$\frac{480\ m^3 \cdot 8}{6 \cdot 8}$	(Lösungssatz 1)
8 Lkw schaffen in 10 Std.	$\frac{480\ m^3 \cdot 8 \cdot 10}{6 \cdot 8}$	(Lösungssatz)
Langholzmenge	**$800\ m^3$**	(Ergebnis)

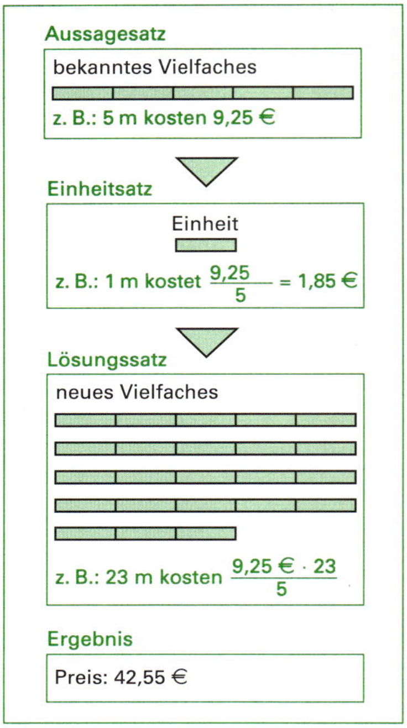

Bild 1

Tabelle 1: Gerades Verhalten in Wertetabelle

Länge	Preis
1 m	3,70 €
2 m	7,40 €
3 m	11,10 €
4 m	14,80 €
5 m	18,50 €
6 m	22,20 €
7 m	25,90 €
8 m	29,60 €
9 m	33,30 €
10 m	37,00 €
Zunahme	Zunahme

Tabelle 2: Umgekehrtes Verhalten in Wertetabelle

Arbeiter	Stunden
1 Arbeiter	36 Stunden
2 Arbeiter	18 Stunden
3 Arbeiter	12 Stunden
4 Arbeiter	9 Stunden
5 Arbeiter	7,2 Stunden
6 Arbeiter	6 Stunden
Zunahme	Abnahme

1.9 Dreisatzrechnen

Aufgaben zu 1.9.1 – Dreisatz mit geradem und umgekehrtem Verhältnis

31.1 4,25 m^3 Buchenholz kosten 2 125,00 €.
Wie viel kosten 5 m^3, 7,5 m^3 und 12 m^3?

31.2 Für 8 Gesellen ist für 12 Stunden 1 056,00 € Nettolohn auszuzahlen.
a) Wie viel verdienen sie pro Stunde?
b) Wie viel ist für 200 Stunden auszuzahlen?

31.3 25 m^2 Wandverkleidung kosten einschließlich Montage 600,00 €.
Wie viel kosten 54 m^2 Wandverkleidung in gleicher Ausführung?

31.4 2,4 m^3 Holz wiegen 1 440 kg.
Wie viel wiegen 3 m^3, 7 m^3?

31.5 Ein Holzbalken mit einer Länge von 3,50 m wiegt 134,86 kg.
Was würde er bei einer Länge von 4,85 m wiegen?

31.6 Ein Lkw benötigt für eine 18 km lange Fahrstrecke 20 Minuten.
Wie viel Minuten benötigt er für eine um 7 km längere Fahrstrecke?

31.7 Die Lackbehälter werden wieder neu gefüllt. Der 12 000 Liter fassende Tank war in 45 Minuten gefüllt.
Wie viel Minuten dauert das Füllen eines 8 000 Liter fassenden Tanks?

31.8 Eine Fußbodenfläche sollte mit 67 Stück 120 mm breiten Dielen belegt werden. Nun hat sich der Kunde für die nur 90 mm breiten Dielen entschieden.
Wie viel Dielen werden von den schmaleren benötigt?

31.9 Eine eingeschossige Treppe hat 15 Stufen mit einer Steigungshöhe von 18,5 cm.
Welche Steigungshöhe ist erforderlich, wenn 16 Stufen vorgesehen werden?

31.10 Für einen Lattenzaun sind 24 hölzerne Pfosten im Abstand von 2,40 m zu setzen.
Wie viel Pfosten sind zu setzen, wenn der Abstand auf 2,80 m erhöht werden kann?

31.11 Für eine Arbeit benötigen 5 Gesellen 21 Stunden.
Wie viel Stunden benötigen 15 (4) Gesellen bei angenommener gleicher Leistung?

31.12 Eine Deckenverkleidung soll von 8 Facharbeitern in 12 Stunden montiert werden.
Wie lange dauert die Montage der Deckenverkleidung, wenn nur 5 Facharbeiter zur Verfügung stehen?

Aufgaben zu 1.9.2 Zusammengesetzer Dreisatz

31.13 Drei Mitarbeiter benötigen für das Anbringen einer 320 m^2 großen Deckenverkleidung bei einer 8-stündigen Arbeitszeit 5 Tage.
In wie viel Tagen können 4 Mitarbeiter bei 10 Stunden Arbeitszeit die Decke montieren?

31.14 Mit einer Fräsmaschine werden bei einer Vorschubgeschwindigkeit von 6 m/min in 2,5 Stunden (einschließlich Nebenzeiten) 525 m Profile gefräst.
Wie viel Meter Profile lassen sich mit zwei Fräsen bei einer Vorschubgeschwindigkeit von 4 m/min in 1,5 Stunden fräsen?

31.15 Ein Facharbeiter leimt in 2 Arbeitstagen 100 Meter Umleimer an.
Wie viel Facharbeiter können in drei Arbeitstagen bei gleicher Leistung 600 Meter Umleimer anbringen?

31.16 Drei Tischler setzen in fünf Tagen bei einer täglichen Arbeitszeit von 8 Stunden 120 Türen ein.
In wie viel Tagen setzen 5 Tischler bei einer täglichen Arbeitszeit von 7,5 Stunden 150 Türen ein, wenn gleiche Leistung vorausgesetzt wird?

31.17 Die Lieferung von Bauholz hat ein Volumen von 560 m^3. Für den Transport benötigen zwei Lkw 8 Stunden.
Wie viel Stunden werden benötigt, wenn die Lieferung auf 945 m^3 erhöht wird und für den Transport 3 Lkws eingesetzt werden sollen?

31.18 Für eine Wandverkleidung mit einer Höhe von 2,42 m werden 297 m Bretter von 120 mm Breite benötigt.
Wie viel Meter Bretter von 100 mm Breite werden bei gleich langer aber 2,75 m hoher Wand benötigt?

31.19 Vier Gesellen sollen einen Messestand aufbauen. Nach 6 Stunden sind $^2/_3$ der Arbeit erledigt.
Wie viel Gesellen müssen noch mit zufassen, wenn der Stand in zwei Stunden fertig sein muss?

31.20 Fünf Parkettleger verlegen bei einer täglichen Arbeitszeit von 9 Stunden 180 m^2 Parkett.
Wie viel m^2 schaffen 4 Parkettleger in 10 Stunden bei angenommenem gleichen Zeitgrad?

31.21 An 7 Facharbeiter werden in 5 Arbeitstagen und einer täglichen Arbeitszeit von 8 Stunden Löhne von insgesamt 2 420,00 € gezahlt.
Wie viel Geld ist bei gleichem Lohn an fünf Facharbeiter in 6 Arbeitstagen und 7 Stunden täglicher Arbeitszeit zu bezahlen?

1.10 Prozentrechnen

Beim Prozentrechnen werden zum Vergleich verschiedene Größen auf eine Größe bezogen, die das Ganze oder hundert Prozent (100 %) darstellt.

$$\frac{100}{100} = 100\,\% \qquad 1\,\% = \frac{1}{100}$$

Beim Prozentrechnen unterscheidet man:

a) den Grundwert = G_W

Er ist immer der Ausgangswert mit 100 %.

b) den Prozentsatz = P_S

Er wird in Prozent ausgedrückt und gibt die Anzahl der Teile von 100 Teilen an. Der Prozentsatz kann auch als Bruch angegeben werden.

c) den Prozentwert = P_W

Dies ist der mithilfe des Prozentsatzes aus dem Grundwert errechnete Teil des Grundwertes **(Bild 1)**.

Prozentrechnungen sind Dreisatzrechnungen.

Berechnung des Prozentwertes

Beispiel 1: Schreinermeister Kluge hat Lacke für 640 € gekauft. Er bekommt durch die Abnahme dieser großen Menge einen Nachlass von 12 %. Wie viel € macht der Rabatt aus?

Lösung:

$$100\,\% \mathrel{\hat=} 640\,€ = G_W$$

$$1\,\% \mathrel{\hat=} \frac{640\,€}{100\,\%} = \frac{G_W}{100\,\%}$$

$$12\,\% \mathrel{\hat=} \frac{640\,€ \cdot 12\,\%}{100\,\%} = \mathbf{76{,}80\,€}$$

$$P_W = \frac{G_W \cdot P_S\,\%}{100\,\%}$$

Aus diesem Beispiel können die nebenstehenden Formeln entwickelt und abgeleitet werden.

Berechnung des Prozentsatzes

Beispiel 2: Auf einer Rechnung von 1 250 € wurde ein Rabatt von 62,50 € gewährt. Wie viel Prozent Preisnachlass sind dies?

Lösung:

$$G_W = 1\,250\,€ \mathrel{\hat=} 100\,\%$$

$$1 \mathrel{\hat=} \frac{100\,\%}{1\,250\,€} = \frac{100\%}{G_W}$$

$$P_W = 62{,}5\,€ \mathrel{\hat=} \frac{100\,\% \cdot 62{,}5\,€}{1\,250\,€} = \mathbf{5\,\%} = P_S\,\%$$

$$P_S\,\% = \frac{100\,\% \cdot P_W}{G_W}$$

Berechnung des Grundwertes

Beispiel 3: Von den Einnahmen muss ein Betrieb 2 730 € Mehrwertsteuer an das Finanzamt abführen. Die Mehrwertsteuer beträgt 19 %. Wie hoch waren die Einnahmen Netto (G_W)?

Lösung:

$$19\,\% \mathrel{\hat=} 2\,730\,€ = P_W$$

$$1\,\% \mathrel{\hat=} \frac{2\,730\,€}{19\,\%} = \frac{P_W}{P_S\%}$$

$$100\,\% \mathrel{\hat=} \frac{2\,730\,€ \cdot 100\,\%}{19\,\%} = \mathbf{14\,368{,}42€}$$

$$G_W = \frac{P_W \cdot 100\,\%}{P_S\,\%}$$

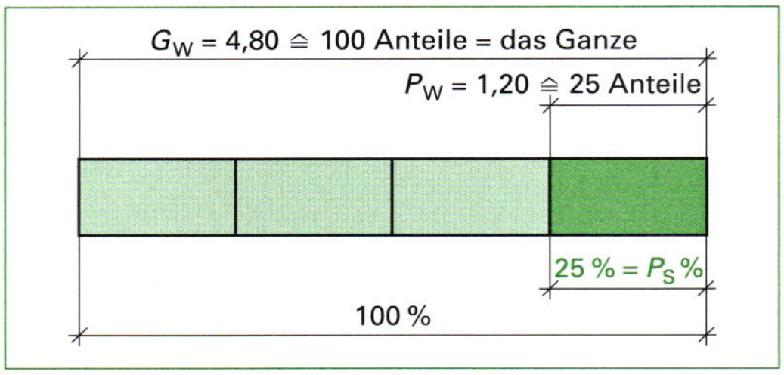

Bild 1

Prozentwert $= \frac{\text{Grundwert} \times \text{Prozentsatz}}{100\,\%}$	$P_W = \frac{G_W \cdot P_S\,\%}{100\,\%}$
Prozentsatz $= \frac{\text{Prozentwert} \times 100\,\%}{\text{Grundwert}}$	$P_S\,\% = \frac{P_W \cdot 100\,\%}{G_W}$
Grundwert $= \frac{\text{Prozentwert} \times 100\,\%}{\text{Prozentsatz}}$	$G_W = \frac{P_W \cdot 100\,\%}{P_S\,\%}$

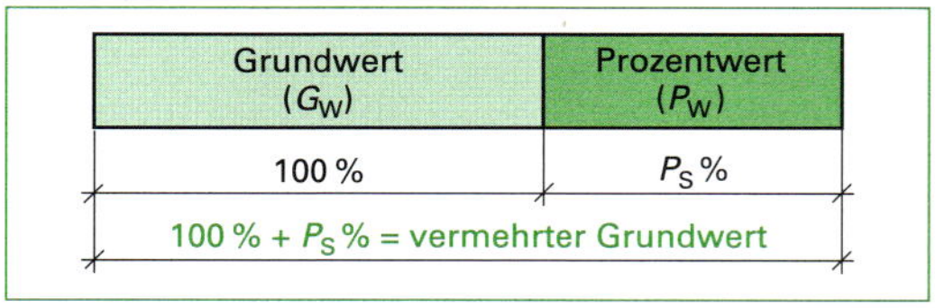

Vermehrter Grundwert = Grundwert + Prozentwert

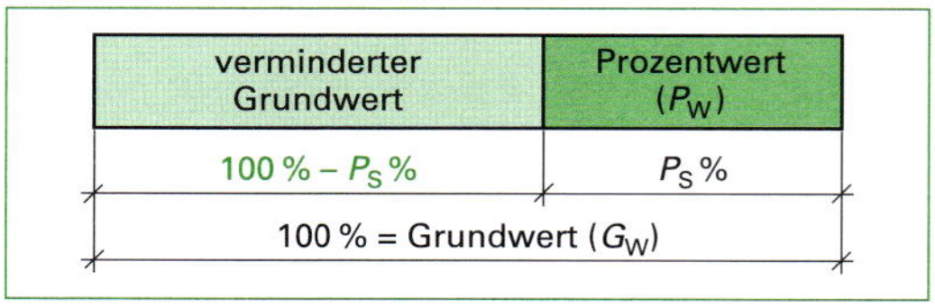

Verminderter Grundwert = Grundwert – Prozentwert

1.10 Prozentrechnen

Beim Prozentrechnen kann man auch von dem um den Prozentsatz **vermehrten Grundwert** oder von dem um den Prozentsatz **verminderten Grundwert** ausgehen.

Berechnungen mit vermehrtem Grundwert

Beispiel a: Für die Lieferung und Montage eines Einbauschrankes werden 6 250 € berechnet. Hier sind zusätzlich 19 % Mehrwertsteuer zu überweisen. Wie hoch ist der Überweisungsauftrag an die Bank?

Lösung: Vermehrter $G_W \mathrel{\hat=} 100\,\% + P_S\% = 119\,\%$

$100\,\% \mathrel{\hat=} 6\,250\,€ = G_W$

$1\,\% \mathrel{\hat=} \frac{6\,250\,€}{100\,\%} = \frac{G_W}{100\,\%}$

$119\,\% \mathrel{\hat=} \frac{6\,250\,€ \cdot 119\,\%}{100\,\%} = \mathbf{7\,437{,}50\,€}$

$$\text{vermehrter } G_W = \frac{G_W \cdot (100\,\% + P_S\,\%)}{100\,\%}$$

Beispiel b: Der Rechnungsbetrag einschließlich Mehrwertsteuer beträgt 7 250,00 €. Wie viel € beträgt die Mehrwertsteuer, die an das Finanzamt abzuführen ist?

Lösung: Vermehrt. $G_W \mathrel{\hat=} 100\,\% + P_S\% = 119\,\%$

$119\,\% \mathrel{\hat=} 7\,250\,€ = \text{vermehrter } G_W$

$1\,\% \mathrel{\hat=} \frac{7\,250\,€}{119\,\%} = \frac{\text{vermehrter } G_W}{100\,\% + P_S\,\%}$

$19\,\% \mathrel{\hat=} \frac{7\,250\,€ \cdot 19\,\%}{119\,\%} = \mathbf{1\,157{,}56\,€}$

$$P_W = \frac{\text{vermehrter } G_W \cdot P_S\,\%}{100\,\% + P_S\,\%}$$

Kontrolle: Aus den bekannten Werten von a) und b) ergibt sich:

Nettorechnungsbetrag	= 6 092,44 €
+ Mehrwertsteuerbetrag	= 1 157,56 €
= Bruttorechnungsbetrag	**= 7 250,00 €**

Berechnungen mit vermindertem Grundwert

Beispiel: Eine Rechnung wurde mit 1 050 € überwiesen. Der Kunde hat 30 % Rabatt abgezogen.

Wie hoch war der Rechnungsbetrag?

Lösung: Vermind. Grundwert $\mathrel{\hat=} 100\,\% - P_S\% = 70\,\%$

$70\,\% \mathrel{\hat=} 1\,050\,€ = \text{verminderter } G_W$

$1\,\% \mathrel{\hat=} \frac{1\,050\,€}{70\,\%} = \frac{\text{verminderter } G_W}{100\,\% + P_S\,\%}$

$100\,\% \mathrel{\hat=} \frac{1\,050\,€ \cdot 100\,\%}{70\,\%} = \mathbf{1\,500{,}00\,€}$

$$G_W = \frac{\text{verminderter } G_W \cdot 100\,\%}{100\,\% - P_S\,\%}$$

Aufgaben zu 1.10 – Prozentrechnen

33.1 Als Rechnungsbetrag sind 725 € ausgewiesen.

Wie viel € hat der Käufer bei Barzahlung zu zahlen, wenn ihm 3 % Skonto gewährt werden?

33.2 Die Auftragssumme beträgt 72 875 €.

Wie viel ist zu überweisen, wenn zuzüglich noch 19 % Mehrwertsteuer zu berücksichtigen sind?

33.3 Lösen Sie die noch fehlenden Werte in der Tabelle!

	Grundwert	Prozentsatz	Prozentwert
a	6 280,00 €	15 %	?
b	438 500,00 €	25 %	?
c	728 437,50 €	?	254 953,12 €
d	?	75 %	175 492,50 €
e	?	33 %	1 289,00 €
f	43 837,50 €	?	2 922,50 €

33.4 Der Stundenlohn eines Gesellen betrug im vergangenen Jahr 10,75 €. Gemäß Tarifvertrag erhöht sich der Lohn um 4,5 %.

Wie hoch ist der Stundenlohn jetzt?

33.5 Ein Massivholzbrett mit einer Breite von 475 mm ist auf 440 mm zusammengetrocknet.

Wie viel Prozent beträgt der Schwund?

33.6 Nach einer Lohnerhöhung von 5,25 % auf den letzten Lohn erhält der Geselle nunmehr 11,18 €.

Wie hoch war sein Stundenlohn vor der Lohnerhöhung?

33.7 Nach einer Pachterhöhung von 15 % zahlt der Meister nunmehr 1 425 € für die gepachtete Werkstatt.

Wie hoch war die Pacht vor der Erhöhung?

33.8 Wegen einer mangelhaften Arbeit behält ein Kunde 15 % des Rechnungsbetrages zurück und überweist nur 6 125 €.

a) Wie hoch war der Rechnungsbetrag?

b) Wie viel € hat der Kunde einbehalten?

33.9 Durch Lagerräumung werden die Preise um 35 % heruntergesetzt. Die verminderten Preise sind 1 770 €, 2 394 € und 139,38 €.

Wie hoch waren die Preise vorher?

33.10 Während der Ausführung einer Bauleistung zahlt der Kunde die erste 30 %ige Abschlagszahlung in Höhe von 3 825 €.

Wie hoch ist der Angebotspreis?

1.11 Zinsrechnen

Das Zinsrechnen ist eine besondere Form des Prozentrechnens, bei dem mithilfe des **Zinssatzes (*p*)** die **Zinsen (*Z*)** für ein **Kapital (*K*)** bei einer **Laufzeit (*t*)** berechnet werden.

Bei der Berechnung der Zinsen multipliziert man das Kapital mit dem Zinssatz und dividiert durch hundert Prozent.

In der Regel beziehen sich die Zinssätze auf eine jährliche Laufzeit. Bei kürzeren oder längeren Laufzeiten müssen die Zinsen noch mit der tatsächlichen Laufzeit wie Jahre, Monate oder Tage multipliziert werden.

Man rechnet:

1 Jahr	=	12 Monate	=	360 Tage
1 Monat	=	1/12 Jahr	=	30 Tage
1 Tag	=	1/360 Jahr	=	1/30 Monat

(Die Beispiele berücksichtigen nicht die Verzinsung der Zinserträge)

Beispiel 1: Ein Kapital von 4 800 € wird mit einem Zinssatz von 4 % verzinst. Wie hoch sind die Zinsen nach 3 Jahren ohne Verzinsung der Zinserträge?

Lösung:
$$Z = \frac{K \cdot p\% \cdot t}{100\,\%} = \frac{4\,800\,€ \cdot 4\,\% \cdot 3}{100\,\%} = \mathbf{576\ €}$$

Beispiel 2: In 4 Jahren bringt ein Kapital bei einem Zinssatz von 4,25 % einen Zins von 1 071 €. Wie hoch ist das Kapital?

Lösung:
$$K = \frac{Z \cdot 100\,\%}{p\% \cdot t} = \frac{1\,071\,€ \cdot 100\,\%}{4{,}25\,\% \cdot 4} = \mathbf{6\,300\ €}$$

Beispiel 3: Ein Kapital von 12 600 € erbringt in 2 Jahren 10 71 € Zinsen. Wie hoch war der Zinssatz?

Lösung:
$$p\% = \frac{Z \cdot 100\,\%}{K \cdot t} = \frac{1\,071\,€ \cdot 100\,\%}{12\,600\,€ \cdot 2} = \mathbf{4{,}25\,\%}$$

Beispiel 4: Ein Kapital von 1 250 € bringt bei einem Zinssatz von 3,5 % Zinsen in Höhe von 175 €. Wie lang war die Laufzeit?

Lösung:
$$t = \frac{Z \cdot 100\,\%}{K \cdot p\%} = \frac{175\,€ \cdot 100\,\%}{1\,250\,€ \cdot 3{,}5\,\%} = \mathbf{4\ Jahre}$$

$$\text{Zinsen} = \frac{\text{Kapital} \times \text{Zinssatz in \%} \times \text{Laufzeit in Jahren}}{100\,\%}$$

$$Z = \frac{K \cdot p\% \cdot t}{100\,\%}$$

$$\text{Kapital} = \frac{\text{Zinsen} \times 100\,\%}{\text{Zinssatz in \%} \times \text{Laufzeit in Jahren}}$$

$$K = \frac{Z \cdot 100\,\%}{p\% \cdot t}$$

$$\text{Zinssatz in \%} = \frac{\text{Zinsen} \times 100\,\%}{\text{Kapital} \times \text{Laufzeit in Jahren}}$$

$$p\,\% = \frac{Z \cdot 100\,\%}{K \cdot t}$$

$$\text{Laufzeit in Jahren} = \frac{\text{Zinsen} \times 100\,\%}{\text{Kapital} \times \text{Zinssatz in \%}}$$

$$t = \frac{Z \cdot 100\,\%}{K \cdot p\%}$$

Aufgaben zu 1.11 – Zinsrechnen

34.1 Ein Anschaffungskredit in Höhe von 14 000 € wird für 24 Monate abgeschlossen.
Wie hoch ist der Zinssatz, wenn er mit 16 200 € zurückzuzahlen ist?

34.2 Eine Hypothek in Höhe von 62 500 € ist mit 7,5 % zu verzinsen.
Wie hoch sind die Hypothekenzinsen für eine Laufzeit von 5 Jahren?

34.3 Am Anfang des Jahres waren auf dem Sparbuch einer Bank 1 825 €. Ohne zusätzliche Einzahlungen konnten am Ende des Jahres 1 888,88 € gebucht werden.
Wie hoch war der Zinssatz der Bank?

34.4 Eine Bank gewährt für jährliche Festgeldanlagen 6,5 % Zinsen.
Wie hoch sind die Zinsen, wenn ein Bankkunde einen Betrag von 22 500 € 3 Jahre angelegt hätte?

34.5 Ein Hauseigentümer vermietet sein Haus für eine monatliche Miete von 625 €.
Wie hoch ist die jährliche Kapitalverzinsung, wenn der Wert des Hauses 325 000 € beträgt?

34.6 Für einen Anschaffungskredit in Höhe von 13 000 €, der 18 Monate läuft, sind 12,5 % Zinsen zu zahlen.
Wie viel muss der Kreditnehmer zurückzahlen?

34.7 Ein Anleger möchte ein Kapital von 250 000 € anlegen. Die Bank A gewährt 6,5 %, die Bank B 7,75 %.
Wie viel Zinsen bekommt er bei der Bank A und wieviel bei der Bank B, wenn er das Geld 4,5 Jahre anlegen will?

1.12 Winkel – Steigung, Neigung, Gefälle

1.12.1 Winkelarten und Einheiten der Winkel

Strahlen gehen von einem Punkt aus in verschiedene Richtungen. Durch den Richtungsunterschied zweier Strahlen entsteht ein Winkel. Beim Winkel werden die Strahlen als Schenkel bezeichnet und ihr Schnittpunkt als Scheitelpunkt **(Bild 1)**. Je nach Öffnung der Schenkel sind die Winkel verschieden groß, siehe **Bild 2**.

Die Winkel werden mit den griechischen Buchstaben α (alpha), β (beta), γ (gamma), δ (delta) usw. bezeichnet. Für „Winkel" kann auch das Winkelsymbol $\sphericalangle$ eingesetzt werden.

Die Einheit des Winkels ist das **Grad (°)**. Bei der Teilung des Winkels geht man von einem Vollkreis aus. Der Vollkreis hat 360° **(Tabelle 2)**.

Ein Grad kann noch weiter in **60 Minuten (′)** und eine Minute in **60 Sekunden (″)** eingeteilt werden. Bei der Addition und Subtraktion von Winkeln mit den Einheiten Grad muss beachtet werden, dass die Untereinheiten nicht hundert, sondern 60 betragen **(Tabelle 1)**.

Beispiel 1:
Addieren von Winkeln
$\alpha = 20°\ 40'\ 30''$ und
$\beta = 40°\ 22'\ 35''$

Lösung:

$$\alpha = 20°\ 40'\ 30''$$
$$+\beta = 40°\ 26'\ 35''$$
$$\alpha + \beta = 60°\ 66'\ 65''$$
$$= 60°\ 67'\ 5''$$
$$\alpha + \beta = \mathbf{61°\ 7'\ 5''}$$

Beispiel 2:
Subtrahieren von Winkeln
$\alpha = 25°\ 15'\ 36''$ und
$\beta = 3°\ 25'\ 42''$

Lösung:

$$\alpha = 25°\ 15'\ 36''$$
$$-\beta = 3°\ 25'\ 42''$$
$$\alpha = 25°\ 14'\ 96''$$
$$\text{(erweitert)} = 24°\ 74'\ 96''$$
$$-\beta = 3°\ 25'\ 42''$$
$$\alpha - \beta = \mathbf{21°\ 49'\ 54''}$$

Winkel mit den Einheiten Grad, Minute und Sekunde können in Dezimalzahlen umgerechnet werden. Bei der Umrechnung ist zu beachten, dass 1 Grad 60 Minuten oder 3 600 Sekunden entspricht.

Beispiel 3:
Winkel α beträgt 35° 42′ 18″.
Geben Sie die Winkelgröße in Dezimalzahlen an.

Lösung:

$$\alpha = 35°\ 42'\ 18''$$
$$35° = 35{,}000°$$
$$42' = \left(\frac{42'}{60'}\right)^{\circ} = 0{,}700°$$
$$18'' = \left(\frac{18''}{3\,600''}\right)^{\circ} = 0{,}005°$$
$$\alpha = \mathbf{35{,}705°}$$

Umgekehrt können Winkelangaben in Dezimalzahlen zu Winkelangaben in Grad, Minuten und Sekunden umgerechnet werden. Dies erfolgt durch Multiplizieren der Zahlen nach dem Komma jeweils mit dem Umrechnungsfaktor 60, um zum Beispiel aus Grad Minuten oder aus Minuten Sekunden zu erhalten.

Beispiel 4:
Winkel $\alpha = 10{,}705°$ ist in Grad, Minuten und Sekunden umzurechnen.

Lösung:

$$\alpha = 10{,}705° = 10° \ldots$$
$$0{,}705° \cdot \frac{60'}{1°} = 42{,}300'$$
$$0{,}300° \cdot \frac{60''}{1'} = 18''$$
$$\alpha = \mathbf{10°\ 42'\ 18''}$$

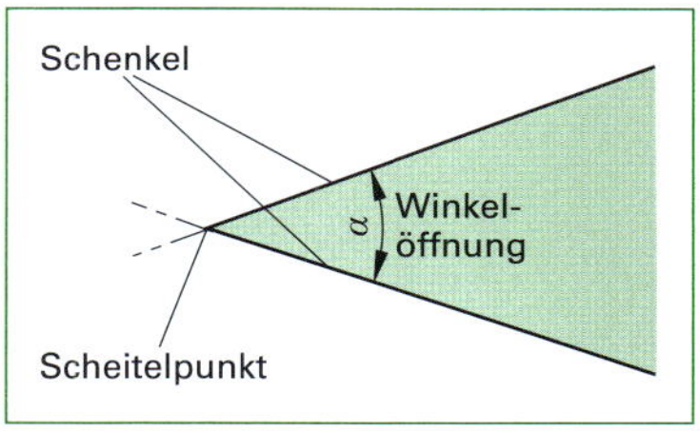

Bild 1: Begriffe am Winkel

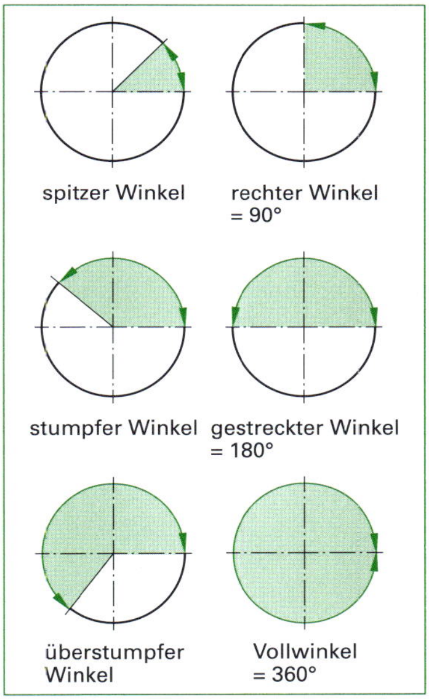

Bild 2: Winkelarten

Tabelle 1: Einheiten in Grad		
1° (Grad)	=	60′ (Minuten)
1′ (Minute)	=	60″ (Sekunden)
1° (Grad)	=	3 600″ (Sekunden)

Tabelle 2: Winkelgrößen in Grad

Winkelbereiche Winkelart	Grad	genaue Winkel Winkelart	Grad
spitzer Winkel	>0° <90°	rechter Winkel	90°
stumpfer Winkel	>90° <180°	gestreckt. Winkel	180°
überst. Winkel	>180° <360°	Voll-winkel	360°

1.12 Winkel – Steigung, Neigung, Gefälle

Statt in Grad kann die Einheit der Winkel auch das **gon** sein. Ein Vollkreis hat 400 gon, ein rechter Winkel 100 gon, ein gestreckter Winkel 200 gon.

> 1 gon entspricht **0,9°** oder **54′**. 1 Grad entspricht 1,111 gon.

Die weitere Unterteilung des **gon** sind das **Dezigon (dgon)**, **Zentigon (cgon)** und das **Milligon (mgon)**.

Bei der Umrechnung von Winkeln mit der Einheit Grad in die Einheit gon muss der Winkel zunächst in eine Dezimalzahl umgewandelt werden, um diese dann mit dem Faktor 1,111 zu multiplizieren.

Beispiel 5: Der Winkel α beträgt 65° 24′. Wie groß ist dieser Winkel in der Einheit gon?

Lösung: $65° = 65{,}00°$

$$24' = \left(\frac{24'}{60'}\right)^{\circ} = 0{,}40° \Rightarrow \alpha = \mathbf{65{,}40°}$$

$$65{,}40° \cdot \frac{400\ \text{gon}}{360°} = \mathbf{72{,}667\ gon}$$

oder $65{,}40° \cdot 1{,}111\ \text{gon}/1° = \mathbf{72{,}66\ gon}$

1.12.2 Steigung, Neigung, Gefälle

In der Praxis können Winkel selten in Grad oder gon gemessen werden. Hier gibt man die Größe eines Winkels in Verhältniszahlen an. Mit ihnen wird die Abweichung des einen Schenkels vom rechten Winkel oder der Waagrechten angegeben. Es ist das Verhältnis von Höhe zur Grundlänge.

Zinken sollen zum Beispiel mit einer Schmiege von 1 : 6 angeschnitten werden. Hier haben die Schenkel des rechten Winkels das Verhältnis $h : l = 1 : 6$ **(Bild 1)**.

Bei einer Abweichung einer Strecke von der Waagrechten spricht man von Steigung, Neigung und Gefälle. Eine Rampe hat zum Beispiel eine Steigung, ein Dach eine Neigung und ein Fußboden ein Gefälle.

Bei Steigungen und auch Neigungen wird in der Regel das Steigungsverhältnis (s) von Höhe (h) zur Länge (l) angegeben **(Formel 1)**.

Beim Gefälle wird die Abweichung in Prozent angegeben **(Formel 2)**.

Beispiel 1: Ein Pultdach hat folgende Maße: Höhe = 4,00 m, Tiefe = 6,00 m. Wie groß ist das Neigungsverhältnis des Daches **(Bild 2)**?

Lösung: Neigungsverhältnis $s_v = \frac{h}{l} = \frac{4{,}00\ \text{m}}{6{,}00\ \text{m}} = \frac{1}{1{,}5} = \mathbf{1 : 1{,}5}$

Beispiel 2: Ein 2 m langes Richtscheit wird zur Kontrolle des Fußbodengefälles ins „Wasser" gelegt. Es liegt an einem Ende am Fußboden auf und hat am anderen Ende zum Fußboden 40 mm Luft. Wie groß ist das Gefälle des Fußbodens in Prozent **(Bild 3)**?

Lösung: Gefälle $s_p = \frac{h \cdot 100\,\%}{l} = \frac{4\ \text{cm} \cdot 100\,\%}{200\ \text{cm}} = \frac{400\,\%}{200} = \mathbf{2\,\%}$

Tabelle 1: Winkelgrößen in gon

Winkelbereiche		genaue Winkel	
Winkelart	gon	Winkelart	gon
spitzer Winkel	>0 <100	rechter Winkel	100
stumpfer Winkel	>100 <200	gestreckt. Winkel	200
überst. Winkel	>200 <400	Voll-winkel	400

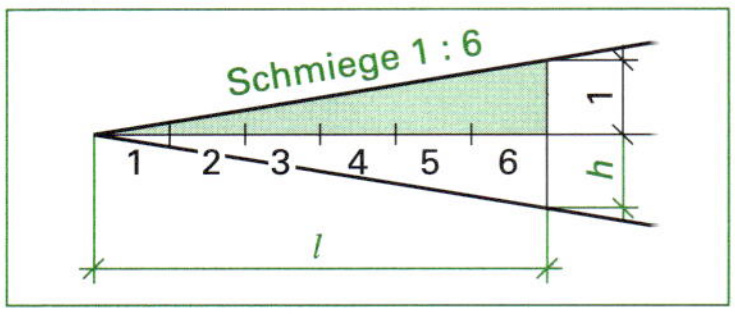

Bild 1: Verhältnis 1 : 6

Formel 1:

$$\text{Steigungsverhältnis} = \frac{\text{Höhe}}{\text{Grundlänge}}$$

$$s_v = \frac{h}{l}$$

Formel 2:

$$\text{Steigung in Prozent} = \frac{\text{Höhe} \times 100\,\%}{\text{Grundlänge}}$$

$$s_p = \frac{h \cdot 100\,\%}{l}$$

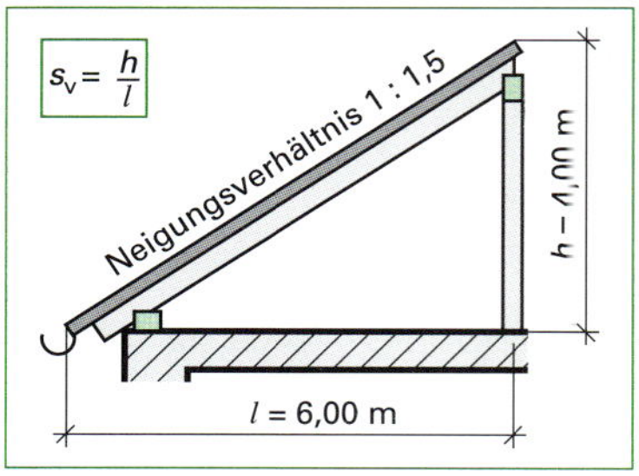

Bild 2: Dachneigungsverhältnis

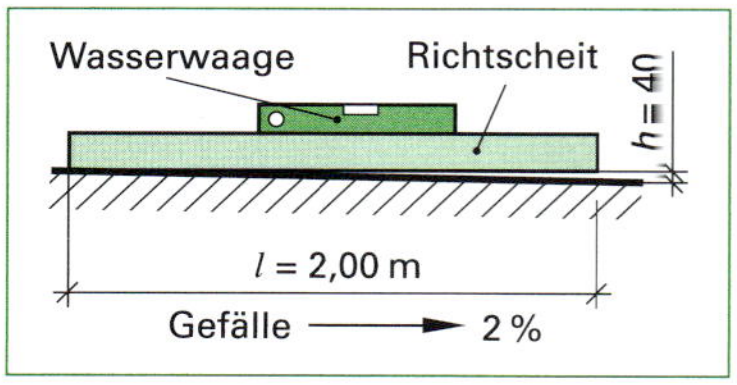

Bild 3: Fußbodengefälle

1 Mathematische Grundlagen

1.12 Winkel – Steigung, Neigung, Gefälle

Aufgaben zu 1.12.1 Winkelarten und Einheiten der Winkel

37.1 Umrechnen von Winkeln in Dezimalzahlen

(Runden auf 4 Stellen nach dem Komma).

a) 15° 25′ 12″ b) 75° 45′ 45″ c) 45° 35′ 15″
d) 20° 20′ 20″ e) 60° 30′ 30″ f) 80° 15′ 15″
g) 70° 28′ 14″ h) 60° 30′ 20″ i) 125° 18′ 8″

37.2 Umrechnen in Grad, Minuten und Sekunden

a) 20,506° b) 79,667° c) 25,333°
d) 36,50° e) 80,45° f) 83,667°
g) 125,125° h) 34,25° i) 88,750°

37.3 Winkel addieren und subtrahieren

a) 69° 40′ 25″ + 13° 25′ 55″ b) 78° 12′ 35″ + 22° 48′ 35″
c) 45° 12′ 35″ + 35° 45′ 45″ d) 15° 20′ 16″ – 12° 25′ 17″
e) 23° 09′ 22″ – 18° 25′ 23″ f) 76,65° – 56,987°
g) 45° 12′ 33″ + 44,75° – 56° 45′ 45″ + 78,125° – 12,667°
h) 36° 56′ 59″ + 12,75° – 75° 43′ 21″ + 66,667° – 71,25°

Aufgaben zu 1.12.2 – Steigung, Neigung und Gefälle

37.4 Zeichnen Sie eine Zinkenschmiege mit dem Winkelverhältnis 1 : 6 (1 : 7).

37.5 Eine Schräge wird mit dem Verhältnis 1 : 1 ermittelt.

Wie groß sind die Winkel in Grad?

37.6 Eine Rampe hat eine Grundlinie von 10 m und eine Höhe von 1,50 m **(siehe Bild)**.

a) Wie groß ist das Steigungsverhältnis?

b) Wie viel Prozent beträgt die Steigung?

37.7 Ein Fußbodengefälle wird kontrolliert. Das ins „Wasser" gelegte 3,00 m lange Richtscheit hat an einem Ende 60 mm Abstand vom Boden.

Wie groß ist das Gefälle in % **(siehe Bild)**?

37.8 Nach 50 m Luftlinie fällt die Straße kontinuierlich um 6,50 m.

Wie groß ist das Gefälle der Straße in Prozent **(siehe Bild)**?

37.9 Die Dachneigung eines gleichseitigen Satteldaches wird mit 2,5 : 3 angegeben.

Wie breit ist das Dach in Traufhöhe, wenn die Höhe 5,00 m beträgt **(siehe Bild)**?

37.10 Eine Rampe für Gabelstapler darf eine Steigung von höchstens 12 % aufweisen.

Wie lang muss die Grundlänge in Meter sein, wenn eine Höhe von 1,35 m zu überbrücken ist **(siehe Bild)**?

37.11 Ein Keil zum Hochkeilen schwerer Lasten wirkt am besten, wenn er ein Steigungsverhältnis von 1 : 4 hat.

Wie lang müssen die Keile sein, wenn diese aus einer 50 mm dicken Bohle zugeschnitten werden **(siehe Bild)**?

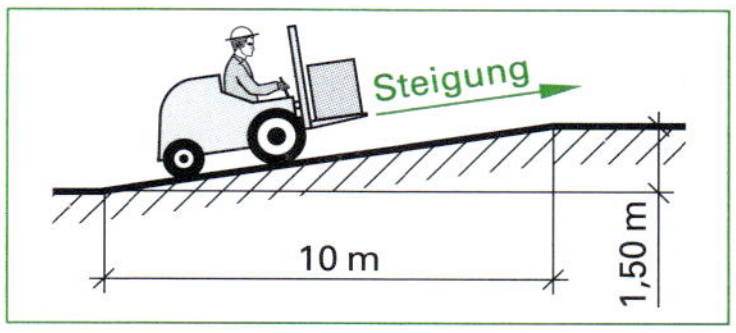

Aufgabe 37.6

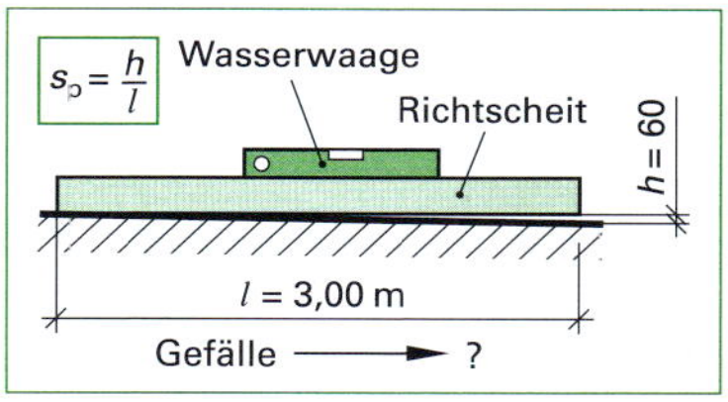

Aufgabe 37.7

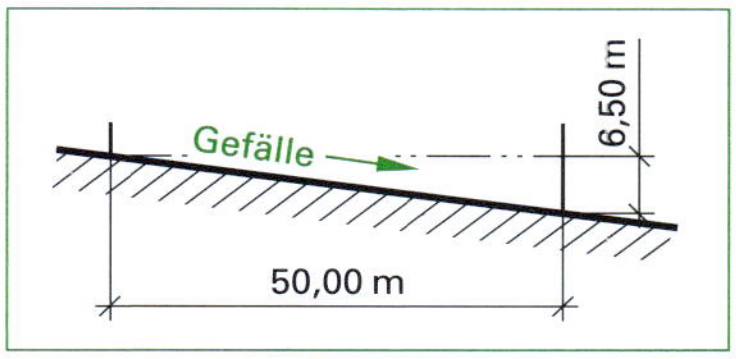

Aufgabe 37.8

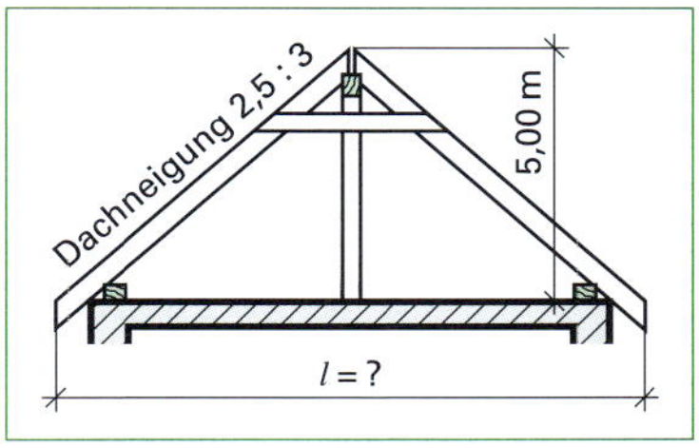

Aufgabe 37.9

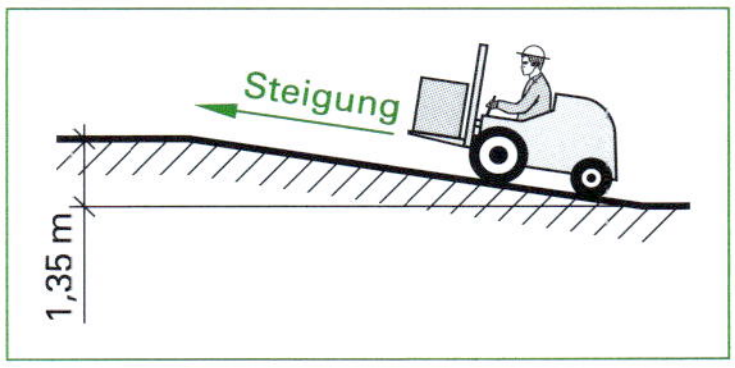

Aufgabe 37.10

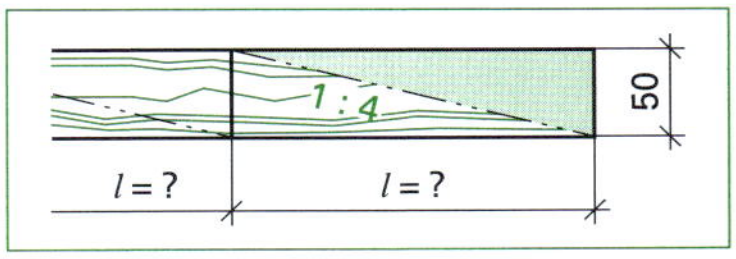

Aufgabe 37.11

1 Mathematische Grundlagen

1.12 Diagramme (Schaubilder)

Mit grafischen Darstellungen können verschiedene Größen eindeutiger als es Zahlenwerte aussagen können, veranschaulicht werden. Sie können flächig oder räumlich dargestellt werden.

Diagramme sind grafische Darstellungen, aus denen man Werte exakt ablesen kann.

Grafiken und Diagramme kommen in der Praxis zum Vergleichen von Umsatzzahlen, zur Darstellung von Zeiten und Kosten, zur Darstellung von Holzfeuchte und Luftfeuchtezusammenhängen usw. vor.

Säulen-Diagramm

Ein Säulen-Diagramm wird benutzt, um zum Beispiel Mengen verschiedener Zeiten oder Arten miteinander zu vergleichen. Die Säulenabschnitte müssen zum Vergleich immer in derselben Reihenfolge aufeinander gestapelt werden. Die Entwicklung und Veränderung ist an den verschieden großen Säulenabschnitten ablesbar. Säulenbilder eignen sich nicht zum genauen Ablesen von Werten (**Bild 1** und **2**).

Kreis-Diagramm

Kreis-Diagramme eignen sich besonders gut für die Darstellung einzelner Anteile in einem Ganzen. Meistens werden hier die Anteile in Prozent angegeben, während der ganze Kreis 100 % darstellt **(Bild 3)**.

Beispiel 1: Die Holzbearbeitungsmaschinenindustrie setzt ihre Erzeugnisse weltweit ab. In den EG-Ländern 35 %, in EFTA-Ländern 19,7 %, in Ost-Europa 16,3 %, in Amerika 13,4 %, in Asien 10,9 %, in Australien 2,4 % und in Afrika 2,3 %.

Lösung: Die Winkelgröße der einzelnen Sektoren muss entsprechend der Prozentsätze ermittelt werden:

$$100\,\% \mathrel{\hat=} 360°;\ 1\,\% \mathrel{\hat=} \frac{360°}{100\,\%} = \mathbf{3{,}6°/\%}$$

$$35\,\% \mathrel{\hat=} 3{,}6°/\% \cdot 35\,\% = \mathbf{126{,}0°}$$

$$19{,}7\,\% \mathrel{\hat=} 3{,}6°/\% \cdot 19{,}7\,\% = \mathbf{70{,}9°}$$

$$16{,}3\,\% \mathrel{\hat=} 3{,}6°/\% \cdot 16{,}3\,\% = \mathbf{58{,}7°}$$

$$13{,}4\,\% \mathrel{\hat=} 3{,}6°/\% \cdot 13{,}4\,\% = \mathbf{48{,}3°}$$

$$10{,}9\,\% \mathrel{\hat=} 3{,}6°/\% \cdot 10{,}9\,\% = \mathbf{39{,}2°}$$

$$2{,}4\,\% \mathrel{\hat=} 3{,}6°/\% \cdot 2{,}4\,\% = \mathbf{8{,}6°}$$

$$2{,}3\,\% \mathrel{\hat=} 3{,}6°/\% \cdot 2{,}3\,\% = \mathbf{8{,}3°}$$

(Siehe Bild 3)

Kreis-Bilder können auch räumlich dargestellt werden. Allerdings geht hierbei etwas an Genauigkeit verloren.

Beispiel 2: Isometrisches Schaubild über die Anteile im Energieverbrauch in den alten Bundesländern **(Bild 4)**.

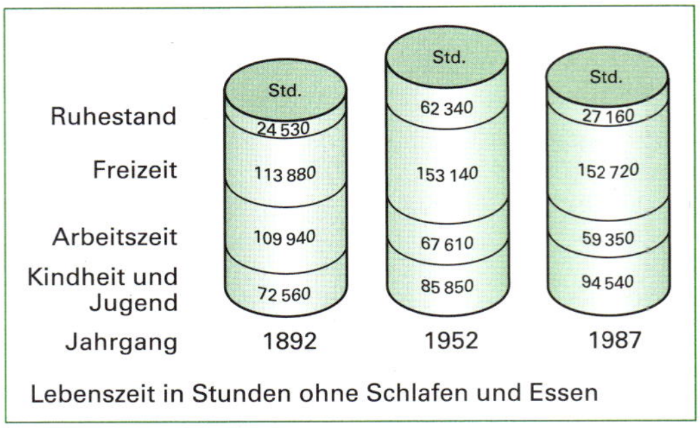

Bild 1: Säulen-Bild, räumlich

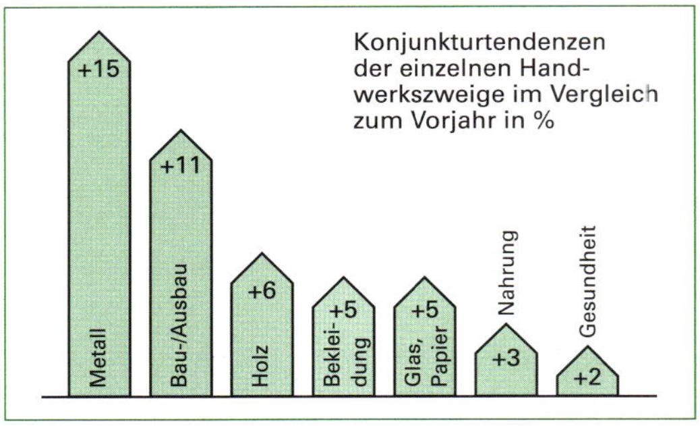

Bild 2: Säulen-Bild, flächig

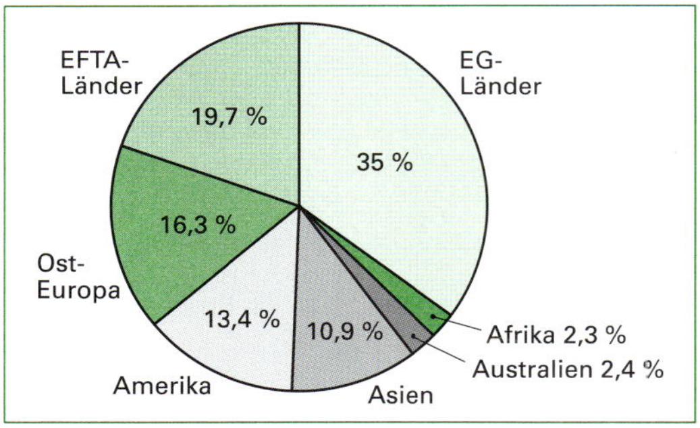

Bild 3: Kreis-Diagramm, flächig

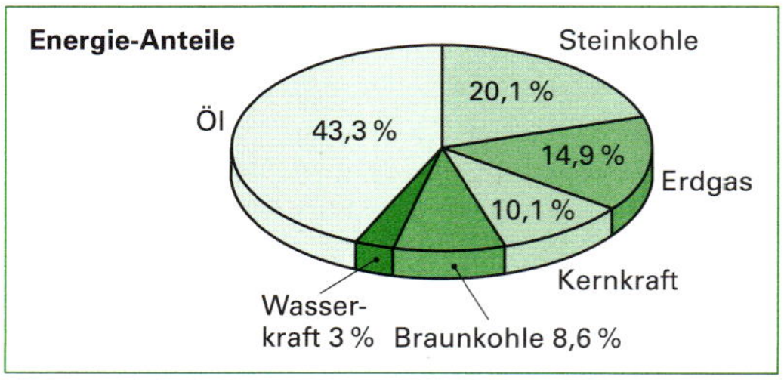

Bild 4: Kreis-Diagramm, isometrisch

1.12 Diagramme (Schaubilder)

Flächenstreifen-Diagramm

Im Flächenstreifen- oder Balkendiagramm können besonders eindrucksvoll verschiedene Mengen miteinander verglichen werden. In der Vertikalen werden maßstabsgerechte Größen, z. B. Stückzahlen abgetragen und in der Horizontalen die Zeiten wie Monate oder Jahre **(Bild 1)**.

Beispiel 3: In einem Flächenstreifen-Diagramm soll die monatliche Fertigung von Schrankeinheiten des Modells „Stefani" einer Firma dargestellt werden. In der Vertikalen sind die Stückzahlen für Export und Inland abzutragen, in der Horizontalen die 12 Monate von Januar bis Dezember.

Lösung: siehe **Bild 2**.

In der Grafik sind deutlich das Sommerloch und die Monate mit den meisten Festtagen zu erkennen. Der Exportanteil erhält eine andere Farbsättigung.

Balkendiagramm

Daten kann man als breite Balken sichtbar machen.

Besonders Zeiten und deren Abhängigkeiten voneinander werden gern im Balkendiagramm dargestellt. In der Vertikalen werden hier die Kapazitäten und in der Horizontalen die Zeiten eingetragen.

Beispiel 4: In der Arbeitsvorbereitung werden die Belegzeiten der einzelnen Maschinen mit den verschiedenen Aufträgen in ein Balkendiagramm eingetragen. In der Vertikalen sind die einzelnen Maschinen chronologisch dem Fertigungsfluss entsprechend aufgeführt; in der Horizontalen die Zeiten in Stunden, Tagen oder Wochen.

Lösung: siehe **Bild 3**.

Kurvendiagramm

Kurvendiagramme geben die Entwicklung von Daten in einem bestimmten Zeitraum an. Es wird besonders für die Umsatzentwicklung oder für Temperaturen über bestimmte Zeiträume verwendet. Das Kurvendiagramm ist auch als Fieberkurve bekannt.

Beispiel 5: Die Umsatzentwicklung eines Betriebes soll für die verschiedenen Erzeugnisse im Kurvendiagramm dargestellt werden. In der Vertikalen sind die Umsatzzahlen abzutragen, in der Horizontalen die Jahre bzw. die Halbjahre. Um den Verlauf deutlicher zu zeigen, wird mit der Kurve in der Regel nicht bei null angefangen **(Bild 4)**.

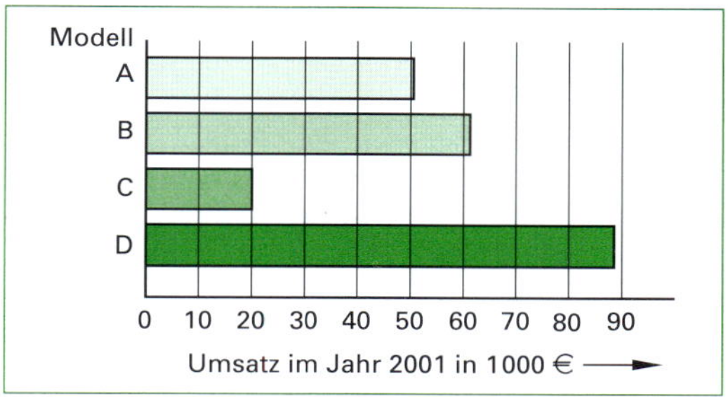

Bild 1: Flächenstreifen- oder Balken-Diagramm

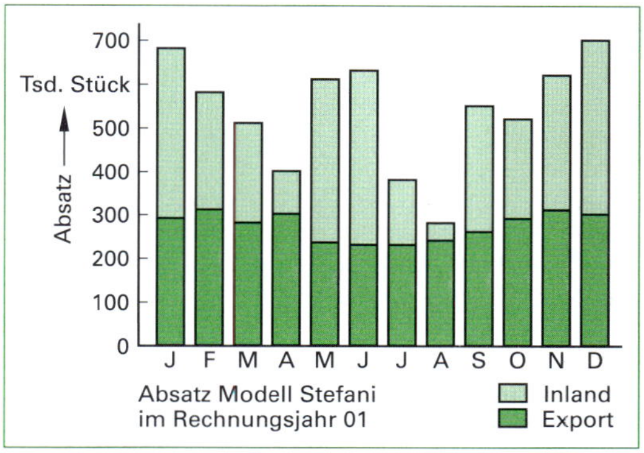

Bild 2: Flächenstreifen-Diagramm, aufrecht

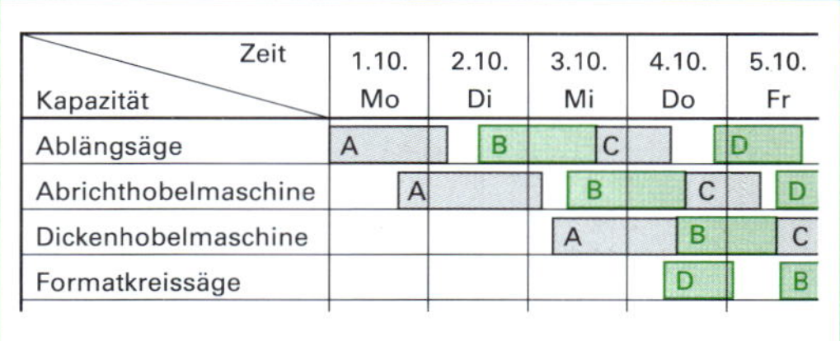

Bild 3: Balkendiagramm

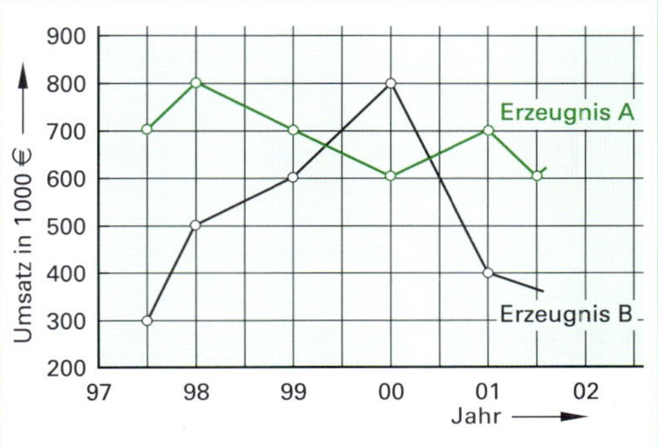

Bild 4: Kurvendiagramm

1.12 Diagramme (Schaubilder)

Grafische Darstellung von Funktionen

In der Wirtschaft und in der Technik werden Zahlen und Größen, die voneinander abhängig sind, vielfach grafisch dargestellt. Somit kann man weitere Werte aus der grafischen Darstellung ablesen. Die Abhängigkeit verschiedener Größen voneinander nennt man Funktion.

Für die Darstellung benötigt man ein rechtwinkliges Koordinatensystem. Die Waagerechte heißt x-Achse oder Abszisse, die Senkrechte y-Achse oder Ordinate. In diesem Koordinatensystem lässt sich jeder Punkt genau festlegen **(Bild 1)**. Bei grafischen Darstellungen wird in der Regel nur das positive Koordinatenfeld benutzt. Die Verkettung mehrerer Punkte in dem Koordinatensystem kann je nach Funktion zu einer Geraden oder einer Kurve (z. B. Hyperbel) u. a. führen.

Beispiel 1: Zeichnen Sie in ein Koordinatensystem folgende Punkte P(x;y) ein:

P1(+5;3,5); P2(–3;+2); P3(+2;–2,5)

Lösung: siehe **Bild 2**.

Beispiel 2: Die Kosten für ein Werkstuck betragen 6,00 €.

a) Stellen Sie ein Diagramm auf (x-Achse ≙ Stückzahl, y-Achse ≙ €-Beträge), in dem die Preise bis 20 Stück ablesbar sind.

b) Stellen Sie die Wertetabelle für 5, 15 und 20 Stück auf, zeichnen Sie das Diagramm und lesen Sie die Werte für 8 oder 12 Stück ab.

Lösung: a) siehe **Bild 3**.

b)

Wertetabelle zu Beispiel 2b			
Stückzahl	5	15	20
€ (Stück · €/Stück)	30	90	120

Beispiel 3: Für ein Fahrzeug sind im Jahr einschließlich Abschreibung 4 000 € feste Kosten aufzuwenden, die anfallen, ob mit dem Fahrzeug gefahren wird oder nicht. Die Kilometerkosten werden mit 0,25 € für jeden gefahrenen Kilometer berechnet.

a) Stellen Sie eine Wertetabelle für 1 000, 2 000, 5 000, 10 000 und 20 000 gefahrene Kilometer auf.

b) Zeichnen Sie eine Grafik und ermitteln Sie hierin die Kosten pro Kilometer bei 2 500, 7 000 und 12 000 gefahrenen Kilometern pro Jahr.

Lösung: siehe **Bild 1**, Seite 41

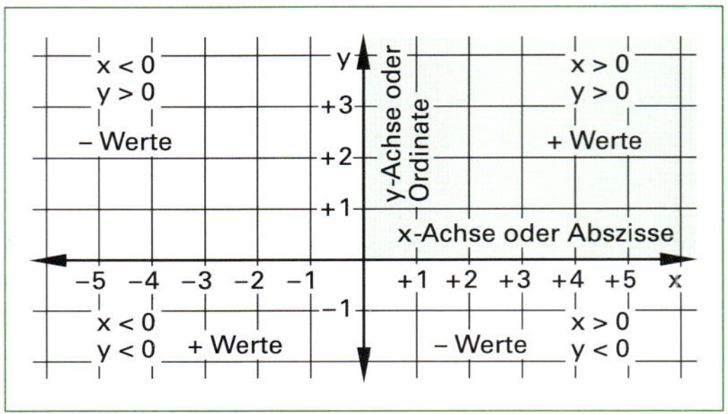

Bild 1

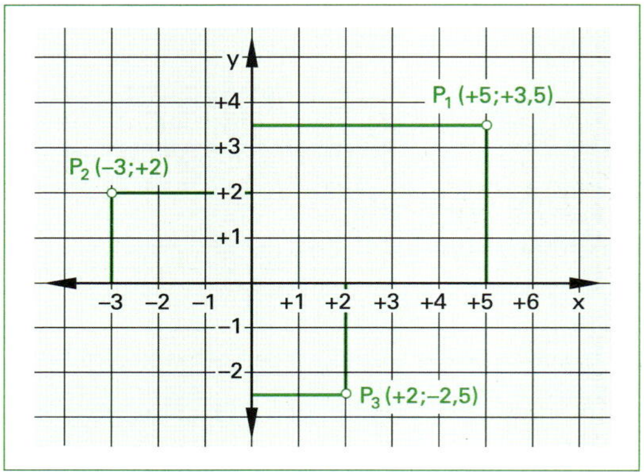

Bild 2

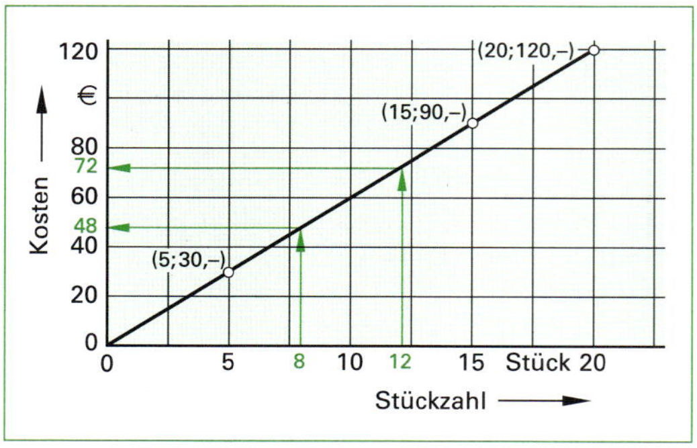

Bild 3

Wertetabelle zu Beispiel 3a					
Kilometerleistung	1 000	2 000	5 000	10 000	20 000
Fixekosten	4 000	4 000	4 000	4 000	4 000
$km \cdot \frac{Kosten}{1\ km}$	250	500	1 250	2 500	5 000
Gesamtkosten	4 250	4 500	5 250	6 500	9 000
Kosten €/km	4,25	2,25	1,05	0,65	0,45

1.12 Diagramme (Schaubilder)

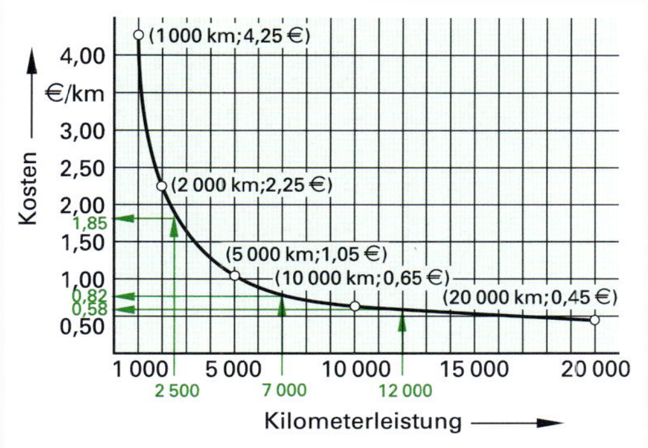

Bild 1

Wertetabelle zu Beispiel 4					
	P_1	P_2	P_3	P_4	P_5
d (mm)	400	500	600	700	800
A (m²)	0,125	0,196	0,283	0,385	0,503

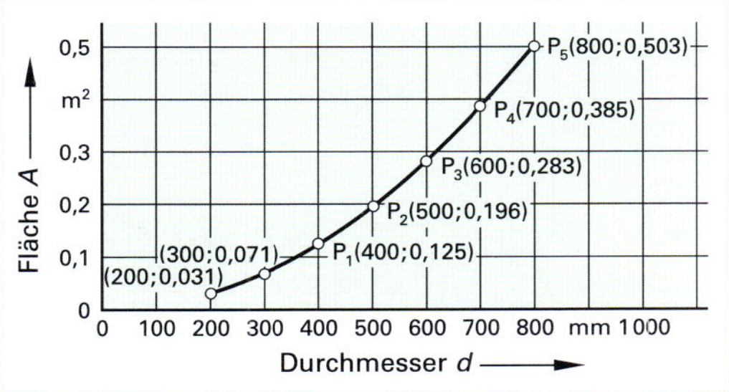

Bild 2 zu Beispiel 4

Durch Verwendung einer logarithmischen Teilung im Koordinatensystem wird aus der Hyperbel eine gerade Linie **(Bild 3)**.

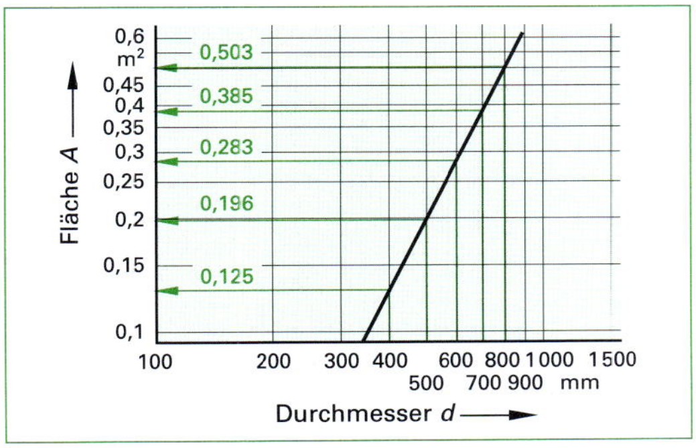

Bild 3

Beispiel 4: Im Betrieb werden kreisrunde Platten aus Vollholz hergestellt. Die Flächeninhalte verschiedener Durchmesser sollen aus einem Diagramm abgelesen werden können. Errechnen Sie die Werte für die Durchmesser in Millimetern: $P_1 = 400$; $P_2 = 500$; $P_3 = 600$; $P_4 = 700$ und $P_5 = 800$ und zeichnen Sie das Diagramm.

Lösung: siehe **Bild 2**.

Aufgaben zu 1.13 – Diagramme

41.1 Die Bodennutzung sieht in Baden-Württemberg wie folgt aus: 36,5 % Wald, 25 % Ackerland, 16 % Wiesen, 10,2 % sonstige landwirtschaftliche Nutzung, 6,5 % Bebauung, 4,9 % Verkehrswege, 0,9 % Gewässer.

Stellen Sie die Bodennutzung in einem Kreisdiagramm dar.

41.2 Die Rohdichten folgender Baustoffe betragen: Stahl 7 800 kg/m³; Glas 2 500 kg/m³; Beton 2 400 kg/m³; Rotbuche 750 kg/m³; Eichenholz 700 kg/m³ und Fichtenholz 460 kg/m³.

Zeichnen Sie ein Flächenstreifen-Diagramm der Rohdichten der einzelnen Werkstoffe (1 000 kg/m³ entsprechen $l = 2$ cm).

41.3 Die Umsatzzahlen einzelner Möbelprogramme in 1 000 € betrugen in den Jahren:

Jahr	1997	1998	1999	2000	2001
Programm A	2 800	1 800	2 200	1 600	800
Programm B	3 500	2 200	3 000	3 300	3 800
Programm C	3 000	2 600	3 200	2 800	3 400

Zeichnen Sie ein Kurvendiagramm mit allen drei Kurven und beurteilen Sie diese.

41.4 Zeichnen Sie die x/y-Koordinaten (Längen ca. 80 mm) und tragen Sie folgende Punkte P(x;y) ein: $P_1(10;5)$; $P_2(18;55)$; $P_3(54;55)$; $P_4(62;5)$.

Verbinden Sie die Punkte P_1 bis P_4 und beurteilen Sie die Fläche.

41.5 Die Kosten für ein Werkstück betragen 7,50 €. Erstellen Sie auf einem Blatt DIN-A4 ein Diagramm für die Kosten bis 50 Stück!

Lesen Sie die Kosten für 37 und 42 Stück ab.

41.6 Die Fertigung eines Werkstückes von Hand kostet 5,60 € pro Stück. Durch die Anschaffung einer Vorrichtung in Höhe von 2 400 € verringern sich die Fertigungskosten auf 2,80 € pro Stück.

Zeichnen Sie beide Kostengeraden in ein Diagramm ein und ermitteln Sie den Schnittpunkt, die wirtschaftliche Grenzstückzahl.

2 Elektronischer Taschenrechner

2.1 Aufbau eines Taschenrechners und Zahleneingabe

Für alle Rechnungsarten sind elektronische Taschenrechner unentbehrliche Hilfsmittel. Für die Berechnungen der in der Ausbildung Fachrichtung Holztechnik vorkommenden Aufgaben, wird man technisch-wissenschaftliche Rechner einsetzen. Sie unterscheiden sich durch andere Funktions- und Rechentasten von den kaufmännischen Rechnern.

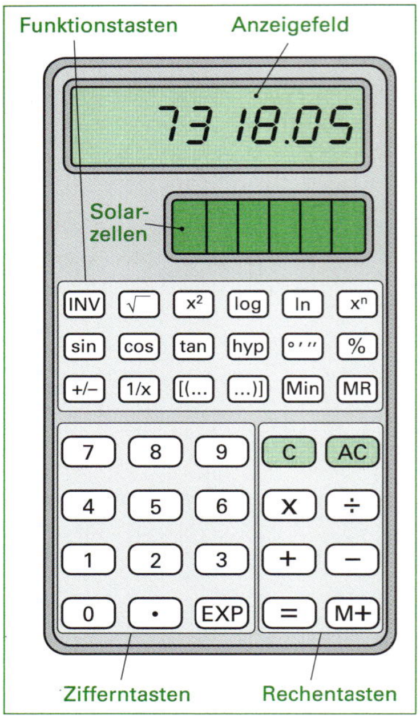

Bild 1: Technisch-wissenschaftlicher Rechner (Beispiel)

2.1 Aufbau eines Taschenrechners und Zahleneingabe

Elektronische Taschenrechner haben ein Bedienfeld, ein Anzeigefeld und bei batteriebetriebenen Taschenrechnern einen Ein- und Ausschalter. Solarzellenbetriebene Taschenrechner haben ein Solarzellenfeld und benötigen keinen Ein- und Ausschalter.

Im Anzeigefeld werden die Eingabedaten, die Zwischen- und die Endergebnisse angezeigt. In der Regel ist eine zehnstellige Anzeige möglich. Bei größeren oder kleineren Zahlen werden die Stellen als Exponenten angegeben. Hier sind Exponenten in der Größe von ±99 möglich.

Das Bedienfeld umfasst die Zifferntasten, die Rechentasten und die Funktionstasten **(Bild 1)**.

Die Anordnung der **Zifferntasten** ist international genormt. Rechts neben der Nulltaste ist in der untersten Reihe die Kommataste (Dezimalpunkttaste) untergebracht.

Mit den **Rechentasten** können die Rechenbefehle wie [+], [−], [×], [÷] eingegeben und über [=] das Zwischenergebnis oder Endergebnis abgerufen werden. Die Taste [C] ist die Löschtaste für die letzte Eingabe, die Taste [AC] die Gesamtlöschtaste.

Die **Funktionstasten** erlauben das Abrufen von Winkelfunktionen wie [sin], [cos], [tan], von Wurzelwerten [√], von Quadratzahlen [x^2], Potenzen [x^n], Prozent [%] usw. **(Bild 1)**.

Tabelle 1: Wichtige Funktionstasten	
INV	Umkehrtaste
√	Radiziertaste
x^2	Quadriertaste
log	10er Logarithmus
ln	Natürlicher Logarithmus
x^n	Taste für Potenzen
sin	Sinustaste
cos	Cosinustaste
tan	Tangenstaste
hyp	Hyperbolicustaste
° ′ ″	Sexagesimaltaste
%	Prozenttaste
1/x	Kehrwerttaste
+/−	Vorzeichenumkehrtaste
π	Konstante π
Min	Speichertaste
M+	Speicheradditionstaste
MR	Speicherabruftaste
[(...	Klammer-auf-Taste
...)]	Klammer-zu-Taste
EXP	10er-Potenz-Taste
C	Löschtaste
AC	Gesamtlöschtaste

Eingabe von Zahlen und Rechenbefehlen

Die Zahlen werden in der Ziffernfolge eingegeben, wie sie geschrieben werden. Vor Beginn jeder Aufgabe sollte man die Löschtaste [AC] drücken, damit sichergestellt ist, dass keine Daten von früheren Eingaben noch im Rechner sind.

Die Bearbeitung der Rechenaufgaben erfolgt nach den üblichen mathematischen Regeln. Deshalb können die Daten in gleicher Weise und Reihenfolge wie im rechnerischen Ansatz eingegeben werden. Das heißt auch, dass der Rechner die Punktrechnung vor der Strichrechnung durchführt. Sollen die Rechnungen anders durchgeführt werden, müssen bewusst Klammern gesetzt werden.

Beispiel: Die Zahl 789,546 soll in den Taschenrechner eingegeben werden.

Lösung: Drücken der Löschtaste [AC] – im Anzeigenfeld erscheint die Zahl „0“, Ziffern in Reihenfolge ihrer Schreibweise einschließlich Komma eingeben. – Die Ziffern erscheinen im Anzeigefeld von rechts nach links wandernd.

2.2 Rechnen mit dem elektronischen Taschenrechner

Als Einführung sollen die wichtigsten Rechenarten mit dem elektronischen Taschenrechner besprochen werden.

Addition und Subtraktion

Bei der Ausführung der Addition und der Subtraktion mit dem elektronischen Taschenrechner benutzt man die **Additionstaste** [+] bzw. die **Subtraktionstaste** [−]. Sie weisen den Rechner an, die nächste eingegebene Zahl zu addieren oder zu subtrahieren. Durch Drücken der **Ergebnistaste** [=] wird der Rechenvorgang abgeschlossen und das Ergebnis wird im Anzeigefeld sichtbar.

Beispiel 1: 56,78 + 32,21 − 27,38 = **61,61**

Lösung:

Eingaben						
[AC]	56,78	[+]	32,21	[−]	27,38	[=]
0	56.78	56.78	32.21	88.99	27.38	61.61
Anzeigen						

Ist eine negative Zahl zu addieren oder zu subtrahieren, muss **nach** Eingabe der Zahl die **Vorzeichenwechseltaste** [±] gedrückt werden.

Beispiel 2: 75,64 − (−42,18) = **117,82**

Lösung:

Eingaben						
[AC]	75,64	[−]	42,18	[+/−]	[=]
0	75.64	75.64	42.18	42.18	117.82
Anzeigen					

Multiplikation und Division

Bei der Ausführung der Multiplikation und der Division mit dem elektronischen Taschenrechner wird nach Eingabe der ersten Zahl die **Multiplikationstaste** [×] bzw. die **Divisionstaste** [÷] benutzt. Dadurch wird dem Rechner angewiesen, dass die nächste einzugebende Zahl mit der ersten zu multiplizieren bzw. zu dividieren ist. Durch Drücken der **Ergebnistaste** [=] ist der Rechenvorgang abgeschlossen und das Ergebnis erscheint im Anzeigefeld.

Beispiel 1: 62,4 · 3,5 · 4 = **873,6**

Lösung:

Eingaben						
[AC]	62,4	[×]	3,5	[×]	4	[=]
0	62.4	62.4	3.5	218.4	4	873.6
Anzeigen						

Beispiel 2: 125 · 6,25 : 25 = **31,25**

Lösung:

Eingaben						
[AC]	125	[×]	6,25	[÷]	25	[=]
0	125	125	6.25	781.25	25	31.25
Anzeigen						

Rechnen mit Klammern

Mithilfe der beiden **Klammertasten** können Klammeraufgaben in einem Schritt ohne Aufnotieren der Zwischenergebnisse gelöst werden. Die Eingabe der Zeichen, Ziffern und Klammern erfolgt in Reihenfolge der Schreibweise des Rechenansatzes.

Beispiel 1: (25,7 + 74,8) · 34,7 = **3 487,35**

Lösung:

Eingaben								
[AC]	[([...]	25,7	[+]	74,8	[...])]	[×]	34,7	[=]
0	5.1	25.7	25.7	74.8	100.5	100.5	34.7	3487.35
Anzeigen								

Beispiel 2: $\frac{(3{,}6 + 1{,}8)}{2} \cdot 4{,}5 = \mathbf{12{,}15}$

Lösung:

Eingaben										
[AC]	[([...]	3,6	[+]	1,8	[...])]	[÷]	2	[×]	4,5	[=]
0	5.1	3.6	3.6	1.8	5.4	5.4	2	2.7	4.5	12.15
Anzeigen										

2.2 Rechnen mit dem elektronischen Taschenrechner

Quadratzahlen und Quadratwurzeln

Mithilfe der Funktionstaste [x^2] kann die **Quadratzahl** und mithilfe der Funktionstaste [√] die **Quadratwurzel** aus einer Zahl ermittelt werden. Man gibt die Zahl in der Ziffernfolge der Schreibweise ein und drückt die zuständige Funktionstaste. Das Ergebnis erscheint sofort – ohne Drücken der Ergebnistaste – im Anzeigefeld.

Beispiel 1: $25{,}25^2$

Lösung:

Eingaben		
AC	25,25	x^2
0	25.25	637.5625
Anzeigen		

Beispiel 2: $0{,}225^2$

Lösung:

Eingaben		
AC	0,225	x^2
0	0.225	0.050625
Anzeigen		

Beispiel 3: $\sqrt{5264{,}25}$

Lösung:

Eingaben		
AC	5264,25	√
0	5264.25	72.555
Anzeigen		

Beispiel 4: $\sqrt{0{,}436}$

Lösung:

Eingaben		
AC	0,436	√
0	0.436	0.6603030
Anzeigen		

Bei manchen Rechnern ist die Funktionstaste [√ / x^2] doppelt belegt. Will man zum Beispiel die Quadratzahl mit einem solchen Rechner ermitteln, muss vorher erst die Funktionstaste (Inverse) gedrückt werden **(Beispiel 5)**.

Beispiel 5: $22{,}5^2 \cdot \pi$

Lösung:

Eingaben						
AC	22,5		√ / x^2	×	π	=
0	22.5	22.5	506.25	506.25	3.14159	1590.43
Anzeigen						

Winkelfunktionen

Mit Winkelfunktionen lassen sich besonders in rechtwinkligen Dreiecken durch die Seitenverhältnisse die entsprechenden Winkel berechnen (s. Kapitel 3.7, Seite 63). Je nach **Winkelfunktionswert** sind für die ausgerechneten Seitenverhältnisse die Funktionstasten [sin], [cos] und [tan] zu benutzen.

Beispiel 1: Für die folgenden Winkel sind die Funktionswerte zu bestimmen (aufrunden auf 4 Stellen nach dem Komma).

a) sin 45° b) tan 58°
c) cos 60° d) sin 38,45°

Lösung a:

Eingaben		
AC	45	sin
0	45	0.7071
Anzeigen		

Lösung b:

Eingaben		
AC	60	cos
0	60	0.5000
Anzeigen		

Lösung c:

Eingaben		
AC	58	tan
0	58	1.6003
Anzeigen		

Lösung d:

Eingaben		
AC	38,45	sin
0	38.45	0.6218
Anzeigen		

Soll aus einem Winkelfunktionswert die **Winkelgröße** in Grad angegeben werden, ist vorher die Funktionstaste zu drücken.

Beispiel 2: Für die angegebenen Winkelfunktionswerte sind die Winkel in Grad zu ermitteln.

a) $\sin \alpha = 0{,}831\,5$ b) $\cos \beta = 0{,}743\,1$
c) $\tan \gamma = 1{,}000\,0$ d) $\tan \beta = 11{,}430\,1$

Lösung a:

Eingaben		
AC	0,8315	INV sin
0	0.8315	56.25
Anzeigen		

Lösung b:

Eingaben		
AC	0,7431	INV cos
0	0.7431	42
Anzeigen		

Lösung c:

Eingaben		
AC	1	INV tan
0	1	45
Anzeigen		

Lösung d:

Eingaben		
AC	11,4301	INV tan
0	11.4301	85
Anzeigen		

2.2 Rechnen mit dem elektronischen Taschenrechner

Aufgaben zu 2.2 – Rechnen mit dem elektronischen Taschenrechner

45.1 Addition und Subtraktion

a) 35,4 + 45,7
b) 5 464,25 + 456,07
c) 0,034 5 + 0,875 4
d) 9 762,97 + 64 512,87
e) 456,56 – 45,09
f) 987,56 – 897,07
g) 0,352 7 – 0,098 5
h) 87 356,97 – 321,19
i) 8 675,35 + 8 765,35 – 453,97 + 27 864,89
j) 45,35 + 34,98 + 32,13 + 768,34 – 756,80 + 0,76
k) 456,989 + 0,453 – 12,381 + 123,982 – 197,998
l) 123,456 + 8 765,9 – 98,87 + 987,789 – 723,90 + 3

45.2 Multiplikation
(auf 3 Stellen nach dem Komma runden)

a) 23,56 · 34,75
b) 976,56 · 12,54
c) 0,345 7 · 0,032 19
d) 0,78 · 0,342 5
e) 576,89 · 21,90
f) 1 975,34 · 13,89
g) 123,87 · 65,989
h) 0,012 76 · 0,001 2
i) 12,34 · 7,25 · 36,7
j) 4,89 · 45,8 · 21,90
k) 5,7 · 0,89 · 0,97
l) 7 896,9 · 125,7 · 7,6
m) 56,4 · 78,9 · 23,8
n) 43,98 · 56,8 · 7,98
o) 0,45 · 12,9 · 0,89
p) 98 743,9 · 7,8 · 0,75

45.3 Division

a) 788,89 : 12,34
b) 0,865 : 0,345
c) 9 865,16 : 465,90
d) 896,367 : 2 976,91
e) 4 508,78 : 213,09
f) 0,126 : 0,065 9
g) 40 978,37 : 9 239,89
h) 926,18 : 9 128,65

45.4 Multiplikation und Division
(auf 4 Stellen nach dem Komma runden)

a) $\frac{215{,}89 \cdot 125{,}4}{185{,}78}$
b) $\frac{3\,465{,}87 \cdot 31{,}89}{2\,154{,}98}$
c) $\frac{125{,}56 \cdot 0{,}756}{24{,}56}$
d) $\frac{0{,}287\,6 \cdot 34{,}98}{0{,}872}$
e) $\frac{298{,}67 \cdot 21{,}98}{175{,}63}$
f) $\frac{64\,531{,}56 \cdot 0{,}76}{15{,}89}$
g) $\frac{4\,587{,}29 \cdot 0{,}167}{456{,}89}$
h) $\frac{0{,}891\,3 \cdot 0{,}981\,2}{3{,}45}$
i) $\frac{125{,}67 \cdot 8{,}9 \cdot 15{,}8}{34{,}8}$
j) $\frac{123{,}98 \cdot 4{,}65 \cdot 23{,}89}{23{,}98 \cdot 7{,}6}$
k) $\frac{198{,}65 \cdot 25{,}98 \cdot 8{,}7}{12{,}56 \cdot 45{,}2}$
l) $\frac{398{,}05 \cdot 67{,}98 \cdot 12{,}9}{23{,}98 \cdot 0{,}156}$
m) $\frac{456{,}87 \cdot 2{,}89 \cdot 2{,}76}{253{,}90}$
n) $\frac{456{,}31 \cdot 87{,}90 \cdot 6{,}87}{5{,}78 \cdot 34{,}56}$
o) $\frac{2\,345{,}87 \cdot 0{,}567 \cdot 0{,}87}{2\,198{,}09 \cdot 0{,}089\,7}$
p) $\frac{45{,}34 \cdot 98{,}56 \cdot 0{,}231}{239{,}87 \cdot 0{,}045}$

45.5 Rechnen mit Klammern
(auf 2 Stellen nach dem Komma runden)

a) 25,4 · (23,9 + 89,7)
b) 67,98 · (3,4 + 0,879)
c) (34,5 – 12,6) · 12,89
d) 7,65 · (34,9 – 12,98)
e) 35,98 · (23,45 + 12,8)
f) 7,97 · (124,98 + 254,98)
g) (87,54 – 74,9) · 3,67
h) 7,89 · (12,65 – 54,87)
i) (23,45 + 3,45 + 34,09 – 45,89 + 4,78) · 3,5
j) (4,56 + 12,67 – 45,9) · (– 45,98)
k) (0,024 – 0,459 + 34,56 – 23,87 + 32,9) · 1,25
l) 3,25 · (34,56 + 23,45 + 12,8 + 45,78 – 12,6 – 56,9)

45.6 Quadratzahlen und Quadratwurzeln
(auf 4 Stellen nach dem Komma runden)

a) $34{,}67^2 \cdot \pi \cdot 4{,}57$
b) $(23{,}45 + 45{,}12)^2$
c) $\frac{45{,}76^2 \cdot \pi \cdot 5{,}64}{4{,}56}$
d) $\frac{456{,}7 - 412{,}89}{354{,}8} \cdot 5{,}6^2$
e) $45{,}75^2 \cdot \pi \cdot 6{,}75$
f) $(23{,}89 - 12{,}78)^2$
g) $\frac{45{,}98^2 \cdot \pi \cdot 6{,}54}{7{,}98}$
h) $\frac{3{,}45 + 34{,}9}{3{,}56} \cdot 2{,}5^2$
i) $\sqrt{45{,}67} + 34{,}8 + 3{,}5^2$
j) $\sqrt{234{,}56} - 23{,}8$
k) $135{,}89 + \sqrt{154{,}87}$
l) $\sqrt{215{,}87} - \sqrt{154{,}87}$
m) $\sqrt{65{,}78} + 87{,}9 - 7{,}5^2$
n) $\sqrt{8\,776{,}98} - 124{,}97$
o) $\sqrt{54{,}21} - \sqrt{12{,}45}$
p) $1\,254{,}98 + \sqrt{5\,686{,}78}$

45.7 Winkelfunktionen
Die Winkelfunktionswerte sind zu bestimmen
(auf 4 Stellen nach dem Komma runden)

a) sin 30°
b) tan 65°
c) cos 35°
d) tan 76,56°
e) tan 45°
f) sin 75°
g) cos 60°
h) sin 45,35°

Die Winkel aus den Funktionswerten bestimmen
(auf 2 Stellen nach dem Komma runden)

i) sin α = 0,452 5
j) tan γ = 2,546 7
k) cos β = 0,678 9
l) sin β = 0,987 5
m) sin β = 0,500 0
n) tan β = 10,786 3
o) cos α = 0,897 3
p) tan δ = 11,653 2

45.8 Gemischte Aufgaben
(auf 2 Stellen nach dem Komma runden)

a) $34^2 \cdot \pi \cdot 0{,}786$
b) $\sqrt{354{,}87} + 34{,}78 \cdot 3{,}8$
c) $\sqrt{34{,}56} \cdot 45{,}2^2 + 456{,}78$
d) $\frac{\pi \cdot (12{,}87^2 - 8{,}78^2)}{34{,}56}$
e) $34{,}54^2 \cdot (23{,}54 - 78{,}65)$
f) $\sqrt{465{,}3} - 12{,}45 \cdot 56{,}7$
g) $\sqrt{65{,}76} \cdot 23{,}8 - 12{,}7$
h) $\frac{(34{,}3^2 - 12{,}45^2) \cdot \pi}{12{,}45}$
i) $4{,}25 \cdot (4{,}13 + 8{,}25) - (4{,}85 - 2{,}65) \cdot 4{,}36 \cdot 2{,}5^2$

3 Längen

3.1 Längeneinheiten, Formelzeichen

Es werden zwei Längenarten unterschieden **(Bild 1)**:

1. Die geradlinige und kürzeste Verbindung zwischen zwei Punkten ≙ Strecke AB.
2. Die gekrummte Länge, z. B. bei Kurven, Bögen, Kreisen.

Für die Länge ist die Basiseinheit das **Meter (m)**. Weitere Einheiten der Länge sind **Dezimeter (dm)**, **Zentimeter (cm)**, **Millimeter (mm)** und **Kilometer (km)**.

Die Umwandlungszahl je Einheit (m, dm, cm, mm) beträgt 10 oder 1 Dezimalstelle.

Umrechnung von Längeneinheiten				
1 m =	1 dm =	1 cm =	1 mm =	
1	0,1	0,01	0,001	m
10	1	0,1	0,01	dm
100	10	1	0,1	cm
1 000	100	10	1	mm

Für die Umrechnung der Einheit Meter in die Einheit Kilometer und umgekehrt beträgt die Umrechnungszahl 1 000.

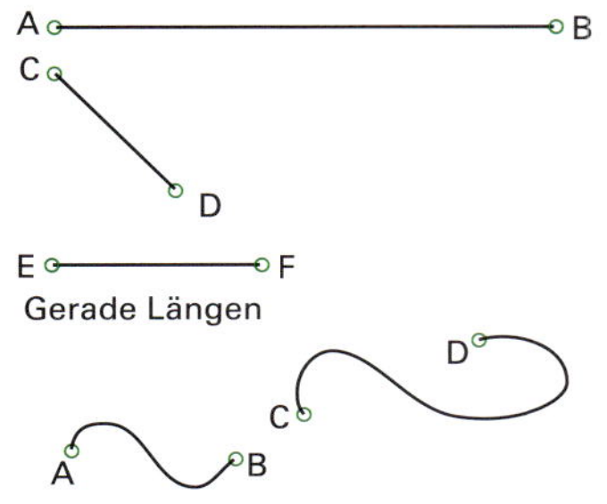

Bild 1

Einheiten-zeichen	Bezeichnung
km	Kilometer
m	Meter
dm	Dezimeter
cm	Zentimeter
mm	Millimeter

Formel-zeichen	Bezeichnung
l	Länge
b	Breite
d	Dicke
U	Umfang
r	Radius
∅	Durchmesser
s	Sehnen-, Weglänge
$\widehat{b}$	Bogenlänge

Die Formelzeichen können zur weiteren Unterscheidung mit Indizes gekennzeichnet werden.

Zum Beispiel: l_1; l_2; r_3; d_1; V_{ges}; A_0.

■ Aufgaben zu 3.1 – Umrechnen von Einheiten

46.1 Rechnen Sie die angegebene Längengröße in die kleinere Einheit um.

63,40 m = ... dm   0,34 dm = ... cm
108,47 m = ... cm   23,36 cm = ... mm
0,034 m = ... mm   0,23 cm = ... mm

46.2 Rechnen Sie die angegebene Längengröße in die größere Einheit um.

2,72 dm = ... m   0,983 dm = ... m
3,04 cm = ... dm   0,452 cm = ... dm
84,96 mm = ... cm   4,85 mm = ... cm

46.3 Für folgende Längen sind die Summen zu bilden.

a) Ergebnis in Meter:
9,27 dm + 3,28 m + 543 cm + 47 mm + 448 cm = ... m
6,83 m + 12,5 cm – 885 mm – 62 mm + 3,75 dm = ... m

b) Ergebnis in Zentimeter:
30,40 cm + 0,885 m + 2 005 mm – 37,5 cm + 3,5 dm = ... cm
3,84 m – 0,465 cm + 9,88 m – 50,3 cm + 1 005 mm = ... cm

c) Ergebnis in Millimeter:
0,456 m + 9,55 dm – 667 cm + 842 mm – 0,33 dm = ... mm
3,45 dm – 0,75 cm + 99,5 mm + 1,51 m + 625 mm = ... mm

3 Längen

3.2 Maßstäbe

Bei den Maßstäben unterscheidet man Verkleinerungs- und Vergrößerungsmaßstäbe. Maßstäbe geben zum Beispiel das Größenverhältnis zwischen wirklicher Länge und der Länge in der Zeichnung an.

Bei einem Maßstab von 1 : 10 bedeutet die Verhältniszahl 10, dass die wirkliche Länge in der Zeichnung 10 mal kleiner dargestellt ist.

Die wirkliche Länge (l_W) wird aus der Länge in der Zeichnung (l_Z) und der gegebenen Verhältniszahl (n) berechnet.

Beispiel: Länge in der Zeichnung 58 mm; Maßstab 1 : 20

Lösung: **Wirkliche Länge**

$l_W = l_Z \cdot n = 58 \text{ mm} \cdot 20 = \mathbf{1\,160 \text{ mm}}$

Die Länge in der Zeichnung (l_Z) lässt sich aus der wirklichen Länge (l_W) und der gegebenen Verhältniszahl (n) berechnen.

Beispiel: Wirkliche Länge 12,50 m; Maßstab 1 : 50

Lösung: **Länge in der Zeichnung**

$l_Z = \frac{l_W}{n} = \frac{12{,}50 \text{ m}}{50} = \mathbf{0{,}25 \text{ mm}}$

Die Verhältniszahl (n) wird aus der Länge in der Zeichnung (l_Z) und der wirklichen Länge (l_W) ermittelt.

Beispiel: Wirkliche Länge 90 cm; Länge in der Zeichnung 1,8 cm

Lösung: **Verhältniszahl**

$n = \frac{l_W}{l_Z} = \frac{90 \text{ cm}}{1{,}8 \text{ cm}} = \mathbf{50} \Rightarrow \textbf{Maßstab 1 : 50}$

Gebräuchliche Maßstäbe in Tischlerzeichnungen

Maßstäbe		Anwendung
Vergrößerung	M 2 : 1	Bessere Bemaßung bei kleinen Werkstücken
Natürliche Größe	M 1 : 1	Teilschnitte, Einzelteildarstellungen
Verkleinerung	M 1 : 5	Einzelteildarstellungen,
	M 1 : 10 M 1 : 20 M 1 : 50	Ansichten, Schnitte und Grundrisse

Wirkliche Länge = Läng in der Zeichnung × Verhältniszahl

$l_W = l_Z \cdot n$

Länge in der Zeichnung = $\frac{\text{wirkliche Länge}}{\text{Verhältniszahl}}$

$l_Z = \frac{l_W}{n}$

Verhältniszahl = $\frac{\text{wirkliche Länge}}{\text{Länge in der Zeichnung}}$

$n = \frac{l_W}{l_Z}$

■ Aufgaben zu 3.2 – Umrechnen von Maßstäben

47.1 Rechnen Sie folgende wirklichen Längen in die angegebenen Maßstäbe als Zeichnungslängen um.

2,26 m; 88,5 cm; 51 cm; 0,76 m; 665 cm; 115 mm
im M 1 : 10 (M 1 : 20; M 1 : 50; M 1 : 5; M 1 : 100).

47.2 Berechnen Sie die wirkliche Länge aus den Längen in der Zeichnung bei den jeweils angegebenen Maßstäben.

3,8 mm; 87,5 mm; 42 cm; 3 760 mm; 24,90 cm
im M 1 : 5 (M 1 : 10; M 1 : 20; M 1 : 50).

47.3 Für die angegebenen Maße (l_W) in der Zeichnung sind die Zeichnungslängen in mm zu ermitteln. Der Maßstab der Zeichnung ist 1 : 20 **(siehe Bild)**.

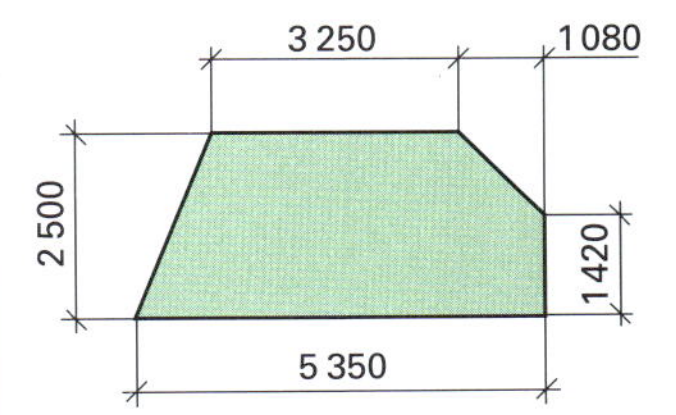

Aufgabe 47.3: Wandfläche

3 Längen

3.3 Streckenteilung

In der Holzverarbeitung muss man oft gegebene Strecken unterteilen, bevor man mit dem Anreißen beginnen kann. Eine Skizze zur Berechnung ist dabei sehr hilfreich. Für die Berechnung sollte eine Gleichung aufgestellt werden.

Bezeichnungen	
l	Gesamtlänge, Teilungsstrecke
e	Länge gleicher Abstände
a	Länge eines Randabstandes
n_e	Anzahl der Abstände
n_T	Anzahl der Teilungselemente (Teilpunkte)

3.3.1 Teilen von Strecken in gleiche Abstände

Ist die Anzahl der Abstände gegeben, so ist die Anzahl der Teilungselemente, z. B. Stäbe, gleich der Anzahl der Abstände +1.

Beispiel: Ein Rahmen mit Stäben soll 5 Abstände haben. Wie viel Stäbe werden benötigt **(Bild 1)**?

Lösung: $n_T = n_e + 1 = 5 + 1 = \mathbf{6}$

Es werden 6 Stäbe benötigt.

Ist die Anzahl der Teilungselemente, z. B. Nägel, gegeben, so ist die Anzahl der Abstände n_e gleich der Anzahl der Teilungselemente – 1.

Beispiel: In ein Brett sollen 7 Nägel eingeschlagen werden. Wie viel Abstände sind anzureißen **(Bild 2)**?

Lösung: $n_e = n_T - 1 = 7 - 1 = \mathbf{6}$

6 Abstände sind anzureißen.

Bei der Berechnung der Länge eines Abstandes e zwischen zwei Teilpunkten muss die Gesamtlänge l durch die Anzahl der Abstände bzw. durch die Anzahl der Teilungselemente – 1 dividiert werden.

Beispiel 1: Für eine Tischzarge sind 4 Dübel mit gleichen Achsabständen vorgesehen. Wie groß ist die Länge e der Abstände **(Bild 3)**?

Lösung: $e = \frac{l}{n_e} = \frac{94\ \text{mm}}{5} = \mathbf{18{,}8\ mm}$

Die Achsabstände der Dübel betragen 18,8 mm.

Beispiel 2: Berechnen Sie die Länge der Abstände von 6 Dübellöchern für eine Wandverkleidung **(Bild 4)**.

Lösung: $e = \frac{l}{n_T - 1} = \frac{2\,900\ \text{mm}}{6 - 1} = \mathbf{580\ mm}$

Die Abstände der Dübellöcher betragen 580 mm.

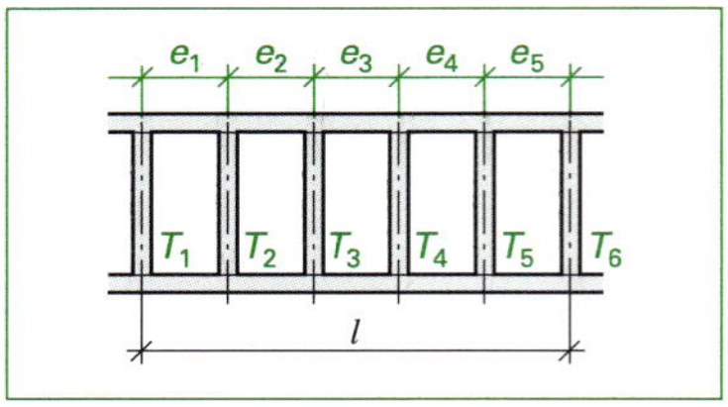

Bild 1

Anzahl der Teilungselemente = Anzahl der Abstände + 1

$$n_T = n_e + 1$$

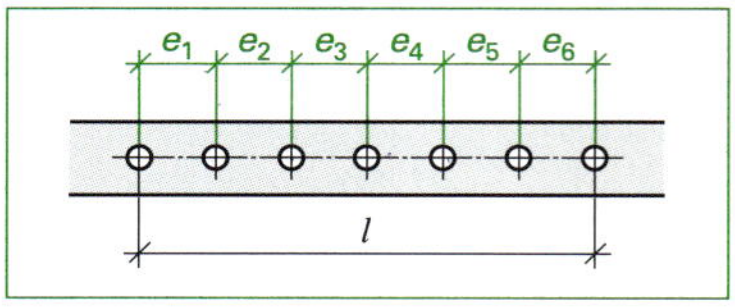

Bild 2

Anzahl der Abstände = Anzahl der Teilungselemente – 1

$$n_e = n_T - 1$$

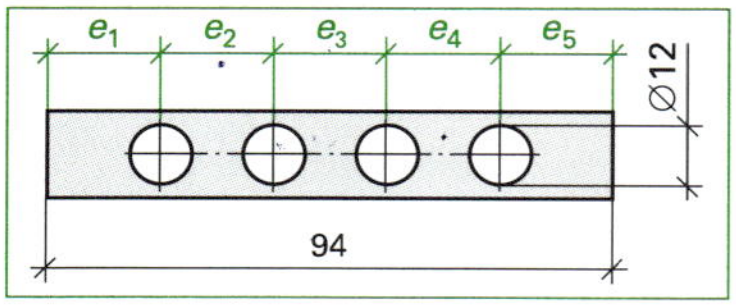

Bild 3

Länge des Abstandes $= \frac{\text{Gesamtlänge}}{\text{Anzahl der Abstände}}$

$$e = \frac{l}{n_e}$$

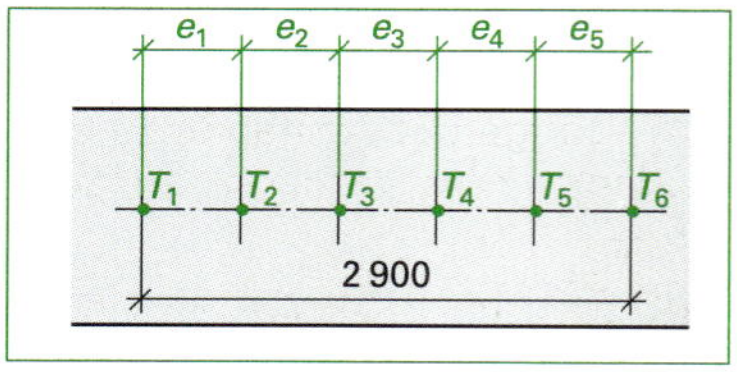

Bild 4

Länge eines Abstandes $= \frac{\text{Gesamtlänge}}{\text{Anzahl der Teilungselemente} - 1}$

$$e = \frac{l}{n_T - 1}$$

3.3.2 Teilen von Strecken in gleiche Abstände, jedoch mit Randabstand

Ist die Anzahl der Teilungselemente gegeben und bestehen ungleiche Randabstände, so ist die Länge des Abstandes zwischen zwei Teilpunkten gleich der Gesamtlänge minus Randabstand dividiert durch die Anzahl der Teilungselemente – 1.

Beispiel: Ein Rahmenstück mit drei Bohrungen hat zwei ungleiche Randabstände. Wie groß sind die Längen der Abstände zwischen den Körnungspunkten **(Bild 1)**?

Lösung:

$$e = \frac{l - (a_1 + a_2)}{n_T - 1}$$

$$= \frac{74\text{ mm} - (13\text{ mm} + 24\text{ mm})}{3 - 1} = \mathbf{18{,}5\text{ mm}}$$

Die Abstände betragen 18,5 mm.

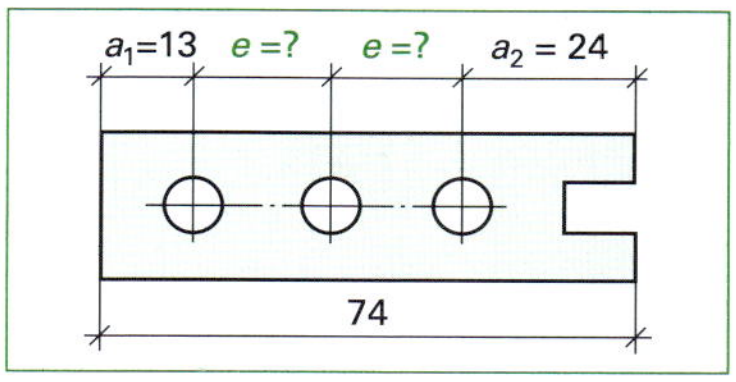

Bild 1: Rahmenstück

Länge eines Abstandes = $\frac{\text{Gesamtlänge – Summe Randabstand}}{\text{Anzahl der Teilungselemente – 1}}$

$$e = \frac{l - (a_1 + a_2)}{n_T - 1}$$

3.3.3 Teilen von Strecken in gleiche Abstände, jedoch mit Unterbrechungen

Ist die Anzahl der Abstände und die Anzahl der Teilungselemente und deren Breite gegeben, so ist die Länge des Abstandes *e* gleich der Gesamtlänge minus der Gesamtsumme der Breiten der Teilungselemente dividiert durch die Anzahl der Abstände bzw. die Anzahl der Teilungselemente – 1.

Beispiel: Für einen Holzrahmen ist die Länge der Abstände zwischen den senkrechten Rahmenteilen zu berechnen **(Bild 2)**.

Lösung:

$$e = \frac{l - (2b_1 + 3b_2)}{n_e}$$

$$= \frac{1\,054\text{ mm} - (2 \cdot 60\text{ mm} + 3 \cdot 30\text{ mm})}{4} = \mathbf{211\text{ mm}}$$

Die Abstände betragen 211 mm.

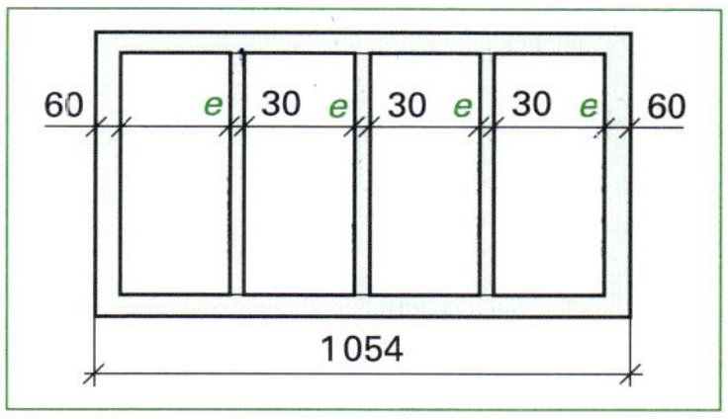

Bild 2: Holzrahmen

Länge des Abstandes = $\frac{\text{Gesamtlänge – Summe Elementbreite}}{\text{Anzahl der Teilungselemente – 1}}$

$$e = \frac{l - (b_1 + b_2 \ldots)}{n_T - 1}$$

3.3.4 Teilen von in sich geschlossenen Längen

Bei geschlossenen Längen ist die Anzahl der Abstände gleich der Anzahl der Teilungselemente.

Ist die Länge der Abstände zu ermitteln, muss vorher die Gesamtlänge entsprechend der geometrischen Form berechnet werden.

Beispiel: Für eine abgehängte Decke sind 14 Deckenleuchten mit gleichen Abständen einzubauen. Berechnen Sie den Abstand *e* bzw. $\widehat{e}$ **(Bild 3)**.

Lösung:

$$e = \frac{d \cdot \pi + 2l}{14}$$

$$= \frac{2\,800\text{ mm } \pi + 2 \cdot 3\,297\text{ mm}}{14} = \mathbf{1\,099\text{ mm}}$$

Der Abstand beträgt 1 099 mm.

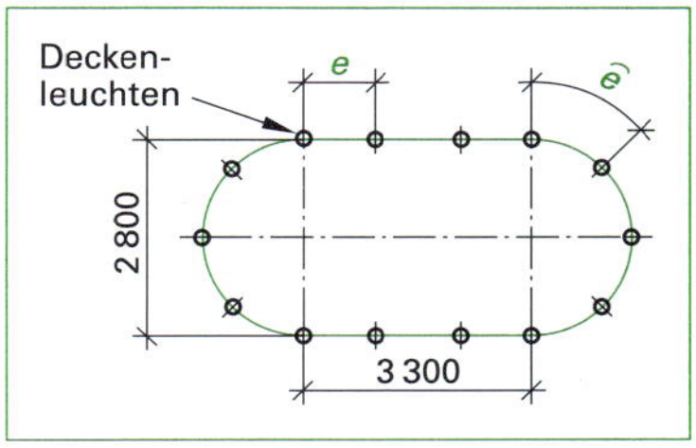

Bild 3: Deckenleuchten

Anzahl der Abstände = Anzahl der Teilungselemente

$$n_e = n_T$$

3 Längen

3.3 Streckenteilung

■ Aufgaben zu 3.3 – Streckenteilung

50.1 Für ein Schlüsselbrett sind Bohrungen für 9 Haken anzubringen **(siehe Bild)**.

a) Wie viel mm beträgt die Länge der gleich großen Abstände in der oberen Reihe?

b) Berechnen Sie die beiden Randabstände (a) in mm fur die untere Reihe.

50.2 An einem Brett von 112 cm sollen 7 Garderobenhaken befestigt werden. Der Randabstand beträgt die Hälfte der sonst gleich großen Mittenabstände der Teilung.

Berechnen Sie die Länge für die Mittenabstände und die beiden Randabstände in mm.

50.3 Für eine halbverdeckte Zinkung sollen 2 Schwalbenschwänze eingeteilt werden.

Wie groß ist das Maß e in mm **(siehe Bild)**?

50.4 Für die Zinkenteilung nach der Zeichenmethode ist die Anzahl der Schwalben sowie die Anzahl der Teile e zu ermitteln.
Die Kastenteile sind 130 mm breit und 14 mm dick. Die mittlere Schwalbenbreite beträgt hierbei ca. die Holzdicke (d) und die Zinkenbreite ca. 1/2 der Holzdicke (d/2) **(siehe Bild)**.

50.5 Eine Dübelschablone 12 mm dick, 26 mm breit und 550 mm lang erhält mittig in der Länge mehrere Bohrungen.

Berechnen Sie die Anzahl der Bohrungen bei einem Körnungsabstand von 25 mm, wenn die Restlänge für den Randabstand an den beiden Enden hälftig verteilt wird.

50.6 In ein Regal sollen Fachböden mit 18 mm Fertigdicke eingesetzt werden **(siehe Bild)**.

a) Berechnen Sie die Anzahl der Fachböden, wenn der lichte Abstand zwischen den Böden nicht weniger als 33 cm betragen darf.

b) Wie groß ist der Abstand in mm zwischen den Fachböden?

50.7 Die drei Bohrungen für die Dübelverbindung der 168 mm breiten Friese einer Rahmentür sollen gleiche Mittenabstände haben.

Wie viel mm beträgt die Länge eines Abstandes e, wenn der innere Dübel 28 mm und der äußere 1,5e Abstand von der Kante hat? Fertigen Sie eine Skizze an.

50.8 Die Korpusseiten, 1 460 mm lang und 420 mm breit, erhalten Lochreihen mit Bohrungen von 5 mm Durchmesser mit einem Mittenabstand von e = 32 mm.

Berechnen Sie:

a) die Anzahl der Bohrungen,

b) die Länge des Randabstandes von oben und von unten in mm.

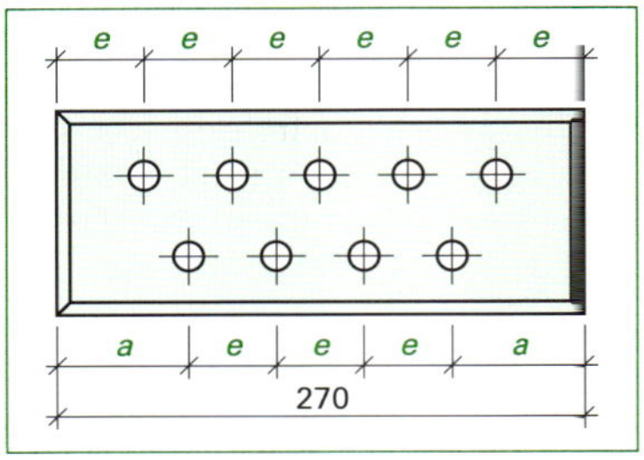

Aufgabe 50.1: Schlüsselbrett

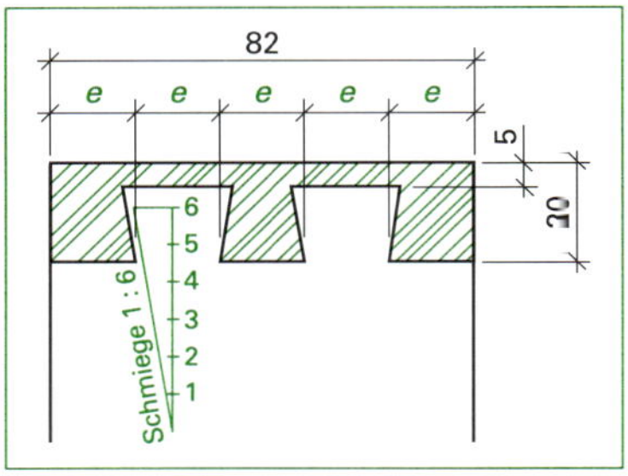

Aufgabe 50.3: Halbverdeckte Zinkung

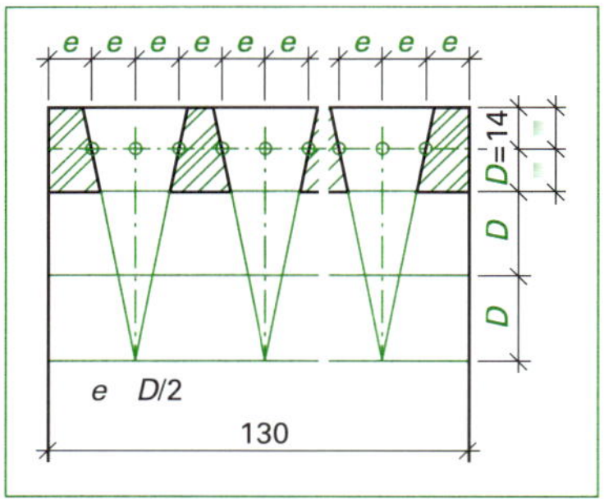

Aufgabe 50.4: Zinkenteilung

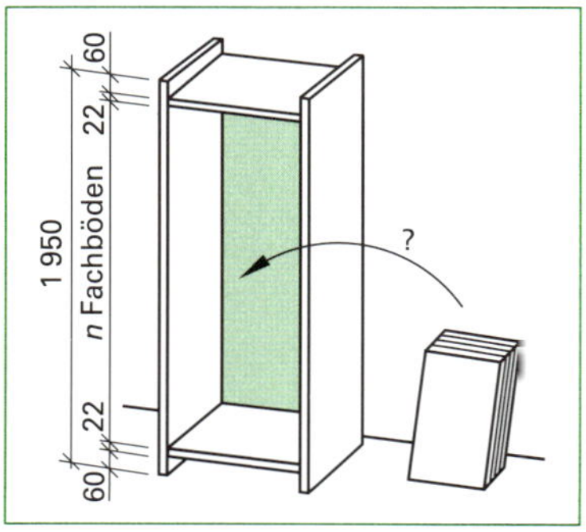

Aufgabe 50.6: Regal

3.3 Streckenteilung

Aufgaben zu 3.3 – Streckenteilung

51.1 Eine Tür in Brettbauweise wird aus Brettern mit unterschiedlichen Breiten konstruiert **(siehe Bild)**.

Zu berechnen sind:

a) das Maß *e* in mm,

b) die Brettbreite der waagrechten Bretter in mm.

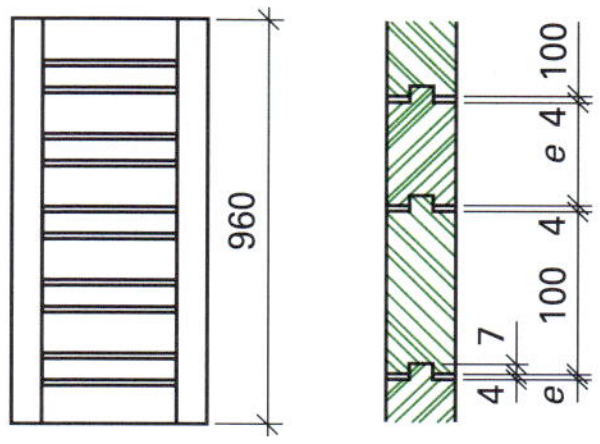

Aufgabe 51.1: Tür in Brettbauweise

51.2 Eine Wand mit einer Länge von 6,96 m soll mit furnierten Platten verkleidet werden. Die 11 Platten der Wandverkleidung haben jeweils eine Breite von 60 cm.

Wie groß sind die Randabstände links und rechts in mm, wenn zwischen den Platten eine Fuge von 12 mm besteht?

51.3 Eine Sprossentür erhält 12 Glasfelder **(siehe Bild)**.

Berechnen Sie für die Einteilung der Sprossenfelder die Breite und die Höhe in mm eines Glasausschnittes.

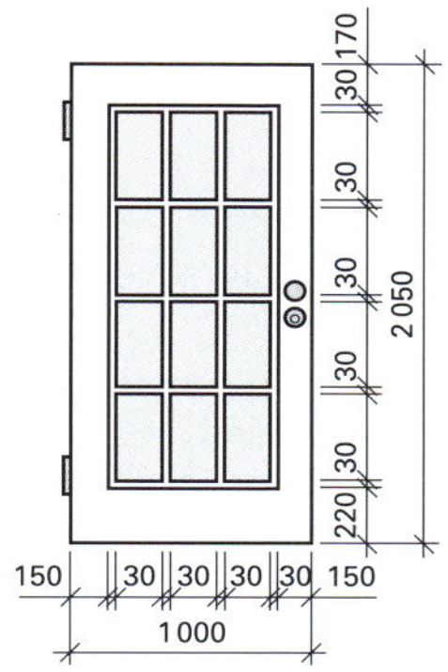

Aufgabe 51.3: Sprossentür, verglast

51.4 Eine Decke soll mit rechteckigen Platten 50 × 75 cm vertäfelt werden. Der Raum misst 6,18 × 4,20 m. In der Breite liegen 8 Platten nebeneinander. Ein gleich großer Abstand (a_1) ist zwischen den Platten untereinander und als Wandabstand vorzusehen. Die Maßdifferenz ist im Randabstand (a_2) an der Längsseite links und rechts auszugleichen.

Fertigen Sie eine Skizze an und berechnen Sie:

a) das Maß a_1 in mm für die Breite 4,20 m,

b) die Anzahl der Platten in Längsrichtung,

c) das Maß a_2 in mm für die Länge 6,18 m.

51.5 Über einem ovalen Konferenztisch sind in einer abgehängten Decke 12 Einbauleuchten einzubauen **(siehe Bild)**.

Wie groß sind die Abstände der Einbauleuchten in cm, gemessen auf der grünen Ellipsenlinie?

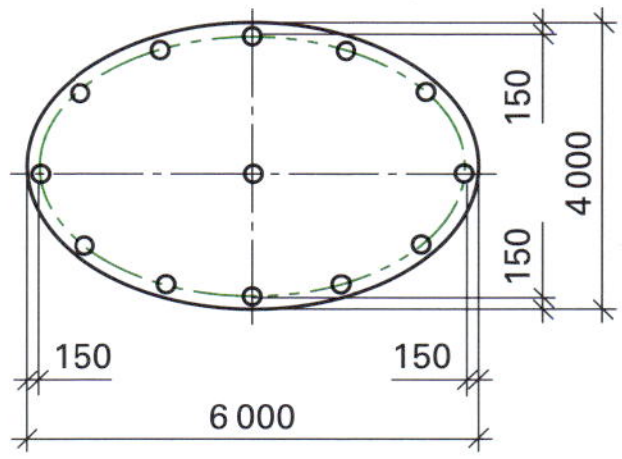

Aufgabe 51.5: Einbauleuchten

51.6 Zwischen zwei Betonstützen ist eine zweischalige Trennwand mit einer Länge von 8,36 m Länge und 3,30 m Höhe einzubauen. Die Fuge zwischen den geschosshohen, gleich großen Platten untereinander und zwischen Stütze und Platte beträgt jeweils 8 mm. Die Platten sollen annähernd 90 cm breit sein.

a) Wie viel Platten (KF 19) werden für die Trennwand benötigt?

b) Mit welchem Breitenmaß in cm müssen die Platten gefertigt werden?

c) Wie groß ist die Gesamtlänge der Federn in m (FU 8/25), die für die Fugenverbindung benötigt werden?

51.7 Für ein Treppengeländer am Treppenauge ist die Länge des Abstandes *e* bzw. $\widehat{e}$ in mm zu ermitteln. Das Geländer besteht aus 16 Stäben **(siehe Bild)**. Ermitteln Sie l_1 und l_2.

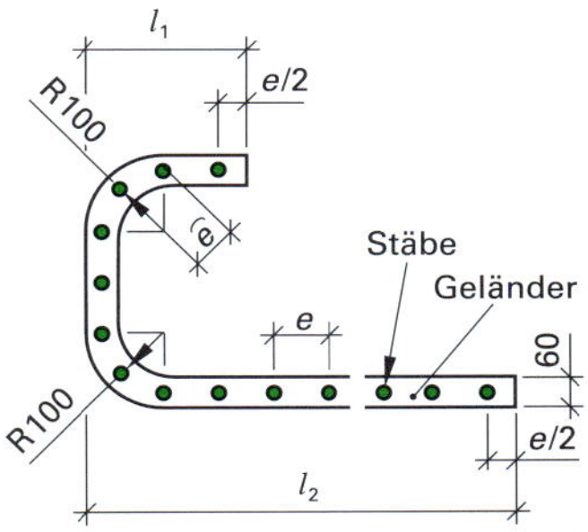

Aufgabe 51.7: Treppengeländer

3 Längen

3.3 Streckenteilung

■ Aufgaben zu 3.3 – Streckenteilung

52.1 Die Abstände (*e*) der Stäbe eines Kinderbettchens dürfen höchstens 50 mm betragen. Die Stäbe haben einen Durchmesser von 14 mm **(siehe Bild)**.

Berechnen Sie:

a) die notwendige Anzahl der Stäbe,

b) die Länge der Abstände *e* in mm,

c) die Gesamtlänge der benötigten Rundstäbe für die zwei Längsseiten, wenn die Stäbe oben und unten 10 mm tief eingebohrt werden und die Höhe zwischen den Rahmen 660 mm beträgt?

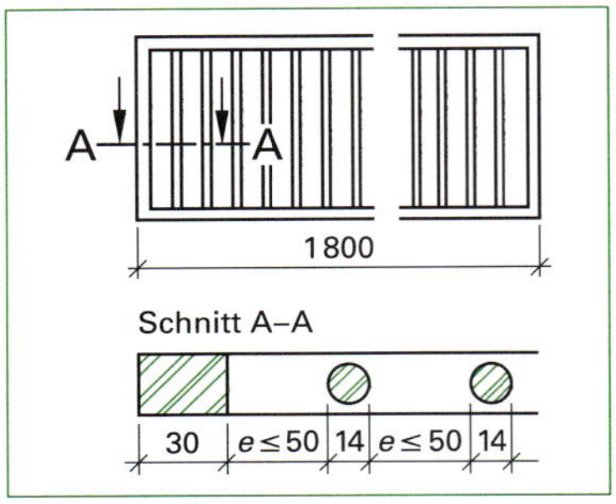

Aufgabe 52.1: Kinderbett

52.2 Bei einem Brüstungsgeländer dürfen lt. Vorschrift die Abstände zwischen den runden Stäben höchstens eine Länge von 90 mm haben. Der Stabdurchmesser beträgt 24 mm **(siehe Bild)**.

Berechnen Sie:

a) die notwendige Anzahl der Stäbe,

b) das dazugehörige Achsmaß *e* in mm,

c) die Gesamtlänge für ein weiteres Brüstungselement, bei dem 40 Stäbe mit gleichem Achsabstand *e* eingebaut sind.

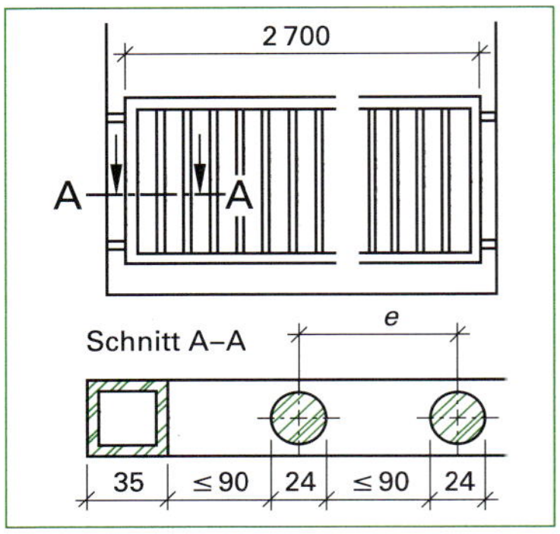

Aufgabe 52.2: Brüstungsgeländer

52.3 Für ein Hotel sollen Kofferablagetische gefertigt werden. Die Ablagefläche besteht aus einem Ahornrahmen 24 × 24 mm mit dazwischenliegenden Leisten 15 × 20 mm **(siehe Bild)**.

Berechnen Sie:

a) die Anzahl der Leisten,

b) die Länge des Abstandes *e* in mm zwischen den Leisten, der zwischen 10 mm und 12 mm betragen soll.

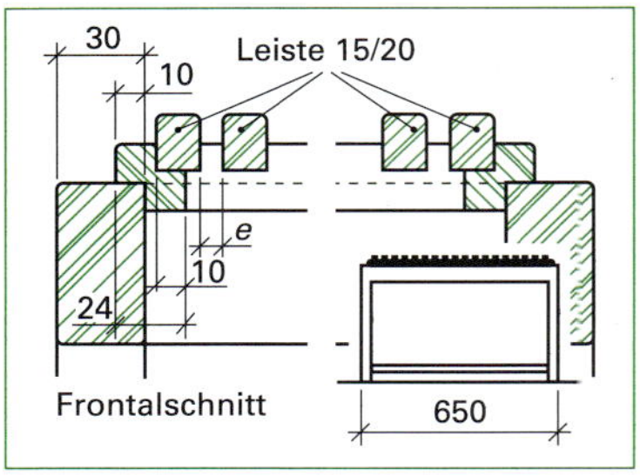

Aufgabe 52.3: Kofferablagetisch

52.4 Eine Heizkörperverkleidung von 140 cm Länge erhält senkrechte Leisten, 12 mm breit und 30 mm tief. Die Abstände zwischen den Leisten und dem Außenrahmen, 45 × 30 mm, sind gleich breit.

Berechnen Sie:

a) die Anzahl der Abstände,

b) die Länge der gleich großen Abstände *e* in mm. Sie soll zwischen 20 mm und 30 mm betragen.

52.5 Für einen Schrank in Kiefer sind die zweiflügeligen Türen in Brettbauweise zu konstruieren. Zwischen den 22 mm dicken Brettern in gespundeter Breitenverbindung bildet sich eine 2 mm breite Sichtfuge. Die Federbreite beträgt 8 mm. Jeder Türflügel besteht aus 9 Brettern **(siehe Bild)**.

Berechnen Sie:

a) die Sichtbreite (b_S) eines Brettes in mm,

b) die Brettbreiten in mm der mittleren und jeweils äußeren Bretter für jeden Flügel. (Fertigen Sie eine Skizze an!)

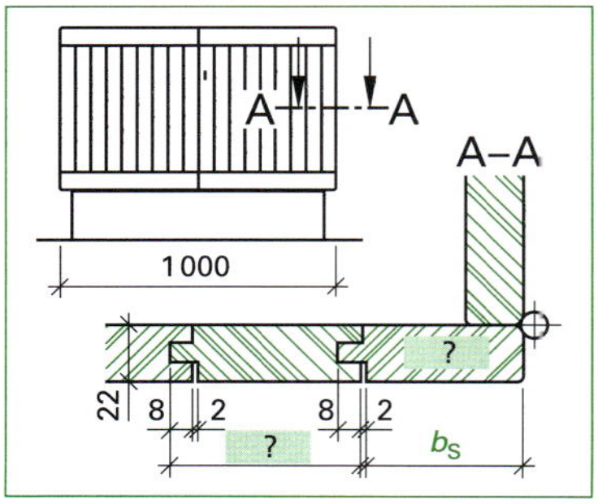

Aufgabe 52.5: Schrank

52.6 Eine Wand soll in einer Länge von 4,20 m mit Profilbrettern, Deckbreite 96 mm, verkleidet werden.

a) Wie viel Profilbretter sind erforderlich?

b) Auf welche Breite muss das letzte Brett zugeschnitten werden?

3.4 Maßordnung im Hochbau – Fenster- und Türmaße

3.4.1 Maßordnung im Hochbau – Mauermaße

Für Innenausbau- und Glaserarbeiten wird die Kenntnis der Maßordnung im Hochbau vorausgesetzt. Mauersteine sind in ihren Abmessungen auf die Längeneinheit Meter abgestimmt. Mauermaße werden nach der Maßordnung im Hochbau (DIN 4172) als Baurichtmaße in **Achtelmeter** (Kurzzeichen **am**) berechnet. Das Achtelmeter ist der achte Teil eines Meters und beträgt 12,5 cm. Alle Baurichtmaße sind das Vielfache oder Teile von der Baunormzahl am; zum Beispiel 87,5 cm = 7 · 12,5 cm ≙ 7 am.

Man unterscheidet folgende Maßbezeichnungen **(Bild 1)**:

Baurichtmaße = Grundlage zur Berechnung von Nennmaßen für Mauerlängen und Mauerhöhen. Einbauteile oder Zimmertüren werden darauf abgestimmt. Sie sind ein Vielfaches von 12,5 cm.

Nennmaße = Maße in Bauzeichnungen, Sollmaße am Rohbau.

Rohbaumaße = im Rohbau vorhandene Maße (Istmaße). Sie entsprechen den Nennmaßen.

Ausbaumaße = Maße am fertigen Bau, z. B. einschließlich Putz oder Bodenbelag.

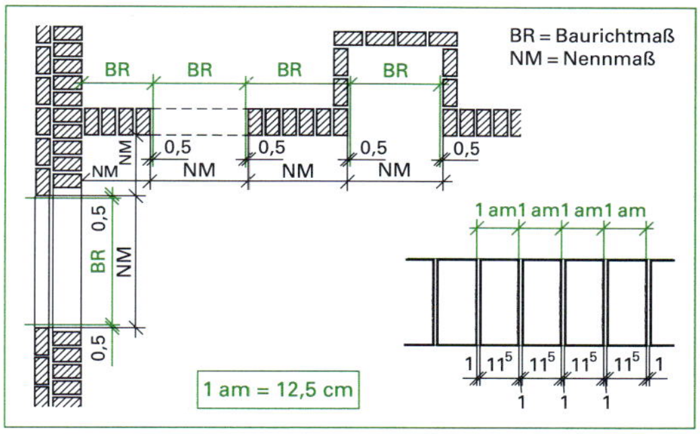

Bild 1: Maßbezeichnungen

Mauerlängen

Mauerlängen werden als Vielfaches des Achtelmeters angegeben. Ein Achtelmeter ist eine Steinbreite (11,5 cm) plus einer Stoßfuge (Fugendicke) von 1,0 cm. Bei der Errechnung der Nennmaße (Rohbaumaße) müssen neben der Anzahl der Steinbreiten auch die Anzahl der Stoßfugen berücksichtigt werden.

Länge einer Maueröffnung (Bild 2)

(Fenster- und Türöffnung)

Beispiel: Maueröffnung mit 6 Steinbreiten

Lösung: Nennmaß = x · 12,5 cm + 1 cm
Nennmaß = 6 · 12,5 cm + 1 cm = **76 cm**

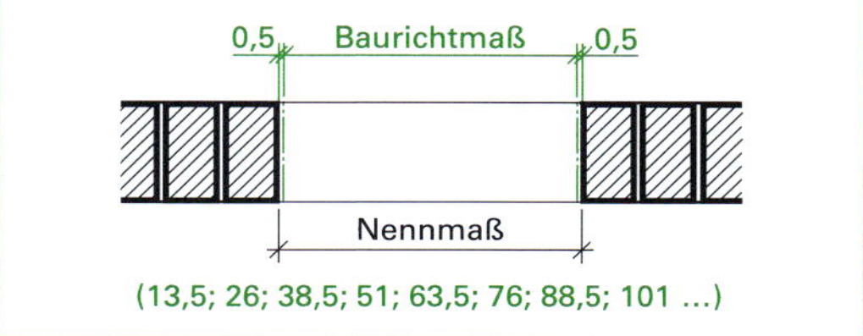

Breiten-Nennmaß (Rohbaumaß) bei Öffnungen in cm = Anzahl der Steinbreite × am + 1 Stoßfuge = x · 12,5 cm + 1 cm

Bild 2: Maueröffnung

Länge einer Mauervorlage (Bild 3)

Beispiel: Mauervorlage mit 3 Steinbreiten

Lösung: Nennmaß = x · am
Nennmaß = 3 · 12,5 cm = **37,5 cm**

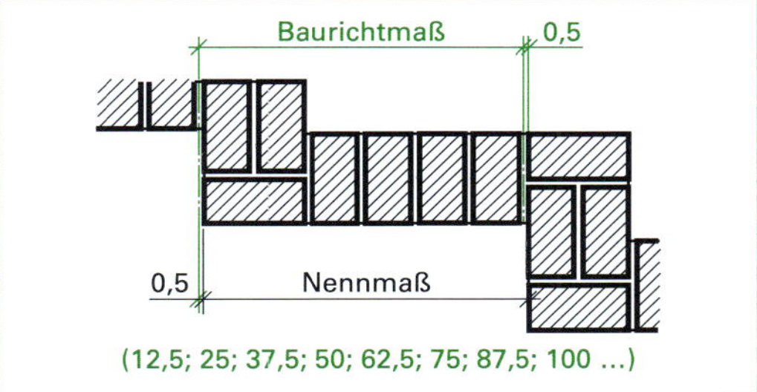

Breiten-Nennmaß (Rohbaumaß) bei Vorlagen in cm = Anzahl der Steinbreite × am = x · 12,5 cm

Bild 3: Mauervorlage

Länge eines Mauerpfeilers oder einer Wanddicke (Bild 3/4)

Beispiel: Mauerpfeiler mit 5 Steinbreiten

Lösung: Nennmaß = x · am – 1 cm
Nennmaß = 5 · 12,5 cm – 1 cm = **61,5 cm**

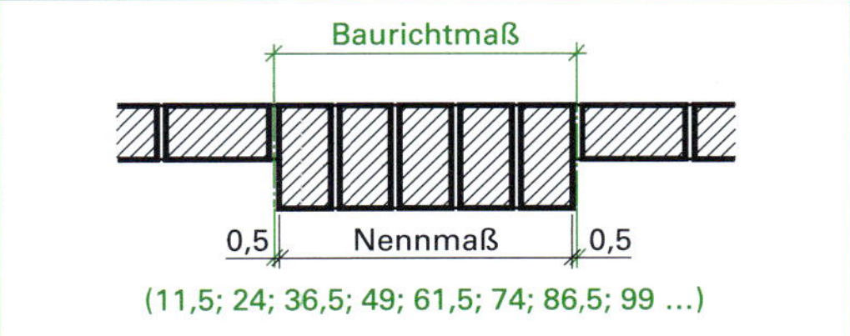

Breiten-Nennmaß (Rohbaumaß) bei Pfeilern oder für Wanddicken in cm = Anzahl der Steinbreite × am – 1 Stoßfuge = x · 12,5 cm – 1cm

Bild 4: Mauerpfeiler und Wanddicke

3.4 Maßordnung im Hochbau – Fenster- und Türmaße

Mauerhöhen

Mauerhöhen sind ebenfalls auf die Baurichtmaße der Maßordnung im Hochbau abgestimmt. Zur Berechnung der Mauerhöhe muss die Schichthöhe bekannt sein. Sie ergibt sich aus der Höhe des Steinformates (z. B. 11,3 cm) und der Lagerfuge von 1,0 – 1,2 cm. Gerechnet wird mit 1,0 cm Lagerfuge. Die Baunormzahl beträgt auch 12,5 cm **(Tabelle 1)**.

Beispiel: Fensteröffnung mit 9 Schichten je 12,5 cm im Format 2 DF gemauert.

Lösung: Nennmaß $h = x \cdot h_s + 1{,}0$ cm
$= 9 \cdot 12{,}5$ cm $+ 1{,}0$ cm $=$ **113,5 cm**

Tabelle 1: Schichthöhen

Steinformate und Steinmaße (25 cm – 0 cm)	DF	NF	2 DF	10 DF
Steinhöhen in cm	5^2	7^1	11^3	23^8
Schichthöhen in cm	6^{25}	8^{33}	12^5	25
Schichten je m	16	12	8	4

Höhen-Nennmaß (Rohbaumaß) für **Maueröffnung**
= Anzahl der Schichten × Schichthöhe
$+ 2 \cdot \frac{1}{2}$ Lagerfuge $= x \cdot h_s + 2 \cdot 0{,}5$ cm

3.4.2 Maueröffnungen für Fenster

Die Maueröffnung für Fenster und Türen sind durch die Maßordnung im Hochbau festgelegt. Bei Maueröffnungen für Fenster wird zuerst die Breite und dann die Höhe des Nennmaßes gemessen. Bei Fensteröffnungen sind dies die lichten Maße. Die Mauerleibungen können ohne oder mit Anschlag versehen sein. Die Anschlagsmaße sind dann gesondert aufzumessen **(Bild 1)**.

Beispiel: Wie groß ist eine Fensteröffnung mit der Kennziffer 8 × 11?

Lösung: Breite $b = 8 \cdot$ am $+ 1{,}0$ cm
$= 8 \cdot 12{,}5$ cm $+ 1{,}0$ cm $=$ **101 cm**

Höhe $h = 11 \cdot h_s + 1{,}0$ cm
$= 11 \cdot 12{,}5$ cm $+ 1{,}0$ cm $=$ **138,5 cm**

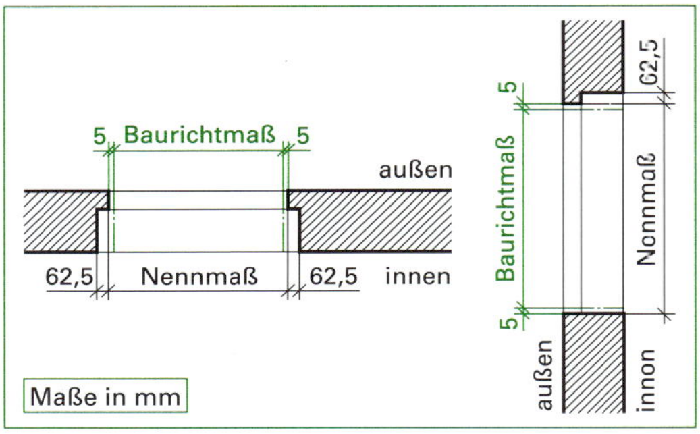

Bild 1: Fensteröffnung mit Innenanschlag

3.4.3 Maueröffnungen für Türen und Fenstertüren

Bei Türen wird das Höhen-Nennmaß immer von der Oberfläche des fertigen Fußbodens (OFF) bis zur Unterkante des Sturzes gemessen. Im Rohbau wird hierzu ein Meterriss angebracht. Bei Mauern aus Steinen wird nur am Sturz eine $\frac{1}{2}$ Lagerfuge dem Baurichtmaß, gemessen von OFF, hinzugerechnet. Bei Mauern aus Beton entsprechen die Nennmaße den Baurichtmaßen **(Bild 2)**.

Für Innentüren werden die in der **Tabelle 2** angegebenen Maße bevorzugt.

Beispiel: Wie groß ist die Öffnung für eine Innentür mit Kennziffer 7 × 16?

Lösung: Breite $b = 7 \cdot$ am $+ 1{,}0$ cm
$= 7 \cdot 12{,}5$ cm $+ 1{,}0$ cm $=$ **88,5 cm**

Höhe $h = 16 \cdot h_s + 0{,}5$ cm
$= 16 \cdot 12{,}5$ cm $+ 0{,}5$ cm $=$ **200,5 cm**

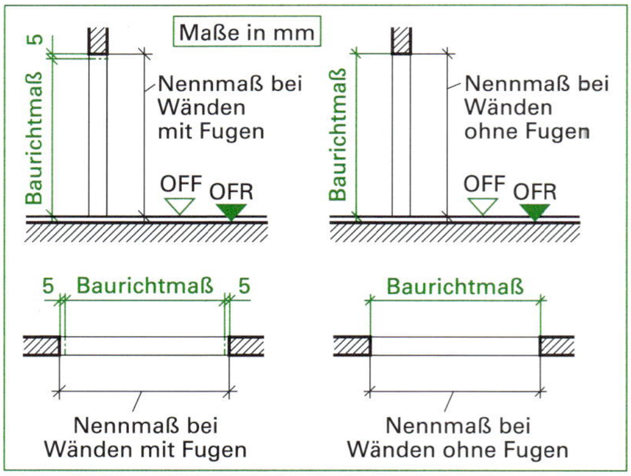

Bild 2: Türöffnungen

Tabelle 2: Rohbau-Nennmaße für Innentüren (Vorzugsmaßnahme)

Höhen	Breiten einflügeliger Türen						Breiten zweiflügeliger Türen			
2 005	635	760	885	1010	1125	1260	1260	1510	1760	2010
2 130	635	760	885	1010	1125	1260	1260	1510	1760	2010
2 255			885	1010	1125	1260		1510	1760	2010

3.4 Maßordnung im Hochbau – Fenster- und Türmaße

■ Aufgaben zu 3.4.1 – Mauermaße

55.1 Ermitteln Sie die Rohbau-Nennmaße aus der gegebenen Anzahl der Achtelmeter (am).

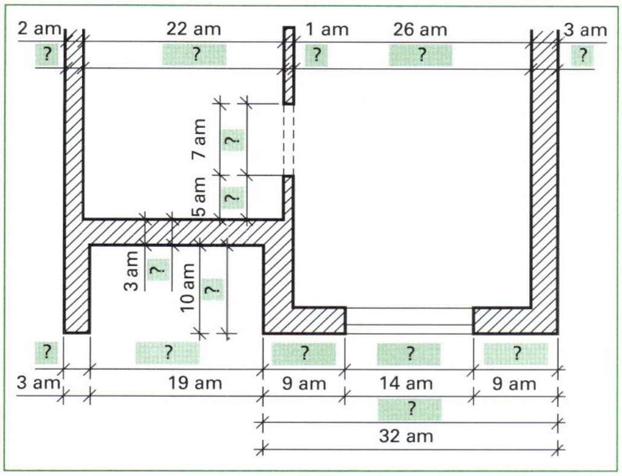

1

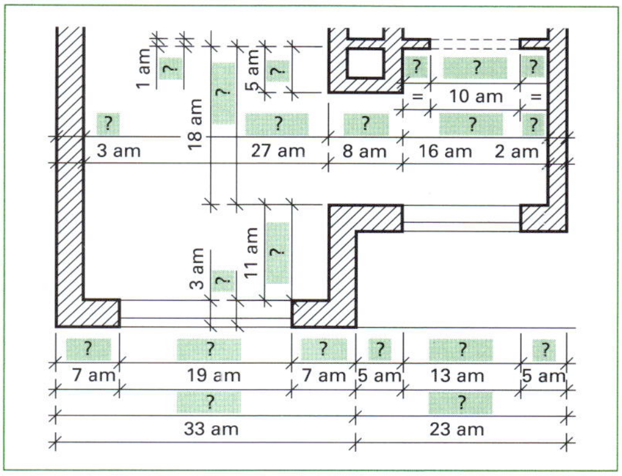

2

■ Aufgaben zu 3.4.2 – Maueröffnungen für Fenster

55.2 Welche Rohbau-Nennmaße ergeben sich für die abgebildeten Fenster-Maueröffnungen?

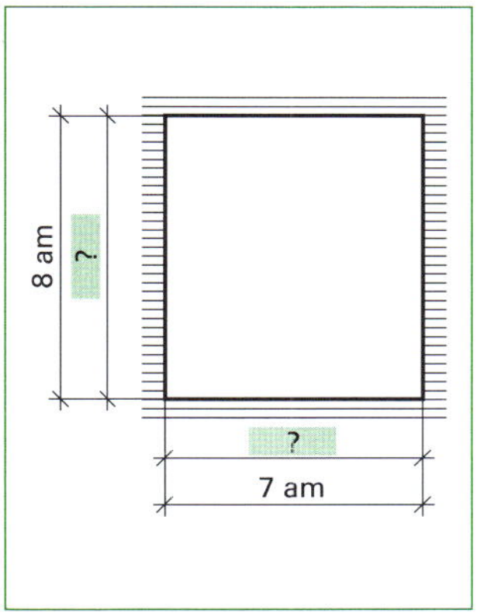

1

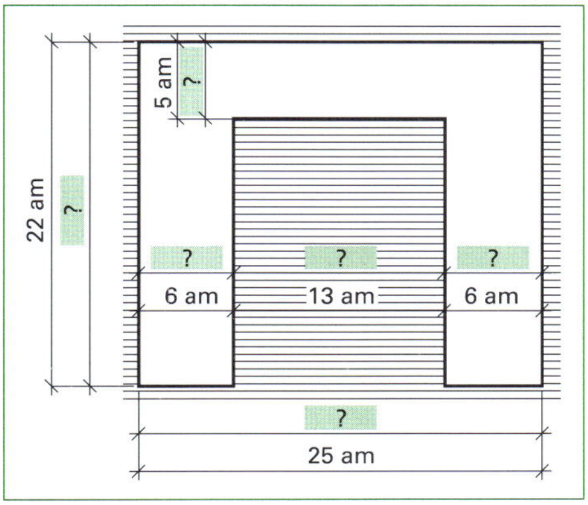

2

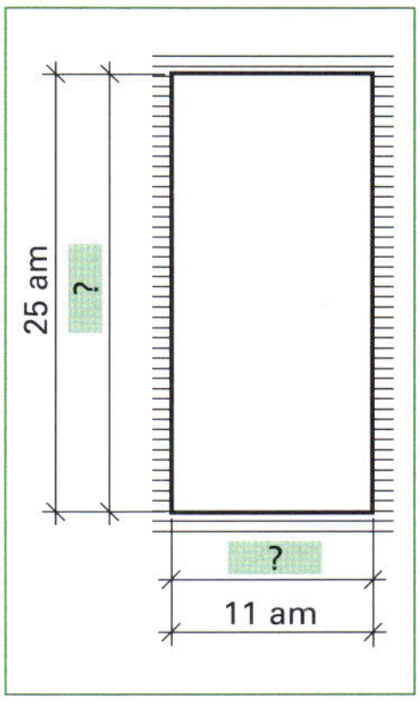

3

■ Aufgaben zu 3.4.3 – Maueröffnungen für Türen und Fenstertüren

55.3 Rechnen Sie die angegebene Anzahl der Achtelmeter (am) in Rohbau-Nennmaße um.

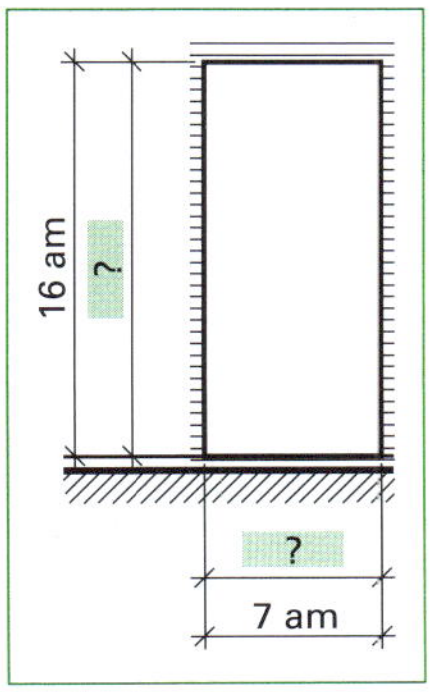

1

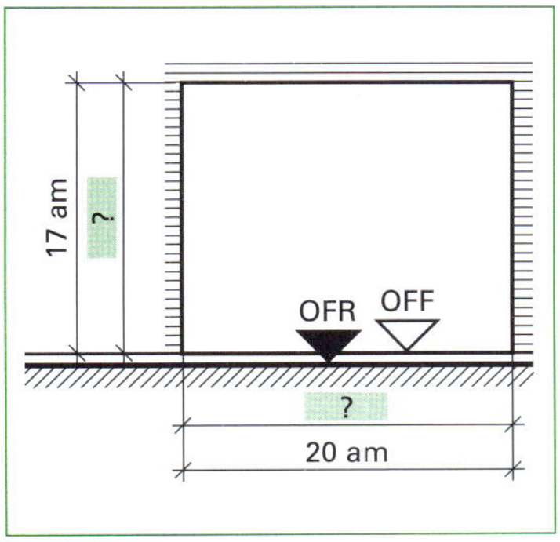

2

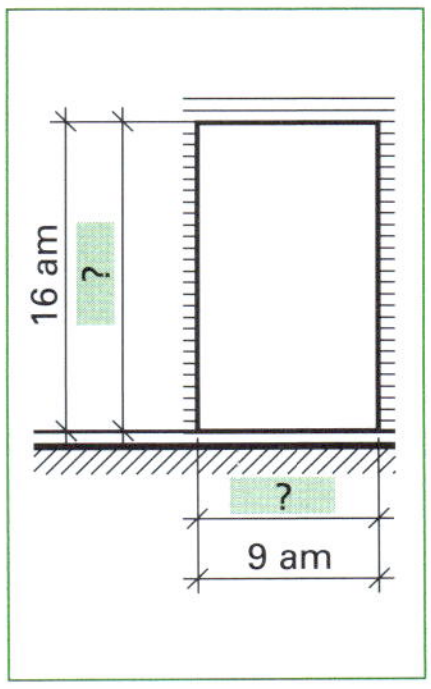

3

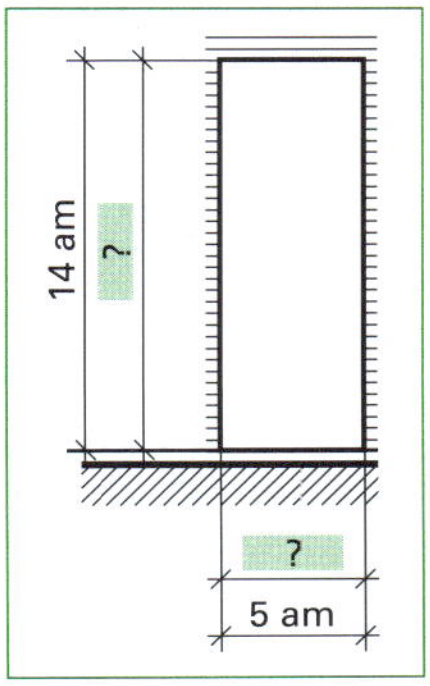

4

3.4 Maßordnung im Hochbau – Fenster- und Türmaße

3.4.4 Türmaße

Grundlage für die Berechnung von Türmaßen wie z. B. bei Futtertüren, Block- oder Blendrahmentüren ist die Maßordnung im Hochbau.

Über die Maueröffnungsmaße werden die zur Herstellung erforderlichen Maße wie z. B. Bekleidungsmaß, lichtes Durchgangsmaß und Türblattaußenmaß berechnet.

In der DIN 18 101 ist für Fertigtüren das Zusammenspiel von Maueröffnung, Futter (Zarge) und Türblattgröße sowie Bandsitz und Schlosssitz geregelt. Für die handwerkliche Herstellung ist die DIN 18 101 ebenfalls Grundlage zur Ermittlung der Türmaße.

Die Beispiele zeigen Abmessungen von industriell gefertigten Futtertüren **(Bild 1** und **Bild 2)**.

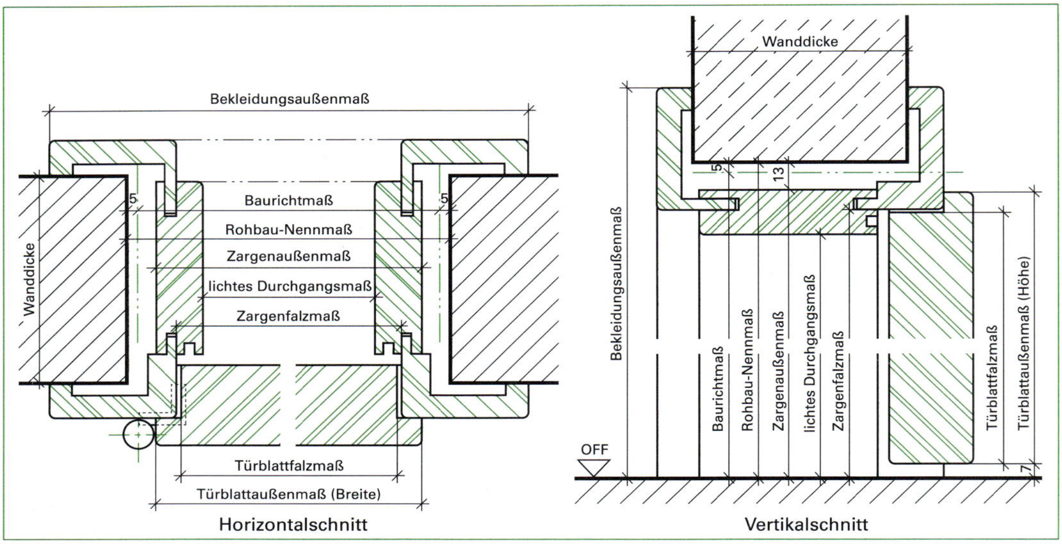

Bild 1: Bezeichnungen an einer Norm-Futtertür mit Bekleidungen

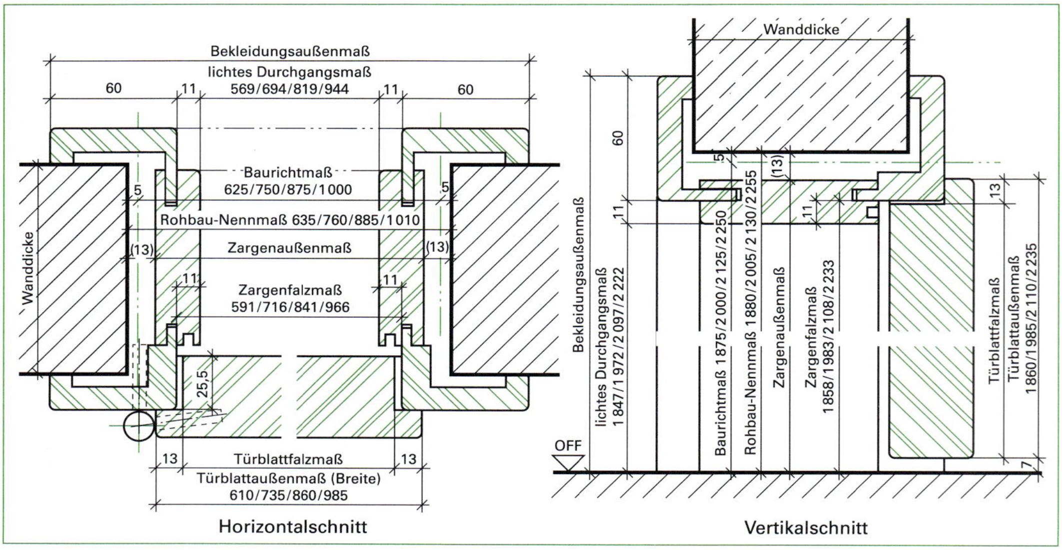

Bild 2: Normmaße von Fertigtüren

3 Längen

3.4 Maßordnung im Hochbau – Fenster- und Türmaße

Aufgaben zu 3.4.4 – Türmaße

57.1 Berechnen Sie die Türmaße für die abgebildete Futtertür **(siehe Bild)** bei folgenden Rohbau-Nennmaßen:
a) 760 × 1 880 mm,
b) 1 010 × 2 005 mm,
c) 885 × 2 130 mm

57.2 Berechnen Sie die Türmaße für die abgebildete Blockrahmentür **(siehe Bild)**. Nennmaße siehe Aufgabe 57.1.

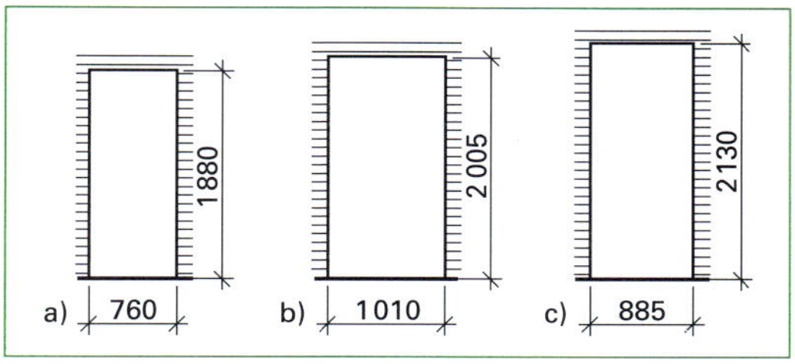

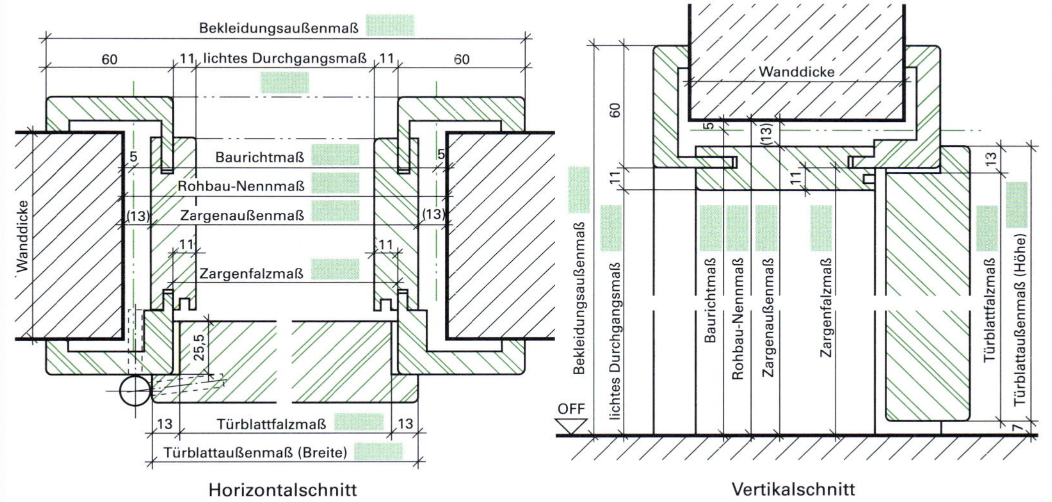

Aufgabe 57.1: Futtertür

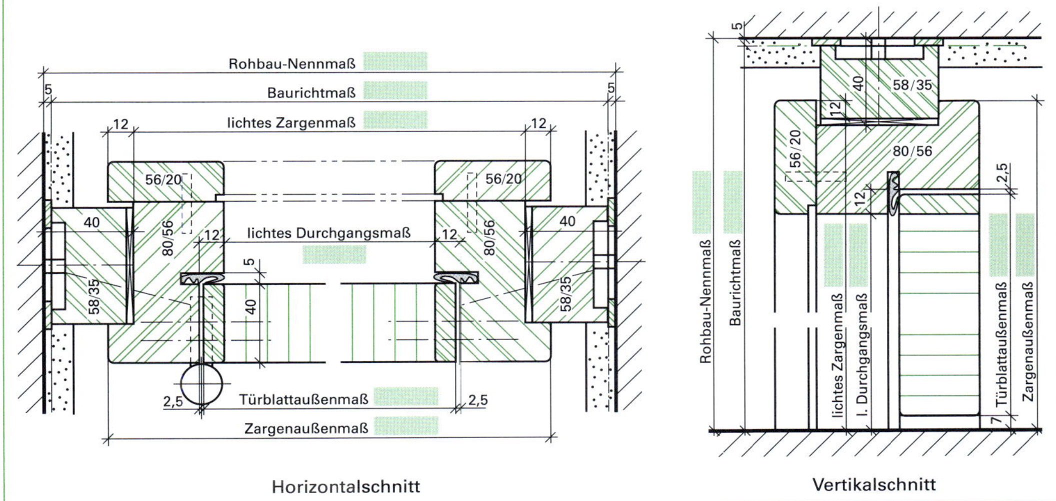

Aufgabe 57.2: Blockrahmentür

3.4 Maßordnung im Hochbau – Fenster- und Türmaße

3.4.5 Fenstermaße

Grundlage für die Ermittlung von Fenstermaßen ist die Maßordnung im Hochbau.

Bei gegebenen Rohbau-Nennmaßen und Angabe der Art des Fensters, z. B. IV 56, lassen sich die zur Fertigung notwendigen Maße ermitteln **(Bild 1)**.

Beispiel: Einfachfenster IV 56
Rahmenaußenmaß 1115 × 1485 mm

IV 56		**Breite**
RAM		**1115**
– 2 × HR	– 2 × 78	– 156
RLM + 2 × h_3 + 2 × h_4 + 2 × h_5	 + 2 × 15 + 2 × 12 + 2 × 11	**959** + 30 + 24 + 22
FAM – 2 × HF	 – 2 × 78	**1035** – 156
FLM + 2 × h_1	 + 2 × 18	**879** + 36
GFM – 2 × h_2	 – 2 × 5	**915** – 10
GM		**905**

IV 56		**Höhe**
RAM		**1485**
– 2 × HR	– 2 × 78	– 156
RLM + 1 × h_3 + 1 × h_4 + 2 × h_5	 + 1 × 15 + 1 × 12 + 2 × 11	**1329** + 15 + 12 + 22
FAM – 2 × HF	 – 2 × 78	**1378** – 156
FLM + 2 × h_1	 + 2 × 18	**1222** + 36
GFM – 2 × h_2	 – 2 × 5	**1258** – 10
GM		**1248**

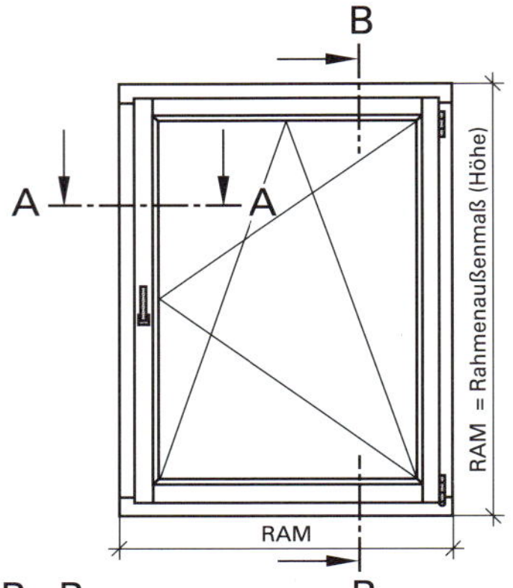

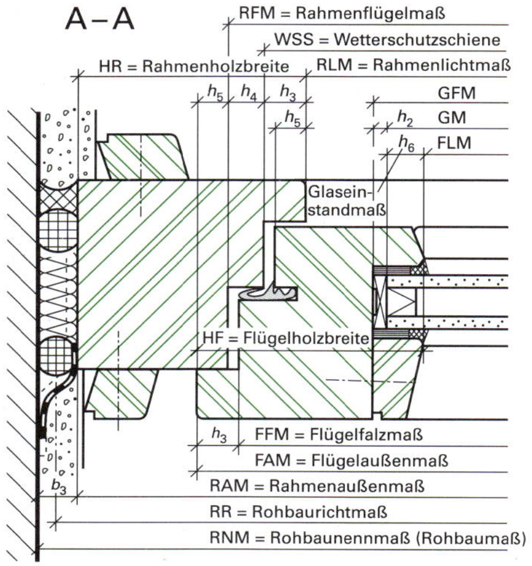

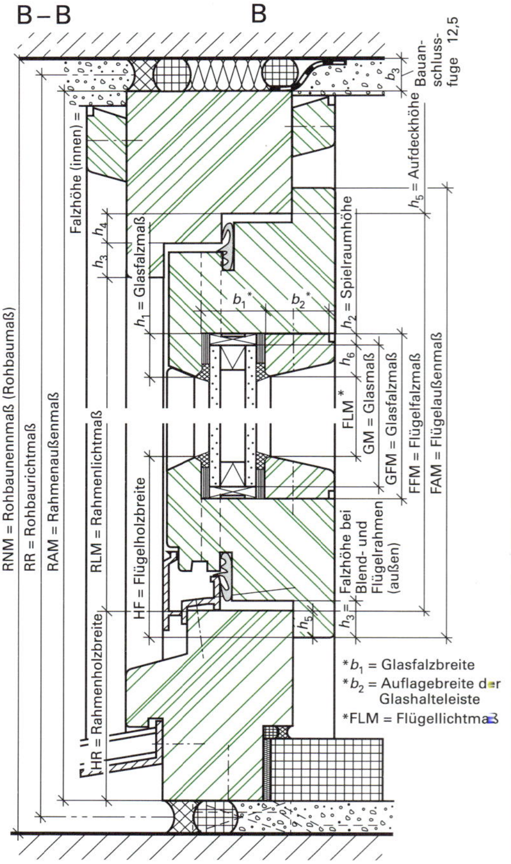

Bild 1: Fenstermaße

3.4 Maßordnung im Hochbau – Fenster- und Türmaße

Ermitteln der wichtigsten Fenstermaße – rechnerisches Reißen

Beispiel: Einfachfenster IV 56 mit Rahmenquerschnitt 78/56, Rohbau-Nennmaß 1 135 × 1 510 mm, Rahmenaußenmaße 1 115 × 1 485 mm.

Lösung:

Berechnung der Breitenmaße in mm

IV 56		Breite
RNM		1 135
RAM	– 2 × 10	1 115
– 2 × HR	– 2 × 78	– 156
RLM + 2 × h_3 + 2 × h_4 + 2 × h_5	 + 2 × 15 + 2 × 12 + 2 × 11	959 + 30 + 24 + 22
FAM – 2 × HF	 – 2 × 78	1 035 – 156
FLM + 2 × h_1	 + 2 × 18	879 + 36
GFM – 2 × h_2	 – 2 × 5	1 035 – 10
GM		905

Berechnung der Höhenmaße in mm

IV 56		Höhe
RNM		1 510
RAM	– (10 + 15)	1 485
– 2 × HR	– 2 × 78	– 156
RLM + 1 × h_3 + 1 × h_4 + 2 × h_5	 + 1 × 15 + 1 × 12 + 2 × 11	1 329 + 15 + 12 + 22
FAM – 2 × HF	 – 2 × 78	1 378 – 156
FLM + 2 × h_1	 + 2 × 18	1 222 + 36
GFM – 2 × h_2	 – 2 × 5	1 258 – 10
GM		1 248

Aufgaben zu 3.4.5 – Fenstermaße

59.1 Ermitteln Sie die wichtigsten Fenstermaße für folgende Maueröffnungen und Fensterarten **(siehe Bild)**.

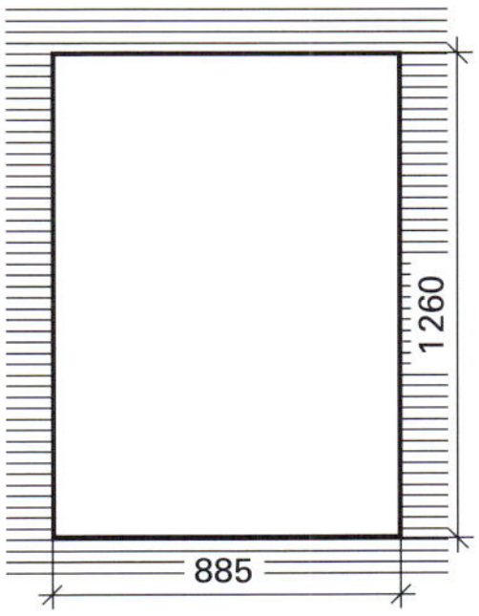

a) Rohbau-Nennmaß 885 × 1 260
Fensterart IV 63
Profilquerschnitt 78/63

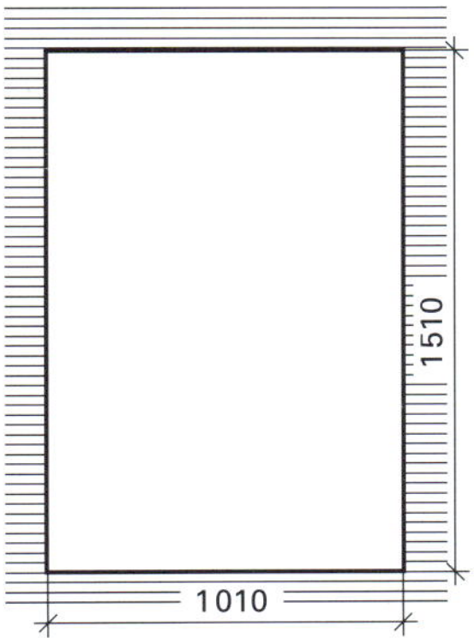

b) Rohbau-Nennmaß 1 010 × 1 510
Fensterart IV 78
Profilquerschnitt 92/78

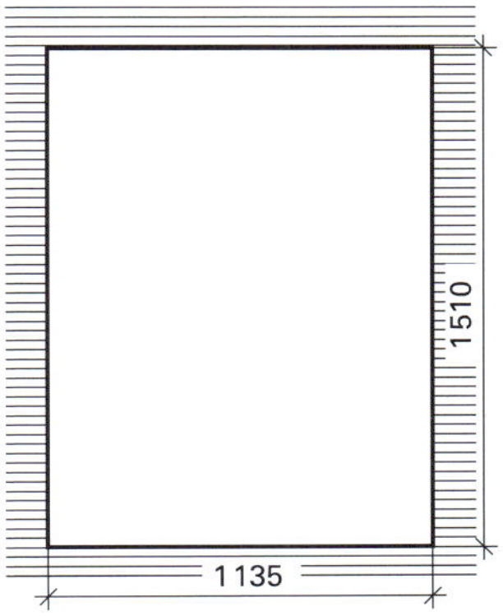

c) Rohbau-Nennmaß 1 135 × 1 510
Fensterart IV 92
Profilquerschnitt 92/92

Aufgabe 59.1

3 Längen

3.5 Seitenlängen rechtwinkliger Dreiecke

3.5.1 Lehrsatz des Pythagoras[1]

Mit dem Lehrsatz des Pythagoras lassen sich Seitenlängen im rechtwinkligen Dreieck berechnen. Sind zwei Seitenlängen bekannt, so kann man die dritte Seitenlänge ermitteln.

Bezeichnungen:

Seite *a* und *b*: **Katheten**; sie sind die Schenkel des rechten Winkels. Die Seite *a* und *b* schließen den rechten Winkel ein.

Seite *c*: **Hypotenuse**; sie liegt dem rechten Winkel gegenüber. Sie ist die längste Seite des rechtwinkligen Dreiecks.

In **Bild 1** ist

das Kathetenquadrat über der Seite *a* $a^2 = 4^2 = 16$

das Kathetenquadrat über der Seite *b* $b^2 = 3^2 = 9$

das Hypotenusenquadrat über der Seite *c* $c^2 = 5^2 = 25$

Hieraus ergibt sich der nebenstehende Lehrsatz.

Beispiel: In einem rechtwinkligen Dreieck ist die Kathete $a = 95$ mm, die Hypotenuse $c = 175$ mm. Wie groß ist die Länge der Kathete *b*?

Lösung:

$$c^2 = a^2 + b^2$$
$$b^2 = c^2 - a^2$$
$$b = \sqrt{c^2 - a^2}$$
$$= \sqrt{(175\ \text{mm})^2 - (95\ \text{mm})^2} = \mathbf{146{,}97\ mm}$$

3.5.2 Verreihung

Jedes Dreieck mit dem Seitenverhältnis 3 : 4 : 5 ist rechtwinklig. Dieses Verhältnis bezeichnet man als Verreihung. Mit der Verreihung lassen sich rechte Winkel herstellen oder überprüfen.

Beispiel: Um große Rechteckflächen z. B. bei Trennwänden aufreißen zu können, wird aus 3 Latten ein rechter Winkel hergestellt. Die längste Latte misst 420 cm. Die Längen der beiden anderen Latten sind zu berechnen.

Lösung:
5 Teile ≙ **420 cm**
1 Teil ≙ 420 cm : 5 = **84 cm**
3 Teile ≙ 84 cm · 3 = **252 cm**
4 Teile ≙ 84 cm · 4 = **336 cm**

Bild 3 zeigt ein Beispiel eines rechten Winkels aus 3 Latten.

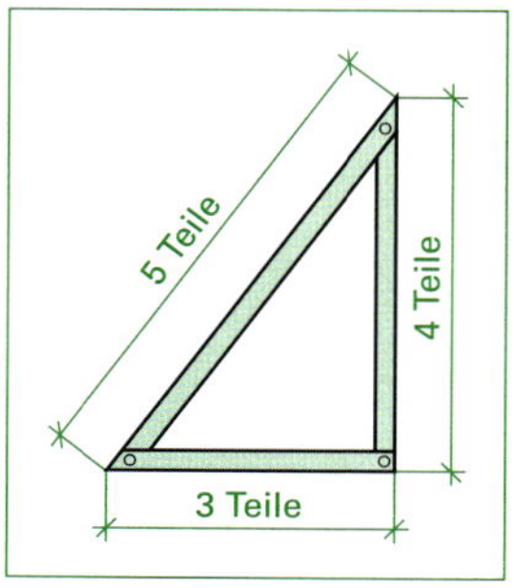

Bild 3

[1] Pythagoras, griech. Mathematiker (ca. 570 v. Chr.)

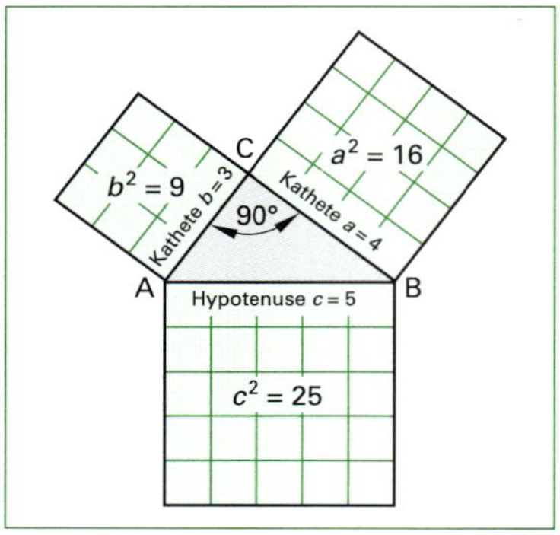

Bild 1

Lehrsatz:

Im rechtwinkligen Dreieck ist das Quadrat über der Hypotenuse gleich der Summe der Quadrate über den beiden Katheten.

Grundformeln:	Für die Berechnung der Seitenlänge gilt:	
$c^2 = a^2 + b^2$	▶	$c = \sqrt{a^2 + b^2}$
$a^2 = c^2 - b^2$	▶	$a = \sqrt{c^2 - b^2}$
$b^2 = c^2 - a^2$	▶	$b = \sqrt{c^2 - a^2}$

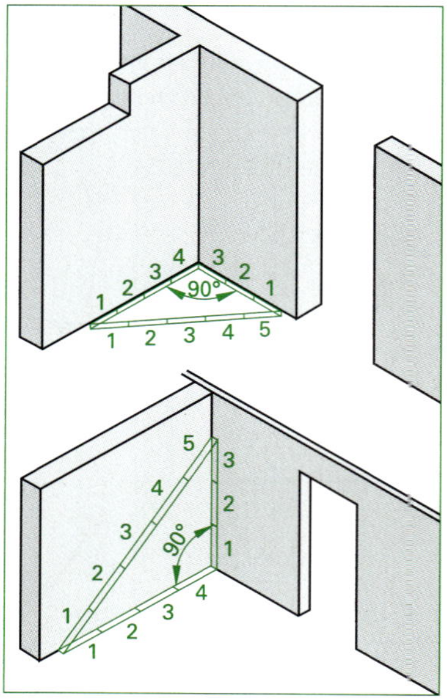

Bild 2

3.5 Seitenlängen rechtwinkliger Dreiecke

Aufgaben zu 3.5 – Pythagoras

61.1 Berechnen Sie die fehlenden Werte für die Seitenlängen im rechtwinkligen Dreieck.

Aufgabe	a)	b)	c)	d)	e)	f)
a	300	?	130	1 500	?	240
b	400	1 750	?	2 000	1 250	?
c	?	2 500	180	?	3 450	310

61.2 Um eine quadratische Stütze in einem Kaufhaus werden Regale mit dreieckigen Fachböden **(siehe Bild)** angebracht.

Berechnen Sie die Seitenlänge der Dreiecke in mm.

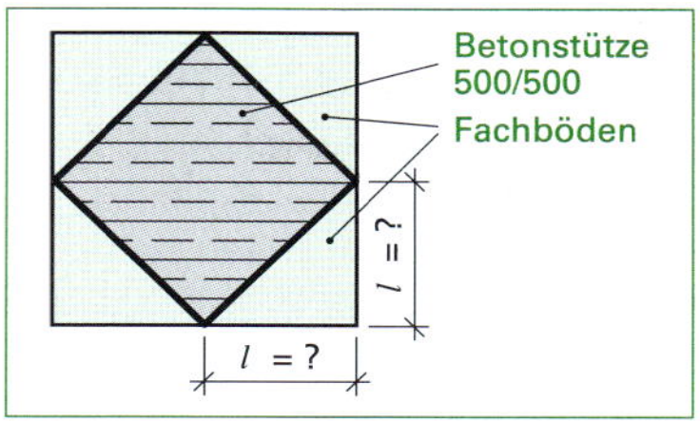

Aufgabe 61.2: Kaufhausregal

61.3 Welche Höhe kann man mit einer Leiter erreichen, die 4,50 m lang ist und die an ihrem Fußpunkt 1,10 m entfernt ist?

61.4 Eine achteckige Tischplatte hat das Außenmaß von 1,50 m auf 1,50 m. Fertigen Sie eine Maßskizze zur Berechnung an.

Wie groß ist die Seitenlänge *l* in mm?

61.5 Bei einem Stichbogenfenster **(siehe Bild)** sind die Sehne *s* und der Durchmesser des Kreisbogens *d* gegeben.

Berechnen Sie die Stichbogenhöhe *h* in mm.

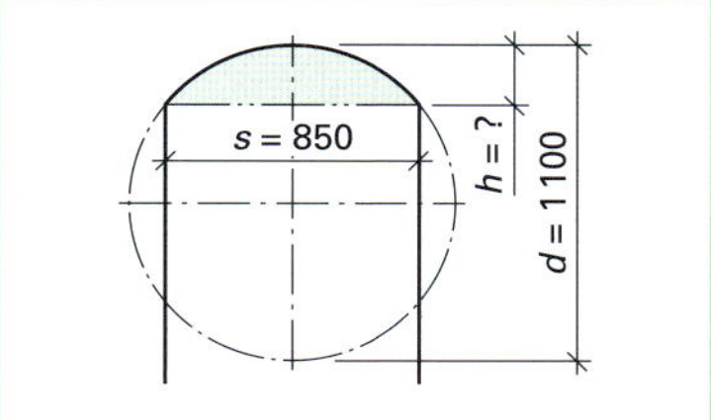

Aufgabe 61.5: Stichbogen

61.6 Ein Kegel hat eine Mantellänge von 660 mm und eine Höhe von 600 mm. Fertigen Sie eine Maßskizze an.

Wie groß ist der Durchmesser des Kegels in mm?

61.7 Ein Holzrahmen mit einer Länge von 1,25 m und einer Breite von 0,75 m soll auf seinen rechten Winkel hin geprüft werden.

Wie groß ist das Diagonalmaß (Stichmaß) in m?

61.8 Bei der Renovierung einer Kirche sind die Spitzbogenfenster **(siehe Bild)** zu erneuern.

Berechnen Sie die Höhe *h* in mm des Spitzbogens.

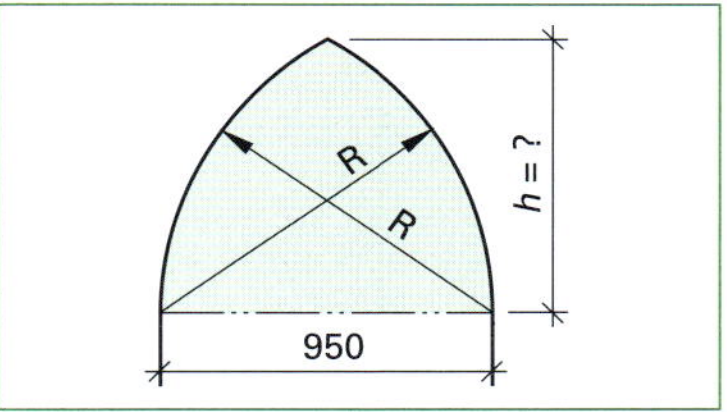

Aufgabe 61.8: Spitzbogenfenster

61.9 Der Radius der Rundungen einer Tischplatte **(siehe Bild)** beträgt *r* = 1,25 m, die Breite der Platte *b* = 80 cm.

Wie lang ist die gerade Kante in mm?

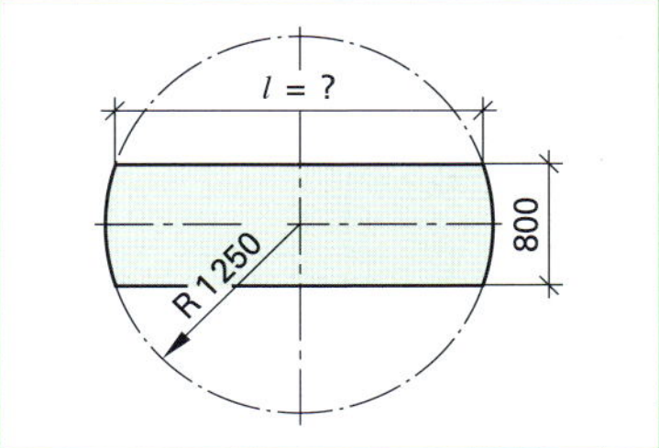

Aufgabe 61.9: Tischplatte

61.10 Für eine gerade Holztreppe sind die beiden Treppenwangen **(siehe Bild)** herzustellen.

Wie groß ist das Maß *l* in m?

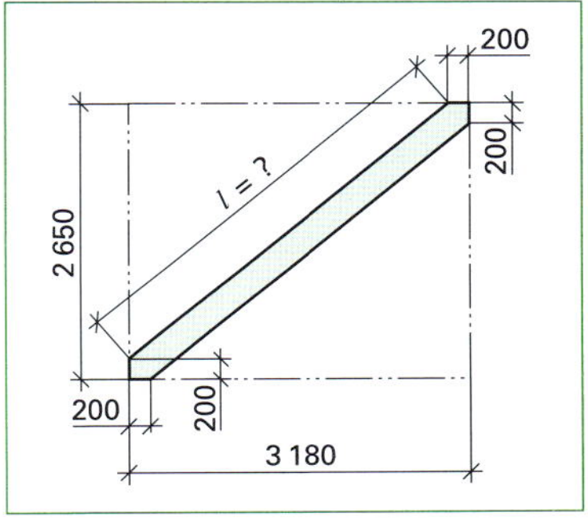

Aufgabe 61.10: Treppenwange

3 Längen

3.6 Winkelfunktionen

Mit Hilfe der Winkelfunktionen können im rechtwinkligen Dreieck Winkel und die Seitenlängen berechnet werden.

In einem Dreieck werden die Eckpunkte mit den Großbuchstaben A (in der Regel unten links), B (unten rechts) und C bezeichnet. Die dazugehörenden Winkel mit den griechischen Buchstaben α, β und γ. Die Dreieckseiten werden mit Kleinbuchstaben gekennzeichnet, wobei die Seite *a* dem Punkt A gegenüberliegt, die Seite *b* dem Punkt B und die Seite *c* dem Punkt C **(Bild 1)**.

In jedem Dreieck beträgt die Summe der Winkel 180°. Im rechtwinkligen Dreieck ist ein Winkel **ein rechter Winkel = 90°**. (γ im **Bild 2**) und die anderen beiden Winkel sind spitze Winkel (α und β), deren Summe 90° beträgt. Daraus folgt, wenn ein spitzer Winkel zum Beispiel 30° groß ist, ist der andere 90° – 30° = 60° groß.

Die Seite, die dem rechten Winkel gegenüberliegt, ist die längste Seite des Dreiecks. Sie heißt **Hypotenuse**. Die beiden anderen, kürzeren Seiten des Dreiecks sind die **Katheten (Bild 2)**.

Zur Berechnung der Seiten und Winkel muss man zwischen Ankathete und Gegenkathete unterscheiden. Die **Ankathete** schließt mit der **Hypotenuse** den betreffenden Winkel ein, die Gegenkathete liegt diesem Winkel gegenüber.

Vom Winkel α her betrachtet ist die Seite *a* die Gegenkathete, die Seite *b* die Ankathete und die Seite *c* die Hypotenuse **(Bild 3)**. Vom Winkel β her betrachtet ist die Seite a die Ankathete, die Seite *b* die Gegenkathete und die Seite *c* die Hypotenuse **(Bild 4)**.

Beispiel 1: Bei einem rechtwinkligen Dreieck liegt am Punkt B der rechte Winkel **(Bild 5)**.

Benennen Sie die Seiten vom Winkel α und vom Winkel γ aus betrachtet.

Lösung: Die **Seite *b*** ist die **Hypotenuse**.

Vom **Winkel α** aus ist die **Seite *c*** die **Ankathete**
die **Seite *a*** die **Gegenkathete**.

Vom **Winkel γ** aus ist die **Seite *a*** die **Ankathete**
die **Seite *c*** die **Gegenkathete**.

Ändern sich die Seitenverhältnisse im rechtwinkligen Dreieck, so ändern sich auch die spitzen Winkel des Dreiecks und umgekehrt **(Bild 63/1)**. Durch diese Gesetzmäßigkeiten im rechtwinkligen Dreieck kann man aus den Seitenverhältnissen die Winkelgrößen berechnen. Diese Abhängigkeiten der Seitenverhältnisse und Winkelgrößen werden als **Winkelfunktionen** bezeichnet.

Man unterscheidet die vier Winkelfunktionen **Sinus = sin, Cosinus = cos, Tangens = tan und Cotangens = cot**. Für die einzelnen Winkelfunktionen gelten die im **Formelkasten S. 63** aufgeführten Seitenverhältnisse. Durch Umstellen der Formeln können aus zwei bekannten Werten der noch fehlende dritte Wert in der Formel errechnet werden.

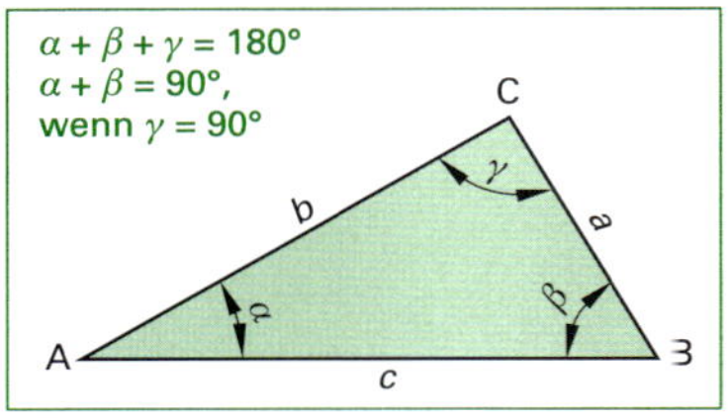

Bild 1: Bezeichnungen am Dreieck

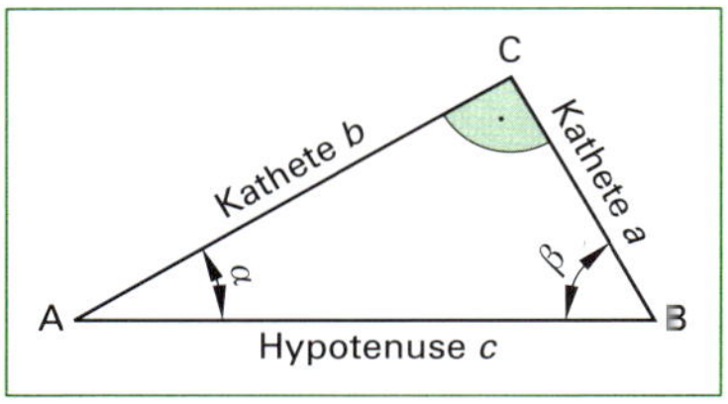

Bild 2: Bezeichnungen am rechtwinkligen Dreieck

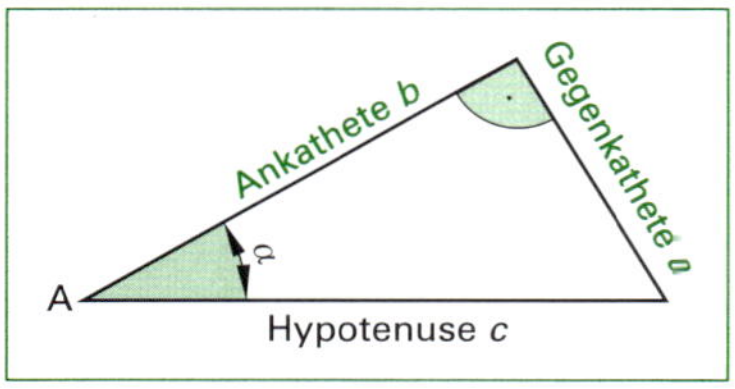

Bild 3: Katheten auf Winkel α bezogen

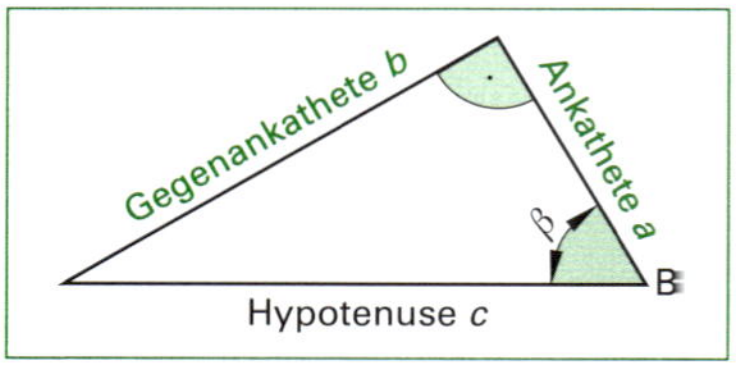

Bild 4: Katheten auf Winkel β bezogen

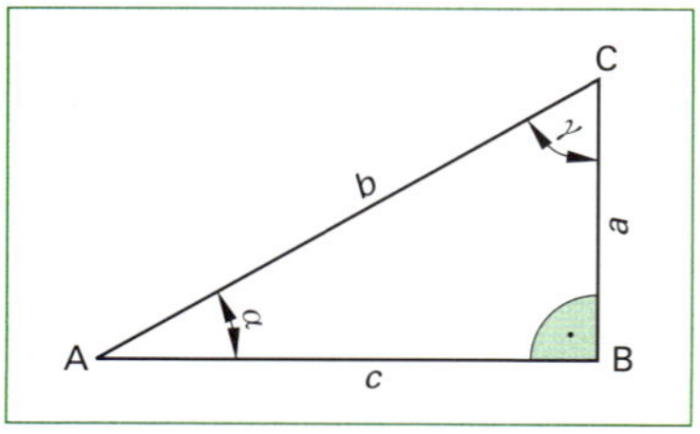

Bild 5: zu Beispiel 1

3.6 Winkelfunktionen

Beispiel 2: Nennen Sie die Sinus-, Cosinus-, Tangens- und Cotangens-Funktion des in **Bild 2** gezeichneten Dreiecks von Winkel α und von Winkel β aus betrachtet und stellen Sie die Formeln für die Ermittlung der anderen Werte um.

Lösung: bezogen auf den Winkel α:

$\sin\alpha = \frac{a}{c}$ $\qquad a = c \cdot \sin\alpha$ $\qquad c = \frac{a}{\sin\alpha}$

$\cos\alpha = \frac{b}{c}$ $\qquad b = c \cdot \cos\alpha$ $\qquad c = \frac{b}{\cos\alpha}$

$\tan\alpha = \frac{a}{b}$ $\qquad a = b \cdot \tan\alpha$ $\qquad b = \frac{a}{\tan\alpha}$

$\cot\alpha = \frac{b}{a}$ $\qquad b = a \cdot \cot\alpha$ $\qquad a = \frac{b}{\cot\alpha}$

bezogen auf den Winkel β:

$\sin\beta = \frac{b}{c}$ $\qquad b = c \cdot \sin\beta$ $\qquad c = \frac{b}{\sin\beta}$

$\cos\beta = \frac{a}{c}$ $\qquad a = c \cdot \cos\beta$ $\qquad c = \frac{a}{\cos\beta}$

$\tan\beta = \frac{b}{a}$ $\qquad b = a \cdot \tan\beta$ $\qquad a = \frac{b}{\tan\beta}$

$\cot\beta = \frac{a}{b}$ $\qquad a = b \cdot \cot\beta$ $\qquad b = \frac{a}{\cot\beta}$

Die Winkelfunktionen werden in Dezimalzahlen ausgedrückt und in der Regel auf vier Stellen nach dem Komma angegeben. Man kann die Werte der Winkel und deren Seitenverhältnisse für die jeweilige Winkelfunktion aus Tabellen ablesen (siehe Anhang). Heute werden sie mit Taschenrechnern (siehe Seite 44) ermittelt.

Der Cotangens ist der Kehrwert des Tangens (cot = 1/tan). Aus diesem Grunde ist der Cotangens in der Regel auf dem Rechner nicht mit einer besonderen Taste belegt.

Beispiel 3: In einem rechtwinkligen Dreieck beträgt der Winkel $\alpha = 25°$ und Winkel $\beta = 65°$ **(Bild 2)**. Wie groß ist der Sinus, Cosinus und Tangens des Winkels α und des Winkels β? Vergleichen Sie die Sinus- und Cosinuswerte der einzelnen Winkel.

Lösung: Abgelesen auf dem elektronischen Taschenrechner und auf vier Stellen nach dem Komma gerundet:

sin 25° = 0,422 6; cos 25° = 0,906 3; tan 25° = 0,466 3.
sin 65° = 0,906 3; cos 65° = 0,422 6; tan 65° = 2,144 5.

$\sin\alpha = \cos\beta$ und $\sin\alpha = \cos\beta$

Rechenbeispiele mit Winkelfunktionen

Mithilfe eines Winkels und einer Seitenlänge können die anderen zwei Seitenlängen eines rechtwinkligen Dreiecks berechnet werden oder mit Hilfe zweier Seiten die restlichen Winkel.

Vor dem Rechnen ist zu überlegen, welche Winkelfunktion anzuwenden ist. Soll die Hypotenuse berechnet werden oder ist diese bekannt, kommt die Sinus- oder Cosinusfunktion zur Anwendung, sind nur Ankathete oder Gegenkathete gefragt, die Tangensfunktion.

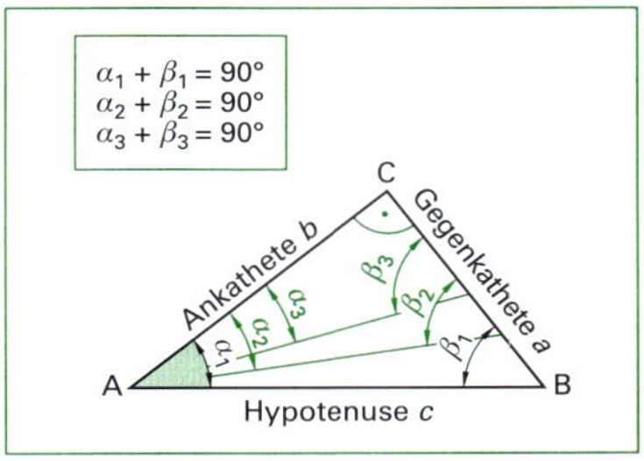

Bild 1: Abhängigkeiten von Seiten und Winkeln im rechtwinkligen Dreieck

Formeln: Winkelfunktionen
Sinus = $\frac{\text{Gegenkathete}}{\text{Hypotenuse}}$
Cosinus = $\frac{\text{Ankathete}}{\text{Hypotenuse}}$
Tangens = $\frac{\text{Gegenkathete}}{\text{Ankathete}}$
Cotangens = $\frac{\text{Ankathete}}{\text{Gegenkathete}}$

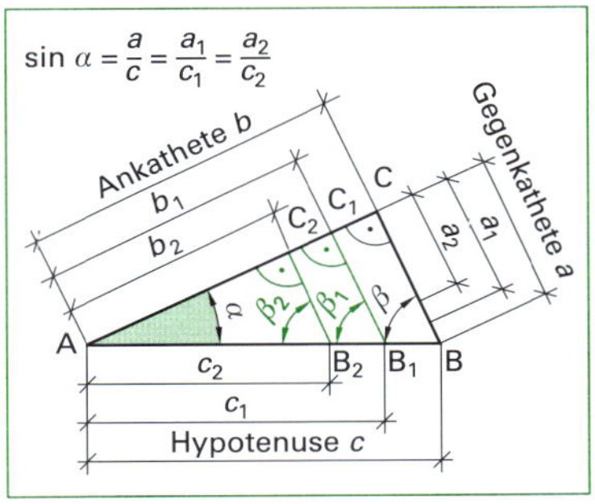

Bild 2: Seitenverhältnisse

Sind in verschieden großen (rechtwinkligen) Dreiecken die Winkel gleich, so sind auch deren Seitenverhältnisse gleich.

Im rechtwinkligen Dreieck ist der Sinus eines Winkels gleich dem Cosinus seines Gegenwinkels.

Beispiel 4: Eine Rampe sollte zum guten Begehen nicht mehr als 7° Neigung aufweisen. Wie lang ist die Grundlänge l und die Rampenlänge a, wenn eine Höhe von $h = 1{,}50$ m zu überwinden ist **(Bild 1)**?

Lösung: Neigungswinkel $\alpha = 7°$

Rampenhöhe h = Gegenkathete = 1,50 m

Grundlänge l = Ankathete = ?

Rampenlänge a = Hypotenuse = ?

$$\text{Sinus} = \frac{\text{Gegenkathete}}{\text{Hypotenuse}} \rightarrow \text{Hypotenuse} = \frac{\text{Gegenkathete}}{\text{Sinus}}$$

$$\textbf{Rampenlänge } \boldsymbol{a} = \frac{\text{Rampenhöhe } h}{\sin 7°} = \frac{1{,}50 \text{ mm}}{0{,}121\,9} = \textbf{12,31 m}$$

$$\text{Tangens} = \frac{\text{Gegenkathete}}{\text{Ankathete}} \rightarrow \text{Ankathete} = \frac{\text{Gegenkathete}}{\text{Tangens}}$$

$$\textbf{Grundlänge } \boldsymbol{l} = \frac{\text{Rampenhöhe } h}{\tan 7°} = \frac{1{,}50 \text{ m}}{0{,}122\,8} = \textbf{12,22 m}$$

Beispiel 5: Ein Raum mit dreieckigem Grundriss hat die in **Bild 2** angegebenen Maße. An der Decke soll ein ringsumlaufender Fries eingebaut werden.

a) Wie groß sind die Gehrungswinkel, wenn der Fries als echte Gehrung zusammengeschnitten wird?

b) Wie lang ist der längste Fries?

Gegeben: Winkel β und die Katheten.

Gesucht: Winkel α und Winkel γ sowie die Hypotenuse b.

Lösung: a) $\tan \alpha = \frac{\text{Gegenkathete}}{\text{Ankathete}} = \frac{a}{c} = \frac{5{,}25 \text{ m}}{4{,}50 \text{ m}} = \textbf{1,166 7}$

$\alpha = \textbf{49,40°}$; Gehrungswinkel $\frac{\alpha}{2} = \textbf{24,70°}$

Mit Taschenrechner:

Eingabe	5,25	÷	4,50	=	tan
Anzeige	5.25	5.25	4.50	1.1667	49.398...

$\tan \gamma = \frac{\text{Gegenkathete}}{\text{Ankathete}} = \frac{c}{a} = \frac{4{,}50 \text{ m}}{5{,}25 \text{ m}} = \textbf{0,857 1}$

$\gamma = \textbf{40,60°}$; Gehrungswinkel $\frac{\gamma}{2} = \textbf{20,30°}$

$\beta = \textbf{90°}$; Gehrungswinkel $\frac{\beta}{2} = \textbf{45°}$

b) Frieslänge b = Hypotenuse

$\sin \alpha = \frac{\text{Gegenkathete}}{\text{Hypotenuse}} = \frac{a}{b}$

$b = \frac{a}{\sin \alpha} = \frac{5{,}25 \text{ m}}{\sin 49{,}40°} = \frac{5{,}25 \text{ m}}{0{,}759\,3} = \textbf{6,91 m}$

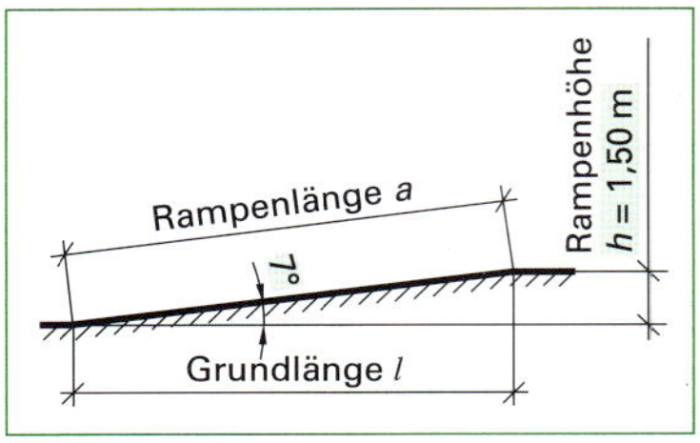

Bild 1: zu Beispiel 4

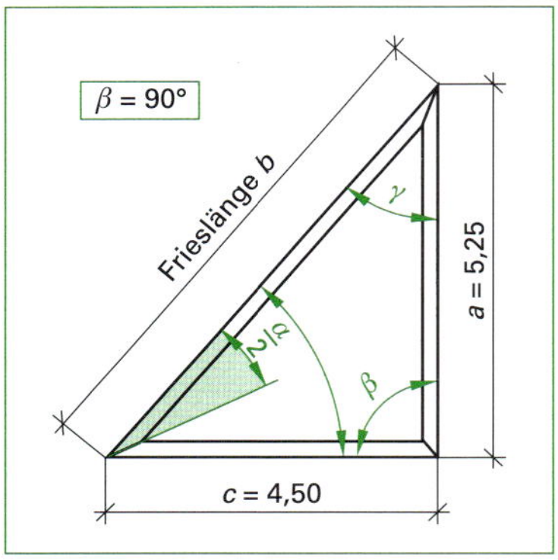

Bild 2: zu Beispiel 5

Tabelle 1: zu Aufgabe 65.2

	$\sin \alpha$	$\cos \alpha$	$\tan \alpha$
a)	0,422 6	0,737 3	1,000
b)	0,829 0	0,559 2	11,430 0
c)	0,968 1	0,135 7	3,866 7
d)	0,221 6	0,700 6	0,185 3
e)	0,766 0	0,843 4	0,122 8

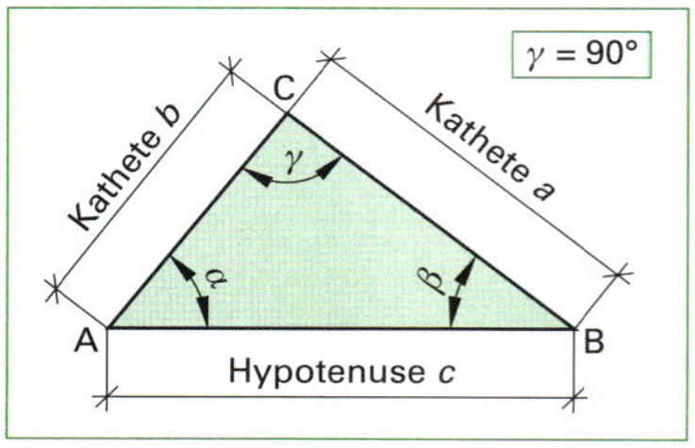

Aufgabe 65.3

Aufgaben zu 3.6 – Winkelfunktionen

65.1 Es sind für folgende Winkel die Winkelfunktionswerte für Sinus, Cosinus und Tangens zu bestimmen:

15°; 32° 40′; 45,60°; 72,30°; 28,95°; 83° 15′; 62,5°.

65.2 Zu den in **Tabelle 1 auf Seite 64** angegebenen Funktionswerten sind die entsprechenden Winkel zu bestimmen!

65.3 Berechnen Sie die fehlenden Werte der rechtwinkligen Dreiecke, wenn in Punkt C jeweils der rechte Winkel liegt **(Bild 64/3)**.

a) Seite a = 600 mm, Winkel l = 36°

b) Seite c = 1 200 mm, Seite b = 875 mm

c) Seite a = 8,65 m, Seite b = 7,54 m

d) Winkel β = 54,50°, Seite c = 8,35 m

65.4 Ein Keil hat auf 120 mm Länge einen Höhenunterschied von 45 mm.

Wie groß ist der Neigungswinkel des Keiles?

65.5 Eine geradläufige Treppe hat pro Stufe eine Auftrittsbreite von 285 mm und eine Steigungshöhe von 172 mm **(siehe Bild)**.

Wie viel Grad beträgt der Steigungswinkel dieser Treppe?

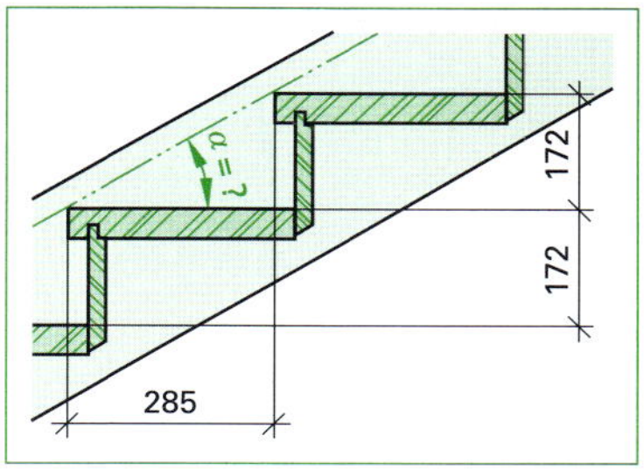

Aufgabe 65.5

65.6 Von einem symmetrischen Satteldach soll die Länge l vom First bis zur Traufe ermittelt werden. Messbar sind die Höhe h = 4,25 m und die Spannweite s = 12,50 m **(siehe Bild)**.

Wie groß ist die Dachneigung?

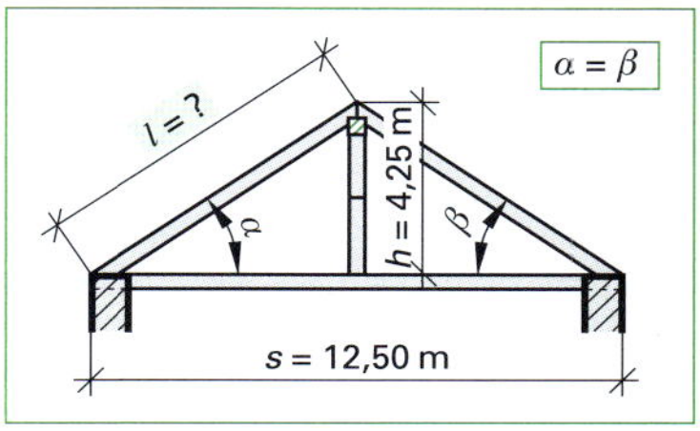

Aufgabe 65.6

65.7 Ein Wohnhaus ist 12,49 m breit und hat ein 52° steiles Satteldach.

a) Wie hoch ist die Firsthöhe h?

b) Wie lang sind die Sparren, wenn sie 60 cm an der Traufe überstehen **(siehe Bild)**?

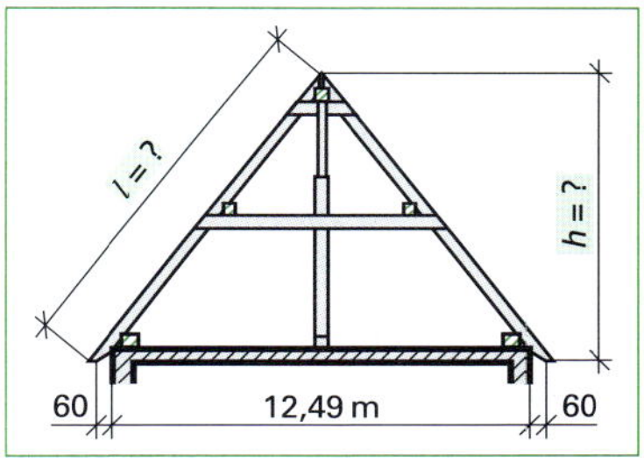

Aufgabe 65.7

65.8 Ein Stammtisch soll die Form eines regelmäßigen Fünfecks erhalten.

Wie groß sind die Kantenlängen des Tisches, wenn der Durchmesser des Umkreises des Tisches 1,80 m beträgt **(siehe Bild)**?

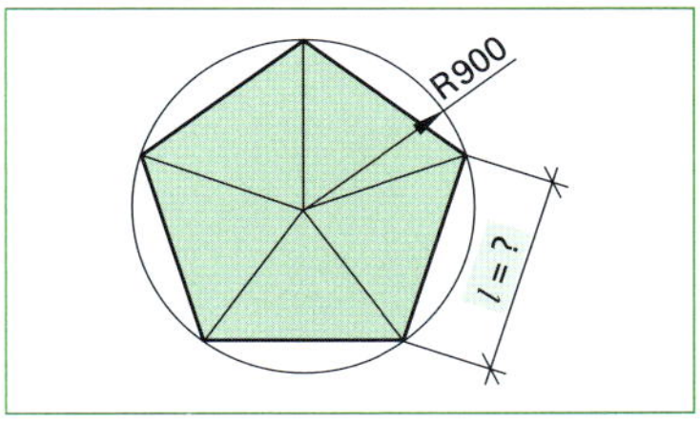

Aufgabe 65.8

65.9 Eine Leiter hat eine Länge von 3,75 m.

Wie weit reicht die Leiter am Gebäude hinauf, wenn am Fußpunkt ein Anstellwinkel von 75° einzuhalten ist?

65.10 Im Gastraum eines Restaurants verläuft eine Wand schräg **(siehe Bild)**. An der Decke soll ein 650 mm breiter Fries für Lüftung und Beleuchtung montiert werden.

a) Wie groß sind die Winkel am Eckpunkt B und C?

b) Wie viel Grad betragen die Gehrungswinkel in Punkt A, B, C und D?

c) Wie lang ist der Fries an der längsten Wand?

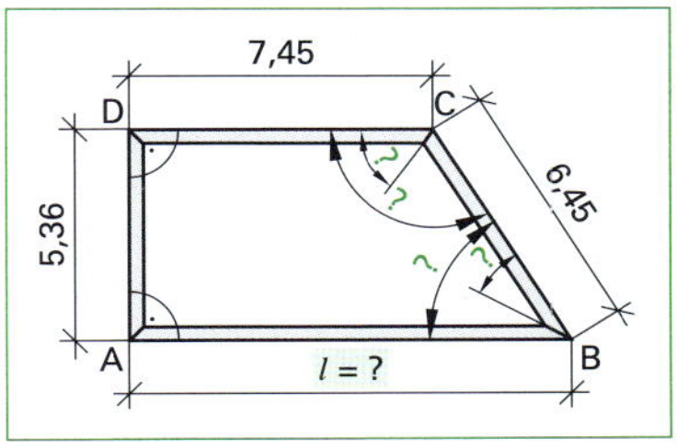

Aufgabe 65.10

65.11 Eine Rampe hat ein Steigungsverhältnis von 1,5 : 3,5.

Wie groß ist der Steigungswinkel?

3.7 Treppen

3.7.1 Steigungsverhältnis

Die Treppe muss beim Begehen die erforderliche Sicherheit und Bequemlichkeit gewährleisten. Eine Treppe besteht aus mindestens drei aufeinander folgenden Stufen, d. h. aus drei Steigungen und zwei Auftritten.

Das Verhältnis von Stufen- oder Steigungshöhe h_S und Auftrittsbreite b wird Steigungsverhältnis genannt **(Bild 1)**. Die beiden Maße werden in Zentimetern angegeben, z. B. 17,2/29. Das Verhältnis kann nicht beliebig festgelegt werden, wenn die Treppe sicher und bequem zu begehen sein soll **(Bild 2)**.

Als Grundlage zur Ermittlung des Steigungsverhältnisses dient die durchschnittliche Schrittlänge eines erwachsenen Menschen beim normalen Schreiten in der waagrechten Ebene. Diese Schrittlänge verkürzt sich mit zunehmender Steigung; bei einer angelehnten Leiter beträgt die Schrittlänge nur noch 31,5 cm; man spricht hier von Schritthöhe **(Bild 3)**. Diese Angaben werden zur rechnerischen oder zeichnerischen Ermittlung des Steigungsverhältnisses herangezogen.

Liegt die Steigungshöhe h_S zwischen 17 cm und 18 cm und die Auftrittsbreite b zwischen 27 cm und 29 cm, lassen sich Treppen sicher und bequem begehen.

$$\text{Steigungsverhältnis} = \frac{\text{Steigungshöhe}}{\text{Auftrittsbreite}} = \frac{h_S}{b}$$

$$\text{Ideale Steigungsverhältnisse} = \frac{17}{29} \text{ bis } \frac{18}{27}$$

Tabelle 1

	Steigungshöhe h_S	Auftrittsbreite b
Einfamilienhaustreppen	≤ 20 cm	≥ 23 cm
Keller-, Boden-, Neben- und Nottreppen	≤ 20 cm	≥ 21 cm
Treppen in Mehrfamilienhäusern	≤ 19 cm	≥ 26 cm

Der Steigungswinkel für bequem zu begehende Treppen liegt zwischen 25° und 37°.

Der Auftritt lässt sich nach der Schrittmaß-, Bequemlichkeits- und Sicherheitsregel berechnen, wenn zuvor die Steigung ermittelt wurde.

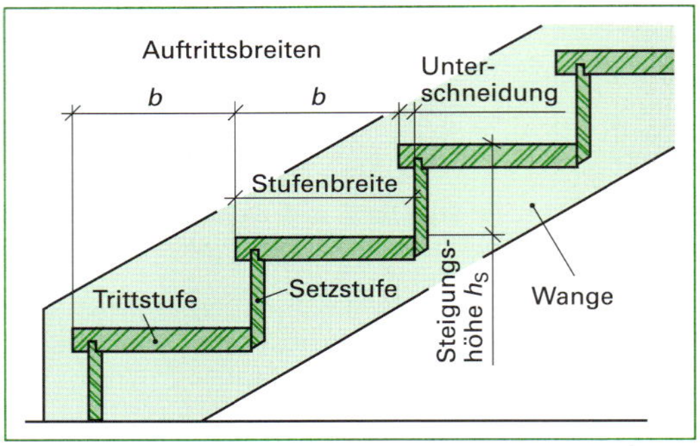

Bild 1: Begriffe an Treppenstufen

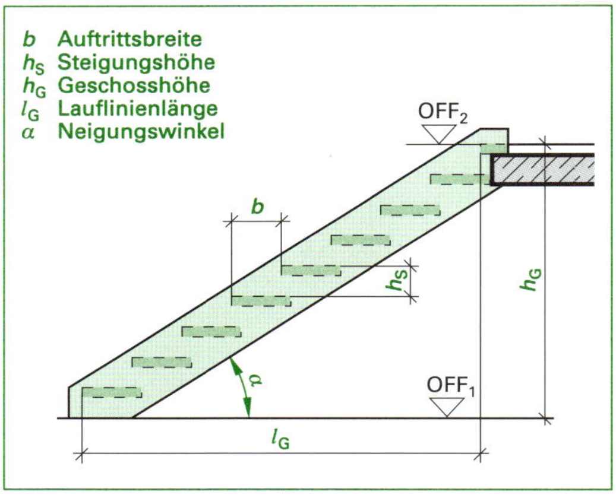

Bild 2: Maße zur Ermittlung des Steigungsverhältnisses

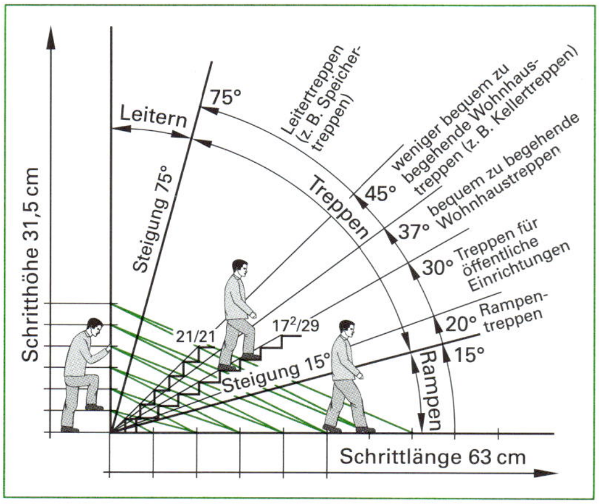

Bild 3: Steigungsverhältnisse

3.7.2 Schrittmaßregel

Mit der Schrittmaßregel werden die Steigungsverhältnisse von Treppen mit einem Neigungswinkel α von 30° bis 37° bestimmt.

Die zugelassenen Schrittlängen bei Gebäudetreppen liegen nach DIN 18 065 zwischen 59 cm und 65 cm.

Die Schrittmaßregel ergibt das Idealmaß (Schrittlänge) von 63 cm aus 2 mal Steigungshöhe h_S + 1 mal Auftrittsbreite b.

Beispiel: Rechnerische Ermittlung des Steigungsverhältnisses nach der Schrittmaßregel. Die Geschosshöhe h_G soll 275 cm betragen, die Länge der Lauflinie l_G 427 cm **(Bild 2, Seite 66)**. Die Geschosshöhe kann als eine einzige Steigung angesehen werden, die Lauflinie als eine einzige Auftrittsbreite.

Setzt man die Zahlenwerte in die Schrittmaßregel ein, errechnet sich eine Strecke von 977 cm (aus 2 · 275 cm + 1 · 427 cm), die gegangen werden muss. Mit der Schrittlänge von 63 cm ergeben sich 15,5 Auftritte (aus 977 cm : 63 cm). Es kann aber nur ganzzahlige Auftritte geben, daher wird auf- oder abgerundet. Im vorliegenden Beispiel wird auf 15 abgerundet.

Die Zahl der Steigungen ist stets um eins größer als die Zahl der Auftritte.

$n_S = n_A + 1$	$n_A = n_S - 1$

Im Beispiel liegen somit 16 Steigungen vor.

Die Steigungshöhe und die Auftrittsbreite errechnet sich wie folgt:

Steigungshöhe $h_S = \frac{h_G}{n_S} = \frac{275\,\text{cm}}{16} = \mathbf{17{,}2\,cm}$

Auftrittsbreite $b = \frac{l_G}{n_A} = \frac{427\,\text{cm}}{15} = \mathbf{28{,}5\,cm}$

oder $b = 63\,\text{cm} - 2 \cdot h_S$
$= 63\,\text{cm} - 2 \cdot 17{,}2\,\text{cm} = \mathbf{28{,}6\,cm}$

Das Steigungsverhältnis beträgt somit 17,2/28,5.

Wird die Steigung direkt aus der Geschosshöhe bestimmt und in die Schrittmaßregel eingesetzt, bleibt die Lauflinienlänge zunächst unberücksichtigt. Im Beispiel würde sich die Lauflinienlänge vergrößern. Sie wird wie folgt berechnet:

$l_G = n_A \cdot b = 15 \cdot 28{,}5 = \mathbf{427{,}5\,cm}$

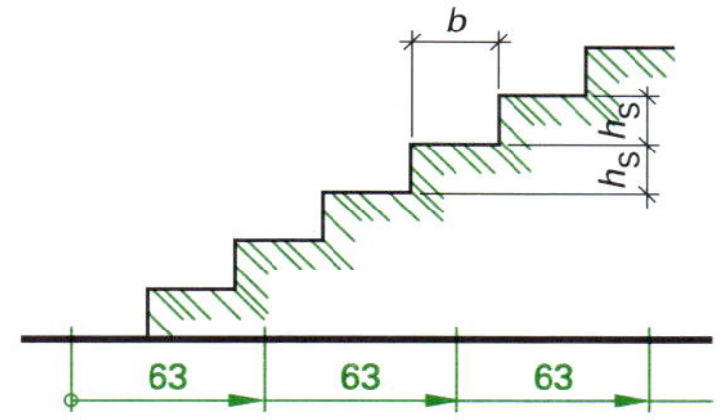

Bild 1: Idealmaß der Schrittlänge 63 cm

Schrittmaßregel:

Schrittlänge l_S
= 2 × Steigungshöhe + 1 × Auftrittsbreite = 63 cm

$$l_S = 2h_S + b = 63\,\text{cm}$$

Tabelle 1: Schrittlängen

Normalfall	$l_S = 2h_S + b = 63$
Flache Treppe	$l_S = 2h_S + b = 61$, wobei $h_S \leq 17$ cm
Steile Treppe	$l_S = 2h_S + b = 65$, wobei $h_S \geq 18$ cm

Berechnung der Steigungshöhe:

$$\text{Steigungshöhe } h_S = \frac{\text{Geschosshöhe}}{\text{Anzahl der Steigungen}}$$

$$h_S = \frac{h_G}{n_S}$$

Berechnung der Auftrittsbreite:

$$\text{Auftrittsbreite } b = \frac{\text{Lauflinienlänge } l_G}{\text{Anzahl der Auftritte}}$$

$$b = \frac{l_G}{n_A} \text{ oder } b = 63 - 2h_S$$

Berechnung der Lauflinienlänge:

Lauflinienlänge l_G
= Anzahl der Auftritte × Auftrittsbreite

$$l_G = n_A \cdot b$$

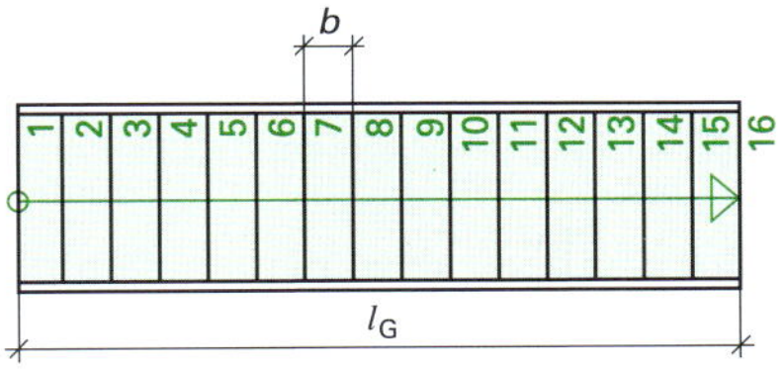

Bild 2: Lauflinienlänge

3.7 Treppen

3.7.3 Bequemlichkeitsregel

Können Treppen aus konstruktiven Gründen nicht mit dem idealen Steigungsverhältnis 17 : 29 gebaut werden, sollte das ermittelte Steigungsverhältnis mit der nachfolgenden Bequemlichkeits- oder Sicherheitsregel überprüft werden. Die Bequemlichkeitsregel kann bei Treppen mit einem Neigungswinkel α von ca. 30° angewendet werden und ist am besten geeignet für Steigungen zwischen 16 cm und 18 cm.

Steigungsverhältnisse nach dieser Regel sind z. B. 15/27, 16/28, 17/29, 18/30 und 20/32 **(Bild 1)**.

Bequemlichkeitsregel:

Auftrittsbreite – Steigungshöhe = 12 cm

$$b - h_S = 12\text{ cm}$$

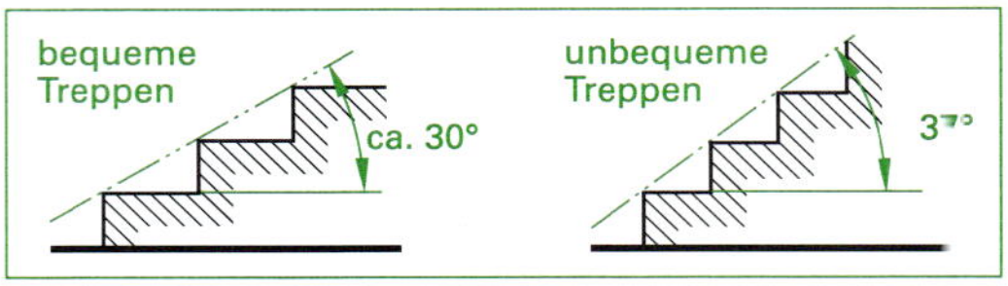

Bild 1: Steigungsverhältnisse

3.7.4 Sicherheitsregel

Die Anwendung der Sicherheitsregel ergibt ein Steigungsverhältnis, das zwischen der Schrittmaßregel und der Bequemlichkeitsregel liegt.

Die Sicherheitsregel ist für alle Steigungen anwendbar. Mit dieser Regel sind selbst bei steilen Treppen die Auftritte noch breit genug. Beispiele für Steigungsverhältnisse sind hier 15/31, 16/30, 17/29, 18/28 und 20/26.

Sicherheitsregel:

Auftrittsbreite + Steigungshöhe = 46 cm

$$b + h_S = 46\text{ cm}$$

3.7.5 Treppenpodeste

Treppenpodeste sind Treppenabsätze am Anfang oder am Ende eines Treppenlaufes. Zwischenpodeste liegen zwischen zwei Treppenläufen. Treppenpodeste haben die Aufgabe, das Begehen einer Treppe zu erleichtern. Nach DIN 18 065 ist nach höchstens 18 Steigungen ein Podest anzuordnen **(Bild 2)**.

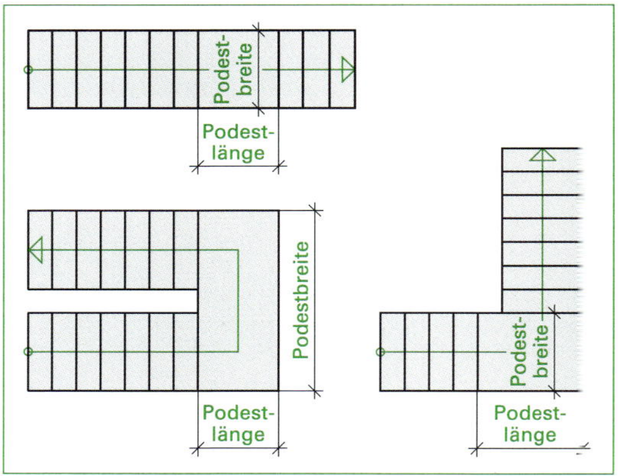

Bild 2: Maßangaben bei Podesten

Ein Podest soll mindestens so lang sein, wie die anschließende Treppe breit ist **(Bild 3)**. Die nutzbaren Treppenlaufbreiten betragen 80 cm bei Einfamilienhäusern, Kellergeschosstreppen, Dachraumtreppen und Nottreppen; 90 cm bei Wohngebäuden bis zu zwei Vollgeschossen; 100 cm bei Wohngebäuden mit mehr als zwei Vollgeschossen sowie Treppen in anderen Gebäuden (z. B. Verwaltung). Zur Ermittlung der Mindestpodestlänge werden zwei Regeln angewendet.

Nach der einen Regel wird zum Schrittmaß von 63 cm eine Stufenauftrittsbreite hinzugezählt.

Nach der anderen Regel weist das Podest die Breite von drei Auftrittsbreiten auf.

Sollen Podeste über eines der erhaltenen Werte hinaus verlängert werden, muss die Verlängerung das ganzzahlige Vielfache der errechneten Mindest-Podestlängen betragen.

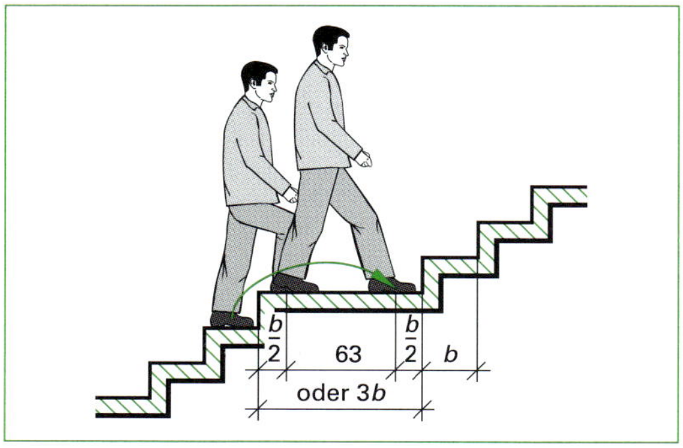

Bild 3: Mindestpodestlänge

Podestlänge = Schrittmaß + 1 Auftrittsbreite

$$l_P = 63\text{ cm} + b \quad \text{oder} \quad l_P = 3 \cdot b$$

3.7 Treppen

Aufgaben zu 3.7 – Treppen

69.1 Eine Treppe hat eine Steigungshöhe von 16,8 cm. Wie groß ist die Auftrittsbreite nach der Schrittmaßregel?

69.2 Welche Steigungshöhen ergeben sich bei folgenden Auftrittsbreiten?

a) 28,8 cm,

b) 30,2 cm,

c) 27,4 cm.

69.3 In einem Einfamilienhaus mit einer Geschosshöhe von 2,75 m ist eine einläufige Holztreppe einzubauen. Die Lauflinienlänge beträgt 4,19 m.

a) Wie groß ist die Anzahl der Steigungen, die Steigungshöhe und die Auftrittsbreite?

b) Geben Sie das Steigungsverhältnis an.

69.4 Für eine Treppe sind 16 Steigungen mit der Steigungshöhe 17,7 cm und der Auftrittsbreite von 27,4 cm vorgesehen. Wie groß ist die Treppenlänge l_G und die Geschosshöhe h_G in cm?

69.5 Für ein Einfamilienhaus soll eine Treppe ins Dachgeschoss gebaut werden. Die Geschosshöhe beträgt 2,57 m, die Treppenlänge kann höchstens 3,10 m betragen.

Berechnen Sie:

a) die Anzahl der Steigungen,

b) die Steigungshöhe,

c) die Auftrittsbreite.

Ist die Treppe noch bequem begehbar?

69.6 Die Höhe eines Untergeschosses beträgt 2,40 m. Es soll eine einläufige Treppe eingebaut werden. Die Steigungshöhe soll nicht größer als 18 cm sein.

a) Welches Steigungsverhältnis hat die Treppe?

b) Wie groß ist die Treppenlänge?

69.7 Die nachfolgend angegebenen Steigungsverhältnisse $h : b$ sind nach der Bequemlichkeitsregel zu überprüfen. Machen Sie über die Begehbarkeit eine Aussage.

a) 18,7/28,6 cm,

b) 18,8/25,6 cm,

c) 17,3/28,7 cm.

69.8 Das Steigungsverhältnis für eine Treppe beträgt 19,7/25,6.

Überprüfen Sie die Treppenmaße nach der Schrittmaßregel, nach der Bequemlichkeitsregel und der Sicherheitsregel. Geringfügige Abweichungen sind zulässig.

69.9 Die Steigungshöhe einer Treppe soll 16,75 cm betragen.

Berechnen Sie die Auftrittsbreite.

69.10 An einem Bau wurde eine Geschosshöhe von 2,85 m gemessen. Im Grundriss ist eine Treppenlänge von 4,43 m möglich.

a) Berechnen Sie die Anzahl der Steigungen und die Auftrittsbreite.

b) Überprüfen Sie nach der Schrittmaßregel, der Bequemlichkeitsregel und nach der Sicherheitsregel das Ergebnis.

69.11 Für eine steile Holztreppe ohne Setzstufen in einem Dachboden steht nur eine Treppenlänge von 1,25 m zur Verfügung, die Geschosshöhe beträgt 2,47 m. Die Stufenbreite sollte ca. 22 cm betragen. Hinweis: Die Stufenbreite entspricht nicht der Auftrittsbreite!

a) Berechnen Sie die Steigungshöhe.

b) Fertigen Sie eine Skizze an.

69.12 In einem öffentlichen Gebäude ist eine einläufige gerade Treppe mit einer Steigungshöhe von 17 cm einzubauen. Da die Geschosshöhe 3,75 m beträgt, ist ein Zwischenpodest einzubauen.

Berechnen Sie:

a) die Anzahl der Stufen,

b) das Steigungsverhältnis,

c) die Podestlänge ($\geq$ 1,00 m),

d) die Treppenlänge l_G.

69.13 In einem zweigeschossigen Laden soll eine zweiläufige offene Treppe (ohne Setzstufen) mit einem Zwischenpodest eingebaut werden. Die Treppenlänge (1 Lauflänge + Podestlänge) beträgt 3,45 m, die Geschosshöhe 3,05 m, die Treppenbreite 1,10 m, das Treppenauge 28 cm. Fertigen Sie eine Skizze an.

Berechnen Sie:

a) die Anzahl der Auftritte je Treppenlauf,

b) die Steigungshöhe und die Auftrittsbreite,

c) die Breite des Podestes.

4 Verschnittberechnungen

4.1 Holzmengenberechnungen – Rohmenge, Fertigmenge, Verschnitt

4.1.1 Verschnitt

Beim Einschneiden von Rundholz zu Schnittholz sowie bei der Herstellung von Werkstücken aus Vollholz oder Plattenwerkstoffen entsteht durch Zuschneiden oder Aushobeln **Holzverlust** (Abfall, Abschnitt), der als **Verschnitt** bezeichnet wird.

Verschnitt ist die Differenz zwischen der Rohmenge und der Fertigmenge.

Verschnittmenge = Rohmenge – Fertigmenge
Rohmenge = Fertigmenge + Verschnittmenge
Fertigmenge = Rohmenge – Verschnittmenge

Bei den Berechnungen sollten die Abkürzungen V (Verschnittmenge), VA (Verschnittabschlag), VZ (Verschnittzuschlag), R (Rohmenge) und F (Fertigmenge) als Indizes dem Formelzeichen der jeweiligen Größe zugeordnet werden.

Zum Beispiel: bei Längen l_V, l_R, l_F, l_{VA}, l_{VZ}
bei Flächen A_V, A_R, A_F, A_{VA}, A_{VZ}
bei Volumen V_V, V_R, V_F, V_{VA}, V_{VZ}

Verschnittarten (Bild 1):
Längenverschnitt in m, z. B.: Leisten, Latten, Kanthölzer;
Flächenverschnitt in m², z. B.: Bretter, Bohlen, Platten;
Volumenverschnitt in m³, z. B.: Einschnittverlust bei Rundholz.

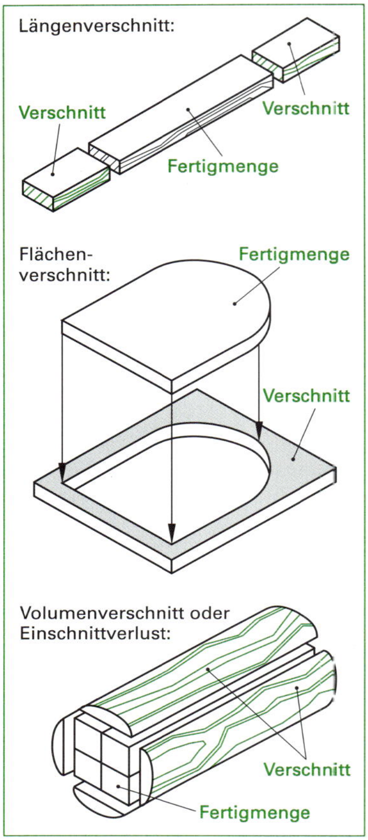

Bild 1: Verschnittarten

4.1.2 Verschnittabschlag

Werden Baumstämme zu Schnittholz verarbeitet, so wird der entstehende Einschnittverlust (Verschnitt) auf die Rohmenge bezogen, d. h. man berechnet den Verschnitt in der Sägeindustrie als Abschlag auf die Rohmenge. Hierbei entspricht die Rohmenge dem Grundwert bzw. 100 %.

Beispiel: Aus einem Kiefernstamm mit einem Volumen $V_1 = 1{,}768\ m^3$ wurden Balken zugeschnitten, die ein Gesamtvolumen $V_2 = 1{,}108\ m^3$ haben. Berechnen Sie den Verschnittabschlag in %.

Gegeben: Rohmenge $V_R = 1{,}768\ m^3$
Fertigmenge $V_F = 1{,}108\ m^3$

Gesucht: Verschnittabschlag in Prozent V_{VA}

Lösung: $V_V = V_R - V_F = 1{,}768\ m^3 - 1{,}108\ m^3 = \mathbf{0{,}66\ m^3}$

Nach dem Dreisatz errechnet sich der Verschnittabschlag in %:

$1{,}768\ m^3 \mathrel{\hat=} 100\ \%$

$$1{,}00\ m^3 \mathrel{\hat=} \frac{100\ \%}{1{,}768\ m^3}$$

$$0{,}66\ m^3 \mathrel{\hat=} \frac{100\ \% \cdot 0{,}66\ m^3}{1{,}768\ m^3} = \mathbf{37{,}33\ \%} = V_{VA}$$

Durch Einsetzen der Formelzeichen ergibt sich die nebenstehende Formel.

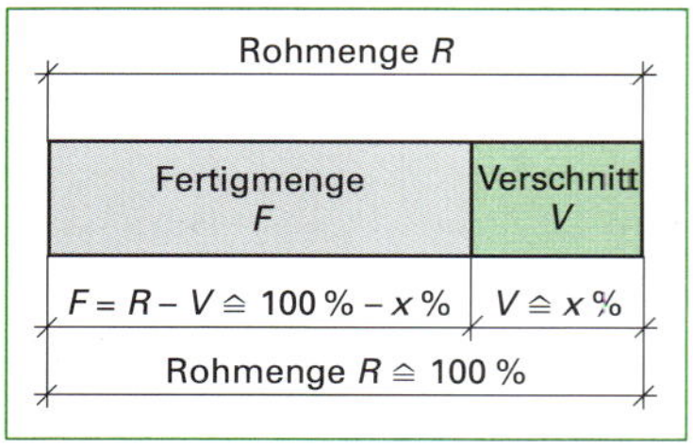

Bild 2

Verschnitt in Prozent bezogen auf die Rohmenge (Volumen)

$$\text{Verschnittabschlag} = \frac{100\ \% \times \text{Verschnittmenge}}{\text{Rohmenge}}$$

$$V_{VA} = \frac{100\ \% \cdot V_V}{V_R}$$

4 Verschnittberechnungen

4.1 Holzmengenberechnungen – Rohmenge, Fertigmenge, Verschnitt

4.1.3 Verschnittzuschlag

Da der Kunde den Verschnitt auch bezahlen muss, wird der Verschnitt prozentual der Fertigmenge zugeschlagen. Man spricht dann vom Verschnittzuschlag. Bei der Holzbearbeitung und -verarbeitung wird immer der Schnittverlust auf die Fertigmenge (als Grundwert mit 100 %) bezogen. Für eine optimale Aufteilung, z. B. einer Platte, ist eine Zuschnittskizze anzufertigen **(Bild 1)**.

Beispiel Flächenverschnitt:

Aus einer Tischlerplatte mit einem Flächeninhalt von 10,45 m² werden Fachböden mit einer Fertigmenge von 8,15 m² zugeschnitten. Wie viel beträgt der Flächenverschnitt in %?

Lösung: $A_V = A_R - A_F = 10{,}45\ m^2 - 8{,}15\ m^2 = \mathbf{2{,}3\ m^2}$

Nach dem Dreisatz errechnet sich der Verschnittzuschlagsatz:

$8{,}15\ m^2 \mathrel{\hat{=}} 100\ \%$

$1{,}00\ m^2 \mathrel{\hat{=}} \dfrac{100\ \%}{8{,}15}$

$2{,}30\ m^2 \mathrel{\hat{=}} \dfrac{100\ \% \cdot 2{,}30}{8{,}15} = \mathbf{28\ \%}$

Durch Einsetzen der Formelzeichen ergibt sich nebenstehende Formel **(Bild 2)**.

4.1.4 Rohmengenberechnung

In der Praxis wird bei der Kalkulation mit Verschnittzuschlagsätzen (Erfahrungswerte) gerechnet. Diese Richtwerte können jedoch auch über- oder unterschritten werden. Ursachen für die Größe eines Verschnittzuschlages können z. B. Holzart, Handelsmaße, Qualität des Werkstoffes, Form des Werkstücks und die Art der Materialbearbeitung sein **(Tabelle 1)**.

Ist die Fertigmenge und der Verschnittzuschlag in % gegeben, so lässt sich die Rohmenge auf zwei Arten berechnen:

Beispiel:

Gegeben: Fertigmenge $A_F = 7{,}25\ m^2$
Verschnittzuschlag $A_{VZ} = 35\ \%$

Gesucht: Rohmenge A_R in m²

Lösungsweg 1: Verschnittmenge:

$100\ \% \mathrel{\hat{=}} 7{,}25\ m^2$

$1\ \% \mathrel{\hat{=}} \dfrac{7{,}25\ m^2}{100} = 0{,}725\ m^2$

$35\ \% \mathrel{\hat{=}} 0{,}725\ m^2 \cdot 35 = \mathbf{2{,}54\ m^2} = A_V$

Rohmenge = Fertigmenge + Verschnittmenge

$A_R = A_F + A_V$

$= 7{,}25\ m^2 + 2{,}54\ m^2 = \mathbf{9{,}79\ m^2}$

Da die Rohmenge 100 % (Fertigmenge) + x % (Verschnittzuschlagsatz) entspricht, im Beispiel also 100 % + 35 % = 135 %, lässt sich 135 % = 135/100 = 1,35 auch als ein Zuschlagfaktor ansehen. Dadurch wird die Berechnung einfacher:

Lösungsweg 2: Rohmenge = Fertigmenge × Zuschlagfaktor

$A_R = A_F \cdot f_V$

$= 7{,}25\ m^2 \cdot 1{,}35 = \mathbf{9{,}79\ m^2}$

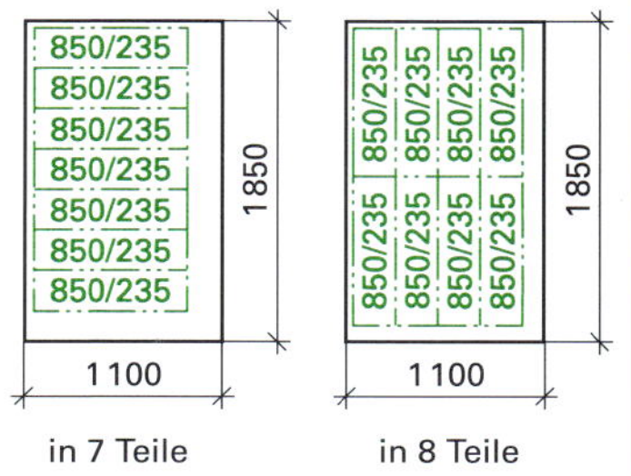

Bild 1: Aufteilung einer Platte

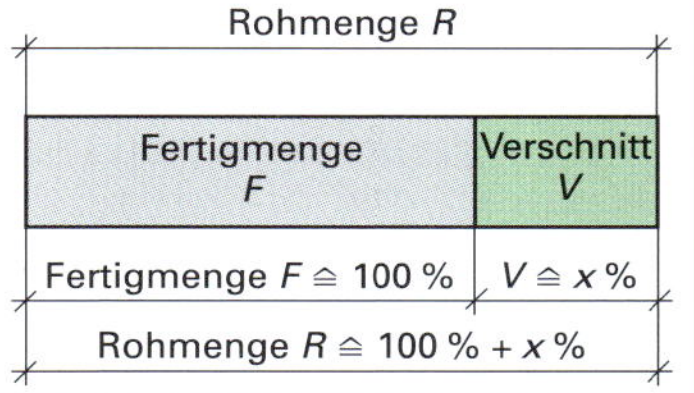

Bild 2

Verschnitt in Prozent bezogen auf die Fertigmenge (Flächen)

Verschnittzuschlag in % $= \dfrac{100\ \% \times \text{Verschnittmenge}}{\text{Fertigmenge}}$

$$A_{VZ} = \frac{100\ \% \cdot A_V}{A_F}$$

Tabelle 1: Verschnittzuschlagsätze in %	
Nadelhölzer	50 %–70 %
Laubhölzer	40 %–100 %
Plattenwerkstoffe	10 %–15 %
Deckfurniere	40 %–100 %

Berechnung der Rohmenge:

Rohmenge = Fertigmenge × $\dfrac{(100\ \% + \text{Verschnittzuschlagsatz})}{100\ \%}$

Hierbei gilt:

Zuschlagfaktor $= \dfrac{(100\ \% + \text{Verschnittzuschlagsatz})}{100\ \%}$

Daraus folgt:

Rohmenge
= Fertigmenge × Zuschlagfaktor

4 Verschnittberechnungen

4.1 Holzmengenberechnungen – Rohmenge, Fertigmenge, Verschnitt

Aufgaben zu 4.1.2 – Verschnittabschlag

72.1 Aus einem Eichenstamm mit 1,813 m^3 Rauminhalt werden Bohlen zugeschnitten, die ein Gesamtvolumen von 1,305 m^3 haben.

Berechnen Sie:

a) den Verschnitt in m^3,

b) den Verschnittabschlag in Prozent.

72.2 Beim Einschneiden von vier Rundhölzern aus Fichte zu Kanthölzern wird mit einem Verschnittabschlag von 32 % gerechnet.

Welche Fertigmenge in m^3 erhält man bei einem Stammvolumen von 5,370 m^3?

72.3 Beim Einschneiden von Kiefernstämmen erhielt man 3,370 m^3 an Brettern. Es wird mit einem Verschnittabschlag von 28 % gerechnet.

Wie groß war das Gesamtvolumen der Rundhölzer in m^3?

72.4 Laut Einschnittliste eines Sägewerks sind 1,345 m^3 Schnittholz zu liefern. Der Einschnittverlust wird mit 42 % angesetzt.

Wie viel m^3 Rundholz müssen eingeschnitten werden?

Aufgaben zu 4.1.3 – Verschnittzuschlag

72.5 Für eine Renovierung einer Wohnung werden 63 m Sockelleisten geliefert. Eingebaut wurden 53,55 m.

Berechnen Sie:

a) den Verschnitt in Metern,

b) den Verschnittzuschlag in Prozent.

72.6 Für das Einglasen von 16 Fensterflügeln mit Isolierglasscheiben werden 3,56 m Glashalteleisten, 18/26 mm, je Fensterflügel benötigt. Zur Verfügung stehen 67,50 m Leisten. Wie groß ist der Verschnittzuschlag in Prozent?

72.7 Für eine Serienfertigung werden 250 Profilleisten benötigt. Die Einzellänge am Lager beträgt 2,50 m. Es wird mit einem Längenverschnitt von 15 % gerechnet.

Berechnen Sie die Fertigmenge in m.

72.8 Für einen Schrank werden 3,85 m^2 Stabsperrholzplatten benötigt. Die Teile werden aus einer Platte mit einer Rohmenge von 4,37 m^2 zugeschnitten. Wie groß ist der Verschnitt in m^2?

72.9 Für einen Auftrag werden aus 15,82 m^2 Spanplatten, 19 mm dick, Teile zugeschnitten. Der Verschnitt beträgt 1,25 m^2.

Wie groß ist der Verschnittzuschlag in Prozent?

72.10 Für eine Serienfertigung werden für Einbauteile aus MDF-Platten mit je 3 750 cm^2 Flächeninhalt benötigt.

Wie viel Einbauteile können bei einem Verschnittzuschlag von 16 % aus der Rohmenge von 65,25 m^2 zugeschnitten werden?

72.11 Für einen Innenausbau werden 56,20 m^2 Spanplatten (Rohmenge) zugeschnitten. Der Verschnitt betrug 6,60 m^2.

Wie viel beträgt der Verschnittzuschlag in Prozent?

72.12 Für eine Wandverkleidung werden 124 m^2 Profilbretter aus Douglasie zu einem Preis von 12,65 €/m^2 eingekauft. Bei den Arbeiten fällt ein Verschnittzuschlag von 35 % an.

a) Wie viel betrug der Einkaufspreis?

b) Wie hoch wäre der Materialpreis pro Quadratmeter, wenn nur die Fertigmenge in Rechnung gestellt würde?

72.13 Die Korpusteile eines Einbauschrankes mit einem Bedarf von 4,45 m^2 an Trägermaterial, sind zu furnieren.

Wie viel m^2 Furnier werden benötigt, wenn mit 58 % Verschnittzuschlag gerechnet wird und beide Seiten des Trägermaterials das gleiche Furnier erhalten?

72.14 Aus einer Lärchenbohle mit 0,011 m^3 werden 6 Rahmenteile mit insgesamt 0,008 7 m^3 zugeschnitten.

Berechnen Sie:

a) den Verschnitt im m^3,

b) den Verschnittzuschlag je Rahmenteil in Prozent.

72.15 Für Treppenbauarbeiten stehen Buchenbohlen mit einem Gesamtvolumen von 0,272 m^3 zur Verfügung.

Wie viel Treppenstufen mit den Abmessungen 28 × 125 cm und einer Rohdicke von 40 mm können herausgeschnitten werden, wenn der Verschnittzuschlag 42 % beträgt?

72.16 Eine Deckenverkleidung misst 325,50 m^2. Es wurden 397,00 m^2 Profilbretter benötigt. Für die fertige Verkleidung wurden 42,75 €/m^2 verrechnet. Wie hoch war der Verschnittzuschlag in €/m^2?

4 Verschnittberechnungen

4.1 Holzmengenberechnungen – Rohmenge, Fertigmenge, Verschnitt

Aufgaben zu 4.1.4 – Rohmengenberechnung

73.1 Für Einbauschränke werden 23,45 m² Furniersperrholz, 6 mm dick, als Rückwände gebraucht. Es stehen Platten mit insgesamt 30,50 m² zur Verfügung.

a) Berechnen Sie den Verschnitt in m².

b) Wie viel beträgt der Verschnittzuschlag in Prozent?

c) Wie groß ist der Zuschlagfaktor?

73.2 Für eine Tischlerarbeit werden als Fertigmenge 6,85 m² an Stabplatten gleicher Dicke benötigt.

Wie viel m² werden bei einem Verschnittzuschlagsatz von 15 % in Rechnung gestellt?

73.3 Ein Auftrag für die Renovierung von Fenstern umfasst 12,45 m² Fensterholz gleicher Dicke.

Wie viel m² sind in der Kalkulation bei einem betriebsinternen Verschnittzuschlag von 35 % anzusetzen?

73.4 Insgesamt sind 27,85 m² Trägermaterial beidseitig zu furnieren.

Berechnen Sie die Rohmenge des Furniers in m² bei einem Verschnittzuschlag von 40 %.

73.5 In einem Restaurant sind 84 Kassetten mit quadratischen Füllungen mit einer Seitenlänge von 86 cm als Deckenverkleidung einzubauen.

Wie viel Meter profilierte Füllungsstäbe, die auf Gehrung angebracht werden, müssen hergestellt werden, wenn mit einem Verschnittzuschlag von 12 % gerechnet wird?

73.6 Für einen Innenausbau sind 28 Innentüren mit einer Fläche von 1,92 m² mit Esche zu furnieren. Es wird mit einem Verschnittzuschlag von 48 % gerechnet.

Wie groß ist die Rohmenge an Eschefurnier in m²?

73.7 Für einen Großauftrag für Trennwände werden 1 250 m² Spanplatten benötigt. Der Quadratmeterpreis beträgt 9,15 €.

Wie hoch ist der Materialgesamtpreis, wenn mit einem Verschnittzuschlag von 12 % gerechnet wird?

73.8 Für eine Serienfertigung von Küchenarbeitsplatten werden 425 m² kunststoffbeschichtete Flachpressplatten benötigt.

Wie groß ist die Rohmenge in m² bei einem Verschnittzuschlag von 27 %?

73.9 Die 24 Oberlichtfenster einer Trennwand sollen mit Drahtglas verglast werden. Die Glasscheiben haben jeweils eine Fläche von 0,75 m². Es werden 25 % Verschnittzuschlag hinzugerechnet.

Berechnen Sie die benötigte Glasfläche in m².

73.10 Für eine geschosshohe Wandverkleidung aus furnierten Paneelen beträgt die Fertigmenge 48,65 m².

Wie viel Quadratmeter Plattenmaterial muss dem Kunden in Rechnung gestellt werden, wenn ein Richtsatz von 25 % für den Verschnitt berechnet wird?

73.11 Ein Auftrag für die beidseitige Beschichtung von Spanplatten mit HPL-Platten umfasst 128 m² als Fertigmenge. Es wird mit einem Verschnitt von 22 % gerechnet.

Wie viel Quadratmeter HPL-Platten müssen bestellt werden?

73.12 Für eine größere Furnierarbeit werden 136 m² Eichenfurnier für einen Preis von 850 € eingekauft. Es fällt ein Verschnitt von 48 % an.

Berechnen Sie:

a) den Quadratmeterpreis (Einkauf),

b) den Quadratmeterpreis, der dem Kunden in Rechnung gestellt werden muss.

73.13 In einer Altbauwohnung werden die Fußböden mit Bodenverlegeplatten, Spanplatten für das Bauwesen, erneuert. Die Gesamtfläche beträgt 82,35 m².

a) Wie viel Quadratmeter der Verlegeplatten werden bei einem Verschnittzuschlag von 25 % benötigt?

b) Wie hoch sind die Renovierungskosten, wenn für einen Quadratmeter der Fertigmenge 33,90 € berechnet werden?

73.14 Beim Einschnitt von 1,785 m³ Fichtenholz sind 35 % Verschnitt angefallen.

Wie viel beträgt die Fertigmenge in m³?

73.15 Für eine Treppe werden 0,55 m³ Eichenholz benötigt. Für die Kalkulation wird ein Verschnittzuschlag von 45 % angesetzt.

Wie viel m³ Eichenholz muss dem Kunden in Rechnung gestellt werden?

5 Flächen

5.1 Flächeneinheiten, Formelzeichen

Für den Inhalt einer Fläche ist die Basiseinheit das **Quadratmeter (m^2)**.

Die gebräuchlichsten Flächeneinheiten sind in der Holzbranche:

Quadratmeter (m^2), z. B. für Wandflächen, Korpusteile, Leimflächen.

Quadratzentimeter (cm^2), z. B. für Werkzeugflächen wie Kreissägeblätter.

Die Fläche eines Quadrates mit einer Seitenlänge von 1 Meter entspricht 1 Quadratmeter **(Bild 1)**.

Die Umwandlungszahl je Einheit beträgt $10^2 = 100$ oder 2 Dezimalstellen.

Beispiel: $75\ mm^2 = 0{,}75\ cm^2$ $\quad$ $24{,}5\ cm^2 = 0{,}245\ dm^2$

$39{,}70\ m^2 = 3\,970\ dm^2$ $\quad$ $0{,}885\ m^2 = 885\,000\ mm^2$

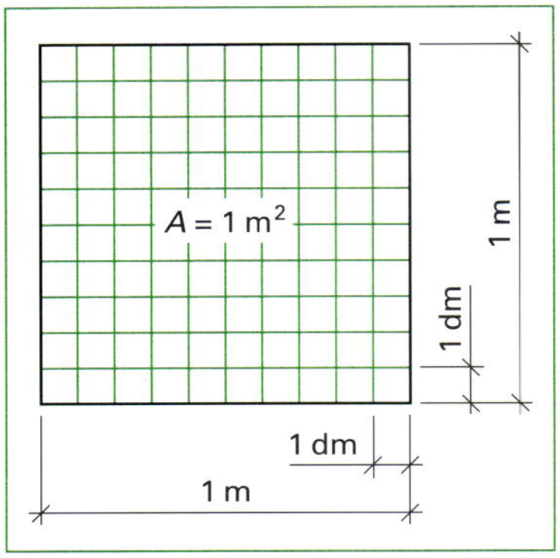

Bild 1: Flächeneinheiten

Umrechnung von Flächeneinheiten				
$1\ m^2$	$1\ dm^2$	$1\ cm^2$	$1\ mm^2$	
1	0,01	0,000 1	0,000 001	m^2
100	1	0,01	0,000 1	dm^2
10 000	100	1	0,01	cm^2
1 000 000	10 000	100	1	mm^2

Einheiten-zeichen	Bezeichnung
km^2	Quadratkilometer
ha	Hektar
a	Ar
m^2	Quadratmeter
dm^2	Quadratdezimeter
cm^2	Quadratzentimeter
mm^2	Quadratmillimeter

Weitere Flächeneinheiten sind:

1 a (sprich Ar) = $100\ m^2$, 1 ha (sprich Hektar) = $10\,000\ m^2$, $1\ km^2 = 1\,000\,000\ m^2$.

Formel-zeichen	Bezeichnung
A	Fläche
l	Länge
b	Breite
d	Dicke
U	Umfang
r	Radius
d	Durchmesser
$\overset{\frown}{b}$	Bogenlänge
s	Sehnenlänge, auch Seitenlänge

Die Formelzeichen können zur weiteren Unterscheidung mit Indizes gekennzeichnet werden, z. B. A_2, A_{ges}, l_1, l_2, l_m …

■ Aufgaben zu 5.1 – Flächeneinheiten, Formelzeichen

74.1 Rechnen Sie die angegebene Flächengröße in die kleinere Einheit um.

$35{,}6\ m^2$ = ... dm^2 $\quad$ $93{,}5\ dm^2$ = ... cm^2

$0{,}456\ m^2$ = ... cm^2 $\quad$ $0{,}36\ cm^2$ = ... mm^2

$0{,}029\,3\ m^2$ = ... mm^2 $\quad$ $5{,}7\ cm^2$ = ... mm^2

74.2 Rechnen Sie die angegebene Flächengröße in die größere Einheit um.

$76{,}23\ dm^2$ = ... m^2 $\quad$ $0{,}986\ cm^2$ = ... dm^2

$19\,280\ cm^2$ = ... m^2 $\quad$ $64\,240\ mm^2$ = ... dm^2

$25\,603\ mm^2$ = ... cm^2 $\quad$ $66{,}25\ mm^2$ = ... cm^2

74.3 Ein Baugrundstück für eine Werkstatt weist 18 a und $37\ m^2$ aus.

Rechnen Sie die Grundstücksfläche in m^2 um.

74.4 Eine Decke soll mit 128 quadratischen Platten verkleidet werden. Eine Platte hat eine Fläche von $3\,906{,}25\ cm^2$.

Berechnen Sie die Gesamtfläche der Deckenverkleidung in m^2.

5.2 Geradlinig begrenzte Flächen

Grundlagen der Flächenberechnung

Messgrößen sind die Länge und die Breite. Sie müssen bei Vielecken immer rechtwinklig zueinander gemessen werden **(Bild 1)**.

5.2.1 Rechteck

Beim Rechteck sind jeweils 2 Seiten gleich lang und parallel. Alle Seiten liegen rechtwinklig zueinander **(Bild 2)**.

Der **Flächeninhalt *A*** des Rechtecks ergibt sich aus dem Produkt der beiden unterschiedlichen Seitenlängen.

In der Praxis werden neben den mathematischen Längenbezeichnungen auch fachbezogene Bezeichnungen verwendet.

Praxisbezogene Bezeichnungen:

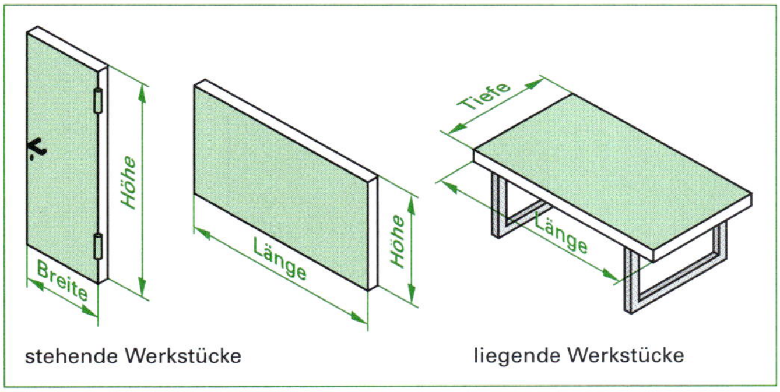

Beispiel: Eine Tischplatte ist 1,80 m lang und 85 cm breit. Berechnen Sie die Fläche in m^2.

Gegeben: $l = 1{,}80$ m, $b = 0{,}85$ m

Gesucht: A in m^2

Lösung: $A = l \cdot b$
$= 1{,}80 \text{ m} \cdot 0{,}85 \text{ m} = \mathbf{1{,}53\ m^2}$

5.2.2 Quadrat

Beim Quadrat sind alle Seiten gleich lang und parallel. Die Seiten stehen rechtwinklig zueinander **(Bild 3)**.

Der **Flächeninhalt *A*** des Quadrates ergibt sich aus dem Produkt der Seiten.

Beispiel: Für eine Wandverkleidung sind 24 quadratische Platten mit einer Seitenlänge von 62 cm herzustellen. Berechnen Sie den Flächeninhalt in m^2.

Gegeben: $l = 0{,}62$ m, Anzahl $n = 24$

Gesucht: A in m^2

Lösung: $A = l \cdot l \cdot n$
$= 0{,}62 \text{ m} \cdot 0{,}62 \text{ m} \cdot 24$
$= 9{,}225 \text{ m}^2 \approx \mathbf{9{,}23\ m^2}$

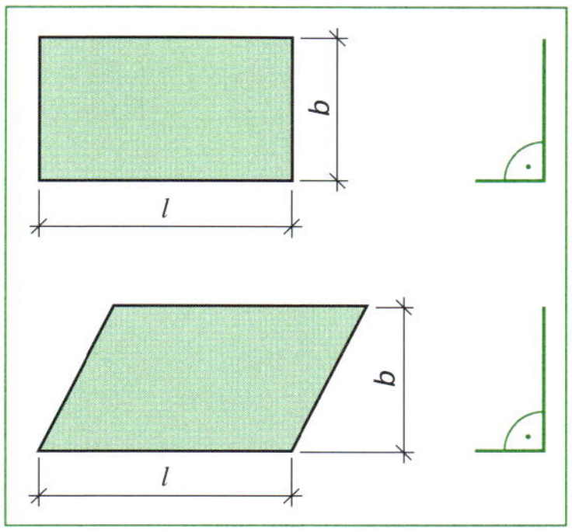

Bild 1

Mathematische Bezeichnungen

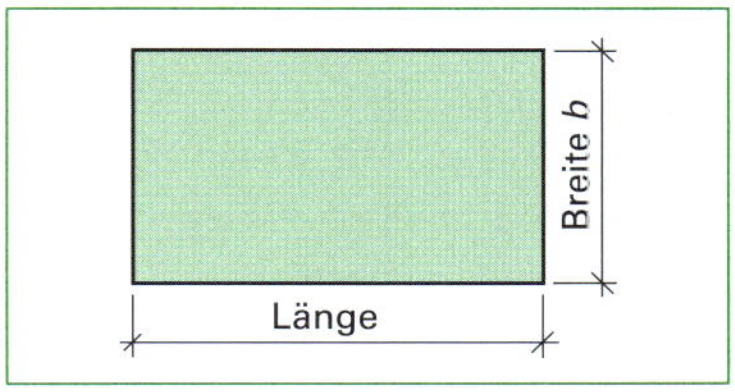

Bild 2: Rechteck

Rechteck

Fläche A (m^2)
$A = l \cdot b$

Umfang U (m)
$U = 2 \cdot l + 2 \cdot b$

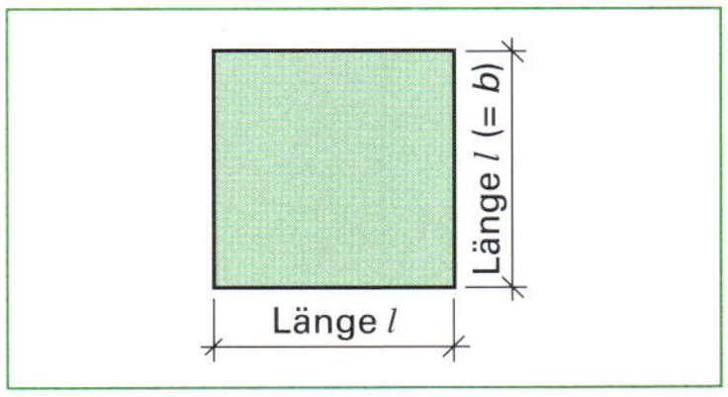

Bild 3: Quadrat

Quadrat

Fläche A (m^2)
$A = l \cdot l = l^2$

Umfang U (m)
$U = 4 \cdot l$

5 Flächen

5.2 Geradlinig begrenzte Flächen

Aufgaben zu 5.2.1 – Rechteck

76.1 Für ein Regal werden 6 Fachböden, 1,12 m lang und 45 cm breit, benötigt. Wie groß ist die Gesamtfläche in m^2?

76.2 Ein 2,50 m hoher Raum soll an der 4,80 m langen Wandfläche **(siehe Bild)** eine Wandverkleidung erhalten. Wie groß ist die zu verkleidende Fläche in m^2?

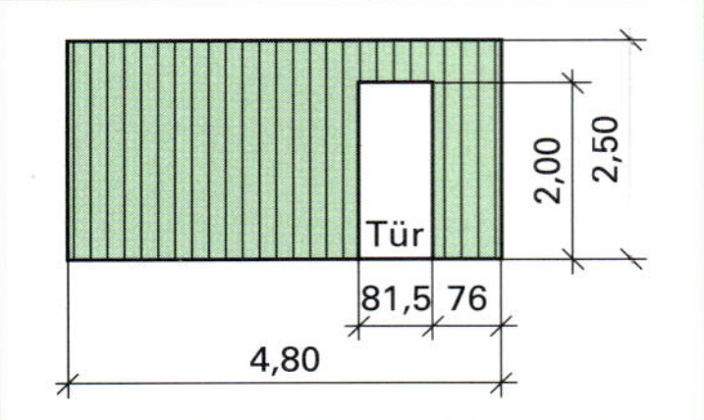

Aufgabe 76.2

76.3 Im Dachgeschoss soll der Kniestock und die Dachschräge mit Profilbrettern verkleidet werden **(siehe Bild)**. Die Wandlänge beträgt 3,35 m.

a) Berechnen Sie die Gesamtfläche der Verkleidung in m^2.

b) Wie viel Profilbretter werden benötigt, wenn mit einer Sichtbreite von 85 mm gerechnet wird?

c) Wie viel kostet die Verkleidung, wenn mit einem Preis von 42,80 €/m^2 gerechnet wird?

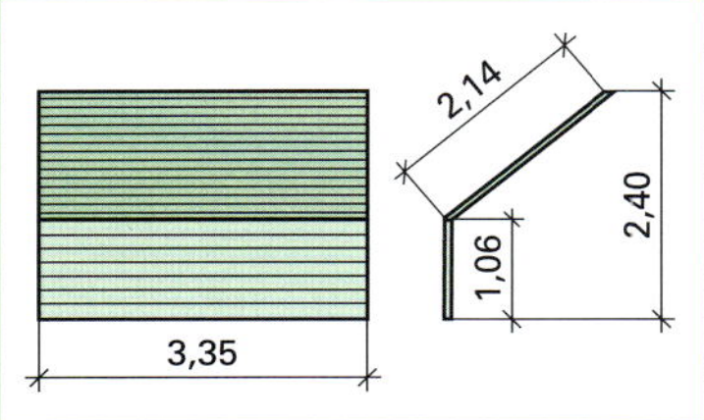

Aufgabe 76.3

76.4 Ein Wohnzimmer, 6,25 m lang und 4,50 m breit, soll einen Fußbodenbelag aus Parkettplatten, 25 × 50 cm erhalten.

a) Wie groß ist die zu belegende Fläche in m^2?

b) Wie viel Parkettplatten werden benötigt?

76.5 Für einen Innenausbau sind 25 Türen aus STAE 38 zu fertigen **(siehe Bild)**. Berechnen Sie die zu furnierende Fläche in m^2 abzüglich des Glasausschnittes.

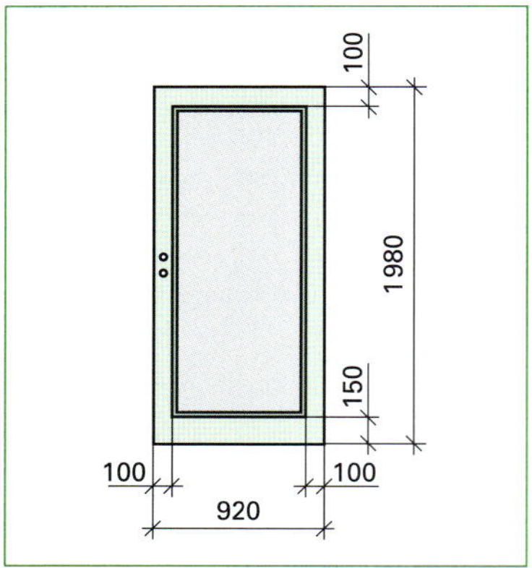

Aufgabe 76.5

76.6 Für einen Industriebau werden Isolierglasscheiben mit folgenden Maßen (in cm) bestellt:

Anzahl	Breite	Höhe
16	85	125
22	43	85
6	85	172

a) Berechnen Sie die Gesamtfläche in m^2.

b) Wie viel beträgt der Gesamtpreis der Scheiben bei einem Materialpreis von 55,75 €/m^2?

76.7 Aus einer parallel besäumten Bohle, 3,50 m lang, 44 cm breit und 48 mm dick, werden Rahmenhölzer mit einer Breite von 55 mm zugeschnitten **(siehe Bild)**.

a) Wie viel Rahmenfriese mit einer Länge von 1,55 m erhält man, wenn mit 5 mm Sägeverlust gerechnet werden muss?

b) Wie groß ist der Flächeninhalt der Rahmenhölzer in m^2?

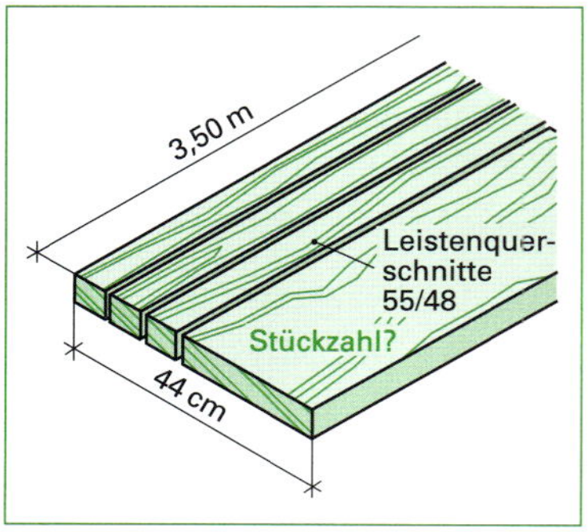

Aufgabe 76.7

76.8 Die mit Esche zu furnierende Fläche für einen Einbauschrank von 2,35 m Höhe beträgt 11,80 m^2. Zur Verfügung steht ein Furnierpaket mit 32 Blatt, 16 cm breit und 2,50 m lang.

Reicht das Furnierpaket für die Furnierarbeit bei einem angenommenen Verschnittzuschlag von 30 % aus?

5 Flächen

5.2 Geradlinig begrenzte Flächen

■ Aufgaben zu 5.2.2 – Quadrat

77.1 Es sollen 20 quadratische Tischplatten aus beidseitig furnierten MDF-Platten, 25 mm dick, mit einer Seitenlänge von 70 cm hergestellt werden.

a) Wie groß ist die Furnierfläche in m²?

b) Wie viel beträgt die Gesamtlänge der überfurnierten, 10 mm dicken und auf Gehrung geschnittenen Vollholzanleimer?

77.2 Eine Decke, 4,35 m breit und 7,78 m lang, soll mit quadratischen Akustikplatten mit einer Seitenlänge von 62,5 cm verkleidet werden **(siehe Bild)**.

Berechnen Sie:

a) die Anzahl der Platten,

b) die Breite der Randfriese b_q und b_l in mm.

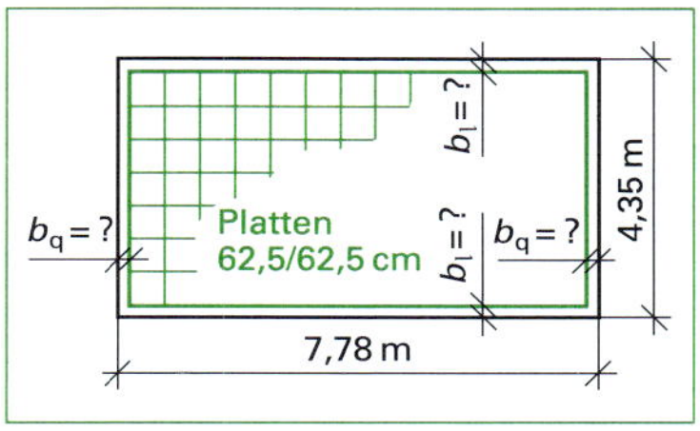

Aufgabe 77.2

77.3 Wie groß ist die Seitenlänge l in Metern einer quadratischen Tischplatte mit einer Fläche von 1,30 m²?

77.4 Eine Tür erhält quadratische Glasfüllungen **(siehe Bild)**.

Gesucht ist:

a) die Seitenlänge des quadratischen Ausschnittes in mm,

b) die Gesamtfläche der Glasscheiben in m² bei 12 mm Glasfalz, und umlaufendem 2 mm Spiel.

c) die Gesamtlänge der Glashalteleisten in m.

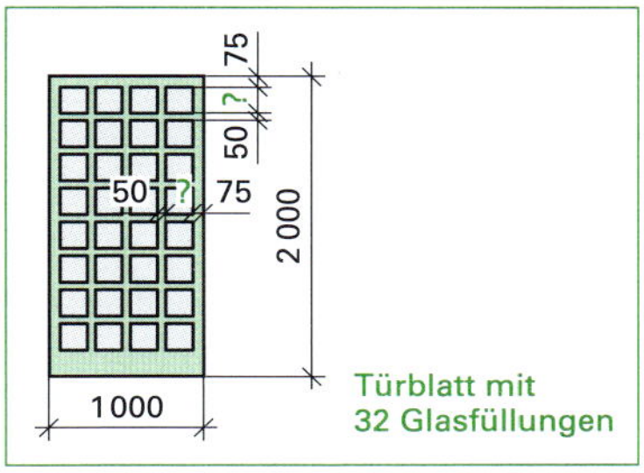

Aufgabe 77.4

77.5 Die abgebildeten quadratischen Räume **(siehe Bild)** sollen Parkett erhalten. Die Wanddicken der Innenwände betragen 15 cm.

a) Wie groß ist die Bodenfläche in m²?

b) Wie viel Meter Sockelleisten werden angebracht?

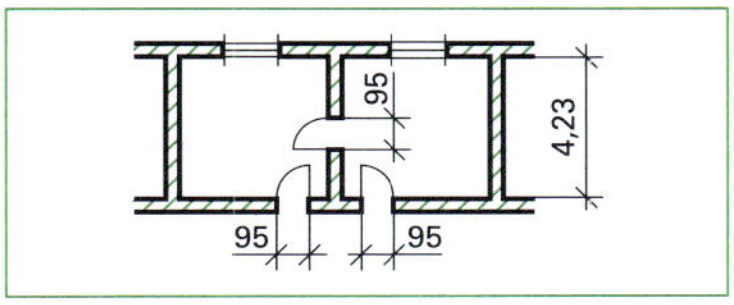

Aufgabe 77.5

77.6 Vier Sprossenfenster **(siehe Bild)** erhalten quadratische Mehrscheibenisolierverglasung. Die Seitenlänge der Scheiben beträgt 45 cm.

a) Berechnen Sie die Gesamtfläche der Scheiben in m².

b) Wie viel beträgt die Gesamtlänge des Dichtstoffes für die innere und äußere Versiegelung einschließlich 10 % Zuschlag?

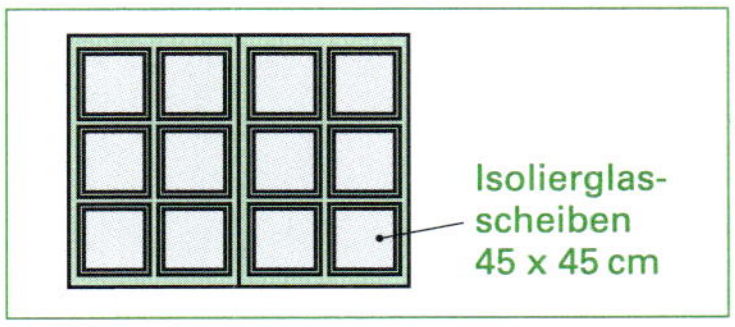

Aufgabe 77.6

77.7 Für eine Ausstellung sind 12 quadratische Würfel mit einer Seitenlänge von 52 cm aus Spanplatten herzustellen. Die Eckverbindungen sind auf Gehrung gefedert.

Berechnen Sie:

a) den Gesamtbedarf an Spanplatten in m²,

b) die Materialkosten, wenn der Quadratmeterpreis 7,75 € beträgt.

77.8 Für den kreuzförmigen Stollen **(siehe Bild)** ist die Querschnittsfläche in cm² zu berechnen.

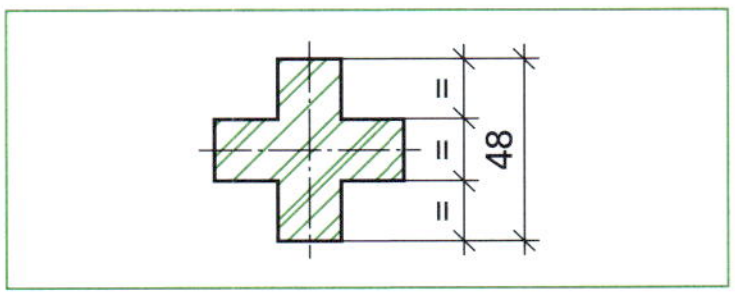

Aufgabe 77.8

77.9 Für eine Deckenverkleidung werden quadratische Platten **(siehe Bild)** mit einer Fläche von 3 906,25 cm² mit quadratischen Aufdoppelungen hergestellt.

Berechnen Sie die beiden Seitenlängen der Quadrate.

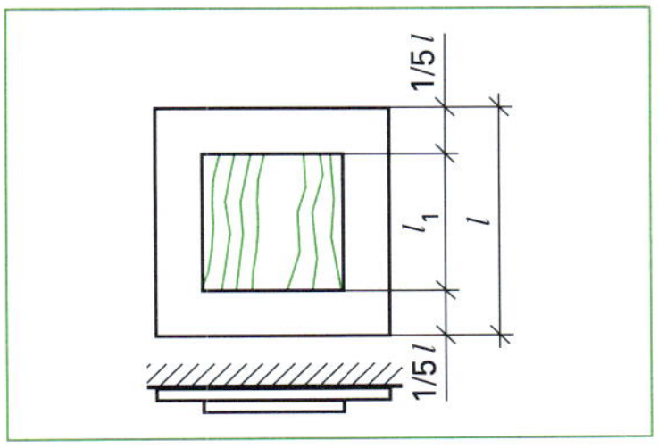

Aufgabe 77.9

5 Flächen

5.2 Geradlinig begrenzte Flächen

5.2.3 Raute (Rhombus)

Bei der Raute (verschobenes Quadrat) sind alle Seiten gleich lang. Die Diagonalen stehen senkrecht aufeinander und halbieren die Eckwinkel.

Der **Flächeninhalt *A*** der Raute ergibt sich aus dem Produkt der Länge und der Breite, die rechtwinklig zueinander gemessen werden **(Bild 1)**.

Beispiel: 26 rautenförmige Verkleidungsplatten, l = 62,5 cm und b = 54 cm, sind für eine Deckenverkleidung herzustellen.
Berechnen Sie den Flächeninhalt A in m².

Lösung: $A = l \cdot b \cdot n$
$A = 0{,}625\,\text{m} \cdot 0{,}54\,\text{m} \cdot 26 = \mathbf{8{,}78\,m^2}$

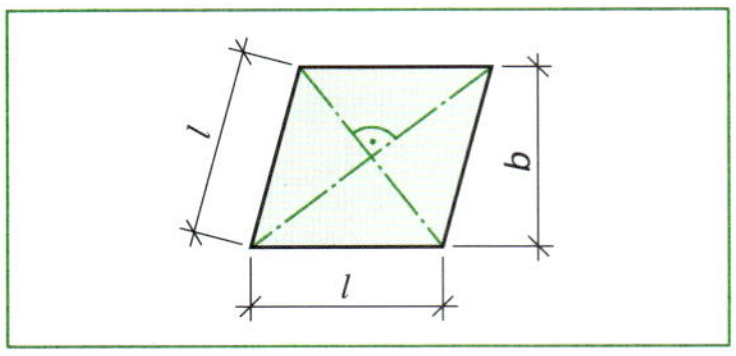

Bild 1: Raute

Raute

Fläche A (m²)
$A = l \cdot b$

Umfang U (m)
$U = 2 \cdot l_1 + 2 \cdot l_2 = 4 \cdot l$

5.2.4 Parallelogramm (Rhomboid)

Bei dem Parallelogramm (verschobenes Rechteck) sind jeweils die zwei gegenüberliegenden parallelen Seiten gleich lang.

Der **Flächeninhalt *A*** des Parallelogramms ergibt sich aus dem Produkt der Länge und der Breite, die rechtwinklig zueinander gemessen werden **(Bild 2)**.

Beispiel: Für eine Wandverkleidung in einem Treppenhaus sind 6 Platten mit der Form eines Parallelogramms zu fertigen. Wie viel Quadratmeter Platten werden benötigt, wenn die Länge 1,22 m und die Höhe 95 cm beträgt?

Lösung: $A = l \cdot b \cdot n$
$A = 1{,}22\,\text{m} \cdot 0{,}95\,\text{m} \cdot 6 = \mathbf{6{,}95\,m^2}$

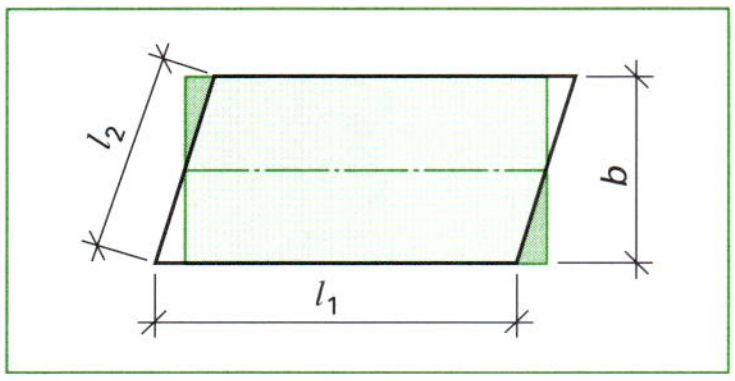

Bild 2: Parallelogramm

Parallelogramm

Fläche A (m²)
$A = l_1 \cdot b$

Umfang U (m)
$U = 2 \cdot l_1 + 2 \cdot l_2$

5.2.5 Trapez

Das Trapez ist ein Viereck, in dem sich zwei ungleich lange parallele Seiten gegenüberliegen.

Der **Flächeninhalt *A*** des Trapezes ergibt sich aus dem Produkt der Summe der beiden Längen geteilt durch 2 und der Breite, die rechtwinklig zur Länge gemessen wird **(Bild 3)**.

Beispiel: Berechnen Sie die Fläche in m² einer trapezförmigen Treppenstufe mit folgenden Abmessungen:
$l_1 = 1{,}12$ m, $l_2 = 98{,}4$ cm, $b = 300$ mm.

Lösung: $A = \dfrac{l_1 + l_2}{2} \cdot b = \dfrac{(1{,}12\,\text{m} + 0{,}984\,\text{m})}{2} \cdot 0{,}30\,\text{m} = \mathbf{0{,}316\,m^2}$

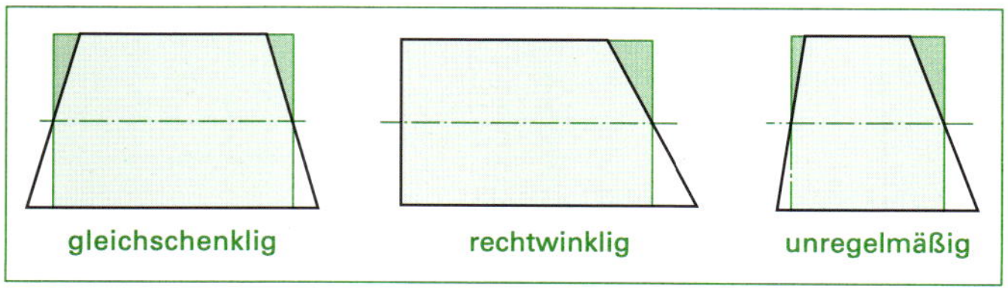

Bild 4: Trapezarten

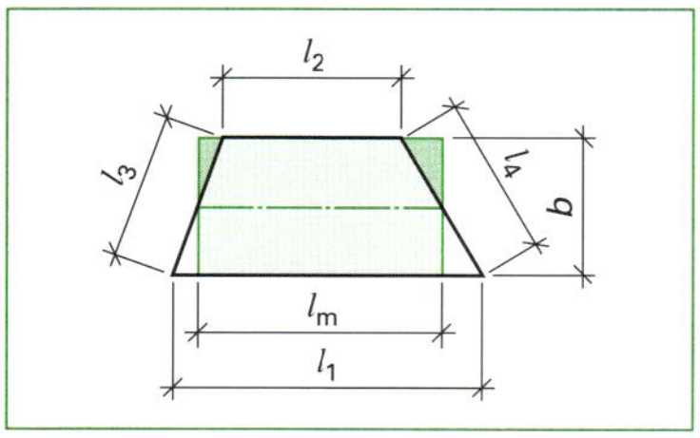

Bild 3: Trapez

Trapez

Fläche A (m²)
$A = \dfrac{l_1 + l_2}{2} \cdot b = l_m \cdot b$

Umfang U (m)
$U = l_1 + l_2 + l_3 + l_4$

5.2 Geradlinig begrenzte Flächen

Aufgaben zu 5.2.3 – Raute (Rhombus)

79.1 Bei der Renovierung eines Treppenhauses sollen die Füllungen einer Wandverkleidung aus beidseitig mit Esche furnierten Furniersperrholzplatten in Rautenform, Kantenlänge 75 cm, erneuert werden **(siehe Bild)**.

a) Wie groß ist die Fläche in m^2 für 28 Füllungen?

b) Berechnen Sie die laufenden Meter aller Profilleisten.

79.2 Für Dekorationszwecke werden für ein Kaufhaus 75 rautenförmige Platten aus HB 3,2 mm mit einer Länge von 85 cm und einer Breite von 55 cm zugeschnitten.

Wie viel Quadratmeter Plattenmaterial werden bei einem Verschnitt von 38 % benötigt?

79.3 Eine rautenförmige Fläche hat einen Flächeninhalt A von 1,40 m^2 und eine Seitenlänge l von 1,28 m.

a) Wie groß ist die Breite b in m?

b) Wie viel Meter beträgt die Umfangslänge?

79.4 In eine Trennwand werden rautenförmige Fenster **(siehe Bild)** eingebaut.

Berechnen Sie:

a) die Fensterfläche für 8 Fenster in m^2,

b) die laufenden Meter für die Rahmen.

Aufgaben zu 5.2.4 – Parallelogramm

79.5 Für ein Treppengeländer werden 12 gleich große Einscheibensicherheitsgläser, 10 mm dick, als Brüstungen benötigt **(siehe Bild)**.

Berechnen Sie:

a) die Fläche einer Scheibe in m^2,

b) die Materialkosten aller Scheiben, wenn der Quadratmeterpreis 62,60 € beträgt und mit einem Aufschlag von 40 % gerechnet wird,

c) die laufenden Meter für die Berechnung der Kantenbearbeitung.

79.6 Die Wand über der Treppenwange soll vertäfelt werden **(siehe Bild)**.

Berechnen Sie:

a) die Fläche der Wandvertäfelung in m^2,

b) die Fläche der Treppenwange in m^2.

79.7 Für Werbezwecke soll eine Fläche mit 18 parallelogrammförmigen Platten beschichtet werden. Die Maße sind l = 55 cm, b = 43 cm.

Berechnen Sie den Flächeninhalt aller Platten in m^2.

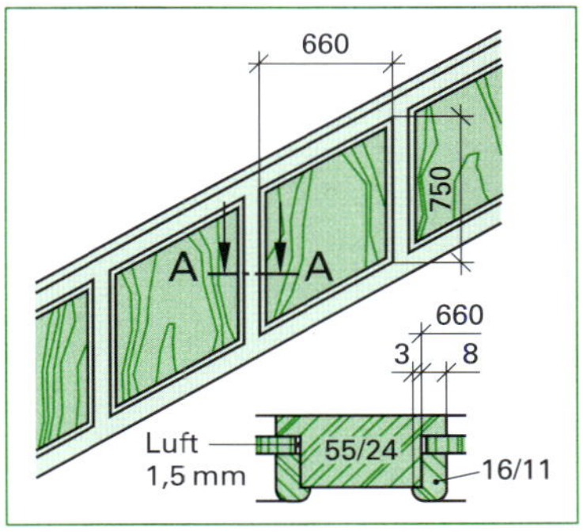

Aufgabe 79.1: Treppenhaus

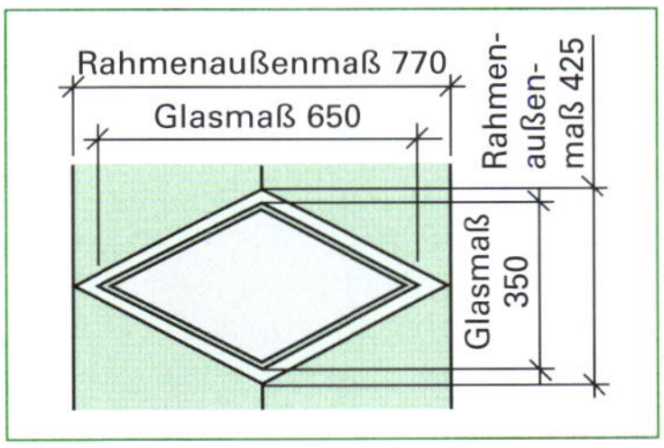

Aufgabe 79.4: rautenförmiger Glasausschnitt

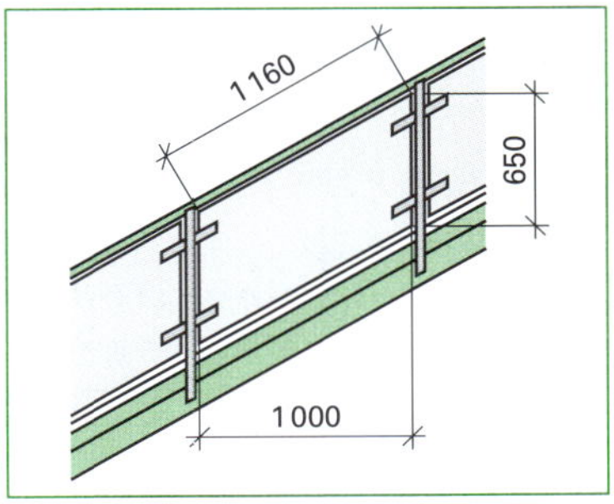

Aufgabe 79.5: Einscheibensicherheitsglas

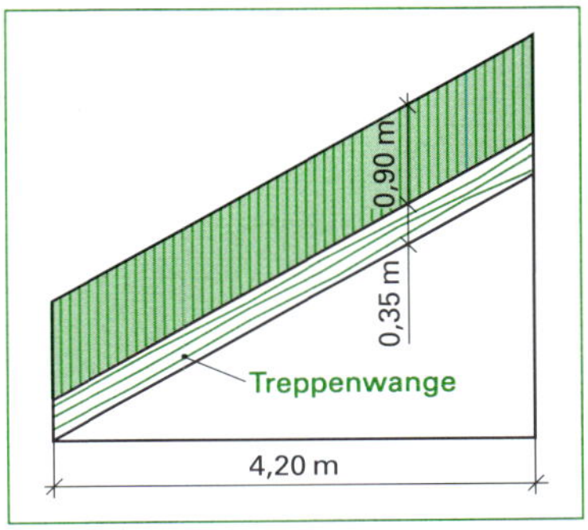

Aufgabe 79.6: Wandvertäfelung

5.2 Geradlinig begrenzte Flächen

Aufgaben zu 5.2.5 – Trapez

80.1 Für einen Konferenzraum sind 12 Tische in der Form eines gleichschenkligen Trapezes mit folgenden Maßen herzustellen: $l_1 = 1\,436$ mm, $l_2 = 800$ mm, $l_3 = l_4 = 866$ mm und $b = 800$ mm. Zeichnen Sie ein Maßbild.

Berechnen Sie:

a) die Gesamtfläche der Tische in m²,

b) die Rohmenge des Buchenfurniers bei 35 % Verschnittzuschlag,

c) den Bedarf an laufenden Metern Kantenmaterial.

80.2 Für die Verschalung einer Giebelwand **(siehe Bild)** wurden 12 Bretter mit einer Länge von 4,00 m und 56 Bretter mit der Länge von 3,25 m verarbeitet. Die Breite der Profilbretter beträgt 95 mm.

a) Berechnen Sie den Verschnittzuschlag in %.

b) Wie hoch sind die Materialkosten, wenn die Profilbretter 9,30 €/m² kosten?

80.3 Ein Zimmer in der Form eines rechtwinkligen Trapezes erhält eine Deckenverkleidung. Die Maße betragen $l_1 = 7{,}35$ m, $l_2 = 4{,}95$ m, $l_3 = 5{,}10$ m und $b = 4{,}50$ m. Fertigen Sie eine Maßskizze an.

a) Wie viel beträgt die Fläche in m²?

b) Berechnen Sie den Umfang in m.

80.4 Aus einer Bohle wird die abgebildete Treppenstufe **(siehe Bild)** zugeschnitten.

Berechnen Sie:

a) den Flächeninhalt der Trittstufe in m²,

b) den Verschnittzuschlag in Prozent.

80.5 Ein Porzellangeschäft benötigt für seine freistehenden Ausstellungsregale 25 Glasfachböden, 8 mm dick **(siehe Bild)**.

a) Berechnen Sie den Glasverbrauch, wenn mit einem Aufschlag von 25 % gerechnet wird.

b) Wie hoch sind die Materialkosten, wenn ein Quadratmeter der Rohmenge 23,90 € kostet?

80.6 Für eine Ladentheke ist die Platte **(siehe Bild)** aus einer HPL-beschichteten Flachpressplatte herzustellen.

a) Berechnen Sie die Rohmenge an Plattenmaterial in m² bei 28 % Verschnittzuschlag.

b) Wie viel Meter Kantenmaterial werden benötigt?

80.7 In einer Serienfertigung von Schreibtischen **(siehe Bild)** werden 150 Tischplatten mit Esche furniert.

Berechnen Sie:

a) die Fläche einer Tischplatte in m²,

b) den Verschnittzuschlag in %, wenn von einer Rohmenge von 340 m² für die Serie ausgegangen wird,

c) die beidseitig zu furnierende Fläche in m² bei einem Verschnittzuschlag von 25 %.

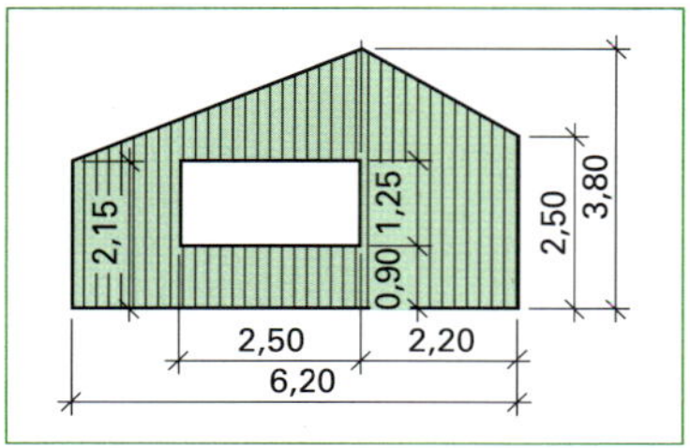

Aufgabe 80.2: Giebelwandverschalung

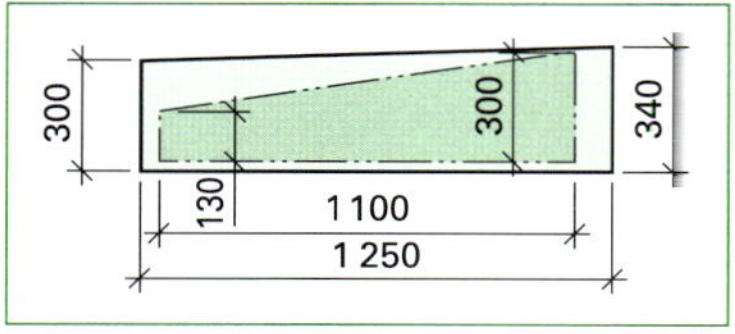

Aufgabe 80.4: Treppenstufe

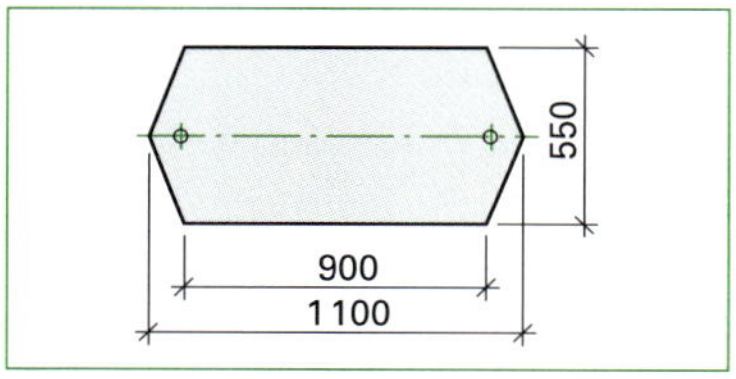

Aufgabe 80.5: Glasfachböden

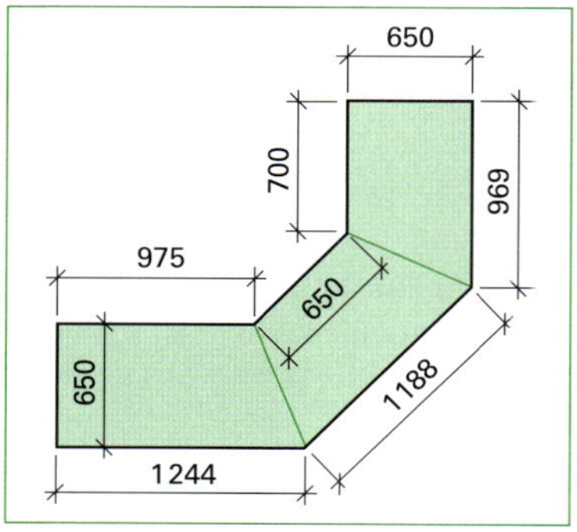

Aufgabe 80.6: Thekenplatte

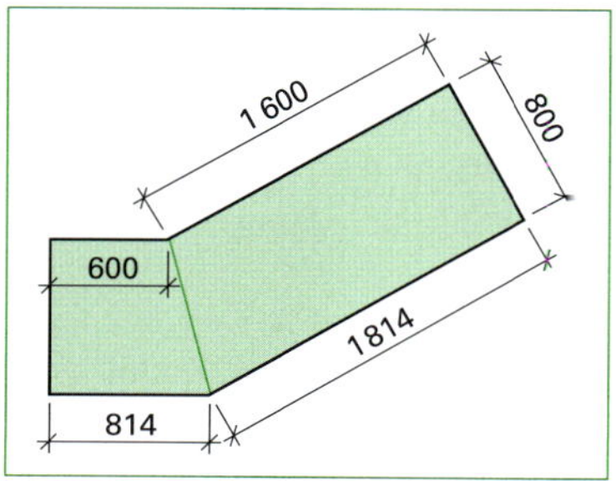

Aufgabe 80.7: Schreibtischplatte

5.2.6 Dreieck

Das Dreieck ist charakterisiert durch die 3 Seiten und 3 Winkel. Ein Dreieck ist je nach seiner Form gleich der Hälfte eines Parallelogramms, Rechtecks oder Quadrats, das die gleiche Länge und Breite aufweist **(Bild 1)**.

Der Flächeninhalt A des Dreiecks ergibt sich aus der Hälfte des Produkts der Länge und der Breite, die rechtwinklig zueinander gemessen werden.

Bei allen Dreiecksarten gilt die gleiche Berechnungsformel, da Dreiecke in unterschiedlichster Form mit gleicher Länge und gleicher Breite flächengleich sind **(Bild 2)**.

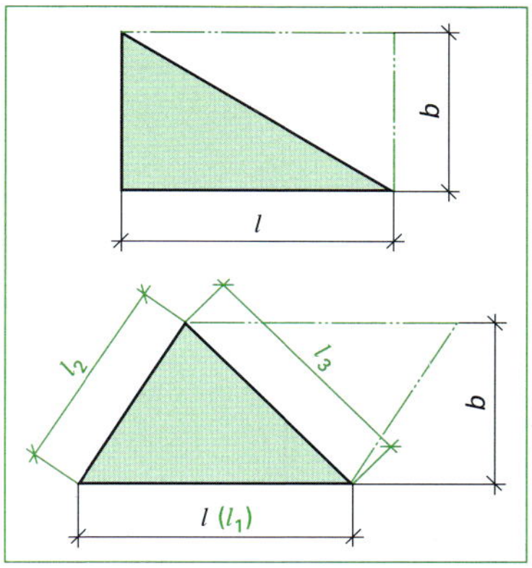

Bild 1: Dreiecke

Fläche A (m^2)
$A = \frac{l \cdot b}{2}$

Länge l (m)
$l = \frac{2 \cdot A}{b}$

Breite b (m)
$b = \frac{2 \cdot A}{l}$

Umfang U (m)
$U = l_1 + l_2 + l_3$

Dreiecksarten

Unterscheidung nach den Seiten		
gleichschenklig	**gleichseitig**	**ungleichseitig**
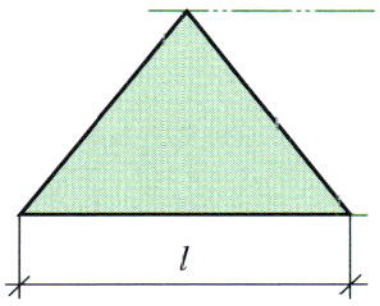 2 Seiten gleich lang	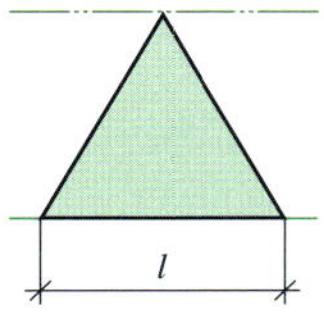 3 Seiten gleich lang	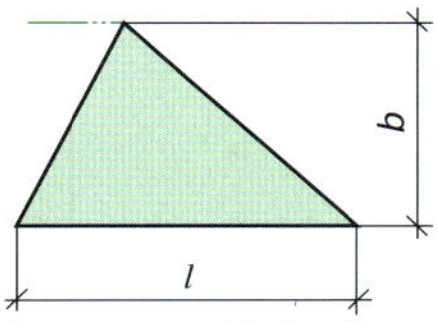 3 Seiten verschieden lang
Unterscheidung nach den Winkeln		
spitzwinklig	**rechtwinklig**	**stumpfwinklig**
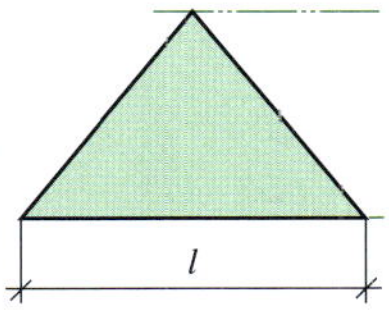 alle Winkel < 90°	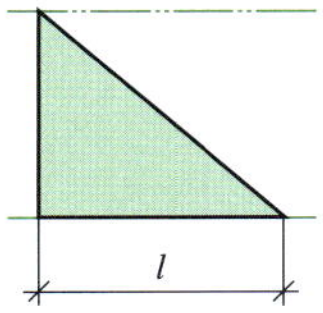 1 Winkel = 90°	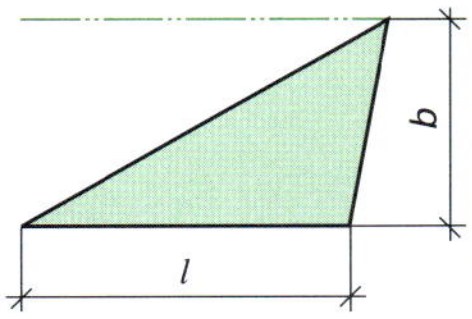 1 Winkel > 90°

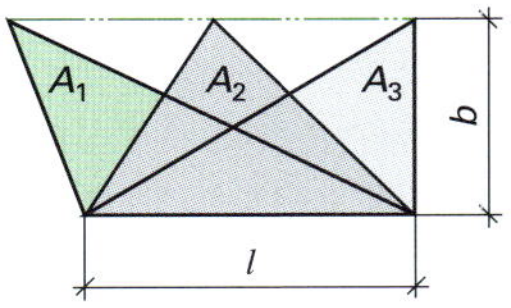

Bild 2

Beispiel: Für ein Eckregal benötigt man dreieckige Fachböden mit folgenden Abmessungen: Länge 88 cm, Breite 44 cm, Seitenlängen 62,22 cm.

Berechnen Sie den Flächeninhalt A in m^2 und den Umfang U in m für insgesamt 6 Böden.

Lösung: $A = \frac{l \cdot b}{2} \cdot n$

$A = \frac{0{,}88\ \text{m} \cdot 0{,}44\ \text{m}}{2} \cdot 6 = \mathbf{1{,}16\ m^2}$

$U = l_1 + l_2 + l_3 \cdot n$

$U = 0{,}88\ \text{m} + 0{,}622\ \text{m} + 0{,}622\ \text{m} \cdot 6$

$U = \mathbf{12{,}74\ m^2}$

Berechnung der Fläche A aus 3 Seiten: heronische Dreiecksformel[1)]

$$A = \sqrt{s \cdot (s - l_1) \cdot (s - l_2) \cdot (s - l_3)}$$
$$\text{mit } s = \frac{U}{2} = \frac{1}{2}(l_1 + l_2 + l_3)$$

[1)] Heron, alexandr. Mathematiker um 130 v. Chr.

5 Flächen

5.2 Geradlinig begrenzte Flächen

Aufgaben zu 5.2.6 – Dreieck

82.1 Drei Dachgauben **(siehe Bild)** sollen verbrettert werden.

Berechnen Sie die zu verkleidende Fläche in m².

82.2 Eine Giebelwand mit 45° Dachneigung bildet ein gleichschenkliges Dreieck. Die Schenkellänge beträgt 5,35 m.

Berechnen Sie den Flächeninhalt in m².

82.3 Ein Kaufhaus benötigt 50 Dekorationsflächen aus Furniersperrholz, 8 mm dick **(siehe Bild)**.

Wie groß ist die Rohmenge in m² des Plattenmaterials bei 32 % Verschnittzuschlag?

82.4 Eine dreieckige Wandfläche mit einer Länge von 6,30 m und einer Höhe von 4,65 m soll mit Brettern verkleidet werden. Die Arbeit wird mit 42,90 €/m² kalkuliert. Bei der Nachkalkulation stellt sich heraus, dass ein Verschnitt von 38 % nicht berücksichtigt wurde.

Wie hoch hätte der Quadratmeterpreis angesetzt werden müssen? Wie viel € beträgt der korrigierte Endpreis?

82.5 Für eine Vitrine werden 6 Glasböden, 6 mm dick, benötigt **(siehe Bild)**.

Wie groß ist die Gesamtfläche in m²?

82.6 Für ein Serienprogramm werden 80 Beistelltische hergestellt **(siehe Bild)**. Je 16 Tischplatten werden aus einer Platte MFB (P2) 25 mit den Maßen 1 300 × 2 500 mm zugeschnitten.

Berechnen Sie:

a) die Gesamtfläche der Tischplatten in m²,

b) den Verschnittzuschlag in %,

c) den Bedarf an Kantenfurnier bei 12 % Längenverschnitt.

82.7 Die dreieckigen Flächen über den sechs Innentüren **(siehe Bild)** eines Bürogebäudes werden mit 10 mm dickem Einscheibensicherheitsglas verglast. Die Scheiben stehen 12 mm im Falz.

Berechnen Sie:

a) den Flächeninhalt *A* in m² für alle 6 Innentüren,

b) die Gesamtkosten bei 50 % Aufschlag, wenn ein Quadratmeterpreis von 62,60 € zugrunde gelegt wird,

c) die Länge in Metern für die beidseitige Versiegelung der Scheiben.

82.8 Ein Eckregal mit den Seitenlängen l_1 = 740 mm, l_2 = 530 mm und l_3 = 920 mm erhält 6 Fachböden aus furnierten Spanpressplatten, 19 mm dick. Berechnung nach der heronischen Dreiecksformel.

Berechnen Sie:

a) den Flächeninhalt *A* in m² für alle 6 Fachböden,

b) den Bedarf an Furnierkanten in m.

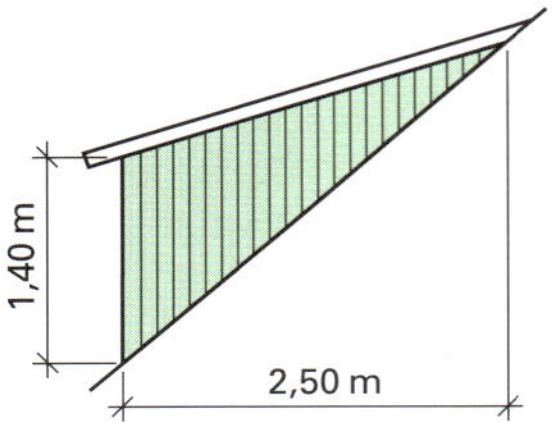

Aufgabe 82.1: Dachgaube

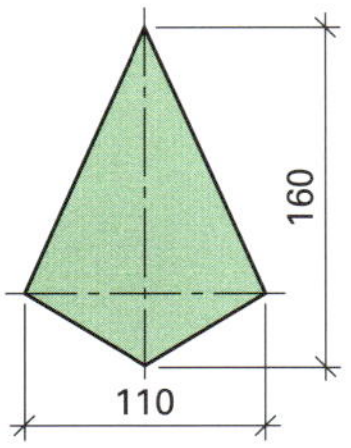

Aufgabe 82.3: Dekorationsflächen

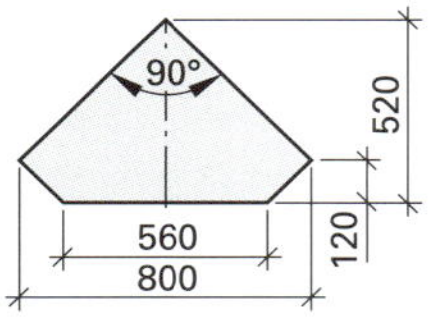

Aufgabe 82.5: Vitrinenboden

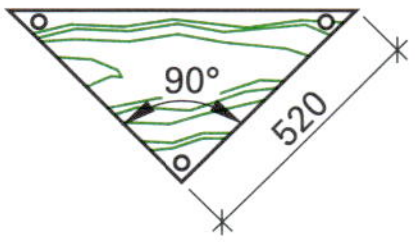

Aufgabe 82.6: Beistelltisch

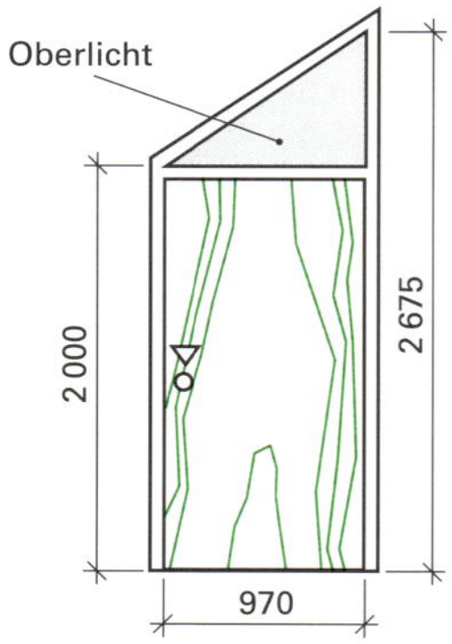

Aufgabe 82.7: Innentür

5 Flächen

5.2 Geradlinig begrenzte Flächen

5.2.7 Regelmäßige Vielecke

Bei regelmäßigen Vielecken sind alle Seiten gleich lang und alle Winkel gleich groß. Sie haben einen Umkreis und einen Inkreis. Werden zwei nebenstehende Ecken mit dem Mittelpunkt der Kreise verbunden, so entsteht ein gleichschenkliges Dreieck, beim regelmäßigen Sechseck ein gleichseitiges Dreieck. Ein *n*-Eck besteht aus *n* Dreiecken.

Ist die Seitenlänge l_S und auch der Inkreisradius r_i bekannt, kann der Flächeninhalt des regelmäßigen Vielecks über die Zerlegung der Dreiecke berechnet werden.

Beispiel:

Gegeben: 5-eckige Tischplatte mit $r_i = 55$ cm und $l_S = 80$ cm

Gesucht: Fläche A in m² und Umfang U in m

Lösung 1: $A = n \cdot \frac{l_S \cdot r_i}{2} = 5 \cdot \frac{0{,}80\ \text{m} \cdot 0{,}55\ \text{m}}{2} = \mathbf{1{,}10\ m^2}$

$U = n \cdot l_S = 5 \cdot 0{,}80\ \text{m} = \mathbf{4{,}00\ m}$

Für Berechnungen der Flächeninhalte von regelmäßigen Vielecken oder eines der folgenden Maße reicht jeweils eine dieser Größen aus:

— Seitenlänge l_S

— Radius r_i des Inkreises oder Durchmesser d_i

— Radius r_u des Umkreises oder Durchmesser D

Hierfür muss mit der entsprechenden Formel und dem entsprechenden Zahlenwert aus der unten stehenden **Tabelle 1** gerechnet werden:

Beispiel: 5-eckige Tischplatte

Lösung 2: $A = r_i^2 \cdot 3{,}632\,7 = (0{,}55\ \text{m})^2 \cdot 3{,}632\,7 = \mathbf{1{,}10\ m^2}$

$l_S = r_i \cdot 1{,}453\,1 = 0{,}55\ \text{m} \cdot 1{,}453\,1 = \mathbf{0{,}80\ m}$

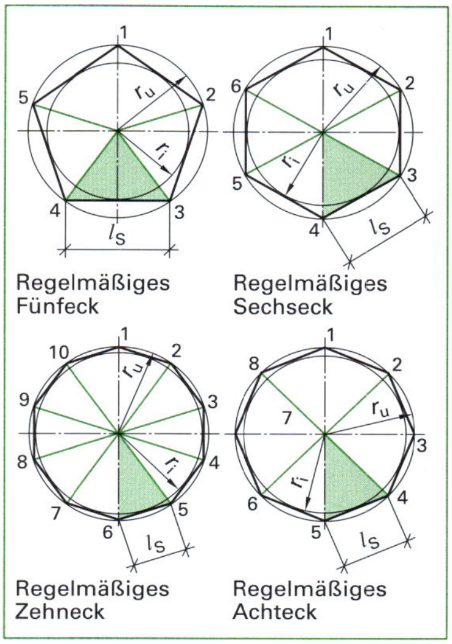

Bild 1: Regelmäßige n-Ecke

Fläche A (m²)
$A = n\frac{l_S \cdot r_i}{2}$ oder $A = n\frac{l_S \cdot d_i}{4}$

Umfang U (m)
$U = n \cdot l_S$

Seitenlänge l_S (m)
$l_S = D \cdot \sin\left(\frac{180°}{n}\right)$

Inkreisdurchmesser d (m)
$d = \sqrt{D^2 - l_S^2}$

Tabelle 1: Berechnung von regelmäßigen Vielecken

Gesucht	Flächeninhalt A			Seitenlänge l_S		Inkreisradius r_i		Umkreisradius r_u	
Gegeben	l_S	r_i	r_u	r_i	r_u	l_S	r_u	l_S	r_i
Formel	$A = l_S^2$-mal	$A = r_i^2$-mal	$A = r_u^2$-mal	$l_S = r_i$-mal	$l_S = r_u$-mal	$r_i = l_S$-mal	$r_i = r_u$-mal	$r_u = l_S$-mal	$r_u = r_i$-mal
3-Eck (gleichs.)	0,433 0	5,196 2	1,299 0	3,464 1	1,732 1	0,288 7	0,500 0	0,577 4	2,000 0
4-Eck (Quadrat)	1,000 0	4,000 0	2,000 0	2,000 0	1,414 2	0,500 0	0,707 1	0,707 1	1,414 2
5-Eck	1,720 5	3,632 7	2,377 6	1,453 1	1,175 6	0,688 2	0,809 0	0,850 7	1,236 1
6-Eck	2,598 1	3,464 1	2,598 1	1,154 7	1,000 0	0,866 0	0,866 0	1,000 0	1,154 7
8-Eck	4,828 4	3,313 7	2,828 4	0,828 4	0,765 4	1,207 1	0,923 9	1,306 6	1,082 4
10-Eck	7,694 2	3,249 2	2,938 9	0,649 8	0,618 0	1,538 8	0,951 1	1,618 0	1,051 5
12-Eck	11,196 0	3,215 4	3,000 0	0,535 9	0,517 6	1,866 0	0,965 9	1,931 9	1,035 3

5 Flächen

5.2 Geradlinig begrenzte Flächen

Aufgaben zu 5.2.7 – Regelmäßige Vielecke

84.1 Eine Platte in der Form eines gleichseitigen Dreiecks hat eine Fläche von 0,85 m².

Berechnen Sie die Seitenlänge des Dreiecks mit den Werten aus **Tabelle 1, Seite 83**.

84.2 Die 6-eckige Platte eines Esstisches **(siehe Bild)** aus MDF-Platte soll jeweils eine Seitenlänge von 62,5 cm haben. Der Verschnittzuschlag beträgt 32 %.

Berechnen Sie:

a) den Umkreisradius in Metern,

b) die Größe der Tischfläche in m²,

c) die Rohmenge in m².

84.3 Für Werbezwecke soll auf eine kreisförmige farbig lackierte Platte mit dem Durchmesser von 1,25 m, eine Platte in der Form eines gleichseitigen Dreiecks mit dem gleichen Umkreisdurchmesser montiert werden.

Wie groß ist die Seitenlänge des Dreiecks?

84.4 Eine 8-eckige Tischplatte **(siehe Bild)** wird aus einer 40 mm dicken Spanplatte mit den Maßen 200 × 200 cm zugeschnitten. Der Durchmesser des Umkreises beträgt D = 1,80 m.

Berechnen Sie:

a) den Flächeninhalt in m²,

b) den Verschnittzuschlag in Prozent,

c) den Furnierbedarf in m² bei 45 % Verschnittzuschlag.

84.5 Eine 8-eckige Warengondel hat eine Seitenlänge l = 50 cm.

Berechnen Sie die Fläche der 8-eckigen Grundplatte in m².

84.6 Ein Konferenztisch **(siehe Bild)** hat die Form eines regelmäßigen 5-Ecks. Der äußere Umkreis beträgt 4,00 m, der innere 2,40 m.

Berechnen Sie:

a) die innere und die äußere Kantenlänge der Trapezfläche in m,

b) die Größe aller Trapezflächen in m².

84.7 Eine 10-eckige Werbesäule aus Furniersperrholz, 10 mm dick, soll eine Seitenlänge von 30 cm haben.

Wie groß ist der Umkreisdurchmesser?

84.8 Ein Sandkasten **(siehe Bild)** hat eine regelmäßige 12-eckige Form. Er erhält ein umlaufendes 200 mm breites Sitzbrett, das durch einen äußeren Umkreis mit r_u = 1,15 m umschrieben ist.

Berechnen Sie die Seitenlänge in Metern.

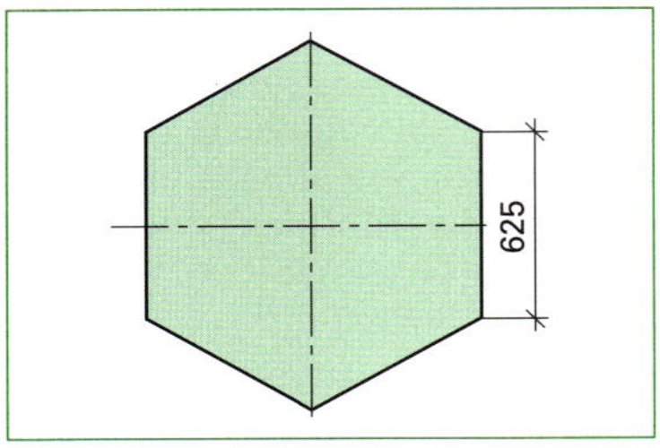

Aufgabe 84.2: Esstisch

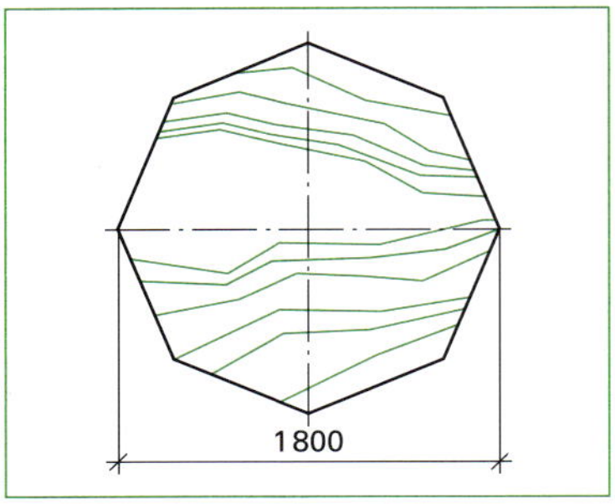

Aufgabe 84.4: Tischplatte

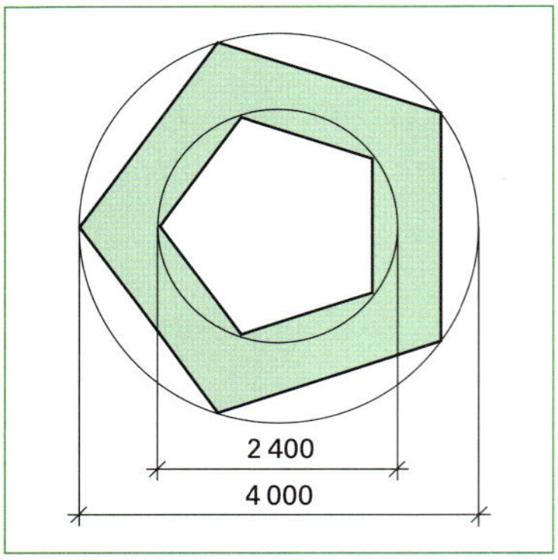

Aufgabe 84.6: Konferenztisch

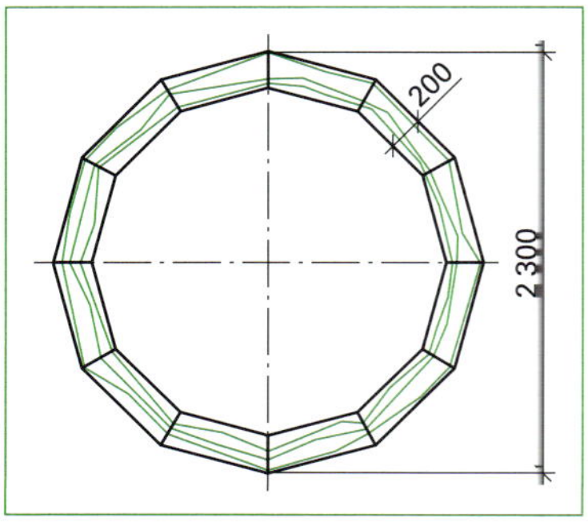

Aufgabe 84.8: Sandkasten

5.2 Geradlinig begrenzte Flächen

5.2.8 Unregelmäßige Vielecke

Bei unregelmäßigen Vielecken sind die Seiten ungleich lang und die Winkel ungleich groß. Die Fläche wird durch Zerlegen in Teilflächen berechnet. Die Teilflächen können entsprechend der Gesetzmäßigkeit ihrer geometrischen Figur einzeln berechnet werden.

Die Summe der Teilflächen ergibt den Flächeninhalt A des unregelmäßigen Vielecks. Die zur Berechnung der Teilflächen notwendigen Maßangaben müssen bekannt sein.

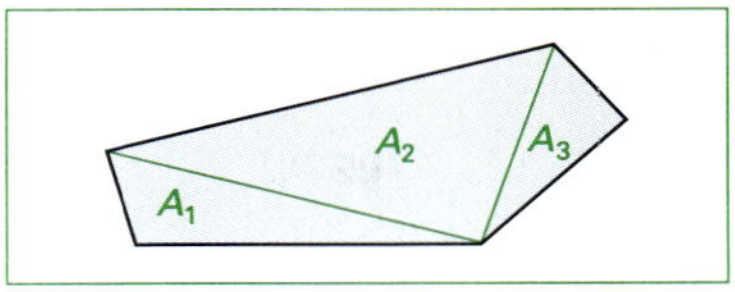

Bild 1: Treppenstufe

A_{ges} = Summe aller Teildreiecke

$$A_{ges} = \sum A_1 \ldots A_n$$

5.2.9 Zusammengesetzte Flächen

Sind Flächen aus verschiedenen geometrischen Formen zusammengesetzt, so ergibt sich der gesamte Flächeninhalt aus der Summe aller Teilflächen (z. B. Rechteck, Dreieck, Trapez u. a.).

Die Maße, die für die Berechnung notwendig sind, müssen vorher ermittelt werden oder müssen bekannt sein.

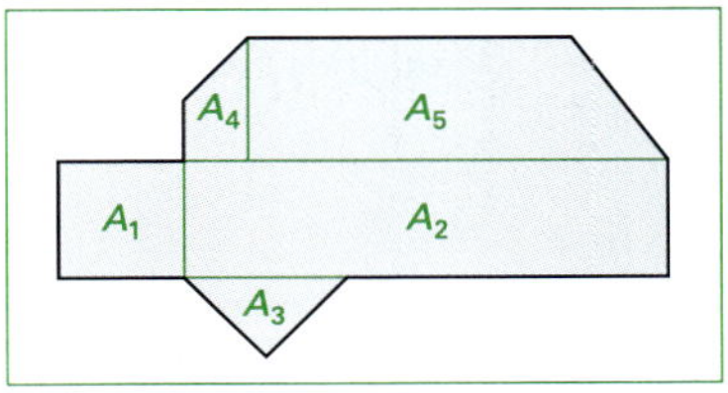

Bild 2: Deckenfläche

Beispiel (Bild 2):

$A_{ges} = A_{Quadrat} + A_{Rechteck} + A_{Dreieck} + A_{Trapez} + A_{Trapez}$

$A_{ges} = A_1 + A_2 + A_3 + A_4 + A_5$

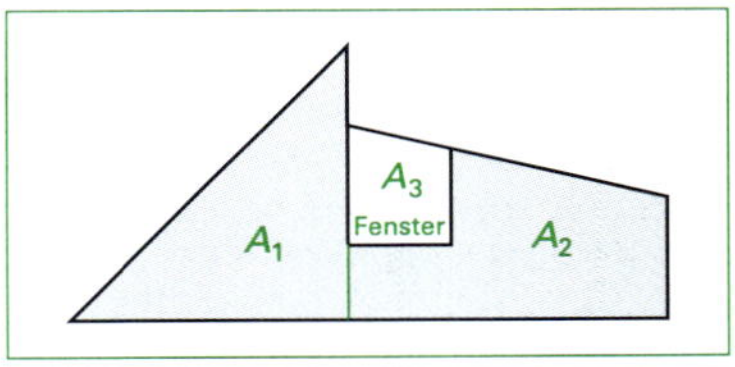

Bild 3: Giebelwand

Beispiel (Bild 3):

$A_{ges} = A_{Dreieck} + A_{Trapez} - A_{Trapez}$

$A_{ges} = A_1 + A_2 - A_3$

A_{ges} = Summe aller Teilflächen

$$A_{ges} = \sum A_1 + A_2 + A_3 \ldots$$

Aufgaben zu 5.2.8 – Unregelmäßige Vielecke

85.1 Aus einer Buchenbohle wird die abgebildete Stufe **(siehe Bild)** herausgeschnitten. Die Teilflächen betragen $A_1 = 0{,}228\ m^2$, $A_2 = 0{,}03\ m^2$, $A_3 = 0{,}075\ m^2$.

Berechnen Sie den Verschnittzuschlag in Prozent.

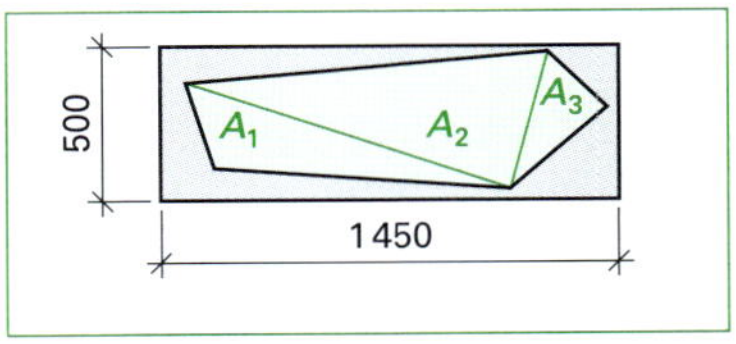

Aufgabe 85.1: Treppenstufe

85.2 Für den Neubau eines Werkstattgebäudes steht ein Grundstück in Form eines unregelmäßigen Sechsecks zur Verfügung **(siehe Bild)**. Die Maße sind in Metern angegeben.

Berechnen Sie:

a) die Grundstücksfläche in m^2,

b) in a (Ar) und ha (Hektar).

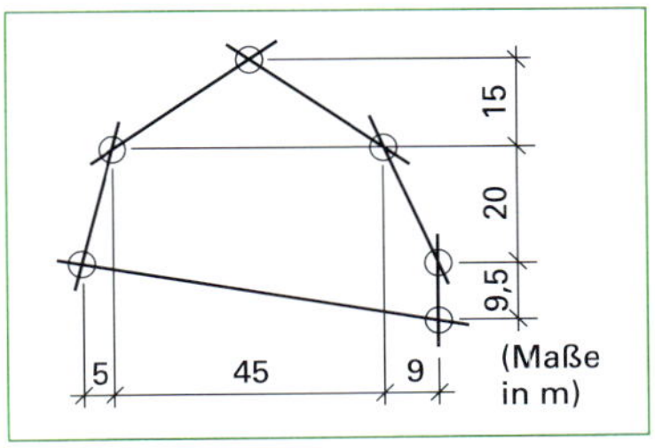

Aufgabe 85.2: Grundstück

Aufgaben zu 5.2.9 Zusammengesetzte Flächen

86.1 Eine in den Außenkonturen symmetrische Wandfläche **(siehe Bild)** soll eine Plattenverkleidung erhalten.

Wie groß ist die zu verkleidende Fläche in m², wenn die Tür nicht verkleidet wird?

86.2 Eine Treppenwange soll die im **Bild** angegebenen Maße haben.

Wie groß ist der Flächeninhalt für zwei Treppenwangen?

86.3 Eine Treppenhauswand soll mit einer 90 cm hohen Wandverschalung **(siehe Bild)** verkleidet werden. Der Verschnittzuschlag beträgt 25 %.

Berechnen Sie:

a) die zu verkleidende Fläche in m²,

b) die Rohmenge in m².

86.4 Eine Küchenarbeitsplatte **(siehe Bild)** soll aus einer kunststoffbeschichteten P2-Platte hergestellt werden. Die Rohplatte hat die Maße 2,67 m × 2,06 m.

a) Berechnen Sie die Fläche in m².

b) Wie groß ist der Verschnitt in Prozent?

c) Ermitteln Sie die Länge der Umleimer in Metern.

86.5 Für Regale in einem Laden sind 8 Seiten aus HPL-beschichteten P2-Platten herzustellen **(siehe Bild)**.

Berechnen Sie:

a) die Gesamtfläche in m²,

b) die Rohmenge in m², wenn mit einem Verschnittzuschlag von 95 % gerechnet werden muss.

86.6 Für eine Giebelfläche werden trapezförmige und dreieckige Fensterelemente hergestellt.
Element 1: $b_1 = 3{,}50$ m; $h_1 = 1{,}25$ m; $h_2 = 2{,}20$ m
Element 2: $b_2 = 4{,}25$ m; $h_3 = 3{,}62$ m

Berechnen Sie die Fensterfläche in m² und fertigen Sie eine Skizze an.

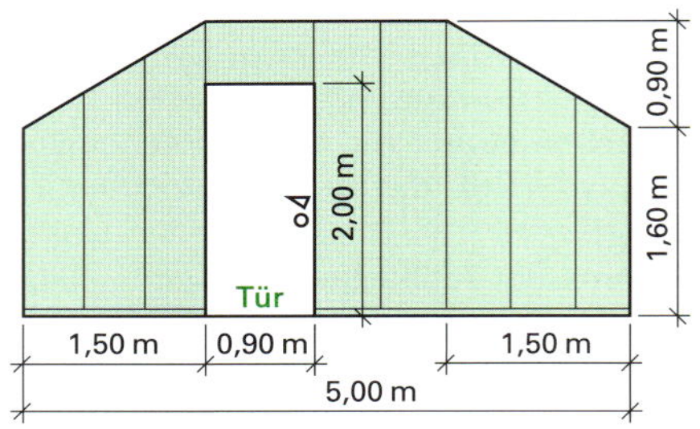

Aufgabe 86.1: Wandverkleidung

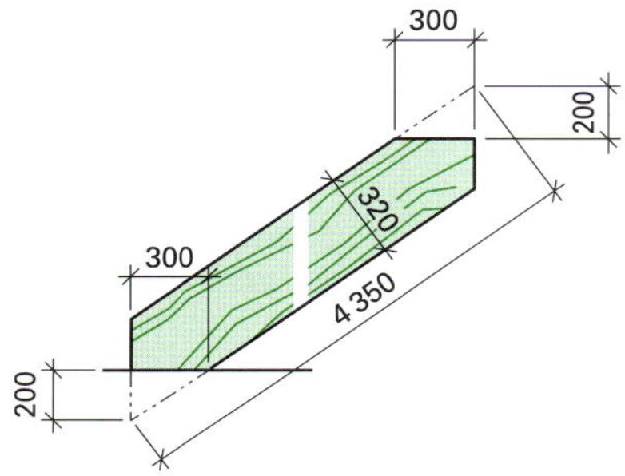

Aufgabe 86.2: Treppenwange

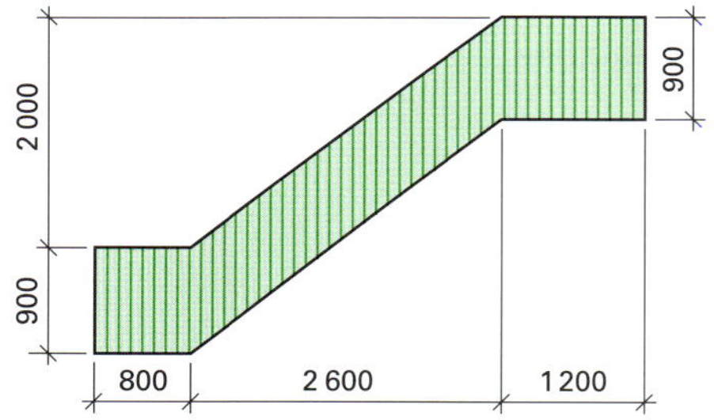

Aufgabe 86.3: Treppenhauswand

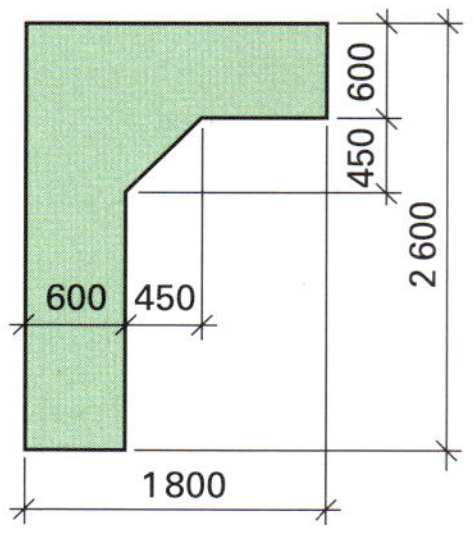

Aufgabe 86.4: Küchenarbeitsplatte

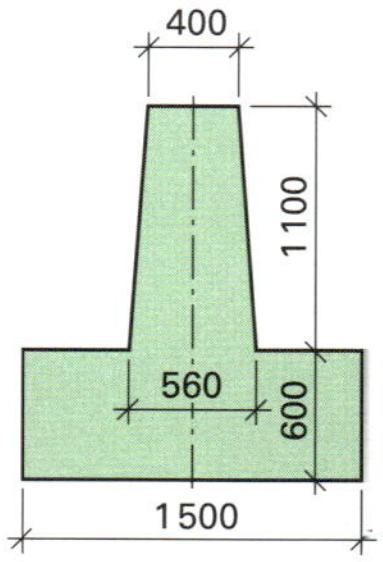

Aufgabe 86.5: Regalseite

Aufgaben zu 5.2.9 Zusammengesetzte Flächen

Stellen Sie zu den folgenden Aufgaben zuerst die Grundgleichung auf.

Berechnen Sie die Flächeninhalte der abgebildeten Flächen in m^2.

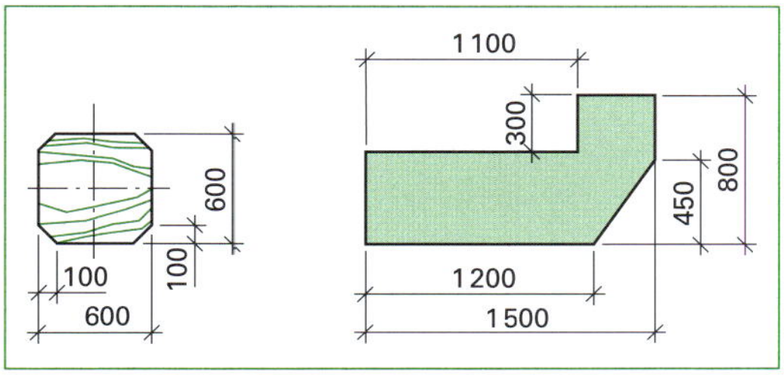

Aufgabe 87.1: Tisch-, Schreibtischplatte

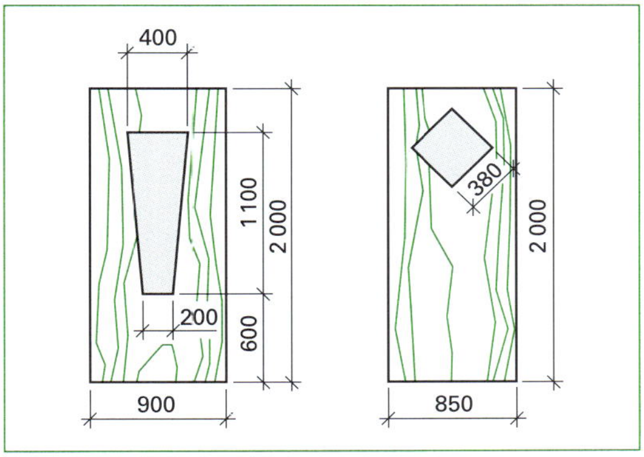

Aufgabe 87.2: Innentüren

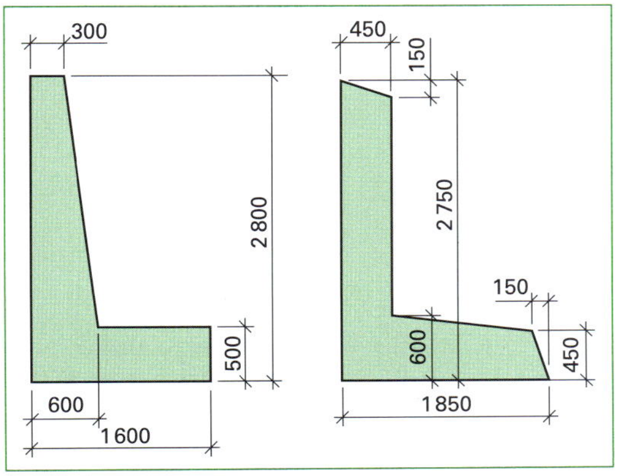

Aufgabe 87.3: Thekenplatten

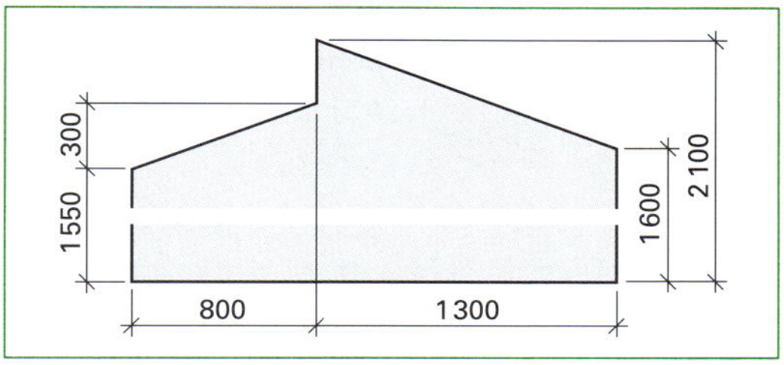

Aufgabe 87.4: Fensterfläche

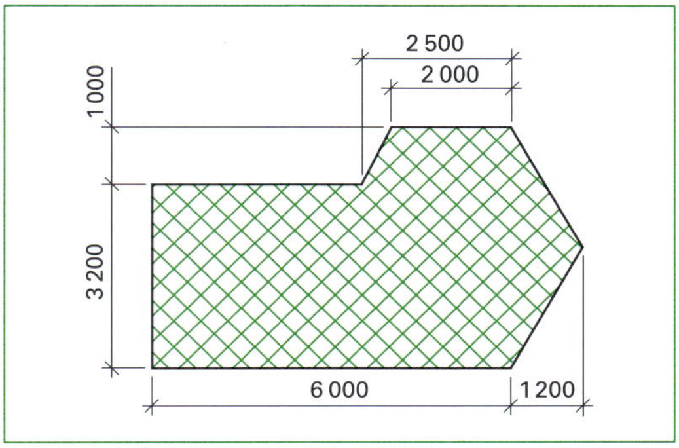

Aufgabe 87.5: Parkettfläche

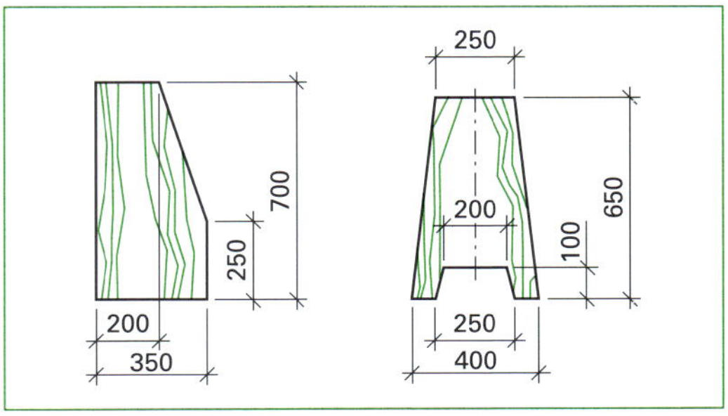

Aufgabe 87.6: Korpus-, Regalseiten

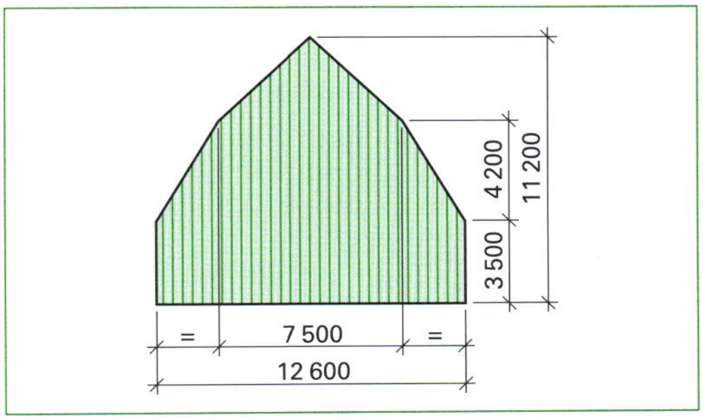

Aufgabe 87.7: Wandfläche

5.3 Flächeninhalte von Brettern und Bohlen

Beim Einschneiden von Rundhölzern im Sägewerk erhält man Bretter und Bohlen in folgenden verschiedenen Formen:

— parallel besäumte Bretter und Bohlen
— konisch besäumte Bretter und Bohlen (selten)
— unbesäumte Bretter und Bohlen **(Bild 1)**.

Bretter sind bis zu 38 mm dick, Bohlen sind 40 mm bis maximal 120 mm dick.

Der Flächeninhalt ergibt sich aus der jeweiligen geometrischen Figur, z. B.: Rechteck oder Trapez. Er wird aus den Längen- und Breitenmaßen berechnet und in Quadratmetern (m^2) angegeben.

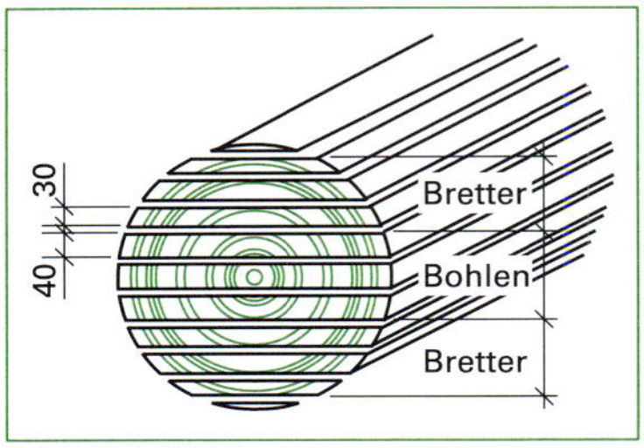

Bild 1: Einschneiden von Rundholz

5.3.1 Parallel besäumte Bretter und Bohlen mit gleicher Länge und gleicher Breite

Der Flächeninhalt parallel besäumter Bretter und Bohlen mit gleicher Länge und Breite berechnet sich wie ein Rechteck. Die Gesamtfläche erhält man aus dem Flächeninhalt eines Brettes mal der Anzahl n **(Bild 2)**.

Beispiel:

Gegeben: $l = 3{,}5$ m, $b = 20$ cm, $n = 3$

Gesucht: A in m^2

Lösung: $A = l \cdot b \cdot n$
$= 3{,}5\ \text{m} \cdot 0{,}20\ \text{m} \cdot 3 = \mathbf{2{,}10\ m^2}$

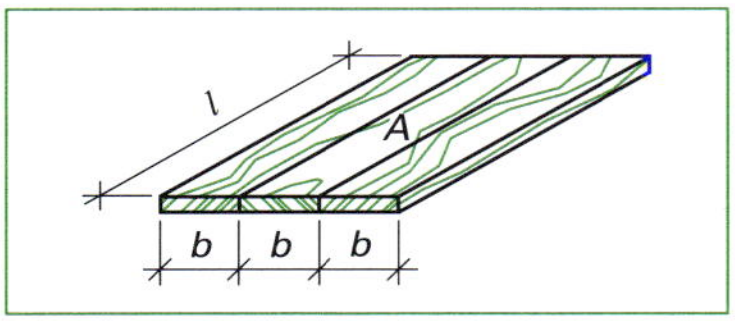

Bild 2: Parallel besäumte Bretter gleicher Länge und Breite

$$A = l \cdot b \cdot n$$

5.3.2 Parallel besäumte Bretter und Bohlen mit gleicher Länge aber ungleichen Breiten

Der Gesamtflächeninhalt parallel besäumter Bretter und Bohlen mit gleicher Länge aber ungleicher Breite ergibt sich aus der Länge mal der Summe der verschiedenen Breiten **(Bild 3)**.

Beispiel:

Gegeben: $l = 2{,}5$ m, $b_1 = 12$ cm, $b_2 = 16$ cm, $b_3 = 18$ cm

Gesucht: A in m^2

Lösung: $A = l \cdot (b_1 + b_2 + b_3)$
$= 2{,}5\ \text{m} \cdot (0{,}12\ \text{m} + 0{,}16\ \text{m} + 0{,}18\ \text{m}) = \mathbf{1{,}15\ m^2}$

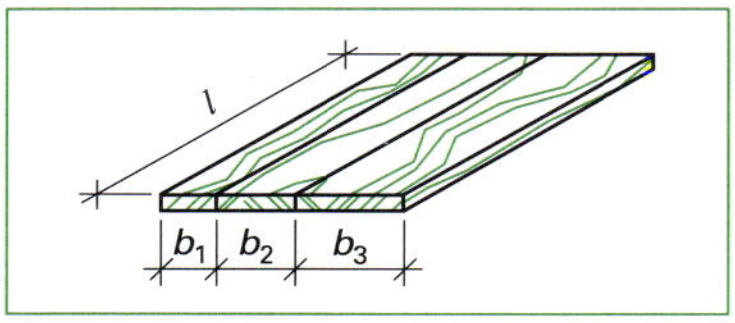

Bild 3: Parallele besäumte Bretter gleicher Länge und ungleicher Breite

$$A = l \cdot (b_1 + b_2 + b_3)$$

5.3.3 Parallel besäumte Bretter und Bohlen mit gleicher Breite aber ungleicher Länge

Der Gesamtflächeninhalt parallel besäumter Bretter und Bohlen mit gleicher Breite aber ungleicher Länge ergibt sich aus der Breite mal der Summe der verschiedenen Längen **(Bild 4)**.

Beispiel:

Gegeben: $b = 24$ cm, $l_1 = 2{,}25$ m, $l_2 = 2{,}5$ m, $l_3 = 3{,}0$ m

Gesucht: A in m^2

Lösung: $A = b \cdot (l_1 + l_2 + l_3)$
$= 0{,}24\ \text{m} \cdot (2{,}25\ \text{m} + 2{,}5\ \text{m} + 3{,}0\ \text{m}) = \mathbf{1{,}86\ m^2}$

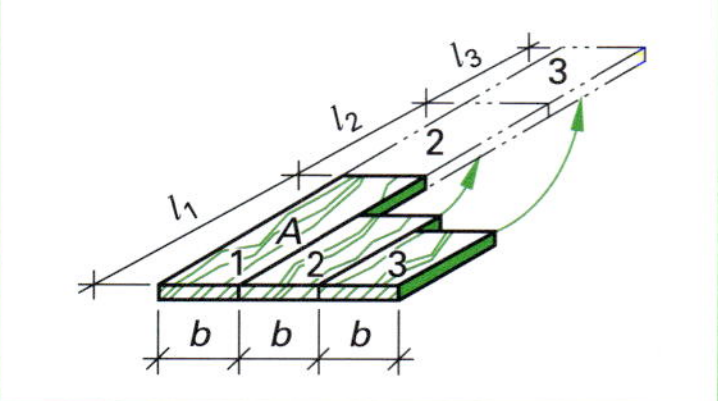

Bild 4: Parallel besäumte Bretter ungleicher Länge und gleicher Breite

$$A = b \cdot (l_1 + l_2 + l_3)$$

5.3 Flächeninhalte von Brettern und Bohlen

5.3.4 Konisch besäumte Bretter und Bohlen

Konisch besäumte Bretter und Bohlen haben die Form eines Trapezes. Bei der halben Länge des Brettes oder der Bohle wird die mittlere Breite gemessen **(Bild 1)**.

Beispiel:

Gegeben: $b_m = 26$ cm, $l = 2{,}75$ m

Gesucht: A in m²

Lösung: $A = b_m \cdot l$

$= 0{,}26 \text{ m} \cdot 2{,}75 \text{ m} = \mathbf{0{,}72 \text{ m}^2}$

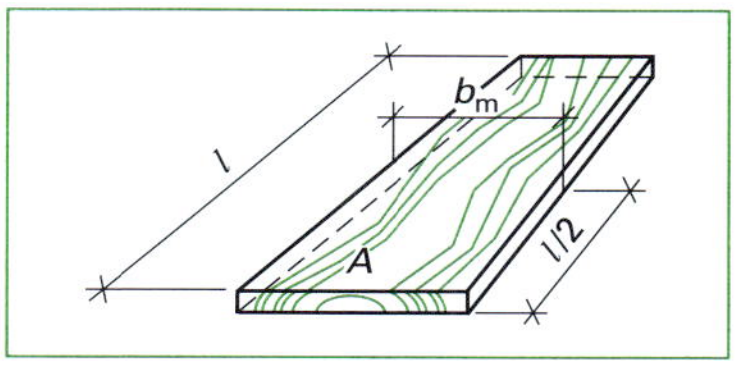

Bild 1

$$A = b_m \cdot l$$

5.3.5 Unbesäumte Bretter

Bei unbesäumten Brettern wird die mittlere Breite der Bretter auf der linken Seite (Schmalseite der Bretter) gemessen **(Bild 2)**.

Beispiel:

Gegeben: $b_m = 28$ cm, $l = 3{,}5$ m

Gesucht: A in m²

Lösung: $A = b_m \cdot l$

$= 0{,}28 \text{ m} \cdot 3{,}5 \text{ m} = \mathbf{0{,}98 \text{ m}^2}$

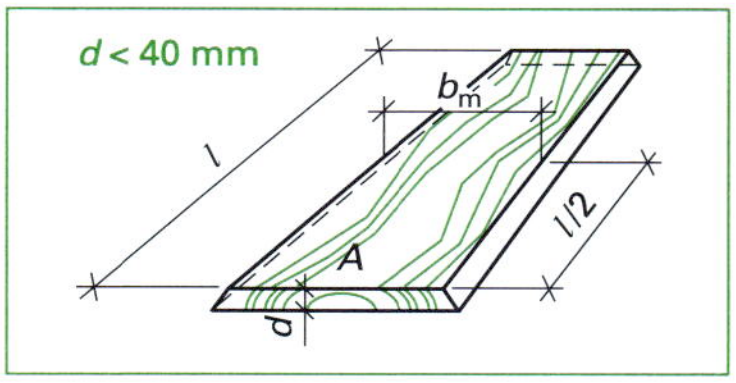

Bild 2

$$A = b_m \cdot l$$

5.3.6 Unbesäumte Bohlen

Bei Bohlen wird im Gegensatz zu Brettern die mittlere Breite auf der rechten Seite (breite Seite) und der linken Seite (schmale Seite) gemessen. Aus diesen beiden Breiten wird der Mittelwert gebildet. Der Flächeninhalt wird dann aus dem Mittelwert der beiden mittleren Breiten mal der Länge berechnet **(Bild 3)**.

Beispiel:

Gegeben: $b_{m1} = 43$ cm, $b_{m2} = 47$ cm, $l = 3{,}5$ m

Gesucht: A in m²

Lösung: $A = \dfrac{(b_{m1} + b_{m2}) \cdot l}{2}$

$= \dfrac{(0{,}43 \text{ m} + 0{,}47 \text{ m}) \cdot 3{,}5 \text{ m}}{2} = \mathbf{1{,}57 \text{ m}^2}$

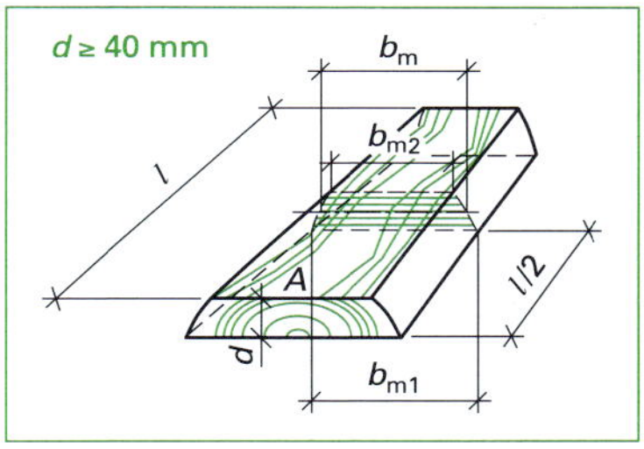

Bild 3

$$A = \frac{(b_{m1} + b_{m2}) \cdot l}{2}$$

5.3.7 Profilbretter (Halbfertigfabrikate)

Bei Profilbrettern wird der Flächeninhalt entweder mit dem Deckmaß oder dem Federmaß (Brettbreite) und der Brettlänge berechnet. Mit dem Deckmaß erhält man die Fläche im zusammengesteckten bzw. eingebauten Zustand. Mit dem Federmaß berechnet man die einzelnen Brettflächen **(Bild 4)**.

Beispiel:

Gegeben: $l = 4{,}5$ m, $b_D = 8{,}6$ cm, $n = 40$

Gesucht: zu verkleidende Fläche A in m²

Lösung: $A = l \cdot b_D \cdot n$

$= 4{,}5 \text{ m} \cdot 0{,}86 \text{ m} \cdot 40 = \mathbf{15{,}48 \text{ m}^2}$

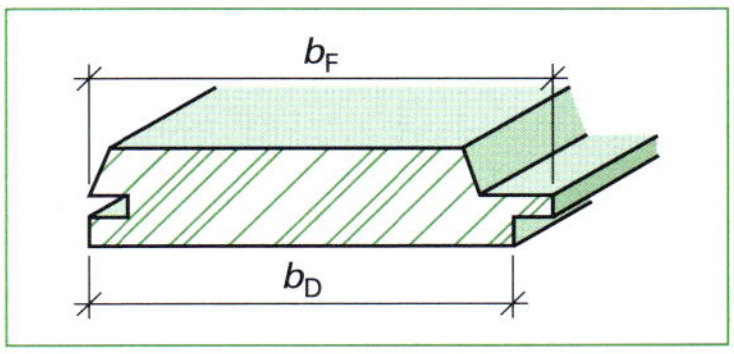

Bild 4

Flächenberechnung mit dem Deckmaß

$$A = l \cdot b_D \cdot n$$

Flächenberechnung mit dem Federmaß

$$A = l \cdot b_F \cdot n$$

5.3 Flächeninhalte von Brettern und Bohlen

Aufgaben zu 5.3.1 Parallel besäumte Bretter und Bohlen mit gleicher Länge und gleicher Breite

90.1 Geliefert werden: 15 Bretter mit einer Breite von 24 cm und einer Länge von 3,50 m.

Berechnen Sie die Gesamtfläche aller Bretter in m^2.

90.2 Eine Bestellung zeigt folgende Positionen von Brettern aus Fichte:

Position	Stück	Länge (m)	Breite (mm)
Bretter 30 mm dick	4	3,50	120
	6	5,00	240
	2	4,50	180

Der Quadratmeterpreis beträgt 11,00 €.

Berechnen Sie:

a) die Gesamtfläche der Bestellung im m^2,

b) den Gesamtpreis.

90.3 Ein Auftrag umfasst 66,50 m^2 Bretter, 95 mm breit und 3,50 m lang.

Berechnen Sie die Anzahl der Bretter.

90.4 Geliefert werden 6 Bohlen aus Buche mit einer Länge von 3,00 m, einer Breite von 35 cm und einer Dicke von 50 mm zu einem Gesamtpreis von 100,80 €.

Wie viel beträgt der Quadratmeterpreis in €?

Aufgaben zu 5.3.2 Parallel besäumte Bretter und Bohlen mit gleicher Länge aber ungleichen Breiten

90.5 Berechnen Sie die Gesamtfläche in m^2 folgender Lieferung: 8 Bretter, Länge 3,25 m und Breiten (je 2 Stück) 14 cm, 15 cm, 18 cm, 20 cm.

90.6 Eine Lieferung umfasst 4 Bohlen aus Eiche mit einer Länge von 4,50 m und folgenden Breiten: 36 cm, 38 cm, 40 cm, 42 cm.

Wie viel beträgt der Quadratmeterpreis, wenn die Lieferung 1 468,26 € kostet?

90.7 Für einen Auftrag werden Rahmenteile mit den Fertigmaßen von 2,10 m Länge und einer Gesamtfläche von 5,55 m^2 benötigt. Zur Verfügung stehen 6 Bohlen, 2,50 m lang, mit folgenden Breiten: 2 × 32 cm, 2 × 34 cm und 2 × 38 cm.

Reichen die Bohlen für den Zuschnitt der Rahmenteile aus?

Aufgaben zu 5.3.3 Parallel besäumte Bretter und Bohlen mit gleicher Breite aber ungleicher Länge

90.8 Bei einer Prüfung des Holzlagers ergibt sich folgender Bestand von Brettern aus Kiefer:

Position	Stück	Länge (m)	Breite (mm)
Bretter 28 mm dick	8	4,00	240
	14	3,50	240
Bretter 30 mm dick	16	5,00	180
	12	3,00	180
Bohlen 42 mm dick	8	4,50	320
	6	3,75	320

Erstellen Sie eine tabellarische Holzliste und berechnen Sie die Gesamtfläche in m^2.

90.9 Eine Lieferung umfasst folgende Bretter aus Buche, 28 mm dick:

Stück	Länge (m)	Breite (mm)
16	5,00	220
8	4,00	180
12	3,50	260

Wie viel Quadratmeter beträgt die Lieferung?

Aufgaben zu 5.3.4 Konisch besäumte Bretter und Bohlen

90.10 Ein konisch besäumtes Brett hat folgende Maße: mittlere Breite = 28 cm, Länge = 3,25 m.

Berechnen Sie die Fläche des Brettes in m^2.

90.11 Eine konisch besäumte Bohle ist unten 43 cm breit und oben 35 cm breit. Die Länge beträgt 4,50 m.

a) Berechnen Sie die Fläche in m^2.

b) Wie viel kostet die Bohle, wenn der Quadratmeterpreis 14,00 € beträgt?

90.12 Eine Eichenbohle hat folgende Maße: Länge = 4,00 m, obere Breite = 36 cm, untere Breite = 28 cm. Aus der Bohle werden 14 Werkstücke mit folgenden Fertigmaßen zugeschnitten: Länge = 1,20 m und Breite = 60 mm.

Berechnen Sie:

a) den Flächeninhalt der Bohle in m^2,

b) den Verschnittzuschlag in %.

Aufgaben zu 5.3.5 – Unbesäumte Bretter

91.1 Ein Lärchenbrett, 38 mm dick, hat die Länge von 4,75 m und eine mittlere Breite von 34,5 cm.

Berechnen Sie den Preis des Brettes bei 12,25 €/m².

91.2 Ein unbesäumtes Brett, 30 mm dick, hat eine mittlere Breite von 24 cm und eine Länge von 3,25 m.

Berechnen Sie die Fläche in m².

91.3 Die 10 gleich dicken Bretter eines eingeschnittenen Fichtenstammes mit einer Länge von 4,50 m haben folgende mittlere Breiten (in cm): $b_{m1} = 24$, $b_{m2} = 32$, $b_{m3} = 36$, $b_{m4} = 39$, $b_{m5} = 40$.

Berechnen Sie die Gesamtfläche des Stammes in m².

91.4 Ein unbesäumtes Brett hat die Fläche von 1,6 m² und die Länge von 5,00 m.

Berechnen Sie die mittlere Breite in cm.

Aufgaben zu 5.3.6 – Unbesäumte Bohlen

91.5 Eine unbesäumte Kiefernbohle, $l = 5{,}20$ m, hat auf der rechten Seite die mittlere Breite von 38 cm und auf der linken Seite 32 cm.

Berechnen Sie die Fläche der Bohle in m².

91.6 Eine unbesäumte Kirschbaumbohle, 42 mm dick und 2,50 m lang, hat auf der linken Seite die mittlere Breite von 28 cm und auf der rechten Seite 32 cm. Der Quadratmeterpreis beträgt 46,20 €.

Berechnen Sie den Preis der Bohle.

91.7 Für einen aufgeschnittenen Eschenstamm mit 4,50 m Länge wird für den Quadratmeter 41,00 € berechnet. Die 6 Bohlen, 40 mm dick, haben folgende mittlere Breiten (in cm): $b_{m1} = 22$, $b_{m2} = 30$, $b_{m3} = 34$, $b_{m4} = 35$, $b_{m5} = 31$, $b_{m6} = 23$.

Wie teuer ist der Eschenstamm, wenn mit einem Verschnittzuschlag von 18 % gerechnet wird?

91.8 Eine Nussbaumbohle wird für 54,00 € gekauft. Die Bohle hat folgende Maße: Länge = 4,75 m, rechte mittlere Breite = 42 cm, linke mittlere Breite = 34 cm.

Berechnen Sie:

a) den Flächeninhalt der Bohle in m²,

b) den Quadratmeterpreis in €.

Aufgaben zu 5.3.7 – Profilbretter

91.9 Die zu verkleidende Wandfläche beträgt 124,25 m². Die Wand ist 3,10 m hoch. Die Deckbreite der Profilbretter beträgt 89 mm, die Breite der Feder beträgt 6 mm.

Wie viel Bretter werden benötigt?

91.10 Es stehen 125 Profilbretter, 3,50 m lang, mit einer Deckbreite von 106 mm und einer Federbreite von 112,5 mm zur Verfügung.

Für wie viel Meter Wandverkleidung mit 3,30 m Höhe reichen diese Bretter aus?

91.11 Eine Deckenverkleidung von 21,00 m² erhält eine Verkleidung aus Profilbrettern, 16 mm dick, mit einer Deckbreite von 89 mm und einer Federbreite von 95 mm. Es wurden 60 Bretter mit einer Länge von 4,50 m und 12 Bretter mit einer Länge von 3,00 m verarbeitet.

Berechnen Sie den Verschnittzuschlag in Prozent.

91.12 Für eine Verkleidung werden 75 Profilbretter verarbeitet. Die Maße eines Profilbrettes betragen: Dicke = 12,5 mm, Breite = 95 mm, Länge = 4,25 m, Breite der Feder 6 mm.

Berechnen Sie die Fläche in m² für das Deckmaß und das Federmaß.

91.13 Eine Fläche von 12,00 m² soll mit 3,25 m langen Profilbrettern von 112,5 mm Breite und einer Deckbreite von 106 mm verkleidet werden.

Reichen 50 Profilbretter für die Verkleidung aus?

91.14 In einem Dachgeschoss soll die trapezförmige Giebelwand mit Profilbrettern verkleidet werden. Die Wand hat folgende Maße: Länge = 5,75 m, Höhe 1 = 1,60 m, Höhe 2 = 3,75 m. Die Deckbreite beträgt 89 mm, die Federbreite 95 mm.

Berechnen Sie:

a) die Anzahl der senkrecht verlaufenden Bretter,

b) den Verschnitt in %, wenn tatsächlich 20,00 m² Profilbretter verarbeitet wurden.

91.15 Eine waagerechte Verkleidung mit der Länge von 4,50 m und 2,50 m Höhe wurde mit 28 Profilbrettern angefertigt. Welches Federmaß hatten die Bretter bei einem durchschnittlichen Nuteinstand der Feder von 6 mm?

5 Flächen

5.4 Bogenförmig begrenzte Flächen

5.4.1 Kreis

Der Kreis ist eine ebene geschlossene Linie, deren sämtliche Punkte von einem Mittelpunkt den gleichen Abstand haben.

Kreisumfang

Zur Berechnung des Umfanges eines Kreises kann man sich den Inkreis und den Umkreis als zwei regelmäßige Vielecke mit einem Inkreis und einem Umkreis vorstellen. Vergrößert man die Anzahl der Ecken der Vielecke, so nähern sich deren Umfänge dem Umfang des Kreises an. Einen Kreis kann man sich als ein regelmäßiges Vieleck mit unendlich großer Anzahl der Ecken vorstellen **(Bild 1)**.

Bei einem Sechseck ist der Umfang dreimal länger als der Durchmesser, also $d \cdot 3$. Ist die Anzahl der Ecken größer, so ist auch der Umfang dieses Vielecks mehr als dreimal länger als der Durchmesser.

Die Zahl π (Pi) = 3,141 592 6... gibt an, wievielmal der Durchmesser eines Kreises in seinem Umfang enthalten ist. Dies entspricht annähernd bei allen Kreisen einem Verhältnis von Umfang zu Durchmesser $U : d \approx 22 : 7 = 3{,}142\,857\,1$.

Für die Berechnungen genügt der Wert: $\pi \approx 3{,}14$.

Beispiel: Ein Kreis hat einen Durchmesser von 110 cm. Berechnen Sie den Umfang in m.

Lösung: $U = d \cdot \pi = 1{,}10\ \text{m} \cdot 3{,}14 = \mathbf{3{,}45\ m^2}$

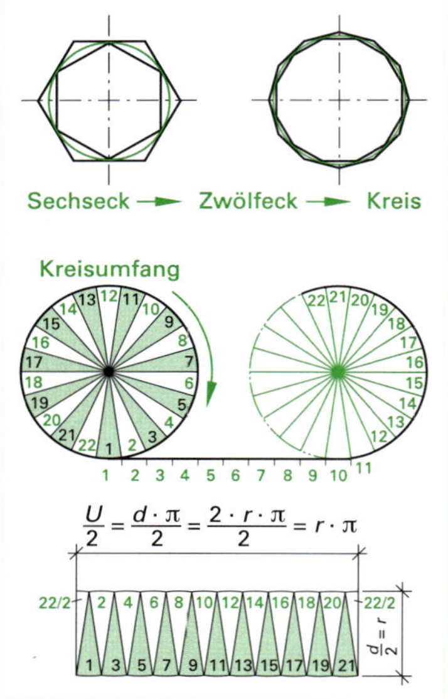

Bild 1

Umfang U (m)
$U = d \cdot \pi$ oder $U = 2r \cdot \pi$

Kreisfläche

Um den Flächeninhalt A des Kreises zu berechnen, kann man sich einen Kreis, der in sehr viele kleine Dreiecke zerlegt ist, vorstellen. Diese setzt man nun zu einer rechteckähnlichen Fläche zusammen. Erhöht man die Anzahl in unendlich viele Kreisausschnitte, so ergibt sich ein Rechteck. Die Länge dieses Rechtecks entspricht daher dem halben Kreisumfang; die Breite des Rechtecks entspricht dem Radius r des Kreises oder dem halben Durchmesser $d/2$. In der Praxis wird meist mit einem Durchmesser gerechnet, deshalb wird auch häufig die entsprechende Formel angewandt **(Bild 2)**.

Beispiel: Eine Tischplatte hat einen Durchmesser von 950 mm. Berechnen Sie den Flächeninhalt in m² für 6 Tischplatten.

Lösung: $A = \frac{d^2 \cdot \pi}{4} \cdot n$

$= \frac{(0{,}95\ \text{m})^2 \cdot 3{,}14}{4} \cdot 6 = \mathbf{4{,}25\ m^2}$

oder $A = d^2 \cdot 0{,}785 \cdot n$

$= (0{,}95\ \text{m})^2 \cdot 0{,}785 \cdot 6 = \mathbf{4{,}25\ m^2}$

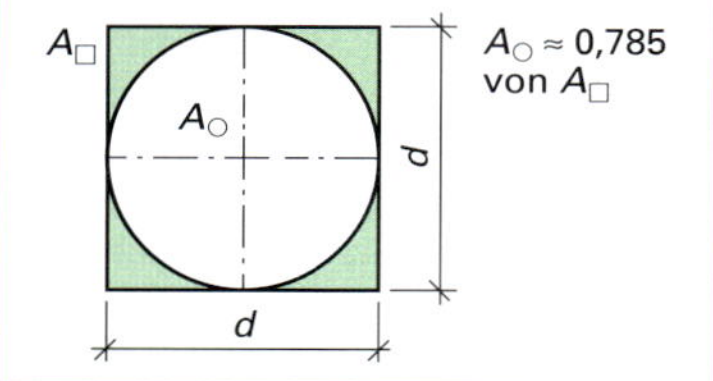

Bild 2: Kreisfläche

Fläche A (m²)
$A = r^2 \cdot \pi$ oder $A = \frac{d^2 \cdot \pi}{4}$

Vereinfacht gilt $\frac{\pi}{4} = 0{,}785$

Gebräuchliche Formel

$$A = d^2 \cdot \frac{\pi}{4} \text{ oder } A = d^2 \cdot 0{,}785$$

Kreisdurchmesser
$d = \sqrt{\frac{A}{0{,}785}}$

5 Flächen

5.4 Bogenförmig begrenzte Flächen

Aufgaben zu 5.4.1 – Kreis

93.1 Aus einer MDF-Platte **(siehe Bild)** werden 6 kreisförmige Flächen herausgeschnitten.

Wie groß ist der Inhalt der Kreisflächen und der Verschnittzuschlag in Prozent?

93.2 Eine kreisförmige Tischplatte **(siehe Bild)** mit einem Durchmesser $d = 1{,}10$ m wird aus einer quadratischen Platte $1{,}25 \times 1{,}25$ m zugeschnitten.

Berechnen Sie:

a) den Flächeninhalt der Tischplatte in m^2,

b) den Verschnittzuschlag in Prozent.

93.3 Der Umfang eines Kreises beträgt $U = 2\,669$ cm.

a) Wie groß ist der Radius r in cm?

b) Berechnen Sie den Flächeninhalt A in m^2.

93.4 Ein Konferenztisch **(siehe Bild)** soll mit Kirschbaum furniert werden.

Berechnen Sie:

a) den Furnierbedarf in m^2 bei 45 % Verschnittzuschlag,

b) die Materialkosten für Furnier bei 12,50 €/m^2,

c) die Länge in Metern für das Kantenfurnier.

93.5 Für eine Serienfertigung ist ein kreisrunder Tisch für 6 Personen geplant. Pro Person sind 65 cm des Umfangs zu rechnen.

Berechnen Sie:

a) den Durchmesser in mm,

b) den Furnierbedarf in m^2 bei 35 % Verschnittzuschlag.

93.6 Eine kreisförmige Platte ergibt bei 32 % Verschnittzuschlag eine Fläche von 0,98 m^2. Wie groß ist der Radius in mm?

93.7 Eine Rundzarge für einen Ausstellungssockel **(siehe Bild)** aus Furniersperrholz, 10 mm dick, hat einen Durchmesser von 1,75 m.

Wie groß ist der Flächeninhalt des Plattenmaterials einschließlich Deckel in m^2?

93.8 Für die Renovierung der Fenster in einem Dachgeschoss sind 6 halbkreisförmige Fenster **(siehe Bild)** zu fertigen.

Berechnen Sie die Fensterfläche in m^2.

93.9 Für ein Ausstellungsregal werden 15 halbkreisförmige Glasfachböden benötigt. Der Flächeninhalt aller Böden beträgt 7,07 m^2.

Berechnen Sie:

a) den Durchmesser des Kreises in mm,

b) den Gesamtumfang in m für die Kosten der Kantenbearbeitung.

93.10 Wie groß ist der Flächeninhalt in m^2 von sechs ST-Platten, 22 mm dick, mit einem Durchmesser von 850 mm?

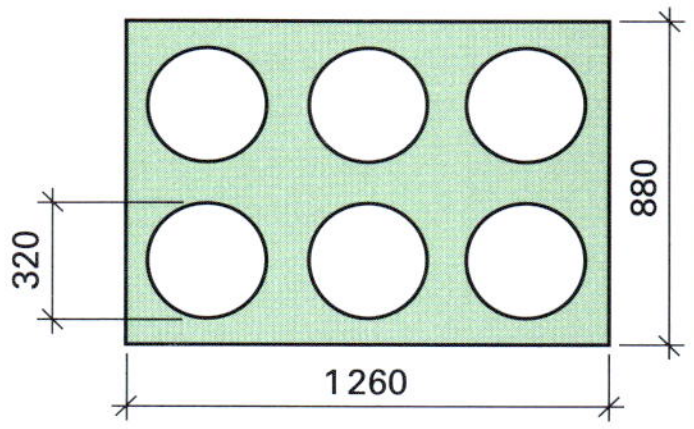

Aufgabe 93.1: kreisförmige Ausschnitte

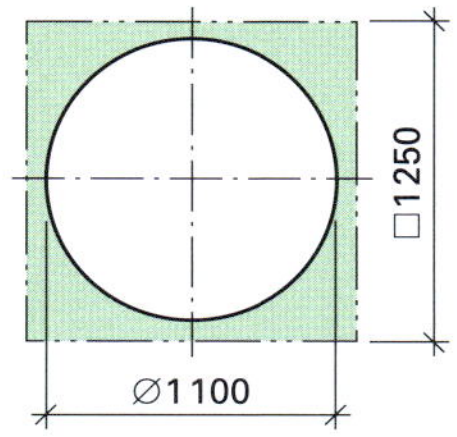

Aufgabe 93.2: Tischplatte

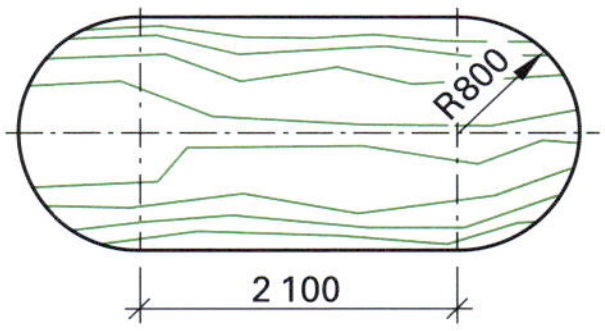

Aufgabe 93.4: Konferenztisch

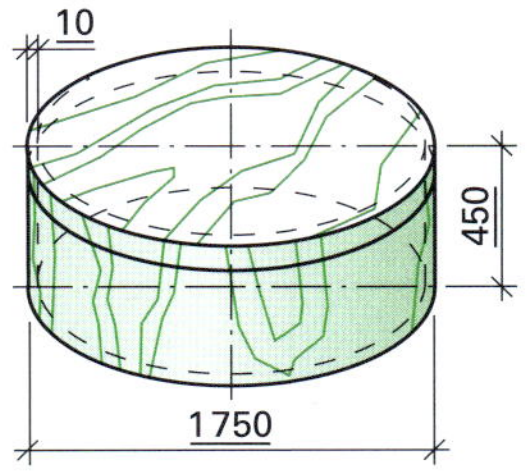

Aufgabe 93.7: Austellungssockel

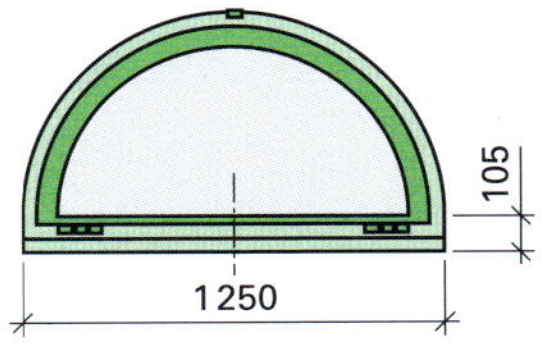

Aufgabe 93.8: Fenster

5.4.2 Kreisausschnitt (Sektor)

Für die Berechnung des Flächeninhalts A des **Kreisausschnittes** müssen der Mittelpunktswinkel α und der Durchmesser d gegeben sein. Er lässt sich auch mit dem Durchmesser d und der Bogenlänge $\overset{\frown}{b}$ berechnen **(Bild 1)**.

Einen Teil des Kreisumfanges nennt man **Bogen**. Zur Berechnung der Bogenlänge müssen der Durchmesser d und der Mittelpunktswinkel α bekannt sein.

Beispiel: Ein Kreisausschnitt hat einen Durchmesser von 855 mm und einen Winkel α von 70°. Wie groß ist der Flächeninhalt A in m^2 für 12 Platten, die Bogenlänge $\overset{\frown}{b}$ sowie der Gesamtumfang U in m?

Lösung:
$$A = d^2 \cdot 0{,}785 \cdot \frac{\alpha}{360°} \cdot n$$
$$= (0{,}855\ \text{m})^2 \cdot 0{,}785 \cdot \frac{70°}{360°} \cdot 12 = \mathbf{1{,}34\ m^2}$$
$$\overset{\frown}{b} = d \cdot \pi \cdot \frac{\alpha}{360°} = 0{,}855\ \text{m} \cdot 3{,}14 \cdot \frac{70°}{360°} = \mathbf{0{,}522\ m}$$
$$U = \left(d \cdot \pi \cdot \frac{\alpha}{360°} + d\right) \cdot n$$
$$= \left(0{,}855\ \text{m} \cdot 3{,}14 \cdot \frac{70°}{360°} + 0{,}855\ \text{m}\right) \cdot 12 = \mathbf{16{,}52\ m}$$

oder
$$U = (\overset{\frown}{b} + d) \cdot n$$
$$= (0{,}522\ \text{m} + 0{,}855\ \text{m} \cdot 12 = \mathbf{16{,}52\ m}$$

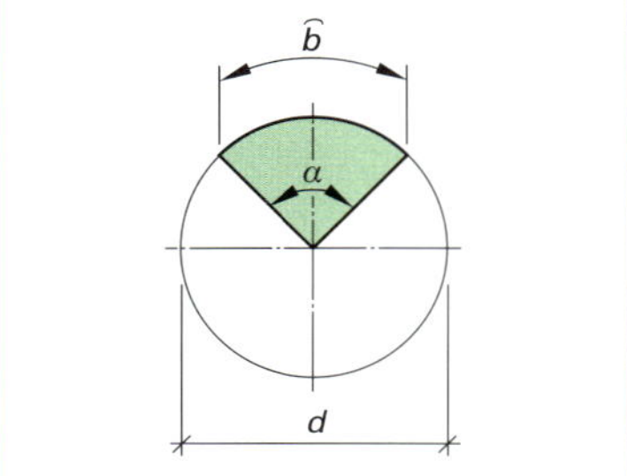

Bild 1: Kreisausschnitt

Bogenlänge $\overset{\frown}{b}$ (m)
$$\overset{\frown}{b} = d \cdot \pi \frac{\alpha}{360°}$$

Fläche A (m^2)
$$A = \frac{d^2 \cdot \pi \cdot \alpha}{4 \cdot 360} = d^2 \cdot 0{,}785 \cdot \frac{\alpha}{360°}$$
$$A = \frac{d \cdot \overset{\frown}{b}}{4}$$

Umfang U (m)
$$U = d \cdot \pi \cdot \frac{\alpha}{360°} + d$$
$$U = \overset{\frown}{b} + d$$

5.4.3 Kreisabschnitt (Segment)

Für die Berechnung des Flächeninhaltes des **Kreisabschnittes** kann man folgende Überlegung anstellen:

Kreisabschnitt = Kreisausschnitt – Dreieck AMB.

In der Praxis genügt die Näherungsformel. Die Formel gibt an, dass der Kreisabschnitt ≈ 2/3 eines Rechteckes mit der Länge l (Sehne s) und der Höhe h beträgt **(Bild 2)**.

Merke:

> Den Bogen des Kreisabschnittes bezeichnet man als Stichbogen.

Beispiel: Ein Kreisabschnitt für eine Bogentür hat einen Durchmesser von 1,00 m und eine Höhe von 20 cm. Berechnen Sie den Flächeninhalt A in m^2 und den Umfang U in m bei einem Winkel α von 110° sowie einer Sehnenlänge von 82,5 cm.

Lösung:
$$A = \frac{2}{3} s \cdot h = \frac{2}{3} \cdot 0{,}825\ \text{m} \cdot 0{,}20\ \text{m} = \mathbf{0{,}11\ m^2}$$
$$U = d \cdot \pi \cdot \frac{\alpha}{360°} + s$$
$$= 1{,}00\ \text{m} \cdot 3{,}14 \cdot \frac{110°}{360°} + 0{,}825\ \text{m} = \mathbf{1{,}78\ m}$$

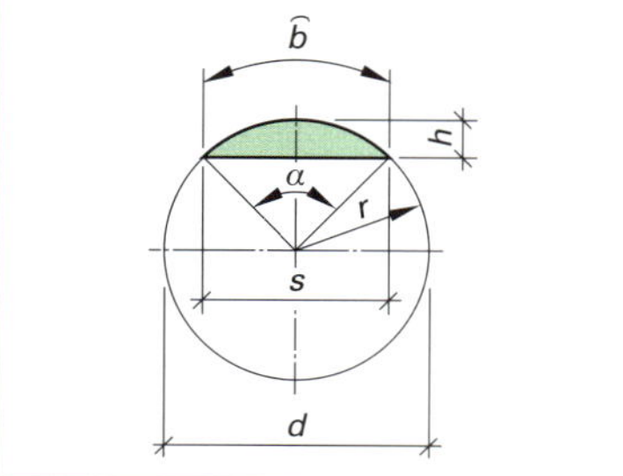

Bild 2: Kreisabschnitt

Fläche A (m^2)
$$A \approx \frac{2}{3} s \cdot h$$

Umfang U (m)
$$U = d \cdot \pi \cdot \frac{\alpha}{360°} + s = \overset{\frown}{b} + s$$

Aufgaben zu 5.4.2 – Kreisausschnitt

95.1 Ein Kreisausschnitt hat einen Durchmesser von 1 850 mm und einen Winkel α von 110°.

Berechnen Sie:

a) den Flächeninhalt in m²,

b) die Bogenlänge in mm,

c) den Umfang in m.

95.2 Für eine Eckvitrine werden 6 Glasfachböden **(siehe Bild)**, 8 mm dick, benötigt.

a) Berechnen Sie die Fläche in m².

b) Berechnen Sie für die Kantenbearbeitung den Umfang der Fachböden in m.

95.3 Fünf Fachböden in der Form eines Kreisausschnittes **(siehe Bild)** mit dem Winkel von 90° und einem Radius von 50 cm werden aus einer Spanplatte mit l = 2,40 m und b = 56 cm herausgeschnitten.

Wie groß ist der Verschnittzuschlag in Prozent?

95.4 Eine Spindeltreppe erhält 16 Stufen **(siehe Bild)** aus Kiefernholz. Der Verschnittzuschlag beträgt 65 %.

Berechnen Sie:

a) die Gesamtfläche aller Stufen in m²,

b) die Rohmenge an Kiefernholz in m².

95.5 Ein Kreisausschnitt hat einen Radius r = 84 cm.

Wie lang muss der Bogen $\widehat{b}$ in cm sein, damit der Flächeninhalt des Kreisausschnittes A = 0,60 m² beträgt?

95.6 Der Flächeninhalt eines Kreisausschnittes mit dem Durchmesser d = 145 cm soll eine Fläche A = 2 564,33 cm² haben.

Wie groß muss der Winkel α sein?

95.7 Für die Herstellung eines Podestes in einem Museum, das um eine rechtwinklige Mauerecke montiert wird **(siehe Bild)** sind folgende Berechnungen für die Vorkalkulation durchzuführen:

a) Flächeninhalt in m² der Stufe 1 und der Stufe 2 (Stufenbreite 30 cm),

b) Flächeninhalt der Podestfläche in m²,

c) die jeweilige äußere Umfangslänge für die bogenförmige Setzstufe.

95.8 Um eine sechseckige Säule in einem Laden sollen kreisförmige Ausstellungsflächen **(siehe Bild)** angebracht werden. In der Höhe sind es 4 Ausstellungsebenen.
Berechnen Sie:

a) die Gesamtfläche aller Böden in m²,

b) den Bedarf an Kantenfurnier für die Rundungen in Metern bei 15 % Verschnittzuschlag.

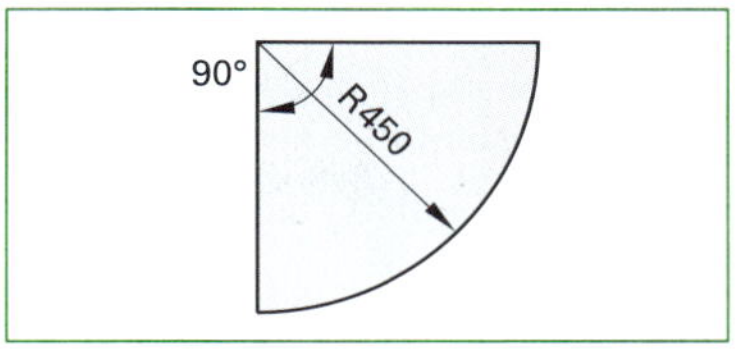

Aufgabe 95.2: Glasfachboden

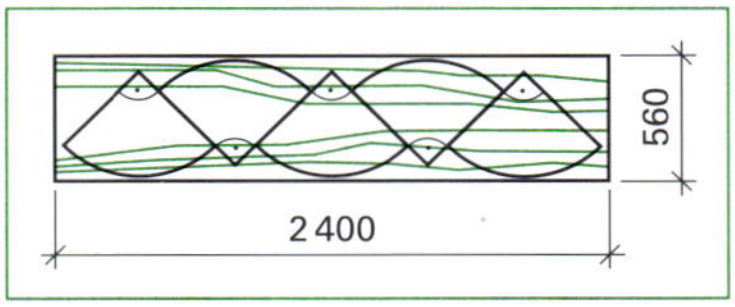

Aufgabe 95.3: Fachboden

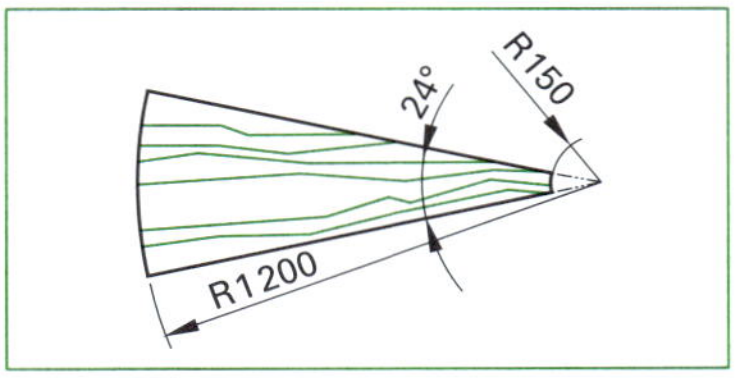

Aufgabe 95.4: Treppenstufe

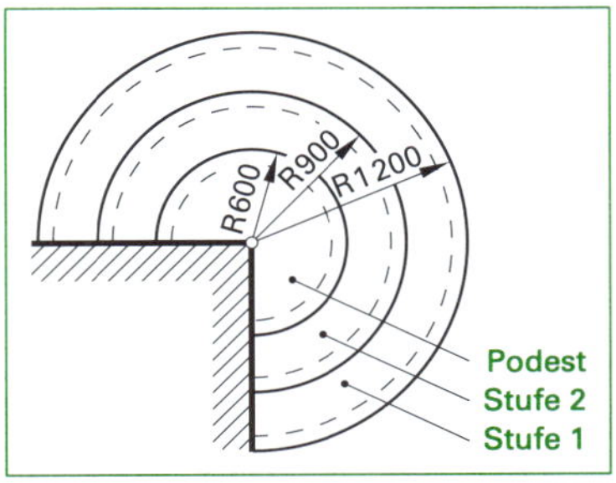

Aufgabe 95.7: Podest

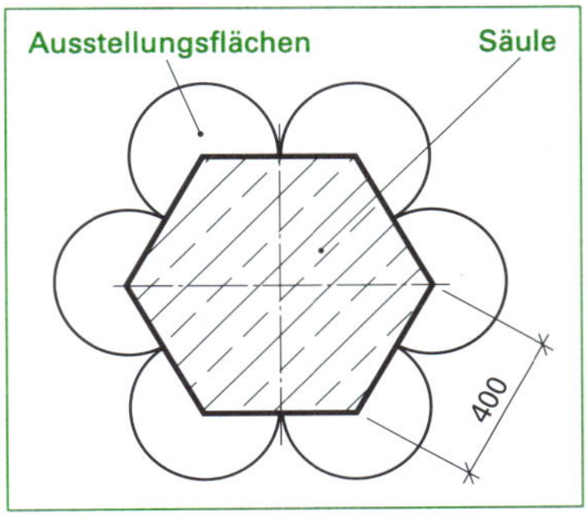

Aufgabe 95.8: Ausstellungsflächen

5.4 Bogenförmig begrenzte Flächen

Aufgaben zu 5.4.3 – Kreisabschnitt

96.1 Ein Kreisabschnitt hat die Sehnenlänge s = 1,2 m und die Höhe h = 25 cm.

Berechnen Sie den Flächeninhalt A in m².

96.2 Ein Kreisabschnitt mit der Sehnenlänge s = 72 cm soll einen Flächeninhalt A = 0,057 6 m² haben.

Wie groß muss die Höhe h in cm sein?

96.3 Für die Renovierung eines historischen Gebäudes sind 42 Fenster **(siehe Bild)** mit einem Stichbogen herzustellen.

Berechnen Sie die Gesamtfläche der Fenster in m².

96.4 In einem Juwelierladen werden 3 Glasplatten für die Beratungstische **(siehe Bild)** benötigt.

Berechnen Sie die Glasfläche in m².

96.5 Aus einer MDF-Platte, 19 mm dick, mit den Maßen l = 145 cm und b = 25 cm wird eine kreisabschnittförmige Platte mit den Maßen l = 140 cm und b = 18 cm herausgeschnitten.

Berechnen Sie:

a) die Fläche A in m²,

b) den Verschnittzuschlag in Prozent.

96.6 Für ein Kaufhaus sind für die Deckengestaltung 240 Lamellen **(siehe Bild)** aus Furniersperrholz herzustellen.

Berechnen Sie den Flächeninhalt in m².

96.7 Aus einer rechteckigen Glasscheibe wird eine Scheibe in Form eines doppelten Kreisabschnitts herausgeschnitten **(siehe Bild)**.

Wie groß ist der Verschnittzuschlag in Prozent?

96.8 Von einem Kreis mit dem Durchmesser d = 75 cm wird ein Kreisabschnitt mit der Sehnenlänge s = 60 cm und der Höhe h = 15 cm abgeschnitten.

Wie groß ist der Flächeninhalt der Restfläche des Kreises in m²?

96.9 Aus einem Brett, Länge 950 mm und Breite 200 mm, wird ein Kreisabschnitt mit der Länge s = 94 cm und der Höhe h = 18 cm zugeschnitten.

Berechnen Sie den Verschnitt in Prozent.

96.10 Für das Spitzbogenfenster **(siehe Bild)** sind folgende Berechnungen durchzuführen:

a) die Spitzbogenhöhe h in mm,

b) die Bogenlänge b in mm,

c) die Fensterfläche in m².

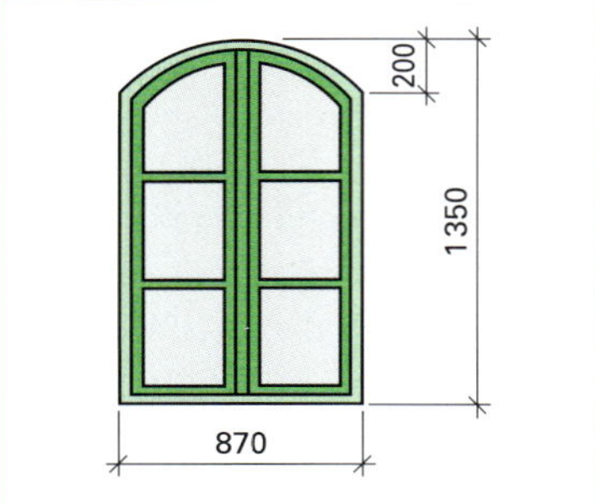

Aufgabe 96.3: Stichbogenfenster

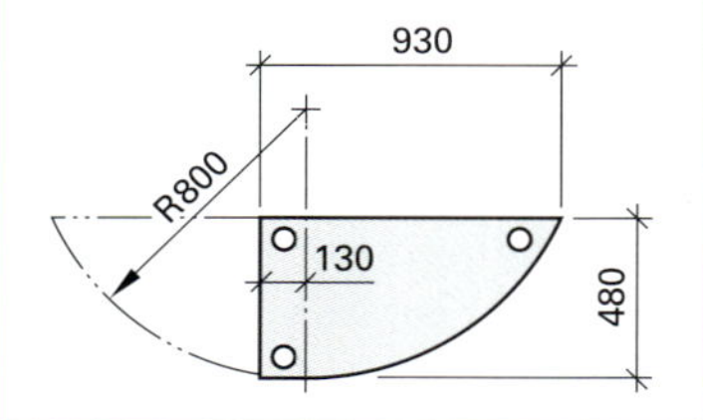

Aufgabe 96.4: Glasplatten

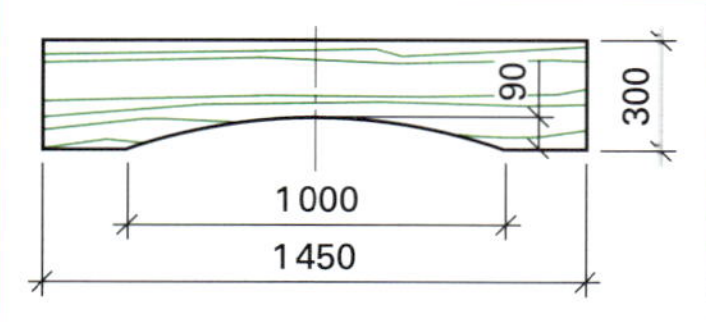

Aufgabe 96.6: Deckenlamellen

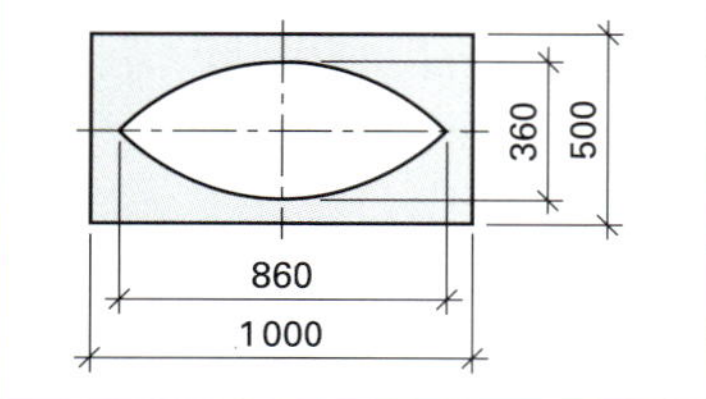

Aufgabe 96.7: Glasscheibe mit Ausschnitt

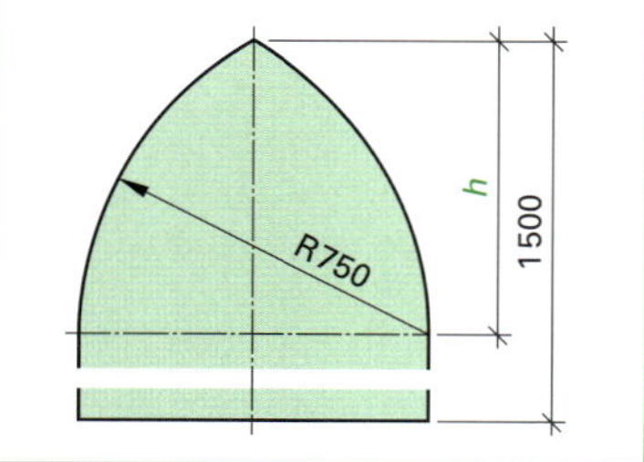

Aufgabe 96.10: Stichbogenfenster

5.4.4 Kreisring

Der **Kreisring** wird durch den äußeren Durchmesser *D* und den inneren Durchmesser *d* gebildet. Den Flächeninhalt *A* erhält man, indem man die innere Kreisfläche von der äußeren Kreisfläche subtrahiert **(Bild 1)**.

Den Gesamtumfang des Kreisringes erhält man aus der Summe des äußeren und des inneren Kreisumfanges.

Beispiel: Ein Kreisring hat einen äußeren Durchmesser von 1,85 m und einen inneren Durchmesser von 0,65 m.

Wie groß ist der Flächeninhalt in m² und die Umfangslänge in m?

Lösung:

$$A = A_1 - A_2$$
$$= (D^2 - d^2) \cdot 0{,}785$$
$$= [(1{,}85\,m)^2 - (0{,}65\,m)^2] \cdot 0{,}785 = \mathbf{2{,}36\,m^2}$$

$$U = (D + d) \cdot \pi$$
$$= (1{,}85\,m + 0{,}65\,m) \cdot 3{,}14 = \mathbf{7{,}85\,m}$$

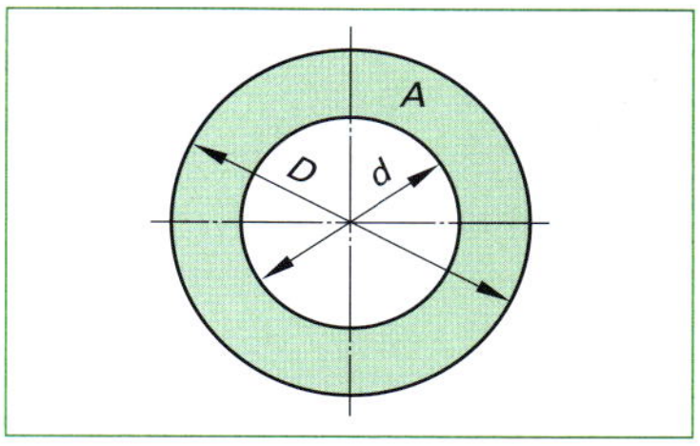

Bild 1: Kreisring

Fläche *A* (m²)

$$A = A_1 - A_2$$
$$A = D^2 \cdot 0{,}785 - d^2 \cdot 0{,}785$$
$$A = D^2 \cdot \frac{\pi}{4} - d^2 \cdot \frac{\pi}{4}$$
$$A = (D^2 - d^2) \cdot 0{,}785$$
$$A = (D^2 - d^2) \cdot \frac{\pi}{4}$$

Umfang *U* (m)

$$U = D \cdot \pi + d \cdot \pi$$
$$U = (D + d) \cdot \pi$$

5.4.5 Kreisringausschnitt

Der **Kreisringausschnitt** stellt eine Mischung aus Kreisring und Kreisausschnitt dar **(Bild 2)**.

Für die Berechnung des Flächeninhaltes eines Kreisringausschnitts benötigt man die Größe der beiden Durchmesser *D* und *d* sowie den Winkel α.

Beispiel: Ein Kreisringausschnitt hat einen äußeren Durchmesser von 2,25 m und einen inneren Durchmesser von 1,10 m sowie einen Ausschnittswinkel von 120°.

Wie groß ist der Flächeninhalt *A* in m² und der Umfang *U* in m?

Lösung:

$$A = (D^2 - d^2) \cdot 0{,}785 \cdot \frac{\alpha}{360°}$$
$$= [(2{,}25\,m \cdot 2{,}25\,m) - (1{,}10\,m \cdot 1{,}10\,m)] \cdot 0{,}785 \cdot \frac{120°}{360°}$$
$$= 3{,}85\,m \cdot 0{,}785 \cdot \frac{120°}{360°}$$
$$= \mathbf{1{,}01\,m^2}$$

$$U = (D + d) \cdot \pi \cdot \frac{\alpha}{360°} + (2{,}25m - 1{,}10\,m)$$
$$= (2{,}25\,m + 1{,}10\,m) \cdot 3{,}14 \cdot \frac{120°}{360°} + (2{,}25\,m + 1{,}10\,m)$$
$$= 3{,}35\,m \cdot 3{,}14 \cdot \frac{120°}{360°} + 1{,}15\,m$$
$$= \mathbf{4{,}66\,m}$$

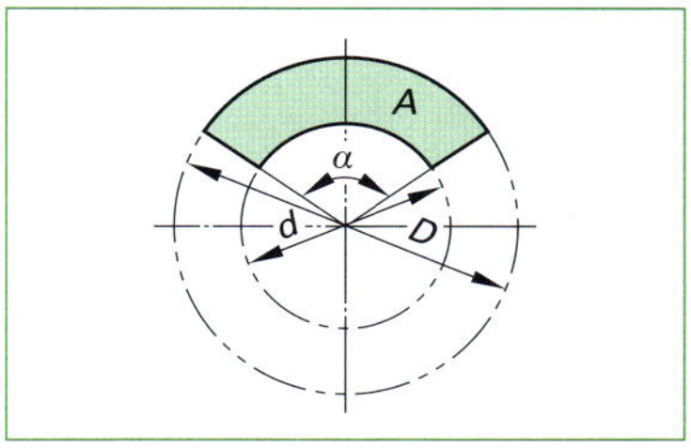

Bild 2: Kreisringausschnitt

Fläche *A* (m²)

$$A = \left(D^2 \cdot \frac{\pi}{4} - d^2 \cdot \frac{\pi}{4}\right) \cdot \frac{\alpha}{360°}$$
$$A = (D^2 - d^2) \cdot \frac{\pi}{4} \cdot \frac{\alpha}{360°}$$
$$A = (D^2 - d^2) \cdot 0{,}785 \cdot \frac{\alpha}{360°}$$

Umfang *U* (m)

$$U = (D \cdot \pi + d \cdot \pi) \cdot \frac{\alpha}{360°} + (D - d)$$
$$U = (D + d) \cdot \pi \cdot \frac{\alpha}{360°} + (D - d)$$

5 Flächen

5.4 Bogenförmig begrenzte Flächen

Aufgaben zu 5.4.4 – Kreisring

98.1 Ein Kreisring hat einen äußeren Durchmesser von 2,50 m und einen inneren Durchmesser von 1,65 m.

a) Berechnen Sie den Flächeninhalt *A* in m².

b) Wie groß ist der Umfang *U* in m?

98.2 Eine abgehängte Deckenverkleidung über einer Verkaufstheke hat eine Form eines halben Kreisrings **(siehe Bild)**. Die Verkleidung ist auf 60 mm breiten Rahmenhölzern montiert, die um 30 mm von den Vorderkanten des Bogens zurückspringen.

Berechnen Sie

a) den Flächeninhalt der Deckenverkleidung in m²,

b) die äußere Bogenlänge der beiden Rahmen in m.

98.3 Die Fläche eines Kreisringes mit dem Durchmesser D = 1 250 mm hat einen Inhalt von 0,70 m².

Berechnen Sie den Durchmesser *d* in mm.

Aufgaben zu 5.4.5 – Kreisringausschnitt

98.4 Ein Kreisringausschnitt hat die Durchmesser D = 1,75 m, d = 0,95 m. Der Winkel α beträgt 75°.

a) Berechnen Sie den Flächeninhalt *A* in m².

b) Wie groß ist der Umfang *U* in m?

98.5 Eine freistehende Theke für einen Laden hat die Form eines Kreisringausschnittes **(siehe Bild)**. Sie soll mit einer HPL-Platte beschichtet werden.

a) Wie groß ist die zu belegende Fläche in m²?

b) Berechnen Sie die Rohmenge bei 45 % Verschnittzuschlag.

98.6 Für die Serienfertigung von 120 Schreibtischen werden Glasplatten **(siehe Bild)** aus Einscheibensicherheitsglas, 10 mm dick, als Arbeitsplatten benötigt. Der Ausschnittwinkel beträgt 40°.

Berechnen Sie

a) den Flächeninhalt aller Glasplatten in m²,

b) den Umfang in m für die Kosten der Kantenbearbeitung.

98.7 Die Platte der Kassentheke **(siehe Bild)** einer Boutique soll mit Fineline-Furnier beschichtet werden.

Berechnen Sie

a) die Fläche der Platte in m²,

b) die Furniermenge in m² bei 48 % Verschnittzuschlag.

98.8 Eine Platte in der Form eines Kreisringausschnittes hat eine Fläche von 2 375 cm². Die Durchmesser betragen D = 110 cm und d = 55 cm.

Wie groß ist der Winkel α?

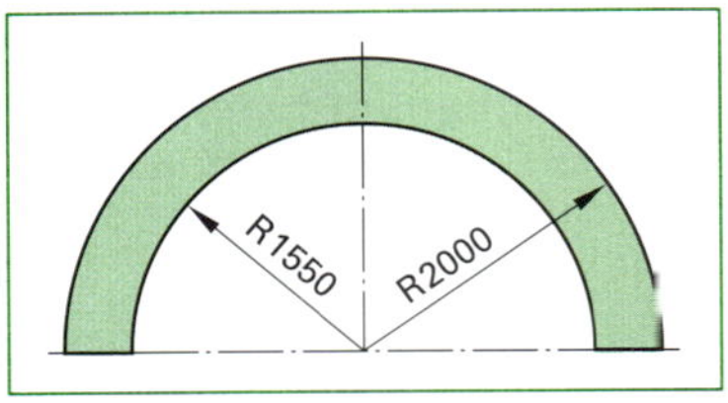

Aufgabe 98.2: Decke über Verkaufstheke

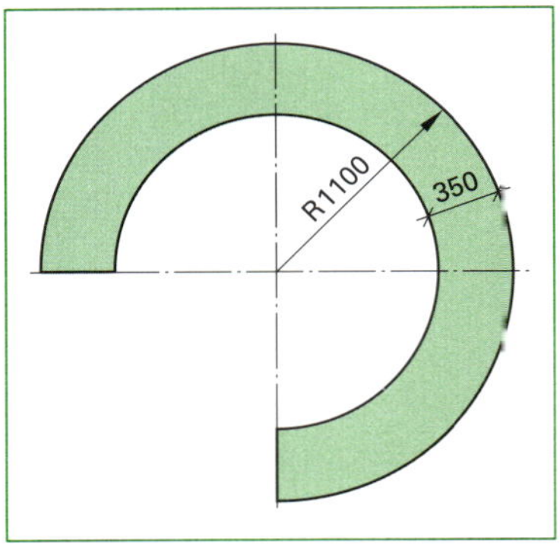

Aufgabe 98.5: Verkaufstheke

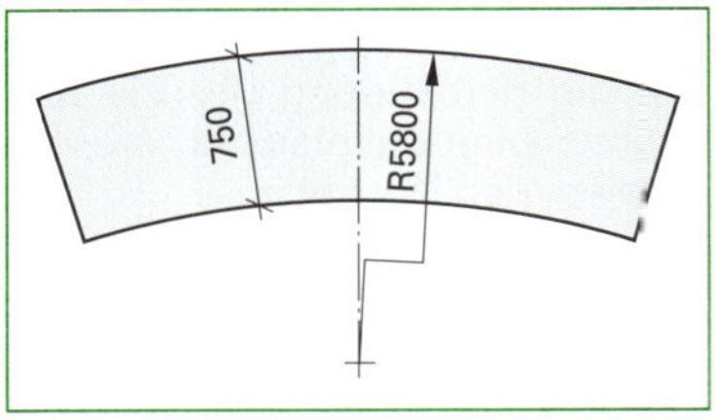

Aufgabe 98.6: Schreibtischplatte

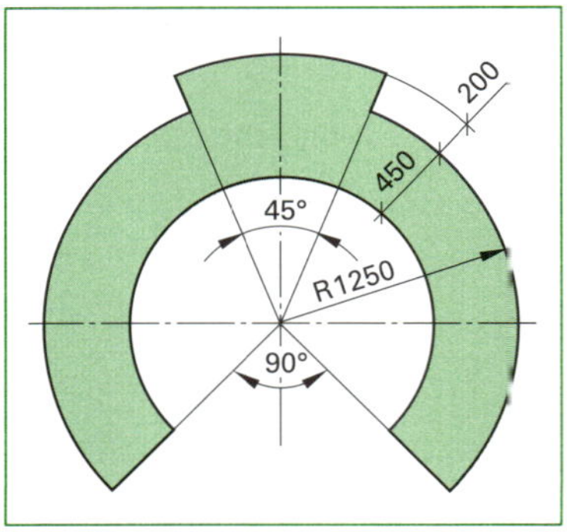

Aufgabe 98.7: Kassentheke

5.4.6 Ellipse

Im Gegensatz zum Kreis besitzt die **Ellipse** zwei Durchmesser und zwar den größeren Durchmesser D und den kleineren Durchmesser d. Für die Berechnung des Flächeninhaltes müssen die Werte der beiden Durchmesser bekannt sein **(Bild 1)**.

Beispiel: Eine ellipsenförmige Tischplatte mit $D = 2{,}40$ m und $d = 1{,}30$ m soll beidseitig furniert werden.

Wie groß ist die zu furnierende Fläche in m²?

Wie viel Meter Kantenfurnier wird benötigt?

Lösung: $A = D \cdot d \cdot 0{,}785 \cdot n$

$= 2{,}40\ \text{m} \cdot 1{,}30\ \text{m} \cdot 0{,}785 \cdot 2 = \mathbf{4{,}90\ m^2}$

$U \approx \dfrac{D + d}{2} \cdot \pi$

$= \dfrac{(2{,}40\ \text{m} + 1{,}30\ \text{m})}{2} \cdot \pi = \mathbf{5{,}81\ m}$

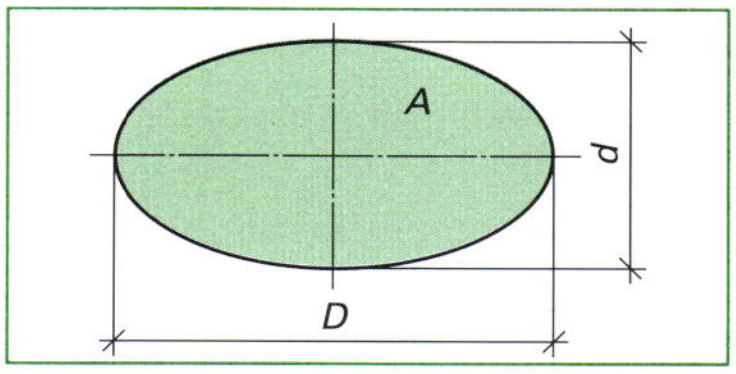

Bild 1: Ellipse

Fläche A (m²)
$A = D \cdot d \cdot \dfrac{\pi}{4}$
$A = D \cdot d \cdot 0{,}785$

Umfang U (m)
$U \approx \dfrac{D + d}{2} \cdot \pi$

5.4.7 Ellipsenring

Ähnlich wie beim Kreisring wird der Ellipsenring von der äußeren und der inneren Ellipse gebildet. Den Flächeninhalt erhält man, indem man die innere Ellipsenfläche von der äußeren Ellipsenfläche subtrahiert **(Bild 2)**.

Den Gesamtumfang des Ellipsenrings erhält man aus der Summe des äußeren und des inneren Ellipsenumfanges.

Beispiel: Ein Ellipsenring hat für die äußere Ellipse die Durchmesser $D_a = 180$ cm und $d_a = 110$ cm und für die innere Ellipse die Durchmesser $D_i = 120$ cm und $d_i = 50$ cm.

Berechnen Sie für 6 Ellipsenringe den Flächeninhalt A in m² sowie den Umfang U in m.

Lösung: $A = (D_a \cdot d_a - D_i \cdot d_i) \cdot 0{,}785 \cdot n$

$= (1{,}80\ \text{m} \cdot 1{,}10\ \text{m} - 1{,}20\ \text{m} \cdot 0{,}50\ \text{m}) \cdot 0{,}785 \cdot 6$

$= \mathbf{6{,}50\ m^2}$

$U \approx \dfrac{(D_a + d_a + D_i + d_i)}{2} \cdot \pi \cdot n$

$= \dfrac{(1{,}80\ \text{m} + 1{,}10\ \text{m} + 1{,}20\ \text{m} + 0{,}50\ \text{m})}{2} \cdot 3{,}14 \cdot 6$

$= \mathbf{43{,}33\ m}$

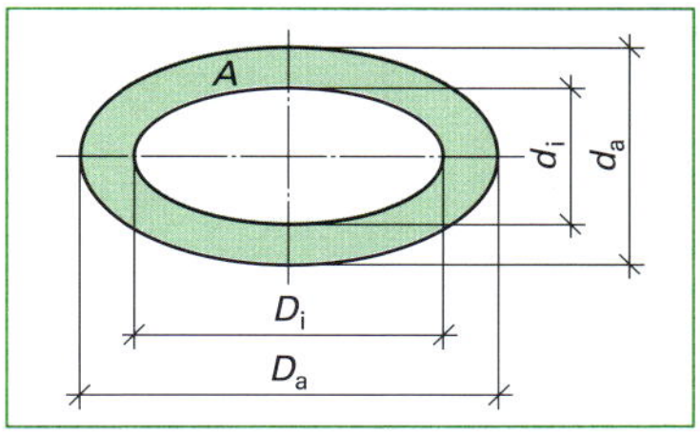

Bild 2: Ellipsenring

Fläche A (m²)
$A = (D_a \cdot d_a - D_i \cdot d_i) \cdot \dfrac{\pi}{4}$
$A = (D_a \cdot d_a - D_i \cdot d_i) \cdot 0{,}785$

Umfang U (m)
$U \approx \dfrac{(D_a + d_a + D_i + d_i)}{2} \cdot \pi$

5.4.8 Zusammengesetzte Flächen

Sind Flächen aus verschiedenen geometrischen Formen zusammengesetzt, so ergibt sich der gesamte Flächeninhalt aus der Summe aller Teilflächen, z. B. Kreis, Kreisteile, Rechteck, Dreieck, Trapez u. a. Die Maße, die für die Berechnung der Teilflächen notwendig sind, müssen vorher ermittelt werden oder müssen bekannt sein **(Bild 3)**.

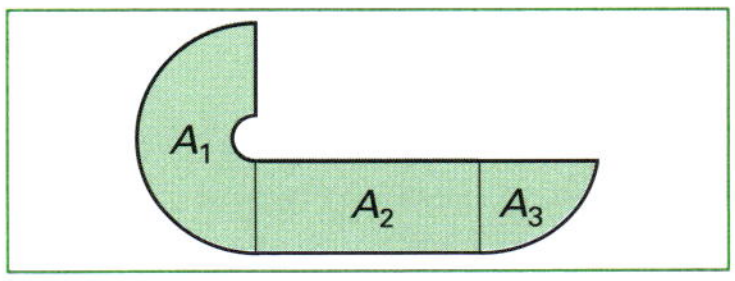

Bild 3: Zusammengesetzte Flächen

A_{ges} = Summe aller Teilflächen
$A_{ges} = \Sigma\, A_1 + A_2 + A_3 \ldots$

Aufgaben zu 5.4.6 – Ellipse

100.1 Eine ellipsenförmige Tischplatte hat die Radien r_1 = 60 cm und r_2 = 40 cm.

Wie groß ist der Flächeninhalt A in m²?

100.2 Sechs ellipsenförmige Spiegel **(siehe Bild)** erhalten einen Kantenschliff.

Berechnen Sie

a) die Gesamtfläche der Spiegel in m²,

b den Umfang eines Spiegels in m.

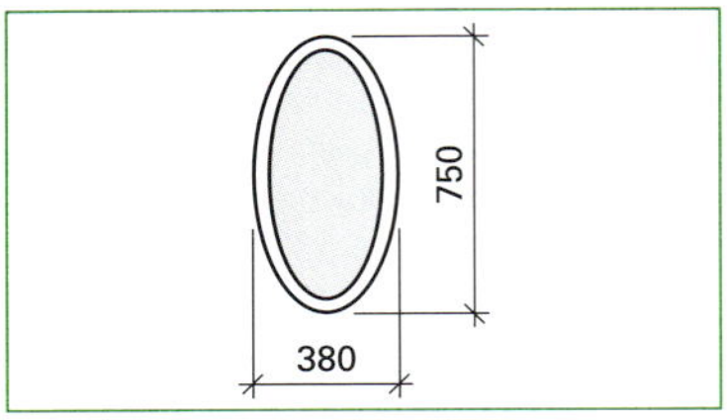

Aufgabe 100.2: Spiegel mit Kantenschliff

100.3 Für ein Möbelhaus werden 25 ovale Couchtische **(siehe Bild)** hergestellt. Die Tischplatte besteht aus einer MDF-Platte, 22 mm dick. Sie wird an der Oberseite mit Nussbaumfurnier und an der Unterseite mit einem Gegenzugfurnier beschichtet.

Berechnen Sie

a) die Gesamtfläche der Tischplatten in m²,

b) den Bedarf an Nussbaumfurnier in m² bei 45 % Verschnittzuschlag,

c) den Bedarf an Gegenzugfurnier in m² bei 12 % Verschnittzuschlag.

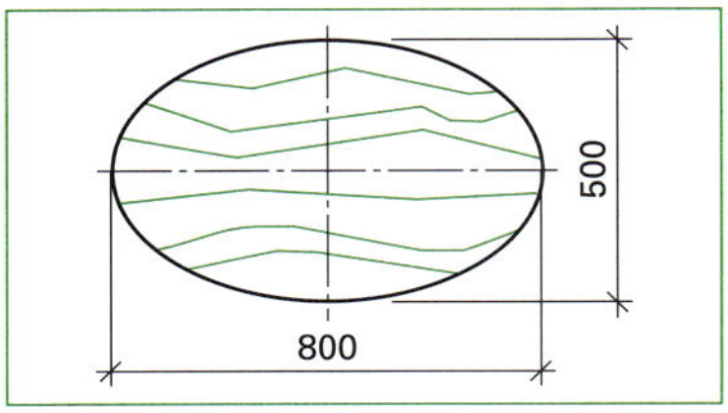

Aufgabe 100.3: Couchtischplatte

100.4 Eine Anrichte soll eine schwarz lackierte überstehende Platte in Form einer halben Ellipse erhalten. Die Ellipse hat die Maße D = 185 cm und d = 75 cm.

Wie groß ist der Verschnitt in %, wenn sie aus einer Platte mit l = 2,00 m und b = 0,45 m zugeschnitten wird?

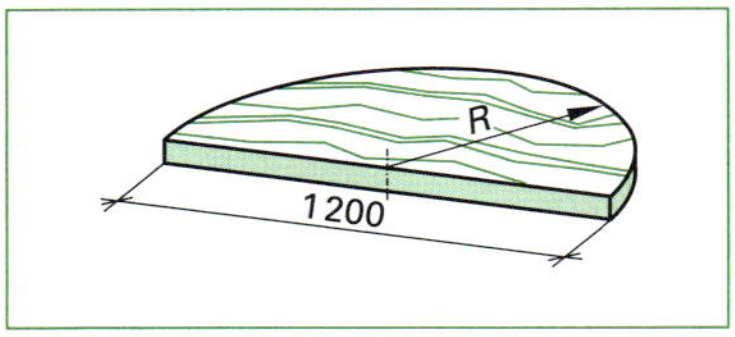

Aufgabe 100.5: Ellipsenring

Aufgaben zu 5.4.7 – Ellipsenring

100.5 Berechnen Sie die Fläche A in m² und den Umfang U in m für den abgebildeten Ellipsenring **(siehe Bild)**.

100.6 Der Deckenspiegel über einer ellipsenförmigen Treppe eines repräsentativen Aufganges soll durch eine abgehängte Gipskartonplatte betont werden **(siehe Bild)**.

Wie groß ist der Flächeninhalt in m²?

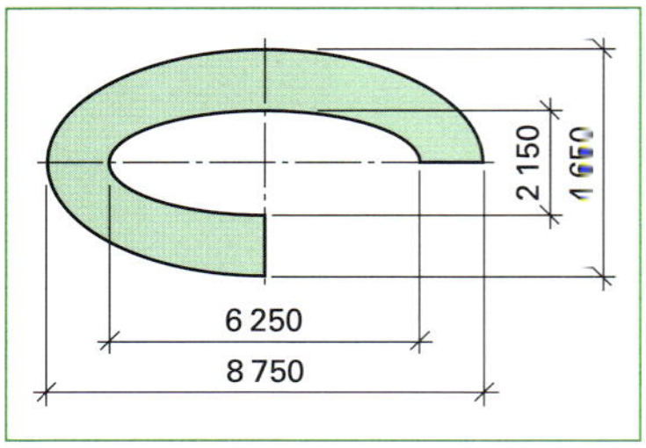

Aufgabe 100.6: Deckenspiegel

100.7 Für ein Modehaus werden 8 Deckenverkleidungen in der Form eines halben Ellipsenringes aus furnierten Spanplatten hergestellt **(siehe Bild)**.

Berechnen Sie

a) den Bedarf an Vogelaugenahornfurnier (Sichtfläche) in m² bei 40 % Verschnittzuschlag,

b) die Länge des Kantenfurniers in Metern bei 12 % Verschnittzuschlag

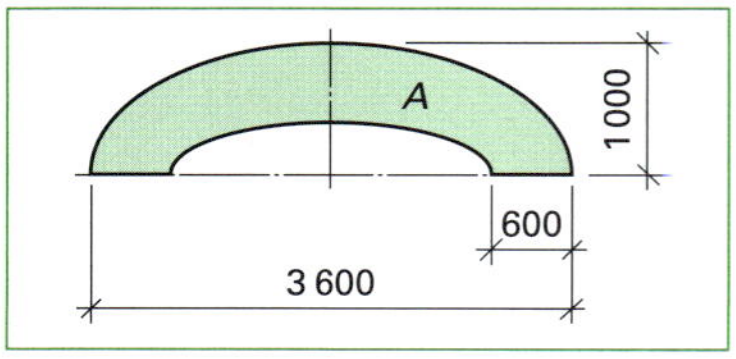

Aufgabe 100.7: Deckenverkleidung

Aufgaben zu 5.4.8 – Zusammengesetzte Flächen

101.1 Für eine Serienfertigung von Türblättern **(siehe Bild)** werden Stäbchenplatten, 40 mm dick, beidseitig mit Esche furniert. Die Glasscheibe steht 8 mm im umlaufenden Falz.

Berechnen Sie

a) den Flächeninhalt der Stäbchenplatte in m^2,

b) die Glasfläche in m^2,

c) den Bedarf an Eschefurnier bei 32 % Verschnittzuschlag.

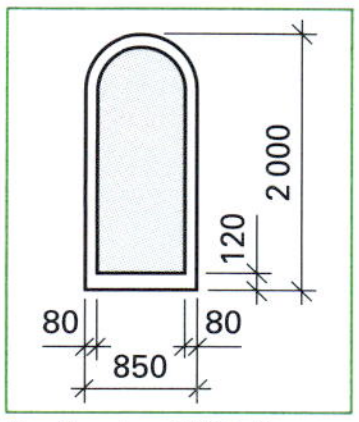

Aufgabe 101.1: Rundbogentür

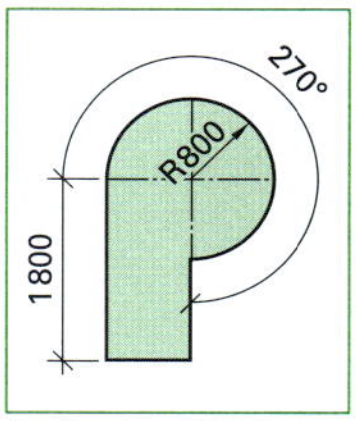

Aufgabe 101.2: Schreibtischplatte

101.2 Aus einer MDF-Platte l = 320 cm und b = 180 cm, wird eine Schreibtischplatte in abgebildeter Form zugeschnitten **(siehe Bild)**.

a) Wie groß ist der Flächeninhalt in m^2?

b) Wie viel Verschnittzuschlag in % fällt an?

101.3 Ein Treppenhaus erhält ein pilzförmiges Fensterelement mit einer Halbkreisfläche (d = 2,26 m) und einer Rechteckfläche (h = 2,26 m und b = 1,01 m). Fertigen Sie eine Maßskizze an!

Berechnen Sie

a) die Fensterfläche in m^2,

b) die Umfangslänge in m für die Versiegelung zwischen Fensterrahmen und Mauerwerk.

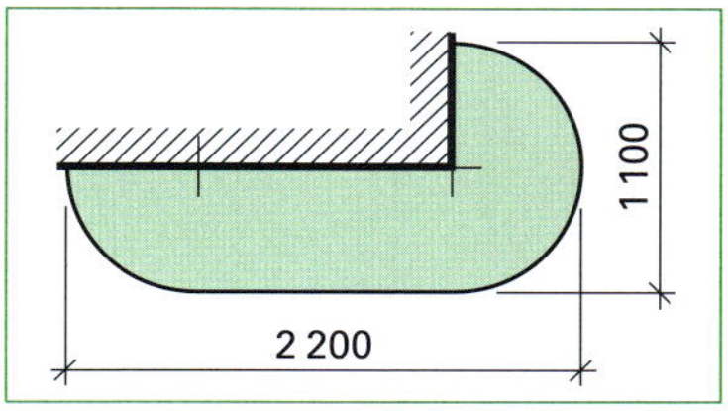

Aufgabe 101.4: Regalböden

101.4 Für eine Ladeneinrichtung sollen 4 Regalböden **(siehe Bild)** aus KF-Platten angefertigt werden.

a) Wie groß ist der Flächeninhalt in m^2 für eine Platte?

b) Mit wie viel Prozent Verschnittzuschlag muss gerechnet werden, wenn die Rohmenge einer MFB (P2)-Platte 3,10 m^2 beträgt?

c) Berechnen Sie die Umfangslänge einer Platte in m.

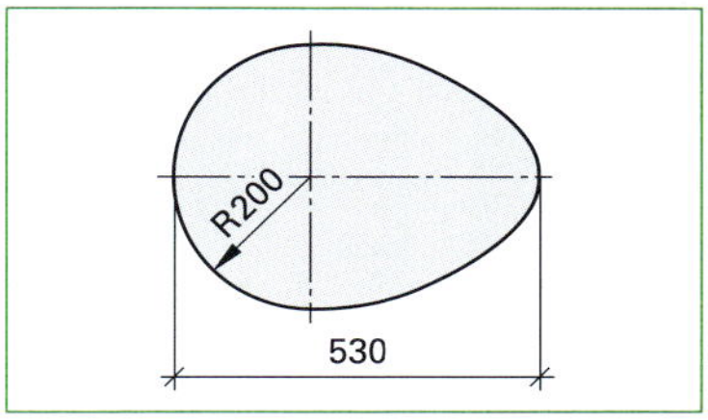

Aufgabe 101.5: Glasplatten

101.5 Es werden 12 eiförmige Glasflächen **(siehe Bild)** benötigt.

Berechnen Sie

a) die Fläche der Glasflächen in m^2,

b) die Kantenlängen in m für die Kantenbearbeitung.

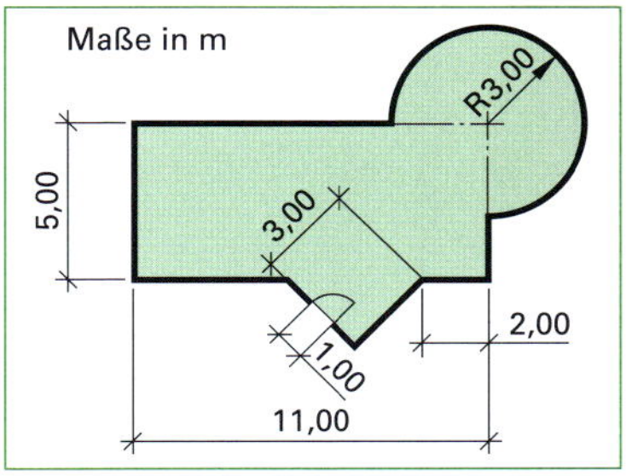

Aufgabe 101.6: Grundriss eines Ausstellungsraumes

101.6 Ein Ausstellungsraum **(siehe Bild)** soll einen Parkettboden erhalten.

a) Berechnen Sie die Bodenfläche in m^2.

b) Wie viel laufende Meter Sockelleisten werden gebraucht?

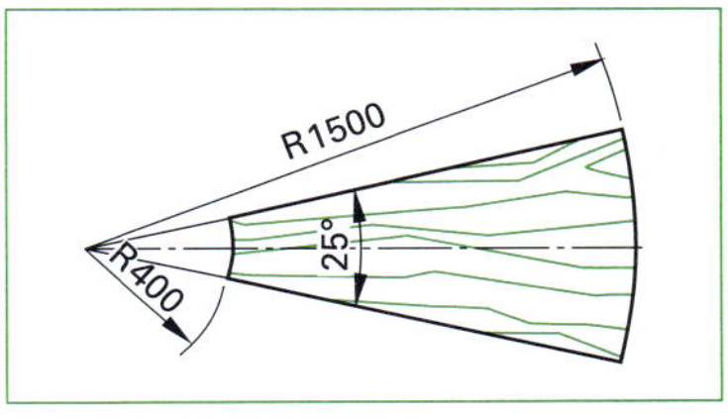

Aufgabe 101.7: Treppenstufe

101.7 Für eine Spindeltreppe aus Ahorn sollen 16 Stufen **(siehe Bild)** hergestellt werden.

Berechnen Sie

a) den Flächeninhalt A einer Stufe in m^2,

b) den Materialpreis der Stufen bei einem Verschnittzuschlag von 35 % und einem Quadratmeterpreis von 31,25 €.

5.4 Bogenförmig begrenzte Flächen

Aufgaben zu 5.4.8 Zusammengesetzte Flächen

Stellen Sie zu den folgenden Aufgaben zuerst die Grundgleichung auf und verwandeln Sie die Maße in die Einheit m.

Merke: Zeichnungsmaße ohne Einheit sind mm-Maße!

Berechnen Sie dann die Flächeninhalte der abgebildeten Flächen in m^2.

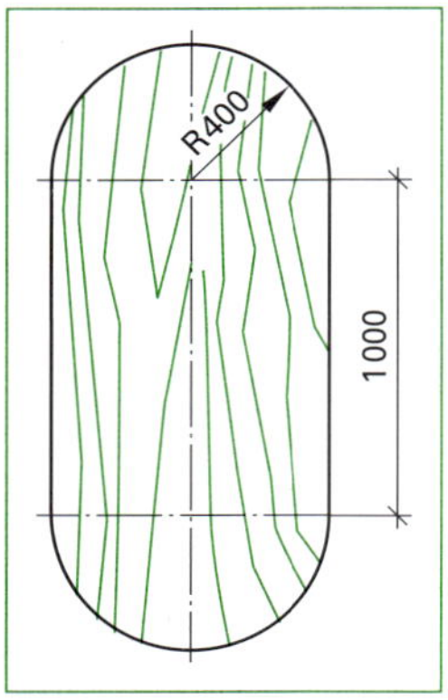

Aufgabe 102.1: Tisch

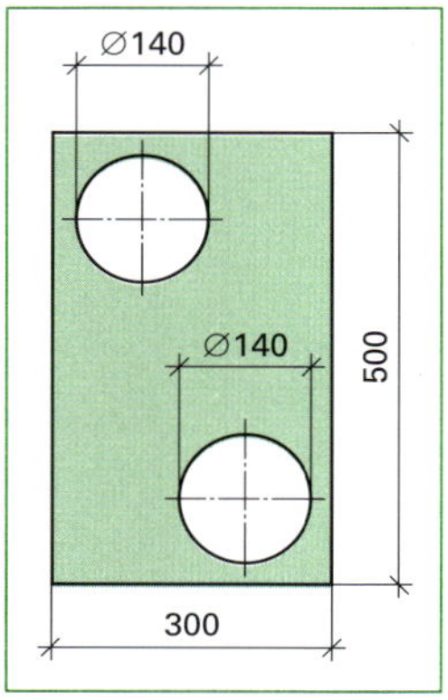

Aufgabe 102.2: Schablone

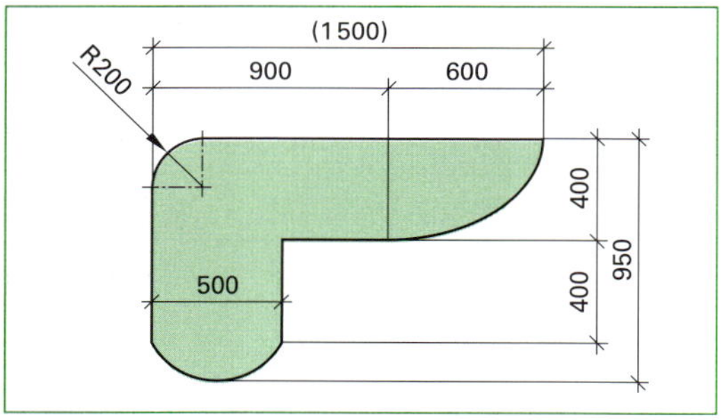

Aufgabe 102.3: Arbeitsplatte

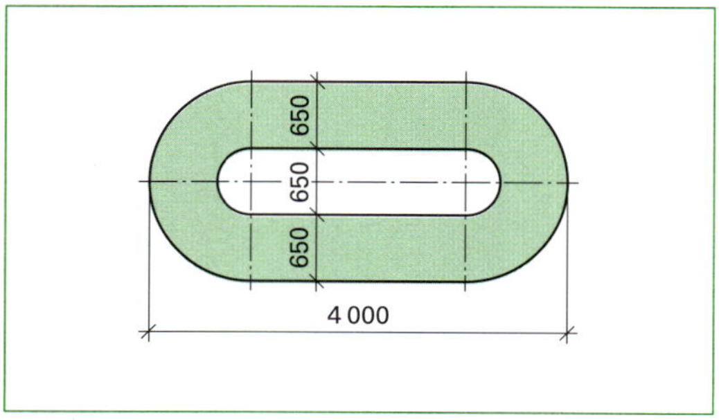

Aufgabe 102.4: Konferenztisch

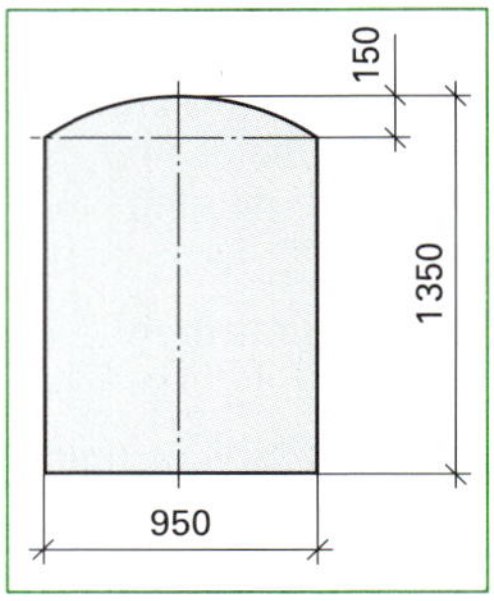

Aufgabe 102.5: Fensterfläche

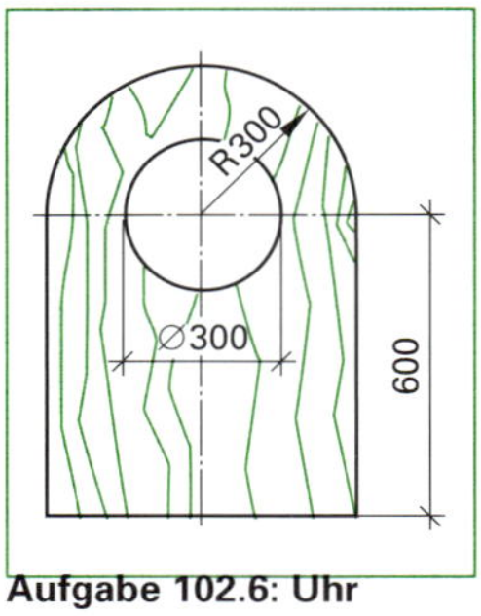

Aufgabe 102.6: Uhr

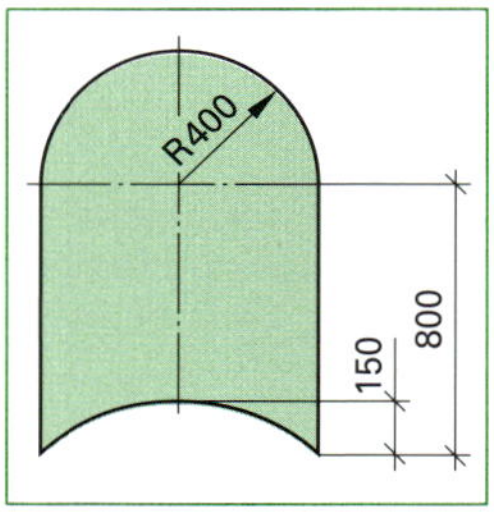

Aufgabe 102.7: Dekorationsfläche

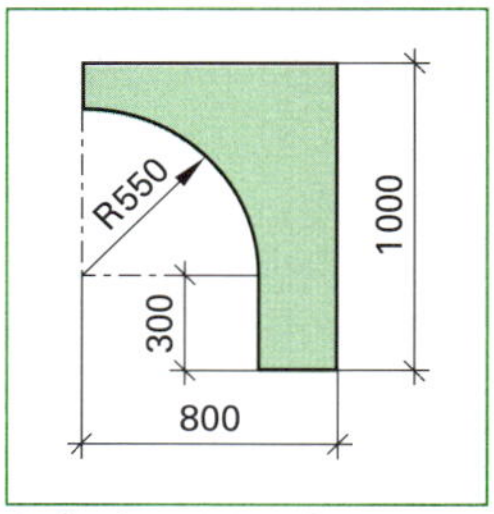

Aufgabe 102.8: Ausstellungsfläche

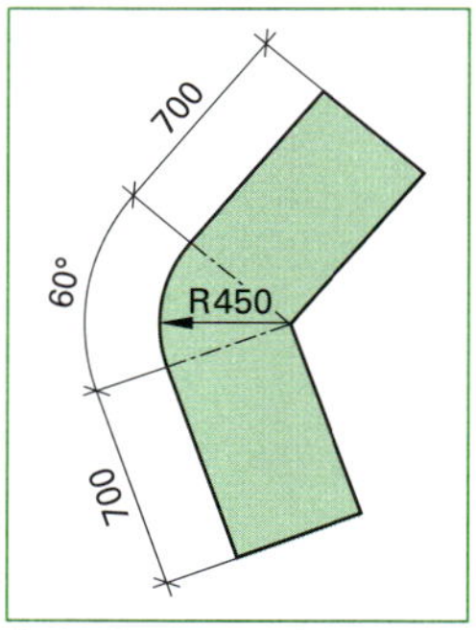

Aufgabe 102.9: Schreibtisch

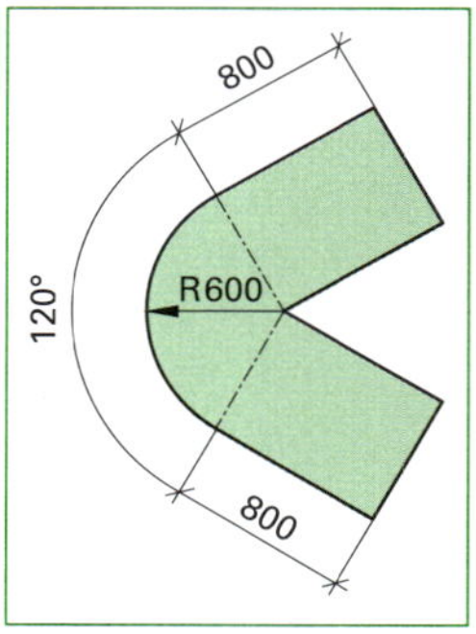

Aufgabe 102.10: Arbeitsplatte

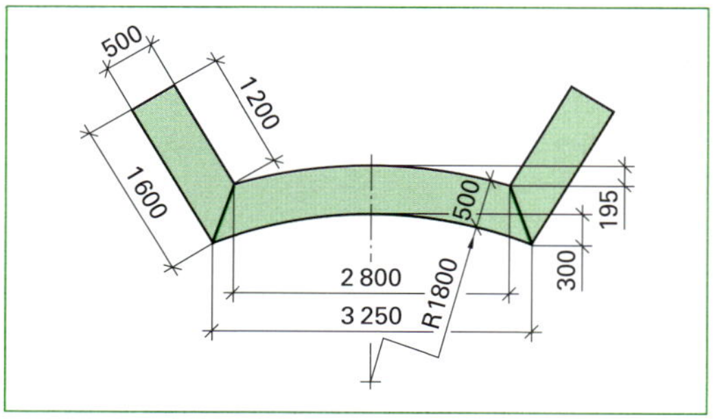

Aufgabe 102.11: Ladentheke

6 Körper

6.1 Volumeneinheit, Formelzeichen

Für den Rauminhalt (Volumen) ist die Einheit der Kubikmeter (m^3).

Die Einheit des Hohlmaßes ist Liter

$1\ dm^3 = 1$ Liter (l) **(Bild 2)**.

Die gebräuchlichsten Volumeneinheiten in der Holzbranche sind:

Kubikmeter (m^3), z. B.: für Stammberechnung, Holzpreisermittlung, Holzmengenberechnung.

Kubikdezimeter (dm^3) bzw. Liter (l), z. B. Materialmenge von Oberflächenmitteln, Leimansatz.

Ein Körper ist ein allseitig von Flächen begrenzter Raum. Ein Würfel mit den Seitenlängen von 1 Meter entspricht

$1\ m \cdot 1\ m \cdot 1\ m = 1$ Kubikmeter **(Bild 1)**

Die Umwandlungszahl je Einheit beträgt $10^3 = 1\,000$ (metrisches System) oder 3 Dezimalstellen.

Beispiel: $7\ mm^3 = 0{,}007\ cm^3$ $\quad$ $24{,}5\ cm^3 = 0{,}024\,5\ dm^3$

$39{,}70\ m^3 = 39\,700\ dm^3$ $\quad$ $0{,}885\ m^3 = 885\,000\ cm^3$

Die Umwandlungszahl für Hohlmaße (für die Berechnung von Flüssigkeiten oder Gasen) beträgt 100.

Beispiel: 3 hl = 300 l; 23,5 l = 0,23 hl

Umrechnung von Volumeneinheiten				
$1\ m^3$	$1\ dm^3$	$1\ cm^3$	$1\ mm^3$	
1	0,001	0,000 001	0,000 000 001	m^3
1 000	1	0,001	0,000 001	dm^3
1 000 000	1 000	1	0,001	cm^3
1 000 000 000	1 000 000	1 000	1	mm^3

■ Aufgaben zu 6.1 – Umrechnen von Volumeneinheiten

103.1 Rechnen Sie die angegebene Volumengröße in die kleinere Einheit um:

$35{,}6\ m^3$ = ... dm^3 $\quad$ $93{,}5\ dm^3$ = ... cm^3

$0{,}456\ m^3$ = ... cm^3 $\quad$ $0{,}36\ cm^3$ = ... mm^3

$0{,}029\,3\ m^3$ = ... mm^3 $\quad$ $5{,}7\ cm^3$ = ... mm^3

103.2 Rechnen Sie die angegebene Volumengröße in die größere Einheit um:

$76{,}23\ cm^3$ = ... m^3 $\quad$ $0{,}986\ cm^3$ = ... dm^3

$19\,280\ cm^3$ = ... m^3 $\quad$ $64\,240\ mm^3$ = ... dm^3

$25\,603\ mm^3$ = ... cm^3 $\quad$ $65{,}25\ mm^3$ = ... cm^3

103.3 Rechnen Sie die angegebenen Hohlmaße in die entsprechende Einheit um:

2,75 l = ... ml $\quad$ 325,5 l = ... hl

56,75 hl = ... l $\quad$ 25 ml = ... l

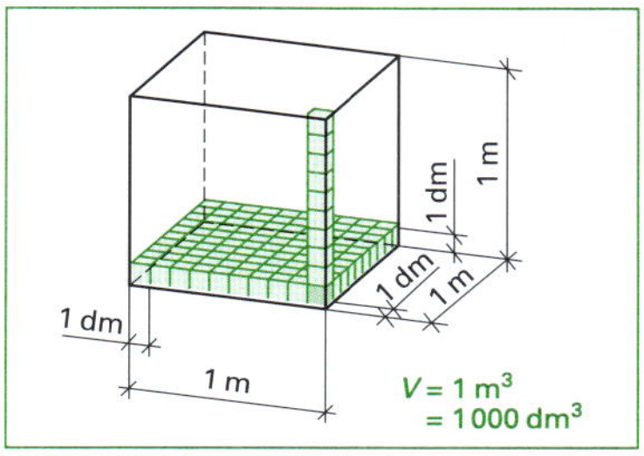

Bild 1: Volumeneinheiten

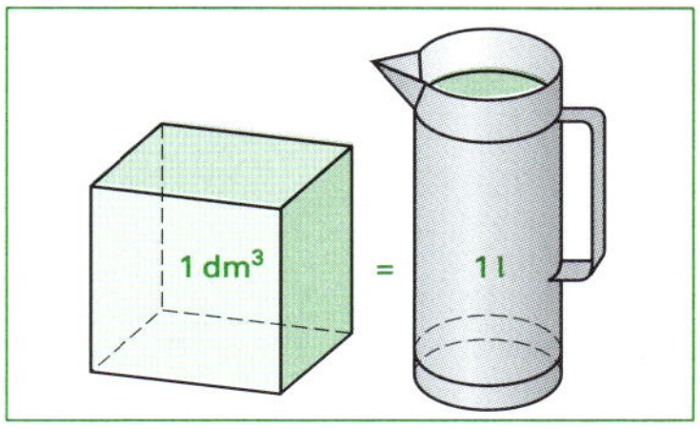

Bild 2: Hohlmaße

Einheiten-zeichen	Bezeichnung
m^3	Kubikmeter
dm^3	Kubikdezimeter
cm^3	Kubikzentimeter
hl	Hektoliter = 100 l
l	Liter = dm^3

Fromel-zeichen	Bezeichnung
V	Volumen
l	Länge
b	Breite
h	Höhe
d	Dicke
r	Radius
d	Durchmesser
A_l A_G	Fläche, Grundfläche
A_D	Deckfläche
A_M	Mantelfläche
A_O	Oberfläche

6 Körper

6.2 Prismen und Zylinder

Körper mit deckungsgleicher Grundfläche und Deckfläche werden als **gleich dicke Körper** bezeichnet. Nach der geometrischen Form der Grundfläche unterscheidet man prismatische und zylindrische Körper. Sie haben über die gesamte Höhe einen gleich bleibenden Querschnitt **(Bild 1)**.

Prismatische Körper haben geradlinig begrenzte Grundflächen und Deckflächen. Außerdem sind Grundfläche und Deckfläche deckungsgleich (kongruent). Sie liegen parallel zueinander.

Die Grundfläche und die Deckfläche können alle Formen der geradlinig begrenzten Flächen bilden (z. B. Dreieck, Quadrat, Raute, Vielecke). Auch können es zusammengesetzte Flächen sein.

Sonderformen:
Beim **Würfel** sind Grund- und Deckfläche sowie alle 4 Seiten quadratisch.

Ein **Quader** kann eine quadratische oder rechteckige Querschnittsfläche besitzen und kann beliebig hoch sein.

Zylindrische Körper haben eine kreisförmige bzw. bogenförmige Grundfläche und Deckfläche, die deckungsgleich sind und zueinander parallel liegen. Kreis, Kreisabschnitt, Kreisausschnitt oder Ellipse können die Flächen bilden **(Bild 2)**.

Volumenberechnung

Die **Volumenberechnung** prismatischer und zylindrischer Körper erfolgt nach der Grundformel:

Volumen = Grundfläche × Körperhöhe

Je nach Form des Körpers erhält man aus der Grundgleichung eine spezielle Gleichung bezogen auf die geometrische Grundfläche wie z. B. Quadrat, Dreieck, Kreis.

Die Körperhöhe wird mit h_K bezeichnet, um sie von der Höhe eines Dreiecks, Trapezes usw. zu unterscheiden.

Beispiel Würfel:

Ein Würfel hat die Kantenlänge von 45 cm.

Wie groß ist das Volumen in cm³?

Lösung: $V = A \cdot h_K$

$= 45\text{ cm} \cdot 45\text{ cm} \cdot 45\text{ cm}$

$= \mathbf{91\,125\text{ cm}^3}$

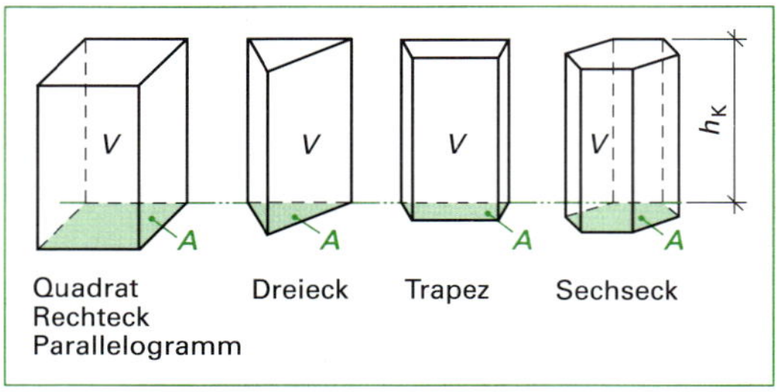

Bild 1: Prismatische Körper

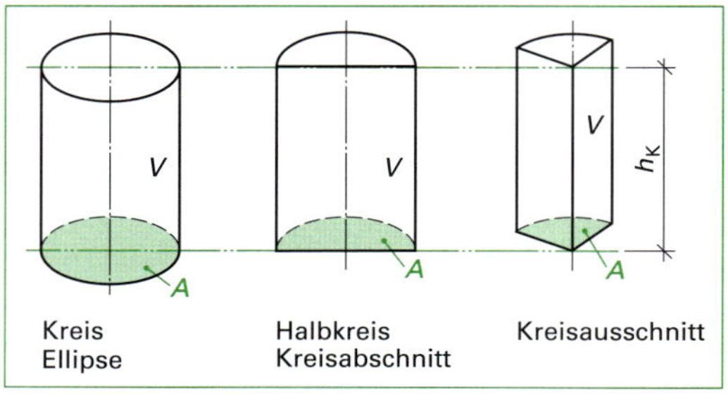

Bild 2: Zylinderförmige Körper

Volumen = Grundfläche × Körperhöhe

$$V = A \cdot h_K$$

$$A = \frac{V}{h_K} \qquad h_K = \frac{V}{A}$$

Beispiel Quader:

Ein Quader mit einer Länge von 60 cm und einer Breite von 40 cm hat ein Volumen von 372 000 cm³.

Wie hoch ist der Quader?

Lösung: $h_K = \frac{V}{A} = \frac{V}{l \cdot b}$

$= \frac{372\,000\text{ cm}}{60\text{ cm} \cdot 40\text{ cm}} = \mathbf{155\text{ cm}}$

Beispiel Zylinder:

Das Volumen eines Zylinders beträgt 0,214 m³, die Höhe misst 2,10 m.

Welchen Durchmesser hat der Zylinder?

Lösung: $A = \frac{V}{h_K} = \frac{0{,}214\text{ m}^3}{210\text{ m}} = \mathbf{0{,}102\text{ m}^2}$

$d = \sqrt{\frac{4 \cdot A}{\pi}} = \sqrt{\frac{A}{0{,}785}}$

$= \sqrt{\frac{0{,}102\text{ m}^2}{0{,}785}} = \mathbf{0{,}36\text{ m}}$

6.2 Prismen und Zylinder

Hohlzylinder sind Körper, die eine kreisringförmige oder auch ellipsenringförmige Grundfläche und Deckfläche haben, die parallel zueinander liegen **(Bild 1)**.

Die **Volumenberechnung** erfolgt mit der gleichen Grundformel wie bei den zylindrischen Körpern.

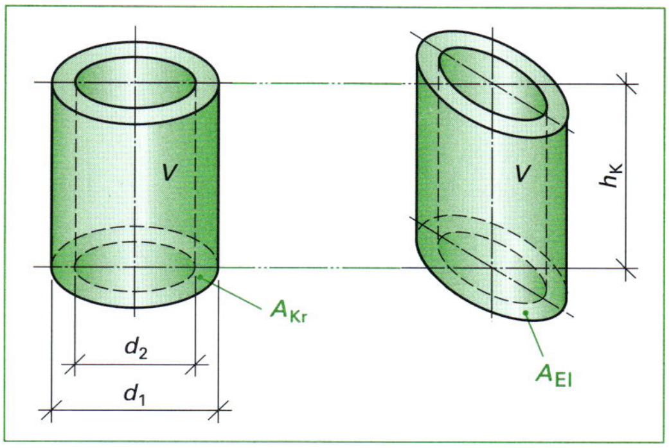

Bild 1: Hohlzylinder

Beispiel Hohlzylinder:

Ein Hohlzylinder hat folgende Abmessungen:

d_1 = 1,10 m, d_2 = 0,95 m, h_K = 0,75 m.

Berechnen Sie das Volumen in m³.

Lösung: $V = A_{Kr} \cdot h_K = 0{,}785 \cdot (d_1^2 - d_2^2) \cdot h_K$

$= 0{,}785\ [(1{,}10\ \text{m})^2 - (0{,}95\ \text{m})^2] \cdot 0{,}75\ \text{m}$

$= \mathbf{0{,}181\ m^3}$

Volumen:	$V = A_{Kr} \cdot h_K$
Kreisringfläche:	$A_{Kr} = 0{,}785\ (d_1^2 - d_2^2)$

Zusammengesetzte Körper werden aus Teilkörpern gebildet. Die Berechnung des Volumens erfolgt durch Zerlegung in Teilkörper. Die einzelnen Volumen werden je nach Aufteilung addiert oder subtrahiert.

Bei gleich hohen Teilkörpern wird die Summe der Grundflächen mit der Körperhöhe multipliziert. Sind die Teilkörper unterschiedlich hoch, wird die jeweilige Grundfläche mit der jeweiligen Körperhöhe multipliziert.

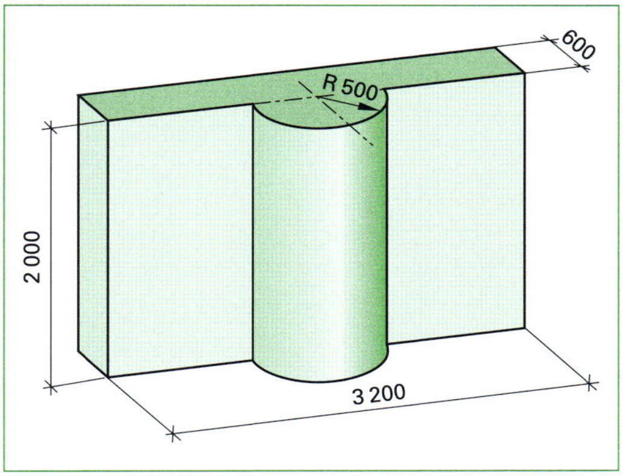

Bild 2: Beispiel zusammengesetzter Körper

Beispiel zusammengesetzte Körper:

Ein Körper setzt sich aus einem Quader und einem halben Zylinder zusammen **(Bild 2)**.

Berechnen Sie das Volumen in m³.

Lösung: $V_{ges} = V_1 + V_2$

$= (A_1 + A_2) \cdot h_K$

$A_1 = l \cdot b$

$= 3{,}20\ \text{m} \cdot 0{,}60\ \text{m} = 1{,}92\ \text{m}^2$

$A_2 = \dfrac{d^2 \cdot 0{,}785}{2}$

$= \dfrac{(1{,}0\ \text{m})^2 \cdot 0{,}785}{2} = 0{,}39\ \text{m}^2$

$V_{ges} = (1{,}92\ \text{m}^2 + 0{,}39\ \text{m}^2) \cdot 2{,}00\ \text{m}$

$= \mathbf{4{,}620\ m^3}$

Volumen:	$V_{ges} = V_1 + V_2 + V_3 \ldots$
	bei gleicher Höhe: $V_{ges} = (A_1 + A_2 + A_3) \cdot h_K$
	bei ungleicher Höhe: $V_{ges} = (A_1 \cdot h_{K1} + A_2 \cdot h_{K2} + \ldots)$

Mantelflächen- und Oberflächenberechnungen

Die Oberfläche stellt die Summe aller Körperflächen dar. Zum Verständnis kann man sich die Abwicklung der körperbegrenzenden Flächen vorstellen **(Bild 1** und **Bild 2)**.

Zur Berechnung der Oberfläche eines prismatischen oder zylindrischen Körpers werden die Seitenflächen = Mantelfläche (A_M) und die Grundfläche A_a sowie die Deckfläche A_D addiert. Grundfläche und Deckfläche sind stets gleich groß.

Beispiel Oberfläche Quader:

Welchen Flächeninhalt hat die Mantelfläche und die Oberfläche eines Quaders in m², der 75 cm lang, 25 cm breit und 195 cm hoch ist?

Lösung: $A_M = U \cdot h_K$

$= 2 \cdot (0{,}75\ \text{m} + 0{,}25\ \text{m}) \cdot 1{,}15$

$= \mathbf{3{,}90\ m^2}$

$A_O = A_M + 2A$

$= 3{,}90\ \text{m}^2 + 2 \cdot 0{,}75\ \text{m} \cdot 0{,}25\ \text{m}$

$= \mathbf{4{,}275\ m^2}$

Beispiel Oberfläche Zylinder:

Von einem Zylinder sind folgende Maße gegeben: $d = 35$ cm, $h_K = 4{,}50$ m.

Wie groß ist die Mantelfläche und die Oberfläche in m²?

Lösung: $A_M = U \cdot h_K$

$= 0{,}35\ \text{m} \cdot \pi \cdot 4{,}50\ \text{m}$

$= \mathbf{4{,}95\ m^2}$

$A_O = A_M + 2 \cdot A$

$= 4{,}95\ \text{m}^2 + 2 \cdot 0{,}785\ (0{,}35\ \text{m})^2$

$= \mathbf{5{,}14\ m^2}$

Hohlzylinder

Die Oberfläche ist die Summe aller Körperflächen. Sie setzt sich aus der Grundfläche, der Deckfläche sowie der äußeren Mantelfläche und der inneren Mantelfläche zusammen **(Bild 3)**.

Beispiel Oberfläche Hohlzylinder:

Berechnen Sie die Mantelfläche und die Oberfläche eines Hohlzylinders in dm², der folgende Abmessungen hat: $d_1 = 85$ cm, $d_2 = 75$ cm, $h_K = 110$ cm.

Lösung: $A_M = (U_ä + U_i) \cdot h_K$

$= (8{,}5\ \text{dm} + 7{,}5\ \text{dm}) \cdot \pi \cdot 1{,}10\ \text{dm}$

$= \mathbf{552{,}64\ dm^2}$

$A_O = A_M + 2 \cdot A_{Kr}$

$= 552{,}64\ \text{dm}^2$

$+ 2 \cdot 0{,}785\ [(8{,}5\ \text{dm})2 - (7{,}5\ \text{dm})]$

$= \mathbf{565{,}20\ dm^2}$

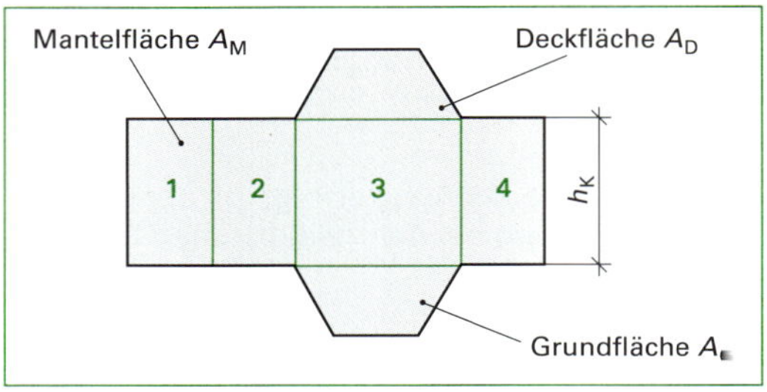

Bild 1: Oberfläche eines Prismas (Abwicklung)

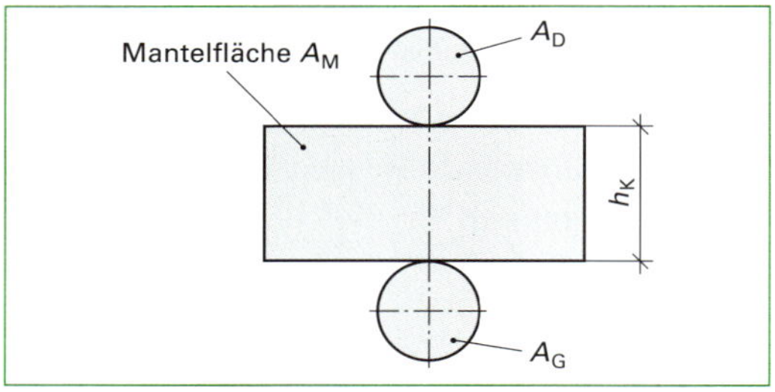

Bild 2: Oberfläche eines Zylinders (Abwicklung)

Mantelfläche = Körperumfang × Körperhöhe
$A_M = U \cdot h_K$

Oberfläche = Mantelfläche + Grundfläche + Deckfläche
$A_O = A_M + A_G + A_D$

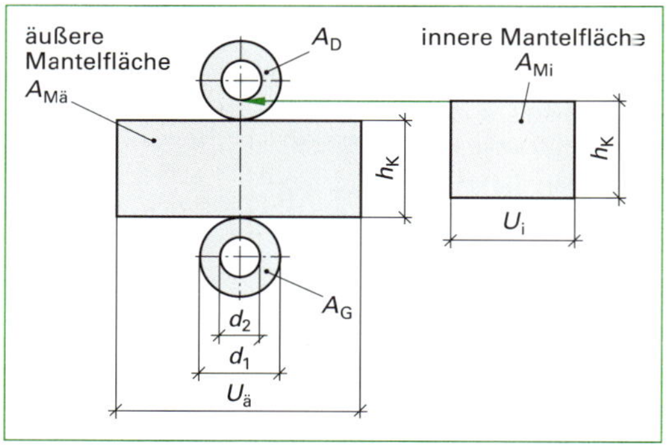

Bild 3: Oberfläche eines Hohlzylinders (Abwicklung)

äußere Mantelfläche:	$A_{MÄ} = d_1 \cdot \pi \cdot h_K$
innere Mantelfläche:	$A_{MI} = d_2 \cdot \pi \cdot h_K$
Oberfläche:	$A_O = 2A_{Kr} + A_{MÄ} + A_{MI}$

6.2 Prismen und Zylinder

Aufgaben zu 6.2 – Prismen und Zylinder

107.1 Ein Raum ist 5,75 m lang, 4,25 m breit und 2,58 m hoch.
Wie groß ist das Volumen V in m^3?

107.2 Ein Bauschuttcontainer **(siehe Bild)** wird bereitgestellt.

a) Wie groß ist sein Volumen in m^3?

b) Wie viel kostet die Abfuhr (Behältervolumen), wenn für den Kubikmeter Bauschutt 300,– € bezahlt werden muss?

107.3 Ein Kanister hat die Innenmaße: Länge = 30 cm; Breite = 25 cm; Höhe = 50 cm.
Wie viel Liter (dm^3) Flüssigkeit fasst der Behälter?

107.4 Ein rechteckiger Kanister ist 45 cm lang, 30 cm breit und 60 cm hoch. Es werden 54 Liter Öl in den Kanister gegossen.
Wie hoch ist er danach gefüllt?

107.5 Ein Krankenhaus benötigt 180 laufende Meter Stoßbretter aus Esche für die Flure **(siehe Bild)**. Der Materialpreis beträgt 725,00 €/m^3.
Berechnen Sie

a) die Rohmenge bei 25 % Verschnittzuschlag in m^3,

b) die Materialkosten für die Vorkalkulation.

107.6 Ein Holz verarbeitender Betrieb plant einen Werkstattneubau **(siehe Bild)**.
Berechnen Sie für den Kostenvoranschlag

a) den umbauten Raum in m^3,

b) die Gebäudekosten bei einem geschätzten Kubikmeterpreis von 625,00 €.

107.7 Für ein Lager werden 45 würfelförmige Kisten **(siehe Bild)** aus 20 mm dicken Furnierplatten hergestellt, bei denen jeweils eine Seite offen ist. Die Kantenlänge beträgt 60 cm. Die Eckverbindung der Seitenteile ist auf Gehrung gefedert. Der Boden ist stumpf geschraubt.
Berechnen Sie

a) den Platzbedarf in m^3,

b) die Fertigmenge an Furnierplatten in m^2.

107.8 Für ein Restaurant werden 14 sechseckige Vollholzsäulen **(siehe Bild)** mit einer Länge von 3,10 m und einer Seitenlänge von 95 mm hergestellt. Die Säulen werden aus einem mehrfach verleimten Quader aus Eichenbohlen mit einem Querschnittsmaß von 220 × 220 mm herausgeschnitten.
Berechnen Sie

a) den Rauminhalt in m^3,

b) den Verschnitt in Prozent für eine Säule,

c) die Mantelfläche in m^2 für die Oberflächenbehandlung.

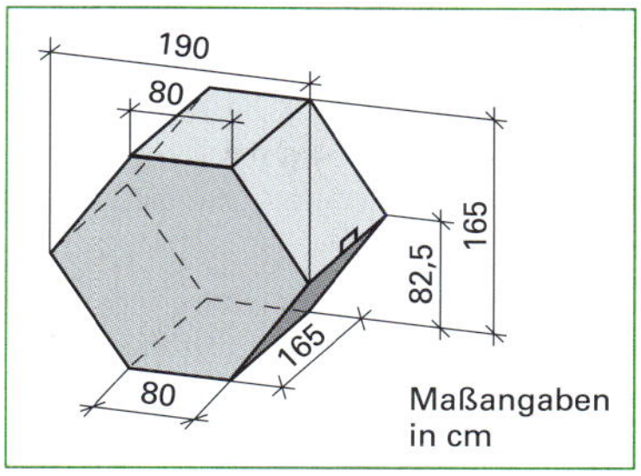

Aufgabe 107.2: Bauschuttcontainer

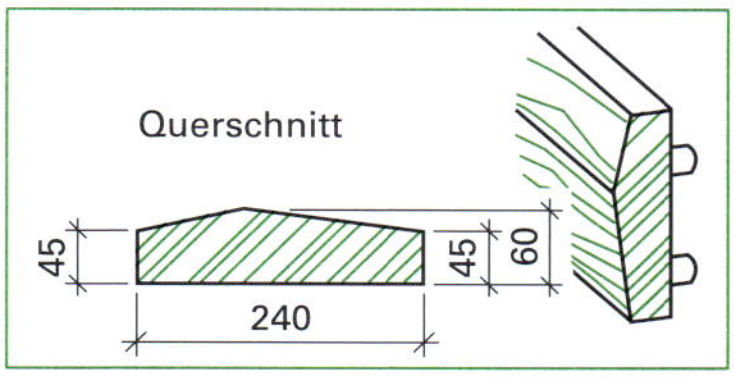

Aufgabe 107.5: Stoßbretter

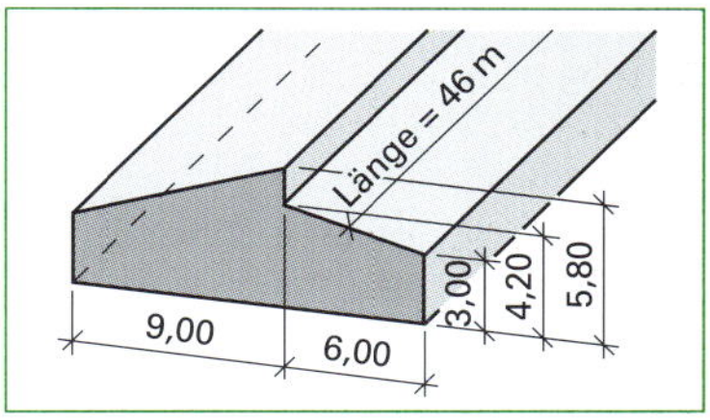

Aufgabe 107.6: Werkstattneubau

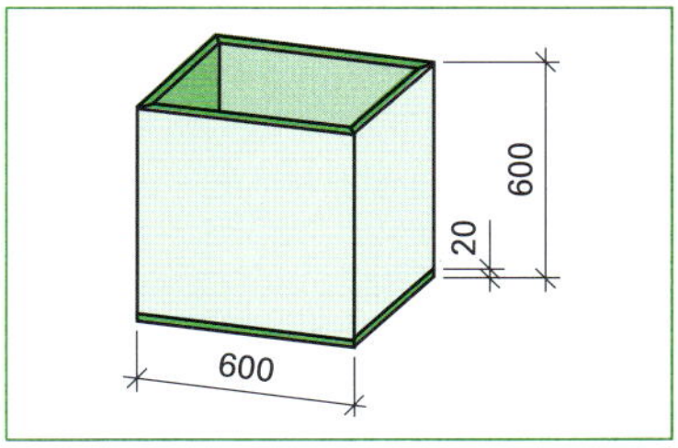

Aufgabe 107.7: Würfelförmige Kisten

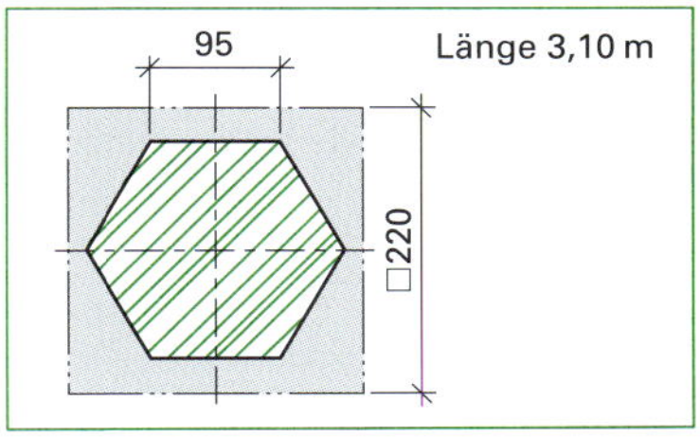

Aufgabe 107.8: Sechsecksäulen

6.2 Prismen und Zylinder

Aufgaben zu 6.2 – Prismen und Zylinder

108.1 Ein runder Kanister hat die Abmessungen d = 280 mm, h = 380 mm.

Wie viel Liter fasst er, wenn man auf volle Liter abrundet?

108.2 Wie groß ist das Fassungsvermögen eines Spänesilos, dessen Höhe 3,50 m und dessen innerer Umfang 17,84 m beträgt?

108.3 Wie groß muss der Durchmesser eines Behälters sein, der 12 Liter fassen soll und eine Höhe von 35 cm hat?

108.4 Berechnen Sie das Volumen in dm^3 und die Oberfläche in dm^2 des abgebildeten Hohlzylinders **(siehe Bild)**.

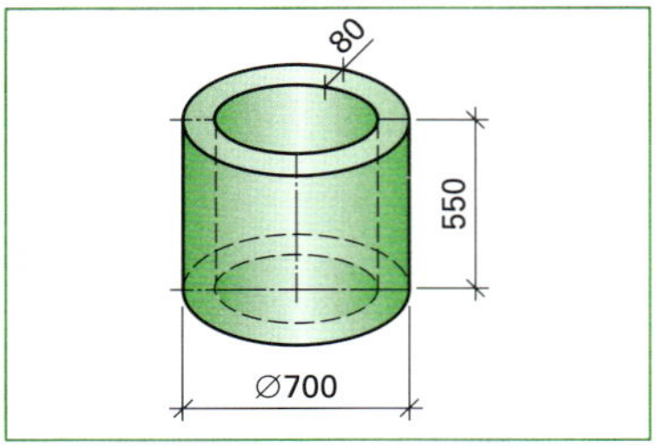

Aufgabe 108.4: Hohlzylinder

108.5 Für einen Messestand werden 12 Rundholzsäulen **(siehe Bild)** mit einer Länge von 2,80 m und einem Durchmesser von 16 cm benötigt. Die Säulen werden aus einem mehrfach verleimten Quader aus Kiefernbohlen mit einem Querschnitt von 20 × 20 cm hergestellt.

Berechnen Sie

a) die Rohmenge in m^3,

b) den Verschnitt in Prozent,

c) die Mantelfläche in m^2 für die Oberflächenbehandlung.

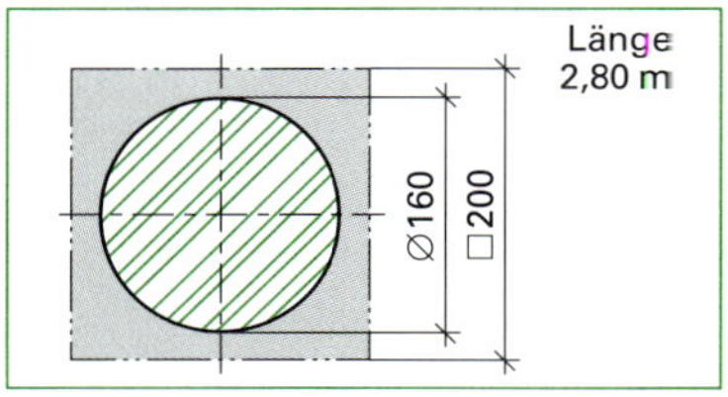

Aufgabe 108.5: Rundsäule

108.6 Für ein Wohnhaus sind 16 m Handlauf **(siehe Bild)** in Esche herzustellen. Es wird mit einem Verschnittzuschlag von 60 % gerechnet.

Berechnen Sie die Materialkosten, wenn ein Kubikmeterpreis von 822,50 € angesetzt wird.

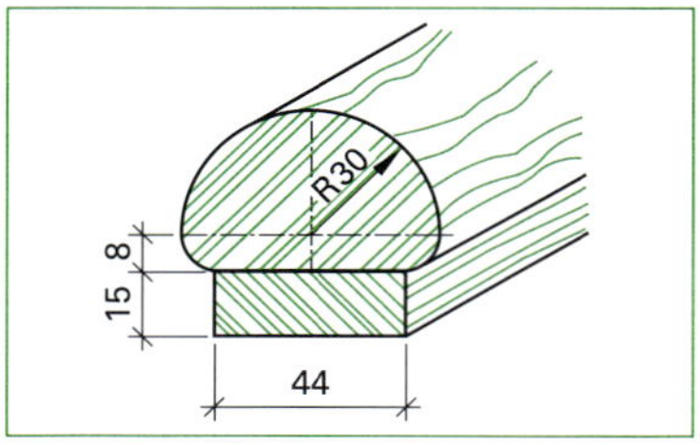

Aufgabe 108.6: Handlauf

108.7 Für ein Kaufhaus sind 15 halbkreisförmige Ausstellungspodeste **(siehe Bild)** herzustellen.

Wie groß ist die zu lackierende sichtbare Oberfläche in m^2?

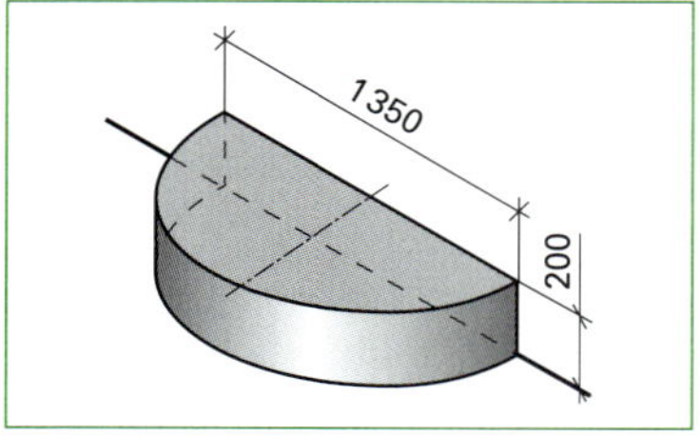

Aufgabe 108.7: Ausstellungspodest

108.8 Bei der Verglasung von Isolierglasscheiben werden Kartuschen mit Einkomponenten-Dichtstoff verarbeitet. Eine Kartusche hat einen inneren Durchmesser von 45 mm und eine Füllhöhe von 18 cm. Für jeden Meter der Verglasung benötigt man 48 cm^3. Es werden 125 m Glasfälze abgedichtet.

Wie viel Kartuschen werden verbraucht?

108.9 Für das Abdichten von Fensterrahmen mit dem Mauerwerk **(siehe Bild)** wird ein dauerelastischer Dichtstoff verwendet.

a) Wie viel cm^3 Versiegelungsmasse sind für 1 m Abdichtung erforderlich?

b) Berechnen Sie die Materialkosten für 68 m Anschlussfugen, wenn eine Kartusche mit 310 ml Inhalt 6,15 € kostet.

c) Wie viel Meter können mit einem Karton von 25 Kartuschen zu je 310 ml Inhalt abgedichtet werden?

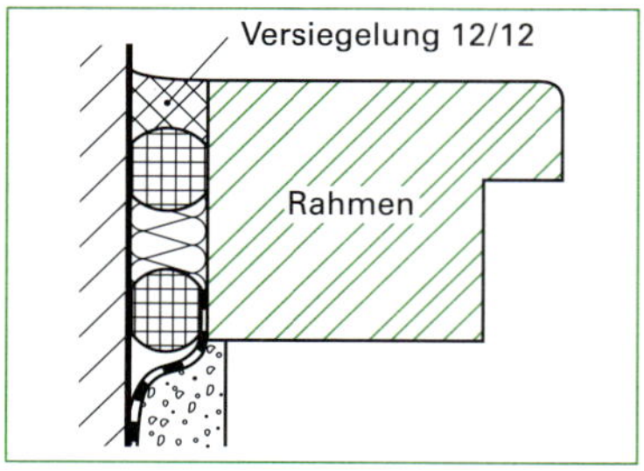

Aufgabe 108.9: Fensterrahmen abdichten

6 Körper

6.2 Prismen und Zylinder

Aufgaben zu 6.2 – Prismen und Zylinder

Die Abbildungen zeigen prismatische Körper in der Vorderansicht und Draufsicht. Die Maße sind in mm angegeben. Berechnen Sie das Volumen der Körper in dm³.

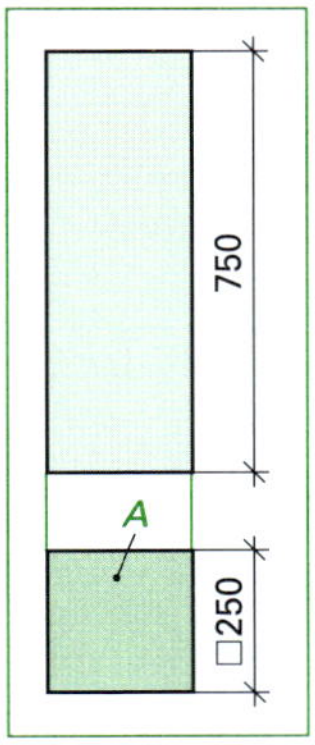

Aufgabe 109.1

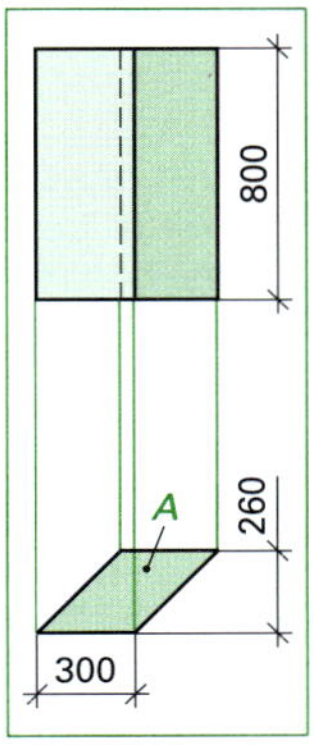

Aufgabe 109.2

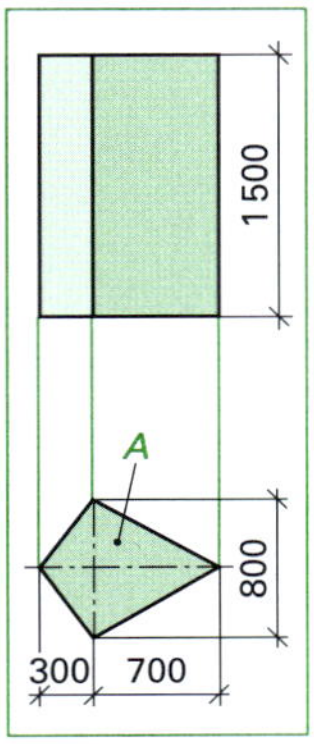

Aufgabe 109.3

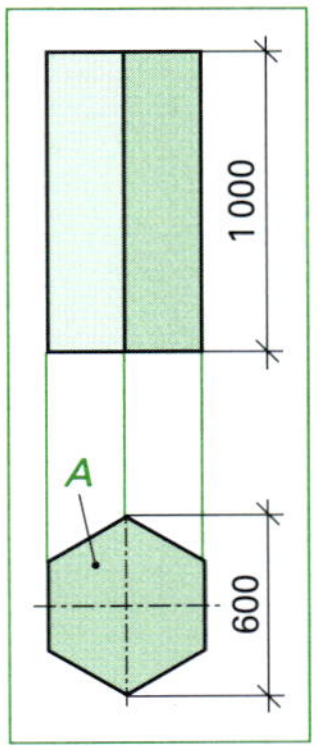

Aufgabe 109.4

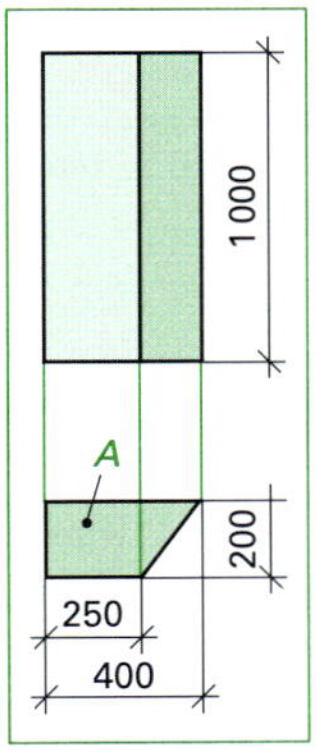

Aufgabe 109.5

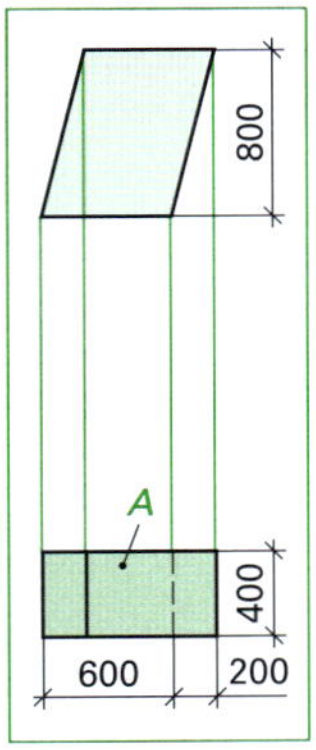

Aufgabe 109.6

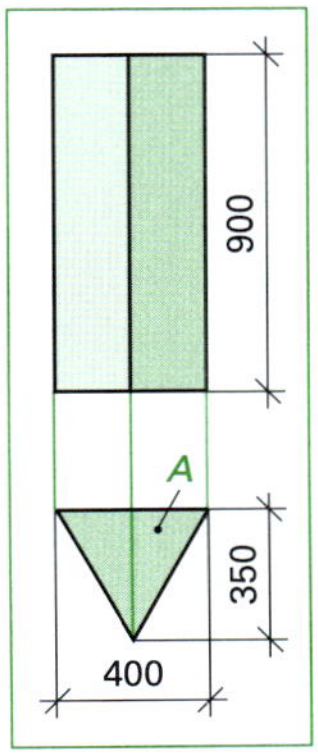

Aufgabe 109.7

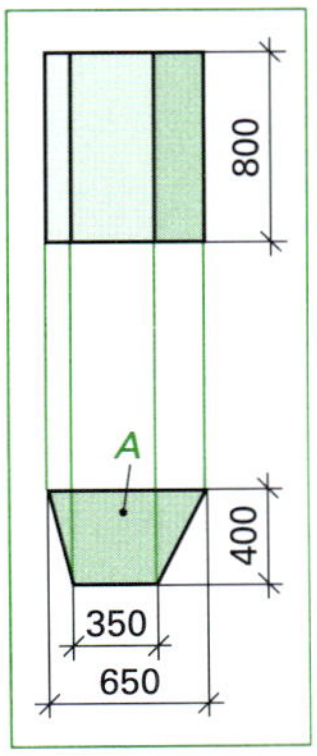

Aufgabe 109.8

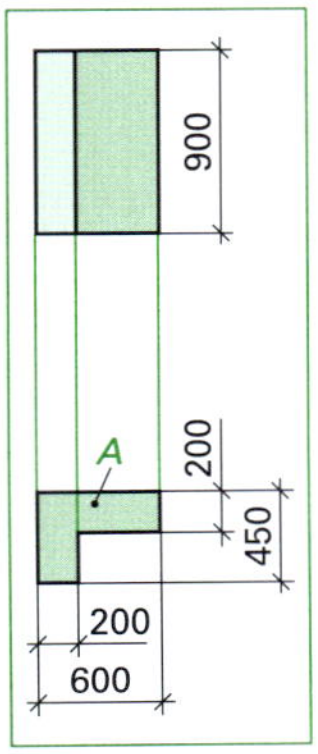

Aufgabe 109.9

Berechnen Sie das Volumen der abgebildeten zylinderförmigen Körper (Vorderansicht und Draufsicht gegeben) in dm³. Die Maße sind in mm angegeben.

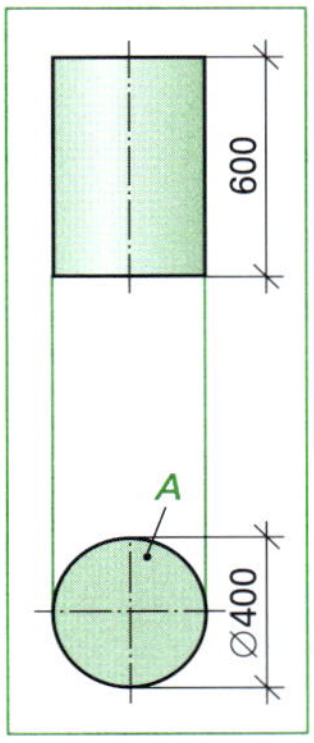

Aufgabe 109.10

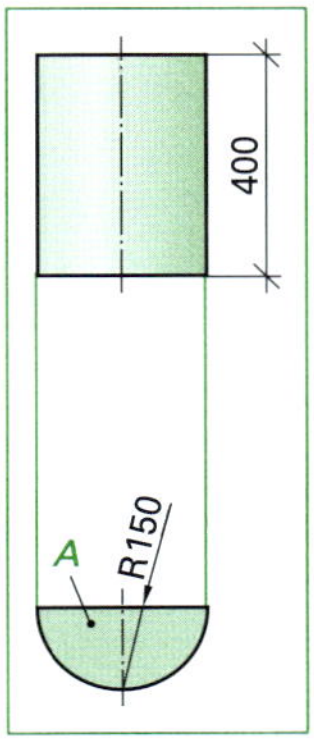

Aufgabe 109.11

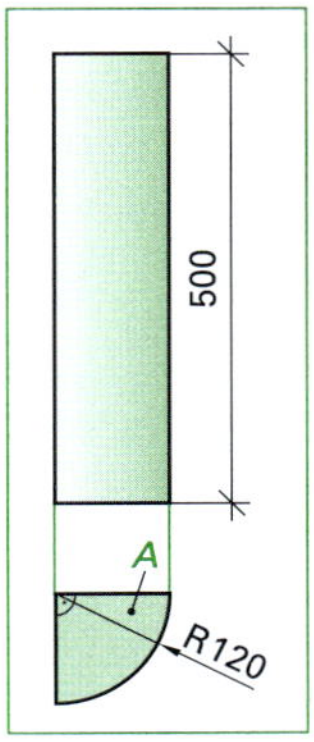

Aufgabe 109.12

Aufgabe 109.13

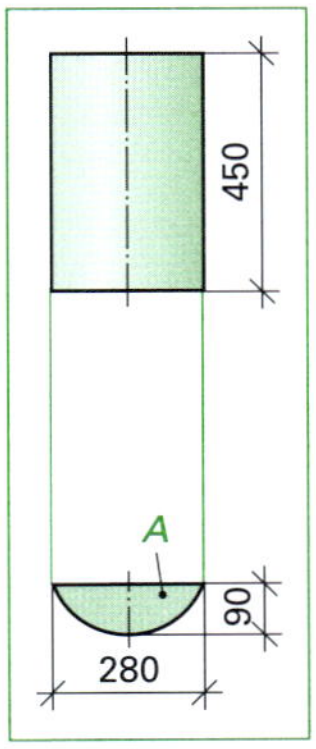

Aufgabe 109.14

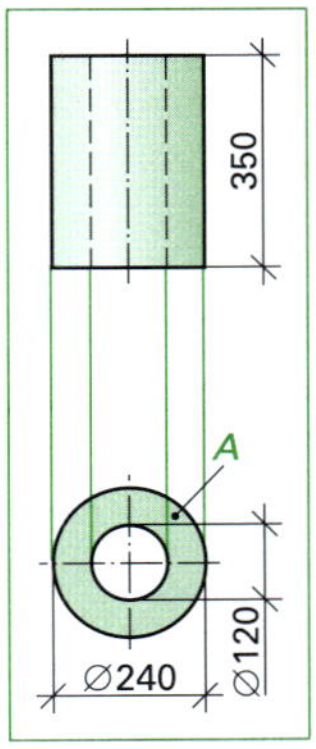

Aufgabe 109.15

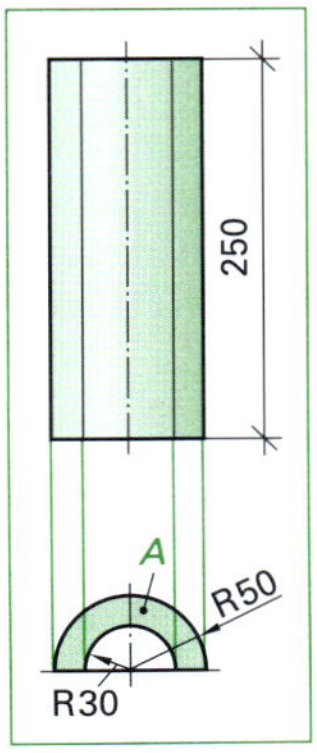

Aufgabe 109.16

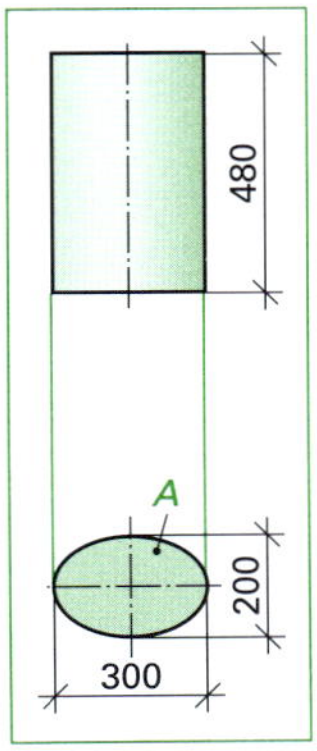

Aufgabe 109.17

Aufgabe 109.18

6 Körper

6.3 Volumenberechnung von Schnittholz – Kanthölzer, Balken, Bretter, Bohlen

Schnitthölzer wie Kanthölzer, Balken, Bretter und Bohlen stellen in ihrer Form prismatische Körper dar.

6.3.1 Volumen von Kanthölzern und Bohlen

Das Volumen von Kanthölzern, Balken, parallel besäumten Brettern und Bohlen erhält man, indem man die Querschnittsfläche mit der Länge multipliziert **(Bild 1)**.

Beispiel 1: Wie groß ist das Volumen eines Kantholzes mit dem Querschnitt 8/12 cm, Länge 3,50 m?

Lösung: $V = b \cdot l \cdot d$
$= 0{,}08 \text{ m} \cdot 0{,}12 \text{ m} \cdot 3{,}50 \text{ m}$
$= \mathbf{0{,}034 \text{ m}^3}$

Beispiel 2: Wie groß ist das Volumen für zwölf parallel besäumte Bretter mit den Maßen $d = 28$ mm, $b = 22$ cm, $l = 5{,}00$ m?

Lösung: $V = b \cdot l \cdot d \cdot n$
$= 0{,}22 \text{ m} \cdot 5{,}00 \text{ m} \cdot 0{,}028 \text{ m} \cdot 12$
$= \mathbf{0{,}370 \text{ m}^3}$

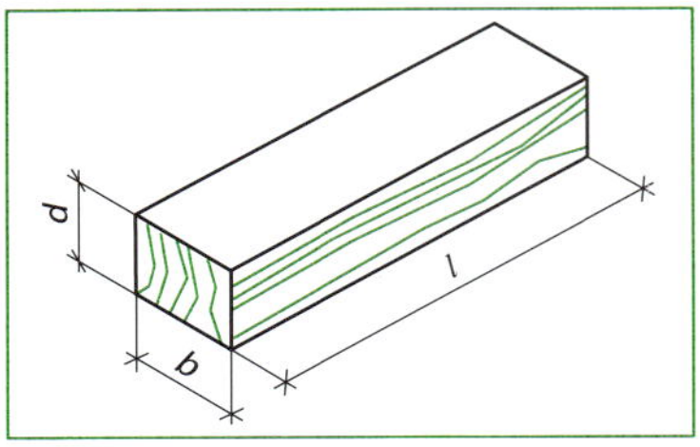

Bild 1: Kanthölzer, Balken oder parallel besäumte Bretter und Bohlen

Volumen = Breite × Länge × Dicke

$$V = b \cdot l \cdot d$$

6.3.2 Volumen besäumter Bretter und Bohlen

Konisch besäumte Bretter und Bohlen **(Bild 2)** werden in gleicher Weise wie parallel besäumte Bretter und Bohlen berechnet, jedoch ersetzt man die Breite (b) durch die **mittlere Breite** (b_m).

Beispiel: Berechnen Sie das Volumen einer konisch besäumten Bohle mit den Maßen $d = 45$ mm, $b_m = 38$ cm, $l = 3{,}75$ m.

Lösung: $V = b_m \cdot l \cdot d$
$= 0{,}38 \text{ m} \cdot 3{,}75 \text{ m} \cdot 0{,}045 \text{ m}$
$= \mathbf{0{,}064 \text{ m}^3}$

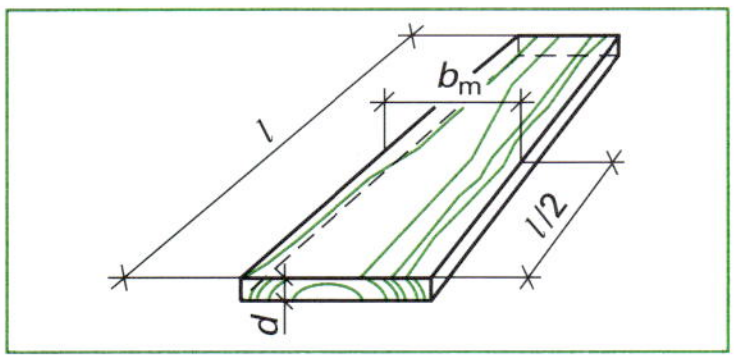

Bild 2: Konisch besäumte Bretter und Bohlen

6.3.3 Volumen unbesäumter Bretter und Bohlen

Bei **unbesäumten Brettern (Bild 3)** wird an der halben Brettlänge ($l/2$) auf der linken Seite die **mittlere Breite** (b_m) gemessen.

Beispiel: Ein unbesäumtes Brett hat folgende Maße: $d = 28$ mm, $b_m = 28$ cm, $l = 4{,}50$ m. Berechnen Sie das Volumen in m³.

Lösung: $V = b_m \cdot l \cdot d$
$= 0{,}28 \text{ m} \cdot 4{,}50 \text{ m} \cdot 0{,}028 \text{ m}$
$= \mathbf{0{,}035 \text{ m}^3}$

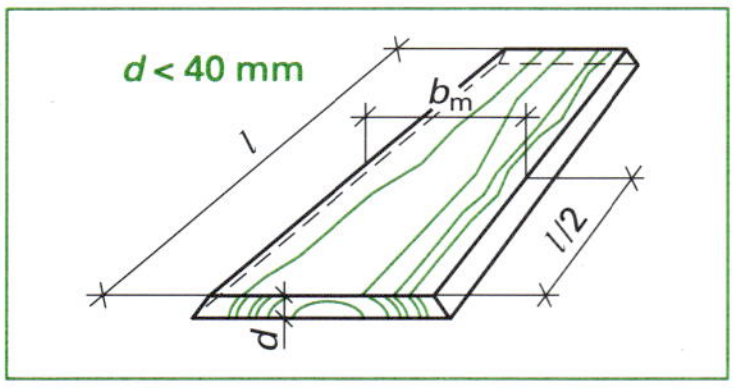

Bild 3: Unbesäumtes Brett

Für die Volumenberechnung von **unbesäumten Bohlen (Bild 4)** wird die **mittlere Breite** (b_m) aus der mittleren Breite (b_{m1}) der linken Bohlenseite und der mittleren Breite (b_{m2}) der rechten Bohlenseite berechnet.

Beispiel: Die Maße einer unbesäumten Bohle betragen $d = 50$ mm, $b_{m1} = 37$ cm, $b_{m2} = 46$ cm, $l = 4{,}25$ m. Wie groß ist das Volumen in m³?

Lösung: $b_m = \frac{b_{m1} + b_{m2}}{2} = \frac{0{,}37 \text{ m} + 0{,}46 \text{ m}}{2} = 0{,}42 \text{ m}$
$V = b_m \cdot l \cdot d$
$= 0{,}42 \text{ m} \cdot 4{,}25 \text{ m} \cdot 0{,}05 \text{ m}$
$= \mathbf{0{,}089 \text{ m}^3}$

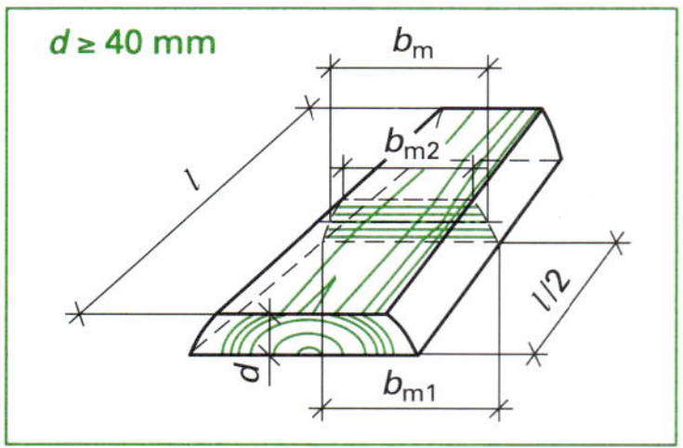

Bild 4: Unbesäumte Bohle

Volumen
= mittlere Breite × Länge × Dicke

$$V = b_m \cdot l \cdot d$$

$$b_m = \frac{b_{m1} + b_{m2}}{2}$$

6.3 Volumenberechnung von Schnittholz – Kanthölzer, Balken, Bretter, Bohlen

Aufgaben zu 6.3 Volumenberechnungen von Schnittholz

6.3.1 Volumen von Kanthölzern und Balken

111.1 Berechnen Sie folgende Volumina:

a) Querschnitt 8 × 8 cm, Länge 4,5 m,

b) Querschnitt 6 × 8 cm, 50 laufende Meter,

c) Querschnitt 10 × 12 cm, Länge 5,5 m,

d) Querschnitt 18 × 24 cm, 54 laufende Meter,

e Querschnitt 16 × 20 cm, Länge 12 Stück je 4,25 m und 7 Stück je 2,50 m.

111.2 Wie viel laufende Meter Kanthölzer mit dem Querschnitt 8 × 10 cm erhält man beim Kauf von 1,25 m^3?

111.3 Für die Herstellung von Fenstern werden 144 m Rahmenhölzer mit dem Querschnitt 78 × 63 mm ermittelt. Der Verschnitt wird mit 25 % angenommen.
Wie viel Kubikmeter werden benötigt?

111.4 Es werden 12 Balken mit dem Querschnitt 12 × 26 cm und der Länge von 8,25 m eingekauft.

Wie hoch sind die Materialkosten, wenn der Kubikmeterpreis 240 € beträgt?

6.3.2 Volumen besäumter Bretter und Bohlen

111.5 Berechnen Sie folgende Volumina:

a) 40 Bretter, alle 22 cm breit; 4,50 m lang, 26 mm dick,

b) 8 Bretter, alle 16 cm breit und 22 mm dick, Länge: 5 Stück je 4,00 m und 3 Stück je 3,50 m lang,

c) 20 Bretter, alle 25 mm dick und 3,5 m lang. Breiten: 10 Bretter je 18 cm, 5 Bretter je 20 cm und 5 Bretter je 22 cm,

d) 4 Bohlen, alle 40 mm dick und 3,40 m lang. Breiten: 30 cm, 35 cm, 38 cm, 42 cm.

111.6 Es werden 1,35 m^3 parallel besäumte Bohlen, alle 45 mm dick, 4,00 m lang und 30 cm breit, eingekauft.
Wie viel Bohlen sind es?

111.7 Ein Betrieb kauft 2,1 m^3 parallel besäumte Bretter, alle 3,75 m lang, 14 cm breit und 20 mm dick. Die Kosten betragen 682,50 €.
Berechnen Sie

a) die Fläche der Bretter in m^2,

b) die Anzahl der Bretter,

c) den Preis pro Kubikmeter der Schnittware.

111.8 Es sind zwei würfelförmige Transportkisten aus 22 mm dicken Fichte-Brettern herzustellen. Die Grundfläche für das Fassungsvermögen der Kisten soll 2,56 m^2 betragen.

Berechnen Sie

a) die äußere Kantenlänge der Kiste in m,

b) die Holzmenge der Bretter in Kubikmeter bei 20 % Verschnittzuschlag.

111.9 Für eine gerade Treppe sind 15 Stufen mit einer Stufenbreite von 32 cm, einer Stufenlänge von 1,10 m und einer Stufendicke von 40 mm herzustellen. Zur Verfügung stehen Buchenbohlen, 48 mm dick.

Wie viel Kubikmeter Buchenholz wird benötigt, wenn mit einem Verschnittzuschlag von 30 % gerechnet wird?

111.10 Für ein Krankenhaus sind Stoßbretter mit einer Breite von 25 cm und Dicke von 25 mm für die Flure herzustellen. Die Gesamtlänge beträgt 425 m.

Berechnen Sie

a) das Volumen bei einem Verschnittzuschlag von 20 %,

b) die Materialkosten bei 325 €/m^3.

6.3.3 Volumen unbesäumter Bretter und Bohlen

111.11 Berechnen Sie folgende Volumina:

a) Die mittlere Breite eines Brettes beträgt an der linken Seite 26 cm, die Länge 4,5 m und die Dicke 30 mm.

b) Eine Bohle hat die Maße $b_{m1} = 37$ cm, $b_{m2} = 43$ cm, $l = 5{,}00$ m, $d = 45$ mm.

111.12 Für die Herstellung von Handläufen aus Esche steht eine Bohle mit folgenden Maßen zur Verfügung: $b_{m1} = 42$ cm und $b_{m2} = 46$ cm; $l = 5{,}0$ m; $d = 60$ mm. Es wird mit einem Verschnittzuschlag von 35 % gerechnet.

Wie viel Kubikmeter beträgt die Rohmenge?

111.13 Eine Nussbaumbohle ist 3,25 m lang, 50 mm dick und hat eine mittlere Breite $b_m = 38$ cm. Der Kubikmeterpreis beträgt 3 250 €.

Berechnen Sie den Preis der Bohle.

111.14 Für 12 Eiche-Türen sind 62 m Blockrahmen mit dem Querschnittmaß 90 × 55 mm herzustellen. Ein Kubikmeter Eichenholz kostet 1 100 €. Es wird mit einem Verschnittzuschlag von 28 % gerechnet.

Wie hoch sind die Materialkosten?

6 Körper

6.4 Pyramide und Kegel

Bei **Pyramide und Kegel** handelt es sich um spitz zulaufende Körper. Sie werden deshalb auch spitze Körper genannt. Die Pyramide hat eine geradlinig begrenzte Grundfläche (A). Diese kann alle geometrischen Formen wie z. B. Dreieck, Viereck, Trapez und Vieleck haben **(Bild 2)**.

Der Kegel **(Bild 3)** hat eine kreisförmige bzw. bogenförmige Grundfläche (A).

Volumenberechnung:
Das **Volumen** der spitzen Körper (Pyramide und Kegel) beträgt ein Drittel des Volumens eines gleich dicken Körpers (Prisma, Zylinder) mit gleicher Grundfläche und gleicher Körperhöhe **(Bild 2)**. Hieraus ergibt sich die Formel:

$$\text{Volumen spitzer Körper} = \frac{\text{Grundfläche} \cdot \text{Körperhöhe}}{3}$$

Beispiel 1 – Pyramide:

Eine Pyramide hat eine quadratische Grundfläche mit $l = 3{,}20$ m und $h_K = 4{,}10$ m.

Wie groß ist das Volumen V in m³?

Lösung: $V = \frac{A \cdot h_K}{3}$

$= \frac{(3{,}20\text{ m})^2 \cdot 4{,}10\text{ m}}{3} = \mathbf{13{,}995\ m^3}$

Beispiel 2 – Pyramide:

Eine Pyramide hat das Volumen $V = 5{,}625$ m³ und eine Körperhöhe $h_K = 2{,}55$ m.

Wie groß ist die Grundfläche A in m²?

Lösung: $A = \frac{3 \cdot V}{h_K}$

$= \frac{3 \cdot 5{,}625\text{ m}^3}{2{,}55\text{ m}} = \mathbf{6{,}62\ m^2}$

Beispiel 3 – Kegel:

Ein Kegel hat folgende Maße: $d = 65$ cm, $h_K = 1{,}70$ m.

Wie groß ist das Volumen in m³?

Lösung: $V = \frac{A \cdot h_K}{3} = \frac{d^2 \cdot 0{,}785 \cdot h_K}{3}$

$= \frac{(0{,}65\text{ m})^2 \cdot 0{,}785 \cdot 1{,}70\text{ m}}{3} = \mathbf{0{,}188\ m^3}$

Beispiel 4 – Kegel:

Ein Kegel hat das Volumen V = 1,385 m³ und eine Grundfläche $A = 0{,}93$ m².

Berechnen Sie die Kegelhöhe h_K in m.

Lösung: $h_K = \frac{3 \cdot V}{A}$

$= \frac{3 \cdot 1{,}385\text{ m}^3}{0{,}93\text{ m}^2} = \mathbf{4{,}47\ m}$

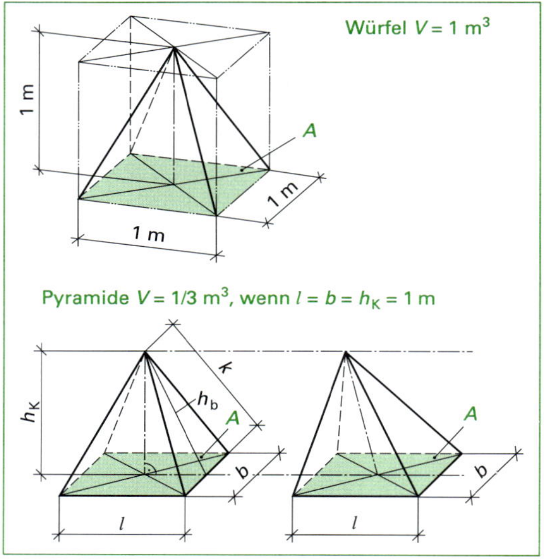

Bild 1: Würfel und Pyramide

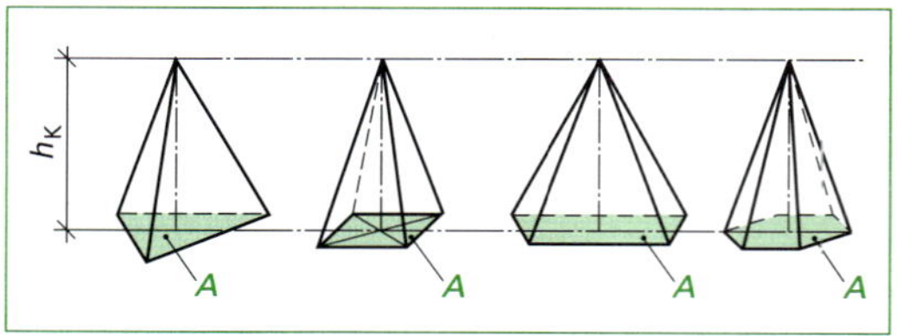

Bild 2: Pyramiden mit verschiedenen Grundflächen

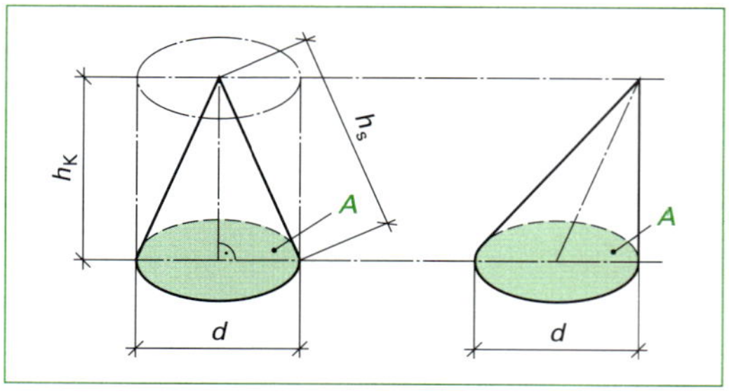

Bild 3: Kegel

$$\text{Volumen in m}^3 = \frac{\text{Grundfläche} \cdot \text{Körperhöhe}}{3}$$

$$V = \frac{A \cdot h_K}{3}$$

$$A = \frac{3 \cdot V}{h_K}$$

$$h_K = \frac{3 \cdot V}{A}$$

6.4 Pyramide und Kegel

Mantelflächen- und Oberflächenberechnung

Die **Oberfläche** eines spitzen Körpers wird aus der Grundfläche und der Mantelfläche gebildet, wobei die Mantelfläche die Abwicklung der Seitenflächen des jeweiligen Körpers darstellt.

Die Mantelfläche der **Pyramide** ist eine aus Dreiecken zusammengesetzte Fläche **(Bild 1)**. Die Höhen der Dreiecke h_b und h_l sind mithilfe des Pythagoras zu berechnen.

Ebenso lässt sich die Mantellinie h_s des **Kegels** berechnen. Die Mantelfläche des Kegels hat die Form eines Kreisausschnitts, bei dem die Bogenlänge dem Umfang der Kegelgrundfläche entspricht **(Bild 2)**.

Beispiel 1 – Pyramide:

Ein pyramidenförmiger Körper hat eine Länge von 84 cm, eine Breite von 68 cm und eine Höhe von 136 cm.

Wie groß ist die Mantelfläche und die Oberfläche in cm²?

Lösung: Nach dem Satz des Pythagoras ergibt sich:

$$h_b^2 = \left(\frac{l}{2}\right)^2 + h_K^2$$

$$h_b = \sqrt{\left(\frac{84\,\text{cm}}{2}\right)^2 + (136\,\text{cm})^2} = 142{,}3\,\text{cm}$$

$$h_l^2 = \left(\frac{b}{2}\right)^2 + h_K^2$$

$$h_l = \sqrt{\left(\frac{68\,\text{cm}}{2}\right)^2 + (136\,\text{cm})^2} = 140{,}2\,\text{cm}$$

$$A_M = 2 \cdot \frac{b \cdot h_b}{2} + 2 \cdot \frac{l \cdot h_l}{2}$$

$$= 68\,\text{cm} \cdot 142{,}3\,\text{cm} + 84\,\text{cm} \cdot 140{,}2\,\text{cm}$$

$$= 21\,453{,}2\,\text{cm}^2$$

$$A_G = l \cdot b = 84\,\text{cm} \cdot 68\,\text{cm} = 5\,712\,\text{cm}^2$$

$$A_O = A_M + A_G$$

$$= 21\,453{,}2\,\text{cm}^2 + 5\,712\,\text{cm}^2 = \mathbf{27\,165{,}2\,cm^2}$$

Beispiel 2 – Kegel:

Welchen Inhalt in m² hat die Mantelfläche und die Oberfläche eines Kegels mit einem Durchmesser von 2,40 m und einer Höhe von 3,60 m?

Lösung: Nach dem Satz des Pythagoras ergibt sich:

$$h_s^2 = \left(\frac{d}{2}\right)^2 + h_K^2$$

$$h_s = \sqrt{\left(\frac{2{,}40\,\text{m}}{2}\right)^2 + (3{,}60\,\text{m})^2} = 3{,}80\,\text{m}$$

$$A_M = \frac{d \cdot \pi \cdot h_s}{2}$$

$$= \frac{2{,}40\,\text{m} \cdot 3{,}14 \cdot 3{,}80\,\text{m}}{2} = 14{,}32\,\text{m}^2$$

$$A_G = d^2 \cdot 0{,}785 = (2{,}40\,\text{m})^2 \cdot 0{,}785$$

$$= 4{,}52\,\text{m}^2$$

$$A_O = A_M + A_G$$

$$= 14{,}32\,\text{m}^2 + 4{,}52\,\text{m}^2 = \mathbf{18{,}84\,m^2}$$

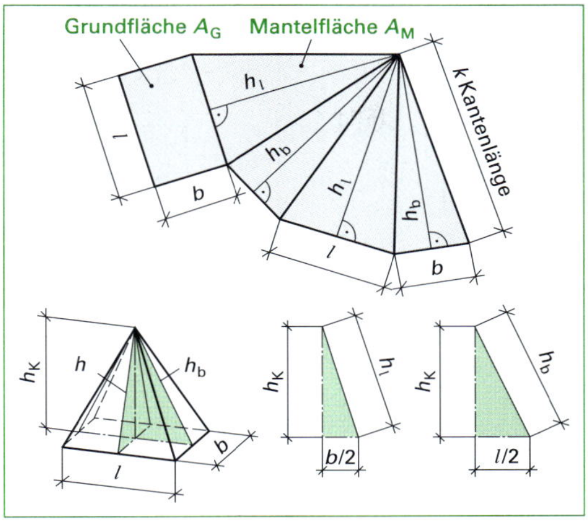

Bild 1: Abwicklung Pyramide

Oberfläche = Mantelfläche + Grundfläche

$$A_O = A_M + A_G$$

Mantelfläche$_{\text{Pyramide}}$ = Summe aller Dreiecksflächen

$$A_M = A_{M1} + A_{M2} + A_{M3} \ldots$$

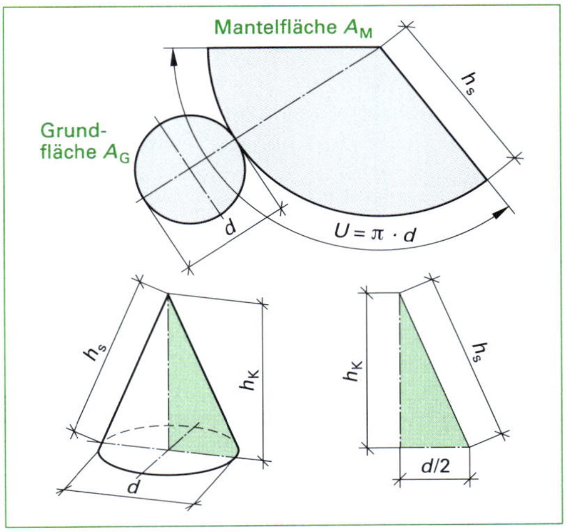

Bild 2: Abwicklung Kegel

Mantelfläche$_{\text{Kegel}}$ = Fläche$_{\text{Kreisausschnitt}}$

$$A_M = \frac{d \cdot \pi \cdot h_s}{2}$$

6.4 Pyramide und Kegel

Aufgaben zu 6.4 – Pyramide und Kegel

114.1 Ein Zeltdach mit rechteckiger Grundfläche, 6,00 × 8,00 m, ist 9,50 m hoch.

Welches Volumen hat das Dach in m³?

114.2 Eine Pyramide mit der Grundfläche von 3,20 × 4,50 m hat 26,40 m³ Volumen.

Wie groß ist die Höhe in Metern?

114.3 Alle Kanten einer Dreieckspyramide (Tetraeder) haben die gleiche Länge von 60 cm.

Berechnen Sie die Höhe der Pyramide.

114.4 Ein Museum benötigt für eine Ausstellung sechs 5-eckige pyramidenförmige Körper **(siehe Bild)**.

Berechnen Sie:

a) das Volumen in m³,

b) die Mantelfläche der zu lackierenden Flächen in m².

114.5 An ein Gebäude soll ein Wintergarten **(siehe Bild)** angebaut werden. Für den Kostenvoranschlag wird mit 975 €/m³ kalkuliert.

a) Berechnen Sie das Volumen in m³.

b) Wie hoch sind die Baukosten in €?

114.6 Ein Kegel hat einen Durchmesser von 65 cm und eine Höhe von 1,45 m.

a) Wie groß ist das Volumen in m³?

b) Welche Oberfläche hat der Kegel in m²?

114.7 Ein kegelförmiger Messbecher **(siehe Bild)** hat am obersten Skalenstrich einen Durchmesser von 150 mm.

Welche Höhe h_K muss der Skalenstrich haben, damit genau ein Volumen von 1 Liter (dm³) angezeigt wird?

114.8 Ein Kegel hat ein Volumen von 33,640 m³ und einen Radius der Kegelgrundfläche von 2,80 m.

Berechnen Sie:

a) die Höhe des Kegels in m,

b) die Seitenlinie l_s des Kegels in m,

c) die Mantelfläche in m².

114.9 Eine Messebaufirma benötigt zylindrische Körper, die eine kegelförmige Spitze haben **(siehe Bild)**.

Wie groß ist die Mantelfläche in m²?

114.10 Ein Drechsler stellt für eine Dekorationsfirma 150 Vollholzkegel **(siehe Bild)** her.

Berechnen Sie:

a) den Verschnittzuschlag in Prozent,

b) die Gesamtfläche der Kegel in m² für die Ermittlung des Bedarfs an Oberflächenmaterial.

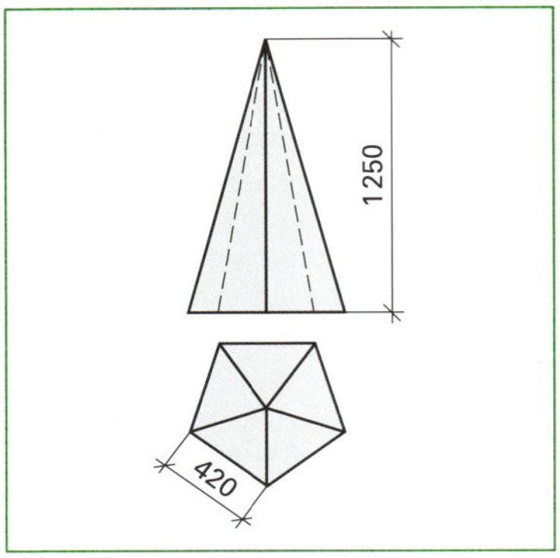

Aufgabe 114.4

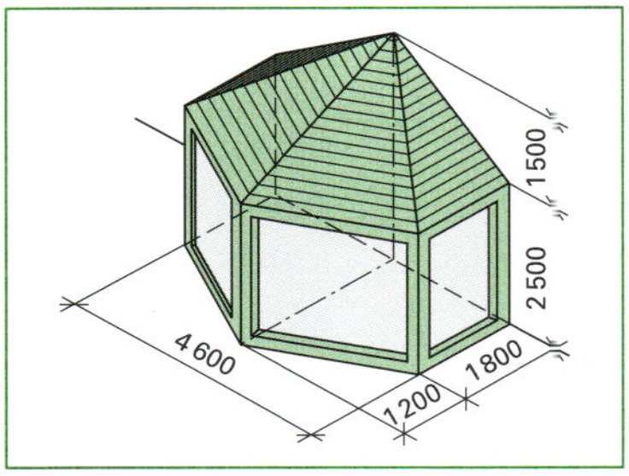

Aufgabe 114.5

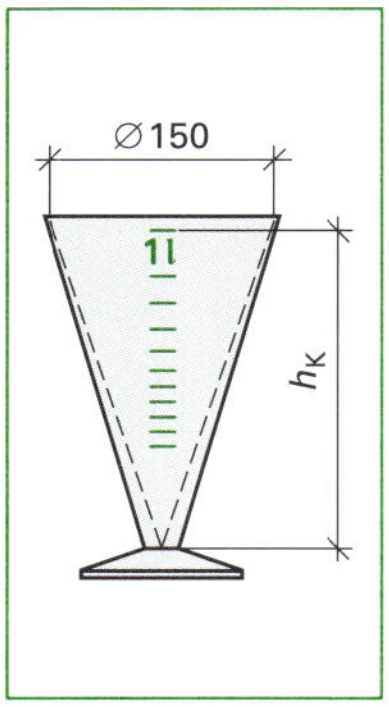

Aufgabe 114.7

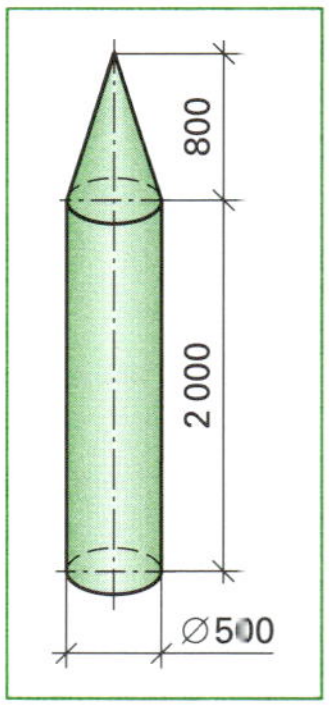

Aufgabe 114.9

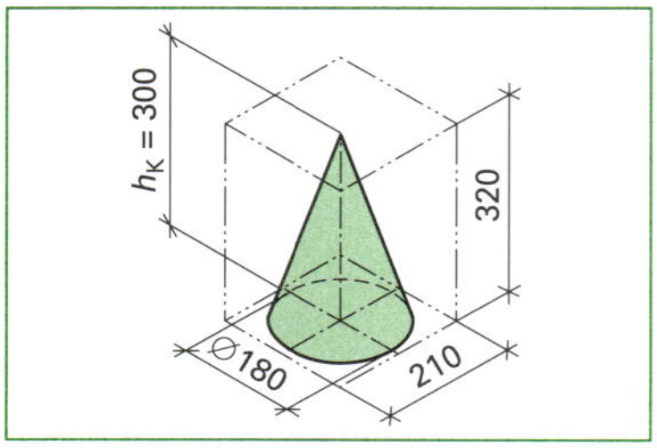

Aufgabe 114.10

6 Körper

6.4 Pyramide und Kegel

Aufgaben zu 6.4 – Pyramide und Kegel

Berechnen Sie für die abgebildeten Körper das Volumen V in cm^3 (Maße in mm).

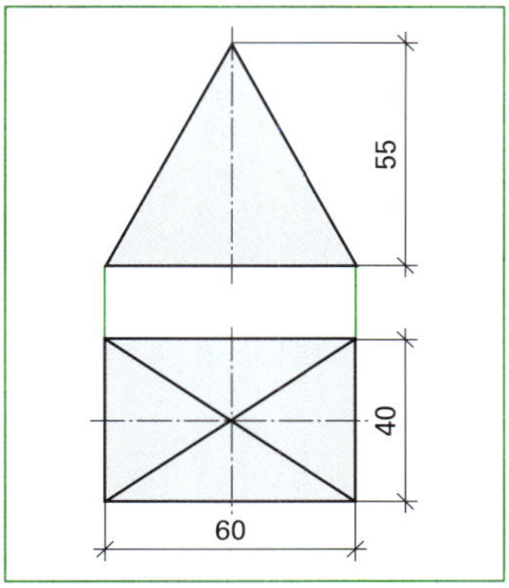

Aufgabe 115.1

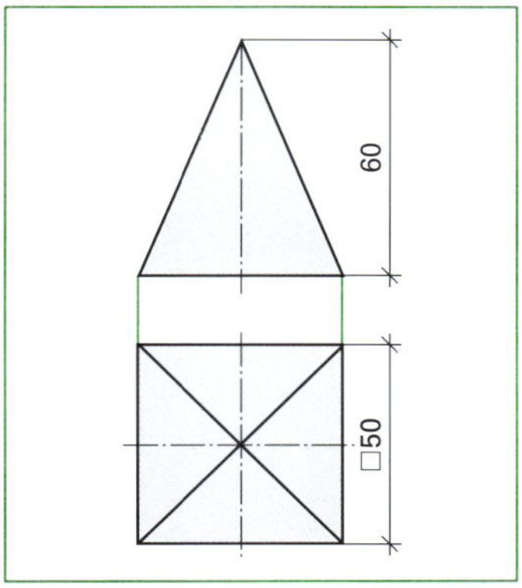

Aufgabe 115.2

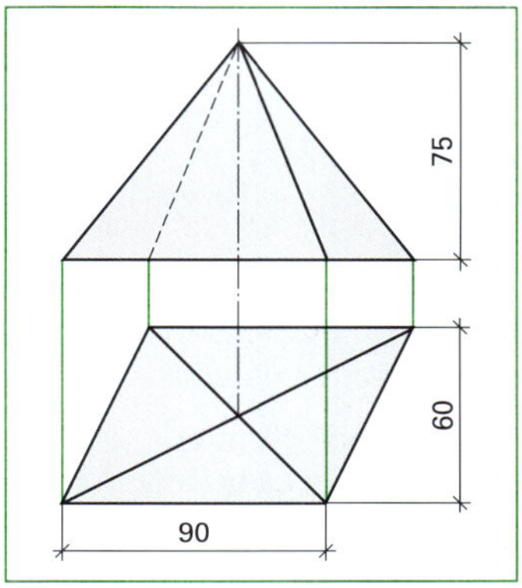

Aufgabe 115.3

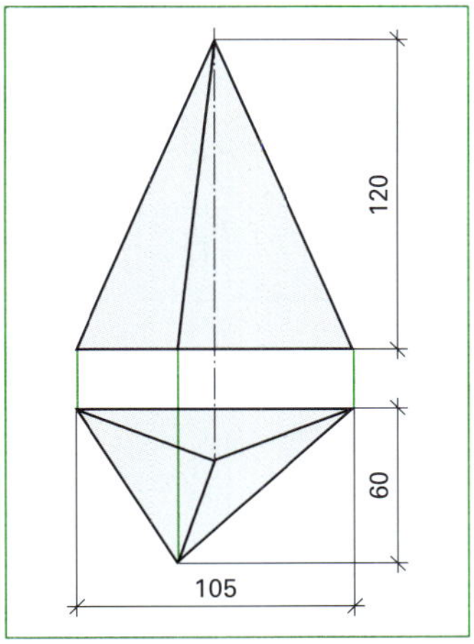

Aufgabe 115.4

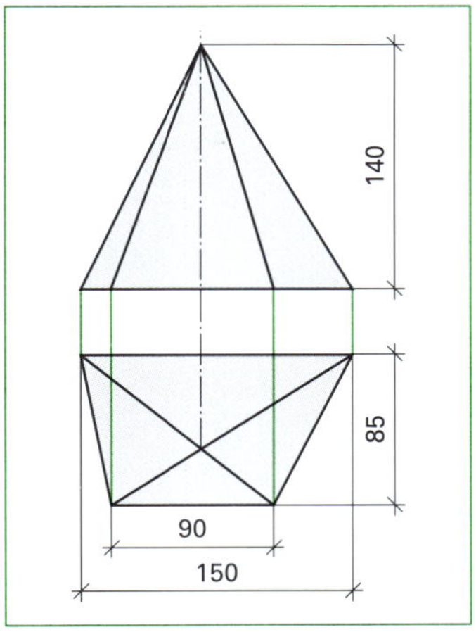

Aufgabe 115.5

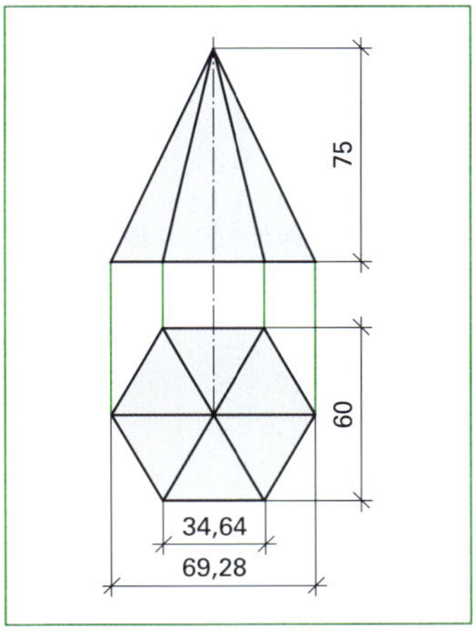

Aufgabe 115.6

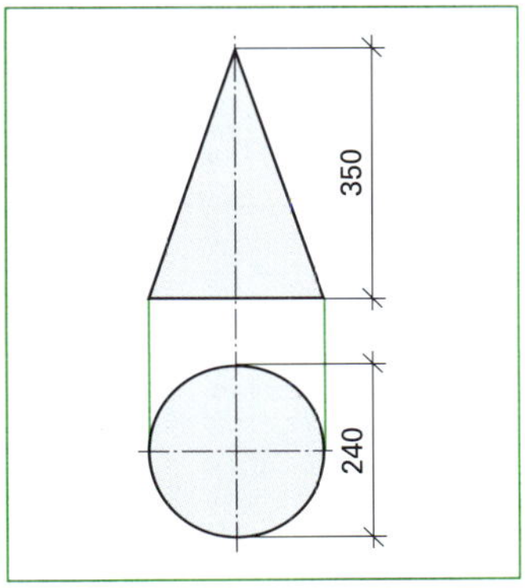

Aufgabe 115.7

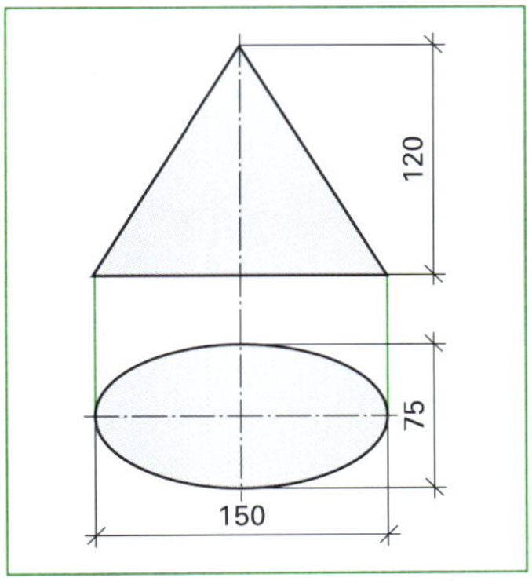

Aufgabe 115.8

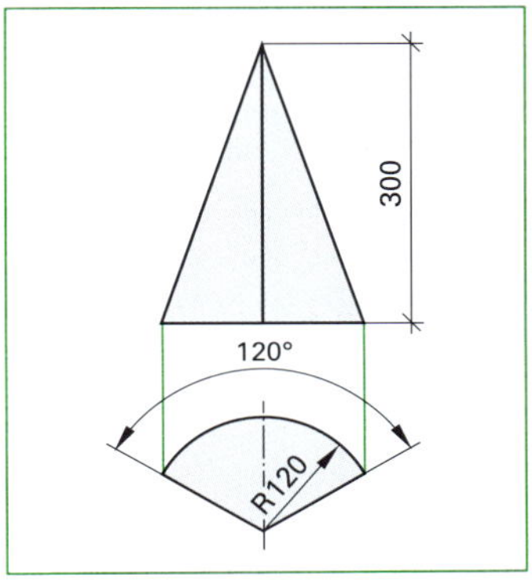

Aufgabe 115.9

6.5 Pyramidenstumpf und Kegelstumpf

Als **Pyramidenstumpf und Kegelstumpf** bezeichnet man Körper, die meist parallel zur Grundfläche abgeschnitten sind. Die Schnittfläche stellt die Deckfläche dar. Diese Körper heißen auch **stumpfe** Körper.

Beim **Pyramidenstumpf** sind die Grundfläche und die Deckfläche ähnlich. Die sich bildende, gleiche Form unterscheidet sich nur in der Größe **(Bild 1)**.

Beim **Kegelstumpf** sind Grund- und Deckfläche kreisförmig bzw. bogenförmig **(Bild 2)**.

Volumenberechnung

Das Volumen kann nach mehreren Verfahren berechnet werden. Je nach der geforderten Genauigkeit kann neben der genauen Berechnung auch das Näherungsverfahren angewendet werden.

Das **Volumen** eines stumpfen Körpers berechnet man, indem man vom Volumen des ursprünglich spitzen Körpers das Volumen des abgeschnittenen Teils subtrahiert. Das ist aber nur möglich, wenn alle zur Berechnung notwendigen Maße bekannt sind.

Beispiel Pyramidenstumpf:

Wie groß ist das Volumen eines Pyramidenstumpfes mit den Maßen l_1 = 1,60 m, b_1 = 1,10 m (Grundfläche) und l_2 = 0,37 m, b_2 = 0,25 m (Deckfläche) sowie einer Höhe von h_{K1} = 1,43 m und h_{K2} = 0,33 m?

Lösung:

$$V = \frac{l_1 \cdot b_1 \cdot h_{K1}}{3} - \frac{l_2 \cdot b_2 \cdot h_{K2}}{3}$$

$$= \frac{1{,}60\text{ m} \cdot 1{,}10\text{ m} \cdot 1{,}43}{3} - \frac{0{,}37\text{ m} \cdot 0{,}25\text{ m} \cdot 0{,}33}{3}$$

$$= \mathbf{0{,}828\ m^3}$$

Beispiel Kegelstumpf:

Welches Volumen hat ein Kegelstumpf, dessen Durchmesser der Grundfläche D = 1,80 m und der Deckfläche d = 0,40 m sowie dessen Höhe h_{K1} = 1,35 m und h_{K2} = 0,30 m beträgt?

Lösung:

$$V = \frac{D^2 \cdot 0{,}785 \cdot h_{K1}}{3} - \frac{d^2 \cdot 0{,}785 \cdot h_{K2}}{3}$$

$$= \frac{(1{,}80\text{ m})^2 \cdot 0{,}785 \cdot 1{,}35\text{ m}}{3}$$

$$- \frac{(0{,}40\text{ m})^2 \cdot 0{,}785 \cdot 0{,}30\text{ m}}{3}$$

$$= \mathbf{1{,}132\ m^3}$$

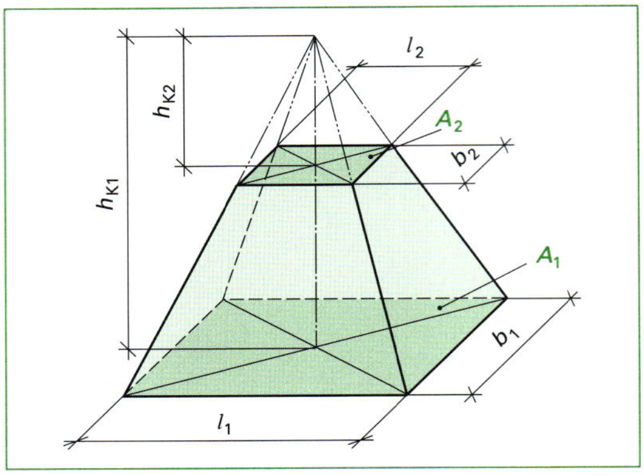

Bild 1: Pyramidenstumpf

$V_{\text{Pyramidenstumpf}} = V_{\text{ganze Pyramide}} - V_{\text{abgeschn. Pyramide}}$

$$V = \frac{A_1 \cdot h_{K1}}{3} - \frac{A_2 \cdot h_{K2}}{3}$$

Pyramidenstumpf mit rechteckiger Grund- und Deckfläche

$$V = \frac{l_1 \cdot b_1 \cdot h_{K1}}{3} - \frac{l_2 \cdot b_2 \cdot h_{K2}}{3}$$

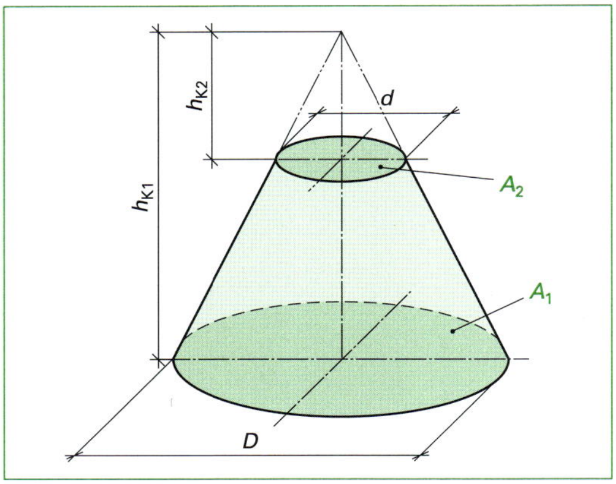

Bild 2: Kegelstumpf

$V_{\text{Kegelstumpf}} = V_{\text{ganzer Kegel}} - V_{\text{abgeschnittener Kegel}}$

$$V = \frac{A_1 \cdot h_{K1}}{3} - \frac{A_2 \cdot h_{K2}}{3}$$

$$V = \frac{D^2 \cdot 0{,}785 \cdot h_{K1}}{3} - \frac{d^2 \cdot 0{,}785 \cdot h_{K2}}{3}$$

6 Körper

6.5 Pyramidenstumpf und Kegelstumpf

Ist die Höhe des abgeschnittenen Teils von Pyramiden- oder Kegelstümpfen **nicht bekannt**, kann das Volumen mit der nebenstehenden Formel berechnet werden.

Beim **Näherungsverfahren** wird der mittlere Flächeninhalt aus der Grundfläche und der Deckfläche ermittelt und mit der Körperhöhe multipliziert.

Beim Pyramidenstumpf mit rechteckiger Grund- und Deckfläche erhält man den Inhalt der mittleren Fläche A_m als Produkt aus mittlerer Länge l_m und mittlerer Breite b_m **(Bild 1)**.

Beim Kegelstumpf errechnet man den Inhalt der mittleren Fläche mithilfe des mittleren Durchmessers d_m **(Bild 2)**. In der Praxis wird das Volumen von Stammholz (Rundholz) nach dieser Näherungsformel gerechnet (siehe Seite 120).

Beispiel 1 – Pyramidenstumpf:
Wie groß ist das Volumen eines Pyramidenstumpfes mit den Maßen l_1 = 1,60 m, b_1 = 1,10 m (Grundfläche) und l_2 = 0,37 m, b_2 = 0,25 m (Deckfläche) sowie einer Höhe von h_K = 1,10 m.

Lösung 1 (exakt):

$$V = \frac{h_K}{3}(l_1 \cdot b_1 + l_2 \cdot b_2 + \sqrt{l_1 \cdot b_1 \cdot l_2 \cdot b_2})$$

$$= \frac{1{,}10\text{ m}}{3}(1{,}60\text{ m} \cdot 1{,}10\text{ m} + 0{,}37\text{ m} \cdot 0{,}25\text{ m} + \sqrt{1{,}60\text{ m} \cdot 1{,}10\text{ m} \cdot 0{,}37\text{ m} \cdot 0{,}25\text{ m}})$$

$$= \mathbf{0{,}828\ m^3}$$

Lösung 1 (nach Näherungsformel):

$$V \approx A_m \cdot h_K = \frac{l_1 + l_2}{2} \cdot \frac{b_1 + b_2}{2} \cdot h_K$$

$$\approx \frac{1{,}60\text{ m} + 0{,}37\text{ m}}{2} \cdot \frac{1{,}10\text{ m} + 0{,}25\text{ m}}{2} \cdot 1{,}10\text{ m}$$

$$\approx \mathbf{0{,}731\ m^3}$$

Beispiel 2 – Kegelstumpf:
Welches Volumen hat ein Kegelstumpf, dessen Durchmesser der Grundfläche D = 1,80 m und der Deckfläche d = 0,40 m sowie dessen Höhe h_K = 1,05 m beträgt?

Lösung 2 (exakt):

$$V = \pi/12 \cdot h_K(D^2 + d^2 + D \cdot d)$$

$$= \pi/12 \cdot 1{,}05\text{ m} \cdot (1{,}80\text{ m} \cdot 1{,}80\text{ m} + 0{,}40\text{ m} \cdot 0{,}40\text{ m} + 1{,}80\text{ m} \cdot 0{,}40\text{ m})$$

$$= \mathbf{1{,}133\ m^3}$$

Lösung 2 (nach Näherungsformel):

$$V\ 2\ A_m \cdot h_K = 0{,}785\left(\frac{D + d}{2}\right)^2 \cdot h_K$$

$$= 0{,}785\left(\frac{1{,}80\text{ m} + 0{,}40\text{ m}}{2}\right)^2 \cdot 1{,}05\text{ m} = \mathbf{0{,}997\ m^3}$$

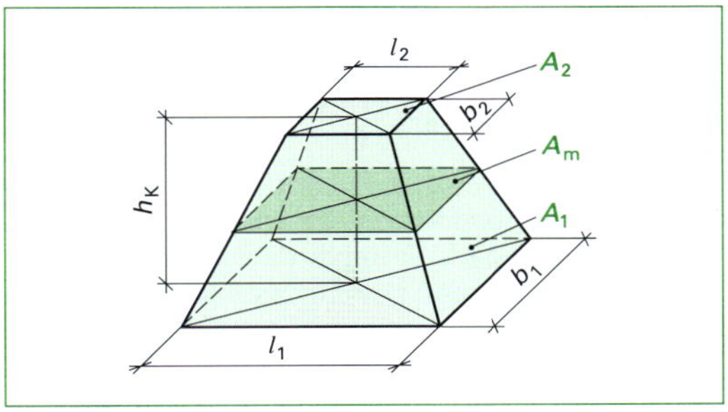

Bild 1: Pyramidenstumpf

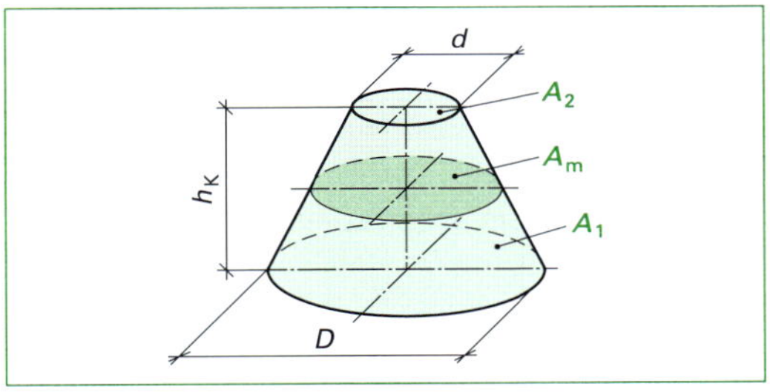

Bild 2: Kegelstumpf

$V_{\text{stumpfer Körper}}$ = 1/3 Körperhöhe × (Grundfläche + Deckfläche + √Grundfläche ×Deckfläche)

$$V = \frac{h_K}{3}(A_1 + A_2 + \sqrt{A_1 + A_2})$$

Pyramidenstumpf mit rechteckiger Grund- und Deckfläche

$$V = \frac{h_K}{3}(l_1 \cdot b_1 + l_2 \cdot b_2 + \sqrt{l_1 \cdot b_1 \cdot l_2 \cdot b_2})$$

Kegelstumpf

$$V = \frac{\pi \cdot h_K}{12}(D^2 + d^2 + D \cdot d)$$

Näherungsweise Berechnung des Volumens

$V_{\text{stumpfer Körper}}$ ≈ mittlere Fläche × Körperhöhe

$$V \approx A_m \cdot h_K$$

Pyramidenstumpf

mittlere Fläche ≈ mittlere Länge × mittlere Breite

$$A_m \approx l_m \cdot b_m$$

Kegelstumpf

mittlere Fläche ≈ 0,785 × (mittlerer Durchmesser)²

$$A_m \approx 0{,}785 \cdot d_m^2$$

6 Körper

6.5 Pyramidenstumpf und Kegelstumpf

Mantelflächen- und Oberflächenberechnung

Die **Oberfläche** eines stumpfen Körpers erhält man, indem man die Mantelfläche, die Grundfläche und die Deckfläche addiert.

Die **Mantelfläche** des **Pyramidenstumpfes** mit rechteckiger Grund- und Deckfläche besteht aus mehreren aneinander liegenden trapezförmigen Flächen. Die Längen der Trapezflächen entsprechen den Abmessungen von Grund- und Deckfläche. Die Höhen h_b und h_l sind mithilfe des Satzes von Pythagoras zu berechnen **(Bild 1)**.

Die **Mantelfläche** eines **Kegelstumpfes** ist der Ausschnitt eines Kreisrings, dessen Bogenlängen dem Umfang der Grundfläche bzw. der Deckfläche entsprechen. Die Kantenlänge h_s entspricht der Breite des Kreisrings und lässt sich mit dem Satz des Pythagoras ermitteln **(Bild 2)**.

Beispiel 1 – Mantelfläche Pyramidenstumpf:

Ein Pyramidenstumpf mit rechteckiger Grund- und Deckfläche hat die Maße $l_1 = 1{,}60$ m, $b_1 = 1{,}10$ m und $l_2 = 0{,}37$ m, $b_2 = 0{,}25$ m. Die Höhe des Pyramidenstumpfes beträgt 1,10 m. Berechnen Sie A_M in m².

Lösung:

$$h_b^2 = \left(\frac{l_1 - l_2}{2}\right)^2 + h_K^2$$

$$h_b = \sqrt{\left(\frac{1{,}60\,\text{m} - 0{,}37\,\text{m}}{2}\right)^2 + (1{,}10\,\text{m})^2} = 1{,}26\,\text{m}$$

$$h_l^2 = \left(\frac{b_1 - b_2}{2}\right)^2 + h_K^2$$

$$h_l = \sqrt{\left(\frac{1{,}10\,\text{m} - 0{,}25\,\text{m}}{2}\right)^2 + (1{,}10\,\text{m})^2} = 1{,}18\,\text{m}$$

$$A_M = 2\left(\frac{l_1 + l_2}{2} \cdot h_b + \frac{b_1 + b_2}{2} \cdot h_l\right)$$

$$= 2\left(\frac{1{,}60\,\text{m} + 0{,}37\,\text{m}}{2} \cdot 1{,}26\,\text{m} + \frac{1{,}10\,\text{m} + 0{,}25\,\text{m}}{2} \cdot 1{,}18\,\text{m}\right) = \mathbf{4{,}076\,m^2}$$

Beispiel 2 – Mantelfläche Kegelstumpf:

Wie groß ist die Mantelfläche eines Kegelstumpfes mit dem Durchmesser der Grundfläche $D = 1{,}80$ m und der Deckfläche $d = 0{,}40$ m? h_K beträgt 1,05 m.

Lösung:

$$h_s^2 = \left(\frac{D - d}{2}\right)^2 + h_K^2$$

$$h_s = \sqrt{\left(\frac{1{,}80\,\text{m} - 0{,}40\,\text{m}}{2}\right)^2 + (1{,}05\,\text{m})^2} = 1{,}26\,\text{m}$$

$$A_M = \pi \cdot \frac{D + d}{2} \cdot h_s$$

$$= \pi \cdot \left(\frac{1{,}80\,\text{m} + 0{,}40\,\text{m}}{2}\right) \cdot 1{,}26\,\text{m} = \mathbf{4{,}35\,m^2}$$

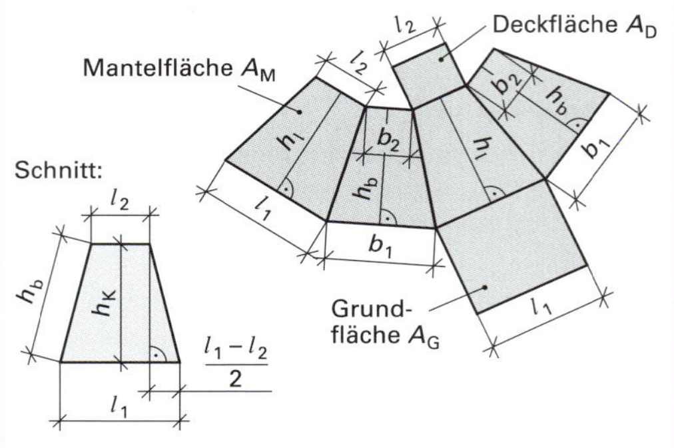

Bild 1: Abwicklung Pyramidenstumpf

Oberfläche$_{\text{Pyramidenstumpf}}$
= Mantelfläche + Grundfläche + Deckfläche

$$A_O = A_M + A_1 + A_2$$

Mantelfläche$_{\text{Pyramidenstumpf}}$
= Summe aller Trapezflächen

$$A_M = A_{M1} + A_{M2} + A_{M3} \ldots$$

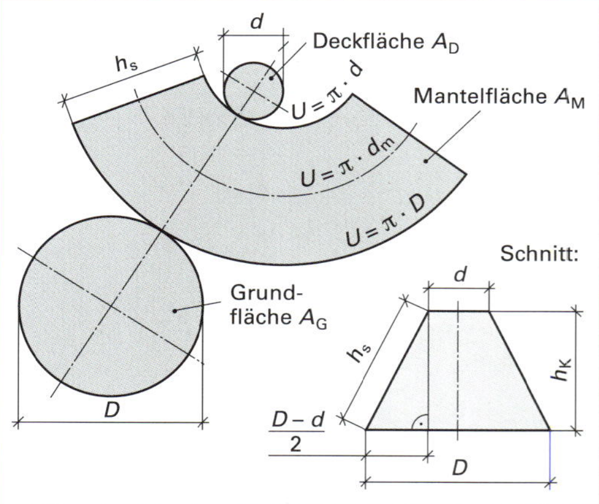

Bild 2: Abwicklung Kegelstumpf

Oberfläche$_{\text{Kegelstumpf}}$
= Mantelfläche + Grundfläche + Deckfläche

$$A_O = A_M + A_G + A_D$$

Mantelfläche$_{\text{Kegelstumpf}}$
= π × Länge mittlerer Bogen × Seitenlänge

$$A_M = \pi \cdot d_m \cdot h_s$$

6 Körper

6.5 Pyramidenstumpf und Kegelstumpf

■ Aufgaben zu 6.5 Pyramidenstumpf und Kegelstumpf

119.1 Berechnen Sie das Volumen in m^3 des abgebildeten Pyramidenstumpfes **(siehe Bild)**.

119.2 Ein Pyramidenstumpf mit quadratischer Grundfläche $3{,}5 \times 3{,}5$ m hat eine gedachte Pyramidenhöhe von 5,5 m. Die Höhe des Pyramidenstumpfes entspricht 75 % der ganzen Pyramidenhöhe.

Berechnen Sie das Volumen in m^3.

119.3 Für ein Museum werden Ausstellungssockel **(siehe Bild)** hergestellt.

Berechnen Sie

a) das Volumen eines Sockels in m^3,

b) die Oberfläche eines Sockels in m^2.

119.4 Berechnen Sie

a) das Volumen in cm^3 und

b) die Oberfläche in cm^2

des abgebildeten Kegelstumpfes **(siehe Bild)**.

119.5 Für eine Serienfertigung von Esstischen werden 500 Tischbeine in Form eines schlanken Kegelstumpfes hergestellt **(siehe Bild)**.

Berechnen Sie die Rohmenge an Buchenvollholz in m^3 bei 60 % Verschnittzuschlag.

119.6 Ein Kegelstumpf hat ein Volumen von $0{,}339\ m^3$, einen unteren Durchmesser von 0,80 m sowie einen oberen Durchmesser von 0,40 m.

Wie hoch ist der Kegelstumpf in m?

119.7 Für eine Messebaufirma werden 8 Ausstellungssockel in Form eines Kegelstumpfes bestellt. Der Durchmesser der Grundfläche beträgt 1,00 m, der Deckfläche 50 cm, die Höhe 1,60 m.

Berechnen Sie:

a) die Mantelfläche in Quadratmetern,

b) die Deckfläche in Quadratmetern.

119.8 Ein Leimgefäß hat einen unteren Durchmesser von 19 cm und einen oberen Durchmesser von 26,5 cm sowie eine Höhe von 24 cm. Es ist noch $^3/_4$ gefüllt **(siehe Bild)**.

Berechnen Sie die Restmenge des Leimes in Litern.

119.9 Ein Spänesilo hat die Form eines Zylinders mit angesetztem Kegelstumpf **(siehe Bild)**.

Berechnen Sie das Fassungsvermögen des Silos in m^3.

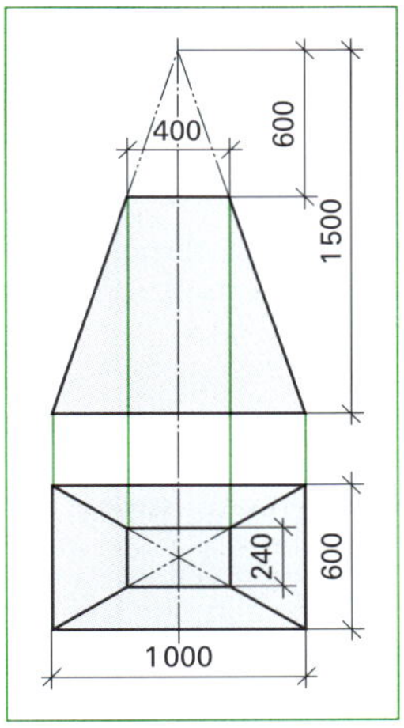

Aufgabe 119.1

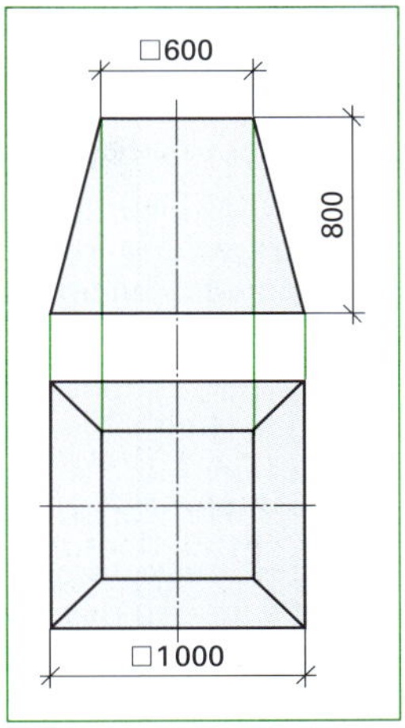

Aufgabe 119.3

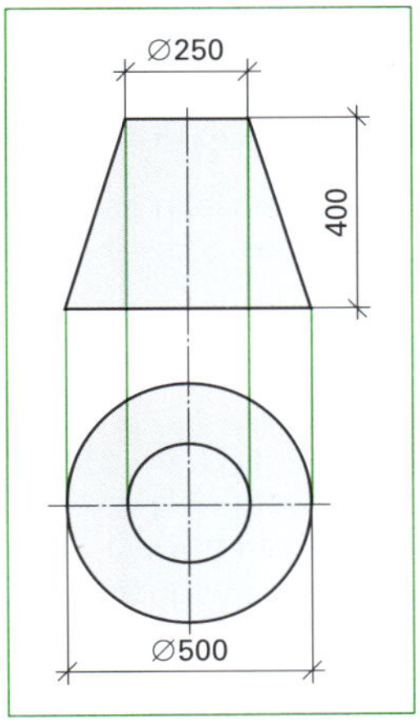

Aufgabe 119.4

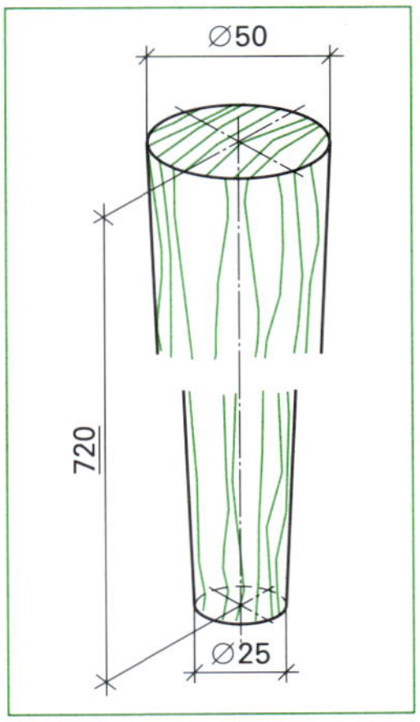

Aufgabe 119.5

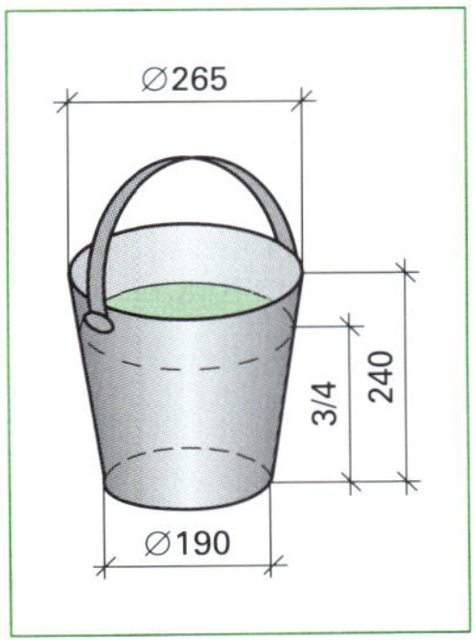

Aufgabe 119.8

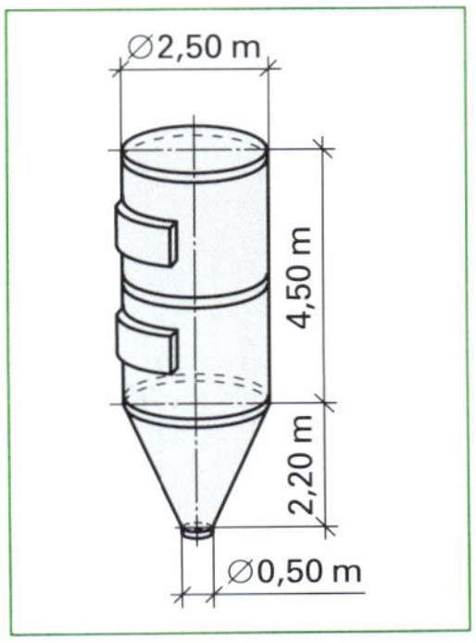

Aufgabe 119.9

6.6 Stammberechnungen – Blockmaß, Würfelmaß

Stammvolumen (Blockmaß)

Für den Rauminhalt (Volumen) von Stammholz (Rundholz) ist der Kubikmeter (m^3) als Einheit festgelegt. Im Sprachgebrauch wird auch manchmal noch die Bezeichnung „Festmeter" benutzt.

Zur Berechnung des mittleren Durchmessers wird in halber Stammlänge des an dieser Stelle meist entrindeten Stammes mit der Kluppe gemessen.

Beträgt der Mittendurchmesser weniger als 20 cm, wird nur einmal gekluppt; über 20 cm wird zweimal (kreuzweise) gemessen und der Mittelwert ausgerechnet. Der ermittelte Wert wird auf die vollen Zentimeter abgerundet **(Bild 1)**.

Da ein Holzstamm die Form eines Kegelstumpfes hat, erfolgt die Berechnung des Volumens nach der Näherungsformel für die Berechnung von Kegelstümpfen (siehe Seite 117).

Beispiel: Wie groß ist das Volumen eines Stammes mit l = 7,50 m und kreuzweise gekluppt d_{m1} = 38,9 cm, d_{m2} = 42,7 cm?

Lösung: $d_m = \frac{d_{m1} + d_{m2}}{2} = \frac{38{,}9\text{ cm} + 42{,}7\text{ cm}}{2} = 40{,}8\text{ cm} \mathrel{\hat{=}} \mathbf{40\ cm}$

$V = d_m^2 \cdot 0{,}785 \cdot l$

$V = (0{,}40\text{ m})^2 \cdot 0{,}785 \cdot 7{,}50\text{ m} = \mathbf{0{,}942\ m^3}$

Wird ein Stamm in einzelne Stammteile gesägt, erfolgt die Berechnung des Volumens für jedes Stammteil extra nach der gleichen Formel **(Bild 1)**.

Würfelmaß

Bei nicht parallel besäumter Schnittware (Bretter und Bohlen) wird das Volumen auch das Würfelmaß genannt. Hierbei werden die einzelnen mittleren Breiten mit der Dicke und der Länge multipliziert. Der Säge- und Schwartenabfall bleibt unberücksichtigt.

Der Einschnittverlust ergibt sich aus dem Stammvolumen (Blockmaß) minus dem Würfelmaß. Je nach Stammform, Dicke der Bretter oder Bohlen und Art des Einschnitts beträgt der Verschnitt bei Stammhölzern zwischen 20 % und 35 %. (Vergleiche 4.1 Holzmengenberechnungen, Seite 70).

Beispiel: Aus einem Stamm mit einer Länge von 6,50 m und einem Durchmesser von 40 cm werden 12 Bretter mit der Dicke = 26 mm geschnitten, die aber verschieden große Breiten haben: b_{m1} = 0,35 m, b_{m2} = 0,34 m, b_{m3} = 0,33 m, b_{m4} = 0,29 m, b_{m5} = 0,24 m, b_{m6} = 0,15 m (je 2 Stück).

Berechnen Sie das Würfelmaß in m^3.

Lösung: $V_{ges} = V_1 + V_2 + V_3 + \ldots$

$= (b_{m1} + b_{m2} + b_{m3} + b_{m4} + b_{m5} + b_{m6}) \cdot d \cdot l \cdot n$

$= (0{,}35\text{ m} + 0{,}34\text{ m} + 0{,}33\text{ m} + 0{,}29\text{ m} + 0{,}24\text{ m} + 0{,}15\text{ m}) \cdot 0{,}026\text{ m} \cdot 6{,}50\text{ m} \cdot 2$

$= \mathbf{0{,}575\ m^3}$

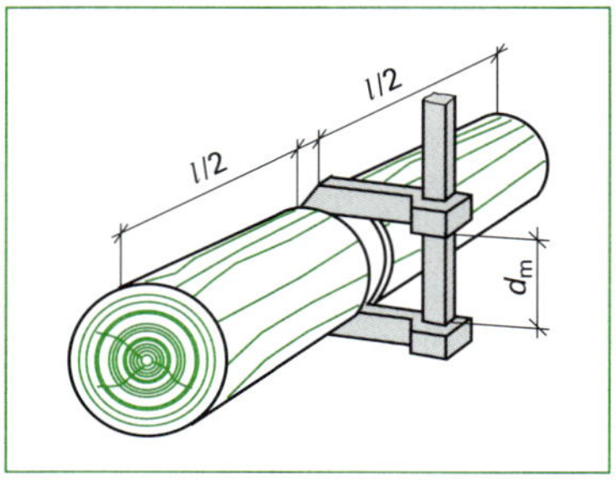

Bild 1: Kluppung

Volumen
= Querschnittsfläche × Länge

$V = A \cdot l$

$V = d_m^2 \cdot 0{,}785 \cdot l$

$d_m = \frac{d_{m1} + d_{m2}}{2}$

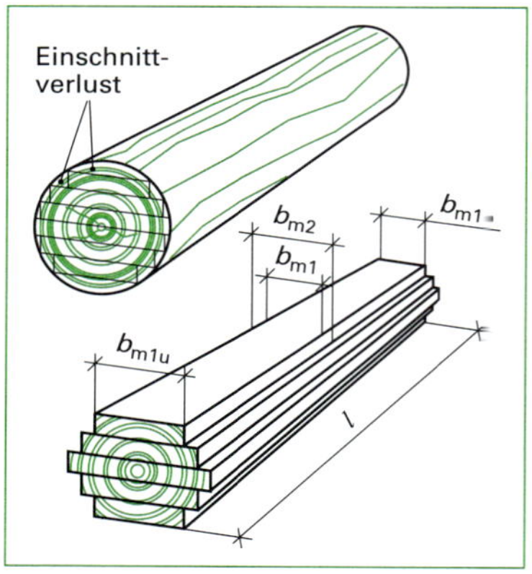

Bild 2: Würfelmaß

Gesamtvolumen
= Summe aller Einzelvolumen

$V_{ges} = V_1 + V_2 + V_3 \ldots$

$V = (\sum b_m) \cdot d \cdot l$

Einschnittverlust in m^3
= Blockmaß – Würfelmaß

6.6 Stammberechnungen – Blockmaß, Würfelmaß

Aufgaben zu 6.6 – Stammberechnungen

121.1 Ein Buchenstamm hat eine Länge von 8,00 m und einen mittleren Durchmesser von 48 cm.

Wie groß ist sein Volumen in m³?

121.2 Berechnen Sie den mittleren Durchmesser der drei Kiefernstämme in cm. Die Maße sind kreuzweise gekluppt:

a) 32 × 33 cm,

b) 46,2 × 49,3 cm,

c) 39,8 × 43,4 cm.

121.3 Mit einem Bandmaß wird ein mittlerer Umfang U = 1 633 mm eines Kiefernstammes gemessen. Die Länge beträgt l = 6,50 m.

Wie groß ist das Volumen in m³?

121.4 Berechnen Sie den Rohholzpreis für den abgebildeten Fichtenstamm **(siehe Bild)** bei einem Kubikmeterpreis von 475 €.

121.5 Zwei Eschenstämme werden für 2 430 € verkauft. Stamm 1 hat eine Länge von 8,70 m und einen mittleren Durchmesser von 46 cm. Stamm 2 hat eine Länge von 9,50 m und einen mittleren Durchmesser von 38 cm.

Berechnen Sie den Kubikmeterpreis.

121.6 Aus einem Eichenstamm **(siehe Bild)** sollen unbesäumte Bohlen zugeschnitten werden.

a) Berechnen Sie das Volumen des abgebildeten Stammes.

b) Wie viel m² Bohlen mit einer Dicke von 40 mm erhält man bei einem Einschnittverlust von 25 %?

121.7 Bei einer Holzversteigerung kostet das Lärchenstammholz 490 €/m³. Für den Transport entstehen 182,50 €. Für den Einschnitt im Sägewerk fallen 160 € an. Vier Lärchenstämme haben ein Volumen von 5,24 m³.

Berechnen Sie:

a) den Versteigerungspreis im Wald,

b) das Würfelmaß in m³ bei 26 % Einschnittverlust,

c) den Schnittholzpreis je Kubikmeter.

121.8 Ein Eichenstamm mit dem mittleren Durchmesser d_m = 50 cm wird in 60 mm dicke Bohlen aufgetrennt **(siehe Bild)**. Die Stammlänge beträgt 5,00 m.

Berechnen Sie:

a) das Volumen des Stammes in m³,

b) das Würfelmaß in m³,

c) den Einschnittverlust in Prozent.

121.9 Ein 6,50 m langer Buchenstamm mit dem mittleren Durchmesser d_m = 60 cm wird wie angegeben eingeschnitten **(siehe Bild)**. Die unbesäumten Bretter haben eine Dicke von 26 mm.

Berechnen Sie den Einschnittverlust in Prozent.

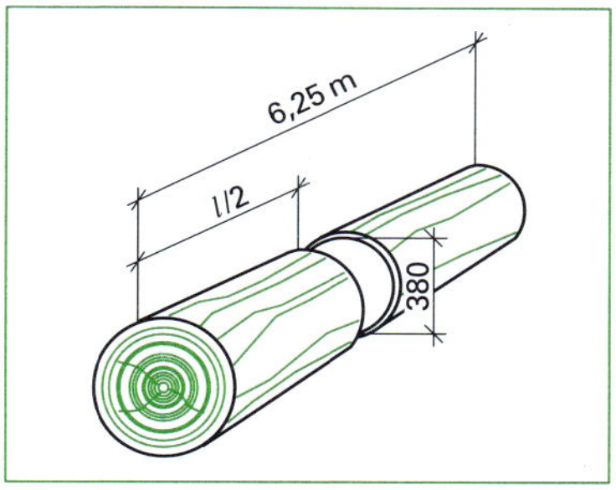

Aufgabe 121.4

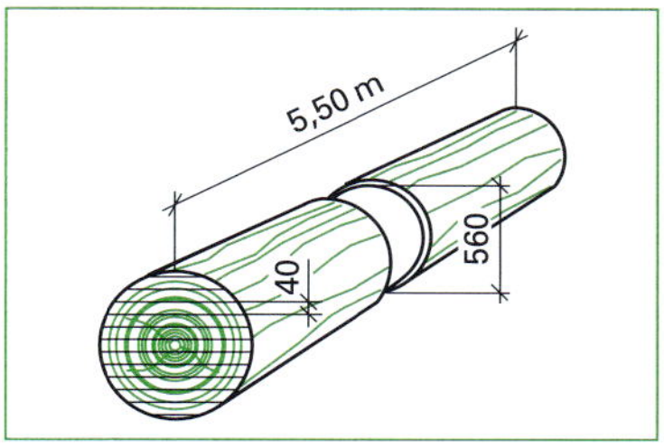

Aufgabe 121.6

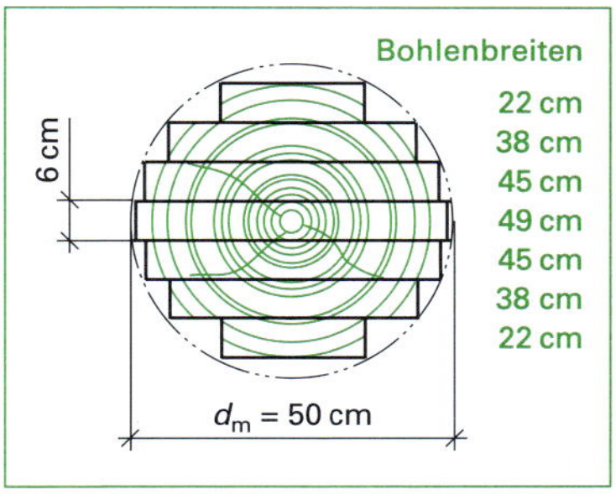

Aufgabe 121.8

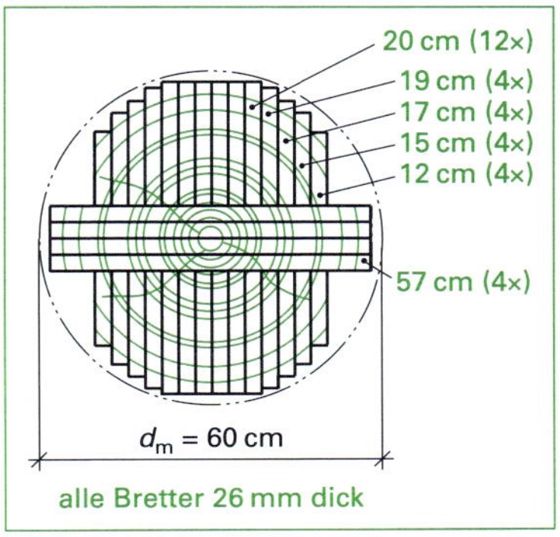

Aufgabe 121.9

6.7 Kugel – 6.8 Fass – 6.9 Keil und Ponton

6.7 Kugel

Die **Kugel** ist ein allseitig gekrümmter Körper, bei dem jeder Punkt der Kugeloberfläche vom Mittelpunkt den gleichen Abstand hat **(Bild 1)**.

Die Volumen von Zylinder zu Kugel zu Kegel mit gleichen Durchmessern und der Höhe d verhalten sich wie 3 : 2 : 1.

Verhältnis: $V_{Zyl} : V_{Kug} : V_{Keg}$
$3 : 2 : 1$

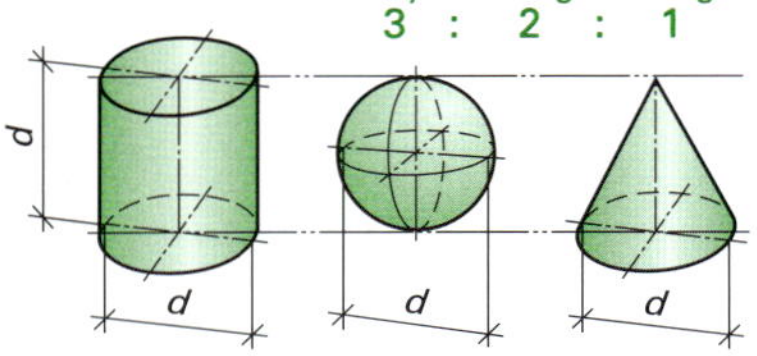

Die Kugeloberfläche ist eine gleichförmig gekrümmte Fläche. Im Unterschied zum Mantel des Zylinders und des Kegels lässt sich die Kugelfläche nicht in eine Ebene abwickeln.

6.8 Fass (Tonne)

Das **Fass** stellt einen unregelmäßig gestalteten Körper dar **(Bild 2)**.

Ist die Fasswand kreisförmig gekrümmt, so spricht man von einem **Kreistonnenkörper**.

6.9 Keil und Ponton

Keil und **Ponton** sind Sonderformen des Prismoids (Vielflächners) mit Dreiecken bzw. Trapezflächen als Seitenflächen.

Ein **Keil** ist ein prismatischer Körper, bei dem zwei Seiten spitzwinklig zu einer Geraden (Kante) zusammenlaufen. Diese Gerade liegt bei vorliegender Berechnung parallel zur Grundfläche. Die dreieckigen Seitenflächen können rechtwinklig oder auch geneigt zur Grundfläche stehen **(Bild 3)**.

Einen **Ponton** erhält man, wenn ein Keil parallel zur Grundfläche abgeschnitten wird. Der Abschnitt stellt einen Ergänzungskeil dar **(Bild 4)**.

Die **Oberfläche des Keils** ergibt sich aus der Summe der Seitenflächen (Mantelfläche) und der Grundfläche.

Die **Oberfläche eines Pontons** erhält man, indem man die Summe der Seitenflächen (Mantelfläche), die Grundfläche und die Deckfläche addiert. Die Höhen der Seitenflächen lassen sich mithilfe des Satzes von Pythagoras ermitteln.

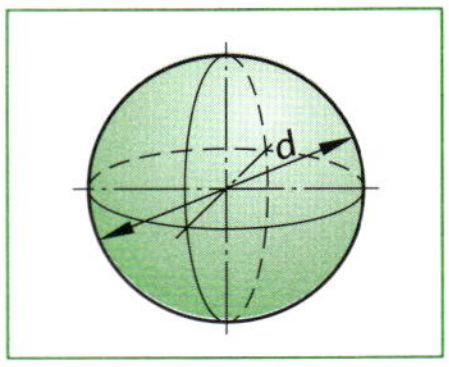

Bild 1: Kugel

Kugel

$$V = \frac{d^3 \cdot \pi}{6}$$

$$d = \sqrt[3]{\frac{6 \cdot V}{\pi}}$$

$$A_O = d^2 \cdot \pi$$

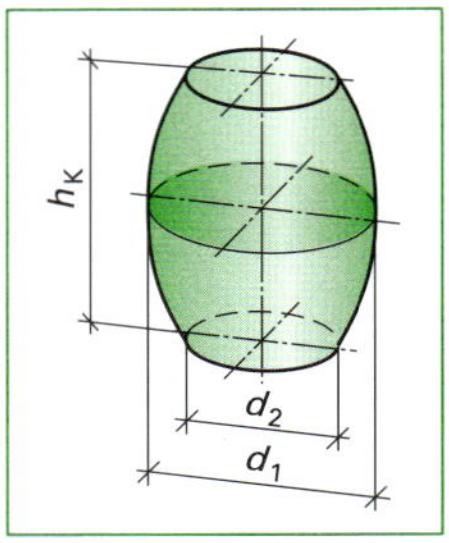

Bild 2: Fass

Fass
sphärische oder elliptische Krümmung

$$V = \pi \cdot \frac{h_K}{12}(2 \cdot d_1^2 + d_2^2)$$

Keil – Schneide parallel zur Grundfläche

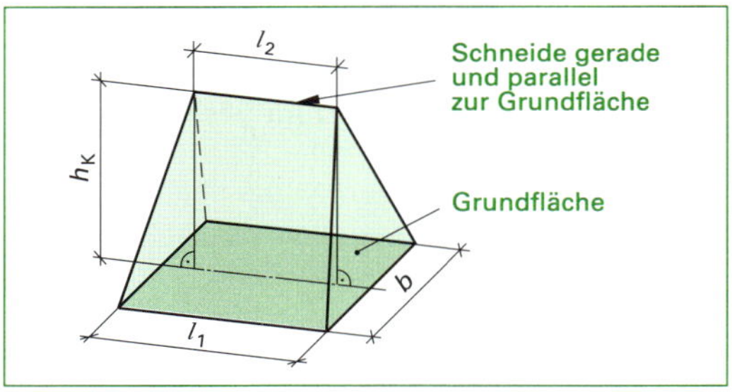

Bild 3: Keil

$$V = \frac{h_K}{6} \cdot b(2 \cdot l_1 + l_2)$$

Ponton – Alle Mantelflächen schräg

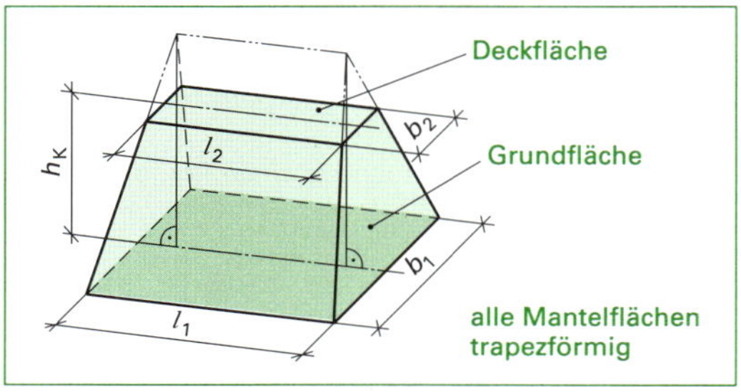

Bild 4: Ponton

$$V = \frac{h_K}{6}[2 \cdot (l_1 \cdot b_1 + l_2 \cdot b_2) + l_1 \cdot b_2 + l_2 \cdot b_1]$$

6.7 Kugel – 6.8 Fass – 6.9 Keil und Ponton

Beispiel zu 6.7 – Kugel

Eine Kugel hat einen Durchmesser von 26 cm.
Berechnen Sie

a) das Volumen in cm^3,

b) die Oberfläche in cm^2.

Lösung:

a) $V = \frac{d^3 \cdot \pi}{6}$

$= \frac{(26\text{ cm})^3 \cdot \pi}{6} = \mathbf{9\,198{,}11\ cm^3}$

b) $A_O = d^2 \cdot \pi$

$= (26\text{ cm})^2 \cdot \pi = \mathbf{2\,122{,}64\ cm^2}$

Beispiel zu 6.8 – Fass

Ein Fass hat folgende Innenmaße:
$d_1 = 43$ cm, $d_2 = 30$ cm und $h_K = 57$ cm.

Wie viel Liter können eingefüllt werden?

Lösung:

$V = \pi \cdot \frac{h_K}{12}(2 \cdot d_1^2 + d_1^2)$

$= \pi \cdot \frac{5{,}7\text{ dm}}{12}[2 \cdot (4{,}3\text{ dm})^2 + (3{,}0\text{ dm})^2]$

$= 68{,}58\text{ dm}^3 = \mathbf{68{,}58\ l}$

Beispiel zu 6.9 – Keil

Ein Keil hat folgende Abmessungen:
$h_K = 145$ cm, $l_1 = 55$ cm, $l_2 = 48$ cm, $b = 45$ cm.

Wie groß ist das Volumen in m^3?

Lösung:

$V = \frac{h_K}{6} \cdot b(2 \cdot l_1 + l_2)$

$= \frac{1{,}45\text{ m}}{6} \cdot 0{,}45\text{ m}\ (2 \cdot 0{,}55\text{ m} + 0{,}48\text{ m})$

$= \mathbf{0{,}172\ m^3}$

Beispiel zu 6.9 – Ponton

Berechnen Sie das Volumen für einen Ponton mit den Maßen $h_P = 1{,}25$ m, $l_1 = 85$ cm, $l_2 = 75$ cm, $b_1 = 60$ cm und $b_2 = 53$ cm.

Lösung:

$V = \frac{h_K}{6}[2 \cdot (l_1 \cdot b_1 + l_2 \cdot b_2) + l_1 \cdot b_2 + l_2 \cdot b_1]$

$= \frac{1{,}25\text{ m}}{6}[2 \cdot (0{,}85\text{ m} \cdot 0{,}60\text{ m} + 0{,}75\text{ m} \cdot 0{,}53\text{ m})$

$+ 0{,}85\text{ m} \cdot 0{,}53\text{ m} + 0{,}75\text{ m} \cdot 0{,}60\text{ m}]$

$= \mathbf{0{,}566\ m^3}$

Aufgaben zu 6.7 – Kugel

123.1 Ein Würfel hat die Seitenlänge von 1 m, eine Kugel hat einen Durchmesser von 1 m.

Berechnen Sie das Verhältnis der beiden Volumen zueinander.

123.2 Eine aufblasbare Ausstellungshalle hat die Form einer Halbkugel. Der Durchmesser beträgt 25 m. Der monatliche Mietpreis beträgt 0,75 €/m^3.

a) Berechnen Sie den Rauminhalt der Halle in m^3.

b) Wie hoch ist die monatliche Miete?

123.3 Für eine Werbung werden 25 Holzkugeln mit einem Durchmesser von 32 cm gedrechselt.

Berechnen Sie:

a) das Gesamtvolumen der Kugeln in m^3,

b) den Verschnittzuschlag in Prozent, wenn ein Würfel von 36 cm zugrunde gelegt wird.

Aufgaben zu 6.8 – Fass

123.4 Ein Fass hat die Innenmaße $d_1 = 58$ cm, $d_2 = 42$ cm und $h_K = 75$ cm.

Berechnen Sie das Volumen in Liter, wenn das Fass zu 75 % gefüllt ist.

123.5 Von einem Fass soll die gelagerte Flüssigkeit in ein zylindrisches Gefäß mit einem Fassungsvermögen von 60 Litern gefüllt werden. Die Innenmaße des Fasses betragen $d_1 = 45$ cm, $d_2 = 32$ cm und $h_K = 60$ cm.

Wie viel Prozent des Fassinhaltes passen in das zylindrische Gefäß?

Aufgaben zu 6.9 – Keil und Ponton

123.6 Für eine Messe sollen 8 Körper aus 10 mm dickem Plexiglas für Ausstellungszwecke als keilförmige Behälter hergestellt werden. Die Innenmaße betragen $h_K = 1{,}60$ m, $l_1 = 65$ cm, $l_2 = 65$ cm und $b = 50$ cm.

Wie viel m^3 des Austellungsmaterials können in die Körper eingefüllt werden?

123.7 Für ein Museum sollen 20 Ausstellungssockel aus verleimtem Vollholz in der Form eines Pontons hergestellt werden. Die Abmessungen sind $h_K = 45$ cm, $l_1 = 45$ cm, $l_2 = 38$ cm, $b_1 = 30$ cm und $b_2 = 26$ cm.

Rechnen Sie in cm und wandeln Sie das Ergebnis in m^3 bzw. in m^2 um.

a) Wie groß ist das Gesamtvolumen in m^3?

b) Wie viel m^2 beträgt die Oberfläche?

7 Masse – Dichte – Gewichtskraft

7.1 Masse – 7.2 Dichte

7.1 Masse

Jeder Körper hat eine Substanzmenge, genannt **Masse** (m). Sie wird durch Vergleichen mit geeichten Gewichtsstücken, also durch Wägen, oder durch Berechnen bestimmt **(Bild 1)**.

Die **Einheit** der Masse eines Körpers ist das **Kilogramm** (kg).

Dieses entspricht der Masse von einem Liter = 1 dm³ Wasser bei 4 °C und 760 hPa Luftdruck.

Dezimale Vielfache und Teile dieser Masse-Einheit sind die Tonne (t), das Gramm (g) und das Milligramm (mg). Die Umrechnungszahl je Einheit beträgt 10^3 = 1 000 oder 3 Dezimalstellen.

Umrechnung von Einheiten				
1 t	1 kg	1 g	1 mg	
1	0,001	0,000 001	0,000 000 001	t
1 000	1	0,001	0,000 001	kg
1 000 000	1 000	1	0,001	g

Beispiel: 12,5 t = 12 500 kg; 237 kg = 0,237 t; 4 859 g = 4,859 kg; 0,825 kg = 825 g

Formelzeichen	Bezeichnung	Einheit
m	Masse	kg
ϱ	Dichte	kg/dm³
V	Volumen	dm³

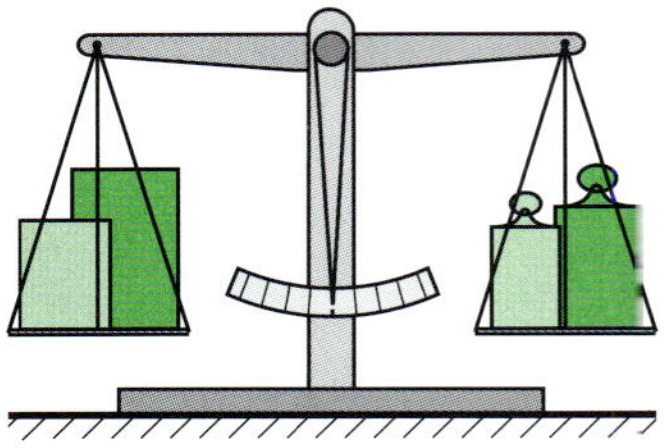

Werkstücke = Gewichtstücke
Masse 1 (m_1) = Masse 2 (m_2)
2 kg = 2 kg

Bild 1

7.2 Dichte

Die Dichte (ϱ) ist die Masse einer Volumeneinheit eines Stoffes, also das Verhältnis seiner Masse zu seinem Volumen.

Ein Liter Wasser hat die Dichte 1 kg/dm³.

Bei dieser Größeneinheit sagen die Dichtezahlen anderer Stoffe aus, wie viel schwerer oder wie viel leichter sie als Wasser sind.

Im Bau- und Holzgewerbe wird zwischen **Dichte** und **Rohdichte** unterschieden. Unter Rohdichte versteht man die Dichte poriger Stoffe. Die Rohdichte ist eine Größe, die die Poren und Hohlräume wie z. B. beim Holz mit einschließt.

$$\text{Dichte} = \frac{\text{Masse (kg)}}{\text{Volumen (dm}^3\text{)}}$$

$$\varrho = \frac{m}{V} \text{ (sprich: ro)}$$

$$\text{Masse} = \text{Volumen} \times \text{Dichte}$$

$$m = V \cdot \varrho$$

Einheiten für die Dichte:

$$\frac{\text{g}}{\text{cm}^3}; \frac{\text{kg}}{\text{dm}^3}; \frac{\text{kg}}{\text{m}^3}; \frac{\text{t}}{\text{m}^3}$$

Beispiel 1: Eine Glasscheibe für eine Ganzglaspassage ist 1,15 m breit, 2,50 m hoch und 12 mm dick. Glas hat eine Dichte ϱ = 2,6 kg/dm³.

Welche Masse hat die Glasscheibe in kg?

Lösung:

$$V = b \cdot l \cdot d$$

$$m = V \cdot \varrho = b \cdot l \cdot d \cdot \varrho$$

$$= 11{,}5\,\text{dm} \cdot 25\,\text{dm} \cdot 0{,}12\,\text{dm} \cdot 2{,}6\,\frac{\text{kg}}{\text{dm}^3}$$

$$= 34{,}5\,\text{dm}^3 \cdot 2{,}6\,\frac{\text{kg}}{\text{dm}^3} = \mathbf{89{,}7\,kg}$$

Beispiel 2: Ein 4,20 m langer Eichenbalken hat einen Querschnitt von 18 cm × 24 cm. Seine Masse wurde mit 130 kg ermittelt.

Wie groß ist die Dichte des lufttrockenen Eichenbalkens?

Lösung:

$$V = l \cdot b \cdot h = 42\,\text{dm} \cdot 1{,}8\,\text{dm} \cdot 2{,}4\,\text{dm} = 181{,}44\,\text{dm}^3$$

$$\varrho = \frac{m}{V} = \frac{130\,\text{kg}}{181{,}44\,\text{dm}^3} = 0{,}716\,4\,\frac{\text{kg}}{\text{dm}^3} = \mathbf{716{,}4\,\frac{kg}{m^3}}$$

Tabelle 1: Rohdichten von Werkstoffen in kg/dm³; g/cm³; t/m³

Holz (μ = 15 %)	ϱ	Baustoff	ϱ
Ahorn	0,61	Aluminium	2,70
Balsa	0,16	Beton	2,20
Buche	0,69	Blei	11,30
Eiche	0,67	Glas	2,60
Esche	0,69	Marmor	2,80
Fichte	0,47	Mauerwerk	1,80
FPY	0,70	Polystyrol	0,02
Kiefer	0,52	Sand	1,80
Lärche	0,59	Stahl	7,85
Nussbaum	0,68	Wasser 4 °C	1,00

7 Masse – Dichte – Gewichtskraft

7.1 Masse – 7.2 Dichte

Aufgaben zu 7.1 – Masse

125.1 Eine Schiebetür aus Ganzglas ist 1,40 m breit, 2,20 m hoch und 15 mm dick **(siehe Bild)**.

Wie groß ist die Masse der Glasschiebetür, wenn die mittlere Rohdichte in der Tabelle mit 2,60 kg/dm³ angegeben ist?

125.2 Die aufgeführten Massen sind in die angegebenen Einheiten umzurechnen!

a) 752 g = ? kg = ? mg
b) 62,5 t = ? kg = ? g
c) 8 590 kg = ? t = ? g
d) 5,389 t = ? kg = ? g
e) 8 370 mg = ? g = ? kg
f) 0,275 t = ? kg = ? g
g) 0,064 kg = ? g = ? mg
h) 0,034 t = ? kg = ? mg
i) 84 364 mg = ? g = ? kg
k) 95 853 mg = ? kg = ? t

Aufgaben zu 7.2 – Dichte

125.3 Eine Stahlplatte hat eine Masse von 3 301 kg und ein Volumen von 0,42 m³.

Wie groß ist die Dichte der Stahlplatte in kg/dm³?

125.4 Ein Eichenbalken hat eine Länge von 5,20 m, eine Höhe von 24 cm und eine Breite von 16 cm.

Wie groß ist die Rohdichte in kg/dm³ dieses Eichenbalkens, wenn die Masse 168,5 kg beträgt?

125.5 Eine Lieferung von parallel besäumten Brettern besteht aus:

20 Stück 3,40 m lang, 18 cm breit und 30 mm dick;
15 Stück 3,20 m lang, 20 cm breit und 25 mm dick;
30 Stück 3,80 m lang, 16 cm breit und 20 mm dick.

Welche Masse in kg ist insgesamt in das Holzlager zu befördern, wenn es sich um Kiefernholz mit der Rohdichte ϱ = 0,52 kg/dm³ handelt?

125.6 Ein Kleinlastwagen kann 3,5 t Nutzlast aufnehmen.

Wie viel m³ Buchenholz (Fichtenholz) darf er höchstens zuladen? (siehe Tabelle 1, Seite 124)

125.7 Ein Stapel mit 50 Stück 19 mm dicken Flachpressplatten hat eine Länge von 4,80 m und eine Breite von 1,53 m **(siehe Bild)**. Seine Masse wurde für den Transport mit 4 888 kg ermittelt.

Welche Rohdichte in kg/dm³ haben diese Spanplatten?

125.8 Die Mittellage einer schalldämmenden Tür besteht aus einer 95 cm breiten und 188 cm hohen Röhrenspanplatte **(siehe Bild)**. Die quer laufenden Röhren haben einen Durchmesser von 30 mm. Der Abstand zwischen den Röhren beträgt 10 mm.

Mit wie viel kg kann die Masse des Türblattes erhöht werden, wenn man die Röhren mit Sand ausfüllt?

125.9 Eine Isolierglasscheibe **(siehe Bild)**, 1,82 × 1,76 m groß, besteht aus zwei Glasscheiben von je 4 mm Dicke.

Wie groß ist die Masse in kg dieser Isolierglasscheibe, wenn man den Randverbund unberücksichtigt lässt?

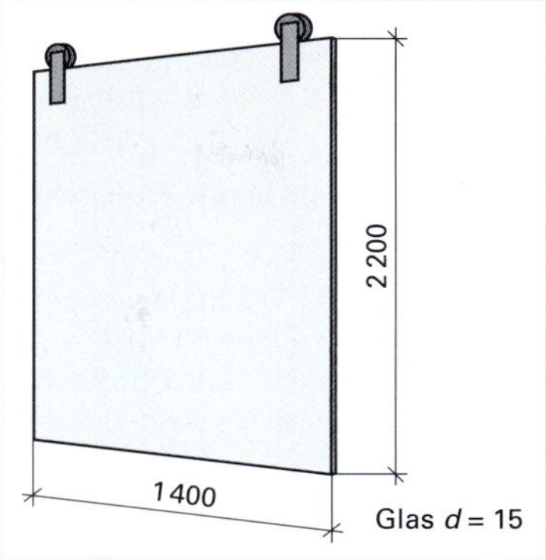

Aufgabe 125.1

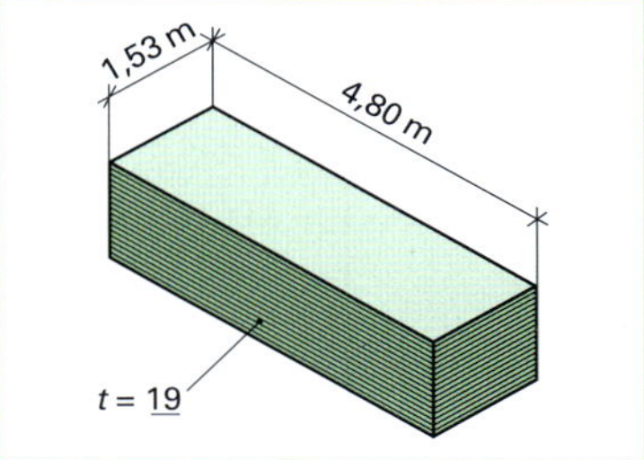

Aufgabe 125.7

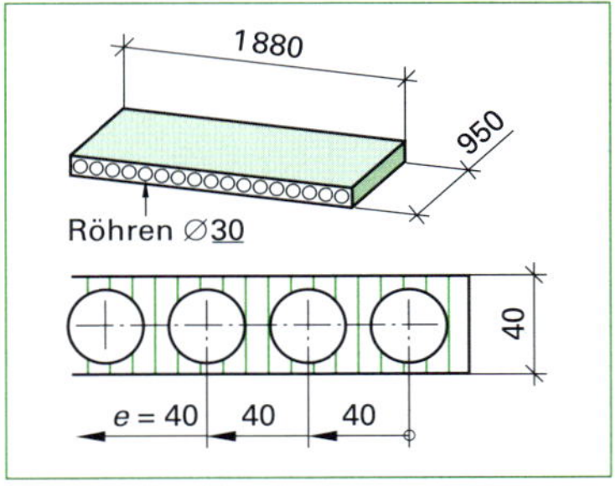

Aufgabe 125.8

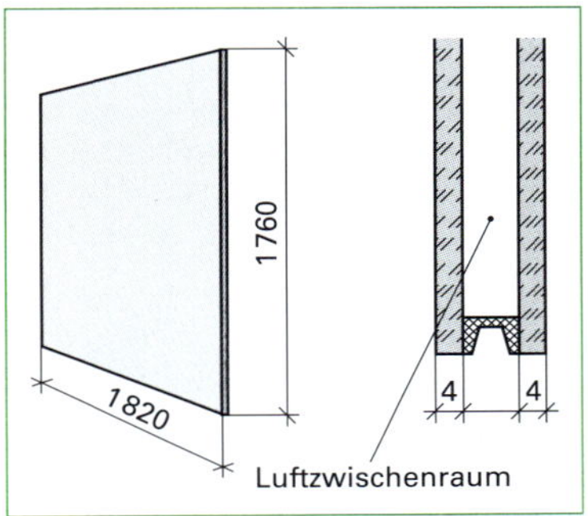

Aufgabe 125.9

7 Masse – Dichte – Gewichtskraft

7.3 Gewichtskraft

Die Masse eines jeden Körpers wird durch die Anziehungskraft der Erde angezogen. Gleichzeitig wirkt auf die Masse durch die Drehbewegung der Erde eine Fliehkraft.

Die Differenz zwischen der Anziehungskraft und der Fliehkraft wird als **Gewichtskraft F_G** des Körpers bezeichnet.

Je weiter der Körper von der Erdoberfläche entfernt ist, desto größer wird die Fliehkraft und desto geringer die Anziehungskraft. Dadurch verringert sich mit dem Abstand des Körpers von der Erdoberfläche seine Gewichtskraft.

Die Gewichtskraft eines Körpers kann man berechnen. Sie ist das Produkt aus der Masse m eines Körpers und der an dem betreffenden Ort wirkenden Fallbeschleunigung g.

Als Fallbeschleunigung bezeichnet man die Geschwindigkeitszunahme je Sekunde, die ein frei fallender Körper in einem luftleeren Raum erhält.

Die Fallbeschleunigung schwankt zwischen $g = 9{,}83\ \text{m/s}^2$ an den Polen und $g = 9{,}78\ \text{m/s}^2$ am Äquator. Als genormter Mittelwert wurde $g = 9{,}806\,65\ \text{m/s}^2 \approx 9{,}81\ \text{m/s}^2 \approx 10\ \text{m/s}^2$ festgelegt.

Die **Einheit** der Gewichtskraft ist das **Newton** (N), sprich: njuten. Ein Newton (1 N) ist die Kraft, die einem Körper mit der Masse $m = 1$ kg in einem luftleeren Raum die Beschleunigung $1\ \text{m/s}^2$ verleiht.

Beispiel: Die Masse m von 1 kg Wasser hat eine Gewichtskraft F_G von:

$$F_G = 1\ \text{kg} \cdot 10\,\frac{\text{m}}{\text{s}^2} = 10\,\frac{\text{kg} \cdot \text{m}}{\text{s}^2} = \mathbf{10\ N = 1\ daN}$$

In der Bautechnik werden aus Gründen der hier anfallenden hohen Gewichtskräfte auch das dezimale Vielfache dieser Einheit verwendet, wie zum Beispiel Kilonewton (kN) und Meganewton (MN).

Beispiel: Ein zylindrischer Furnierstamm aus Eiche hat eine Länge von 3,60 m und einen Durchmesser von 68 cm.

Wie groß ist die Gewichtskraft in N und kN am Kranhaken, wenn die Rohdichte des Furnierstammes mit $0{,}90\ \text{kg/dm}^3$ angenommen wird?

Lösung: $m = V \cdot \varrho;\ V = d^2 \cdot 0{,}785 \cdot l$

Gewichtskraft:

$$\begin{aligned} F_G &= m \cdot g \\ &= d^2 \cdot 0{,}785 \cdot l \cdot \varrho \cdot g \\ &= (6{,}8\ \text{dm})^2 \cdot 0{,}785 \cdot 36\ \text{dm} \cdot 0{,}90\ \text{kg/dm}^3 \cdot 10\,\frac{\text{m}}{\text{s}^2} \\ &= 11\,767\,\frac{\text{kg} \cdot \text{m}}{\text{s}^2} = \mathbf{11\,767\ N = 11{,}8\ kN} \end{aligned}$$

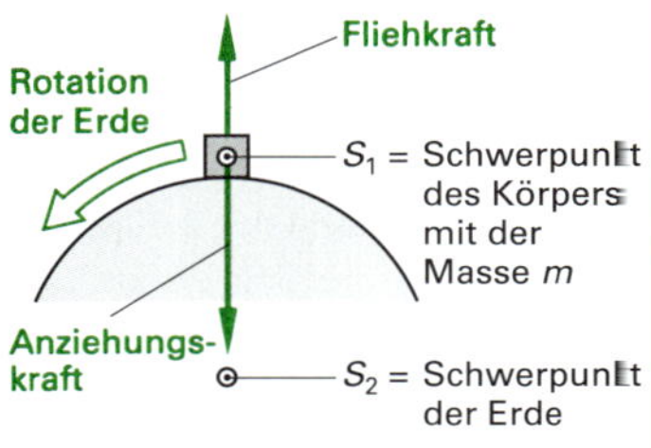

Formelzeichen	Bezeichnung	Einheit
F_G	Gewichtskraft	N
g	Fallbeschleunigung	m/s^2

Gewichtskraft F_G = Masse m × Fallbeschleunigung g

$$F_G = m \cdot g$$

$$m = \frac{F_G}{g}$$

Die mittlere Größe der Fallbeschleunigung beträgt:

$$g \approx 9{,}81\ \text{m/s}^2 \approx 10\ \text{m/s}^2$$

Die Gewichtskraft F_G einer Masse m von 1 kg beträgt:

$$\begin{aligned} F_G &= m \cdot g \\ &= 1\ \text{kg} \cdot 10\,\frac{\text{m}}{\text{s}^2} = 10\ \text{kg} \cdot \frac{\text{m}}{\text{s}^2} \\ &= \mathbf{10\ N} \end{aligned}$$

Weitere Einheiten:
10 N = 1 daN (Dekanewton)
1 000 N = 1 kN (Kilonewton)
1 000 kN = 1 MN (Meganewton)

7.3 Gewichtskraft

Aufgaben zu 7.3 – Gewichtskraft

127.1 In einem Wirtshaus soll eine kreisrunde Säule aus Eichenholz zur optischen Raumgliederung eingebaut werden. Sie soll einen Durchmesser von 320 mm und eine Höhe von 3,20 m haben.

Mit welcher Gewichtskraft in daN ist für die Bodenbelastung zu rechnen, wenn für das Eichenholz eine Rohdichte ϱ = 0,70 kg/dm^3 angenommen wird?

127.2 Eine Stahlbetondecke kann nur mit 2 500 N/m^2 belastet werden.

Wie hoch (in cm) darf man höchstens die Spanplatten stapeln, wenn diese eine Rohdichte von 0,72 kg/dm^3 aufweisen?

127.3 Eine Schiebetür **(siehe Bild)** ist 1,20 m breit, 2,10 m hoch und besteht aus 12 mm dickem Glas.

Welche Gewichtskraft in daN haben die Schiebetürbeschläge aufzunehmen, wenn die mittlere Dichte für Glas ϱ = 2,60 kg/dm^3 beträgt?

127.4 Ein Gabelstapler nimmt auf einmal 40 Stück Flachpressplatten von 5,20 m Länge, 1,82 m Breite und 22 mm Dicke auf.

Welche Gewichtskraft in daN wirkt auf die Gabel des Staplers, wenn diese Spanplatten eine Rohdichte ϱ = 0,75 kg/dm^3 haben?

127.5 Ein Eichen-Furnierstamm **(siehe Bild)** mit einer Länge von 4,80 m und einem mittleren Durchmesser von 65 cm soll mit einem Kran in die Dämpfgrube transportiert werden.

Welche Gewichtskraft in daN greift an den Kranhaken an, wenn die Rohdichte des Stammes ϱ = 0,95 kg/dm^3 beträgt?

127.6 Um eine Haustür beschussfest aufzubauen, muss die Türeinlage aus einer 40 mm dicken Multiplexplatte bestehen, die beidseitig noch mit 10 mm dicken Furnierplatten beplankt wird. Das Türblatt hat eine Größe von 960 × 2 050 mm.

Welche Gewichtskraft in daN haben die Türbänder aufzunehmen, wenn die Rohdichte der Multiplexplatte 0,85 kg/dm^3 und der Furnierplatte 0,72 kg/dm^3 beträgt?

127.7 In einem Transportgestell sind 10 Isolierglasscheiben 1 250 × 1 360 mm, 5 Isolierglasscheiben 1 100 × 1 250 mm und 5 Isolierglasscheiben 760 × 1 000 mm eingestellt **(siehe Bild)**. Die Isolierglasscheiben bestehen aus zwei Glasscheiben mit je 4 mm Dicke.

Welche Gewichtskraft in daN greift am Kranhaken an, wenn man den Randverbund der Isolierglasscheiben vernachlässigt und für das Transportgestell eine pauschale Masse von 30 kg in Ansatz bringt?

127.8 Eine 28 mm dicke Panzerglasscheibe (Verbundglas) hat die Form eines gleichschenkligen Trapezes. Die untere Kante ist 1 260 mm, die obere 985 mm lang und die Höhe beträgt 2 100 mm **(siehe Bild)**.

Welche Gewichtskraft in daN hat das Fördermittel aufzunehmen, wenn die Rohdichte 2,70 kg/dm^3 beträgt?

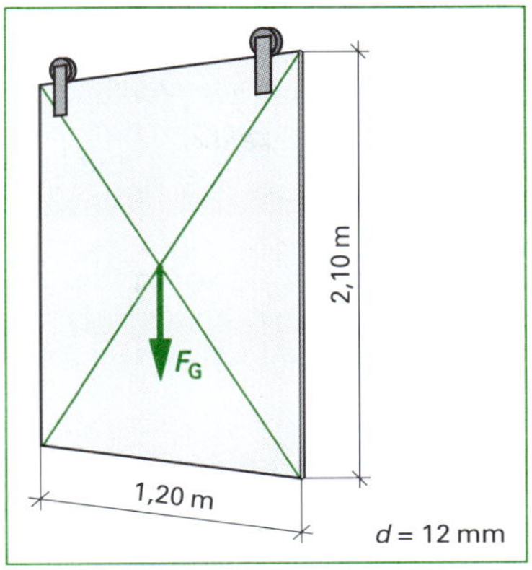

Aufgabe 127.3: Glasschiebetür

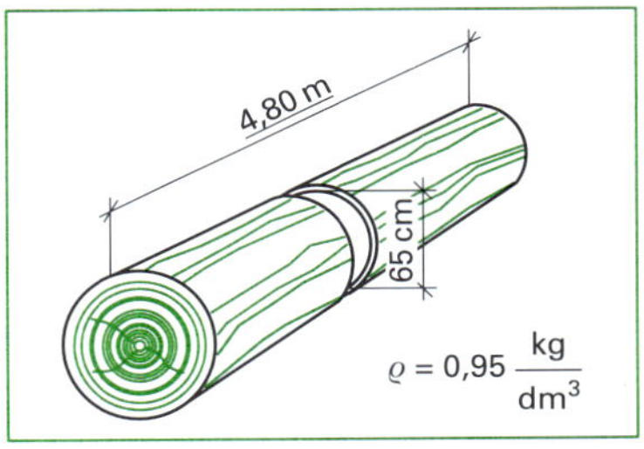

Aufgabe 127.5: Eichenstamm

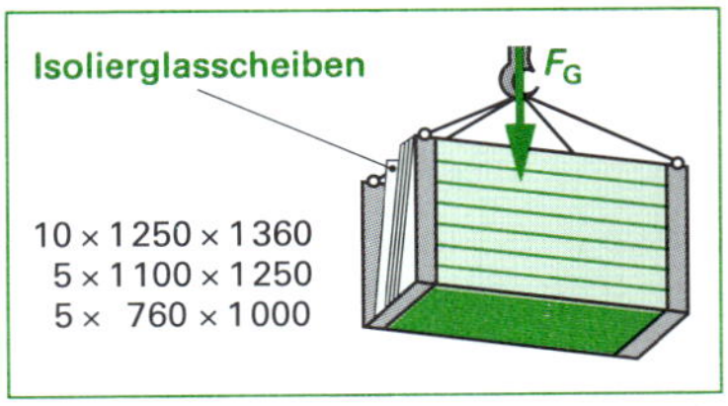

Aufgabe 127.7: Isolierglasscheiben

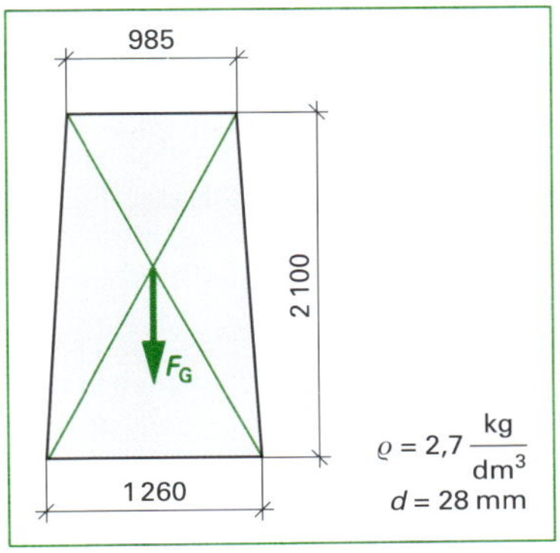

Aufgabe 127.8: Panzerglas

8 Materialbedarf und Materialpreisberechnungen

8.1 Umrechnungen von Holzmengen und Preisen bei Schnittholz

Schnittholz wird je nach Art der Handelsware nach Längen, Flächen oder Volumen (Rauminhalt) berechnet bzw. verkauft. Umrechnungen der Holzmengen werden notwendig, um den Materialbedarf zu ermitteln, Kalkulationen durchzuführen oder mit dem Kunden abrechnen zu können.
Hierzu müssen Formeln, bezogen auf die gesuchten Einheiten (m, m² oder m³) bzw. auf den Preis pro Einheit, umgestellt werden.

Schnittholz	Berechnungsgrundlage
Latten, Leisten, Kanthölzer	Meter
Bretter	Quadratmeter
Bohlen	Quadratmeter und Kubikmeter

8.1.1 Umrechnung von Holzvolumen in Holzflächen, bezogen auf eine Holzdicke (Bild 1)

Beispiel: Aus 1,760 m³ werden Bretter mit einer Dicke von 20 mm zugeschnitten.
Wie viel Quadratmeter erhält man? (Der Verschnitt ist bei der Volumenangabe berücksichtigt.)

Lösung: $\text{Holzfläche in m}^2 = \frac{\text{Holzvolumen in m}^3}{\text{Holzdicke in m}}$

$$A = \frac{V}{d} = \frac{1{,}760\ \text{m}^3}{0{,}020\ \text{m}}$$

$$= \mathbf{88{,}00\ m^2}$$

$$\text{Holzfläche in m}^2 = \frac{\text{Holzvolumen in m}^3}{\text{Holzdicke in m}}$$

$$A = \frac{V \text{ in m}^3}{d \text{ in m}} \text{ oder } A = \frac{V \text{ in m}^3 \cdot 1000\ \text{mm}}{d \text{ in mm} \cdot 1\ \text{m}}$$

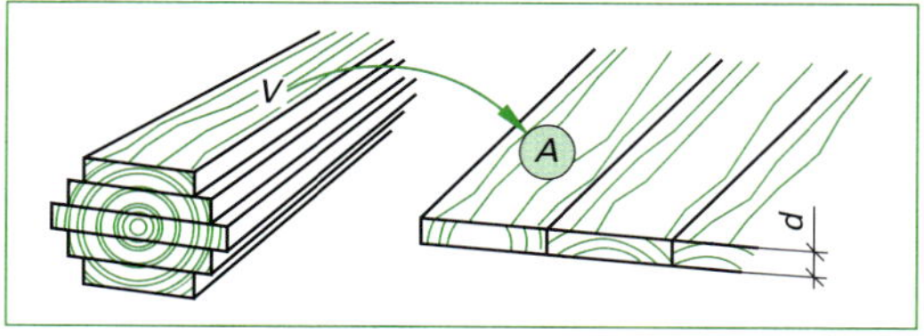

Bild 1

8.1.2 Umrechnung von Holzflächen in Holzvolumen (Bild 2)

Beispiel: Wie viel Kubikmeter ergeben 125 m² gehobelte Brettware von 22 mm Dicke?

Lösung: Holzvolumen in m³

$= \text{Holzfläche in m}^2 \cdot \text{Holzdicke in m}$

$V = A \cdot d$

$= 125{,}00\ \text{m}^2 \cdot 0{,}022\ \text{m}$

$= \mathbf{2{,}75\ m^3}$

Holzvolumen in m³
= Holzfläche in m² × Holzdicke in m

$$V = A \text{ in m}^2 \cdot d \text{ in m}$$

$$\text{oder } V = \frac{A \text{ in m}^2 \cdot d \text{ in mm} \cdot 1\ \text{m}}{1000\ \text{mm}}$$

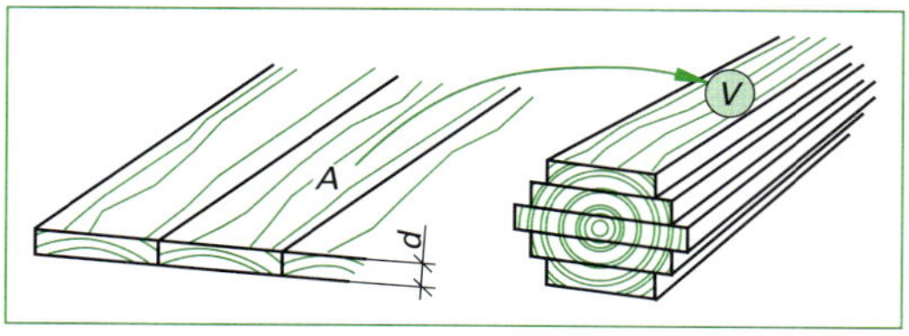

Bild 2

8.1.3 Umrechnung von Holzvolumen in Holzlängen (Bild 3)

Beispiel: Aus 1,850 m³ Kiefernholz werden Kanthölzer von 6 × 6 cm zugeschnitten.
Wie viel Meter Kantholz erhält man?

Lösung: Holzlängen in m

$$= \frac{\text{Holzvolumen in m}^3}{\text{Querschnittsfläche in m}^2}$$

$$l = \frac{V}{A} = \frac{1{,}850\ \text{m}^3}{0{,}06\ \text{m} \cdot 0{,}06\ \text{m}}$$

$$= \mathbf{513{,}89\ m}$$

$$\text{Holzlängen in m} = \frac{\text{Holzvolumen in m}^3}{\text{Querschnittsfläche in m}^2}$$

$$l = \frac{V \text{ in m}^3}{A \text{ in m}^2}$$

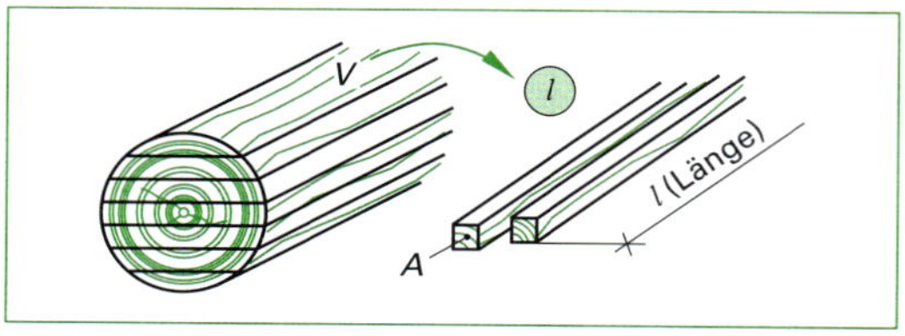

Bild 3

8 Materialbedarf und Materialpreisberechnungen

8.1 Umrechnungen von Holzmengen und Preisen bei Schnittholz

Aufgaben zu 8.1.1 – Umrechnung von Holzvolumen in Holzflächen

129.1 Wie viel Quadratmeter Brettware von 24 mm Dicke erhält man aus 3,450 m³ **(siehe Bild)**?

129.2 Es werden 30 mm dicke Bretter aus 1,750 m³ zugeschnitten.

Wie viel Quadratmeter erhält man?

129.3 Für die Herstellung von 12 Eichentischplatten, 80 × 160 cm, werden Eichenbohlen, 40 mm dick, benötigt **(siehe Bild)**. Der Verschnitt beträgt 35 %.

Reichen die zur Verfügung stehenden 0,8 m³ für die Fertigung aus?

Aufgaben zu 8.1.2 – Umrechnung von Holzflächen in Holzvolumen

129.4 Es werden 124 m² Bretter, 18 mm dick, benötigt.

Berechnen Sie das Volumen in m³.

129.5 Für die Verkleidung einer Außenfassade rechnet man 188 m² sägeraue Bretter, 30 mm dick.

Es wird mit einem Verschnittzuschlag von 30 % gerechnet.

Wie viel Kubikmeter werden benötigt?

129.6 Für eine Fertigung von Stollen aus Esche werden 5,40 m² Bohlen mit einer Dicke von 50 mm benötigt **(siehe Bild)**.

Reichen die am Holzlager befindlichen 0,25 m³ aus?

129.7 Für eine Serie von Tischen errechnet man 135 m² Ahornbohlen, 40 mm dick. Der Verschnittzuschlag beträgt 45 %.

Wie viel Kubikmeter Ahornholz muss bestellt werden?

Aufgaben zu 8.1.3 – Umrechnung von Holzvolumen in Holzlängen

129.8 Wie viel Meter Latten, 24 × 48 mm, erhält man aus 0,98 m³ Fichtenholz?

129.9 Für die Herstellung von Fensterrahmen werden Kanthölzer von 78 × 78 mm benötigt. Es stehen 3,45 m³ Kiefernholz zur Verfügung **(siehe Bild)**.

Wie viel Meter lassen sich zuschneiden, wenn mit einem Verschnittabschlag von 45 % zu rechnen ist?

129.10 Für die Herstellung von Blockrahmen 63 × 88 mm, stehen 2,4 m³ zur Verfügung.

Wie viel Meter der 88 mm breiten Rahmenhölzer lassen sich bei einem Verschnittabschlag von 35 % zuschneiden?

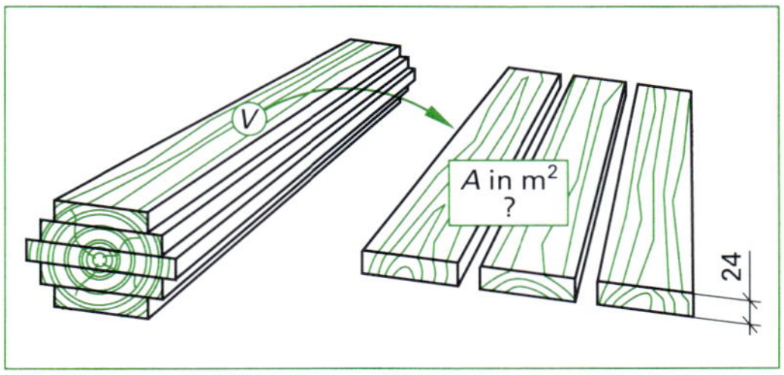

Aufgabe 129.1

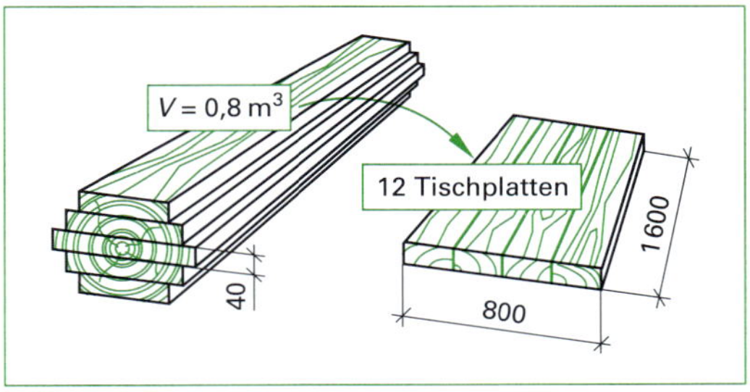

Aufgabe 129.3

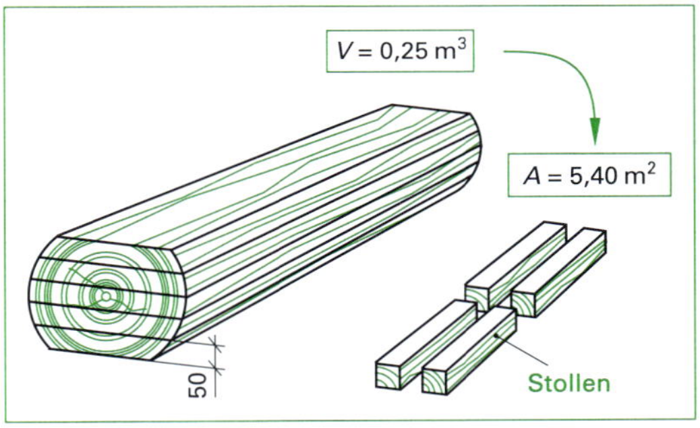

Aufgabe 129.6

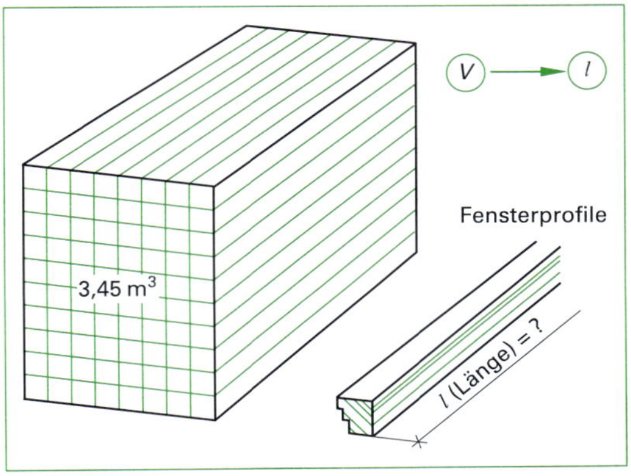

Aufgabe 129.9

8 Materialbedarf und Materialpreisberechnungen

8.1 Umrechnungen von Holzmengen und Preisen bei Schnittholz

8.1.4 Umrechnung von Quadratmeterpreis in Kubikmeterpreis (Bild 1)

Beispiel: Eschenbretter, 26 mm dick, kosten 19,50 € pro m².
Berechnen Sie den Kubikmeterpreis.

Lösung: Kubikmeterpreis in €/m³

$$= \frac{\text{Quadratmeterpreis in €/m}^2}{\text{Holzdicke in m}}$$

$$= \frac{19{,}50\ \text{€/m}^2}{0{,}026\ \text{m}} = \mathbf{750{,}00\ €/m^3}$$

8.1.5 Umrechnung von Kubikmeterpreis in Quadratmeterpreis (Bild 2)

Beispiel: Wie teuer ist 1 m² Brettware von 22 mm Dicke, wenn 1 m³ Kiefernholz 413,00 € kostet?

Lösung: Quadratmeterpreis in €/m²
= Kubikmeterpreis in €/m³ × Holzdicke in m
= 413,00 €/m³ · 0,022 m = **9,08 €/m²**

8.1.6 Umrechnung von Quadratmeterpreis in Längenpreis (Bild 3)

Beispiel: Wie viel kostet ein Meter Latten mit einem Querschnitt von d/b = 30/50 mm, wenn ein Quadratmeter 18,25 € kostet?

Lösung: Längenpreis in €/m
= Quadratmeterpreis in €/m² × Breite in m
= 18,25 €/m² · 0,05 m = **0,91 €/m**

8.1.7 Umrechnung von Längenpreis in Quadratmeterpreis (Bild 4)

Beispiel: Der Preis für einen Meter Kantholz 6 x 6 cm beträgt 1,90 €.
Wie viel kostet ein Quadratmeter?

Lösung: Quadratmeterpreis in €/m²

$$= \frac{\text{Längenpreis in €/m}^2}{\text{Breite in m}} = \frac{1{,}90\ \text{€/m}}{0{,}06\ \text{m}}$$

= **31,67 €/m²**

8.1.8 Umrechnung von Längenpreis in Kubikmeterpreis

Beispiel: Latten 30 × 50 mm werden zu einem Preis von 1,05 €/m verkauft.
Wie viel kostet 1 m³ bei einer Breite von 50 mm?

Lösung: Kubikmeterpreis in €/m³

$$= \frac{\text{Längenpreis in €/m}}{\text{Querschnittsfläche } A \text{ in m}^2}$$

$$= \frac{1{,}05\ \text{€/m}}{0{,}03\ \text{m} \cdot 0{,}05\ \text{m}} = \mathbf{700{,}00\ €/m^3}$$

Kubikmeterpreis €/m³

$$= \frac{\text{Quadratmeterpreis in €/m}^2}{\text{Holzdicke } d \text{ in m}}$$

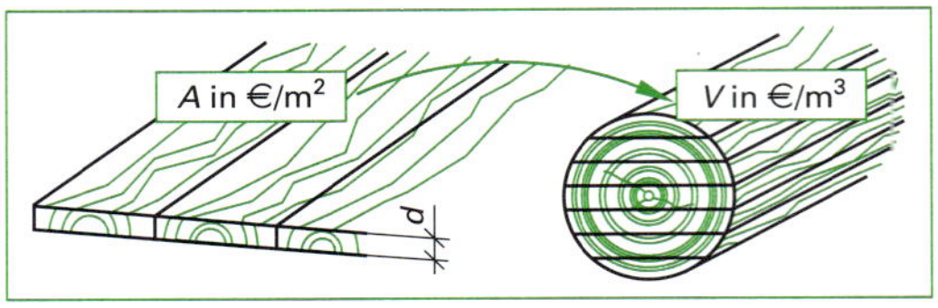

Bild 1

Quadratmeterpreis in €/m²
= Kubikmeterpreis in €/m³ x Holzdicke d in m

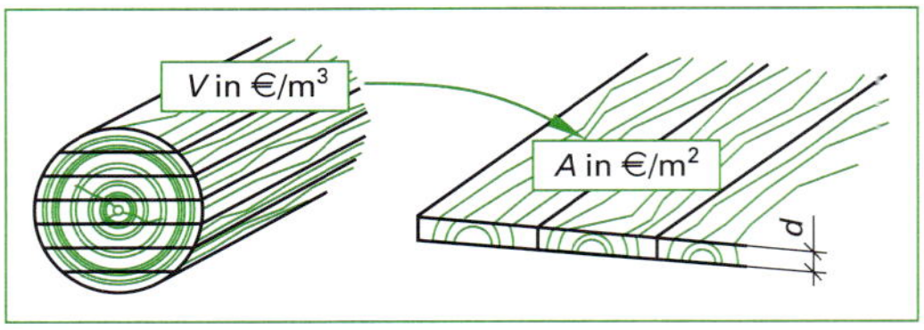

Bild 2

Längenpreis in €/m
= Quadratmeterpreis in €/m² x Breite b in m

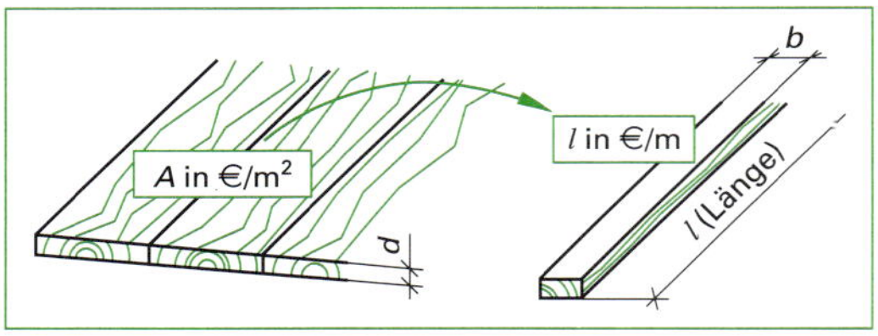

Bild 3

Quadratmeterpreis €/m²

$$= \frac{\text{Längenpreis in €/m}}{\text{Breite } b \text{ in m}}$$

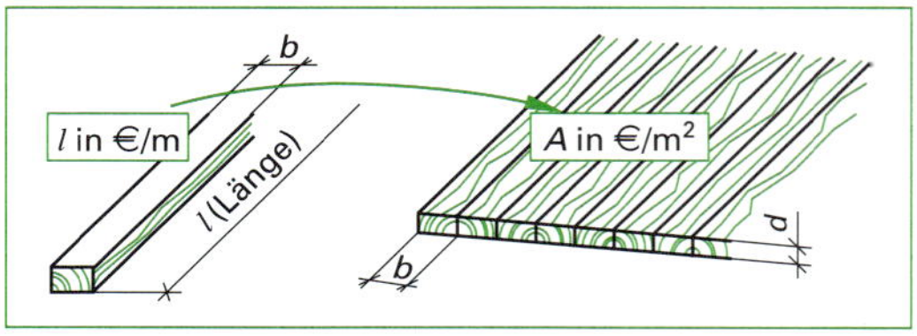

Bild 4

Kubikmeterpreis €/m³

$$= \frac{\text{Längenpreis in €/m}}{\text{Querschnittsfläche } A \text{ in m}^2}$$

8 Materialbedarf und Materialpreisberechnungen

8.1 Umrechnungen von Holzmengen und Preisen bei Schnittholz

Aufgaben zu 8.1.4

131.1 Der Preis für 1 Quadratmeter Brettware, 28 mm dick **(siehe Bild)**, beträgt 23,10 €.
Wie teuer ist 1 Kubikmeter?

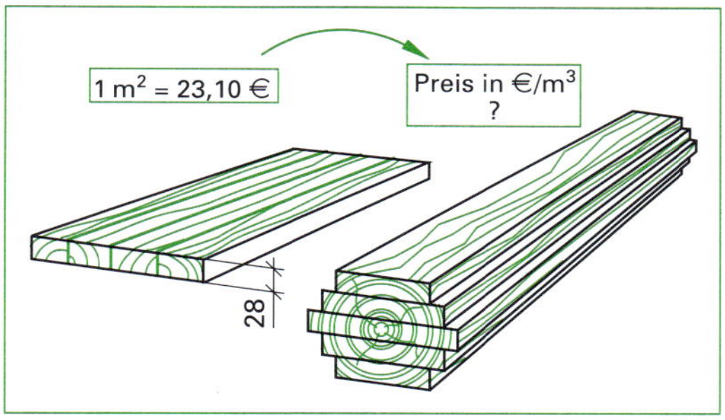

Aufgabe 131.1

131.2 Für einen Auftrag werden für 186 m^2 gehobelte Bretter, 30 mm dick, 3 760 € bezahlt.
Wie viel beträgt der Kubikmeterpreis?

Aufgaben zu 8.1.5

131.3 Für 1,24 Kubikmeter Kirschbaumbohlen, 40 mm dick **(siehe Bild)**, werden 1 925 € bezahlt.
Berechnen Sie den Quadratmeterpreis.

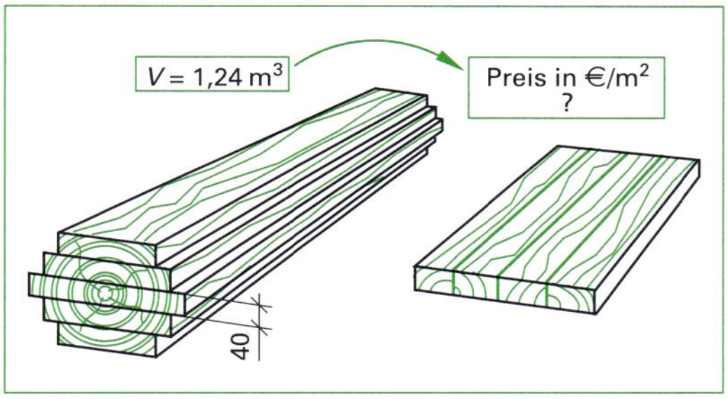

Aufgabe 131.3

131.4 Ein Auftrag umfasst 480 m^2 Fichtenbretter, 22 mm dick.

a) Berechnen Sie das Volumen in m^3.

b) Wie teuer ist 1 Quadratmeter, wenn der Preis für 1 Kubikmeter 440 € beträgt?

Aufgaben zu 8.1.6

131.5 Für die Fertigung von Blockrahmen für Innenturen aus einer Eichenbohle mit einer Dicke von 60 mm, einer Länge von 5,50 m und einer mittleren Breite von 48 cm werden 12 Rahmenteile mit den Fertigmaßen 55 × 70 × 2 500 mm zugeschnitten **(siehe Bild)**.

Berechnen Sie

a) den Verschnittzuschlag in Prozent,

b) die Kosten der Bohle bei 1 400 €/m^3,

c) den Preis je m^2 der Bohle,

d) den Materialpreis der Rahmenteile pro Meter.

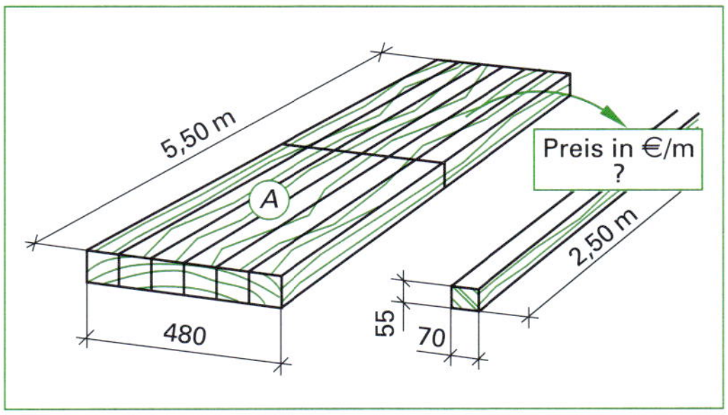

Aufgabe 131.5

131.6 Für die Kalkulation ist der Materialpreis für fertige Fensterrahmenhölzer mit den Maßen 80 × 100 × 4 500 mm von 36,25 €/m^2 auf den Längenpreis umzurechnen.

Aufgaben zu 8.1.7

131.7 Für Kanthölzer 6 × 6 cm wurden 2,10 €/m bezahlt.
Wie hoch ist der Preis pro m^2?

Aufgaben zu 8.1.8

131.8 Für Kanthölzer 6 × 8 cm werden 2,80 €/m verlangt.
Wie hoch war der Preis pro m^3 beim Einkauf bei einer Breite von 80 mm?

131.9 Ein Bund Dachlatten aus Fichte, 24 × 48 mm, enthält 35 Meter **(siehe Bild)**. Es wurden 0,60 €/m bezahlt.
Wie teuer ist 1 Kubikmeter?

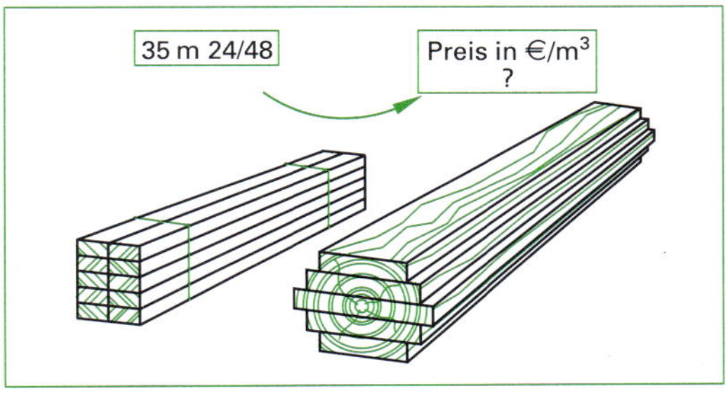

Aufgabe 131.9

8 Materialbedarf und Materialpreisberechnungen

8.2 Plattenwerkstoffe

Sperrholz

Sperrholzplatten bestehen aus mindestens drei (ungerade Anzahl) miteinander verleimten Holzlagen. Die Faserrichtungen aufeinander liegender Holzlagen kreuzen sich üblicherweise im rechten Winkel. Bei der Bestellung sind neben der Qualität und der Verleimungsart die Maße in folgender Reihenfolge anzugeben: Dicke/Länge/Breite.

Furniersperrholz VP (VP = Veneer Plywood-Furnierplatte DIN EN 636-1G für allgemeine Zwecke)

Sperrholzplatten, bei denen alle Lagen aus Furnieren bestehen, sind Furnierplatten.

Stabsperrholzplatten ST (Tischlerplatten mit Stabmittellage)

Stabsperrholzplatten sind Sperrholzplatten, deren Mittellage aus aneinander geleimten Holzleisten bestehen, die in der Regel etwa 24 mm bis höchstens 30 mm breit sind. Decklagen können aus Absperrfurnieren oder dünnen Spanplatten (Spandeck) bestehen.

Stäbchensperrholzplatten STAE (Tischlerplatten mit Stäbchenmittellage)

Stäbchensperrholzplatten sind Sperrholzplatten, deren Mittellage aus hochkant zur Plattenebene stehenden bis 8 mm dicken Holzstäbchen oder Furnierstreifen bestehen, die miteinander verleimt sind. Die Decklagen sind meist Absperrfurniere.

Die **Tabelle 1** zeigt eine Auswahl von handelsüblichen Vorzugsmaßen für Sperrholzplatten mit geschliffener Oberfläche. Die Länge wird in Faserrichtung des Absperrfurniers (äußere Decklage), die Breite quer zur Faserrichtung gemessen und kann u. U. größer als die Länge sein.

Tabelle 1: Sperrholzplatten (Auswahl)

Arten	Dicke in mm	Länge in mm	Breite in mm	Qualität, z. B. Verleimung
Furniersperrholzplatten VP Gabun, Buche, u. a.	4, 5, 8, 10, 12, 15, 18	2 500	1 700	VP-1 G/S
	4, 5, 6, 8, 10, 12, 15, 19, 22, 25, 30	3 100	1 850	VP-2 G/S oder VP-3 G/S
Multiplex-Buche	10, 12, 15, 20, 25, 30, 35, 40, 50	2 500	1 500	
Birke-Funiersperrholz-platten	4, 5, 6, 9, 12, 15, 18, 21, 24, 30, 35, 40, 45, 50	3 000	1 500	
Stabplatten ST Gabun, Limba u. a.	13, 16, 19, 22, 25, 28, 30	1 830 1 830	2 600 5 200	
Stabplatten mit Span- oder MDF-Deck	16, 19, 22, 25, 28	2 050	5 200	
Stäbchenplatten	16, 19, 22, 25, 28, 38, 42, 44	1 830	2 150	
	40, 42, 44	1 020	2 150	

Naturholzplatten

In der Tabelle sind in einer Auswahl Naturholzplatten aufgeführt, die im Holzhandel erhältlich sind.

Tabelle 1: Naturholzplatten (Auswahl)

Arten	Dicke in mm	Länge in mm	Breite in mm	Qualität, z. B. Verleimung
Leimholzplatten FI, KI, AH, ERL, ES, EI	20, 21, 27, 38, 50	4 150	1 000	Lamellen D4-verleimt
Dreischichtplatten FI, KI, ER, EI	12, 20, 22, 27	4 450	2 050	3-schichtig

8 Materialbedarf und Materialpreisberechnungen

8.2 Plattenwerkstoffe

Spanplatten nach DIN 68 761 und 68 762

Flachpressplatten für allgemeine Zwecke, P2-Platte

Die Flachpressplatte ist eine Spanplatte, deren Späne vorzugsweise parallel zur Plattenebene liegen. Sie wird einschichtig, mehrschichtig oder mit stetigem Übergang in der Struktur hergestellt. Nach der Richtlinie über die Verwendung von Spanplatten hinsichtlich der Vermeidung von unzumutbarer Formaldehydkonzentration in der Raumluft dürfen nur Platten mit der Formaldehyd-Emissionsklasse E1 für Möbel und für Innenausbauarbeiten verwendet werden.

Flachpressplatten gibt es auch mit feinspaniger Oberfläche für Direktlackierung, Folienbeschichtung, Pressbeschichtung u. ä.

Kunststoffbeschichtete dekorative Spanplatte, MFB-Platte

Kunststoffbeschichtete dekorative Flachpressplatten (P2) sind mit Kunststoffen beidseitig beschichtet.

Strangpressplatten

Bei der Strangpressplatte liegen die Späne vorzugsweise rechtwinklig zur Herstellrichtung (Stopfrichtung) und zur Plattenebene. Strangpressplatten werden unterschieden

a) nach der Querschnittsstruktur:
   1. Vollplatte (ES)
   2. Röhrenplatte mit durchgehenden Hohlräumen (Röhren) in Herstellrichtung (ET)

b) nach der Oberfläche:
   1. Rohplatte: unbeschichtete Vollplatte oder Röhrenplatte
   2. beschichtet: mit Grundierung, Anstrichen, Filmen, Folien o. ä. versehene Platten
   3. beplankt: zur Erzielung höherer elastomechanischer Eigenschaftswerte mit Furnieren, Furnierplatten, harten Holzfaserplatten u. a. verleimte Platten

Für Aufenthaltsräume dürfen nur Platten der Formaldehydklasse E1 verwendet werden.

Die Tabelle zeigt eine Auswahl handelsüblicher Vorzugsmaße von Spanplatten und Brandschutzplatten.

Tabelle 1: Spanholzplatten (Auswahl)

Arten	Dicke in mm	Länge in mm	Breite in mm	Qualität, z. B. Verleimung (frühere Kurzzeichen)
Flachpressplatten P2 (P2 = für Möbel und Innenausbau im Trockenbereich)	3, 4, 8	2 820	2 100	V20 E1 oder E0
	10, 13, 16, 19, 22, 25, 28, 32, 38, 39	5 200 4 100	2 050 1 850	V20 E1 oder E0
	8, 10, 13, 16, 19, 22, 25	4 110	1 860	V100 E1 und V100 G
Flachpressplatte furniert	12, 16, 19, 22	2 530	1 830	V20 E1
kunststoffbeschichtete dekor. Spanplatten MFB	8, 10, 13, 16, 19, 20, 25	2 670	2 050	V20 E1
Bodenverlegeplatten	10, 13, 16, 19, 22, 25, 28	2 050	950	V100 E1 und V100 G
Strangpressplatten Vollplatten (ES) Röhrenspanplatten (ET)	8, 10, 13, 16, 19, 22, 25, 28, 32, 38, 50–100	2 500	1 250 1 850	V20 E1
Brandschutzplatten B1 schwer entflammbar	10, 13, 16, 19, 22, 25, 28, 38	4 460	2 050	V20 E1
A2 nicht brennbar	8, 10, 12, 16, 19, 22, 25, 30, 40	2 800	1 220	mineralische Platte

8.2 Plattenwerkstoffe

Holzfaserplatten HB nach DIN 68 753

Holzfaserplatten sind Holzwerkstoffe, die aus Fasern des aufbereiteten Werkstoffs Holz mit oder ohne Füllstoff und mit oder ohne Bindemittel im Pressverfahren hergestellt werden.

Kunststoffbeschichtete dekorative Holzfaserplatten (MFB-(HB)-Platten) sind harte Holzfaserplatten, auf die Trägerbahnen aus härtbaren Kunstharzen aufgepresst sind. Die Platten können einseitig oder beidseitig beschichtet sein.

Die **Tabelle 1** zeigt eine Auswahl handelsüblicher Vorzugsmaße von Holzfaserplatten.

Tabelle 1: Holzfaserplatten (Auswahl)

Arten	Dicke in mm	Länge in mm	Breite in mm	Qualität, z. B. Verleimung
harte Holzfaserplatten HB (HB nach DIN EN 622-2)	3,2, 4, 5, 6	2 600	2 050	
kunststoffbeschichtete dekorative Holzfaserplatten MFB (HB)	3,2, 4, 5	2 600	2 050	
poröse Holzfaserplatten Dämmplatten SB	10, 12, 18	2 750	1 200	natur

MDF-Platten

MDF-Platten (Medium Density Fiberboard) werden auch als mitteldichte Faserplatten bezeichnet. Diese Holzfaserplatte mit einer Rohdichte von 600–900 kg/m^3 besteht im Gegensatz zu Holzspanplatten aus Holzfasern (meist Nadelhölzer). Sie ist in vielen Bereichen wie die Spanplatte zu verwenden. Durch die homogene Struktur im Aufbau und der feinen Oberfläche kann sie sehr gut auf CNC-Maschinen an Kanten und Flächen bearbeitet, beschichtet und direkt lackiert werden.

Die Platten kommen in 4 Oberflächenvarianten in den Handel:

- MDF Standardqualität (Rohplatte)
- MDF mit hochwertiger Oberflächenvergütung zur direkten Oberflächenbehandlung
- MDF mit Melaminharz beschichtet
- MDF mit Grundierfolie beschichtet zum Lackieren

Die Verwendungsbereiche der dünnen MDF-Platten sind vergleichbar mit denen der harten Holzfaserplatten (HFH-Platten).

Die **Tabelle 2** zeigt eine Auswahl handelsüblicher Vorzugsmaße von MDF-Platten.

Tabelle 1: MDF-Platten (Auswahl)

Arten	Dicke in mm	Länge in mm	Breite in mm	Qualität, z. B. Verleimung
MDF-Platte (dünn)	3,2, 4, 5, 6	2600	2100	E1
MDF-Platte	8, 10, 12, 14, 16, 19, 22, 25, 28, 30, 32, 35, 38, 40, 45, 50	3750 4100 5200	2200 1850 2050	E1 E1 E1
MDF-Schlitzplatten für Rundungen	6, 8, 9,5	2620	1870	E1
MDF-Platte grundiert zum Lackieren	8, 10, 12, 14, 16, 19, 22, 25	3660	1870	E1
MDF-Platte kunststoffbeschichtet	10, 12, 16, 19, 22, 25, 28	2620	2070	E1
MDF V100	16, 19, 22 u. a.	3660	1870	feuchtebeständig vermind. Dickenquellung

8.2 Plattenwerkstoffe

Aufgaben zu 8.2 – Plattenwerkstoffe

135.1 Für eine Kuche ist eine Arbeitsplatte **(siehe Bild)** aus einer 38 mm dicken kunststoffbeschichteten Spanplatte zuzuschneiden. Der Verschnitt wird mit 20 % angesetzt. Der Materialpreis der Platte beträgt 24,40 €/m².

Berechnen Sie

a) die Rohmenge in m²,

b) den Preis der Arbeitsplatte.

135.2 Für eine Serienfertigung von Schlafzimmerschränken werden für Schiebetüren Stabplatten mit Spanplattendeck, 19 mm dick, verwendet. Die Maße für die Rohplatte betragen 1 850 × 5 100 mm, die für eine Schiebetür betragen 2 450 × 580 mm. Als Preis wurde für die Schiebetüren 15,00 €/m² kalkuliert.

Berechnen Sie

a) die Anzahl der Schiebetüren pro Rohplatte anhand einer Zuschnittskizze,

b) den Verschnittzuschlag in Prozent,

c) den Quadratmeterpreis der Rohplatte.

135.3 Für die Renovierung eines Altbaues **(siehe Bild)** werden Bodenverlegeplatten P2, 22 mm dick, V100, mit Nut und Feder mit den Fertigmaßen 2 050 × 925 mm benötigt. Es stehen 24 Platten zur Verfügung. Der Materialpreis pro Platte beträgt 18,70 €.

Berechnen Sie

a) die Fertigmenge an Bodenverlegeplatten in m²,

b) den Verschnitt in Prozent,

c) den Materialpreis pro Quadratmeter der Verlegeplatte,

d) den Materialpreis pro Quadratmeter bezogen auf die Fertigmenge.

135.4 Aus Fichte-Dreischichtplatten, 22 mm dick, mit einer Abmessung 2 950 × 2 000 mm, werden Regale für einen Laden zugeschnitten. Der Zuschnitt der Regalböden für eine Platte ist im **Bild** dargestellt. Der Materialpreis pro Quadratmeter für eine Platte beträgt 33,25 €.

Berechnen Sie

a) die Fertigmenge der zugeschnittenen Teile in m²,

b) den Materialpreis der Dreischichtplatte,

c) den Preis für einen Regalboden,

d) den Preis pro Quadratmeter für einen Regalboden.

135.5 Aus einer MDF-Platte 5 240 × 2 070 mm werden kreisrunde Tischplatten mit einem Durchmesser von 950 mm herausgefräst.

Berechnen Sie

a) die Anzahl der Kreisflächen pro Platte,

b) den Verschnittzuschlag in Prozent,

c) die Kosten für eine Tischplatte, wenn der Preis/m² für die MDF-Platte 18,75 € beträgt.

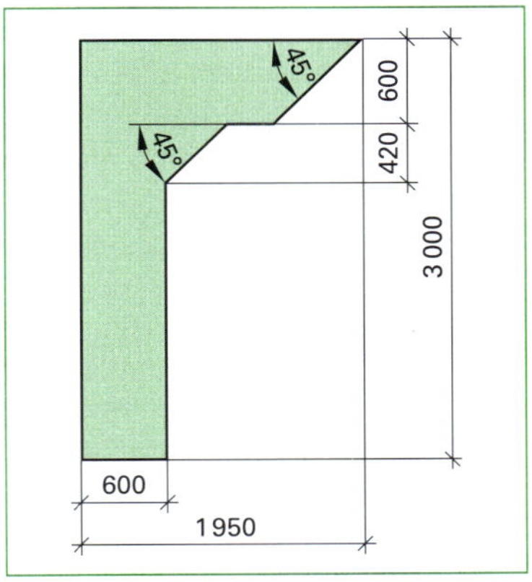

Aufgabe 135.1: Arbeitsplatte

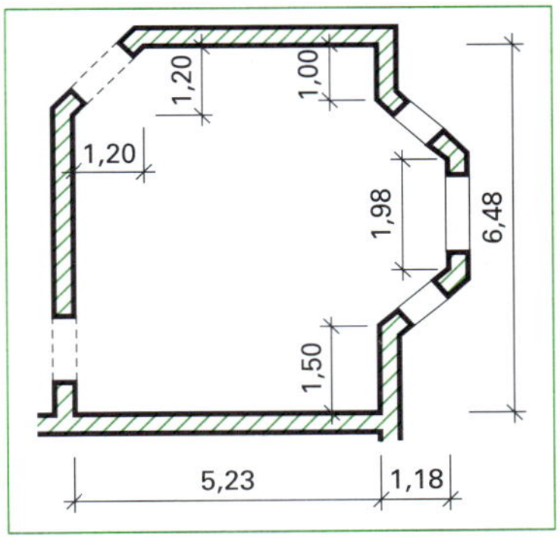

Aufgabe 135.3: Grundriss

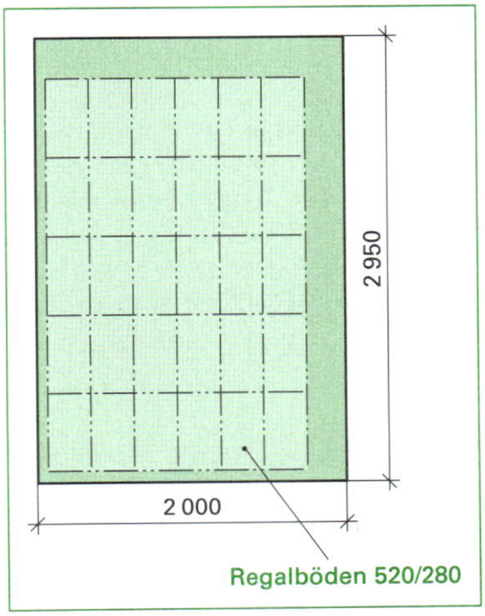

Aufgabe 135.4: Dreischichtplatte

Aufgaben zu 8.2 – Plattenwerkstoffe

136.1 Es steht eine MFB (P2)-Platte, 19 mm dick, mit der Abmessung 2 670 × 2 050 mm für folgende Zuschnitte zur Verfügung:

Stückzahl = 15, Länge = 860 mm, Breite = 410 mm.

a) Reicht die Platte für den Zuschnitt aus?

b) Begründen Sie Ihre Aussage.

136.2 Aus einer Spanplatte (P2) 4 100 × 1 850 mm, 19 mm dick, werden nach dem Zuschnittplan Nr. 1 **(siehe Bild)** für einen Schrank 4 Türen, 4 Fachböden, 1 Zwischenwand zugeschnitten.

a) Berechnen Sie den Verschnittzuschlag in Prozent.

b) Erstellen Sie einen Zuschnittplan im M 1 : 20 für 4 Seiten 2 020 × 501 mm und 4 Böden 982 × 501 mm bei gleicher Größe der Grundplatte.

c) Wie hoch ist der Verschnittzuschlag in % beim Zuschnitt der zweiten Platte?

136.3 Für eine Serienfertigung von Schubkasten werden Schubkastenböden mit folgenden Abmessungen zugeschnitten: Länge 545 mm (Faserverlauf des Absperrfurniers), Breite 430 mm. Zur Verfügung stehen Furniersperrholzplatten mit den Maßen 3 100 × 1 850 × 5 mm **(siehe Bild)**.

a) Zeichnen Sie einen Zuschnittplan M 1 : 20 und ermitteln Sie die Anzahl der Böden, die man aus einer Platte erhält.

b) Berechnen Sie den Verschnittzuschlag in Prozent.

136.4 Es sind 60 ST-Platten, 19 mm dick, mit den Maßen l = 572 mm (Faserrichtung des Absperrfurniers) und b = 435 mm zuzuschneiden. Die Stabplatten haben eine Länge von 1 830 mm (Faserrichtung des Absperrfurniers) und eine Breite von 2 530 mm. Berücksichtigen Sie einen Sägeschnitt von 3 mm **(siehe Bild)**.

a) Fertigen Sie einen Zuschnittplan und ermitteln Sie die Anzahl der Rohplatten.

b) Berechnen Sie den Verschnittzuschlag in Prozent.

136.5 Fachböden mit den Maßen 942 × 438 mm sind aus einer P2-Platte, 19 mm dick mit der Abmessung 1 830 × 5 200 mm zuzuschneiden. Der Sägeschnitt beträgt 4 mm, der Randabschnitt mindestens 20 mm.

a) Ermitteln Sie anhand von 2 Zuschnittplänen im M 1 : 50 die größtmögliche Ausbeute an Fachböden.

b) Berechnen Sie für jeden Zuschnittplan den Verschnittzuschlag in Prozent.

136.6 Aus einer 19 mm dicken Spanplatte V20 sollen Korpusteile mit der Abmessung 820 × 390 mm zugeschnitten werden.

a) Ermitteln Sie für die beiden Plattengrößen der **Tabelle 133/1** die mögliche Anzahl der Korpusteile pro Platte.

b) Berechnen Sie den Verschnittzuschlag für jede Platte und vergleichen Sie die Ergebnisse.

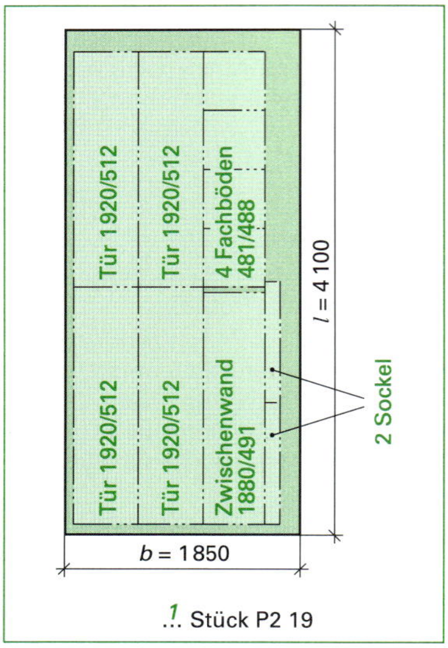

Aufgabe 136.2: Zuschnittplan

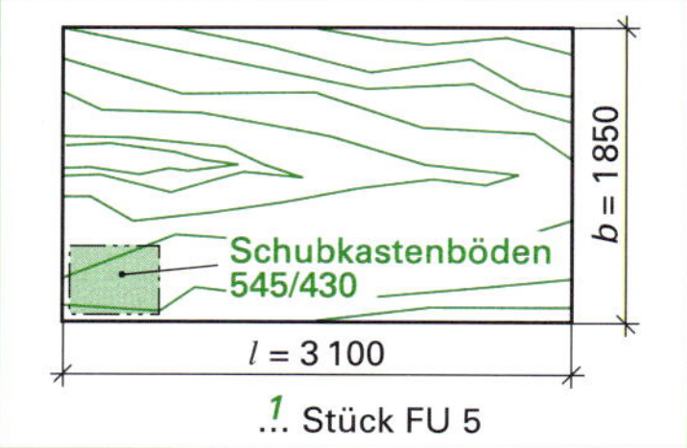

Aufgabe 136.3: Zuschnittplan

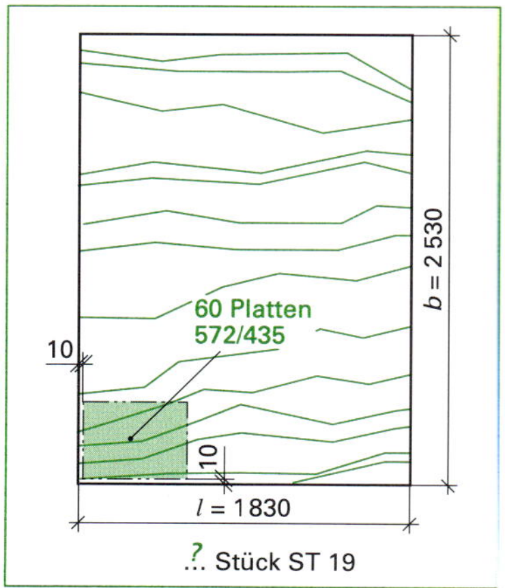

Aufgabe 136.4: Zuschnittplan

8 Materialbedarf und Materialpreisberechnungen

8.3 Belagstoffe – Furniere

8.3.1 Furniere

Furniere nach DIN 4079 und DIN 68 330 sind dünne Blätter aus Holz, die durch Schälen, Messern oder Sägen vom Stamm oder Stammteil abgetrennt werden.

Deckfurnier ist ein Furnier, das die Sichtfläche auf der Trägerplatte bildet.

Als **Langfurnier (L)** bezeichnet man Furnier, das aus Stammabschnitten parallel zur Stammachse erzeugt wurde.

Maserfurnier (M) ist ein Furnier, das aus Maserknollen und/oder Stammstücken mit sehr unregelmäßigem Wuchs erzeugt wurde.

In den Handel kommen Furnierpakete mit 16, 24, 32 und 40 Furnierblättern mit vom Stamm abhängigen, unterschiedlichen Breiten und Längen.

Beispiel der Kennzeichnung: L 0,65 DIN 4079-EI (QCXE)
Messerfurnier (Langfurnier), Dicke 0,65 mm, Holzart Eiche

Tabelle 1: Kurzzeichen und Nenndicken von Langfurnieren (Auswahl)

Holzart	bisherige Kurzzeichen	europ. Kurzzeichen	Nenndicke	Holzart	bisherige Kurzzeichen	europ. Kurzzeichen	Nenndicke
Abachi (Wawa, Samba)	ABA	TRSC	0,70	Louro Preto	LOP	OCRB	0,55
Afrormosia	AFR	PKEL	0,55	Mahagoni, echtes	MAE	SWMC	0,55
Ahorn, Berg	AH	ACPS	0,60	Mammutbaum	MAM	SQGG	0,55
Aningeri (Aningre)	ANI	AQXX	0,55	Makoré	MAC	TGHC	0,50
Birke (Gemeine)	BI	BEPU	0,55	Mansonia (Bete)	MAN	MAAC	0,55
Birnbaum	BB	PYCM	0,55	Mutényé	MUT	GUAR	0,55
Bubinga (Kevazingo)	BUB	GUXX	0,55	Nussbaum	NB	JGRG	0,50
Buche	BU	FASY	0,55	Okoumé (Gabunholz)	OKU	AUKL	0,60
Douglasie	DGA	PSMN	0,85	Palisander, Ostindisches	POS	DLLT	0,55
Ebenholz (afrik)	EBE	DSXX	0,60	Palisander, Rio	PRO	DLNG	0,50
Eiche (europ)	EI	QCXE	0,65	Pappel, Silber	PA	POAL	0,60
Erle	ER	ALGL	0,60	Pine Red	PIR	PNRS	0,85
Esche	ES	FXEX	0,60	Ruster (Ulme)	RU	ULMI	0,60
Fichte	FI	PCAB	1,00	Satin	SAO	BSRB	0,55
Kiefer	KI	PNSY	0,90	Sen	SEN	–	0,60
Kirschbaum	KB	PRAV	0,55	Sweetgum	SWG	LOST	0,55
Lärche	LA	LADC	0,90	Teak	TEK	TEGR	0,60
Lati	LAT	APPT	0,65	Wengé	WEN	MTLR	0,75
Limba	LMB	TMSP	0,60	Whitewood	WIW	LITL	0,55

Tabelle 2: Kurzzeichen und Nenndicken von Maserfurnieren

Holzart	bisherige Kurzzeichen	europ. Kurzzeichen	Nenndicke	Holzart	bisherige Kurzzeichen	europ. Kurzzeichen	Nenndicke
Ahorn	AH	ACPS	0,55	Nussbaum	NB	JGRG	0,50
Esche	ES	FXEX	0,60	Rüster	RU	ULMI	0,60

8 Materialbedarf und Materialpreisberechnungen

8.3 Belagstoffe – Furniere

■ Aufgaben zu 8.3.1 – Furniere

138.1 Für ein Kaufhaus sind 20 Ausstellungswürfel mit einer Seitenlänge von 45 cm aus beidseitig furnierten Spanplatten zu fertigen. Die Eckverbindungen sind auf Gehrung verleimt. Der Verschnittzuschlag beträgt 35 % **(siehe Bild)**.

Berechnen Sie den Furnierbedarf in m^2.

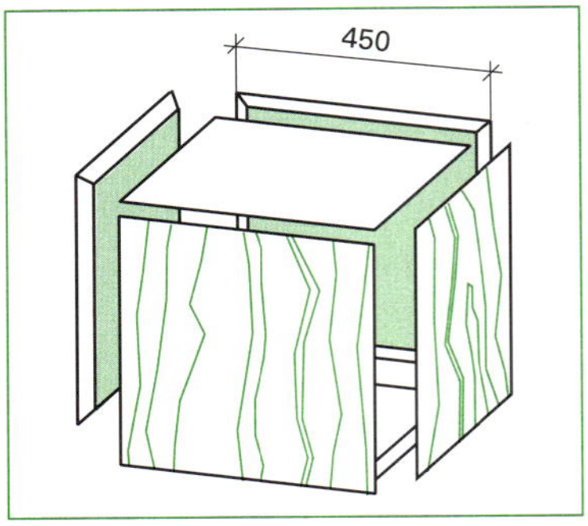

Aufgabe 138.1: Ausstellungswürfel

138.2 Fünfzehn Schreibtischplatten **(siehe Bild)** werden beidseitig mit Kirschbaum furniert. Für das Furnier der Oberseite werden 50 % und für das der Unterseite 25 % Verschnittzuschlag angesetzt.

a) Wie viel Quadratmeter Kirschbaumfurnier werden benötigt?

b) Reichen 5 Furnierpakete von 24 Blatt mit einer Länge von 1,80 m und einer Blattbreite von 240 mm aus?

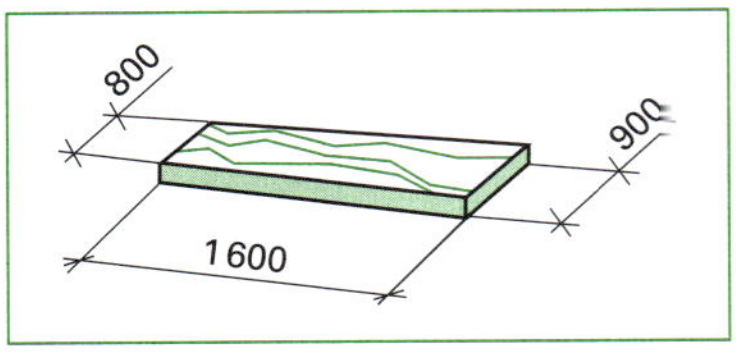

Aufgabe 138.2: Schreibtischplatte

138.3 Für einen Kindergarten sind 12 halbkreisförmige Tischplatten **(siehe Bild)** und 16 rechteckige Platten mit den Maßen 120 × 60 cm mit Esche beidseitig zu furnieren. Es wird mit einem Verschnittzuschlag von 40 % gerechnet.

a) Wie groß ist die Furniermenge (A_R) in m^2?

b) Berechnen Sie die Materialkosten für das Furnier, wenn 1 Quadratmeter 10,65 € kostet.

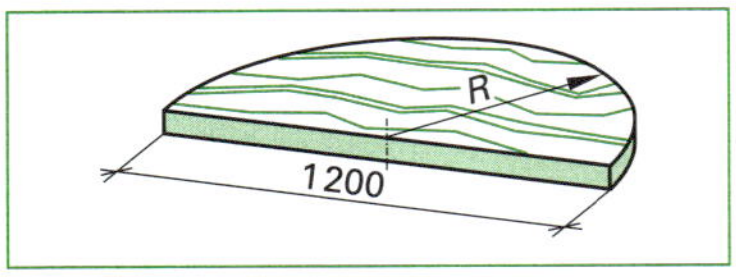

Aufgabe 138.3: Tischplatte

138.4 Für einen Auftrag wurden 144 m^2 Kiefernfurnier als Fertigmenge benötigt. Es wurden 11 Furnierpakete mit einer Länge von 2,10 m und einer Blattbreite von 240 mm mit 36 Blatt verbraucht.

Berechnen Sie den Verschnittzuschlag in Prozent.

138.5 Für eine Verkaufstheke **(siehe Bild)** ist eine 40 mm dicke Trägerplatte beidseitig mit Buche zu furnieren.

a) Berechnen Sie den Furnierbedarf in m^2, wenn mit einem Verschnittzuschlag von 45 % zu rechnen ist.

b) Wie viel Meter Kantenfurnier werden benötigt?

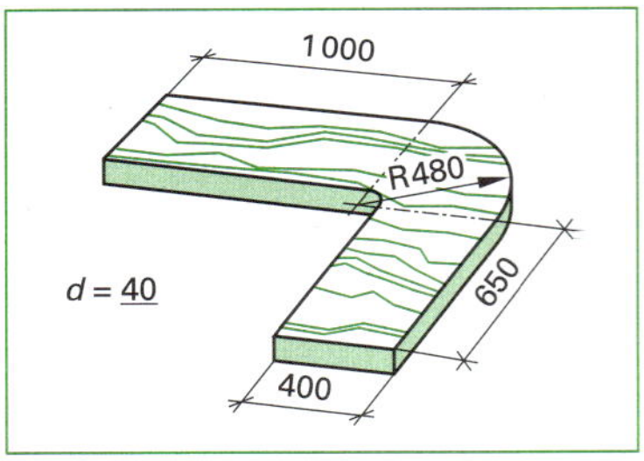

Aufgabe 138.5: Platte für Verkaufstheke

138.6 Die Fachböden eines Eckregals haben die Form eines Viertelkreises **(siehe Bild)**. Es sind 12 Eckregale herzustellen, die jeweils 5 Fachböden aufweisen.

Berechnen Sie

a) den Furnierbedarf in m^2 an „fineline"-Furnier mit einem Verschnittzuschlag von 60 % bei beidseitiger Belegung,

b) die Länge des Kantenmaterials für die gebogene Länge bei einem Zuschlag von 10 %.

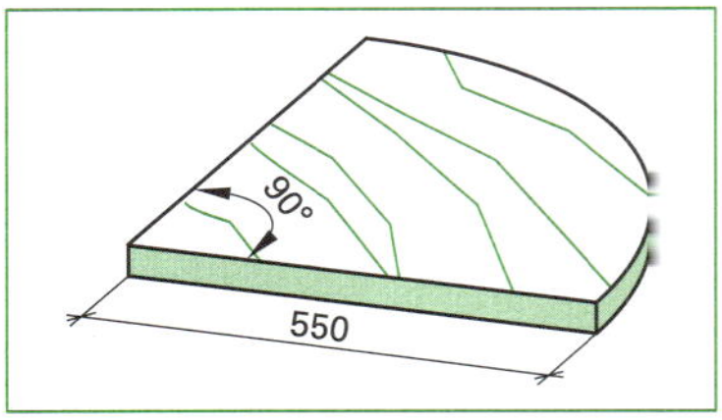

Aufgabe 138.6: Fachboden für Eckregal

138.7 Für eine Serie von Schrankwänden sind Ruckwände aus FU 6 mit der Abmessung 230 × 91 cm an der Sichtseite mit Rüster, zu einem Preis von 13,20 €/m^2, und auf der Rückseite mit Buche, zu einem Preis von 2,40 €/m^2, zu furnieren.

Berechnen Sie

a) die Materialkosten für das Rüsterfurnier bei einem Verschnittzuschlag von 35 %,

b) die Materialkosten für das Buchenfurnier bei einem Verschnittzuschlag von 20 %.

8.3 Belagstoffe – Kunststoffe

Aufgaben zu 8.3.1 – Furniere

139.1 Es werden 12 Innentüren **(siehe Bild)** mit den Maßen 860 × 1985 mm beidseitig mit japanischem Sen furniert. Der Verschnittzuschlag beträgt 45 %. Der Preis beträgt für das Furnier 10,60 €/m², für den Türrohling 41,15 € und für die Umleimer 4,20 €/m.

Berechnen Sie

a) die Fertigmenge und die Rohmenge des Furniers in m²,

b) den Bedarf an Umleimern in Metern,

c) die Materialkosten für die fertig furnierten Türen ohne Beschläge.

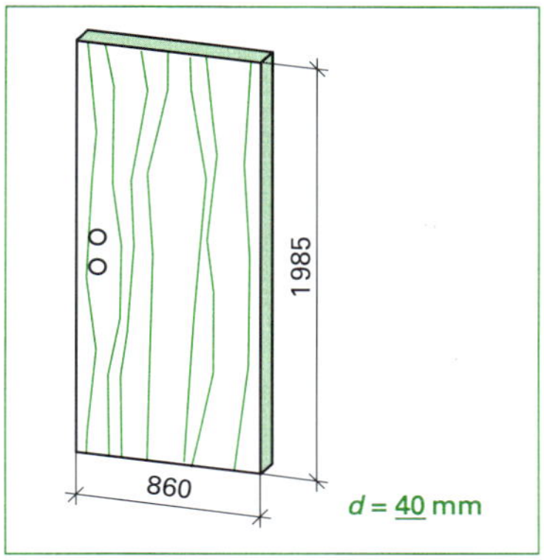

Aufgabe 139.1: Innentür

139.2 Für eine Dekoration werden 25 halbkreisförmige Schalen **(siehe Bild)** benötigt. Die Schale besteht aus zwei geschlitzten MDF-Platten, 2 × 8 mm dick, sie ist beidseitig mit Birnbaum furniert. Der Verschnittzuschlag beträgt 40 %. Das Furnier wird zu einem Preis von 14,40 €/m² kalkuliert.

a) Berechnen Sie den Furnierbedarf in m² ohne Kanten.

b) Wie hoch sind die Materialkosten für das Furnier?

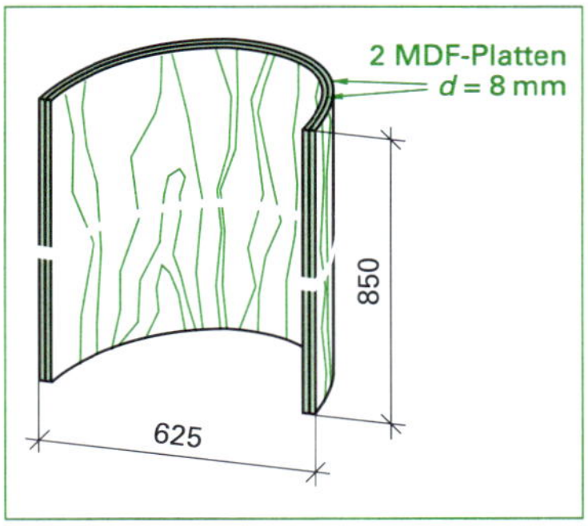

Aufgabe 139.2: Schale

139.3 Für eine Kleinserie von Esstischen sollen die Tischplatten **(siehe Bild)** mit Birke beidseitig furniert werden. Es stehen 15 Furnierpakete mit 32 Blatt und einer Blattbreite von 120 mm und einer Länge von 1,95 m zur Verfügung. Der Verschnittzuschlag wird mit 50 % angenommen.

Für wie viel Tischplatten reichen die Furnierpakete aus?

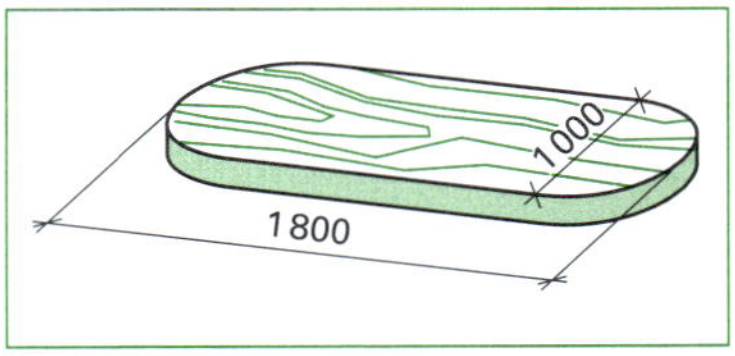

Aufgabe 139.3: Esstischplatte

139.4 Für einen 2-türigen Schlafzimmerschrank sind folgende Korpusteile mit Eiche, 0,7 mm, zu furnieren:

Material	Furnier	Anzahl	Plattenlänge	Plattenbreite
Seiten P2 22	EI/EI	2	2 095	627
Zwischenwand P2 22	EI/EI	1	1 974	627
Böden P2 22	EI/MAC	2	1 100	635
Rückwand VP 6	EI/MAC	1	2 004	1 130
Türen ST 19	EI/EI	2	2 002	557
Sockelblende ST 19	EI/MAC	2	1 100	75
Fachböden ST 19	EI/EI	4	615	538

Berechnen Sie

a) den Furnierbedarf für Eiche mit 40 % Verschnittzuschlag und für Macore mit 25 % Verschnittzuschlag,

b) die Anzahl der Eichenfurnierblätter bei 220 mm Breite und 2 300 mm Länge (evtl. Skizze anfertigen),

c) den Bedarf an überfurnierten Umleimern, 5 × 19 mm **(siehe Bild)**, für die Türen.

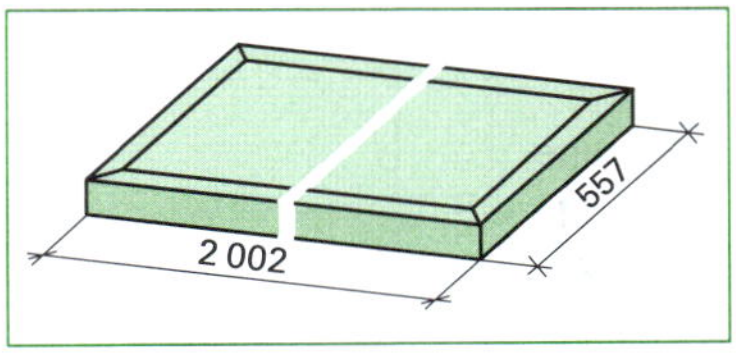

Aufgabe 139.4: Tür mit Umleimern

8.3.2 Kunststoffplatten

Dekorative Hochdruck-Schichtpressstoffplatten HPL nach DIN EN 438-3

HPL-Platten bestehen aus mit Reaktionsharzen imprägnierten aufeinander geschichteten und auf Maß geschnittenen Faserstoffbahnen (z. B. Papier), die zwischen ebenen oder strukturierten Pressplatten bei hoher Temperatur und unter einem hohen Druck verpresst werden. Sie bestehen aus Deckschichten aus Melaminharzen und Kernschichten auf Phenolplastharzbasis.

Die HPL-Platten werden in Typen eingeteilt und in Anwendungsklassen unterteilt.

Aus anwendungstechnischen Gründen kann eine Kombination der einzelnen Typen in einer Platte erforderlich sein.

Tabelle 1: Typen von HPL-Platten

Typ N	HPL für allgemeine Anwendung
Typ P	HPL bei bestimmter, vom Hersteller anzugebender Temperatur, nachformbar (postforming)
Typ F	HPL mit erhöhter Widerstandsfähigkeit gegenüber Flammeinwirkung
Typ C	HPL-Kompaktschichtpressstoff
Typ CF	HPL-Kompaktschichtpressstoff mit erhöhter Widerstandsfähigkeit gegenüber Flammeinwirkung

Tabelle 2: Anwendungsklassen von HPL-Platten

Klasse	Anwendungsprofile	Typische Anwendungsgebiete
434	– besonders hoher Abriebwiderstand – hohe Stoßfestigkeit – besonders hohe Kratzfestigkeit	Zahltheken Fußböden
333	– hoher Abriebwiderstand – hohe Stoßfestigkeit – mittlere bis hohe Kratzfestigkeit	Küchenarbeitsplatten Gaststättentische
223	– mittlerer Abriebwiderstand – geringe bis mittlere Stoßfestigkeit – mittlere bis hohe Kratzfestigkeit	Küchenfronten Regalböden Transportfahrzeuge
111	– geringer Abriebwiderstand – geringe Stoßfestigkeit – geringe Kratzfestigkeit	Möbelkorpus

Tabelle 3: Vorzugsmaße von HPL-Platten

Arten	Dicke in mm	Länge in mm	Breite in mm
HPL-Standard	0,6; 0,8; 1,2	3 650; 2 800; 2 450 2 120 2 120 1 850	1 250 1 020 915 915
HPL-Vollplatten	2–20	herstellerabhängig	

Dekorative Schichtpressstoffplatten auf Polyesterbasis

Die Platten bestehen aus Kern- und Deckschicht aus Faserstoffbahnen, die mit Polyester imprägniert und unter hoher Temperatur verpresst werden. Sie kommen in Rollenform in unterschiedlichen Längen für breite Flächen und für Kanten in den Handel.

8.3 Belagstoffe – Kunststoffe

Aufgaben zu 8.3.2 – Kunststoffplatten

141.1 Eine Küchenarbeitsplatte **(siehe Bild)** soll mit HPL-Platten, 1,2 mm dick, Typ F beschichtet werden.

Berechnen Sie die Fertigmenge der HPL-Platten in m².

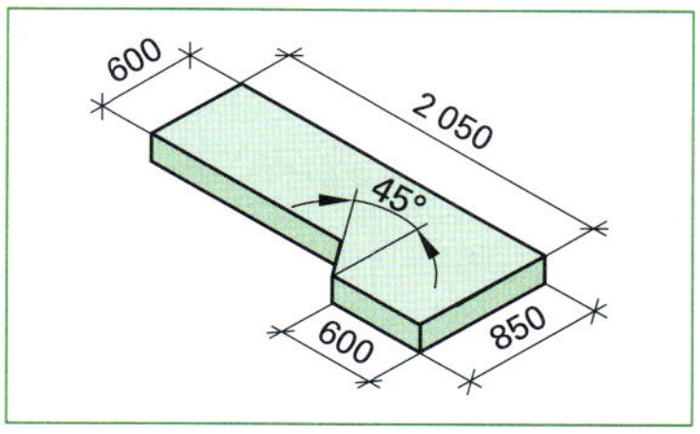

Aufgabe 141.1: Küchenarbeitsplatte

141.2 Acht Türblätter für Innenturen mit den Maßen 1 084 × 1 972 mm sollen mit HPL 0,9 mm beschichtet werden. Es stehen Plattenformate von 1 220 × 2 150 mm zur Verfügung. Der Materialpreis der HPL-Platten beträgt pro Quadratmeter 13,90 €.

a) Berechnen Sie den Verschnitt in Prozent.

b) Wie hoch sind die Materialkosten der HPL-Platten für die Türblätter?

141.3 Für eine Serienfertigung von 400 Rolltischen **(siehe Bild)** in der Form gleichseitiger Dreiecke werden die Flächen und Kanten der MDF-Platten mit 0,5 mm dicken HPL-Platten beschichtet. Die dreieckigen Stollen bestehen aus kunststoffummantelten Spanplattenprofilen.

Berechnen Sie den Bedarf an HPL-Platten für die Tischflächen bei 25 % Verschnittzuschlag und für die Kanten bei 15 % Verschnitt.

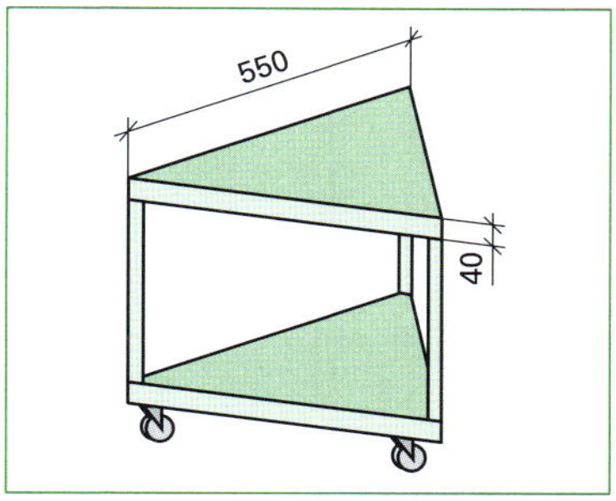

Aufgabe 141.3: Rolltisch

141.4 Für die Herstellung von 6 Waschtischen mit 2 ellipsenförmigen Ausschnitten für die Waschbecken werden wasserfest verleimte Spanplatten, P2, 22 mm dick, mit HPL-Platten beschichtet **(siehe Bild)**.

Berechnen Sie

a) die Fertigmenge für eine Waschtischplatte in m². (Die Abrundungen können vernachlässigt werden).

b) den Flächenverschnitt in m² und in Prozent, wenn eine Platte mit dem Format 3 660 × 1525 mm zur Verfügung steht,

c) den Umfang in m für die Kantenbeschichtung mit 24 mm breiten Melaminkanten für alle 6 Waschtische.

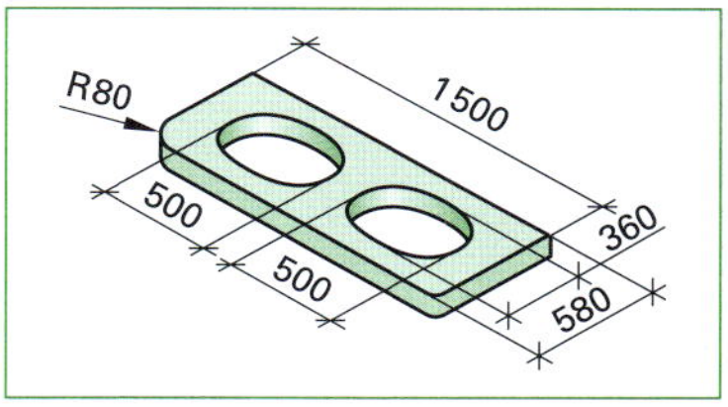

Aufgabe 141.4: Waschtisch

141.5 Für einen Auftrag sollen 46 HPL-beschichtete Fensterbänke mit den Maßen 1 250 × 240 mm hergestellt werden. Es steht ein Plattenformat von 3 050 × 1 320 mm zur Verfügung.

a) Berechnen Sie den Bedarf an HPL-Platten in m².

b) Wie viel Platten müssen bestellt werden?

c) Wie groß ist der Verschnittzuschlag in Prozent?

141.6 In einem Kaufhaus sollen die 6-eckigen Säulen, 3,20 m hoch **(siehe Bild)**, mit nichtbrennbaren Spanplatten, die mit farbigen HPL-Platten beschichtet sind, verkleidet werden. Der Abstand zwischen Säulenecke und Vorderkante Platte beträgt 40 mm.

Berechnen Sie die Breite der Platten in cm und den Plattenbedarf in m² für 12 Säulen.

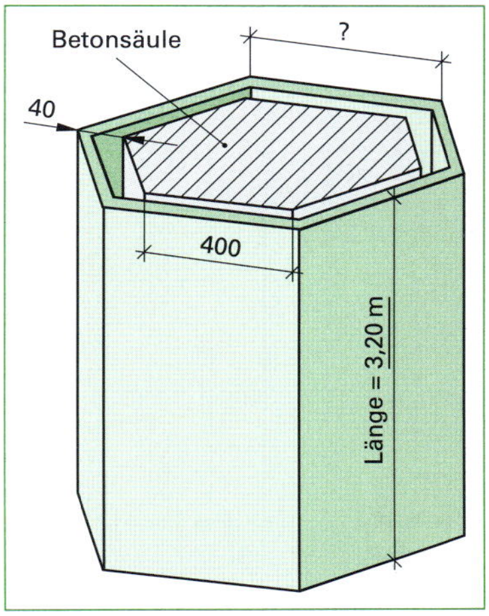

Aufgabe 141.6: Säule

141.7 Für einen Auftrag werden 8 Platten mit den Maßen 2 440 × 1 220 mm zu einem Preis von 12,10 €/m² benötigt.

Berechnen Sie

a) die Fertigmenge pro Platte, wenn von einem Verschnittzuschlag von 25 % ausgegangen wird,

b) den Preis pro m² bezogen auf die Fertigmenge.

8.4 Klebstoffe

8.4.1 Klebstoffbedarf

Zur Berechnung der Klebstoffmenge m_K für Klebearbeiten müssen folgende Angaben bekannt sein: Klebefläche A_K in m^2 und Auftragsmenge m_1 in g/m^2 oder kg/m^2 **(Bild 1)**.

Die Auftragsmenge ist abhängig von der Viskosität des Klebstoffes, der Beschaffenheit der zu verklebenden Flächen, der Holzart und der Auftragsdicke. Die Auftragsmengen liegen je nach Klebstoffart zwischen 120–300 g/m^2.

Beispiel: Wie viel Kilogramm Leim werden für eine Leimfläche von 72,40 m^2 benötigt, wenn mit einer Auftragsmenge von 160 g/m^2 gerechnet wird?

Lösung: Klebstoffmenge in kg
= Klebefläche in m^2 · Auftragsmenge in kg/m^2
= 72,40m^2 · 0,160 kg/m^2
= **11,584 kg**

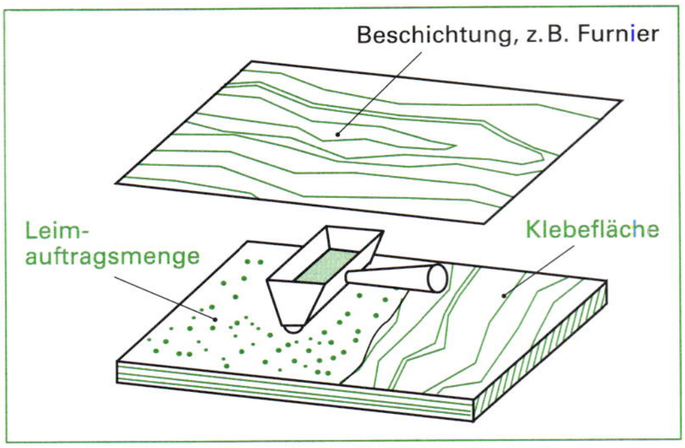

Bild 1: Klebstoffauftrag

Klebstoffmenge in kg
= Klebefläche in m^2 x Auftragsmenge in kg/m^2

$$m_K = A_K \text{ in } m^2 \cdot m_1 \text{ in } kg/m^2$$

$$\text{Auftragsmenge in } kg/m^2 = \frac{\text{Klebstoffmenge in kg}}{\text{Klebefläche in } m^2}$$

$$\text{Klebefläche in } m^2 = \frac{\text{Klebstoffmenge in kg}}{\text{Auftragsmenge in } kg/m^2}$$

Klebstoffe in der Holzverarbeitung

Die Tabelle zeigt eine Auswahl handelsüblicher Klebstoffe mit der vom Hersteller empfohlenen Auftragsmenge.

Tabelle 1: Klebstoffe in der Holzverarbeitung (Auswahl)

Klebstoffart	Kurzzeichen	Verleimqualität	Auftragsmenge g/m^2	Hinweis
Natürliche Leime				
Glutinleim	KG	D1	150–200	Warmleim
Glutinleim modifiziert mit Harnstoffharz		D2	125–175	Kaltleim
Plastomere				
Polyvinylacetat	KPVAC	D1–D2	150–200	Dispersionsleim
Einkomponenten-Holzleim (auf PVAC-Basis)	KPVAC	D3	150–200	
Zweikomponenten-Holzleim (auf PVAC-Basis)	KPVAC	D4	150–200	mit Härterzugabe
Polyurethan-Leim	KPU	D4	150–200	Einkomponentenleim
Kontaktkleber (auf Polyurethan-Basis)	KPCB	200–300		beidseitiger Auftrag
Duromere				
Harnstoff-Formaldehyd-Kondensationsharz-Leim	KUF	IF 20 D2	120–160	Kalt- und Heißverfahren
Melamin-Formaldehyd-Kondensationsharz-Leim	KMF	AW 100 D4	150–280	Heißverfahren
Phenol-Formaldehyd-Kondensationsharz-Leim	KPF	AW 100 D4	160–250	

8.4 Klebstoffe

Aufgaben zu 8.4.1 – Klebstoffbedarf

143.1 Für die Beschichtung von 12 Innentüren mit einer Breite von 960 mm und einer Höhe von 1973 mm ist die Leimmenge einschließlich 10 % Mengenzugabe zu berechnen. Die Auftragsmenge ist mit 130 g/m² angegeben.

143.2 Für eine Leimfläche von 35 m² wurden 6,3 kg Leim verbraucht.

Berechnen Sie die Auftragsmenge in kg/m².

143.3 Es werden 10 % Verdünnung zu 5 kg Kontaktkleber hinzugegeben.

Wie viel Quadratmeter HPL-Platten können bei einem Auftrag von 220 g/m² damit verklebt werden?

143.4 Für eine Serie von 60 Schreibtischplatten 1 800 × 800 mm, 35 mm dick, sind Stabplatten beidseitig und deren Kanten mit Buche zu furnieren.

Berechnen Sie den Leimbedarf in kg bei einer Auftragsmenge von 150 g/m².

143.5 Für das Furnieren von Korpusteilen werden 25 kg Kondensationsleim angemacht. Die Leimfläche beträgt 112 m². Die Auftragsmenge ist mit 160 g/m² angegeben. Die Leimkosten werden mit 3,95 €/kg kalkuliert.

Berechnen Sie

a) den tatsächlichen Leimverbrauch in kg,

b) den Leimverlust in %.

143.6 Wie hoch sind die Leimkosten pro m², wenn der Einkaufspreis für den Leim 2,20 €/kg, die Auftragsmenge 160 g/m² beträgt und 20 % Mengenzuschlag hinzugerechnet werden?

143.7 Ein Behälter mit 15 kg Dispersionsleim kostet 34,38 €.

a) Für wie viel Quadratmeter Leimfläche reicht das Gebinde aus, wenn von einer durchschnittlichen Auftragsmenge von 180 g/m² ausgegangen wird?

b) Wie hoch sind die Leimkosten für 1 m²?

143.8 Für eine zu furnierende Fläche von 3,5 m² wurden für den beidseitigen Auftrag 0,670 kg PVAC-Leim verbraucht.

Wie viel kg Leim benötigt man für 24,5 m² Furnierfläche?

143.9 Für eine Ausstellung sollen 12 Säulen, 2,60 m hoch, aus MDF-Schlitzplatten mit dem Radius von 140 mm mit „fineline“-Furnier beschichtet werden. Die Auftragsmenge für den Kontaktkleber beträgt 300 g/m² für den beidseitigen Auftrag.

Berechnen Sie

a) die zu beschichtende Fläche in m²,

b) den Klebstoffbedarf in kg.

143.10 Für die Verleimung von 285 m² Eschefurnier für Trennwände aus Spanplatten wird der Kondensationsleim mit 3,42 €/kg bei einer Auftragsmenge von 160 g/m² kalkuliert. Der Leimverbrauch betrug 53 kg.

Berechnen Sie

a) die tatsächliche Auftragsmenge in g/m²,

b) die Leimkosten in €,

c) den tatsächlichen Leimpreis in €/m².

143.11 Es sind 45 Tische für eine Serienfertigung beidseitig mit Esche zu furnieren. Der Umfang einer Tischplatte beträgt 3,80 m, damit daran 7 Personen Platz finden. Der Leimverbrauch wird mit 160 g/m² angenommen. Es sind 10 % Leimverlust hinzuzurechnen.

Berechnen Sie

a) den erforderlichen Plattendurchmesser in m,

b) den Leimbedarf in kg.

143.12 Für einen Auftrag wurden MDF-Platten mit 46 m² HPL-Platten, 0,9 mm dick, beschichtet. Es wurden hierfür 9,5 kg Kondensationsleim verbraucht. Der Mengenverlust wird mit 12 % angenommen.

Wie groß war die Auftragsmenge in g/m²?

143.13 Für die Kalkulation einer Serienfertigung von Korpusteilen aus furnierten Spanplatten sollen die Leimkosten je m² Leimfläche berechnet werden. Der Leimflottenpreis beträgt für Harnstoffharzleim KUF 2,15 €/kg. Die Korpusteile werden aus Spanplatten mit dem Format 500 × 1 600 mm mit Fichtefurnier hergestellt. Für die Berechnung der Kalkulation wird eine Stichprobenwägung mit folgendem Ergebnis durchgeführt: beleimte Fläche = 8 870 g, unbeleimte Fläche = 8 750 g.

Berechnen Sie

a) die Auftragsmenge in g/m²,

b) die Leimfläche in m² für 1 kg Leim,

c) den Preis je m² Leimfläche.

8.5 Mischungsrechnen

8.5.1 Begriff der Mischung

Eine Mischung kann sich aus verschiedenartigen Stoffen oder aus gleichartigen Stoffen mit unterschiedlicher Qualität, unterschiedlicher Konzentration oder unterschiedlichem Preis zusammensetzen. Es können Lösungen, Gemenge, Emulsionen oder chemische Verbindungen entstehen.

Eine Mischung lässt sich nach zwei Arten zusammenstellen:

a) **Massenteile** (Gewichtsteile) MT in kg

b) **Volumenteile** (Raumteile) VT in l

In holzverarbeitenden Betrieben werden z. B. Glutinleime und Dispersionsleime mit Wasser und Streckmittel, Kondensationsleime mit Härter und Füllmittel, Kleber, Mattierungen und Lacke mit Härter und einer zweiten Komponente sowie Beizen und Farben gemischt.

Bei allen Mischungen sind die technischen Angaben der Hersteller zu beachten.

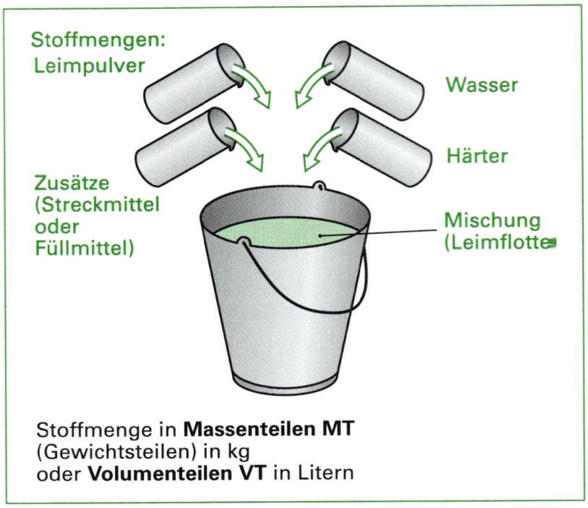

Bild 1: Leimmischung

8.5.2 Einfaches Mischungsrechnen nach Massenteilen oder Volumenteilen

Die Anteile der einzelnen Stoffmengen werden in einem Mischungsverhältnis angegeben. Die Gesamtanteile der Stoffmenge sind die Summe aller Anteile **(Bild 1)**.

Mischungsverhältnis 2 : 4 : 3
Härter : Wasser : Leim
Gesamtanteile = 9 Teile

In der Berechnung muss zunächst die Grundeinheit (1 Teil) ausgerechnet werden. Danach lassen sich die einzelnen Stoffmengen berechnen.

Beispiel: Es sollen 2 kg Härterlösung aus 3 Massenteilen Pulver und 5 Massenteilen Wasser angerührt werden. Wie viel kg Härterpulver sind mit wie viel kg Wasser anzurühren?

Lösung: $3\ MT_{Härter} + 5\ MT_{Wasser} = 8\ MT_{gesamt}$

8 MT = 2,0 kg Härterlösung

$$1\ MT = \frac{2{,}0\ kg}{8} = \mathbf{0{,}25\ kg}$$

Folglich werden benötigt:

$3\ MT_{Härter} = 3 \cdot 0{,}25\ kg = 0{,}75\ kg$

$5\ MT_{Wasser} = 5 \cdot 0{,}25\ kg = 1{,}25\ kg$

$8\ MT_{Härterlösung} = \mathbf{2{,}00\ kg}$

Mischungsverhältnis

2	:	4	:	3
Anteile Stoffmenge **A**		Anteile Stoffmenge **B**		Anteile Stoffmenge **C**

Gesamtanteile der Mischung: **A** + **B** + **C**

Gesamtmenge der Mischung

Stoffmenge **A** + Stoffmenge **B** + Stoffmenge **C**

Gesamtmenge in kg oder l

$$1\ \text{Teil} = \frac{\text{Gesamtmenge der Mischung}}{\text{Gesamtanteile}}$$

$$\text{Stoffmenge eines Stoffes in kg oder l} = \frac{\text{Gesamtmenge der Mischung x Anteil der Stoffmenge}}{\text{Gesamtanteile}}$$

8.5 Mischungsrechnen

Aufgaben zu 8.5.2 – Mischungsrechnen

145.1 Nach einer Gebrauchsanweisung soll 1,0 Massenteil Leimpulver mit 2,5 Massenteilen Wasser gemischt werden.

Wie viel Leimpulver und Wasser in kg sind zu mischen, um 7 kg Leim zu erhalten?

145.2 Es sind 3 kg Härterlösung anzurühren. Das Mischungsverhältnis Härter : Wasser soll 1,5 : 5 betragen.

Berechnen Sie die einzelnen Stoffmengen in kg.

145.3 Es wurde ein Leimbedarf von 4,5 kg errechnet. Leim, Härter und Wasser sollen im Mischungsverhältnis 3 : 2 : 4 gemischt werden.

Wie viel kg sind für jeden Stoff erforderlich?

145.4 Das Verhältnis einer Mischung von Stoff A zu Stoff B beträgt 3 : 7. Von Stoff A werden 12 Liter benötigt.

Berechnen Sie

a) die Gesamtstoffmenge in Litern,

b) die Stoffmenge B in Litern.

145.5 Der Leimbedarf für eine Furnierarbeit mit Kondensationsleim KUF beträgt 7,5 kg.

Die Rezeptur ist in folgendem Verhältnis angegeben.

Härter	:	Wasser	:	Leim	:	Streckmittel
1,5	:	10	:	5	:	2

Berechnen Sie die einzelnen Mengen der Bestandteile der Leimmischung in kg.

145.6 Es werden für eine Leimarbeit 18 l Leim benötigt. Nach den Angaben des Herstellers ist der Leim wie folgt anzusetzen:

5 VT Härter : 15 VT Wasser : 50 VT Leim : 1,5 VT Mehl.

Wie viel Liter entfallen auf die einzelnen Komponenten der Leimmischung?

145.7 Nach dem Rezept des Produzenten soll das Verhältnis Härter : Wasser = 3 : 10 betragen. Die Leimflotte ist im Verhältnis 1 : 5 (Härterlösung : Flüssigleim) anzurühren.

Berechnen Sie die Mengen für die einzelnen Stoffe, wenn 15 kg Leim benötigt werden.

145.8 Gemäß der Gebrauchsanweisung muss ein säurehaltiges Mittel im Verhältnis 2 : 7 mit Wasser verdünnt werden.

a) Wie viel l des Mittels benötigt man für 10 Liter Mischung?

b) Wie viel Wasser benötigt man für 1,5 Liter des säurehaltigen Mittels?

145.9 Für das Furnieren von Korpusseiten werden 25 kg Harnstoffharzleim benötigt. 4 kg Streckmittel und 2 kg Härter sind in der Leimmischung enthalten.

Berechnen Sie

a) das Mischungsverhältnis Leim : Härter

b) das Mischungsverhältnis Leim : Streckmittel

145.10 Ein Furnierleim von 12 kg wird mit 4 Teilen Leimpulver, 2 Teilen Härter und 8 Teilen Wasser angerührt. Zum Schluss kommen noch 20 % Streckmittel hinzu.

Berechnen Sie die einzelnen Stoffmengen in kg.

145.11 Eine Leimmischung von 24 kg wurde im Verhältnis Leimpulver : Wasser = 4 : 2 gemischt. Laut Verarbeitungsrichtlinie ist der Verbrauch für 1 m² mit 160 g angegeben.

a) Berechnen Sie die Leimpulvermenge in kg.

b) Wie viel Quadratmeter können damit beleimt werden?

145.12 Für die Herstellung von Außentüren werden Klebstoffe der Beanspruchungsgruppe D3 verlangt. Dem hierfür geeigneten Leim muss 15 % Härter hinzugegeben werden.

Berechnen Sie

a) die einzelnen Stoffmengen in kg bei einem Leimbedarf von 6 kg,

b) das Mischungsverhältnis Leim : Härter.

145.13 Für eine Serienfertigung von 250 mit HPL beschichteten Schranktüren mit den Maßen 500 × 1800 mm wird mit einem Verbrauch von 220 g/m² gerechnet. Das Mischungsverhältnis Flüssigleim : Härter beträgt 8 : 1,5.

Berechnen Sie

a) den Klebstoffbedarf in kg,

b) die einzelnen Stoffmengen in kg.

145.14 Eine Leimmischung besteht aus 5 kg Leimpulver, 1,5 kg Härter, 4 l Wasser.

a) Berechnen Sie das Mischungsverhältnis.

b) Reicht die Leimmischung für 70 m², wenn mit einem Verbrauch von 150 g/m² gerechnet wird?

8.5.3 Kaufmännisches Mischungsrechnen

Für die Preisermittlung von Mischungen müssen die Einzelpreise der Stoffe und die einzelne Stoffmenge bekannt sein.

Bei Mischungen mit Massenteilen wird mit dem Preis/kg und bei Volumenteilen mit dem Preis/l gerechnet **(Bild 1)**.

Beispiel: Eine Leimmischung besteht aus 20 l Härterlösung (V_H) zu einem Preis von 0,65 €/l ($Preis_H$/l) und 60 l Flüssigleim (V_L) zu einem Preis von 2,45 €/l ($Preis_L$/l).

a) Wie viel kostet die Mischung?

b) Wie teuer ist 1 Liter der Mischung?

Lösung: a) Gesamtmenge der Mischung

V = 20 l Härter + 60 l Leim = 80 l

Preis der Mischung von 80 l

$= V_H \cdot Preis_H/l + V_L \cdot Preis_L/l$

= 20 l · 0,65 €/l + 60 l · 2,45 €/l

= 13,00 € + 147,00 € = **160,00 €**

b) Preis der Mischung für 1 Liter

$= \frac{\text{Gesamtpreis der Mischung}}{\text{Gesamtmenge}}$

$= \frac{160{,}00\ €}{80\ l} = \mathbf{2{,}00\ €/l}$

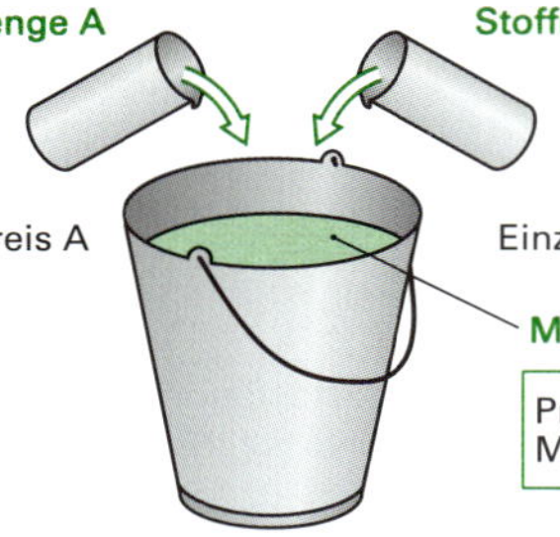

Bild 1

Preis der Mischung pro kg = $\frac{\text{Menge A in kg} \times Preis_A/kg + \text{Menge B in kg} \times Preis_B/kg}{\text{Gesamtmenge in kg}}$

Preis der Mischung pro l $= \frac{\text{Menge A in l} \times Preis_A/l + \text{Menge B in l} \times Preis_B/l}{\text{Gesamtmenge in l}}$

Allgemein:

Preis der Mischung $= \frac{\text{Gesamtpreis der Mischung}}{\text{Gesamtmenge}}$

Aufgaben zu 8.5.3 Kaufmännisches Mischungsrechnen

146.1 Fünf Liter eines Stoffes A, Preis 2,25 €/l, werden mit 7 l eines Stoffes B, Preis 1,35 €/l gemischt.

Wie viel kostet 1 Liter der Mischung?

146.2 Eine Leimflotte von 8,5 kg zum Preis von 2,90 €/kg, wird mit 2 kg Streckmittel zum Preis von 0,75 €/kg gemischt.

Wie teuer ist 1 kg des gestreckten Leimes?

146.3 Drei Stoffe werden im Verhältnis 2 : 1 : 3 gemischt. Es sollen insgesamt 20 l Mischung hergestellt werden. Stoff A kostet 1,60 €/l, Stoff B kostet 1,20 €/l, Stoff C kostet 0,55 €/l.

Berechnen Sie den Preis/l der Mischung.

146.4 5 kg Leim werden 20 % (auf 5 kg) Streckmittel zugesetzt. 1 kg Leim kostet 3,25 €, 1 kg Streckmittel kostet 0,65 €.

Wie viel kostet 1 kg des gestreckten Leimes?

146.5 Es wurde ein Leimbedarf von 25 kg errechnet. Leimpulver, Härter und Wasser sollen im Verhältnis 6 : 1 : 1,5 gemischt werden.

Berechnen Sie den Preis/kg der Mischung, wenn 1 kg Leimpulver 2,45 €, 1 kg Härter 1,20 € und 1 m^3 Wasser 1,42 € kostet.

146.6 In einer Leimmischung von 15 l sind 20 % Härter enthalten. Wegen des zu erwartenden Leimdurchschlages wird noch 1/2 Liter Farbmischung hinzugegeben. Der Leim kostet 3,25 €/l, der Härter 0,90 €/l und die Farbmischung wird mit 0,60 €/l berechnet.

Wie viel kostet 1 Liter der eingefärbten Leimmischung?

146.7 Eine Mischung besteht aus 18 l des Stoffes A und 2,5 l des Stoffes B.

Der Preis der Mischung pro Liter beträgt 3,65 €.

Wie viel kostet 1 Liter des Stoffes B, wenn für den Stoff A 3,00 €/l berechnet werden?

8.6 Stoffe zur Oberflächenbehandlung

8.6.1 Bedarfs- und Preisberechnungen

Die Berechnung des Bedarfs von Anstrichstoffen richtet sich nach der zu behandelnden Flächengröße und der Schichtdicke in Abhängigkeit der Verbrauchsmenge in l/m² oder cm³/m².

Im Handel werden Farben und Lacke in kg, l und ml unter Angabe der Ergiebigkeit oder des Verbrauchs angeboten.

Die Ergiebigkeit (in m²/l) gibt die Größe der Fläche in m² an, die mit 1 l oder 1 cm³ (1 l = 1 000 cm³; 1 ml = 1 cm³) Anstrichmittel beschichtet werden kann.

Der Verbrauch (in l/m² oder cm³/m²) gibt die Menge des Anstrichmittels in l oder cm³ an, die pro Quadratmeter (1 m²) benötigt wird.

Hierbei wird mit 1 cm³ des Mittels auf die Fläche von 1 m² eine Nassfilmdicke von 1 μm (1 Mikrometer) erzielt.

Beispiel: Ein Lackhersteller gibt den Verbrauch einer Lackfarbe mit 60 cm³/m² an. Für wie viel Quadratmeter reicht ein Liter?

Lösung:

$$\text{Ergiebigkeit} = \frac{1}{\text{Verbrauch (l/m}^2)}$$

$$= \frac{1}{0{,}060\ \text{l/m}^2} = \mathbf{16{,}66\ m^2/l}$$

$$\text{Lackfläche in m}^2 = \frac{\text{Lackmenge in l}}{\text{Verbrauch in l/m}^2}$$

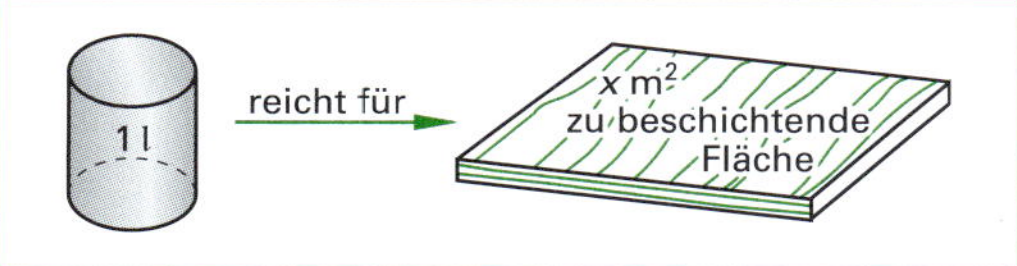

Bild 1: Ergiebigkeit

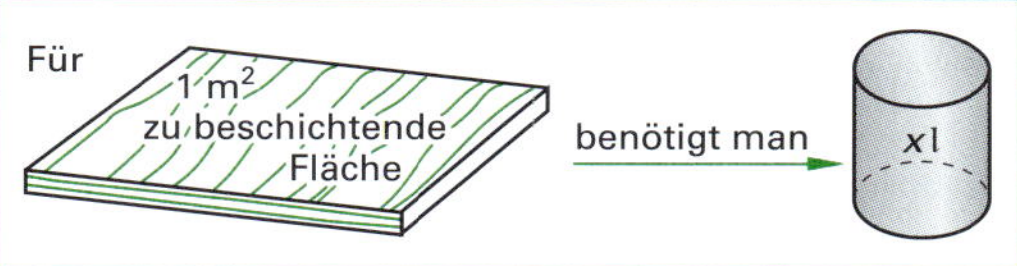

Bild 2: Verbrauch

$$\text{Lackfläche in m}^2 = \text{Lackmenge in l} \times \text{Ergiebigkeit in m}^2\text{/l}$$

$$\text{Lackmenge in l} = \frac{\text{Lackfläche in m}^2}{\text{Ergiebigkeit in m}^2\text{/l}}$$

$$\text{Ergiebigkeit in m}^2\text{/l} = \frac{\text{Lackfläche in m}^2}{\text{Lackmenge in l}}$$

$$\text{Ergiebigkeit in m}^2\text{/l} = \frac{1}{\text{Verbrauch (l/m}^2)}$$

$$\text{Lackmenge in l} = \text{Lackfläche in m}^2 \times \text{Verbrauch in l/m}^2$$

$$\text{Lackfläche in m}^2 = \frac{\text{Lackmenge in l}}{\text{Verbrauch in l/m}^2}$$

$$\text{Verbrauch in l/m}^2 = \frac{\text{Lackmenge in l}}{\text{Lackfläche in m}^2}$$

$$\text{Verbrauch in l/m}^2 = \frac{1}{\text{Ergiebigkeit (m}^2\text{/l)}}$$

Tabelle: Auswahl von Stoffen zur Oberflächenbehandlung (Ergiebigkeit)

Holz-Beizen		**Lacke**	
Wasserbeizen	7–10 m²/l	NC-Lacke	5–8 m²/l
Lackbeizen	6–7 m²/l	Einkomponenten-Härterlacke SH	4–5 m²/l
Wachsbeize	6–8 m²/l	Zweikomponenten-Kunstharzlacke SH	7–8 m²/l
Hilfsmittel		Alkyd-Lacke	10–12 m²/l
Bleichmittel	8–15 m²/l	Zweikomponenten-Polyurethanlacke	8–10 m²/l
Abbeizer	1–2 m²/l	Wasserlacke (Acryl)	6–8 m²/l
Naturfarben (Pflanzenfarben)		**Lasuren**	
Pflanzen-Holzlasuren	8–10 m²/l	Holzschutzimprägnierungsmittel	10–12 m²/l
Naturholz-Ölimprägnierung	8–10 m²/l	Holzschutzlasur	10–12 m²/l
Natur-Wachse	5–6 m²/l	Lack-Lasur	10–12 m²/l

8.6 Stoffe zur Oberflächenbehandlung

Aufgaben zu 8.6.1 Bedarfs- und Preisberechnungen

148.1 Auf einem Lackgebinde ist die Ergiebigkeit mit 8 m²/l angegeben.

Für wie viel Quadratmeter reicht der Inhalt von 5 Litern?

148.2 Korpusseiten, 250 Stück mit je 9 200 cm², werden beidseitig lackiert.

Wie viel Lack ist bereitzustellen, wenn die Ergiebigkeit 13 m²/l beträgt?

148.3 Wie viel Quadratmeter können mit einem Lackgebinde von 2 Litern gestrichen werden, wenn der Verbrauch 85 cm³/m² beträgt?

148.4 Mit einem spritzfähig eingestellten Lackmaterial sollen 150 m² beschichtet werden. Der Spritzverlust beträgt 25 %.

Wie viel Liter Lack sind bereitzustellen, wenn der Verbrauch mit 70 cm³/m² angegeben ist?

148.5 Für einen Innenausbau sind 160 furnierte Teile mit den Maßen 990 × 3 100 mm beidseitig zu beschichten. Der Verbrauch liegt bei 120 ml/m². Es werden 20 % Spritzverlust dazugerechnet. 1 Liter des Beschichtungsmittels kostet im Einkauf 8,40 €.

Berechnen Sie

a) den Gesamtverbrauch in Litern,

b) die Gesamtmaterialkosten.

148.6 Ein Lackgebinde von 10 l wird zu einem Preis von 5,75 €/l eingekauft. Der Verbrauch ist mit 90 cm³/m² angegeben.

Wie groß ist der Materialpreis pro Quadratmeter?

148.7 Für 12 Türen eines Einbauschrankes mit einer Sichtfläche von je 0,84 m² wurden für zweimaliges Spritzen der beidseitig zu lackierenden Flächen 13 l Lack verbraucht.

Berechnen Sie den Verbrauch in ml/m².

148.8 Ein Lackgebinde mit 30 l wird mit 20 % Verdünnung für das Spritzen mit einem Airlessgerät gemischt. Der Verbrauch wird für zwei Arbeitsgänge mit 160 ml/m² angegeben.

Für wie viel m² reicht das Gebinde bei 15 % Mengenverlust aus?

148.9 Für eine Kleinserie beträgt die zweifach mit NC-Lack zu lackierende Fläche 820 m². Die Lackmenge von 1 Liter reicht für 7 m² bei einmaligem Spritzgang.

Wie viel Liter Lack werden benötigt?

148.10 Für einen Auftrag sind 36 einflügelige Dreh-kipp-Fenster 1-mal zu imprägnieren, 1-mal zu grundieren und 2-mal zu lackieren.

Die Fensterteile haben folgende Maße:

Teile	Länge	Abwicklung
Blendrahmen	5,27 m	268 mm
Flügelrahmen	4,826 m	268 mm
Glashalteleisten	4,34 m	65 mm

Die Auftragsmengen betragen:

Imprägnierung 125 ml/m², Grundierung 70 ml/m², Deckanstrich 80 ml/m².

Berechnen Sie die Gesamtfläche der zu beschichtenden Teile in m² und den Verbrauch in l für die einzelnen Anstrichmittel.

148.11 Eine einflügelige Haustür aus Kiefer erhält eine fungizide Holz-Lasur als Grundierung und 3 Anstriche mit wasserdampfdurchlässiger Lack-Lasur. Das furnierte Türblatt hat eine zu lasierende Fläche von 4,42 m², der Blockrahmen hat eine Gesamtlänge von 3,98 m und eine Profilabwicklung von 34,4 cm. Die Holz-Lasur kostet 6,90 €/l, die Lack-Lasur kostet 8,75 €/l. Als Mengenverlust werden 10 % angenommen.

Berechnen Sie

a) die Gesamtfläche der zu lasierenden Fläche in m²,

b) den Bedarf an Grundiermittel in l, bei einem Verbrauch von 90 ml/m²,

c) den Gesamtbedarf an Lack-Lasur in l, bei einem Verbrauch von 80 ml/m²,

d) die Gesamtkosten für das Oberflächenmaterial.

148.12 Für eine Serie von 125 Tischen sind die 4 kreisrunden Stollen mit einer Länge von 68 cm und einem Durchmesser von 45 mm je 2-mal mit DD-Lack zu spritzen. Die Auftragsmenge beträgt 90 ml/m² pro Spritzgang. Der Spritzverlust wird mit 50 % angenommen.

Berechnen Sie

a) die zu spritzende Fläche in m²,

b) den Bedarf an DD-Lack in l.

148.13 Für eine Firma werden 24 Arbeitstische mit den Maßen 1 800 × 850 mm auf beiden Seiten dreimal mit Polyurethanlack gespritzt. Die Auftragsmenge beträgt 120 g/m².

Berechnen Sie den Lackbedarf in kg bei 20 % Spritzverlust.

8.6. Stoffe zur Oberflächenbehandlung

8.6.2 Mischungsrechnen

Neben den verarbeitungsfertigen Lacken und Farben werden in den holzverarbeitenden Betrieben Stoffe, wie z. B. Entharzungsmittel, Bleichmittel, Beizen, Färbemittel verarbeitet, die nach vorgeschriebenen Verhältnissen zu mischen sind **(Bild 1)**.

Die Stoffmengen von Mischungen werden in Prozent bezogen auf das Volumen oder in Volumen (Liter) angegeben.

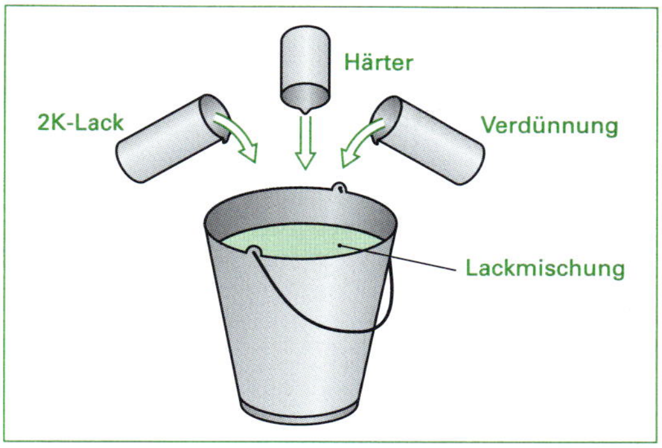

Bild 1

Aufgaben zu 8.6.2 – Mischungsrechnen

Hinweis: Berechnungsmethoden s. Kapitel 8.5.2

149.1 Es werden 25 l gebrauchsfertiger Zweikomponentenlack benötigt. Der Lack wird im Verhältnis 4 : 1 mit Härter gemischt.

Berechnen Sie die einzelnen Stoffmengen in l.

149.2 Nach den technischen Verarbeitungsrichtlinien ist ein 2-K-Transparentlack in folgendem Verhältnis zu mischen: 12 VT Lack : 6 VT Härter : 1 VT Verdünnungsmittel.

Wie viel Liter sind für eine Lackmenge von 15 Litern von jedem Stoff erforderlich?

149.3 Als Entharzungsmittel werden 4 l Salmiaklösung hergestellt. Darin sind 1,5 l Salmiak enthalten.

a) Wie viel % Salmiakgeist ist in der Lösung?

b) Geben Sie das Mischungsverhältnis an.

149.4 Es werden 1,5 l eines 60%igen Salmiakgeistes mit 0,75 l Wasser verdünnt.

Welche Konzentration hat der Salmiakgeist in der Lösung?

149.5 Zum Entfernen von Harzen in Kiefernholz werden 60 g Pottasche auf 1000 g heißes Wasser mit einem Zusatz von 250 g Aceton gemischt.

Berechnen Sie

a) das Mischungsverhältnis
Wasser : Pottasche : Aceton,

b) die einzelnen Stoffmengen für 1,5 kg des Entharzungsmittels.

149.6 Zur Nachbehandlung des unter 149.5 angewendeten Entharzungsmittels ist mit einer 30%igen Essigsäure die behandelte Fläche zu neutralisieren.

Wie viel Essigsäure braucht man auf 1 Liter Wasser?

149.7 Für eine Beizmischung von 1 l Wasser und 90 g Beizpulver wird eine Ergiebigkeit von 8 m^2/l angegeben.

Wie viel Beizpulver in g werden für 85 m^2 zu beizende Fläche benötigt?

149.8 Es wird für Lackierungsarbeiten 2-K-Klarlack benötigt. Das Mischungsverhältnis ist 3 VT Stammlack zu 1 VT Härter. Hinzu kommen noch 25 % Verdünnungsmittel. Folgende Preise werden angesetzt: 1 l Klarlack kostet 24,00 €, 1 l Härter 16,40 € und 1 l Verdünnung 5,45 €.

a) Wie viel spritzfertiger Lack kann aus 5 l Stammlack hergestellt werden?

b) Wie viel Quadratmeter können mit der spritzfähigen Lackmischung bei einem Verbrauch von 160 ml/m^2 beschichtet werden?

c) Wie viel kostet 1 l fertiger Lack?

149.9 Von einem Auftrag sind 3 l Wasserbeize „Nussbaum" übrig geblieben. Je Liter Wasser wurden 50 g Farbpulver zugegeben. Für eine weitere Arbeit wird ein dunklerer Farbton gewünscht. Man erreicht ihn, wenn den 3 l weitere 170 g Farbpulver zugesetzt werden.

In den Auftragsunterlagen soll die Rezeptur der Wasserbeize festgehalten werden.

Ermitteln Sie

a) Wie viel prozentig war die Beize ursprünglich?

b) Wie hochprozentig war sie nach der weiteren Zugabe von Farbpulver?

8 Materialbedarf und Materialpreisberechnungen

8.7 Glas und Dichtstoffe

8.7.1 Glasdicken und Glasflächenberechnungen

Flachglas wird in verschiedenen Herstellungsverfahren mit unterschiedlicher Qualität hergestellt. Man unterscheidet verschiedene Glasarten.
Die Glasdicken können aus nebenstehendem Diagramm ermittelt werden. Grundlage hierfür sind die Kantenlängen der Glasscheiben und die Höhe über dem Boden beim späteren Einbau.

Tabelle 1: Glasarten-Maße (Auswahl)

Glasart	Dicke in mm	Tafelgröße Länge in mm	Tafelgröße Breite in mm
Fensterglas ED, MD	2, 3, 4, 5, 6, 8, 10	3 620	3 210
Floatglas	3, 4, 5, 6, 8, 10, 12, 15, 19	6 000 9 000	3 210 3 210
Gussglas	4, 5	4 500	2 040
Drahtglas	7, 9	4 500	2 052
Drahtornamentglas	7, 9	4 500	1 860
Spiegel	3, 4, 5, 6	3 140	2 000
Verbundsicherheitsglas	5 6	2 210 3 210	1 200 2 250
Einscheibensicherheitsglas	8, 10, 12	formatabhängig	

8.7.2 Berechnung der Glasflächen für die Preisermittlung

Bei Scheiben, die keine rechteckige Form haben oder nach Modell (Zuschnittschablone) zugeschnitten werden, wird das kleinste umschreibende Rechteck der Berechnung zugrunde gelegt.

Für die Berechnung der Oberfläche werden Breite und Höhe auf das durch 3 teilbare cm-Maß aufgerundet.

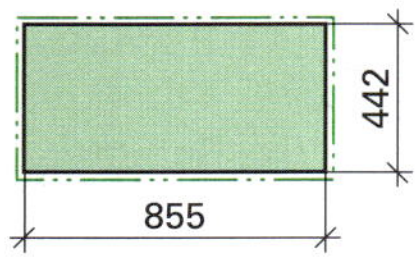

Berechnungsmaße:
$l \times b = 870 \times 450$

Beispiel 1

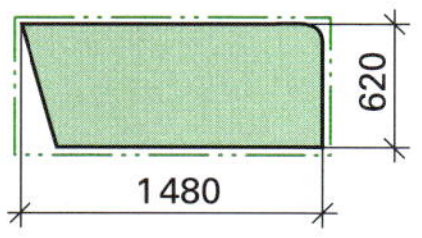

Berechnungsmaße:
$l \times b$ = 1,50 m × 0,63 m

Beispiel 2

Diagramm zur Ermittlung der Glasdicken von Glasscheiben

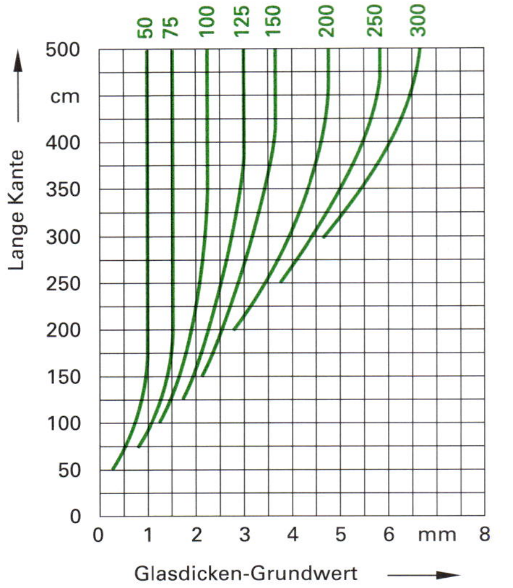

Bild 1

Unter Zugrundelegung einer zulässigen Biegespannung von 30 N/mm² ergibt sich bei Windlasten nach DIN 1055 Teil 4, Ausgabe August 1986 das oben stehende Diagramm. Der aus diesem Diagramm entnommene Glasdicken-Grundwert ist zur Ermittlung der erforderlichen Glasdicke je nach Gebäudeform und Höhe der Verglasung über Grund mit den folgenden Faktoren zu multiplizieren:

Höhe über dem Boden	normal	Faktor
	0–8 m	1,00
	8–20 m	1,27
	20–100 m	1,49
	über 100 m	1,62

Beispiel Glasdickenermittlung:

Benötigt werden Isolierscheiben 150 cm × 250 cm für eine Gebäudehöhe bis zu 20 m über Terrain. Man sucht im Diagramm den Schnittpunkt der Kurve von 125 cm Scheibenbreite und der horizontalen Linie von 200 cm Scheibenlänge. Von diesem Schnittpunkt geht man senkrecht nach unten und liest den Glasscheibendickengrundwert ab (2,8 mm). Dieser Wert wird mit dem Faktor für Gebäudehöhen zwischen 8 m und 20 m = 1,27 multipliziert. Das Ergebnis ist die Einzelscheibendicke = 3,6 mm. Gewählt werden daher Isolierscheiben, bestehend aus 2 × FLOAT-Glas, 4 mm dick.

8.7.3 Mehrscheiben-Isoliergläser

Die in der Tabelle aufgeführten fertigungstechnischen und bauphysikalischen Angaben stellen im Hinblick auf das Lieferprogramm eine Auswahl wichtiger Isoliergläser dar.

Tabelle 1: Mehrscheiben-Isoliergläser

	Typ	Aufbau Glas-SZR-Glas	Gesamt-element-dicke mm	Gewicht kg/m²	max. Abmess./ Kanten-längen cm × cm	max. Ober-fläche m²	max. Seiten-ver-hältnis	*U*-Wert, (Rechen-wert) W/(m²K)	Schall-dämm-maß R_w dB	Licht-trans-missi-ons-grad ca. %	Gesamt-energie-durch-lass-grad *g* ca. %
Einfachglas (z. Vergl.)			6	15	321 × 600	s. DIN 1055		5,8	30	89	85
Isolierglas Standard-ausführung		4-10-4	18	20	141 × 240	3,38	1 : 6	3,0	32	83	80
		4-12-4	20	20	141 × 240	3,38	1 : 6	3,0	32	83	80
		4-16-4	24	20	141 × 240	3,38	1 : 6	3,0	32	83	80
		5-10-5	20	25	300	6,0	1 : 10	3,0	32	82	76
		5-12-5	22	25	300	6,0	1 : 10	3,0	32	82	76
		5-16-5	26	25	300	6,0	1 : 10	3,0	35	82	76
		6-12-6	24	30	501	8,0	1 : 10	3,0	32	81	74
		8-12-8	28	40	501	11,76	1 : 10	3,0	33	79	71
Wärme-dämmglas, 2fach		4-15-4	23	20	141 × 240	3,38	1 : 6	1,7	32	79	69
		5-15-5	25	25	300	6,0	1 : 10	1,7	32	78	68
		6-15-6	27	30	501	8,0	1 : 10	1,7	32	77	67
		6-14-4	24	25	300	4,0	1 : 6	1,7	38	78	68
Schall-schutzglas		8-16-4	28	30	300	4,0	1 : 6	1,7	41	77	67
	S 35	5-16-4	25	23	300	4,0	1 : 6	3,0	35	82	76
	S 37	6-12-4	22	25	300	4,0	1 : 6	3,0	37	82	76
	S 38	6-16-4	26	25	300	4,0	1 : 6	3,0	38	82	76
	S 40	8-16-4	28	30	300	4,0	1 : 6	3,0	40	81	74
	S 42	8-20-4	32	30	300	4,0	1 : 6	2,8	42	81	74
	S 43	8-24-4	36	30	300	4,0	1 : 6	2,8	43	81	74
	S 44	10-24-4	38	35	300	4,0	1 : 6	2,8	44	80	71
	S 45	12-24-4	40	40	300	4,0	1 : 6	2,8	45	79	70
	S 43 G	9-12-5	26	34	300	6,0	1 : 10	3,0	44	79	70
	S 44 G	9-16-5	30	35	300	6,0	1 : 10	3,0	44	79	64
	S 47 G	9-16-8	33	42	300	6,0	1 : 10	3,0	47	77	63
	S 49 G	9-20-8	37	42	300	6,0	1 : 10	2,8	49	77	63
	S 50 G	9-20-9	39	44	300	6,0	1 : 10	2,8	50	76	62
	S 52 G	11-20-9	41	49	300	6,0	1 : 10	2,8	52	75	61
	S 53 G	12-20-9	42	51	300	6,0	1 : 10	2,8	53	75	61
Sonnen-schutzglas		6-12-4	22	25	300	4,0	1 : 6	3,0	34	55	41
		6-12-6	24	30	370	8,0	1 : 10	3,0	32	50	48
Verbund-sicher-heitsglas	A1	Aufbau der 6 Typen A1–A3 u. B1–B3 lt. Prüf-zeugnisse	23	30	300	4,0	1 : 6	3,0		ca. 36	Werte sind auf-bau-ab-hängig
	A2		24	31	300	4,0	1 : 6	3,0		ca. 37	
	A3		24	31	300	4,0	1 : 6	3,0		ca. 38	
	B1		31	52	300	4,0	1 : 6	3,0		ca. 39	
	B2		38	68	300	4,0	1 : 6	3,0		ca. 40	
	B3		47	91	300	4,0	1 : 6	3,0		ca. 41	

8 Materialbedarf und Materialpreisberechnungen

8.7 Glas und Dichtstoffe

8.7.4 Zuschnittformen und Aufschläge in Prozent

Die Abbildungen zeigen Beispiele des Glashandels für die Aufschläge in %, die für Modellscheiben mit unterschiedlichen geometrischen Flächen für Fenstergläser, Verbundsicherheitsglas, Spezialgläser, Drahtgläser, Spiegel und Mehrscheibenisoliergläser berechnet werden.

8.7.4.1 Flachgläser, einscheibig

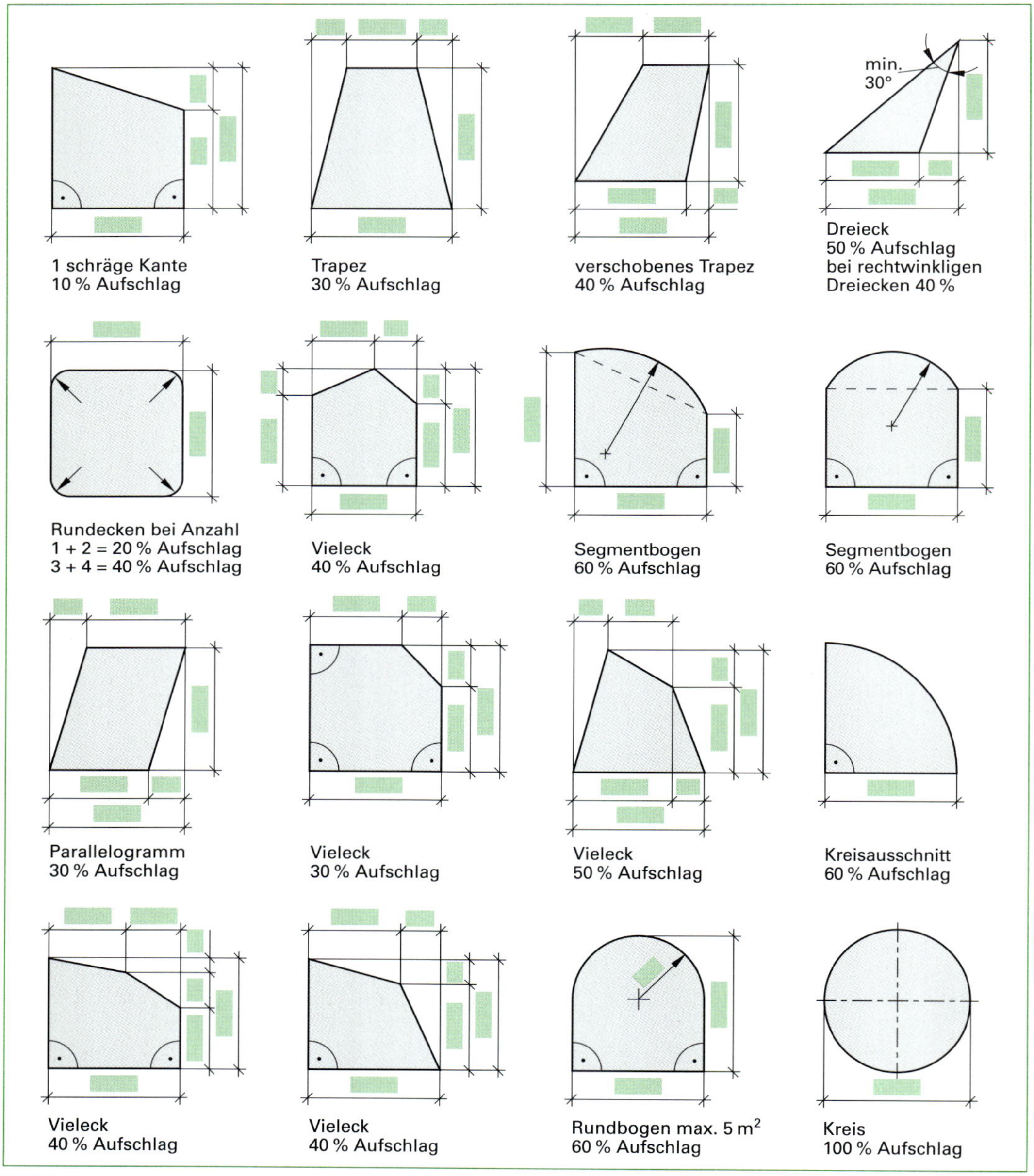

Bild 1

8.7.4.2 Spiegel

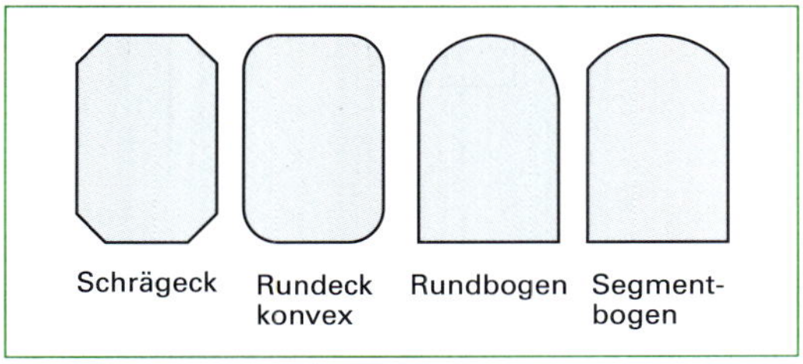

Bild 1: Aufschläge 30 % bis 60 %

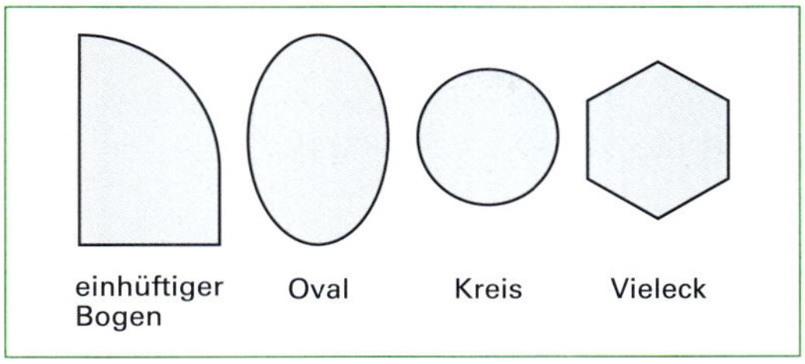

Bild 2

8.7.4.3 Mehrscheiben-Isolierglas

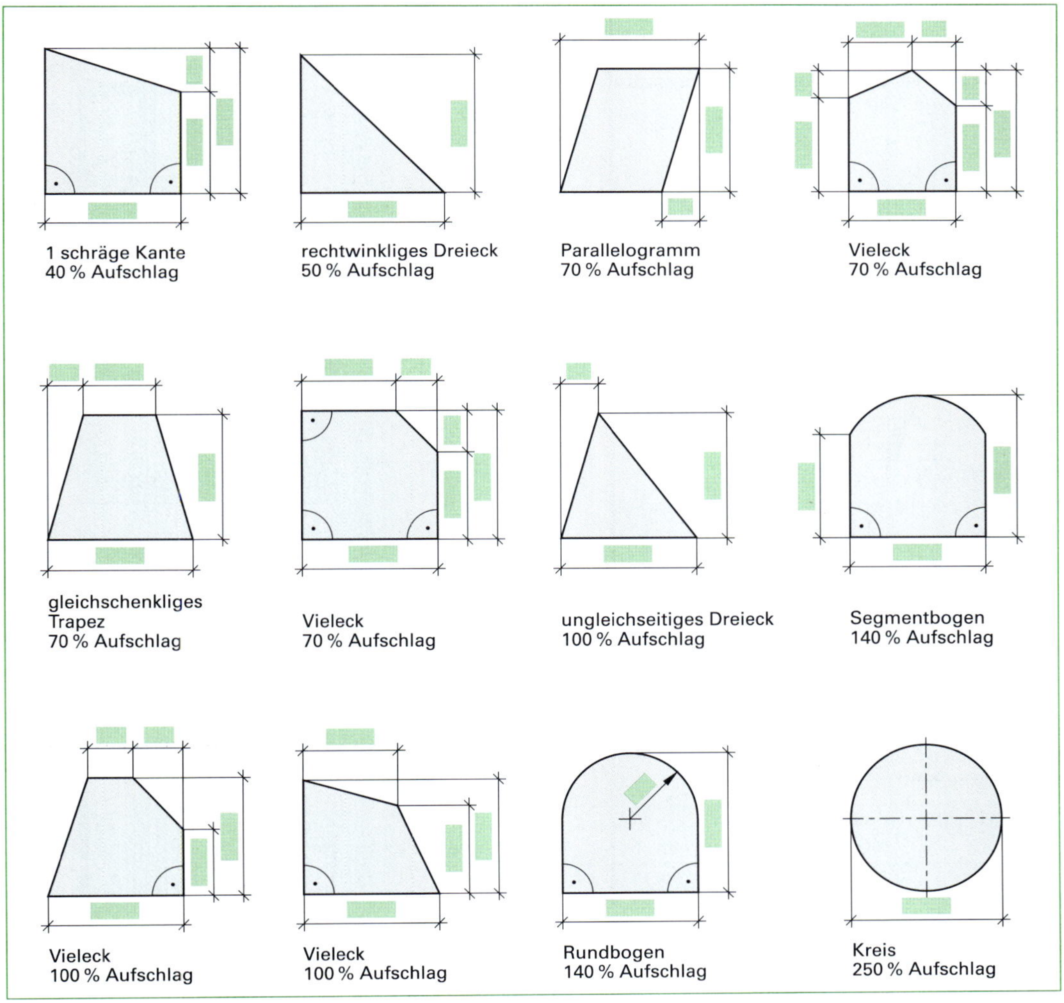

Bild 3

8.7 Glas und Dichtstoffe

Aufgaben zu 8.7 – Glas (Fensterbau)

154.1 Eine Glasscheibe für eine Doppelverglasung hat die Abmessungen 125 × 225 cm.

Bestimmen Sie die handelsüblichen Glasdicken in mm für die Gebäudehöhe von 6 m, 24 m und 30 m.

154.2 Ein Auftrag umfasst 26 Drehkippfenster **(siehe Bild)**.

Fensterart	Rahmen-querschnitt	Breite mm	Höhe mm
IV 68	78/68	980	1 230

Berechnen Sie

a) die erforderliche Scheibengröße,

b) die Länge des benötigten Vorlegebandes in m,

c) die Länge des umlaufenden Dichtungsprofils in m für alle Fenster im Flügelfalz.

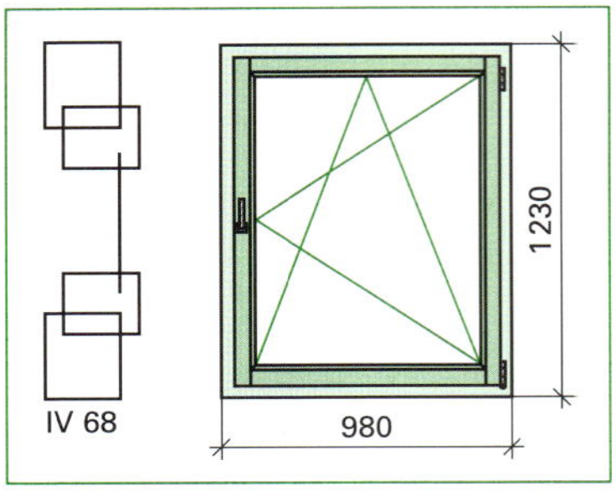

Aufgabe 154.2

154.3 Ermitteln Sie für ein einflügeliges Drehkippfenster mit Sprossen die Glasmaße für die vier Scheiben **(siehe Bild)**.

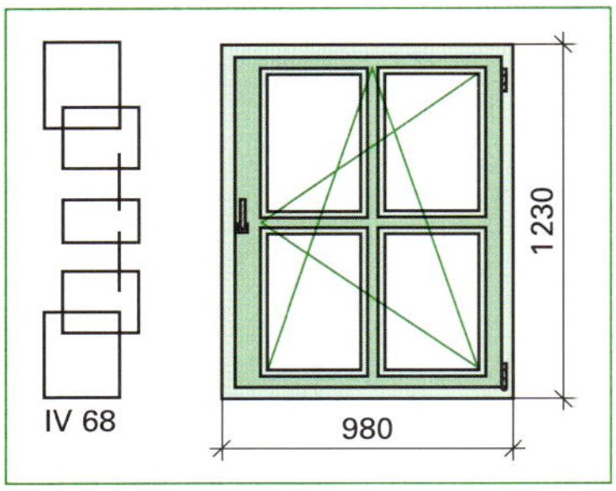

Aufgabe 154.3

154.4 Es sollen 12 zweiflügelige Drehkippfenster mit Mittelpfosten hergestellt werden **(siehe Bild)**.

Fensterart	Rahmen-querschnitt	Breite mm	Höhe mm
IV 56	78/56	1 425	980

Berechnen Sie

a) die erforderlichen Scheibenabmessungen,

b) das Volumen des dauerelastischen Dichtstoffes mit einem Querschnitt von 4 × 5 mm für die beidseitige Versiegelung,

c) die Anzahl der benötigten Kartuschen mit Einkomponenten-Spritzdichtung, wenn 1 Kartusche 475 cm³ enthält.

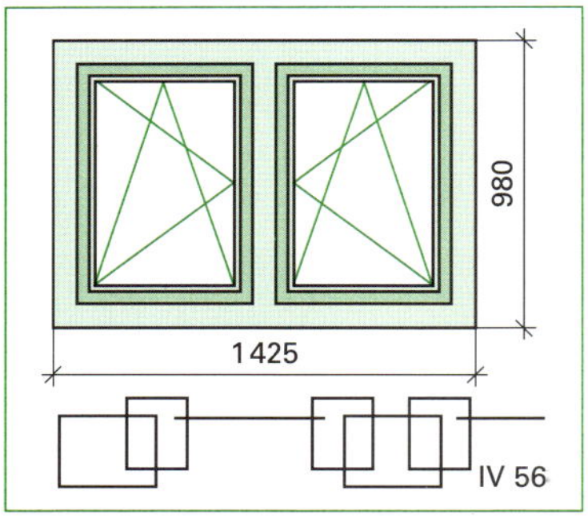

Aufgabe 154.4

154.5 Eine einflügelige Drehtür **(siehe Bild)** soll eine Mehrscheiben-Isolierverglasung mit Wärmeschutzglas erhalten. Der untere Rahmen besteht aus zwei zusammengefederten Teilen mit dem Profilquerschnitt 92 × 68.

Fensterart	Rahmen-querschnitt	Flügelaußenmaß Breite in mm	Flügelaußenmaß Höhe in mm
IV 68	92/68	975	2 035

Berechnen Sie

a) das Scheibenmaß in cm,

b) die Menge in Meter für das umlaufende Dichtungsprofil des Türflügels.

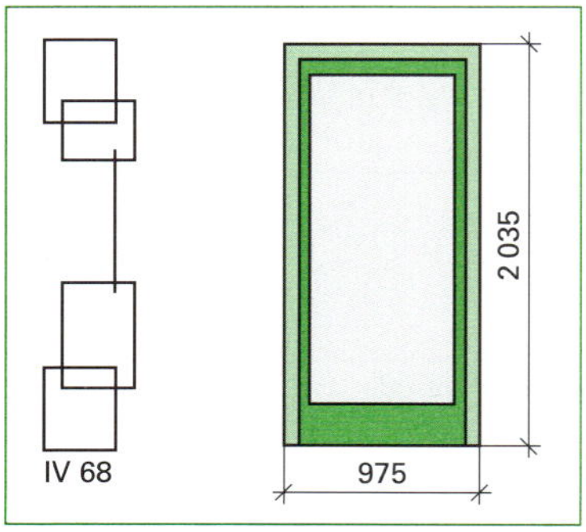

Aufgabe 154.5

8.7 Glas und Dichtstoffe

Aufgaben zu 8.7 – Glas (Fensterbau)

155.1 In das feststehende Teil eines Haustürelements **(siehe Bild)** sind 6 Isolierglasscheiben einzubauen.
Berechnen Sie die Gesamtflächen für die quadratischen Scheiben.

155.2 Bei 2 Türelementen aus Metallprofilen **(siehe Bild)** werden die Drahtglasscheiben mit Dichtprofilen trockenverglast.
Berechnen Sie die Länge des benötigten Dichtungsprofils in m.

155.3 Ein Kaufhaus benötigt 2 viertelkreisförmig gekrümmte Schaufensterscheiben **(siehe Bild)**.
Berechnen Sie
a) die Fläche einer Scheibe in m^2,
b) die Länge der Versiegelung innen und außen in m für beide Scheiben.

155.4 Eine pneumatische Versiegelungspistole hat ein Zylindervolumen von 660 ml.
Wie viel Kartuschen mit dauerelastischer Versiegelungsmasse werden bei 36 Scheiben, 165 × 165 cm, für beidseitiges Versiegeln benötigt, wenn die Querschnittsfläche der Versiegelung pro Seite 0,32 cm^2 groß ist?

155.5 Der Maueranschluss von 8 Fenstern mit dem Blendrahmenmaß 1480 × 1730 mm ist bauseits abzudichten **(siehe Bild)**. Die 12 mm tiefe und 15 mm breite Dichtungsfuge wird mit einem nicht wassersaugenden Hinterfüllmaterial (z.B. PE-Rundschnur), ∅ 20 mm, und einem Einkomponenten-Silikon-Dichtstoff abgedichtet. Die Dichtstoffkartuschen haben einen Inhalt von 310 ml.
Berechnen Sie
a) die Länge des benötigten Hinterfüllmaterials in m,
b) das Gesamtvolumen der Fugen in cm^3,
c) die Anzahl der Kartuschen.

155.6 Eine Glaslieferung aus Mehrscheiben-Isolierglas soll mit einem Lkw mit einer zulässigen Nutzlast von 1,7 t transportiert werden. Die Dichte des Glases beträgt 2,5 kg/dm^3. Für die Distanzprofile werden 5 % Zuschlag hinzugerechnet.

Lieferung	G-SZR-G Dicken in mm	Breite × Höhe
23 Zweischeiben-Isolierglas	4-12-4	1200 × 1660 mm
30 Schallschutzgläser	8-16-4	930 × 1020 mm
18 Wärmeschutzgläser	6-15-6	930 × 1770 mm
86 m^2 Schaufensterglas	8	

a) Berechnen Sie das Gesamtgewicht der Lieferung in kg.
b) Wie oft muss der Lkw fahren?

155.7 Für ein Verwaltungsgebäude werden für 62 Schallschutzfenster Schallschutzgläser mit den Scheibengrößen 145 × 82 cm bestellt. Das Gewicht (Masse) wird mit 35 kg/m^2 angegeben.
a) Wie schwer ist eine Scheibe in kg?
b) Wie viel Scheiben können auf einem Lkw mit 2,5 t transportiert werden?

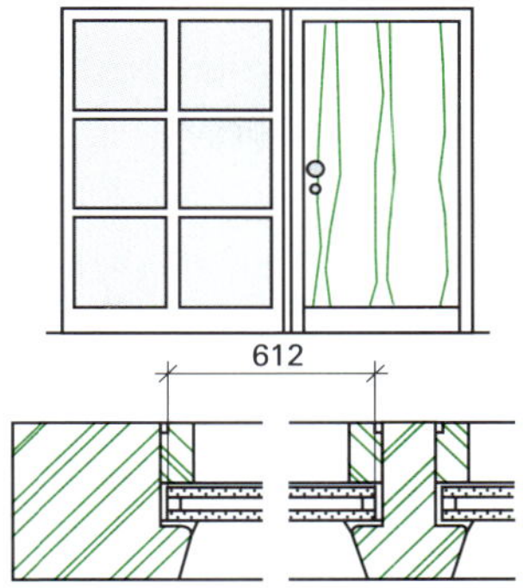

Aufgabe 155.1

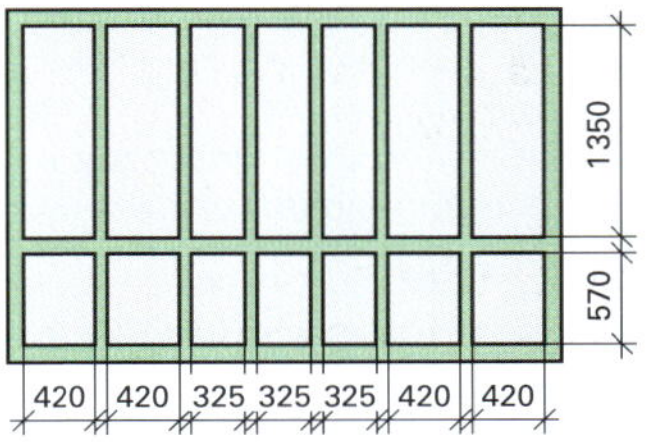

Aufgabe 155.2

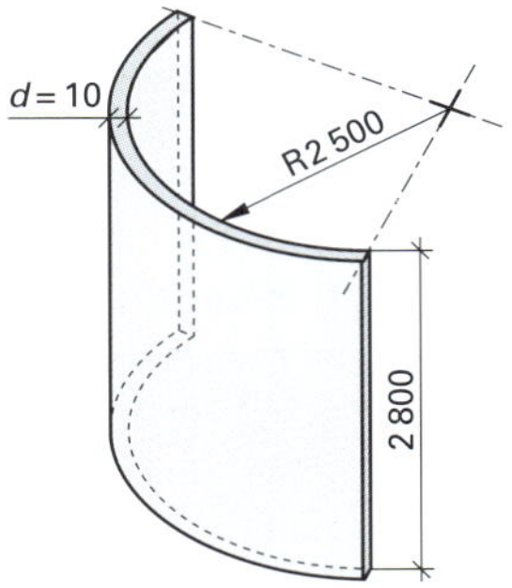

Aufgabe 155.3

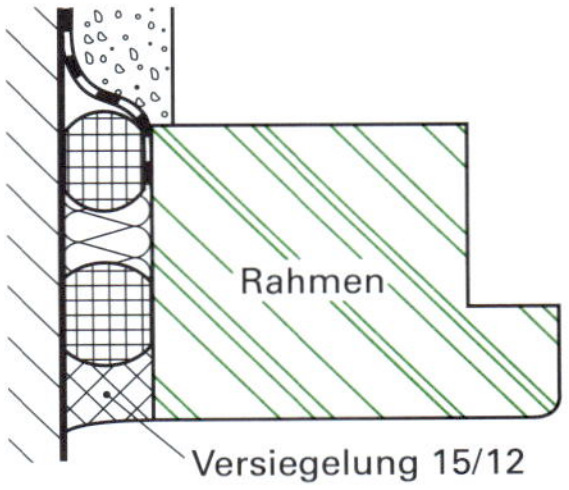

Aufgabe 155.5

8 Materialbedarf und Materialpreisberechnungen

8.7 Glas und Dichtstoffe

■ Aufgaben zu 8.7 – Glas (Fensterbau)

156.1 Ein Auftrag umfasst 32 Mehrscheiben-Isoliergläser mit den Maßen 920 × 1 470 mm. Der Preis pro Quadratmeter beträgt 69,00 €.

Berechnen Sie

a) die Maße, die zur Preisberechnung zugrunde gelegt werden,

b) die Materialkosten für den Auftrag.

156.2 Ein bogenförmiges Fenster **(siehe Bild)** soll eine Mehrscheiben-Isolierverglasung erhalten. Der Grundpreis/m² beträgt 67,50 €.

Berechnen Sie

a) die Formatfläche in m²,

b) die Fläche für die Preisberechnung mit dem Aufschlag aus der Tabelle (Seite 153),

c) den Preis für eine Isolierglasscheibe.

156.3 In einem Dachgeschoss erhalten 4 Fenster **(siehe Bild)** eine Mehrscheiben-Isolierverglasung mit Wärmedämmglas.

Berechnen Sie

a) die zur Preisberechnung zugrunde gelegten Maße,

b) die Fläche einer Scheibe in m²,

c) die Fläche für die Preisberechnung mit Aufschlag für die Isolierglasscheiben in m².

156.4 Für einen Juwelier sind 3 Schaufenster in bogenförmiger Ausführung **(siehe Bild)** zu verglasen. Aus Sicherheitsgründen wurde Stahlfaden-Verbundglas, 8 mm dick, gewählt. Der Materialpreis beträgt 179,40 €/m².

Berechnen Sie

a) die bogenförmige Fläche einschließlich Aufschlag in m²,

b) den Preis/m² bezogen auf die auf Format geschnittene Fläche.

156.5 Ein Auftrag umfasst 6 kreisförmige Treppenhausfenster **(siehe Bild)**. Die Flügel werden mit Mehrscheiben-Isolierglas verglast. Der Durchmesser der halbkreisförmigen Scheiben beträgt 92,5 cm. Die Materialkosten betragen für alle Scheiben 1 231,61 €.

Berechnen Sie

a) die Fläche in m² für eine Scheibe,

b) den Preis pro Scheibe,

c) den Aufschlag in €/m², wenn hierfür 140 % angesetzt wurden.

156.6 Für die Reparaturverglasung einer Haustür wurden die Falzmaße b = 680 mm, h = 1 860 mm gemessen **(siehe Bild)**.

a) Berechnen Sie die Fläche der Glasscheibe.

b) Wie groß sind die Materialkosten für die Scheibe, wenn der Preis/m² 43,55 € beträgt?

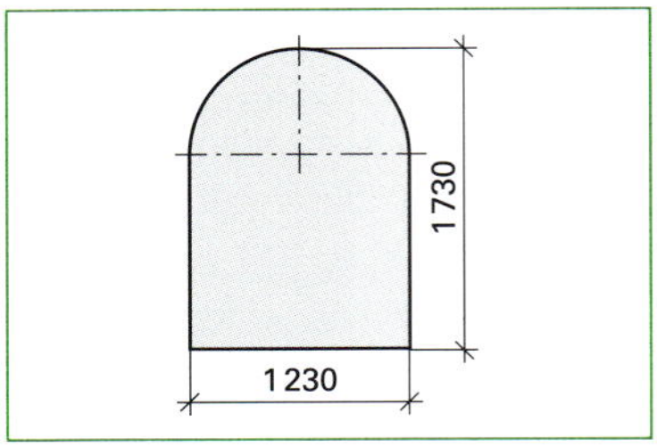

Aufgabe 156.2

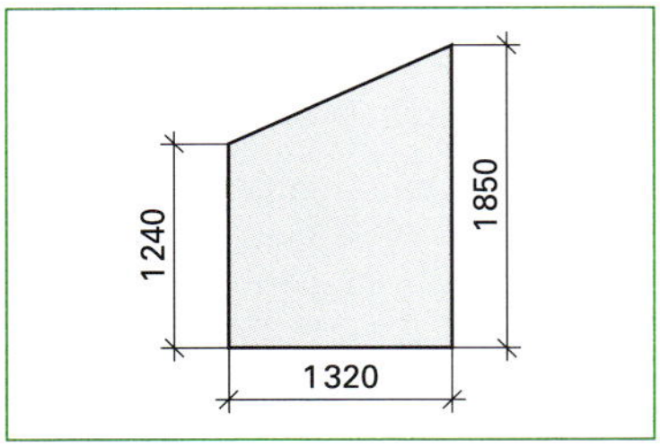

Aufgabe 156.3

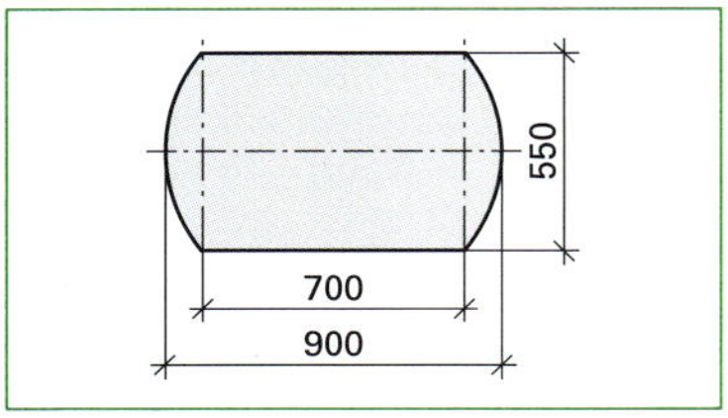

Aufgabe 156.4

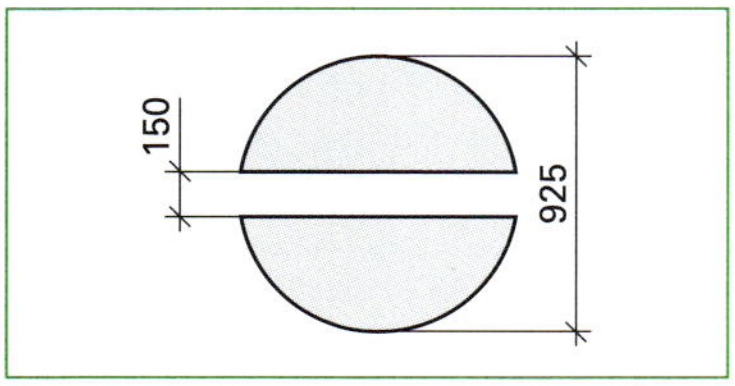

Aufgabe 156.5

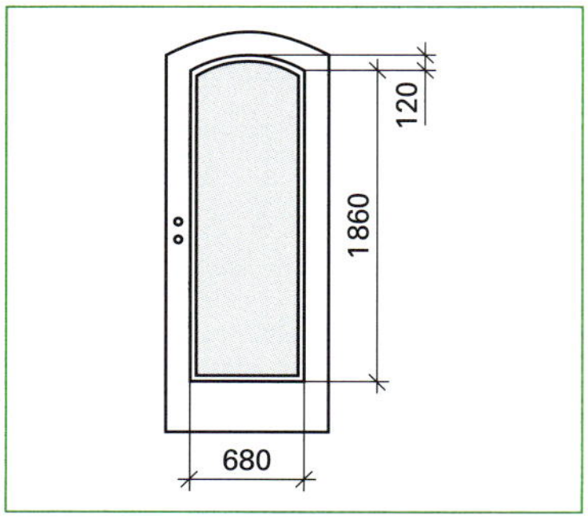

Aufgabe 156.6

Aufgaben zu 8.7 – Glas (Tischlerarbeiten)

157.1 Für eine Eckvitrine sind 5 Glasfachböden **(siehe Bild)** zu bestellen.

Berechnen Sie die Gesamtfläche für die Preisberechnung der Fachböden in m², die der Kostenberechnung zugrunde gelegt wird.

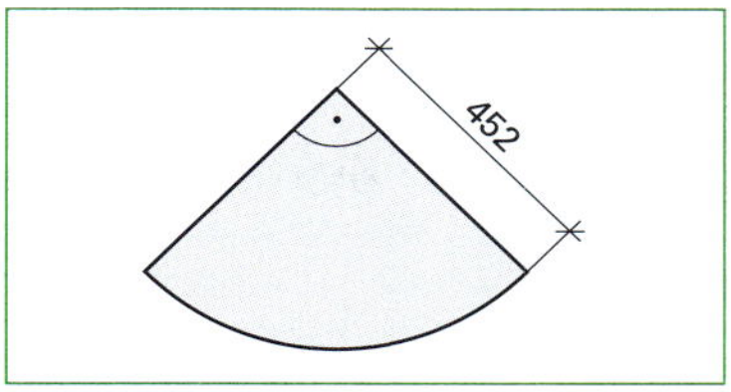

Aufgabe 157.1

157.2 Für einen Friseursalon werden 8 ellipsenförmige Spiegel **(siehe Bild)**, 5 mm dick, bestellt.

a) Wie groß ist der Flächeninhalt eines Spiegels in m²?

b) Wie groß ist die Fläche für die Preisberechnung, wenn mit einem Aufschlag von 60 % gerechnet wird?

c) Ermitteln Sie die Länge in m für die Kantenbearbeitung.

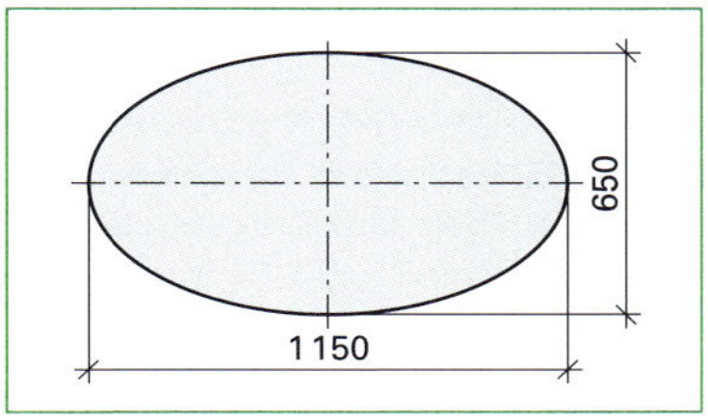

Aufgabe 157.2

157.3 Für einen Schlafzimmerschrank werden für die Schiebetüren mit den Maßen 1,85 × 0,55 m Spiegel, 5 mm dick, im Glashandel bestellt. Der Preis beträgt 58 €/m². Für das Ausschneiden eines Kreises für die Griffmuschel wird ein Preisaufschlag von 8,5 % berechnet. Der Aufschlag für die Kantenbearbeitung beträgt 35 %.

Berechnen Sie den Preis/m² für eine Scheibe einschließlich der Preisaufschläge, der dem Kunden in Rechnung gesetzt werden muss.

157.4 Sechs Innentüren in Rahmenbauweise sollen mit Drahtglas, 7 mm dick, verglast werden **(siehe Bild)**. Der Falz ist 12 mm tief, das Glas hat ringsum 2 mm Luft.

Berechnen Sie

a) das Scheibenformat für die gleich großen Scheiben,

b) die Gesamtfläche der Scheiben in m²,

c) die Gesamtlänge der Glasleisten, wenn mit 12 % Verschnittzuschlag gerechnet wird,

d) die Materialkosten, wenn 1 m² 62,30 € kostet.

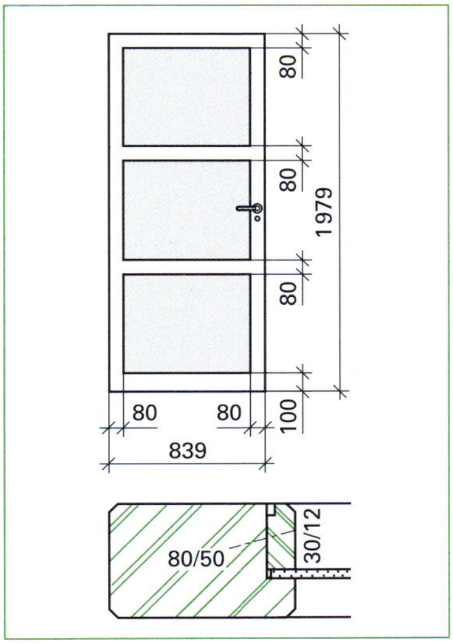

Aufgabe 157.4

157.5 Für eine Verkaufstheke wird eine Glasplatte **(siehe Bild)** aus Einscheibensicherheitsglas, 10 mm dick, bestellt. Der Preis beträgt 190,00 €/m².

Berechnen Sie die Kosten für die Glasplatte bei 60 % Preisaufschlag.

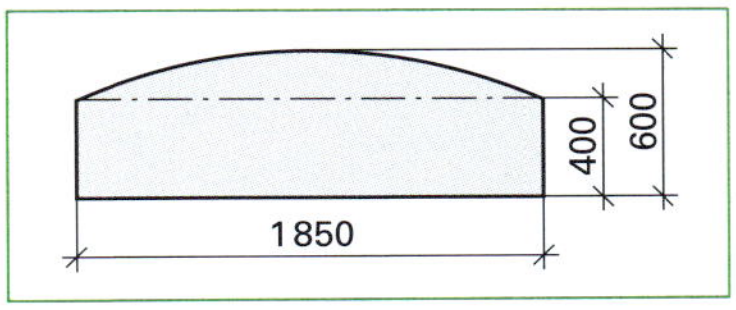

Aufgabe 157.5

157.6 Für einen Auftrag sind 124 verglaste Innentüren einzubauen. Das Falzmaß beträgt 1002 × 1995 mm. Für das Einbauen der Dämpfungsprofile werden 7,5 Minuten + 15 % Nebenzeiten pro Tür veranschlagt.

Berechnen Sie

a) die Gesamtlänge der Dämpfungsprofile in m,

b) die Arbeitszeit für das Einbauen der Profile in Stunden.

8.8 Materialliste

Für den Materialzuschnitt müssen die einzelnen Werkstücke oder Werkstückteile pro Erzeugnis oder Auftrag aufgelistet werden. Dies geschieht am zweckmäßigsten in einer Materialliste, auch Zuschnittliste oder Stückliste genannt. In den Materiallisten werden die einzelnen Werkstücke, Beschläge, Verbindungsmittel usw. nach Holzart, Werkstoffart, Beschlagsart und wenn möglich, auch nach Größen sortiert. Das heißt, in den Zeilen der Materialliste werden Vollholz und Plattenwerkstoffe nach Art und von der größten Dicke sowie größten Länge ausgehend sortiert aufgelistet (siehe auch Seite 233).

Bei Vollholz wird die Länge in Richtung des Faserverlaufs des Holzes gemessen, bei Plattenwerkstoffen in der Regel in der Richtung des zu beschichtenden Deckfurniers. Letzteres hat den Vorteil, dass die Längen- und Breitenmaße von Platten und Furnier identisch sind. (Hier sind die innerbetrieblichen Normen zu beachten!)

Beispiel: Von dem gezeichneten Regal sollen 3 Stück hergestellt werden. Stellen Sie die Materialliste auf **(Bild 1)**.

Angaben zur Ausführung:

Holzart in Lärche; Seiten und Böden 20 mm dick; Eckverbindungen gegratet, Grathöhe 7 mm; Rückwand aus Furnierplatte, 8 mm dick, in Böden und Seiten 14 mm eingefälzt; Sockel in Seiten eingenutet, Federlänge 7 mm.

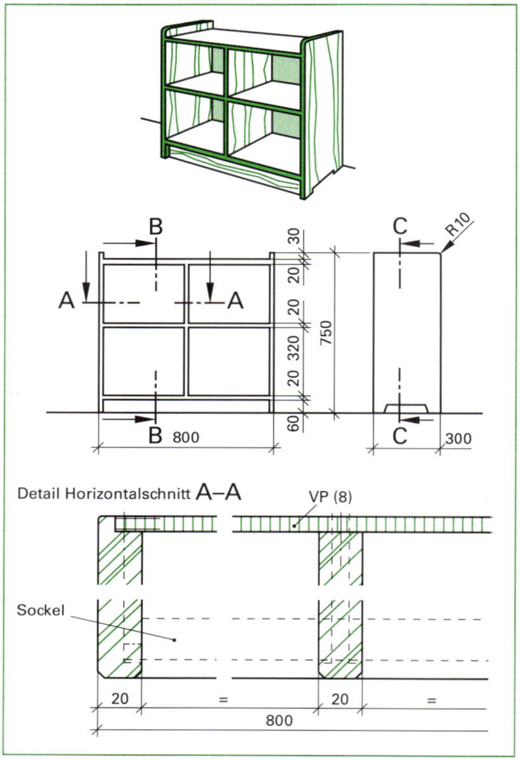

Bild 1: Regal in Lärche

MATERIALLISTE

Gegenstand: Regal in Lärche — Auftraggeber: Kindergarten

Stückzahl: 3 — Auftragnummer: 065431

lfd. Nr.	Verwendung	Material	Stück	Fertigmaße Länge in mm	Fertigmaße Breite in mm	Flächeninhalt in m²	Rohdicke/ Fertigdicke in mm	Nettomenge in m²	Verschnitt in %	Menge mit Verschnitt in m²
1	Regalseite, links	LÄ	3	750	300	0,675	25/20			
2	Regalseite, rechts	LÄ	3	750	300	0,675	25/20			
3	Mittelseite	LÄ	3	634	300	0,570	25/20			
4	Oberboden	LÄ	3	774	300	0,696	25/20			
5	Unterboden	LÄ	3	774	300	0,696	25/20			
6	Sockelblende	LÄ	3	774	60	0,054	25/20			
7	Zwischenboden	LÄ	6	384	300	0,691	25/20	4,057	55	6,288
8	Rückwand	VP	3	648	788	1,532	8	1,532	20	1,838

8.8 Materialliste

Aufgaben zu 8.8 – Materialliste

159.1 Von dem skizzierten Hängeregal in Kiefer sollen 4 Stück angefertigt werden.

Stellen Sie die Materialliste auf **(siehe Bild)**.

Angaben zur Ausführung:

Korpusseiten und -böden in Kiefer, 16 mm dick, Kanten gerundet; Fachboden und Oberboden 8 mm zurückgesetzt, Fachboden auf Bodenträgern, Oberboden mit Fingerzapfen; Unterboden mit Schwalbenschwanz-Zinkung; Aufhängung mittels Bettbeschlägen, Holzschrauben je Beschlag 2 Stück 3,5 × 25, DIN 97, Mauerdübel 8 mm, Schraube 5 × 50, DIN 95.

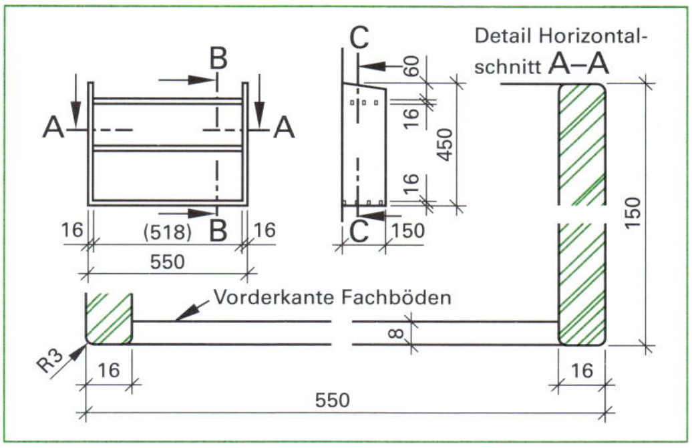

Aufgabe 159.1: Hängeregal

159.2 Ein Kunde bestellt zwei Hängeschränkchen mit Drehtüren.

Fertigen Sie die Materialliste an **(siehe Bild)**.

Angaben zur Ausführung:

Korpusseiten und -böden in Eiche, 18 mm dick; oberer Boden und Fachboden gegratet; unterer Boden gezinkt; Rückwand aus Furnierplatte, 6 mm dick, im Falz liegend.

Türen aus Brettern 62 × 20 mm, auf Gratleiste 40 × 25 mm, mit Zylinderbändern stumpf einliegend angeschlagen; Mittelanschlag überfälzt, mit Einsteckschloss verschlossen. Aufhängung des Hängeschränkchens durch Bettbeschlag.

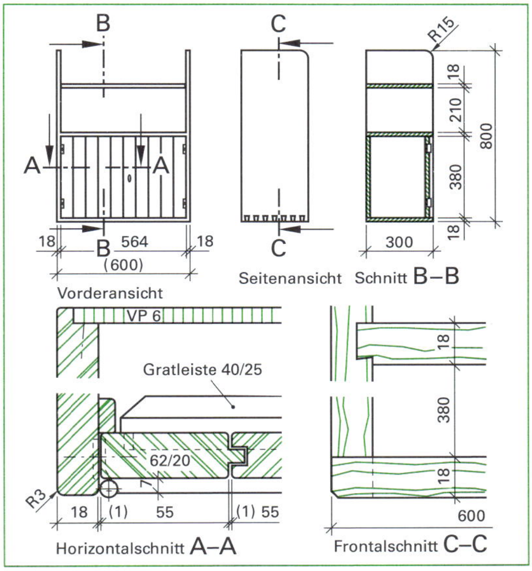

Aufgabe 159.2: Hängeschränkchen

159.3 Für einen Kunden soll ein kleines Flurschränkchen in Kiefer angefertigt werden.

Stellen Sie hierzu die Materialliste auf **(siehe Bild)**.

Angaben zur Ausführung:

Seiten, Böden und Sockel in Kiefer, Vollholz 22 mm dick; ein Fachboden 10 mm gegenüber der Korpuskante zurückgesetzt, 20 mm dick; Korpus-Eckverbindungen offene Schwalbenschwanz-Zinkung; Sockel-Eckverbindung auf Gehrung gedübelt; Rückwand 8 mm Furniersperrholz, 14 mm eingefälzt, eingeschraubt.

Verbindung des Sockels mit dem Korpus durch Nutklötze, 40 × 40 × 20 mm.

Türen in Vollholz-Brettkonstruktion, Bretter 62 × 22 mm mit angeschnittener Feder; Querriegel, 76 × 22, mit Nutzapfen und mit jedem zweiten Brett der aufrechten Verbretterung durch Dübel verbunden; stumpf aufschlagend mit Messingscharnieren angeschlagen; durch Schubstangenschloss verschlossen.

(Weitere Aufgaben Seite 234).

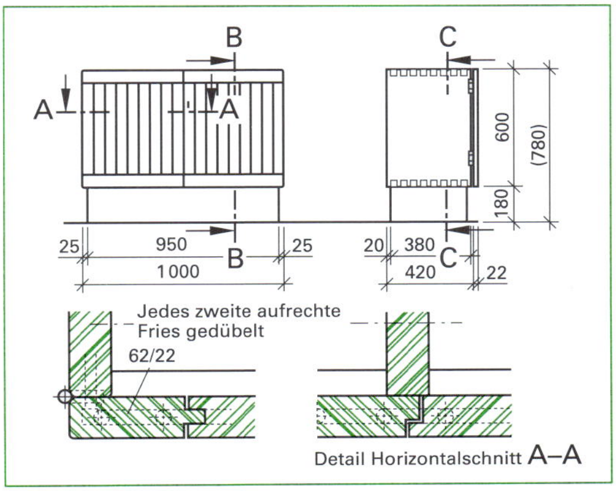

Aufgabe 159.3: Flurschränkchen

9 Kräfte

9.1 Darstellen von Kräften

Kräfte sind die Ursache für Bewegungs-, Lage- und Formveränderungen von Körpern. So sind zum Beispiel für das Verfahren von Hubwagen, für das Spannen von Werkstücken und das Biegen von Hölzern Kräfte erforderlich.

Die **Einheit** der Kraft ist das **Newton** (N), $[F] = N$.

Ein Newton (1 N) ist die Kraft, die einem Körper mit der Masse von 1 kg die Beschleunigung von 1 m/s² erteilt.

Weitere Einheiten sind das Kilo-Newton (kN) und das Mega-Newton (MN). Die Umrechnungszahl je Einheit beträgt 1 000.

Formelzeichen	Bezeichnung	Einheit
F, F_1, F_2	Kräfte	N, kN, MN
F_R	result. Kraft	
F_G oder G	Gewichtskraft	$\frac{kg \cdot m}{s^2} = N$
M_K	Kräftemaßstab	N/cm; kN/cm
l, l_1, l_2	Pfeillängen	cm

Basiseinheit

$$1\,N = 1\,\frac{kg \cdot m}{s^2}$$

Umrechnung der Einheiten			
1 N	1 kN	1 MN	
1	1 000	1 000 000	N
0,001	1	1 000	kN
0,000 001	0,001	1	MN

Kräfte werden mit F (force) bezeichnet. Diejenige Kraft, mit der ein Körper zum Erdmittelpunkt hin angezogen wird, nennt man die Gewichtskraft G oder F_G eines Körpers.

Kräfte sind eindeutig bestimmt, wenn ihre Größe, ihre Richtung und Ihre Lage bekannt sind. Deshalb können Kräfte durch Pfeile (Vektoren) zeichnerisch dargestellt werden.

Die **Größe** der Kraft wird durch die **Pfeillänge** (l), die Lage der Kraft wird durch **Angriffspunkt** und **Wirkungslinie**, die **Richtung** der Kraft wird durch den **Pfeil** dargestellt **(Bild 1)**.

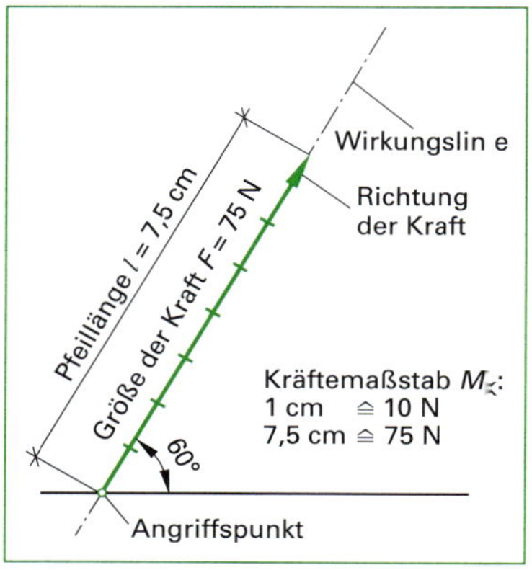

Bild 1

Für die zeichnerische Darstellung einer Kraft wird die erforderliche Pfeillänge l aus der Kraft F und dem Kräftemaßstab M_K berechnet.

$$\text{Pfeillänge} = \frac{\text{Kraft}}{\text{Kräftemaßstab}}$$

$$l = \frac{F}{M_K}$$

Beispiel: Eine Kraft $F = 55$ N, die unter einem Winkel von 30° zur Waagerechten nach rechts oben wirkt, ist zeichnerisch darzustellen. Der Kräftemaßstab $M_K = 10$ N/cm.

Stellen Sie die Kraft zeichnerisch dar.

Lösung: $l = \frac{F}{M_K} = \frac{55\,N}{10\,N/cm} = \mathbf{5{,}5\,cm}$

Zeichnerische Darstellung siehe **Bild 2**.

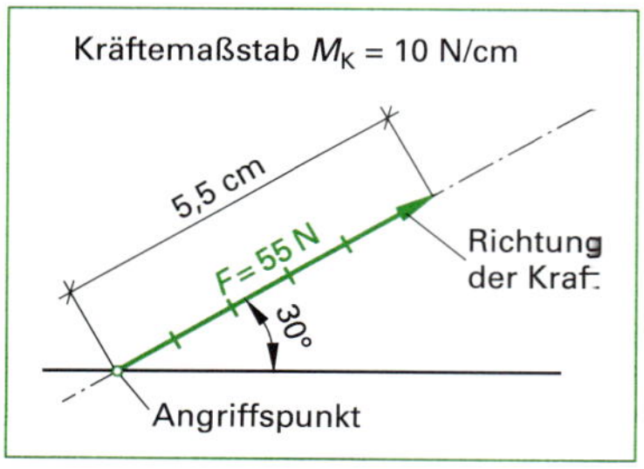

Bild 2

Aufgaben zu 9.1 – Darstellen von Kräften

160.1 Stellen Sie die in der Tabelle angegebenen Kräfte als Pfeile dar.

Kraft	F_1	F_2	F_3	F_4
Größe	180 N	420 N	240 kN	36 MN
Winkel	45°	60°	waagerecht	senkrecht
Richtung	rechts oben	links unten	nach links	nach oben
Kräftemaßstab M_K	$20\,\frac{N}{cm}$	$50\,\frac{N}{cm}$	$50\,\frac{kN}{cm}$	$10\,\frac{MN}{cm}$

9.2 Zusammensetzen und Zerlegen von Kräften

Zwei oder mehrere Kräfte können zu **einer** wirkenden Kraft zusammengefasst werden. Diese ermittelte Kraft wird als Ersatzkraft oder **resultierende Kraft F_R** bezeichnet.

Kräfte auf gleicher Wirkungslinie

Befinden sich Kräfte auf derselben Wirkungslinie und gehen sie alle in eine Richtung, werden die Kräfte addiert **(Bild 1)**.

resultierende Kraft = Summe der Teilkräfte

Beispiel 1: Um einen Wagen zu bewegen, bringt die eine schiebende Arbeitskraft 250 N, die andere schiebende 200 N und die ziehende Arbeitskraft 150 N auf. Zu zeichnen ist die gemeinsame horizontale Kraft mit einem Kräftemaßstab von 1 cm ≙ 200 N.

Lösung: $F_R = F_1 + F_2 + F_3 = 250\text{ N} + 200\text{ N} + 150\text{ N} = \mathbf{600\text{ N}}$

Pfeillängen $l_1 = \dfrac{F_1}{M_K} = \dfrac{250\text{ N}}{200\text{ N/cm}} = \mathbf{1{,}25\text{ cm}}$

$l_2 = \dfrac{F_2}{M_K} = \dfrac{200\text{ N}}{200\text{ N/cm}} = \mathbf{1{,}0\text{ cm}}$

$l_3 = \dfrac{F_3}{M_K} = \dfrac{150\text{ N}}{200\text{ N/cm}} = \mathbf{0{,}75\text{ cm}}$

$l_R = \dfrac{F_R}{M_K} = \dfrac{600\text{ N}}{200\text{ N/cm}} = \mathbf{3{,}0\text{ cm}}$

Zeichnerische Darstellung siehe **Bild 2**.

Befinden sich Kräfte auf derselben Wirkungslinie und gehen sie in entgegengesetzter Richtung, werden die Kräfte subtrahiert **(Bild 3)**.

resultierende Kraft = Differenz der Teilkräfte

Beispiel 2: Ein Mitarbeiter bringt eine Kraft von 40 N auf, um eine Bohle aus dem Lager zu ziehen. In dem skizzierten Moment ist eine Reibungskraft von 30 N zu überwinden. Zu zeichnen ist die beim Herausziehen in dieser Situation tatsächlich wirkende horizontale Kraft mit einem Kräftemaßstab von 1 cm ≙ 20 N.

Lösung: $F_R = F_1 - F_2 = 40\text{ N} - 30\text{ N} = 10\text{ N}$

$l_1 = \dfrac{40\text{ N}}{20\text{ N/cm}} = \mathbf{2\text{ cm}}$

$l_2 = \dfrac{30\text{ N}}{20\text{ N/cm}} = \mathbf{1{,}5\text{ cm}}$

$l_R = \dfrac{10\text{ N}}{20\text{ N/cm}} = \mathbf{0{,}5\text{ cm}}$

Zeichnerische Lösung siehe **Bild 4**.

Kräfte auf sich schneidender Wirkungslinie

Wirken zwei Kräfte auf verschiedenen Linien, die sich in einem Punkt schneiden, dann kann die resultierende Kraft mithilfe des Parallelogramms oder eines Kräftedreiecks ermittelt werden. Beim Kräfteparallelogramm ist die Resultierende F_R die Diagonale in diesem Parallelogramm, das aus den Seiten F_1 und F_2 gebildet wird **(Bild 5)**.

resultierende Kraft = Diagonale im Kräfteparallelogramm

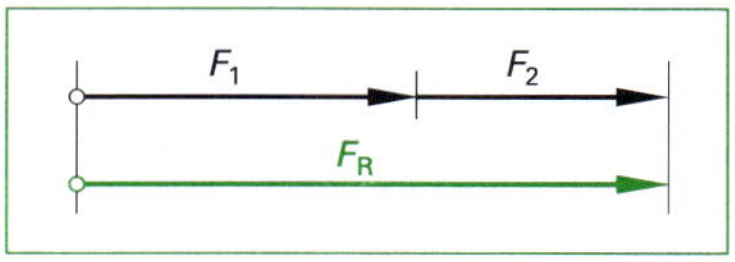

Bild 1

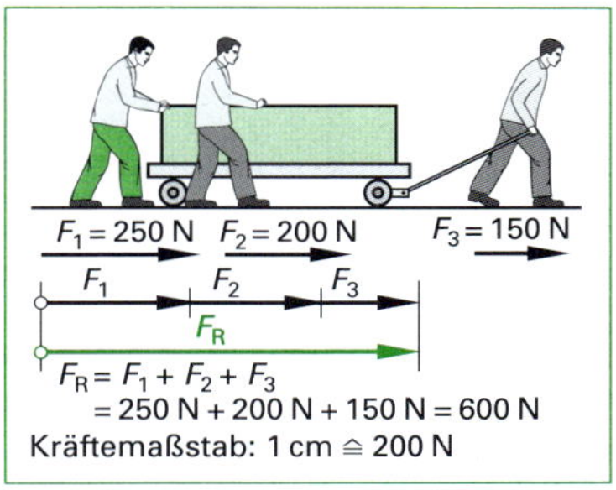

Bild 2

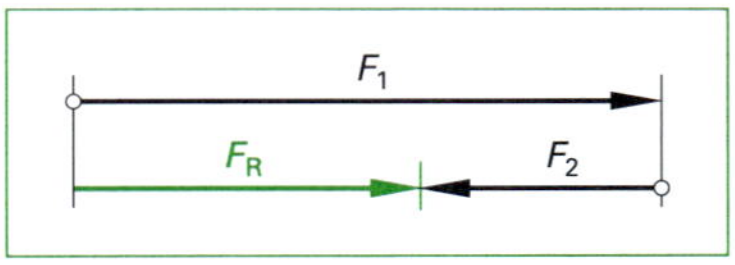

Bild 3

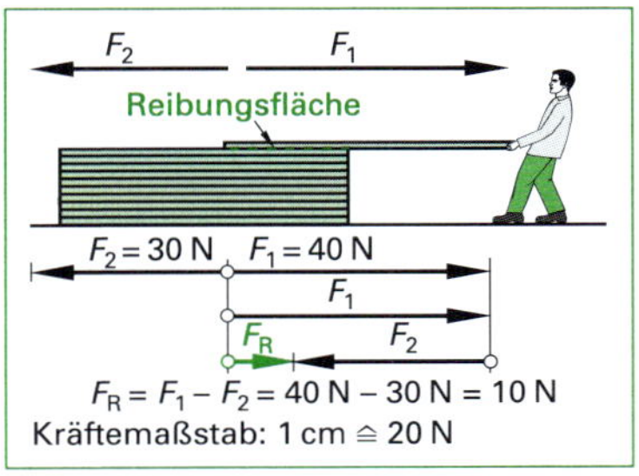

Bild 4

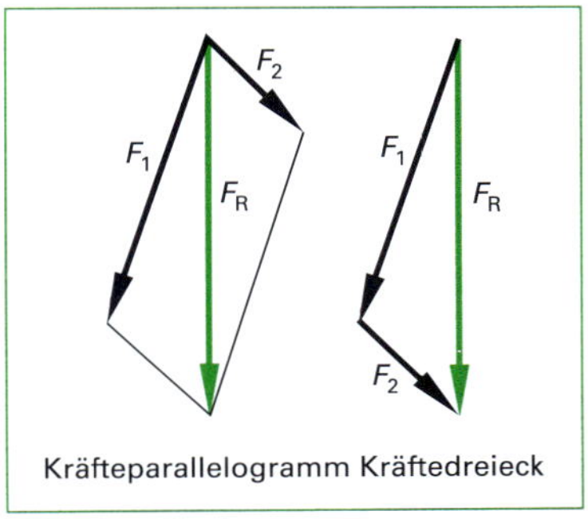

Bild 5

9.2 Zusammensetzen und Zerlegen von Kräften

Beim Kraftdreieck werden die Kräfte F_1 und F_2 in Größe und Richtung aneinander gesetzt. Die resultierende Kraft F_R ist die Verbindung des Anfangspunktes der Kraft F_1 mit dem Endpunkt der Kraft F_2 **(Bild 161/5)**.

resultierende Kraft = Verbindungslinie der Eckpunkte im Kraftdreieck

Beispiel 3: In einem Dachtragwerk treffen am Fußpunkt aus dem Pfosten **(Bild 1)** die Kraft F_1 = 13 kN unter 90° und aus der Strebe die Kraft F_2 = 16 kN unter 60° zusammen. Wie groß ist die resultierende Kraft am Fußpunkt F_R (M_K = 10 kN/cm)?

Lösung:

$$l_1 = \frac{13\ \text{kN}}{10\ \text{kN/cm}} = \mathbf{1{,}3\ cm}$$

$$l_2 = \frac{16\ \text{kN}}{10\ \text{kN/cm}} = \mathbf{1{,}6\ cm}$$

l_R = 2,8 cm, aus Zeichnung gemessen **(Bild 1)**

$$F_R = l_R \cdot M_K$$

$$= 2{,}8 \cdot 10\ \text{kN/cm} = \mathbf{28\ kN}$$

Eine Kraft F kann auch in zwei Teilkräfte F_1 und F_2 mit verschiedenen Wirkungslinien zerlegt werden. Dies erfolgt umgekehrt wie das Zusammensetzen der Kräfte. Die zwei zerlegten Teilkräfte haben zusammen dieselbe Wirkung wie die unzerlegten **(Bild 2)**.

Beispiel 4: Im Kellergang soll eine Absaugleitung an Drahtseilen abgehängt werden. Bei den vorgesehenen Abständen wird pro Abhängung eine Gewichtskraft von 500 N angenommen. Wie groß sind die Kräfte in den Seilzügen, wenn diese unter einem Winkel von 60° und 30° an den Wänden befestigt werden **(Bild 3)**? Kräftemaßstab M_K = 200 N/cm.

Lösung:

$$l_G = \frac{F_G}{M_K} = \frac{500\ \text{N}}{200\ \text{N/cm}} = \mathbf{2{,}5\ cm}$$

gemessene Pfeillängen: l_1 = 1,25 cm, l_2 = **2,15 cm**

$$F_1 = l_1 \cdot M_K = 1{,}25\ \text{cm} \cdot 200\ \frac{\text{N}}{\text{cm}} = \mathbf{250\ N}$$

$$F_2 = l_2 \cdot M_K = 2{,}15\ \text{cm} \cdot 200\ \frac{\text{N}}{\text{cm}} = \mathbf{430\ N}$$

Gleichgewicht von Kräften

Kräfte sind im Gleichgewicht, wenn die Summe der auf gleicher Wirkungslinie liegenden Kräfte gleich der Summe der entgegengesetzt auf dieser Wirkungslinie liegenden Kräfte ist.

Die entgegengesetzten Kräfte erhalten ein negatives Vorzeichen. Die resultierende Kraft F_R ist in diesem Fall null **(Bild 4)**.

Das Gleichgewicht der Kräfte wird in der Statik angestrebt, wie zum Beispiel bei Auflagerkräften von Trägern oder der Bodenpressung von Stützenfundamenten **(Bild 5)**.

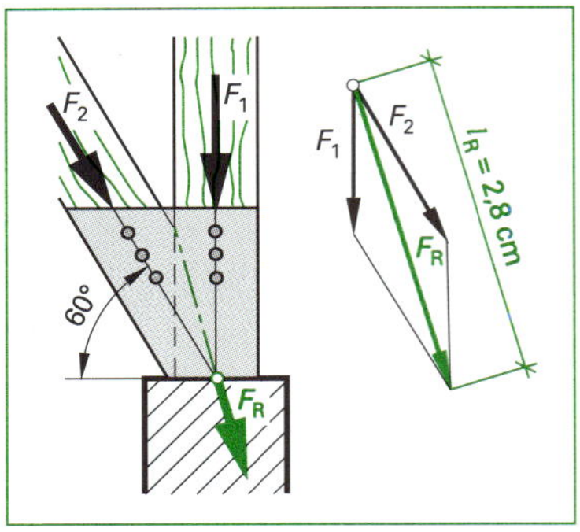

Bild 1

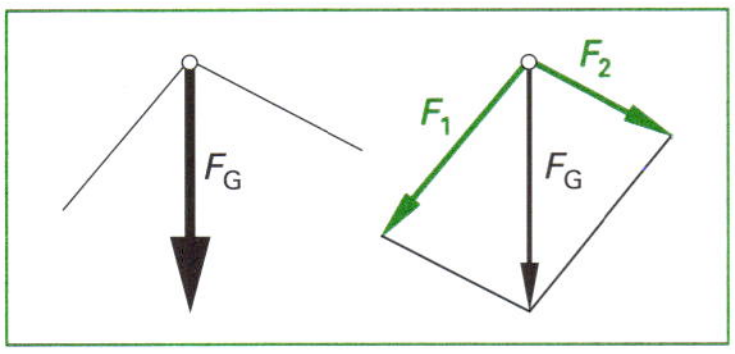

Bild 2

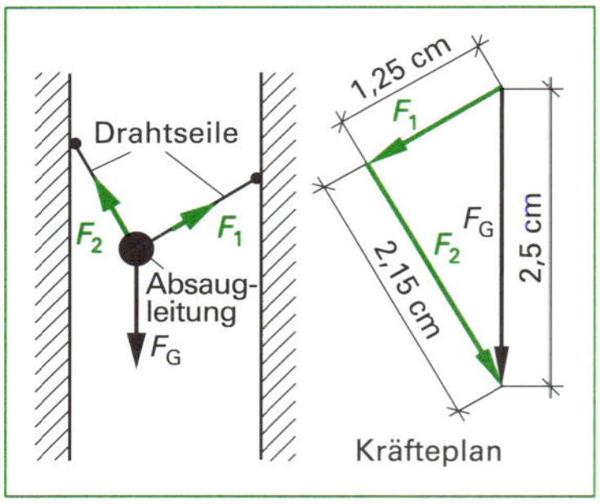

Bild 3

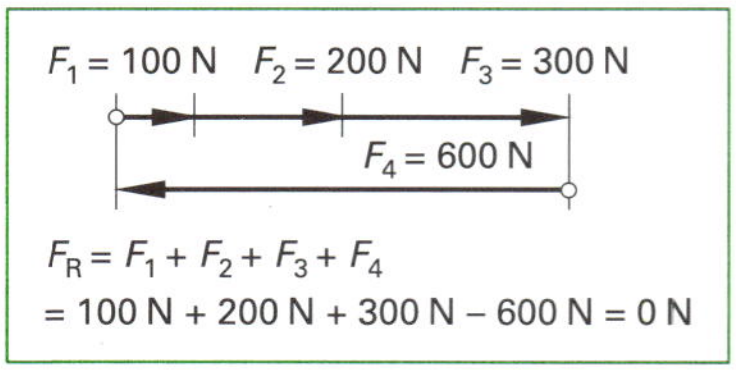

Bild 4

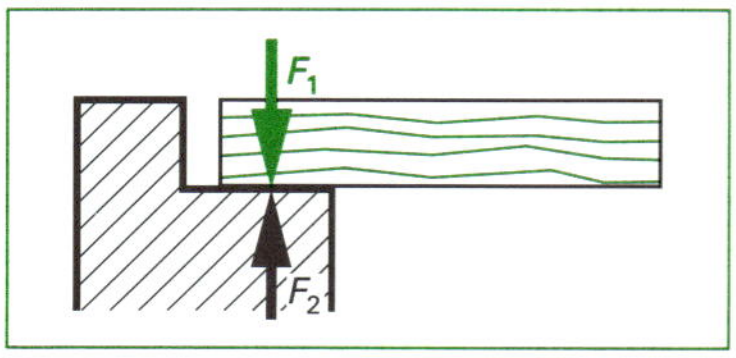

Bild 5

9.2 Zusammensetzen und Zerlegen von Kräften

Aufgaben zu 9.2 Zusammensetzen und Zerlegen von Kräften

163.1 Die Kopfbänder eines Dachstuhles werden unter 45° (60°) in den Pfosten eingeschnitten. In beiden Kopfbändern kommt je eine Kraft F_1 und F_2 von 42 kN (54 kN) aus dem Dach herunter.

Ermitteln Sie zeichnerisch die resultierende Kraft F_R in kN im Pfosten des Dachstuhles **(siehe Bild)**. M_K = 10 kN/cm.

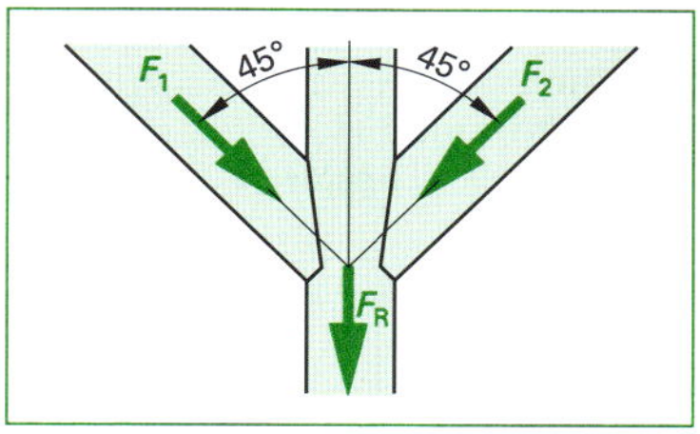

Aufgabe 163.1

163.2 In einer Vorrichtung sind zwei Druckluftzylinder unter einem Winkel von 90° zueinander angeordnet, um Ecken zu verpressen **(siehe Bild)**. Jeder Druckluftzylinder erzeugt einen Druck von 150 N (240 N).

Wie groß ist die resultierende Kraft in N?

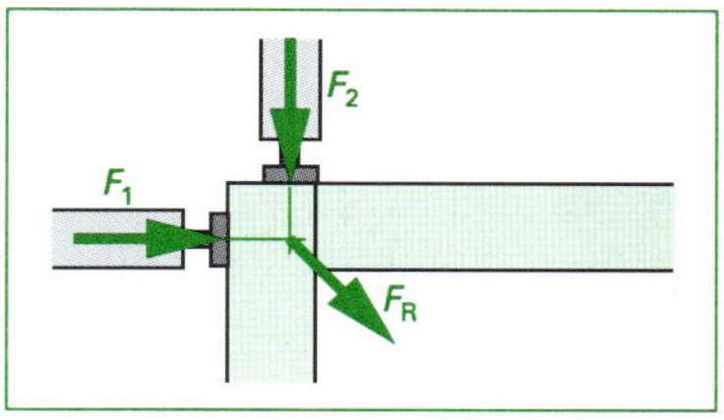

Aufgabe 163.2

163.3 Zwei Kräfte greifen unter dem Winkel α an einer Befestigungslasche an.

Ermitteln Sie zeichnerisch die Lage und die Größe der resultierenden Kraft bei folgenden Belastungsfällen.

	Fall 1	Fall 2	Fall 3	Fall 4
Winkel α	30°	45°	60°	90°
Kraft F_1	250 N	1 500 N	2 450 N	178 N
Kraft F_2	456 N	975 N	1 450 N	266 N

163.4 Im Spanplattenlager ist ein Galgen mit Hebezeug und Spanplattenaufnahme installiert **(siehe Bild)**. Der Ausleger ist 2,40 m lang. Der Druckstab liegt waagerecht und der Zugstab hat einen Winkel von 30°.

Wie groß sind die Kräfte im Zug- und im Druckstab, wenn mit einer Gewichtskraft F_G von 2 500 N zu rechnen ist?

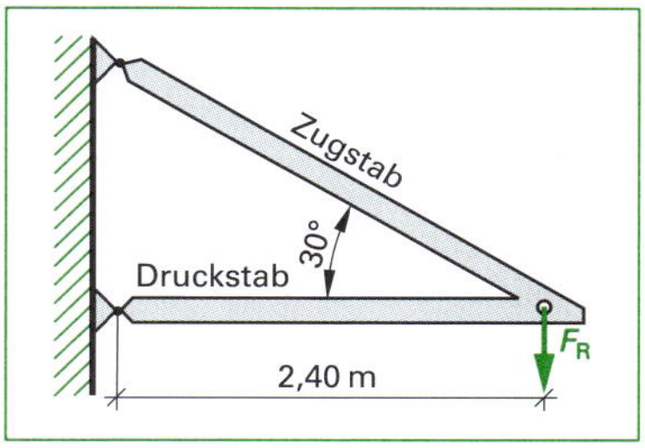

Aufgabe 163.4

163.5 Am oberen Band einer Schallschutztür greift unter 30° eine Kraft F von 380 N an.

Wie groß sind die Vertikalkraft F_v und die Horizontalkraft F_h an dem Band? Lösung zeichnerisch, M_K = 100 N/cm, und rechnerisch **(siehe Bild)**.

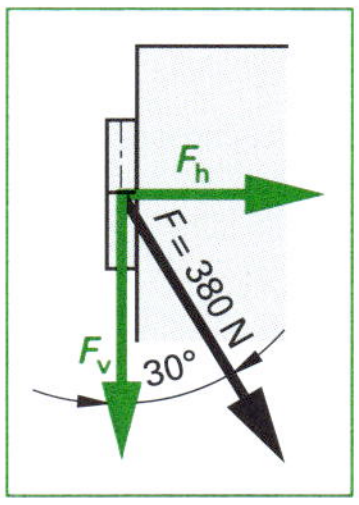

Aufgabe 163.5

163.6 Eine Kette kann mit F = 12 kN belastet werden. Mit ihr werden Holzstapel angehoben.

Wie groß ist die jeweils zulässige Gewichtskraft F_G bei den verschiedenen Lastzugwinkeln von 90° und 120°? (Kräftemaßstab M_K = 2 kN/cm, **siehe Bild**).

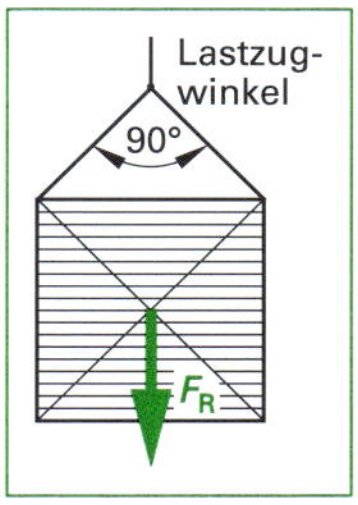

Aufgabe 163.6

163.7 Aus dem Dach kommen in der Strebe F = 25 kN herunter. Die Strebe ist unter 45° in den Deckenbalken eingeschnitten.

Wie groß ist die Horizontalkraft F_h und die Vertikalkraft F_v im Auflagerpunkt **(siehe Bild)**?

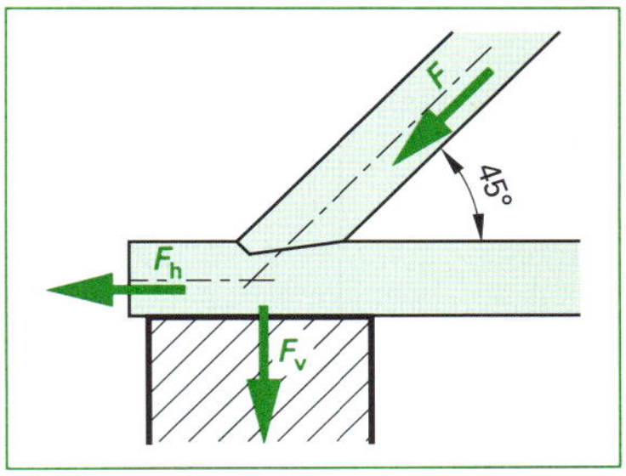

Aufgabe 163.7

163.8 Aus einem Dach kommen in der Strebe F = 25 kN herunter. Die Strebe ist hier unter einem Winkel von 60° in den Deckenbalken eingeschnitten.

Wie groß ist die Horizontalkraft F_h und die Vertikalkraft F_v im Auflagerpunkt (sinngemäß Bild der Aufgabe 163.7)?

Vergleichen Sie die Ergebnisse der Aufgabe 163.7 mit 163.8.

10 Hebel

10.1 Einseitiger Hebel, zweiseitiger Hebel, Winkelhebel

Der **Hebel** ist ein starres Bauteil, das um eine Achse drehbar ist. Mit seiner Hilfe können Lasten bewegt, Kräfte übersetzt und Kraftrichtungen geändert werden. Beim Hebel unterscheidet man **Kraft F_1, Last F_2, Kraftarm l_1, Lastarm l_2** und **Drehpunkt**.

Als **Kraftarm l_1** bezeichnet man den senkrechten Abstand zwischen Drehpunkt und Wirkungslinie der Kraft F_1, als **Lastarm l_2** den senkrechten Abstand zwischen Drehpunkt und Wirkungslinie der Last F_2. Der senkrechte Abstand wird immer rechtwinklig zur Wirkungslinie der Kraft gemessen.

Je nach Lage des Drehpunkts unterscheidet man den **einseitigen Hebel (Bild 1)** und den **zweiseitigen Hebel (Bild 2)**. Beim einseitigen Hebel liegt der Drehpunkt am Ende des Hebels; beim zweiseitigen Hebel liegt der Drehpunkt zwischen den beiden Enden des Hebels. Eine Sonderform stellt der Winkelhebel dar. Hier sind Kraftarm und Lastarm im Drehpunkt abgewinkelt **(Bild 5)**.

Hebelgesetz

An einem Hebel herrscht Gleichgewicht, wenn das Produkt aus Kraft und Kraftarm gleich dem Produkt aus Last und Lastarm ist.

Durch dieses Hebelgesetz lässt sich immer dann der fehlende Wert berechnen, wenn drei andere Angaben des Hebelgesetzes vorhanden sind.

Beispiel 1: Ein Baumstamm von 300 kg Masse soll mithilfe eines 3,20 m langen Hebels auf den Lagerhölzern angehoben werden. Wie viel Kraft ist am Ende des Hebels erforderlich, wenn der Hebel 0,40 m unter den Stamm geschoben wird? Die geringe Schräglage des Hebels soll bei der Berechnung vernachlässigt werden **(Bild 3)**.

300 kg Masse ergeben eine Gewichtskraft von 3 000 N (siehe Abschnitt 7.3).

Lösung: $F_1 = \frac{F_2 \cdot l_2}{l_1} = \frac{3\,000\text{ N} \cdot 0{,}40\text{ m}}{3{,}20\text{ m}} = \mathbf{375\text{ N} = 37{,}5\text{ daN}}$

Beispiel 2: Um eine Schallschutztüre mit einer Masse von 100 kg einhängen zu können, hat sich der Schreiner einen Hebel konstruiert. Welche Kraft F_1 muss am Ende des 800 mm langen Hebeleisens aufgewendet werden, wenn er es, wie im **Bild 4** dargestellt, einsetzt.

Lösung: $F_1 = \frac{F_2 \cdot l_2}{l_1} = \frac{1\,000\text{ N} \cdot 0{,}10\text{ m}}{0{,}70\text{ m}} = \mathbf{143\text{ N} = 14{,}3\text{ daN}}$

Bespiel 3: Bei einem Winkelhebel wirkt eine Kraft F_1 von 280 N. Die wirksame Hebellänge l_1 beträgt 450 mm. Wie groß ist die erzeugte Kraft F_2 bei dieser Winkelstellung **(Bild 5)** des Hebels mit l_2 = 125 mm?

Lösung: $F_2 = \frac{F_1 \cdot l_1}{l_2} = \frac{280\text{ N} \cdot 450}{125\text{ mm}} = \mathbf{1\,008\text{ N} = 100{,}8\text{ daN}}$

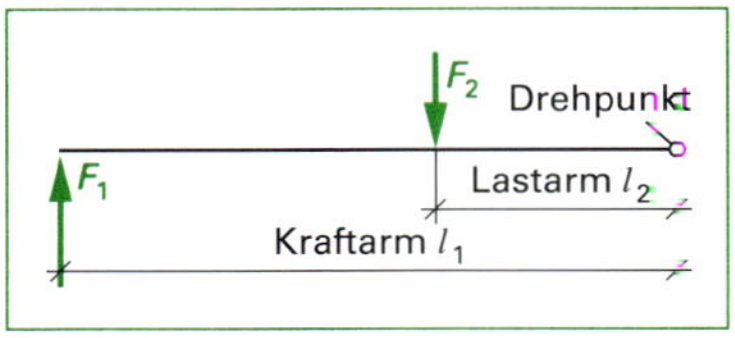

Bild 1: Einseitiger Hebel

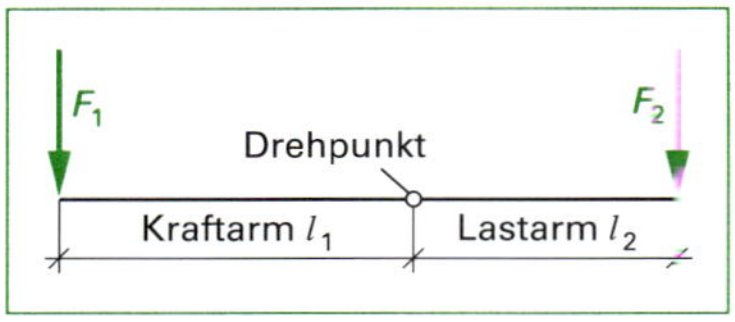

Bild 2: Zweiseitiger Hebel

Hebelgesetz

Kraft × Kraftarm = Last × Lastarm	
$F_1 \cdot l_1 = F_2 \cdot l_2$	
$F_1 = \frac{F_2 \cdot l_2}{l_1}$	$l_1 = \frac{F_2 \cdot l_2}{F_1}$
$F_2 = \frac{F_1 \cdot l_1}{l_2}$	$l_2 = \frac{F_1 \cdot l_1}{F_2}$

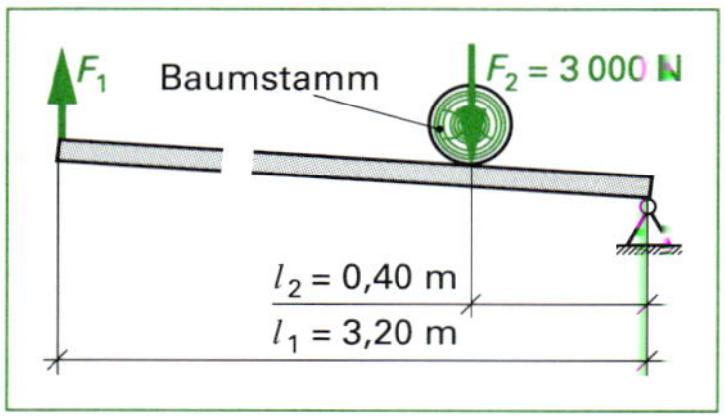

Bild 3

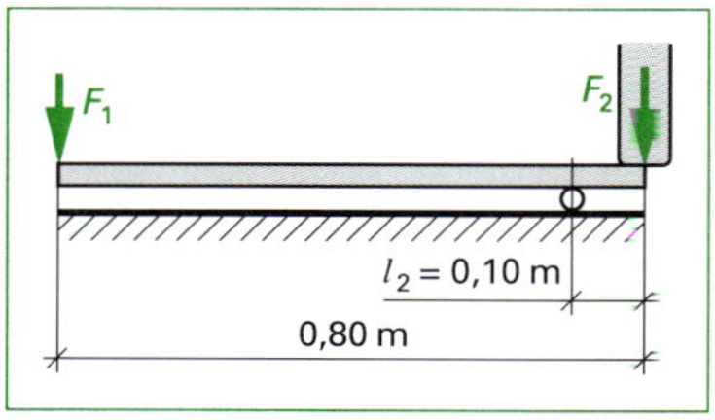

Bild 4

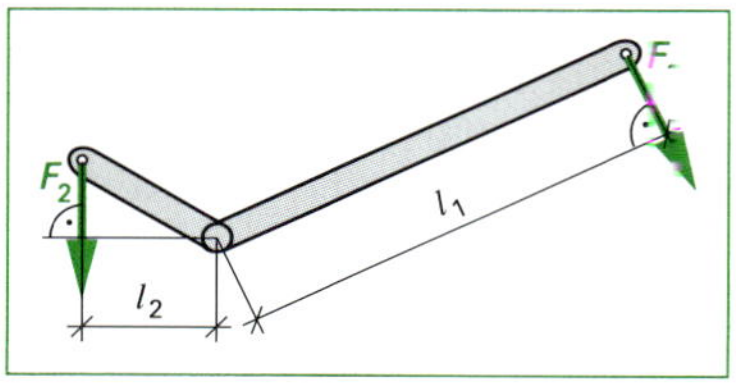

Bild 5

10 Hebel

10.1 Einseitiger Hebel, zweiseitiger Hebel, Winkelhebel

Aufgaben zu 10.1 Einseitiger Hebel, zweiseitiger Hebel, Winkelhebel

165.1 An einer Spreizzange für Leimklammern wirkt eine Handkraft von F_1 = 140 N **(siehe Bild)**.

Wie groß ist die Spreizkraft F_2 in daN bei den gezeichneten Hebellängen der Zange?

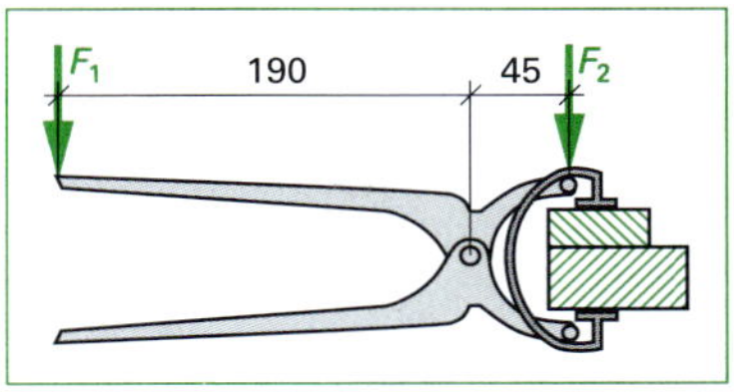

Aufgabe 165.1

165.2 Mit einer Beißzange wird ein Drahtstift abgezwickt **(siehe Bild)**.

Wie groß ist die Wirkkraft F_2 in daN der abgebildeten Beißzange, wenn die ausgeübte Handkraft F_1 = 150 N beträgt?

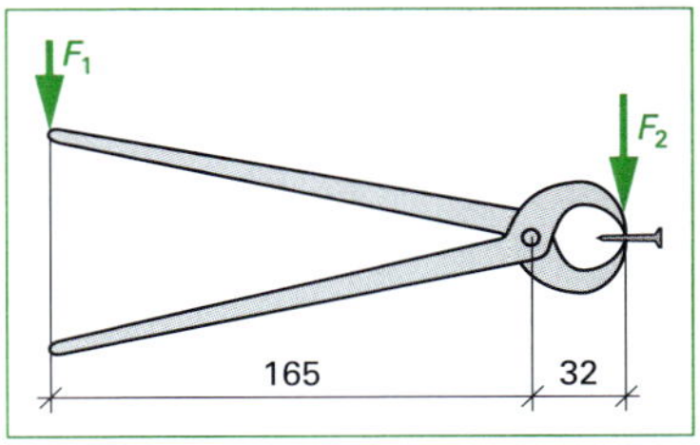

Aufgabe 165.2

165.3 Ein Gabelstapler hat im Schwerpunkt eine Masse von 2 t **(siehe Bild)**.

Wie viel m³ Buchenholz mit ϱ = 0,75 kg/dm³ darf der Gabelstapler bei der gezeichneten Lastverteilung heben?

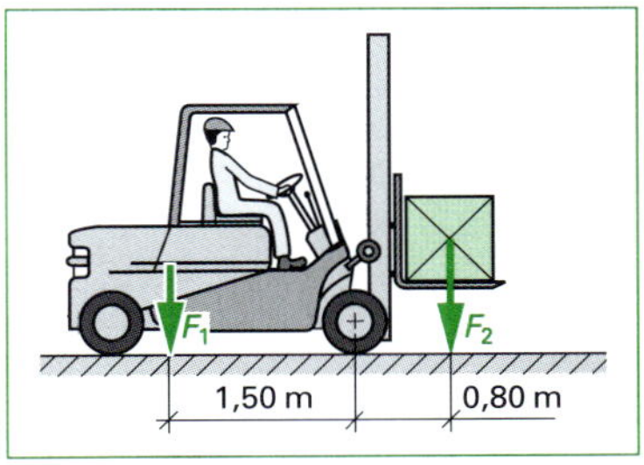

Aufgabe 165.3

165.4 Berechnen Sie die in der Tabelle fehlenden Angaben der Teilaufgaben 1 bis 5 bei einem einseitigen Hebel und zeichnen Sie jeweils den Belastungsfall auf.

Teilaufgabe	1	2	3	4	5
Kraft F_1 in N	2 000	860	?	240	?
Kraftarm l_1 in mm	520	?	2 400	120	280
Last F_2 in N	?	4 150	6 200	?	4 000
Lastarm l_2 in mm	82	260	350	860	40

165.5 Eine Dickenhobelmaschine soll an einer Ecke angehoben werden, um sie auf Transportrollen zu stellen. Die Last beträgt an der Stelle 0,55 t **(siehe Bild)**.

Wie viel Kraft in daN ist am Ende eines 2,80 m langen Hebels erforderlich, um die Maschine anzuheben, wenn die Unterlage 250 mm vom Hebelende entfernt liegt?

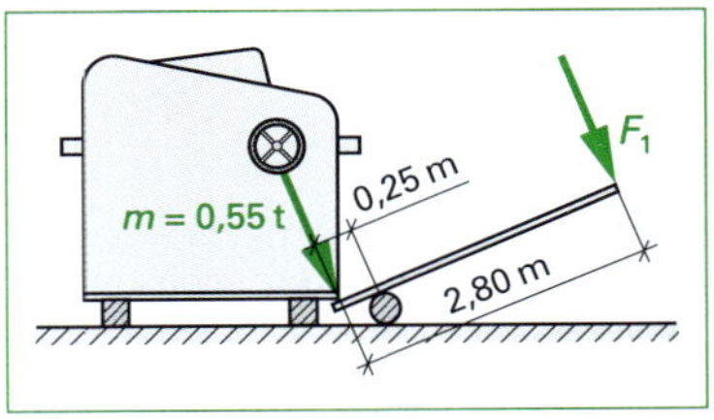

Aufgabe 165.5

165.6 An einem zweiseitigen Hebel wirken mehrere Kräfte: F_1 = 5 kN; F_2 = 1,2 kN; F_3 = 2,8 kN **(siehe Bild)**.

Berechnen Sie die Länge des Hebelarms l_1 bei Gleichgewicht.

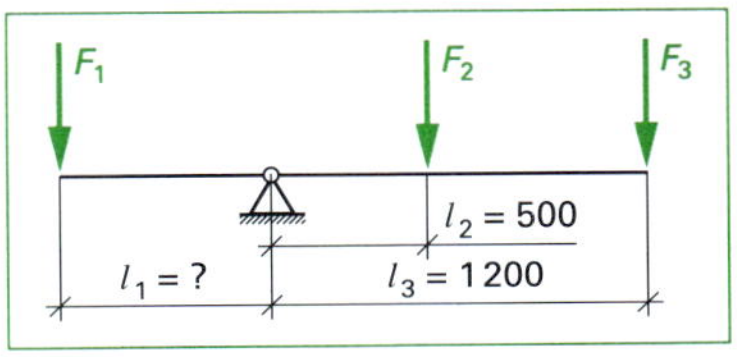

Aufgabe 165.6

165.7 Berechnen Sie die in der Tabelle fehlenden Angaben der Teilaufgaben 1 bis 5 bei einem zweiseitigen Hebel und zeichnen Sie den Belastungsfall auf.

Teilaufgabe	1	2	3	4	5
Kraft F_1 in N	500	2 400	380	?	850
Kraftarm l_1 in mm	2 500	1 800	?	4 500	2 400
Last F_2 in N	850	?	4 800	3 200	?
Lastarm l_2 in mm	?	400	850	1 800	800

165.8 An einem Winkelhebel greift durch einen Pneumatikzylinder eine Kraft F_1 von 365 N an. Die wirksame Hebellänge beträgt 620 mm. Es interessiert die erzeugte Kraft F_2 bei dieser Winkelstellung mit einer wirksamen Hebellänge von l_2 von 195 mm.

10 Hebel

10.2 Drehmoment – Auflagerkräfte

Das **Drehmoment** ist das Produkt aus der Kraft F und dem Hebelarm l. In der Statik wird es auch kurz als Moment bezeichnet. Die Größe der Drehmomente ist von der Größe der Kraft und von der wirksamen Hebellänge abhängig **(Bild 1)**. Man unterscheidet linksdrehende und rechtsdrehende Momente. Befinden sich die Hebel im Gleichgewicht, z. B. in der Statik, dann ist die Summe der linksdrehenden Momente gleich der Summe der rechtsdrehenden Momente.

Die Einheit des Drehmoments ist Newton × Meter, $[M]$ = Nm

Beispiel 1: Ein Drehmomentenschlüssel ist auf eine Kraft von 450 N eingestellt. Welches Drehmoment wirkt an der einzudrehenden Sechskantschraube, wenn der Hebelarm 300 mm lang ist **(Bild 2)**?

Lösung: $M = F \cdot l$

$M = 450\ \text{N} \cdot 0{,}30\ \text{m} = \mathbf{135\ Nm}$

Auflagerkräfte entstehen zum Beispiel dann, wenn Träger an den Enden aufliegen. Die auf den Träger einwirkenden äußeren Kräfte (Aktionskräfte) müssen durch die Auflagerkräfte (Reaktionskräfte) aufgefangen werden. Die Summe der Aktionskräfte und die Summe der Reaktionskräfte muss bei statischen Systemen „null" sein **(Bild 3)**.

Bei der Berechnung der Träger auf zwei Stützen stellt man sich die Auflager als Drehpunkte vor, um die sich die Momente drehen. In jedem Auflagerpunkt ist die Summe der linksdrehenden Momente gleich der Summe der rechtsdrehenden Momente **(Bild 4)**.

Berechnung der Auflagerkraft F_A

Der Träger (Bild 4) wird durch die Einzellast F_1 belastet. Zur Berechnung der Auflagerkraft F_A wird der Träger um B gedreht.

$$\sum M_l = \sum M_r$$
$$F_1 \cdot l_1 = F_A \cdot l$$

ergibt

$$F_A = \frac{F_1 \cdot l_1}{l}$$

Berechnung der Auflagerkraft F_B

Der gleiche Träger wird nun zur Berechnung der Auflagerkraft F_B um A gedreht.

$$\sum M_l = \sum M_r$$
$$F_B \cdot l = F_1 \cdot l_2$$

ergibt

$$F_B = \frac{F_1 \cdot l_2}{l}$$

Bei Gleichgewicht der Vertikalkräfte kann die Auflagerkraft B auch wie folgt berechnet werden (Kontrollrechnung):

$$F_A + F_B = F_1$$

ergibt

$$F_B = F_1 - F_A$$

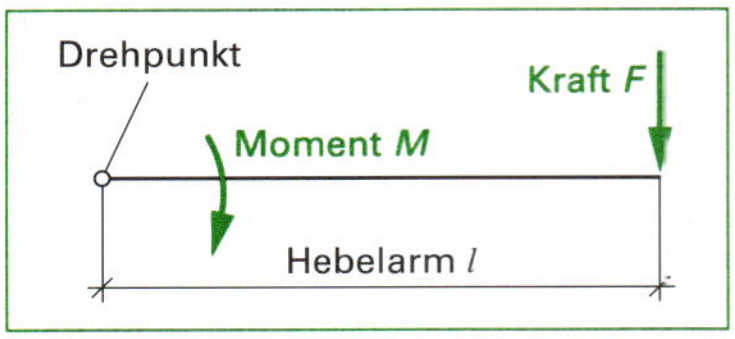

Bild 1

Drehmoment = Kraft × Hebelarm	
$M = F \cdot l$	
$F = \dfrac{M}{l}$	$l = \dfrac{M}{F}$

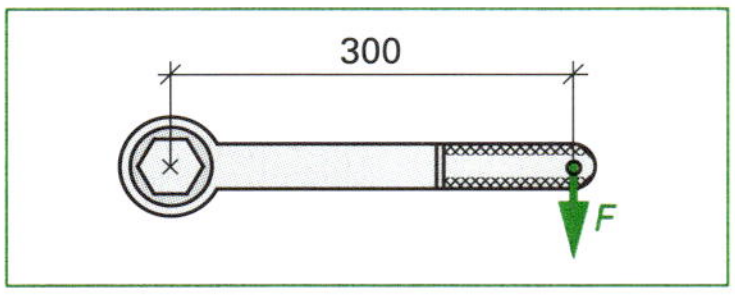

Bild 2

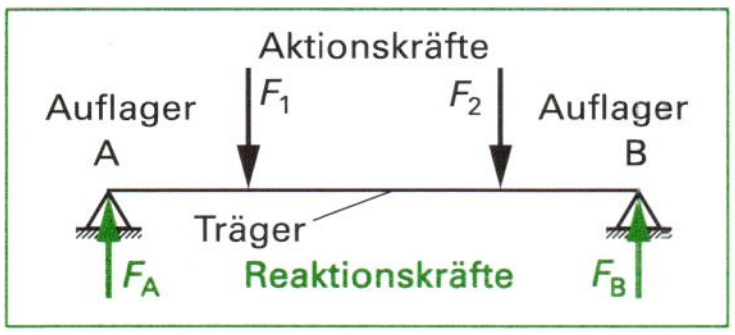

Bild 3

Gesetz der Statik:

$$\sum M_l = \sum M_r$$

$$F_1 + F_2 = F_A + F_B$$

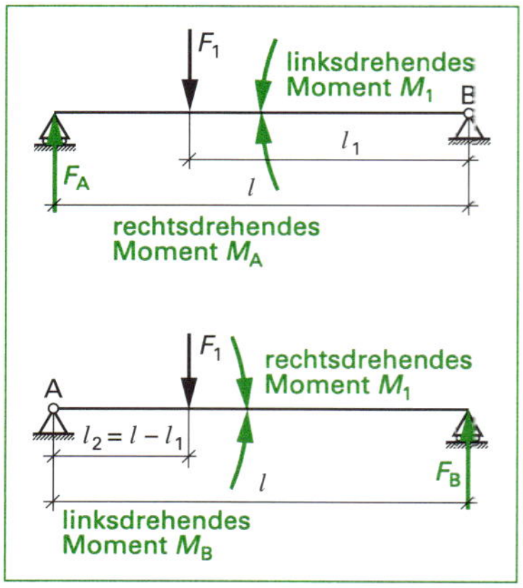

Bild 4

10.2 Drehmoment – Auflagerkräfte

Beispiel 2: Ein Träger auf zwei Stützen **(Bild 1)** wird durch eine Einzellast F_1 = 5 kN belastet. Wie groß sind die Auflagerkräfte in kN, wenn der Abstand der Auflager 7,00 m und der Abstand der Kraft F_1 vom Auflager A 5,00 m beträgt?

Lösung: $\Sigma M_r = \Sigma M_l$

$F_A \cdot l = F_1 \cdot l_1$

$$\Rightarrow F_A = \frac{F_1 \cdot l_1}{l} = \frac{5{,}0\ \text{kN} \cdot 2{,}00\ \text{m}}{7{,}00\ \text{m}} = \mathbf{1{,}43\ kN}$$

$F_B \cdot l = F_1 \cdot (l - l_1)$

$$\Rightarrow F_B = \frac{F_1 \cdot (l - l_1)}{l} = \frac{5{,}0\ \text{kN} \cdot 5{,}00\ \text{m}}{7{,}00\ \text{m}} = \mathbf{3{,}57\ kN}$$

Kontrollrechnung:

$F_B + F_A = F_1$

1,43 kN + 3,57 kN = **5 kN**

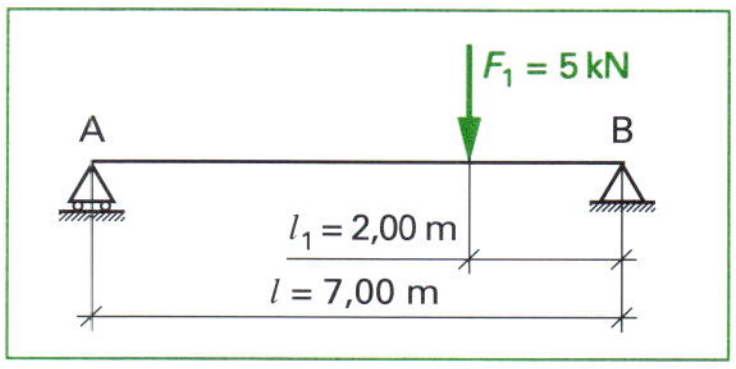

Bild 1

Aufgaben zu 10.2 – Drehmoment und Auflagerkräfte

167.1 Ein Drehmomentenschlüssel **(siehe Bild)** mit einer Grifflänge von 350 mm ist auf 250 Nm eingestellt.

Bei welcher Kraft in daN des Monteurs tritt die Schnarre des Schlüssels in Kraft?

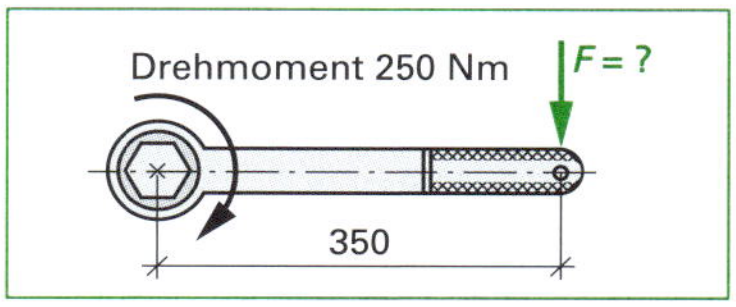

Aufgabe 167.1

167.2 Auf einen 5,40 m langen Träger wirkt mittig eine Einzellast von 12,7 kN **(siehe Bild)**.

a) Wie groß sind die Auflagerkräfte F_A und F_B in kN?

b) Wie groß sind die Auflagerkräfte F_A und F_B in kN, wenn die Einzellast 1,00 m nach Auflager A hin aus der Mitte gerückt wird?

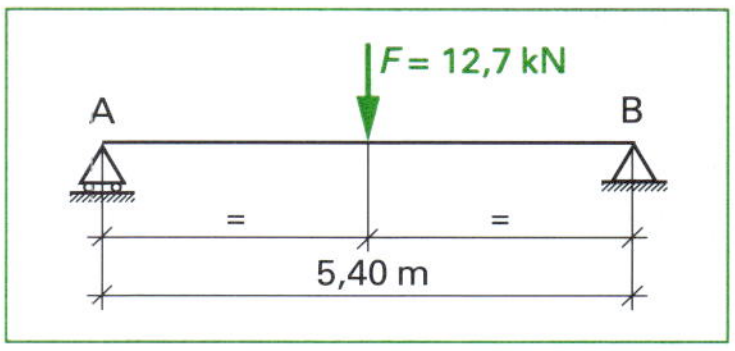

Aufgabe 167.2

167.3 Ein 7,00 m langer Träger wird mit einer Einzellast F_1 = 18 kN und einer Einzellast F_2 = 13 kN belastet. Die Einzellasten wirken vom Auflager B 2,20 m bzw. 3,80 m entfernt senkrecht auf den Träger ein **(siehe Bild)**.

Wie groß sind die beiden Auflagerkräfte in kN?

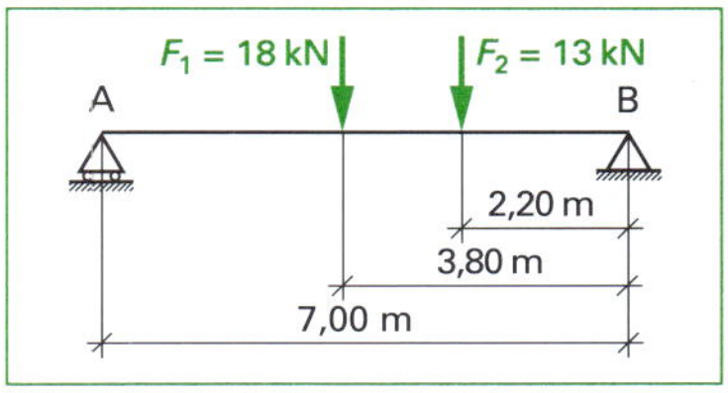

Aufgabe 167.3

167.4 Ein 4,80 m langer Träger auf zwei Stützen wird mit einer Einzellast F_1 von 8,6 kN belastet **(siehe Bild)**.

Wie groß sind die Auflagerkräfte F_A und F_B bei den verschiedenen Positionen?

a) l_1 = 0,80 m b) l_1 = 2,20 m c) l_1 = 1,20 m

d) l_1 = 3,00 m e) l_1 = 1,80 m f) l_1 = 3,20 m

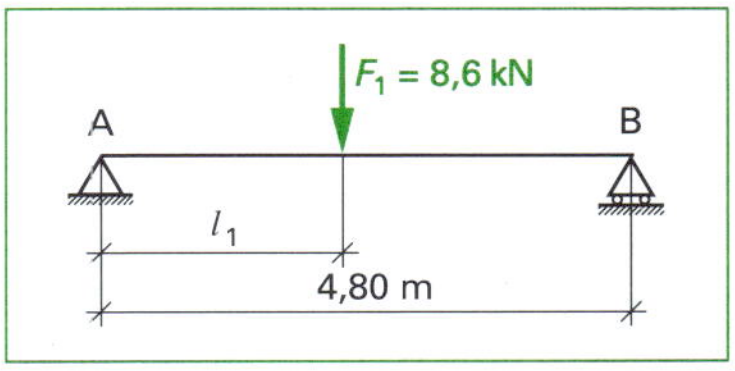

Aufgabe 167.4

167.5 Ein Pressluftzylinder kann 400 N Druck erzeugen. Zur Kraftverteilung wird ein 600 mm langes Kantholz verwendet **(siehe Bild)**.

Wie groß ist in A und B die angreifende Kraft in daN, wenn der Zylinder aus technischen Gründen nur $^1/_3$ weit von B eingesetzt werden kann?

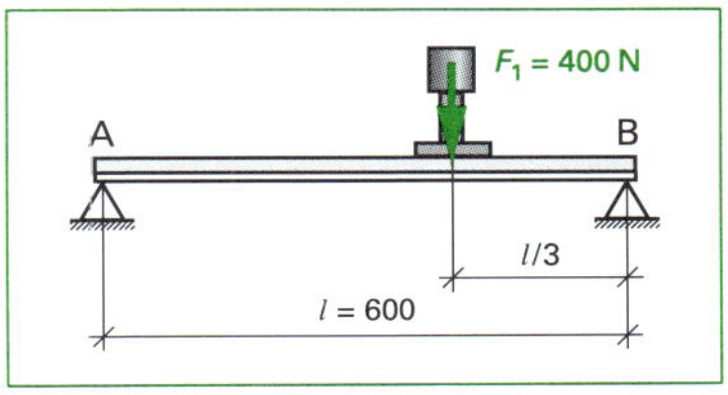

Aufgabe 167.5

167.6 In einer Verleimvorrichtung werden Leisten aufgeleimt, die einen Abstand von 800 mm haben. Zur Kraftübertragung wird ein Kantholz verwendet und der Pressdruck wird durch zwei Pressluftzylinder $F_1 = F_2$ = 400 N erzeugt, die je 200 mm von außen in die Vorrichtung eingreifen (sinngemäß Bild der Aufgabe 167.5).

Wie groß ist die angreifende Kraft in A und B in N?

11 Arbeit, Leistung, Reibung und Wirkungsgrad

11.1 Mechanische Arbeit und mechanische Energie

Mechanische Arbeit

Arbeit wird verrichtet, wenn eine Kraft F längs eines Weges S auf einen Körper übertragen wird. **Mechanische Arbeit *W*** (work) ist physikalisch betrachtet das Produkt aus Kraft und Weg. Je größer die Kraft und je größer der zurückgelegte Weg, desto größer ist die Arbeit. Aus der genannten Gleichung ist auch abzuleiten, dass die aufzuwendende Hubarbeit für eine Last von 1 000 N bei einer Hubhöhe von 4,00 m genauso groß ist, wie für eine Last von 2000 N und einer Hubhöhe von 2,00 m **(Bild 1 und Bild 2)**.

Die **Einheit** der Arbeit ist das **Joule** (J), $[W] = \text{J}$.

Die Umwandlungszahl je Einheit beträgt 1 000.

Ein Joule entspricht einem Newton × Meter. Weitere Einheiten sind das Kilojoule (kJ) und das Megajoule (MJ).

Umrechnung von Einheiten			
1 MJ	1 kJ	1 J	
1	0,001	0,000 001	MJ
1 000	1	0,001	kJ
1 000 000	1 000	1	J

Beispiel 1: Ein Stapel Profilbretter mit einer Gewichtskraft von 7 000 N wird 1,20 m hochgehoben. Welche mechanische Arbeit in Joule ist aufzuwenden?

Lösung: $W = F \cdot s$

$W = 7\,000\ \text{N} \cdot 1{,}20\ \text{m} = 8\,400\ \text{Nm} = \mathbf{8\,400\ J = 8{,}4\ kJ}$

Mechanische Energie

Ein Körper, der Arbeit verrichten kann, besitzt Energie. Energie ist also gespeichertes Arbeitsvermögen. So ist zum Beispiel in der Wassermasse einer Talsperre, in einer gespannten Feder und in der Druckluft Energie gespeichert.

Gespeicherte Energie kann in Bewegungsenergie umgewandelt werden. Deshalb wird diese gespeicherte Energie auch als **Potenzielle Energie** (W_p) bezeichnet.

Beispiel 2: Das Gewicht einer Standuhr hat eine Gewichtskraft von 52 N. Wie groß ist seine potenzielle Energie in Nm, wenn sich das hochgezogene Gewicht maximal 1,50 m senken kann?

Lösung: $W_p = F_G \cdot s$

$W_p = 52\ \text{N} \cdot 1{,}50\ \text{m} = \mathbf{78\ Nm}$

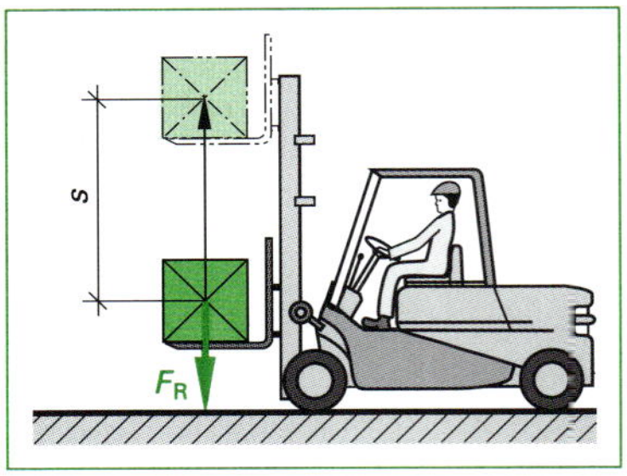

Bild 1: Hubarbeit

Formelzeichen	Bezeichnung	Einheit
W	Arbeit	J
F	Kraft (in Wegrichtung)	N
s	Weg	m

mechanische Arbeit (Nm) = Kraft (N) × Weg (m)

$$W = F \cdot s$$

$$F = \frac{W}{s} \qquad s = \frac{W}{F}$$

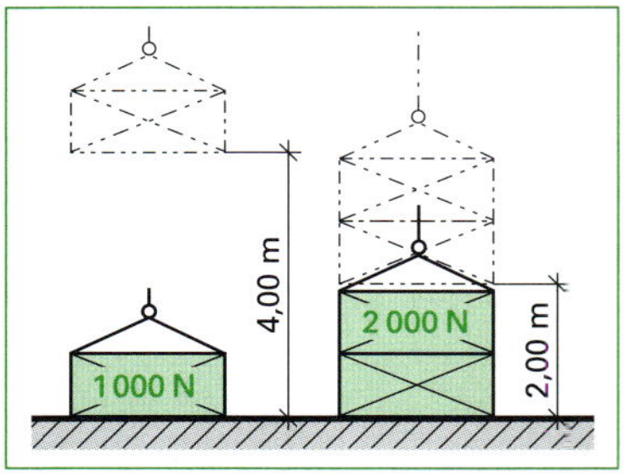

Bild 2: Gleiche Arbeit

Formelzeichen	Bezeichnung	Einheit
W_p	pot. Energie	Nm
F_G	Gewichtskraft	N
s	Weg	m

Potenzielle Energie (Nm) = Gewichtskraft (N) × Weg (m)

$$W_p = F_G \cdot s$$

11 Arbeit, Leistung, Reibung, Wirkungsgrad

11.1 Mechanische Arbeit und mechanische Energie

Aufgaben zu 11.1 Mechanische Arbeit und mechanische Energie

169.1 Die Laufkatze eines Krans hebt eine Transportkiste mit Glas mit einer Gewichtskraft von 3 000 N auf eine Höhe von 2,80 m **(siehe Bild)**.

Wie groß ist die mechanische Arbeit in kNm?

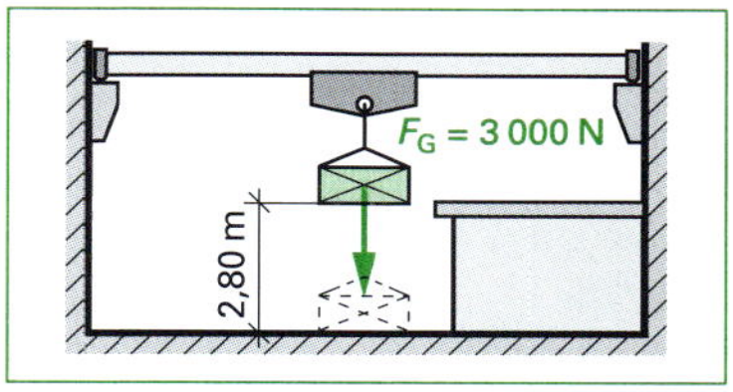

Aufgabe 169.1

169.2 Ein Arbeiter transportiert eine Zimmertür mit einer Masse von m = 45 kg zwei Stockwerke hoch. Er überwindet dabei einen Höhenunterschied von 5,50 m (6,30 m).

a) Welche Arbeit in Nm hat er dabei zu verrichten, wenn er sein eigenes Körpergewicht außer Acht lässt?

b) Welche Arbeit in Nm ist zu verrichten, wenn man das Körpergewicht des Arbeiters von 750 N mit berücksichtigt?

169.3 Zwei Gesellen heben beim Verladen einen Schrank mit der Masse m = 125 kg auf eine 1,30 m hohe Ladefläche **(siehe Bild)**.

Welche Hubarbeit in Nm verrichten beide Gesellen zusammen?

Aufgabe 169.3

169.4 Ein Lehrling hebt 50 gleiche Bretter von je 5,2 kg Masse 0,85 m hoch.

Wie groß ist seine Hubarbeit insgesamt in Nm?

169.5 Zum Heben einer 85 kN schweren Last wird eine Arbeit von 175 kNm benötigt.

Berechnen Sie die Hubhöhe in m.

169.6 Über eine feste Seilrolle hat ein Zimmermann 20 Kanthölzer mit einem Querschnitt von 80 × 120 mm und einer Länge von 2,20 m vom Boden zum Dach 12 m hochgezogen **(siehe Bild)**.

Welche Arbeit in daNm hat er dabei verrichtet, wenn das Fichtenholz eine Rohdichte ϱ von 0,47 kg/dm³ hat?

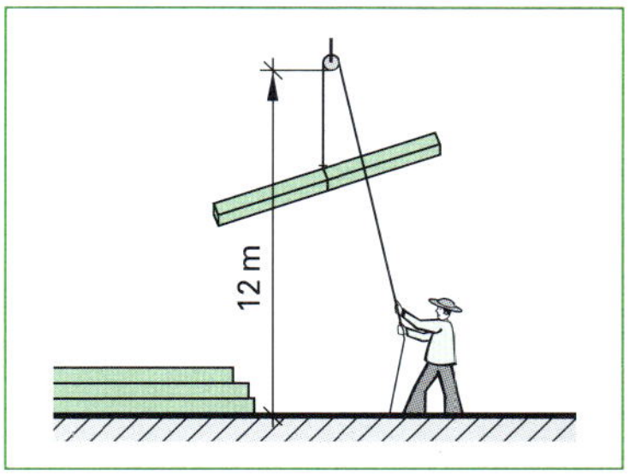

Aufgabe 169.6

169.7 Ein Hubstapler benötigt eine Hubarbeit von 20 kNm, um eine Last auf 2,20 m anzuheben **(siehe Bild)**.

Wie groß ist die Gewichtskraft F_G und die Masse m der Last?

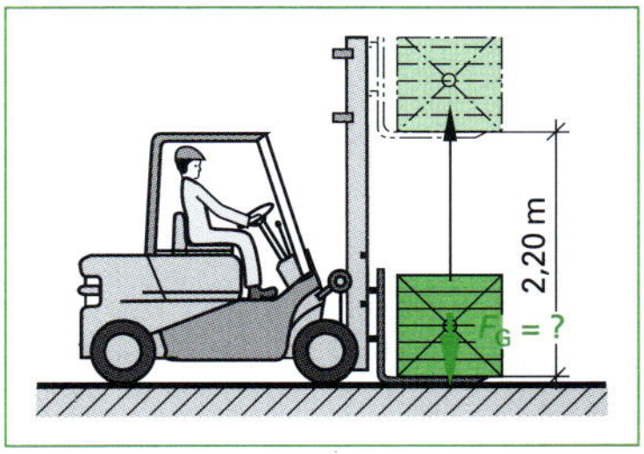

Aufgabe 169.7

169.8 Ein hydraulischer Vorschubzylinder verrichtet eine mechanische Arbeit von 240 Nm **(siehe Bild)**.

Wie groß ist die Vorschubkraft in daN bei einem Vorschubweg von 280 mm?

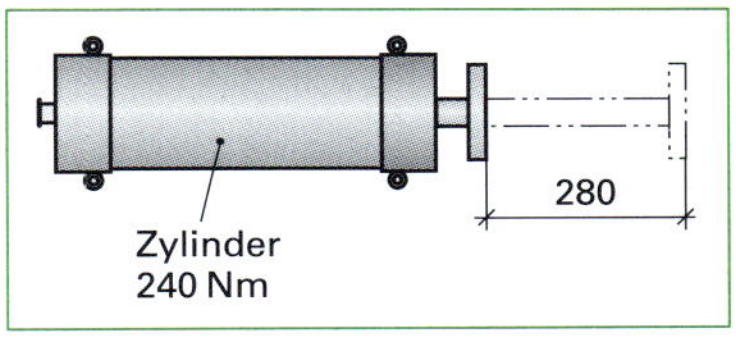

Aufgabe 169.8

169.9 Durch eine sinnvolle Arbeitsplatzgestaltung konnte die Hubarbeit eines Tischlers von 15 000 Nm auf 1 950 Nm pro Tag verringert werden. Er musste pro Tag 1 000 Werkstücke mit einer Masse von 1,5 kg auf den Maschinentisch heben.

Wie hoch musste er die Werkstücke in m im alten Verfahren und wie hoch nun im neuen Verfahren anheben? Wie groß ist die Einsparung der Hubarbeit in Prozent?

169.10 Ein Sandsack mit einer Masse von 50 kg wird zum Festigkeitstest eines Türelements von einer Höhe von 1,20 m auf das Element fallen gelassen.

Wie hoch ist die mechanische Energie in Nm?

11 Arbeit, Leistung, Reibung, Wirkungsgrad

11.2 Goldene Regel der Mechanik

Aus dem Lehrsatz „Arbeit = Kraft × Kraftweg" resultiert: Was an Kraft eingespart wird, muss an Kraftweg vergrößert werden. Dieses Gesetz nennt man die goldene Regel der Mechanik. Es wird beim Transport von Gewichtskräften über eine schiefe Ebene oder beim Heben von Lasten mit Flaschenzügen angewendet.

Formelzeichen	Bezeichnung	Einheit
F	Kraft	N (kN, MN)
F_G	Gewichtskraft	N
s	Kraftweg	m (cm, mm)
h	Hubhöhe	m (cm, mm)

11.2.1 Die schiefe Ebene

Durch eine schiefe Ebene kann eine Last mit der Gewichtskraft F_G auf eine Höhe h gebracht werden. Die aufzubringende Kraft verringert sich durch den längeren Weg der schiefen Ebene.

Beispiel 1: Ein Behälter mit Leim mit einer Gewichtskraft F_G von 1,2 kN wird über eine Rampe auf eine Höhe von 1,30 m gebracht. Die Rampe ist 3,20 m lang.

a) Welche Kraft F in N ist erforderlich, um das Fass auf diese Höhe zu bringen, ohne die Reibungskräfte zu berücksichtigen **(Bild 1)**?

b) Vergleichen Sie die mechanische Arbeit beim Transport über die Rampe (W_1) mit dem senkrechten Hub (W_2)!

Lösung:

a) $F = \frac{F_G \cdot h}{s} = \frac{1\,200\ \text{N} \cdot 1{,}30\ \text{m}}{3{,}20\ \text{m}} = \mathbf{487{,}5\ Nm}$

b) $W_1 = F \cdot s = 487{,}5\ \text{N} \cdot 3{,}20\ \text{m} = \mathbf{1\,560\ Nm}$

$W_2 = F_G \cdot h = 1\,200\ \text{N} \cdot 1{,}30\ \text{m} = \mathbf{1\,560\ Nm}$

Ergebnis: Die Arbeit W ist in beiden Fällen gleich groß!

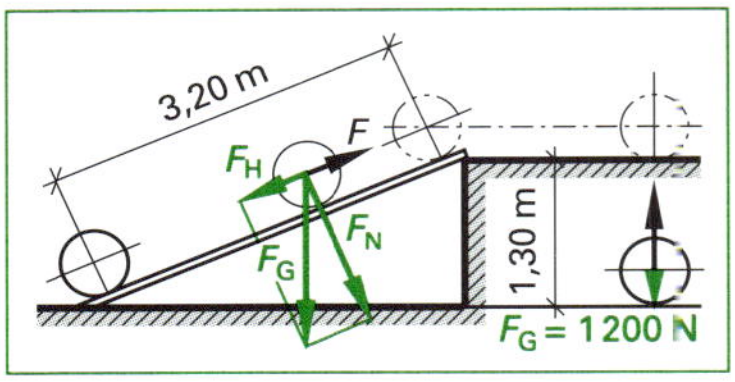

Bild 1

Kraft × Kraftweg
= Gewichtskraft × Hubhöhe

$$F \cdot s = F_G \cdot h$$

$$F = \frac{F_G \cdot h}{s} \qquad s = \frac{F_G \cdot h}{F}$$

$$F_G = \frac{F \cdot s}{h} \qquad h = \frac{F \cdot s}{F_G}$$

11.2.2 Keil

Mit Keilen kann man schwere Lasten anheben. Wie das Beispiel **(Bild 2)** zeigt, wird hier durch einen vergrößerten Kraftweg mit einer geringeren Kraft F eine hohe Last G über einen geringen Hubweg angehoben.

Beispiel 2: Eine Stütze mit der Gewichtskraft $F_G = 1\,200$ N soll mit einem einseitigen Keil um 10 mm angehoben werden. Welche Kraft F in N ist erforderlich, wenn der Keil 60 mm eingetrieben wird?

Lösung: $F \cdot s = F_G \cdot h$

$$F = \frac{F_G \cdot h}{s} = \frac{1\,200\ \text{N} \cdot 10\ \text{mm}}{60\ \text{mm}} = \mathbf{200\ N}$$

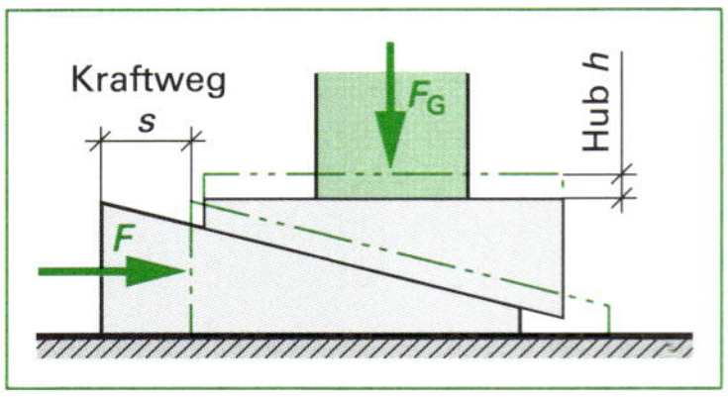

Bild 2

11.2.3 Schraube

Bei Schrauben stellt das Gewinde einen kreisförmig angeordneten Keil dar. Hier entspricht beim Anziehen einer Schraube die Handarbeit W_1 bei einer Umdrehung des Schraubenschlüssels der Spannarbeit W_2 in der Schraubenachse **(Bild 3)**.

Handkraft × Handweg
= Schraubenkraft × Steigung

$$F_1 \cdot \pi \cdot d = F_2 \cdot P$$

Beispiel 3: Eine Schraube mit einer Gewindesteigung $p = 1{,}75$ mm wird mit einem Schraubenschlüssel angezogen. Die Handkraft F_1 mit 80 N wirkt bei 160 mm Hebellänge an.

Wie groß ist die Schraubenkraft F_2 in kN in Achsrichtung der Schraube, wenn Reibungskräfte unberücksichtigt bleiben (Bild 3)?

Lösung: $F_1 \cdot \pi \cdot d = F_2 \cdot p$

$$F_2 = \frac{F_1 \cdot \pi \cdot d}{p} = \frac{80\ \text{N} \cdot \pi \cdot 320\ \text{mm}}{1{,}75\ \text{mm}} = \mathbf{45{,}957\ kN}$$

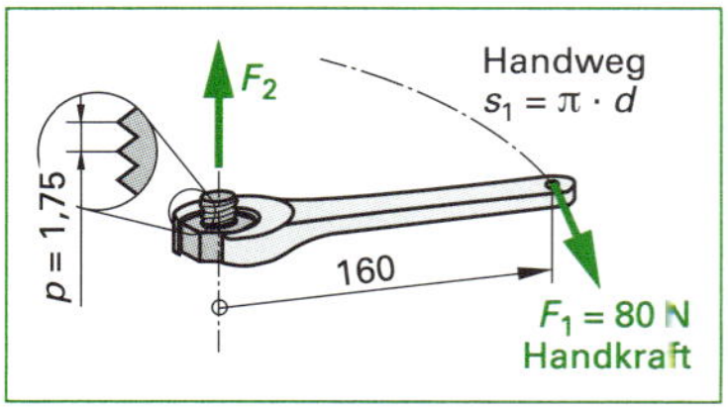

Bild 3

11.2 Goldene Regel der Mechanik

Aufgaben zu 11.2.1 – Schiefe Ebene

171.1 Mithilfe eines 8,50 m langen Schrägaufzuges werden Zimmertüren mit einer Gewichtskraft F_G = 2 400 N (3 600 N) auf eine Höhe h von 3,25 m gebracht **(siehe Bild)**.

Wie groß muss die Zugkraft F in kN sein?

171.2 Eine Tonne mit Leim wird auf 5,20 m (3,80 m) langen Ladebalken mit einer Zugkraft von 850 N auf eine 1,30 m hohe Verladerampe gerollt **(siehe Bild)**.

Wie groß sind die wirkende Normalkraft F_N in N und die Gewichtskraft F_G in N? Ermittlung rechnerisch und zeichnerisch.

171.3 Ein Transportwagen mit einer eigenen Masse von 200 kg ist beladen mit 3 m³ Eichenholz, Rohdichte 0,70 kg/dm³. Er soll über eine 18 m lange und 1,20 m hohe Rampe transportiert werden **(siehe Bild)**.

Welche Kraft F in kN ist erforderlich, um den Wagen mit dem Material über die Rampe zu transportieren?

171.4 Ein Schrägaufzug von 12,00 m Länge hat eine Zugkraft von 20 kN.

Welche maximale Gewichtskraft F_G in kN kann er bei 3,00 m (4,20 m) Höhe fördern (sinngemäß Bild der Aufgabe 171.1)?

Aufgaben zu 11.2.2 – Keil

171.5 Ein Pfosten mit einer Gewichtskraft von F_G = 18 kN soll 12 mm hoch gekeilt werden. Durch eine Schräge des Keiles wird ein Kraftweg s = 60 mm erforderlich **(siehe Bild)**.

Mit welcher Kraft F in daN ist der Keil einzutreiben, wenn Reibungskräfte unberücksichtigt bleiben?

171.6 Eine Keilschräge beträgt 1 : 7.

Wie groß ist die Kraft F_G in N an der Keilwange **(siehe Bild)**, wenn der Keil mit einer Kraft F = 300 N eingetrieben wird?

Aufgaben zu 11.2.3 – Schraube

171.7 Die Vorderzange einer Hobelbank hat eine Spindel mit 5 mm Steigung.

Mit welcher Spannkraft F_1 in kN muss der Spannhebel von 320 mm Länge an der Zange gedreht werden **(siehe Bild)**, damit eine Spannkraft von 14 kN erreicht wird? (Reibungsverluste werden nicht berücksichtigt).

171.8 In einer alten Furnierspindelpresse wird die Spindel mit einem Handrad von 500 mm Durchmesser betätigt. Die Spindel hat eine Gewindesteigung von 8 mm. Am Handrad wird mit einer Kraft von 120 N gedreht.

a) Welche theoretische Presskraft F_2 in N wird erreicht?

b) Mit welcher Kraft F_1 in N muss am Handrad gedreht werden, um eine Presskraft F_2 von ca. 18 kN zu erzeugen? (Reibungskräfte bleiben unberücksichtigt.)

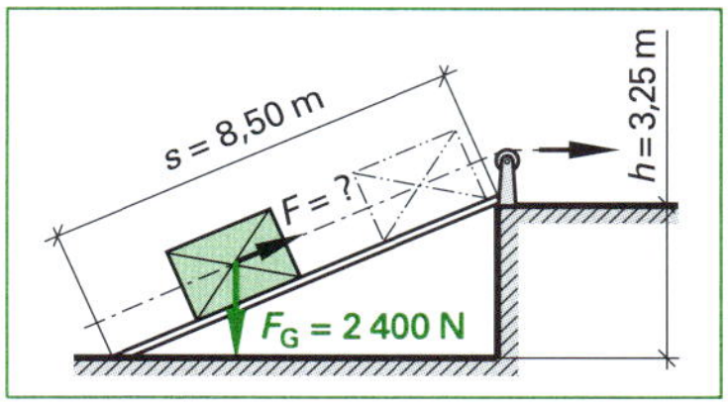

Aufgabe 171.1

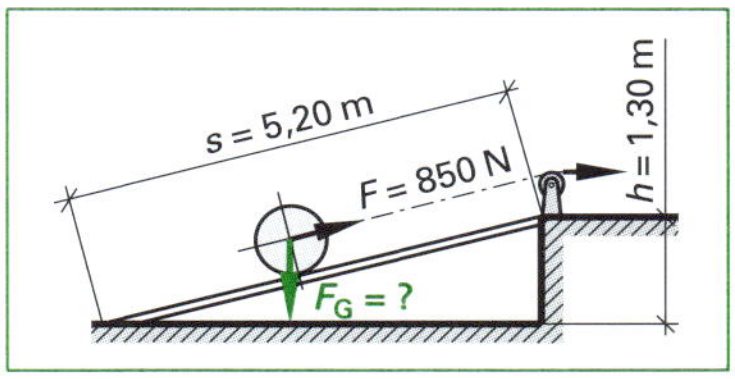

Aufgabe 171.2

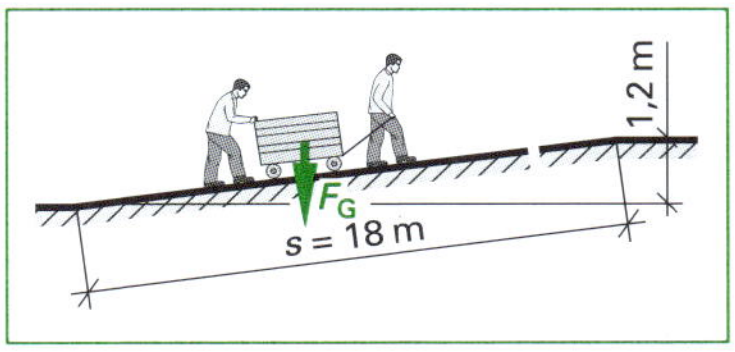

Aufgabe 171.3

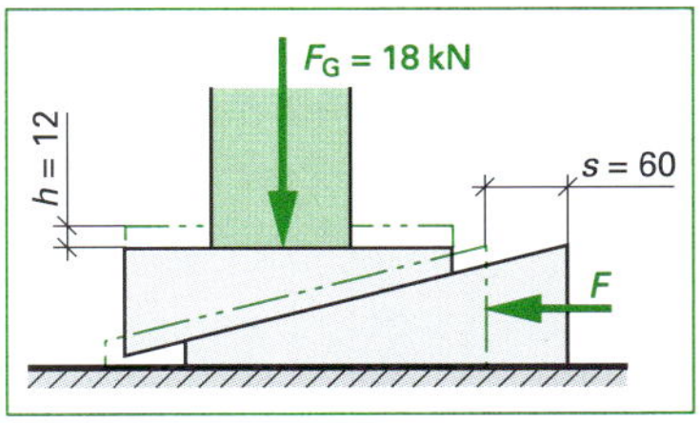

Aufgabe 171.5/6

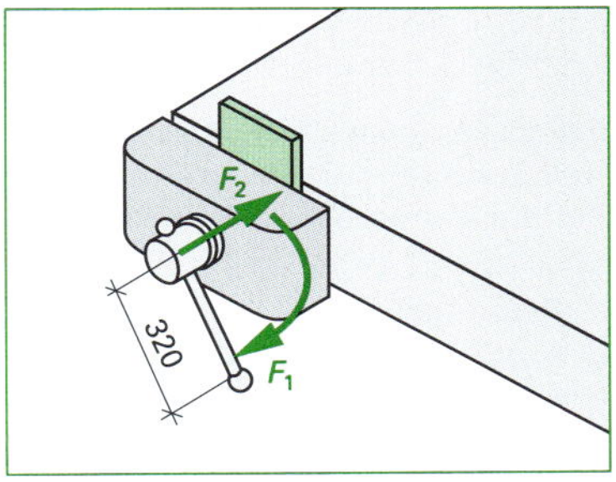

Aufgabe 171.7

11.2.4 Rollen- und Flaschenzüge

Mithilfe von Seilen, umgelenkt über Rollen, lassen sich Lasten heben.

Feste Rolle: Beim Heben von Lasten mit einem Seil über eine feste Rolle ergibt sich keine Krafteinsparung. Die Last, die an der einen Seite des Seiles hängt, benötigt auf der anderen Seite die gleiche Kraft, wenn diese bewegt werden soll **(Bild 1)**.

Bei einer **festen Rolle und einer losen Rolle** ergibt sich eine Krafteinsparung. Hier wird die Kraft zum Heben einer Last halbiert, der Weg des Seiles aber verdoppelt **(Bild 2)**.

Bei einem **Rollenflaschenzug** wird die Last durch die Anzahl der Rollen (n) geringer, der Weg des Seiles aber mal der Anzahl der Rollen bzw. der Anzahl der tragenden Seilstränge (n) länger **(Bild 3)**.

Beispiel: Mithilfe eines Rollenflaschenzuges mit 4 Rollen soll eine Maschine von einer Gewichtskraft von 2,6 kN um 0,50 m angehoben werden, damit sie auf einen Hubwagen gesetzt werden kann.

a) Welche Kraft F in N ist hierfür erforderlich?

b) Welcher Seilweg s in Metern wird benötigt?

Lösung: a) $F = \frac{F_G}{n} = \frac{2\,600\ \text{N}}{4} = \mathbf{650\ N}$

b) $s = n \cdot h = 4 \cdot 0{,}50\ \text{m} = \mathbf{2{,}00\ m}$

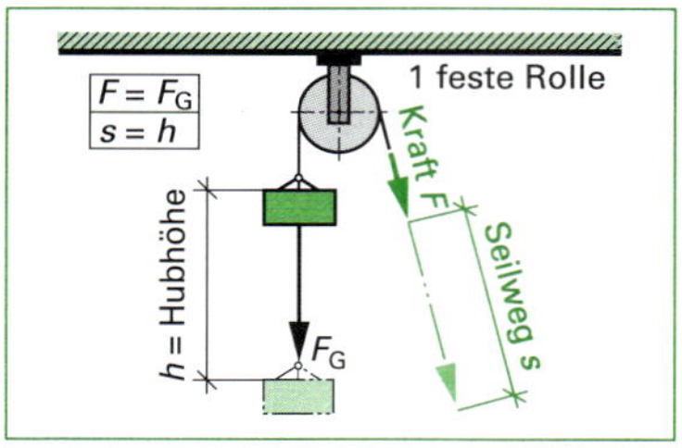

Bild 1: 1 feste Rolle

Kraft × Seilweg = Gewichtskraft × Hubhöhe
$F \cdot s = F_G \cdot h$

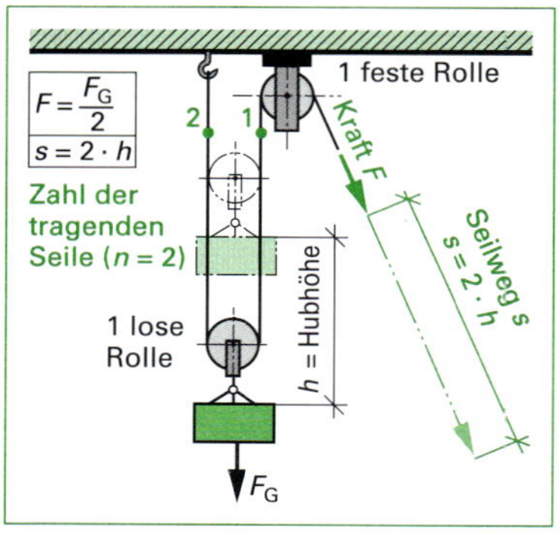

Bild 2: 1 feste und 1 lose Rolle

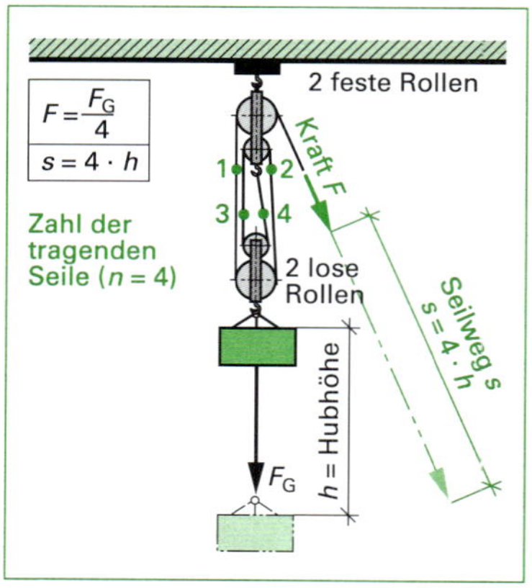

Bild 3: Rollenflaschenzug

$F = \frac{F_G}{n}$	$s = n \cdot h$

Aufgaben zu 11.2.4 – Rollen- und Flaschenzüge

172.1 Eine Werkzeugkiste mit F_G = 700 N soll über einen einfachen Flaschenzug (mit einer losen und einer festen Rolle) auf eine 5,50 m (6,40 m) hohe Stockwerksebene gebracht werden. Die Gewichtskraft der losen Rolle beträgt 150 N.

a) Wie groß ist die erforderliche Kraft F in N?

b) Wie lang ist der Kraftweg s in m?

172.2 Ein 1 800 N schwerer Dachbalken ist mit einem Rollenflaschenzug mit zwei festen Rollen und zwei losen Rollen zu heben. Das Gewicht der unteren Flasche beträgt 140 N.

a) Wie groß ist die notwendige Kraft F in N am Zugseil bei 15 % Reibungsverlust?

b) Wie groß ist der Kraftweg s in m, wenn der Hub h = 4,80 m beträgt?

172.3 An einem Rollenflaschenzug mit drei festen und drei losen Rollen hängt eine Palette mit Trennwandelementen F_G = 4 800 N. Für die lose Rolle ist eine Gewichtskraft F_G von 250 N anzusetzen.

a) Wie groß ist die erforderliche Kraft F in daN am Zugseil bei 10 % Reibungsverlust?

b) Kann ein Arbeiter, der 70 kg auf die Waage bringt, die Last alleine heben oder benötigt er noch eine zweite Arbeitskraft?

c) Wie groß ist der Kraftweg s in m, wenn der Hub h = 3,75 m beträgt?

11.3 Mechanische Leistung

Unter **Leistung *P*** (power) versteht man die verrichtete Arbeit pro Zeiteinheit. Je kürzer die benötigte Zeit für eine Arbeit ist, desto höher ist die Leistung.

Die **Einheit** der Leistung P ist das **Watt**[1] (W), $[P]$ = W. Ein Watt entspricht einem Joule pro Sekunde (J/s) oder einem Newtonmeter pro Sekunde (Nm/s).

Weitere Einheiten sind das Kilowatt (kW) und das Megawatt (MW).

Beispiel: Mit einem Gabelstapler wird ein Holzstapel mit der Gewichtskraft F = 1 800 N zur Lagerung 2,50 m hochgehoben.

Wie groß sind die erforderlichen Leistungen in W, wenn ein Arbeiter mit der Hand 45 Minuten und der Gabelstapler 4,5 Sekunden benötigt?

Lösung: $P = \frac{F_G \cdot s}{t}$

Handarbeit: $P = \frac{1\,800\ \text{N} \cdot 2{,}50\ \text{m}}{45\ \text{min} \cdot 60\ \text{s/min}} = \mathbf{1{,}66\ \frac{Nm}{s}} \mathrel{\widehat{=}} \mathbf{1{,}7\ W}$

Gabelstapler: $P = \frac{1\,800\ \text{N} \cdot 2{,}50\ \text{m}}{4{,}5\ \text{s}} = \mathbf{1\,000\ \frac{Nm}{s}} \mathrel{\widehat{=}} \mathbf{1\,000\ W}$

Aufgaben zu 11.3 – Mechanische Leistung

173.1 Ein Hubstapler fördert einen Brettstapel mit einer Länge von 3,20 m, einer Höhe von 1,20 m einer Breite von 0,80 m und einer Rohdichte von ϱ = 0,47 kg/dm³ in 5,2 Sekunden 1,80 m hoch **(siehe Bild)**.

Wie groß ist seine Leistung ohne Berücksichtigung der Gewichtskraft der Hubgabel in kW?

173.2 Ein Baukran **(siehe Bild)** benötigt 30 Sekunden, um eine Last F_G mit 12 kN von 0 m auf 18 m hochzuheben.

Wie groß ist seine Leistung in kW?

173.3 Ein Geselle mit einem Körpergewicht von 75 kg trägt ein Brett mit der Masse m = 15 kg in einem Gebäude über eine Leiter 5,00 m hoch (Weg s = 5,00 m). Er benötigt hierfür eine Zeit t = 30 s.

a) Welche Arbeit in Nm hat er verrichtet?

b) Wie groß ist seine Leistung P in Watt, wenn man sein eigenes Körpergewicht von 75 kg mit berücksichtigt?

173.4 Ein Baukranmotor hat eine Leistung P = 7 500 Nm/s (Watt). Er hebt eine Last F_G von 12 000 N.

Wie groß ist seine Hubgeschwindigkeit v in m/s?

173.5 Ein Arbeiter hebt mit einem Flaschenzug mit zwei losen und zwei festen Rollen eine Last einschließlich der Flasche F_G mit 2 800 N von ±0 m auf +4,50 m hoch. Er benötigt dazu eine Zeit von 45 Sekunden.

Wie groß ist seine Leistung in Watt?

1) Watt, englischer Ingenieur (1736 bis 1819)

Formelzeichen	Bezeichnung	Einheit
P	Leistung	W, kW, J/s, kJ/s, Nm/s
W	Arbeit	J, kJ, Nm
t	Zeit	s (Sekunde)
F	Kraft	N, kN
s	Weg	m

Einheiten der Leistung *P*

$$1\ \text{W} = 1\ \frac{\text{J}}{\text{s}} = 1\ \frac{\text{N} \cdot \text{m}}{\text{s}}$$

$$1\ \text{kW} = 1\ \frac{\text{kJ}}{\text{s}} = 1\ \frac{\text{kN} \cdot \text{m}}{\text{s}}$$

$$\text{Leistung} = \frac{\text{Kraft (N)} \times \text{Weg (m)}}{\text{Zeit (s)}}$$

$$P = \frac{F \cdot s}{t}$$

oder:

$$\text{Leistung (W)} = \frac{\text{Arbeit (J)}}{\text{Zeit (s)}}$$

$$P = \frac{W}{t}$$

$F = \frac{P \cdot t}{s}$	$s = \frac{P \cdot t}{F}$
$t = \frac{F \cdot s}{P}$	$W = P \cdot t$

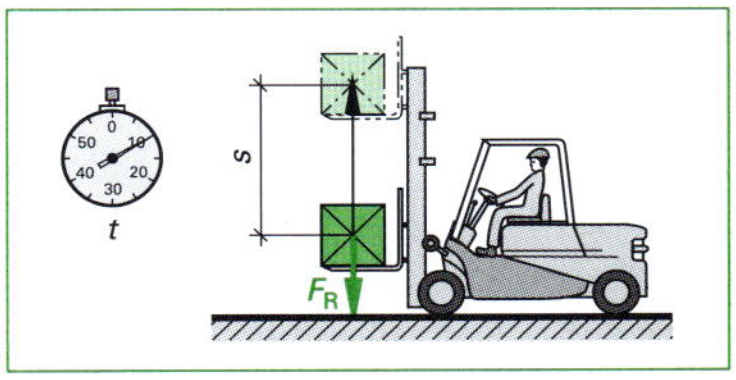

Aufgabe 173.1

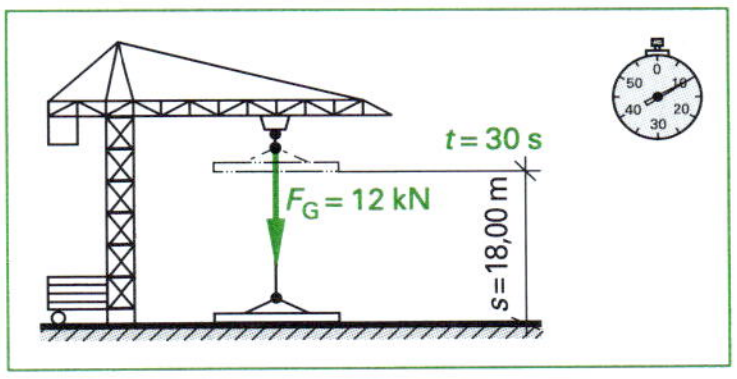

Aufgabe 173.2

11.4 Reibung, Wirkungsgrad

11.4.1 Reibung

Reibung ist die Kraft, die der Bewegung eines Körpers durch seine Auflage als Widerstand entgegenwirkt. Man unterscheidet Haftreibung, Gleitreibung und Rollreibung **(Bild 1)**.

Haftreibung ist der Widerstand, den ein auf einer Fläche ruhender Körper dem Verschieben entgegenbringt.

Gleitreibung ist der Widerstand, der bei einem auf einer Fläche in gleichförmiger Bewegung gleitenden Körper vorhanden ist.

Rollreibung ist der Widerstand, der bei der Bewegung eines Körpers auf Rollen oder Walzen noch zu überwinden ist.

Die Reibung wird mit der **Reibungszahl** μ (sprich mü) angegeben.

Die Reibungszahlen sind ermittelte Laborwerte.

Die Reibung ist abhängig von der Werkstoffpaarung bzw. der Oberflächenbeschaffenheit der Reibflächen, dem Schmierzustand zwischen den Reibflächen und der Reibungsart.

Formelzeichen	Bezeichnung	Einheit
F_R	Reibungskraft	N
F_N	Normalkraft	N
F_G	Gewichtskraft	N
μ	Reibungszahl	–

Reibungskraft
= Reibungszahl × Normalkraft

$$F_R = \mu \cdot F_N$$

Die Reibungskraft F_R ist das Produkt aus der Reibungszahl (μ) und der senkrecht auf die Reibungsfläche wirkenden Normalkraft F_N.

Tabelle 1: Reibungszahlen

Werkstoffe Materialien	Haftreibung μ_0	Gleitreibung μ trocken	Gleitreibung μ geschmiert	Rollreibung μ_R
Stahl auf Holz	0,4 ... 0,5	0,25 ... 0,5	0,02 ... 0,08	2 0,002
Holz auf Holz	0,5 ... 0,6	0,3 ... 0,4	0,03 ... 0,05	2 0,005

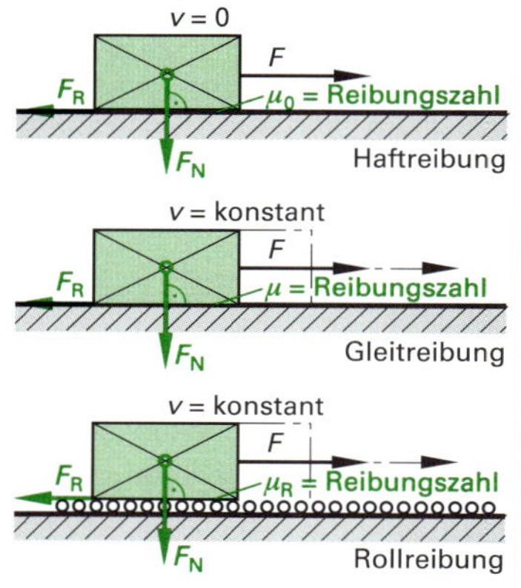

Bild 1

Beispiel:
Schrankseiten mit einer Gewichtskraft F_G von 80 N werden zum Bearbeitungszentrum in horizontaler Richtung verschoben, die Reibungszahl zwischen den Schrankseiten und der Transportbahn beträgt μ = 0,30. Durch Einbau von Topfrollen konnte die Reibungszahl auf μ = 0,02 reduziert werden. Wie groß ist die Reibungskraft F_R in N im alten und im verbesserten Zustand?

Lösung: $F_R = \mu \cdot F_N$

alter Zustand:
$F_R = 0{,}3 \cdot 80\ \text{N} = \mathbf{24\ N}$

verbesserter Zustand:
$F_R = 0{,}02 \cdot 80\ \text{N} = \mathbf{1{,}6\ N}$

11.4.2 Wirkungsgrad

Beim Arbeiten der Maschinen entstehen unter anderem durch Reibung und ungenutzte Wärme Verluste. Deshalb ist die abgegebene Leistung einer Maschine stets kleiner als die zugeführte Leistung.

Das Verhältnis aus abgegebener Leistung (P_2) und zugeführter Leistung (P_1) bezeichnet man als Wirkungsgrad η (sprich eta). Er wird als Dezimalzahl oder als Prozentzahl angegeben. Er ist stets kleiner als 1 oder 100 %.

Wirkungsgrad = $\frac{\text{abgegebene Leistung}}{\text{zugeführte Leistung}}$

$$\eta = \frac{P_2}{P_1} = \frac{P_{ab}}{P_{zu}}$$

Beispiel:
Zu berechnen ist der Wirkungsgrad eines Elektromotors, dem eine Leistung von 6,5 kW zugeführt wird und dessen abgegebene Leistung an der Welle 5,8 kW beträgt **(Bild 2)**.

Lösung: $\eta = \frac{P_2}{P_1} = \frac{5{,}8\ \text{kW}}{6{,}5\ \text{kW}} = \mathbf{0{,}89} = \frac{89}{100} = \mathbf{89\ \%}$

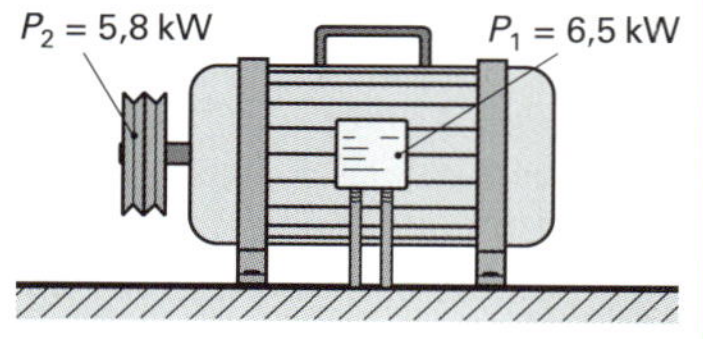

Bild 2

11 Arbeit, Leistung, Reibung, Wirkungsgrad

11.4 Reibung, Wirkungsgrad

Aufgaben zu 11.4.1 – Reibung

175.1 Die Materialstapel auf einer Rollenbahn haben eine Gewichtskraft F_G = 2 500 N. In der Bewegung ist eine Reibungszahl μ = 0,06 anzusetzen **(siehe Bild)**.

Wie groß ist die Reibungskraft in N?

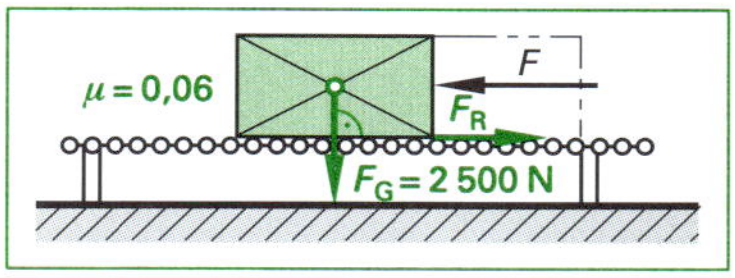

Aufgabe 175.1

175.2 Einer Plattenzuschnittmaschine werden vom Plattenstapel **(siehe Bild)** 5 Flachpressplatten, 1,80 × 5,20 m groß und 19 mm dick, auf einmal dem Sägeblatt zugeführt.

Welche Reibungskraft F_R in N ist zu Beginn des Verschiebens des Stapels zu überwinden, wenn bei Spanplatten mit einer Rohdichte ϱ = 0,70 kg/dm³ und einer Reibungszahl μ = 0,6 zu rechnen ist?

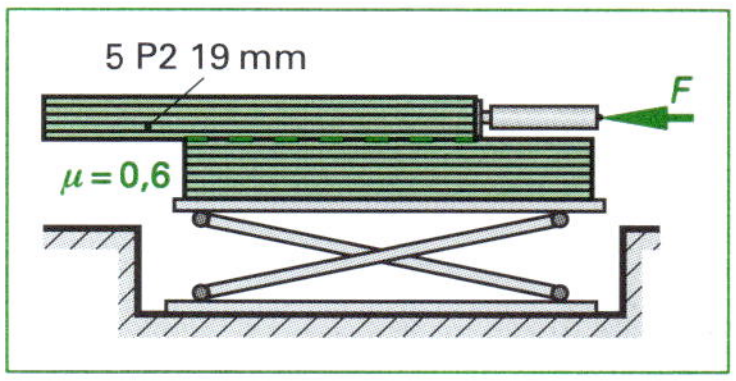

Aufgabe 175.2

175.3 Die Reibungskräfte F_R in N für das Verschieben von Werkstücken mit F_G = 250 N auf einer Unterlage sind zu berechnen:

a) bei Haftreibung mit μ_0 = 0,6,

b) bei Gleitreibung mit μ = 0,2,

c) bei Rollreibung mit μ_R = 0,04.

175.4 In Kartons verpackte Möbel mit einer Gewichtskraft F_G von 250 N werden auf einem Förderband in ein höher gelegenes Geschoss befördert **(siehe Bild)**.

a) Wie groß ist die Normalkraft F_N in N bei einem Neigungswinkel des Förderbandes von α = 30° (25°)?

b) Wie groß ist die Reibungskraft F_R bei μ = 0,7?

c) Wie groß ist die Rückhaltekraft F_H?

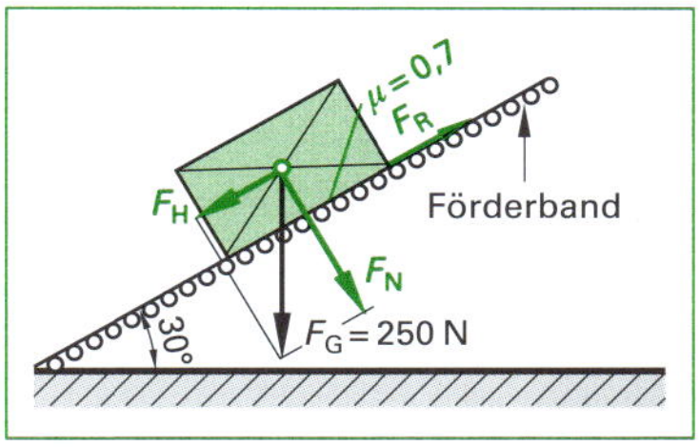

Aufgabe 175.4

Aufgaben zu 11.4.2 – Wirkungsgrad

175.5 Ein Elektromotor hat eine Eingangsleistung von 26,4 kW und eine Ausgangsleistung von 24,3 kW **(siehe Bild)**.

Wie groß ist der Wirkungsgrad η?

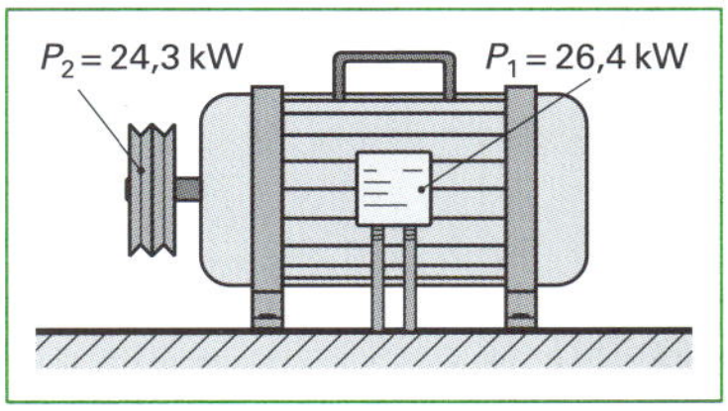

Aufgabe 175.5

175.6 Für den Zuschnitt von Teilen wird eine Ausgangsleistung von 8,4 kW benötigt.

Wie groß muss die Eingangsleistung in kW sein, wenn die Maschine höchstens mit einem Gesamtwirkungsgrad η = 75 % arbeitet?

175.7 Durch Reibung gehen im Gewinde und in der Druckplatte einer Schraubzwinge 35 % verloren.

a) Wie groß ist der Wirkungsgrad η der Schraubzwinge?

b) Wie groß ist die effektive Spannkraft F_2 in kN bei eingesetzter Kraft F_1 = 1 800 daN?

175.8 Ein Kreisförderer hat eine Geschwindigkeit von 5 000 m/h. Die Zugkraft am Seil beträgt 6 000 N **(siehe Bild)**.

Welche Leistung in kW muss der Motor aufnehmen, wenn der Getriebewirkungsgrad 85 % und der Motorwirkungsgrad ebenfalls nur 87 % beträgt?

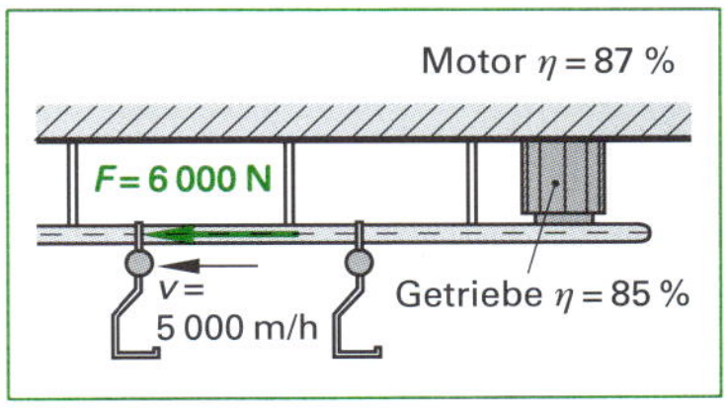

Aufgabe 175.8

12 Druck

12.1 Druckspannung und Zugspannung

Wirkt auf ein Bauteil eine äußere Kraft, so entsteht in diesem Bauteil ein Spannungszustand. Der von außen angreifenden Kraft wirkt eine innere Widerstandskraft entgegen.

Wirkt die Kraft als Druck, entsteht eine **Druckspannung** σ_D (sprich: Sigma Druck), die auf die Querschnittsfläche des Körpers bezogen wird.

Wirkt die Kraft als Zug, entsteht eine **Zugspannung** σ_Z (sprich: Sigma Zug), die ebenfalls auf die Querschnittsfläche des Körpers bezogen wird.

Ist die innere Widerstandskraft des Bauteiles geringer als die von außen wirkende Kraft, wird das Bauteil zerstört. Es ist die Aufgabe statischer Berechnungen, die Druckspannung bzw. Zugspannung für die Bauteile zu berechnen bzw. die zulässigen Spannungen zu überprüfen.

In der Praxis kommen Druckspannungen in Baukörpern wie Pfeilern, Pfosten und Stielen, Wänden und Fundamenten vor. Zugspannungen treten zum Beispiel in auf Zug belasteten Seilen, Ankern oder Schraubenbolzen auf.

Beispiel 1: Ein Pfosten mit 14 × 14 cm wird mit einer Last *F* auf 8 500 N belastet **(Bild 1)**. Wie groß ist die Spannung in N/mm²?

Lösung: $\sigma_D = \frac{F}{A} = \frac{8\,500 \text{ N}}{140 \text{ mm} \cdot 140 \text{ mm}} = \frac{8\,500 \text{ N}}{19\,600 \text{ mm}^2}$

$= \mathbf{0{,}434\ N/mm^2}$

Beispiel 2: An einem Drahtseil mit 5 mm Durchmesser hängt eine Last von 2 000 N **(Bild 2)**. Wie groß ist die Zugspannung in N/mm²?

Lösung: $\sigma_Z = \frac{F}{A} = \frac{2\,000 \text{ N}}{(5 \text{ mm})^2 \cdot 0{,}785} = \frac{2\,000 \text{ N}}{19{,}625 \text{ mm}^2}$

$= \mathbf{101{,}91\ N/mm^2}$

Druckspannung $= \frac{\text{Druckkraft}}{\text{Querschnittsfläche}}$

$$\sigma_D = \frac{F}{A}$$

Zugspannung $= \frac{\text{Zugkraft}}{\text{Querschnittsfläche}}$

$$\sigma_Z = \frac{F}{A}$$

Formelzeichen	Bezeichnung	Einheiten
F	Kraft	N
A	Fläche	mm²
σ	Spannung	N/mm²

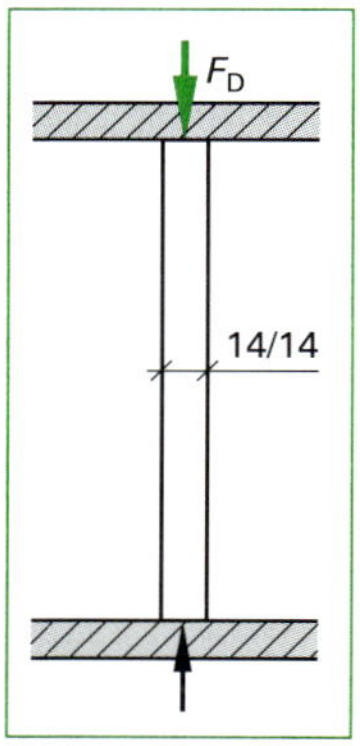

Bild 1

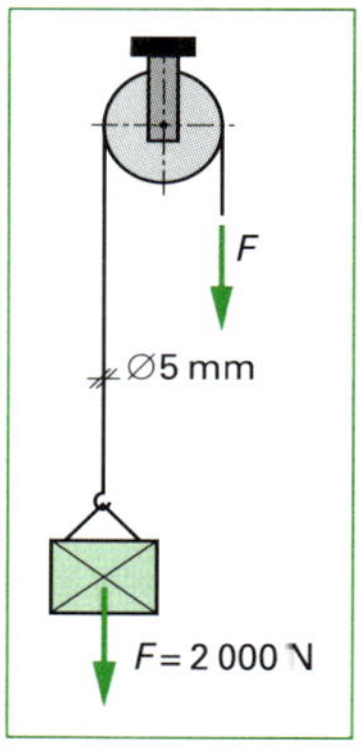

Bild 2

Aufgaben zu 12.1 – Druckspannung und Zugspannung

176.1 Ein Pfosten mit einem Querschnitt von 16 × 16 cm wird mit einer Druckkraft von 6 500 N belastet.
Wie groß ist die Druckspannung in N/mm²?

176.2 Eine massive Holzsäule mit einem Durchmesser von 250 mm wird mit 10 500 N belastet.
Wie groß ist die Druckspannung in N/mm²?

176.3 Ein Schraubenbolzen hat einen statisch wirksamen Durchmesser von 8 mm.
Wie groß kann die Zugkraft in N sein, wenn bei diesem Stahl eine zulässige Zugspannung von 168 N/mm² angegeben wird **(siehe Bild)**?

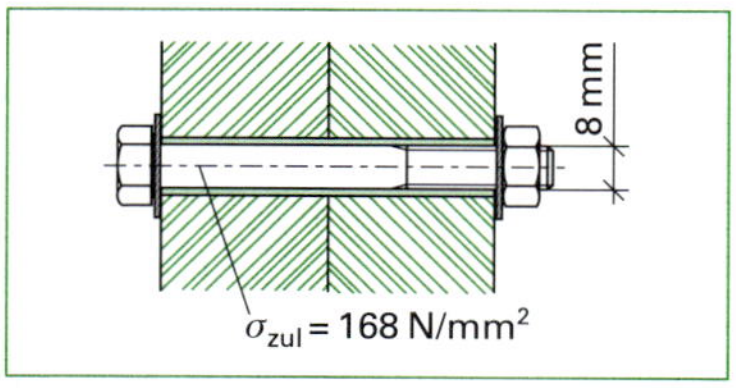

Aufgabe 176.3

176.4 Ein Zuganker aus Stahl **(siehe Bild)** mit einem Durchmesser von 25 mm wird mit einer Zugkraft von 12 500 N belastet.
Wie groß ist die Zugspannung in N/mm²?

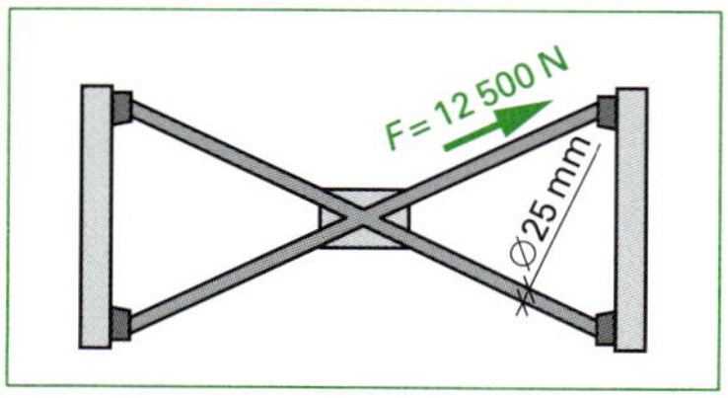

Aufgabe 176.4

176.5 Es soll ein hölzerner Pfosten mit einem Querschnitt von 12 × 12 cm eingebaut werden.
Mit welcher Druckkraft in N darf dieser belastet werden, wenn die zulässige Beanspruchung 8,5 N/mm² beträgt und das Ausknicken des Pfostens nicht beachtet werden muss?

12.2 Flächenpressung

Werden die Berührungsflächen zweier Bauteile oder Körper auf Druck beansprucht, so bezeichnet man die dort auftretende Druckspannung als **Flächenpressung** oder auch kurz als **Druck**. In der Praxis kommen solche Beispiele in der Holzverarbeitung beim Verpressen von Verleimungen und beim Furnieren vor, im Bauwesen bei Auflagern oder bei der Bodenpressung unter Fundamenten.

Man erhält die Größe der **Flächenpressung *p***, indem man die Kraft *F* durch die Fläche *A* dividiert. In der Regel wird für die Flächenpressung der Begriff Druck eingesetzt. Daraus folgt, dass mit zunehmender Flächengröße der Druck bzw. die Flächenpressung abnimmt.

$$\text{Flächenpressung} = \frac{\text{Kraft}}{\text{Fläche}}$$

$$\text{Druck} = \frac{\text{Kraft}}{\text{Fläche}}$$

$$p = \frac{F}{A}$$

Einheiten für die Flächenpressung

$$\frac{\text{N}}{\text{mm}^2};\ \frac{\text{daN}}{\text{cm}^2};\ \frac{\text{kN}}{\text{m}^2};\ \frac{\text{MN}}{\text{m}^2}$$

Beispiel 1: Eine Schraubzwinge erzeugt eine Kraft *F* von 2 400 N **(Bild 1)**. Die aufzuleimende Leiste ist 4 cm breit. Wie groß ist die Flächenpressung in daN/cm², wenn die eine Schraubzwinge auf einer Länge von 25 cm drückt (Abstand der Schraubzwingen)?

Lösung: $p = \frac{240\ \text{daN}}{4\ \text{cm} \cdot 25\ \text{cm}} = \frac{240\ \text{daN}}{100\ \text{cm}^2} = \mathbf{2{,}4\ \frac{daN}{cm^2}}$

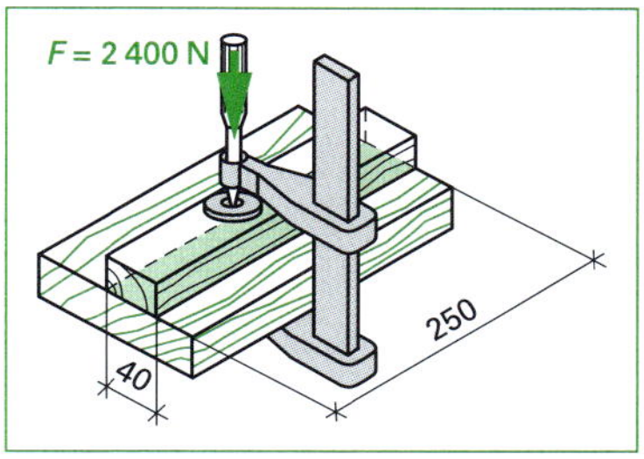

Bild 1

Beispiel 2: Die Flächenpressung einer Verleimung soll 3 daN/cm² betragen. Welche Druckkraft in kN ist erforderlich, wenn eine Fläche von 500 × 1 200 mm zu furnieren ist?

Lösung: $p = \frac{F}{A}$

$\Rightarrow F = p \cdot A = \frac{3\ \text{daN}}{\text{cm}^2} \cdot 50\ \text{cm} \cdot 120\ \text{cm} = \frac{3\ \text{daN} \cdot 6\,000\ \text{cm}^2}{\text{cm}^2}$

$= \mathbf{18\,000\ daN = 180\ kN}$

Aufgaben zu 12.2 – Flächenpressung

177.1 Ein Pfosten aus Eichenholz mit einem Querschnitt von 160 × 160 mm steht auf einer 400 mm langen und 180 mm breiten Schwelle aus Eichenholz **(siehe Bild)**. F_G = 24,2 kN.

a) Wie groß ist die Flächenpressung direkt unter dem Pfosten in daN/cm²?

b) Wie groß ist die Flächenpressung in daN/cm² auf dem Boden unter der Schwelle, wenn mit einer gleichmäßigen Druckverteilung gerechnet werden kann?

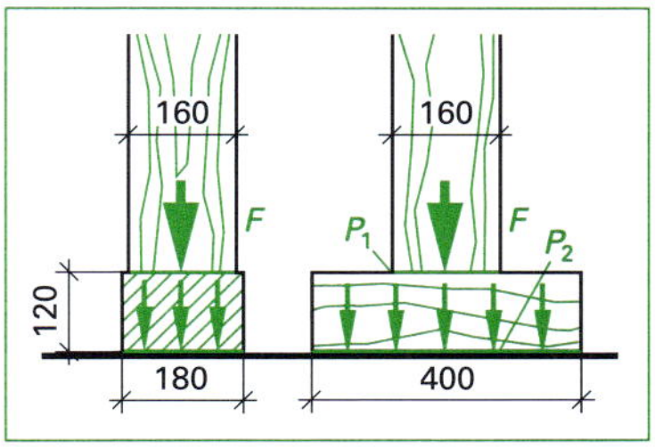

Aufgabe 177.1

177.2 Eine Leimfuge ist 800 mm lang und 20 mm breit. Der Pressdruck soll für die Verleimung *p* = 4 daN/cm² betragen. Es werden beim Verleimen drei Schraubknechte gleichmäßig verteilt angesetzt.

Wie groß muss die Kraft *F* in daN eines jeden Knechtes sein?

177.3 Der Druck bei einer Furnierung soll in der Leimfuge 3,5 daN/cm² betragen.

Welche Druckkraft in kN ist erforderlich, wenn eine Fläche von 750 × 750 mm (250 × 800 mm) furniert werden soll **(siehe Bild)**?

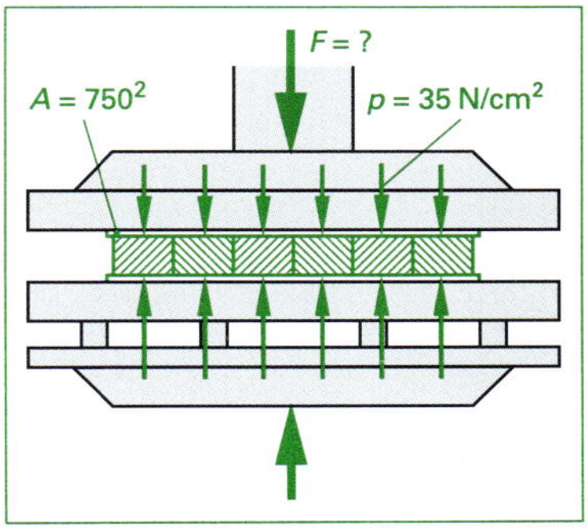

Aufgabe 177.3

177.4 Eine Furnierpresse wird neu beschickt. Die Flächenpressung war auf 3,0 daN/cm² eingestellt und das Furniergut 2100 × 1 000 mm groß.

Wie groß ist nun die Flächenpressung in daN/cm², wenn ohne Umstellen des Druckes am Manometer eine Schranktür mit der Größe von 1 250 × 450 mm eingelegt wird?

12.3 Hydraulik – Druck in eingeschlossenen Flüssigkeiten

Flüssigkeiten sind theoretisch nicht komprimierbar. Ein Druck, der an einer Stelle auf eine eingeschlossene Flüssigkeit wirkt, pflanzt sich nach allen Seiten hin gleichmäßig fort **(Bild 1)**.

Der **Druck *p*** ist auch hier **Kraft *F*** pro **Flächeneinheit *A***.

Die Einheiten des Druckes in Flüssigkeiten sind neben N/m², N/cm², daN/cm² in der Regel das **Bar (bar)** oder **Millibar (mbar)** und das **Pascal (Pa)** oder **Hektopascal (hPa)**.

Hydraulische Presse

Die Erzeugung von Kräften durch Flüssigkeiten, meistens Öle, wird als Hydraulik bezeichnet. In einer hydraulischen Presse wird mit einer kleinen Kraft F_1, die auf einen kleinen Kolben mit der Druckfläche A_1 wirkt, eine große Kraft F_2 in einem großen Kolben mit der Druckfläche A_2 erzeugt **(Bild 2)**.

Das Übersetzungsverhältnis der Kräfte von Arbeitskolben und Druckkolben ist gleich dem Verhältnis der Flächen von Arbeitskolben und Druckkolben.

$$\frac{\text{Kräfte am Druckkolben}}{\text{Kraft am Arbeitskolben}} = \frac{\text{Fläche des Druckkolbens}}{\text{Fläche des Arbeitskolbens}}$$

$\frac{F_1}{F_2} = \frac{A_1}{A_2}$ Bei Kreisflächen ergibt sich für $A = \frac{(d_1)^2 \cdot \pi/4}{(d_2)^2 \cdot \pi/4} = \frac{(d_1)^2}{(d_2)^2}$ *

(* wenn Gemeinsames gekürzt)

Daraus folgt:

$$\frac{\text{Kraft am Druckkolben}}{\text{Kraft am Arbeitskolben}} = \frac{(\text{Durchmesser des Druckkolbens})^2}{(\text{Durchmesser des Arbeitskolbens})^2}$$

Da in einem hydraulischen System das verdrängte Volumen = V_1 gleich dem zugeführten Volumen = V_2 ist, ergibt sich:

$$V_1 = V_2$$

also: $A_1 \cdot s_1 = A_2 \cdot s_2$

als Verhältnisgleichung: $\frac{s_1}{s_2} = \frac{A_2}{A_1}$

$$\frac{\text{Weg des Druckkolbens}}{\text{Weg des Arbeitskolbens}} = \frac{\text{Fläche des Arbeitskolbens}}{\text{Fläche des Druckkolbens}}$$

Beispiel: Der kleine Kolben (Druckkolben) einer hydraulischen Presse hat einen Durchmesser von d_1 = 3 cm. Auf ihn wirkt eine Kraft von F_1 = 10 daN. Wie groß ist die Kraft F_2 in daN bei einer Kolbenfläche des Arbeitskolbens von 176 cm²?

Lösung: $\frac{F_1}{F_2} = \frac{A_1}{A_2}$

$$\Rightarrow F_2 = \frac{F_1 \cdot A_2}{A_1} = \frac{10\,\text{daN} \cdot 176\,\text{cm}^2}{(3\,\text{cm})^2 \cdot \pi/4} = \frac{10\,\text{daN} \cdot 176\,\text{cm}^2}{7{,}065\,\text{cm}^2}$$

$= \mathbf{248{,}9\ daN \approx 250\ daN}$

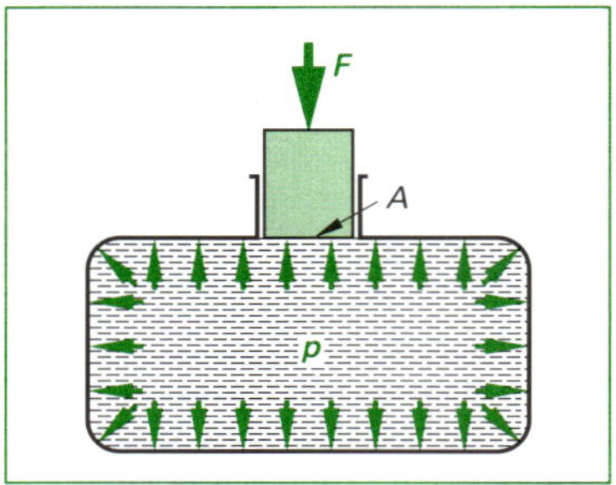

Bild 1: Druck in Flüssigkeiten

Druck = $\frac{\text{Kraft}}{\text{Fläche}}$		
$p = \frac{F}{A}$	$F = A \cdot p$	$A = \frac{F}{p}$

Einheiten für *p*

$1\,\text{Pa} = 1\,\frac{\text{N}}{\text{m}^2} = \frac{1}{100\,000}\,\text{bar}$

$1\,\text{bar} = 10\,\frac{\text{N}}{\text{cm}^2} = 1\,\frac{\text{daN}}{\text{cm}^2} = 100\,000\,\text{Pa}$

1 mbar = 100 Pa = 1 hPa

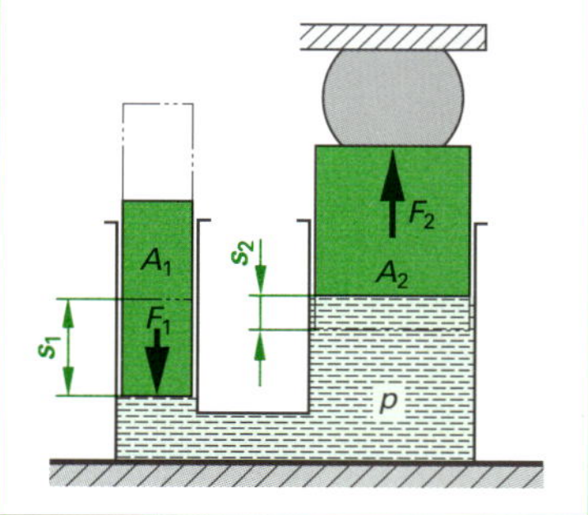

Bild 2: Hydraulische Presse (Schema)

$V_1 = V_2$	
$\frac{F_1}{F_2} = \frac{A_1}{A_2}$	$\frac{F_1}{F_2} = \frac{(d_1)^2}{(d_2)^2}$
$\frac{s_1}{s_2} = \frac{A_2}{A_1}$	$\frac{s_1}{s_2} = \frac{(d_2)^2}{(d_1)^2}$

12.3 Hydraulik – Druck in eingeschlossenen Flüssigkeiten

Aufgaben zu 12.3 Hydraulik – Druck in eingeschlossenen Flüssigkeiten

Bei allen Aufgaben bleiben die Reibungsverluste unberücksichtigt.

179.1 Die Fläche eines Arbeitskolbens beträgt 750 cm², die des Druckkolbens 125 cm². Der Arbeitskolben hat einen Weg von 10 cm zurückzulegen.

Wie groß ist der Weg des Druckkolbens in cm **(siehe Bild)**?

179.2 Der Arbeitskolben hat einen Durchmesser von d_2 = 180 mm, der des Druckkolbens d_1 = 30 mm.

Wie groß ist der Arbeitsweg in mm, wenn der Weg des Druck erzeugenden Zylinders 120 mm beträgt **(siehe Bild)**?

179.3 Der kleine Kolben einer hydraulischen Anlage hat einen Durchmesser von d_1 = 30 mm, der große Kolben von d_2 = 50 mm.

Wie viel Kraft in N ist am Druckkolben aufzuwenden, wenn am Arbeitskolben eine Kraft von 3 500 N erforderlich wird?

179.4 Auf den Bedienungshebel einer hydraulischen Pressvorrichtung wirkt eine Handkraft von 100 N. Die Fläche des Druckkolbens A_1 hat 30 cm², die des Arbeitskolbens 150 cm² **(siehe Bild)**.

a) Wie groß ist der Weg des Druckkolbens in mm, wenn der Arbeitskolben einen Hub von 45 mm zurücklegen muss?

b) Welche Kraft F_2 in daN wird am Arbeitskolben erzeugt?

179.5 Die fehlenden Werte verschiedener hydraulischer Pressen in der Tabelle (a–f) sind zu berechnen.

Aufgaben	a	b	c	d	e	f
Kraft F_1 in N	120	800	?	300	150	?
Kraft F_2 in N	?	2 400	125	750	900	360
d_1 in mm	24	50	20	?	80	15
d_2 in mm	60	?	60	280	?	60
Weg s_1 in mm	8	20	?	?	?	28
Weg s_2 in mm	?	?	5	18	25	?

179.6 Ein Hydraulikzylinder **(siehe Bild)** ist an eine Hydraulikölleitung von p_e = 40 bar angeschlossen.

a) Wie groß ist die Kraft F_1 in kN, wenn der beaufschlagte Zylinder einen Durchmesser von d = 70 mm hat?

b) Wie groß ist die Kraft F_1 in kN, wenn man einen größeren Zylinder mit einem inneren Kolbendurchmesser von d = 100 mm einsetzt?

179.7 Welchen Durchmesser in mm muss der Arbeitszylinder einer hydraulischen Presse bekommen, wenn hier eine Kraft von F_2 = 6 250 N benötigt wird, und der Druckkolben mit einem Durchmesser d_1 = 25 mm mit einer Kraft von F_1 = 150 N bewegt werden kann?

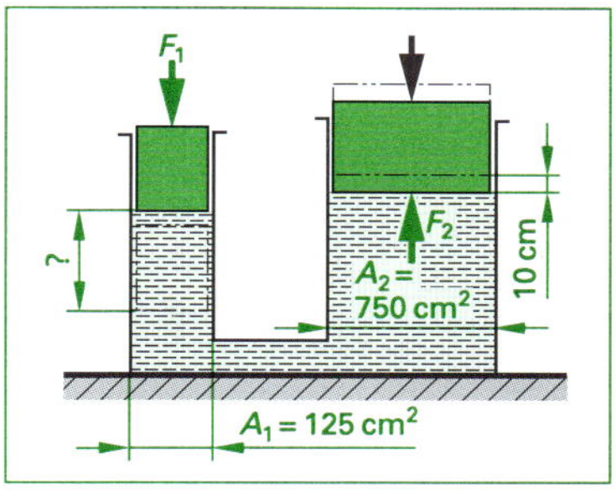

Aufgabe 179.1

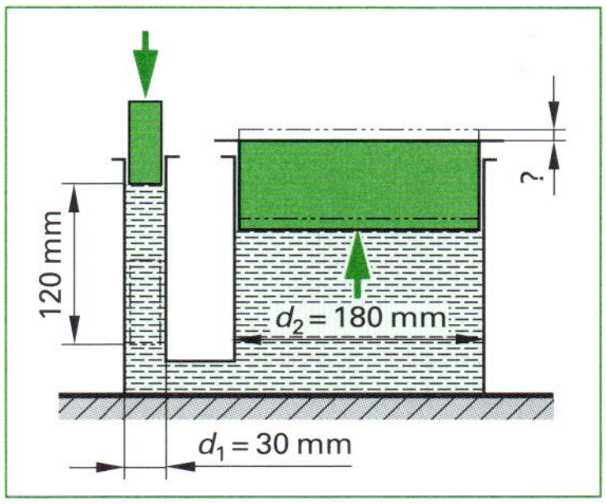

Aufgabe 179.2

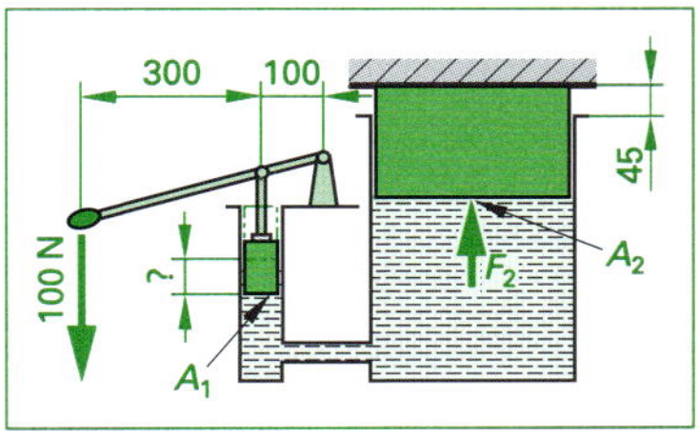

Aufgabe 179.4

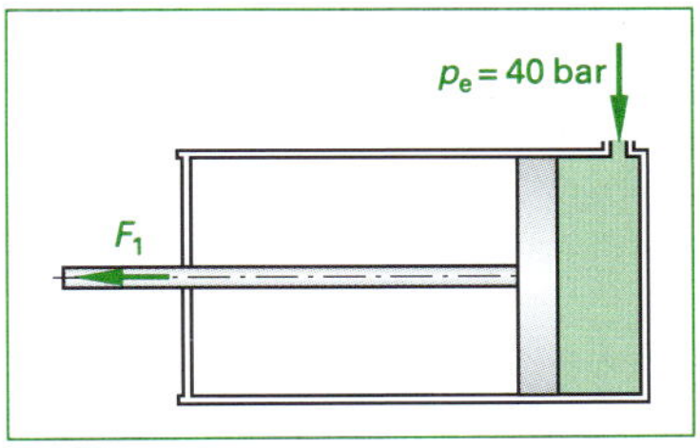

Aufgabe 179.6

12 Druck

12.4 Pneumatik – Druck in eingeschlossenen Gasen

Gase, so auch die Luft, sind im Gegensatz zu den Flüssigkeiten komprimierbar. Zum Arbeiten mit Luft wird ein Überdruck (Druckluft) erzeugt. Das Arbeiten und Steuern mit gespannter (gepresster) Luft wird auch als Pneumatik bezeichnet.

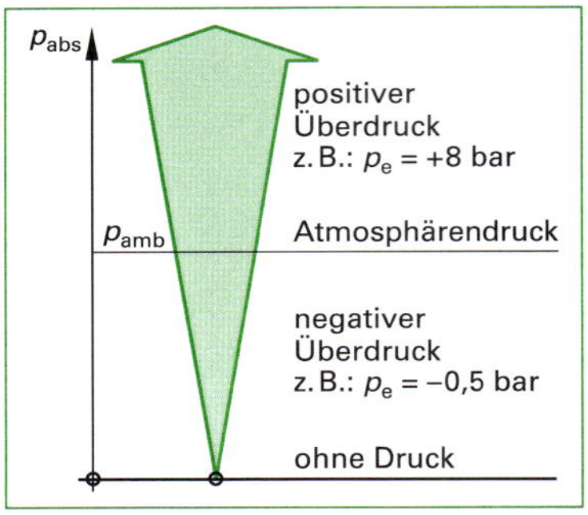

Bild 1

12.4.1 Luftdruck, absoluter Druck, Überdruck

Bei den Gasen unterscheidet man:

allgemeinen **Druck** = p

absoluten Druck	= p_{abs}	(**abs**olut)
Luftdruck	= p_{amb}	(**amb**ient = umgebend)
Überdruck	= p_e	(**e**xceeded = überschreitend)

Auch bei der Pneumatik ist wie bei der Hydraulik **Druck *p*** gleich **Kraft *F*** pro **Flächeneinheit *A*.**

Die uns umgebende Lufthülle wird als Luftdruck (Atmosphärendruck) bezeichnet. Die Höhe des Atmosphärendrucks ist abhängig von der Lage über der Meereshöhe und auch geringfügig von der Wetterlage.

Der Mittelwert wird als **Normaldruck** bezeichnet und beträgt ca. **1 bar**.

Der absolute Druck p_{abs} ist der Druck gegenüber einem Vakuum (luftleeren Raum).

Der Überdruck p_e ist der Druckunterschied zwischen dem absoluten Druck p_{abs} und dem jeweils herrschenden Luftdruck p_{amb}.

Der Überdruck ist positiv (p_{e+}), wenn er über 1 bar (p_{amb}) liegt. Der Überdruck ist negativ (p_{e-}), wenn er unter dem Luftdruck (p_{amb}) 1 bar liegt (Bid 1).

Beispiel: Der Überdruck in einer Pneumatikanlage beträgt p_e = 6 bar.
a) Wie groß ist der absolute Druck in bar?
b) Wie groß ist der Überdruck in Pa?

Lösung: a) $p_e = p_{abs} - p_{amb}$
$p_{abs} = p_e + p_{amb}$ = 6 bar + 1 bar = **7 bar**
b) p_e = 6 · 100 000 Pa = **600 000 Pa**

Einheiten des Luftdrucks

p_{amb} = 1 013 mbar
= 1,013 bar 2 1 bar

Einheiten der Druckluft

$$1\ \text{bar} = 10\ \frac{\text{N}}{\text{cm}^2} = 1\ \frac{\text{daN}}{\text{cm}^2}$$

Überdruck
= absoluter Druck – Luftdruck

$$p_e = p_{abs} - p_{amb}$$

12.4.2 Drucklufterzeugung

Im Verdichter (Kompressor) wird die Luft zusammengedrückt (komprimiert). Dadurch verringert sich das Volumen und es erhöht sich der Druck. Allerdings erhöht sich durch das Verdichten auch die Temperatur der Luft; sie muss wieder rückgekühlt werden.

Für das Komprimieren aller Gase gilt folgende Regel, gleich bleibende Temperaturen allerdings vorausgesetzt:

Das Produkt aus Gasdruck *p* und Volumen *V* ist immer konstant **(Bild 2)**.

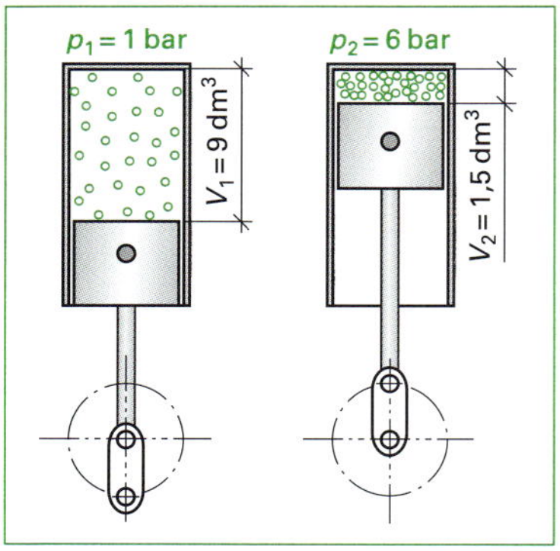

Bild 2

Gasdruck × Gasvolumen
= konstant

$$p \cdot V = \text{konstant}$$

daraus folgt:

$$p_1 \cdot V_1 = p_2 \cdot V_2$$

12.4 Pneumatik – Druck in eingeschlossenen Gasen

Beispiel: In einem Kolbenverdichter stehen $V_1 = 9\,\text{dm}^3$ Luft unter dem Druck $p_1 = 1\,\text{bar} = 1\,\text{daN/cm}^2$. Mittels Kolbenkraft wird dieses Volumen auf $V_2 = 1{,}5\,\text{dm}^3$ zusammengedrückt **(Bild 180/2)**.

Wie groß ist der Druck der zusammengedrückten Luft p_2 in bar, sofern die Temperatur gleich bleibt?

Lösung: $p_1 \cdot V_1 = p_2 \cdot V_2$

$$p_2 = \frac{p_1 \cdot V_1}{V_2} = \frac{1\,\text{bar} \cdot 9\,\text{dm}^3}{1{,}5\,\text{dm}^3} = \mathbf{6\,bar}$$

Aufgaben zu 12.4 Pneumatik – Druck in eingeschlossenen Gasen

181.1 Rechnen Sie die angegebenen Überdruckwerte p_e in den absoluten Druck p_{abs} in bar und Pa um, wenn von einem Luftdruck von $p_{amb} = 1$ bar auszugehen ist.

Überdruckwerte p_e a) 1,5 bar, b) 12 daN/cm², c) 400 00 Pa.

181.2 Die in der **Tabelle** angegebenen Werte sind in Überdruck p_e in bar umzurechnen.

181.3 Berechnen Sie den absoluten Druck p_{abs} in Pa, wenn das Manometer (Druckmesser) einen Druck von $p_e = 8{,}5$ bar anzeigt.

181.4 In mittlerer Höhenlage beträgt der rechnerische Luftdruck $p_{amb} = 1$ bar.

Wie groß ist der Druck in bar von $V_1 = 9\,\text{dm}^3$ Luft mit $p_1 = 1$ bar, wenn diese mittels Kolben auf folgende Volumen V_2 verdichtet wird:

a) 4,5 dm³, b) 3 dm³, c) 2,25 dm³,
d) 1,8 dm³, e) 1,5 dm³, f) 1,286 dm³?

181.5 Stellen Sie eine Wertetabelle mit den Ergebnissen aus der Aufgabe 181.4 auf und tragen Sie die Werte in ein rechtwinkliges Koordinatensystem x = Volumen V_2 und y = Druck p_2 ein **(siehe Bild)**.

181.6 Ein Luftvolumen ist bei $p_1 = 2{,}5$ bar $V_1 = 0{,}8\,\text{m}^3$ groß. Wie groß ist das Volumen V_2 in m³, wenn der Druck bei gleich bleibender Temperatur auf $p_2 = 10$ bar erhöht wird?

181.7 Berechnen Sie die in der **Tabelle** fehlenden Werte.

181.8 Ein Verdichter saugt 1 250 l Luft mit dem normalen Luftdruck von 1 bar an und komprimiert sie in einem Vorratsbehälter von 180 l.

Wie groß ist nun der Druck der komprimierten Luft im Behälter, wenn man die gleiche Temperatur voraussetzt **(siehe Bild)**?

181.9 Der Luftverbrauch wird in einem Holz verarbeitenden Betrieb für einen bestimmten Zeitraum mit 2 500 *l* angegeben.

Wie groß müsste das Volumen in Litern des Druckkessels der Anlage sein, wenn er diese Luftmenge auf 8 bar verdichtet enthalten sollte?

181.10 In einem 250 Liter fassenden Druckkessel einer Kompressoranlage wird die Luft auf 8,5 bar verdichtet.

Wie viel m³ Luft bei außen herrschendem Normaldruck ist erforderlich, um diesen Kessel zu füllen?

a)	$p_e = 16\,\text{daN/cm}^2$
b)	$p_{abs} = 1{,}8$ bar
c)	$p_e = 450\,000$ Pa
d)	$p_{abs} = 0{,}86$ bar

Aufgabe 181.2

Wertetabelle	
Volumen V	Druck p
9 dm	1 bar
4,5 dm	?
usw.	

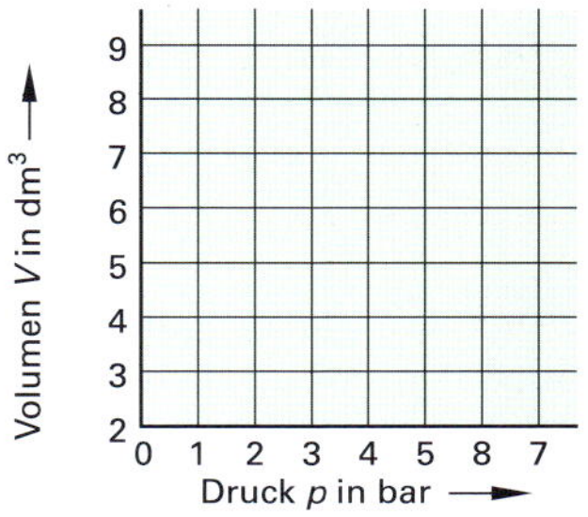

Aufgabe 181.5

p_1	3 bar	1,6 bar	15 bar
V_1	4,2 m³	14 l	180 dm³
p_2	?	18 bar	2,4 bar
V_2	0,8 m³	?	?

Aufgabe 181.7

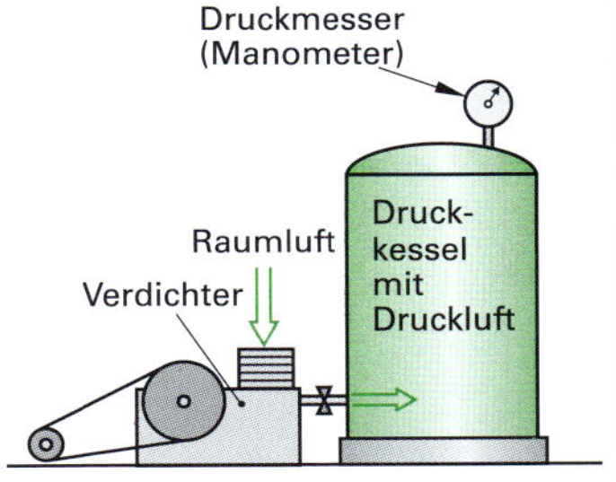

Aufgabe 181.8

12 Druck

12.5 Kolbenkraft

Wird auf eine Flüssigkeit oder auf ein Gas im geschlossenen Behälter ein Druck ausgeübt, breitet sich dieser Druck in allen Richtungen gleichmäßig aus.

Der Druck ist an allen Stellen des geschlossenen Behälters so groß, wie an der Druckfläche des Kolbens.

Nach Umstellen der Grundformel $p_e = \frac{F}{A}$ erhält man für die Berechnung der Kolbenkraft $F = p_e \cdot A$.

Durch Reibungskräfte zwischen Kolben und Zylinder geht allerdings ein Teil der theoretisch berechneten Kraft verloren. Diese Reibungskräfte müssen durch einen Wirkungsgrad η des Zylinders, der immer unter 1 liegt, berücksichtigt werden.

Formelzeichen	Bezeichnungen
p_e	Überduck, in der Pneumatik oder Hydraulik wird hier auch nur p angegeben
F	wirksame Kolbenkraft
A	wirksame Kolbenfläche
η	Wirkungsgrad

Wirksame Kolbenkraft = Überdruck × Fläche × Wirkungsgrad

$$F = p_e \cdot A \cdot \eta$$

$$A = \frac{F}{p_e \cdot \eta} \qquad p_e = \frac{F}{A \cdot \eta}$$

Beispiel 1: Ein Pneumatikzylinder mit $D = 100$ mm wird mit einem Druck von $p_e = 6$ bar beaufschlagt **(Bild 1)**.

Wie groß ist die wirksame Kolbenkraft F in daN, wenn die Reibung und Rückholkraft der Feder $\eta = 0{,}85$ verursacht?

Lösung:

$$F = p_e \cdot A \cdot \eta = \frac{6\,\text{daN}}{\text{cm}^2} \cdot (10\,\text{cm})^2 \cdot 0{,}785 \cdot 0{,}85$$

$$= \mathbf{400{,}35\,daN}$$

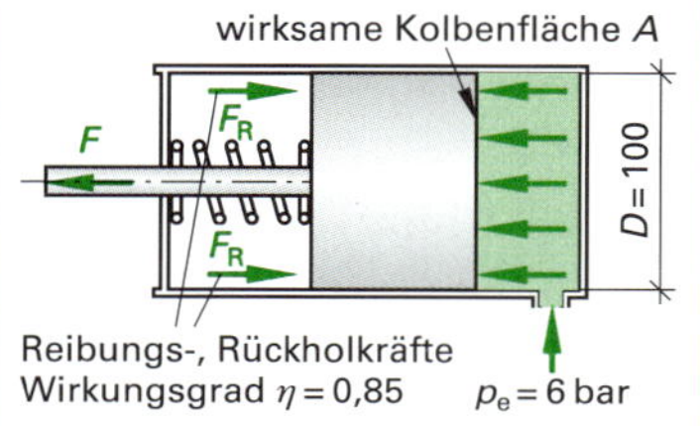

Bild 1

Beispiel 2: Ein doppelt wirkender Pneumatikzylinder mit $D = 80$ mm Durchmesser **(Bild 2)** wird wechselseitig mit $p_e = 6$ bar beaufschlagt. Die Kolbenstange hat einen Durchmesser von $d = 20$ mm.

Wie groß ist die wirksame Kolbenkraft für den Hin- und den Rückweg bei einem Wirkungsgrad von 0,90?

Lösung: Für den Hinweg

$$F_1 = p_e \cdot A \cdot \eta = 6\,\frac{\text{daN}}{\text{cm}^2} \cdot (8\,\text{cm})^2 \cdot 0{,}785 \cdot 0{,}90$$

$$= \mathbf{271{,}3\,daN}$$

Für den Rückweg (die wirksame Kolbenfläche ist ein Kreisring).

$$A = 0{,}785 \cdot (D^2 - d^2) = 0{,}785 \cdot (8^2\,\text{cm}^2 - 2^2\,\text{cm}^2) = 47{,}10\,\text{cm}^2$$

$$F_2 = p_e \cdot A \cdot \eta = 6\,\frac{\text{daN}}{\text{cm}^2} \cdot 47{,}10\,\text{cm}^2 \cdot 0{,}90 = \mathbf{254{,}34\,daN}$$

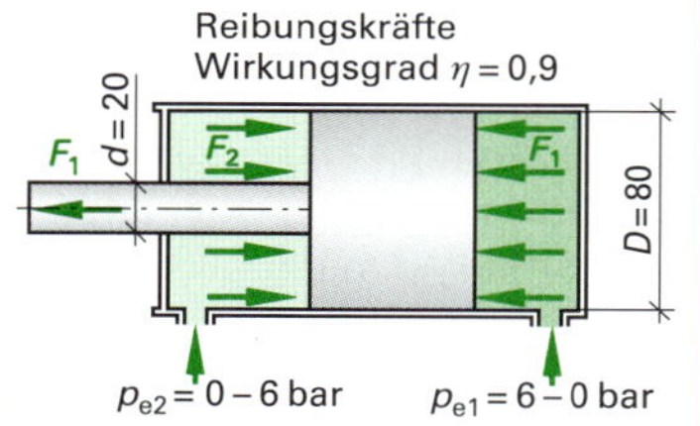

Bild 2

Beispiel 3: In einer hydraulischen Spannvorrichtung wird der Zylinder mit einem Drucköl mit 25 bar beaufschlagt **(Bild 3)**.

Wie groß muss der Durchmesser des Zylinders sein, wenn eine Spannkraft von 320 daN verlangt wird und der Wirkungsgrad nur 90 % beträgt?

Lösung:

$$F = p \cdot A \cdot \eta$$

$$\Rightarrow A = \frac{F}{p \cdot \eta} = \frac{320\,\text{daN}}{25\,\text{daN/cm}^2 \cdot 0{,}9} = \mathbf{14{,}22\,cm^2}$$

$$A = d^2 \cdot 0{,}785$$

$$\Rightarrow d = \sqrt{\frac{A}{0{,}785}} = \sqrt{\frac{1422\,\text{mm}^2}{0{,}785}} = \mathbf{43\,mm}$$

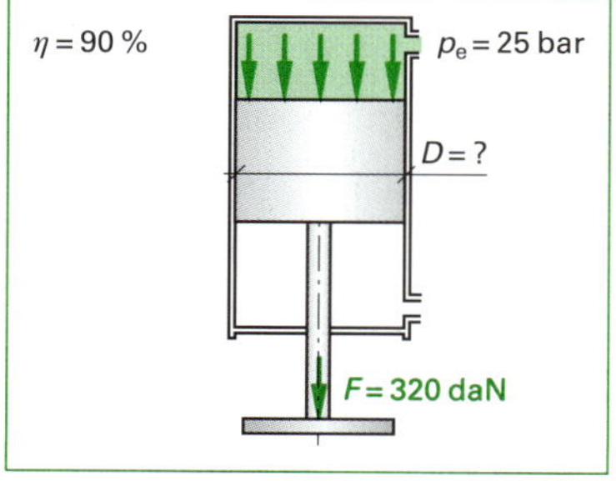

Bild 3

12.5 Kolbenkraft

Aufgaben zu 12.5 – Kolbenkraft

183.1 Ein einfach wirkender Pneumatikzylinder hat eine wirksame Kolbenfläche von 3,0 cm². Der Wirkungsgrad beträgt 0,88.

Wie groß ist die wirksame Kolbenkraft in N bei einem Betriebsdruck von 5 bar **(siehe Bild)**?

183.2 Für einfach wirkende Pneumatikzylinder sind die in der **Tabelle** fehlenden Werte zu ermitteln. Der Wirkungsgrad aller Zylinder beträgt jeweils 0,90.

183.3 Berechnen Sie die Kolbenkräfte in daN einseitig wirkender Zylinder, für einen Arbeitsdruck von 6 bar, für folgende Kolbendurchmesser: 40 mm, 50 mm, 65 mm, 80 mm.

Der Wirkungsgrad ist für alle Zylinder mit 0,85 zu berücksichtigen.

183.4 Ein doppelt wirkender Pneumatikzylinder **(siehe Bild)** hat eine wirksame Kolbenfläche mit $D = 50$ mm. Auf der Rückseite ist eine Kolbenstange von $d = 12$ mm Durchmesser an der Kolbenfläche befestigt.

Wie groß sind die wirksamen Kolbenkräfte in N, wenn die Kolbenflächen zum Pressen auf der Vorderseite und zum Lösen auf der Rückseite mit 5,5 bar beaufschlagt werden und der Wirkungsgrad 88 % beträgt?

183.5 Doppelt wirkende Zylinder, sinngemäß Bild der Aufgabe 183.4, werden mit einem Betriebsdruck von 5 bar betrieben.

Berechnen Sie die wirksame Kolbenkraft F_1 in N und die wirksame Rückstellkraft F_2 in N der in der **Tabelle** aufgeführten Zylinder bei einem Wirkungsgrad von jeweils $\eta = 0{,}95$.

183.6 Zwei Zylinder an einer Rahmenpresse werden mit 12 bar betrieben.

Wie groß muss der Durchmesser der Zylinder in mm sein, wenn jeder mit einer Spannkraft $F_1 = 1\,200$ N drücken soll? Der Wirkungsgrad der Pneumatikzylinder liegt bei 80 %.

183.7 Eine pneumatische Spannvorrichtung wird mit einem Betriebsdruck von 5,6 bar betrieben **(siehe Bild)**.

a) Wie groß ist die wirksame Kolbenkraft F_1 in N bei einem Kolbendurchmesser von 22 mm und einem Wirkungsgrad $\eta = 0{,}88$?

b) Wie groß ist die zu erreichende Spannkraft F_2 in N, wenn diese durch eine Hebelübersetzung von 2,5 : 1 erzeugt wird?

183.8 In einer Vorrichtung wird eine Spannkraft von 2 500 N benötigt. Bei einem Betriebsdruck von 6,5 bar und einem Wirkungsgrad $\eta = 0{,}80$ ist der kleinstmögliche Zylinderdurchmesser in mm zu bestimmen. Es liegen Zylinder mit den Durchmessern 30, 35, 40, 50, 70 und 100 mm auf Lager.

183.9 Eine hydraulische Furnierpresse hat vier Zylinder mit je einem Durchmesser $d = 9$ cm. Der Maximaldruck der Hydraulikpumpe beträgt 350 bar.

Wie groß ist die maximale Pressenkraft in kN bei einem Wirkungsgrad $\eta = 0{,}90$?

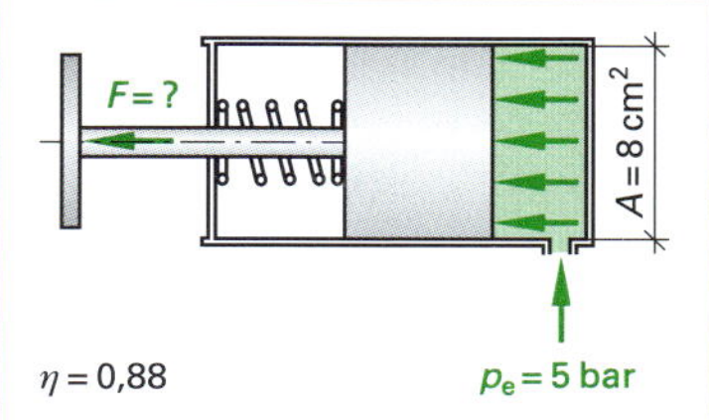

Aufgabe 183.1

	a)	b)	c)
F in N	1 200	750	?
D in mm	65	?	30
p_e in bar	?	6	5,5

Aufgabe 183.2

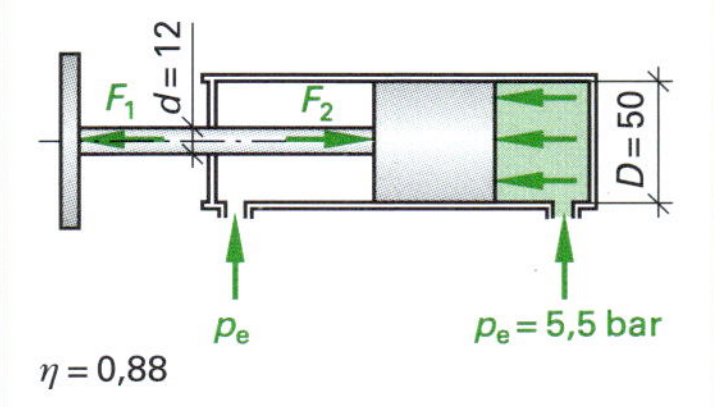

Aufgabe 183.4

	a)	b)	c)
p_e in bar	12	6	5,5
D in mm	50	40	70
d in mm	12	10	18

Aufgabe 183.5

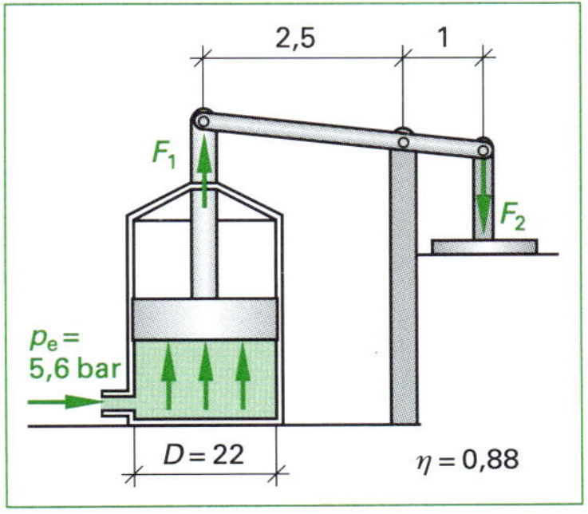

Aufgabe 183.7

13 Maschinelle Holzbearbeitung

13.1 Vorschubgeschwindigkeit – gleichförmige geradlinige Bewegung

Bei der maschinellen Holzbearbeitung haben wir es in der Regel mit rotierenden Werkzeugen, also einer kreisförmigen Bewegung zu tun, an denen die Werkstücke geradlinig vorbeibewegt werden. Die Geschwindigkeit des Eingriffs der Schneiden in den zu bearbeitenden Werkstoff und die Geschwindigkeit der Bewegung, mit der das Werkstück am rotierenden Werkzeug vorbeigeführt wird, sind entscheidend für die Bearbeitungsgüte.

13.1 Vorschubgeschwindigkeit – gleichförmige geradlinige Bewegung

Eine Bewegung ist durch die zeitabhängige Ortsveränderung, d. h. den Weg, den ein Gegenstand in einer gewissen Zeit zurücklegt, definiert. Sie kann sich in ihrer Richtung, zum Beispiel geradlinig oder kreisförmig, und ihrer Geschwindigkeit, zum Beispiel gleichförmig oder ungleichförmig beschleunigend oder verzögernd, unterscheiden.

Eine Bewegung verläuft **gleichförmig**, wenn ein Körper in gleichen Zeitabschnitten gleiche Wege zurücklegt, d. h. die Geschwindigkeit des sich bewegenden Körpers konstant ist **(Bild 1)**.

Eine Bewegung ist **geradlinig**, wenn sich die Bewegungsrichtung nicht ändert.

Beispiel: Ein Brett wird in einer Dickenhobelmaschine in einer gleichförmigen geradlinigen Bewegung unter der Messerwelle hindurchgeführt.

Als **Geschwindigkeit** bezeichnet man den in einer gewissen Zeiteinheit zurückgelegten Weg. Je nach Art sind Vorschubgeschwindigkeit, Schnittgeschwindigkeit, Fördergeschwindigkeit, Fahrgeschwindigkeit usw. zu unterscheiden. Stets ist die Geschwindigkeit das Verhältnis von Weg zur Zeit, es werden allerdings verschiedene Einheiten für Weg und Zeit benutzt **(Tabelle 1)**.

Beispiel 1: Ein Brett mit einer Länge von $s = 2{,}50$ m benötigt zum Durchlauf in einer Dickenhobelmaschine die Zeit $t = 20$ Sekunden.

Wie groß ist die Vorschubgeschwindigkeit in m/min?

Lösung: $v_f = \frac{s}{t} = \frac{2{,}50\text{ m}}{20\text{ s}} \cdot \frac{60\text{ s}}{1\text{ min}} = \mathbf{7{,}50\text{ m/min}}$

Beispiel 2: An einem Vorschubapparat kann die Vorschubgeschwindigkeit zum Fräsen von Profilleisten verschieden eingestellt werden.

Nach welcher Zeit sind 50 Stück Profilleisten von 2,10 m Länge bei zweimaligem Durchgang gefräst, wenn der Vorschubapparat auf 8 m/min eingestellt wird und Nebennut-zungszeiten nicht berücksichtigt werden?

Lösung: $v_f = \frac{s}{t} \Rightarrow t = \frac{s}{v_f} = \frac{2 \cdot 50 \cdot 2{,}10\text{ m}}{8\text{ m/min}} = \mathbf{26{,}25\text{ min}}$

Formelzeichen	Bezeichnungen
v	Geschwindigkeit, allgemein
v_f	Vorschubgeschwindigkeit (f von engl. feed)
s	Weg
t	Zeit

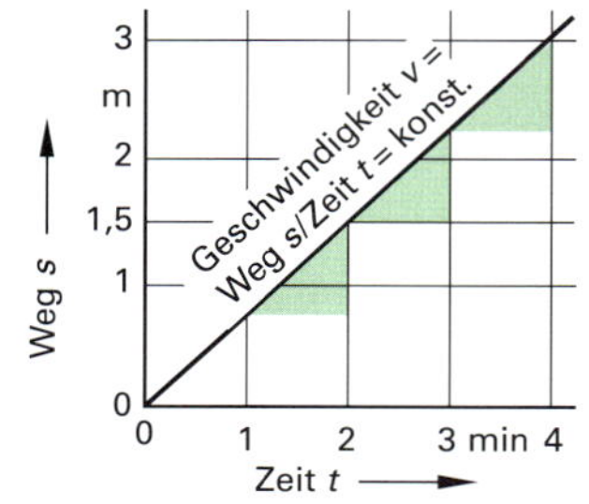

Bild 1: Weg-Zeit-Diagramm

$$\text{Geschwindigkeit} = \frac{\text{Weg}}{\text{Zeit}}$$

$$\text{Vorschubgeschwindigkeit} = \frac{\text{Weg}}{\text{Zeit}}$$

$$v_f = \frac{s}{t} \quad (\text{f} = \text{feed})$$

$$s = v_f \cdot t \qquad t = \frac{s}{v_f}$$

Tabelle 1: Einheiten für die Geschwindigkeit

Art	Einheit
Vorschubgeschwindigkeit und Hubgeschwindigkeit	$\frac{\text{m}}{\text{min}}$
Schnittgeschwindigkeit in der Holzbearbeitung	$\frac{\text{m}}{\text{s}}$
Geschwindigkeit von Fahrzeugen	$\frac{\text{km}}{\text{h}}$

Umrechnungen von Einheiten

1 h (Stunde) = 60 min (Minuten)
1 min (Minute) = 60 s (Sekunden)
1 h = 3 600 s

$$1\,\frac{\text{m}}{\text{s}} = 60\,\frac{\text{m}}{\text{min}} = 3{,}6\,\frac{\text{km}}{\text{h}}$$

$$1\,\frac{\text{km}}{\text{h}} = 16{,}67\,\frac{\text{m}}{\text{min}} = 0{,}278\,\frac{\text{m}}{\text{s}}$$

13 Maschinelle Holzbearbeitung

13.1 Vorschubgeschwindigkeit – gleichförmige geradlinige Bewegung

Aufgaben zu 13.1 Vorschubgeschwindigkeit – gleichförmige geradlinige Bewegung

185.1 Ein 3,60 m langes Brett durchläuft in t = 48 s die Dickenhobelmaschine **(siehe Bild)**.

Wie groß ist die Vorschubgeschwindigkeit v_f in m/min?

185.2 Es müssen 125 Stück Profilstäbe mit einer Länge von 2,25 m gefräst werden.

Welche Zeit in Minuten ist für die Belegung der Fräse anzusetzen, wenn der Vorschubapparat auf eine Geschwindigkeit v_f = 10 m/min eingestellt werden kann und für Nebennutzungszeiten zusätzlich 20 % einzuplanen sind?

185.3 Ein Vorschubapparat kann auf eine Vorschubgeschwindigkeit v_f von

a) 5 m/min, b) 7,50 m/min, c) 10 m/min und d) 15 m/min

eingestellt werden.

In welcher Zeit in Minuten können 250 Stück Türbekleidungen von 2,10 m Länge in den verschiedenen Geschwindigkeitsstufen gefräst werden?

185.4 Ein Autofahrer erreicht nach einer Fahrzeit von 48 min einen 64 km entfernten Ort.

Wie groß war die Durchschnittsgeschwindigkeit des Fahrzeugs in km/h **(siehe Bild)**?

185.5 Auf einem Vierseiten-Hobelautomat sollen für einen Auftrag 350 m Rahmenhölzer für Fenster profiliert werden. Die Vorschubgeschwindigkeit kann auf 8 m/min eingestellt werden.

Wie groß ist die gesamte Nutzungszeit in Stunden für diesen Auftrag, wenn für dreimaliges Umrüsten der Maschine je 48 Minuten und für Nebennutzungszeiten der Maschine 24% der Hauptnutzungszeit hinzugerechnet werden müssen?

185.6 Ein automatischer Vorschub an einem Vierseiten-Hobelautomat lässt 8 Vorschubgeschwindigkeiten zu:

a)	3 m/min	6 m/min	9 m/min	12 m/min
b)	5 m/min	10 m/min	15 m/min	20 m/min

Stellen Sie für die Vorschubgeschwindigkeit der Gruppe a und der Gruppe b ein Weg-Zeit-Diagramm auf, aus dem sich die Zeitwerte bis 20 m ablesen lassen.

Lesen Sie die Werte für 13 m auf den Diagrammen ab.

185.7 Vollholzfüllungen, 550 mm lang und 380 mm breit, sollen auf einer CNC-Oberfräse gefräst werden. Das Programm ist so eingestellt, dass die Hirnholzkanten mit einer Vorschubgeschwindigkeit von 3 m/min und die Längskanten mit 8 m/min gefräst werden **(siehe Bild)**.

Wie groß wäre die reine Fräszeit in Minuten für 12 Füllungen?

185.8 Ein Gabelstapler hebt eine Last in 8 s auf 1,85 m Höhe **(siehe Bild)**.

Wie groß ist die Hubgeschwindigkeit in m/min?

185.9 Auf einem 10,50 m langen Förderband werden in Abständen von 7 Sekunden Werkstücke aufgelegt. Das Band läuft mit einer Fördergeschwindigkeit von 15 m/min **(siehe Bild)**.

a) Wie groß ist der Abstand e in m der Werkstücke auf dem Band?

b) Wie viel Minuten liegt jedes Werkstück auf dem Band?

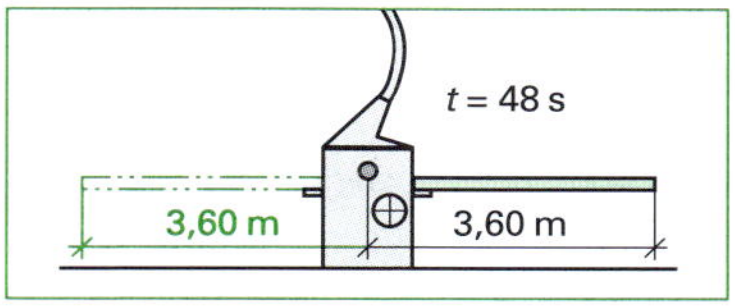

Aufgabe 185.1

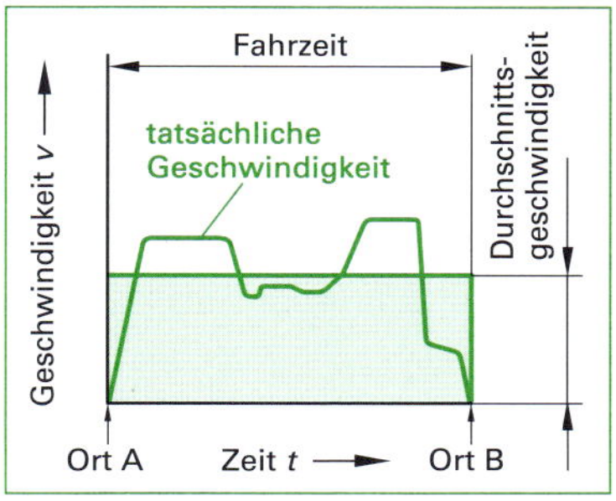

Aufgabe 185.4

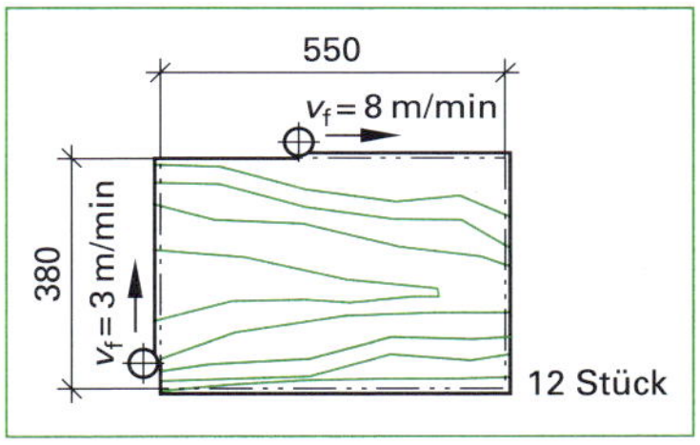

Aufgabe 185.7

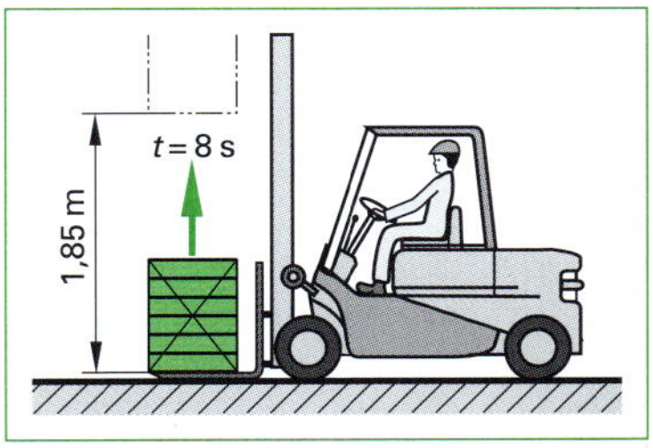

Aufgabe 185.8

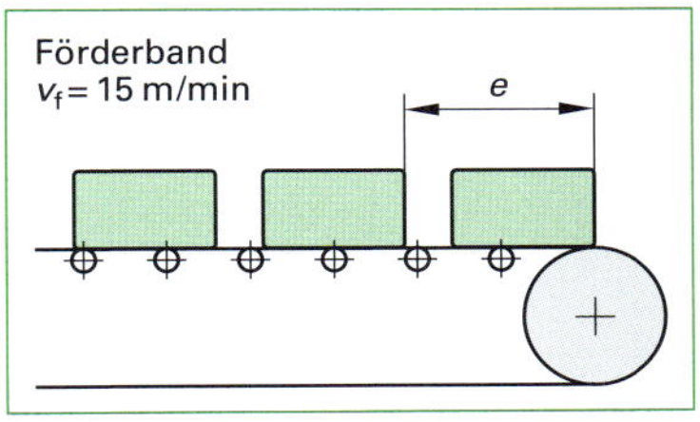

Aufgabe 185.9

13.2 Schnittgeschwindigkeit – gleichförmige Kreisbewegung

Bei einer gleichförmigen Kreisbewegung legt ein Körper oder ein Massepunkt in gleichen Zeitabständen auf einer Kreisbahn gleiche Wege zurück.

Sind auf einer Scheibe drei Massepunkte befestigt **(Bild 1)**, P_M im Mittelpunkt der Scheibe, P_1 am Umfang der Scheibe und P_2 genau in der Mitte zwischen diesen beiden Punkten, dann bewegen sich diese Massepunkte bei gleichförmiger Drehgeschwindigkeit kreisförmig.

Wird die Scheibe um den Winkel von 45° gedreht, drehen sich zwar alle Punkte um diesen Winkel, jedoch sind deren zurückgelegte Wege unterschiedlich groß. Massepunkt P_1 am Umfang legt den größten Weg pro Zeiteinheit zurück und hat die größte Geschwindigkeit. P_M bleibt auf dieser Stelle, seine Geschwindigkeit ist $v = 0$ m/s und P_2 legt in dieser Zeit den halben Weg von P_1 zurück, seine Geschwindigkeit ist demnach nur halb so groß.

Je größer der Abstand des Massepunktes vom Mittelpunkt einer sich drehenden Scheibe ist, desto höher ist auch dessen Geschwindigkeit.

Die Geschwindigkeit der äußeren auf dem Umfang liegenden Massepunkte bezeichnet man als **Umfangsgeschwindigkeit**. Bei Werkzeugen heißt die Umfangsgeschwindigkeit der Schneiden **Schnittgeschwindigkeit v_c** (c von engl. cut).

Die Schnittgeschwindigkeit kann man berechnen, wenn der Durchmesser bzw. der Radius des Schneidenflugkreises und die Drehfrequenz (Drehzahl pro Zeiteinheit) des Werkzeuges bekannt sind. Sie wird bei Holzbearbeitungsmaschinen in m/s ausgedrückt.

Für Geschwindigkeit v gilt Weg s pro Zeit t. Bei der kreisförmigen Bewegung ist der Weg der Umfang = $d \cdot \pi$, die Zeiteinheit ist die Drehfrequenz = Umdrehungen pro Minute. Da die Schnittgeschwindigkeit in **m/s** angegeben wird, muss noch durch 60 dividiert werden, um die Minuten in Sekunden umzurechnen.

Beispiel 1: Ein Profilfräser hat einen Durchmesser $d = 120$ mm. Die eingeschaltete Drehfrequenz an der Fräsmaschine beträgt $n = 6\,000$ 1/min.

Wie groß ist die Schnittgeschwindigkeit v_c in m/s (**Bild 2**)?

Lösung: $v_c = \frac{d \cdot \pi \cdot n}{60\ \text{s/min}} = \frac{0{,}12\ \text{m} \cdot \pi \cdot 6\,000\ 1/\text{min}}{60\ \text{s/min}} = \mathbf{37{,}7\ \frac{m}{s}}$

Beispiel 2: Eine Schlitzscheibe hat einen Durchmesser von $d = 250$ mm. Sie besitzt keine Drehfrequenzangabe, sodass die Schnittgeschwindigkeit höchstens $v_c = 40$ m/s betragen darf.

Welche Drehfrequenz ist höchstens zulässig?

Lösung: $n = \frac{v_c \cdot 60}{d \cdot \pi} = \frac{40\ \text{m/s}}{0{,}25 \cdot \pi} \cdot 60\ \frac{\text{s}}{\text{min}} = \mathbf{3\,056\ \frac{1}{min}}$

2 3 000 Umdrehungen pro Minute (Drehfrequenz)

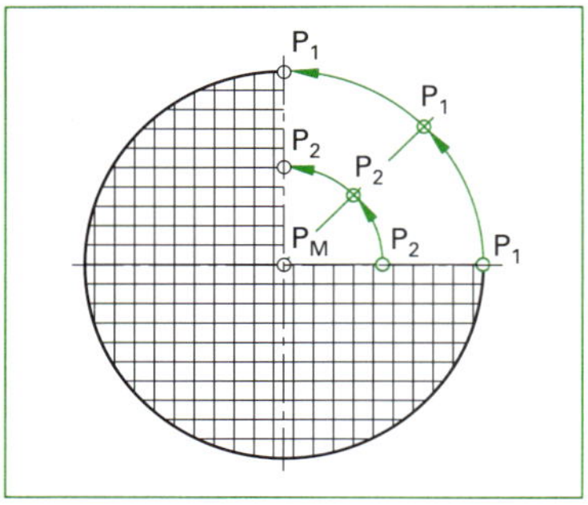

Bild 1: Scheibe mit Massepunkten

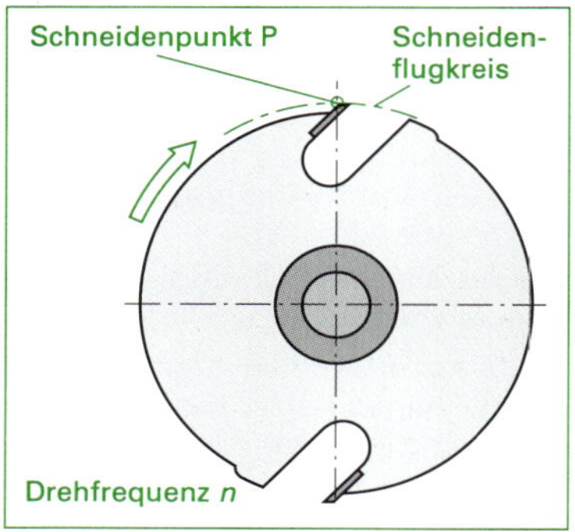

Bild 2: Fräser mit Schneidenpunkt

Formelzeichen	Bezeichnung	Einheit
v_c	Schnittgeschwindigkeit	m/s
d	Durchmesser	m
π	Kreiszahl	–
n	Drehfrequenz	1/min

Schnittgeschwindigkeit = Durchmesser (m) × π × Drehfrequenz (1/min)

$$v_c = d \cdot \pi \cdot n \cdot \left(\frac{1\ \text{min}}{60\ \text{s}}\right)^*$$

$$n = \frac{v_c \cdot 60\ \text{s/min}}{d \cdot \pi} \qquad d = \frac{v_c \cdot 60\ \text{s/min}}{n \cdot \pi}$$

* Schnittgeschwindigkeit in m/s

13.2 Schnittgeschwindigkeit – gleichförmige Kreisbewegung

Aufgaben zu 13.2 Schnittgeschwindigkeit – gleichförmige Kreisbewegung

187.1 Die Drehfrequenz einer Hobelwelle beträgt $n = 4\,500$ 1/min. Ihr Flugkreisdurchmesser ist $d = 125$ mm.

Wie groß ist die Schnittgeschwindigkeit in m/s?

187.2 Der Durchmesser eines Fräsers ist $d = 120$ mm. Die Drehfrequenz beträgt $n = 6\,000$ 1/min **(siehe Bild)**.

Berechnen Sie die Schnittgeschwindigkeit in m/s.

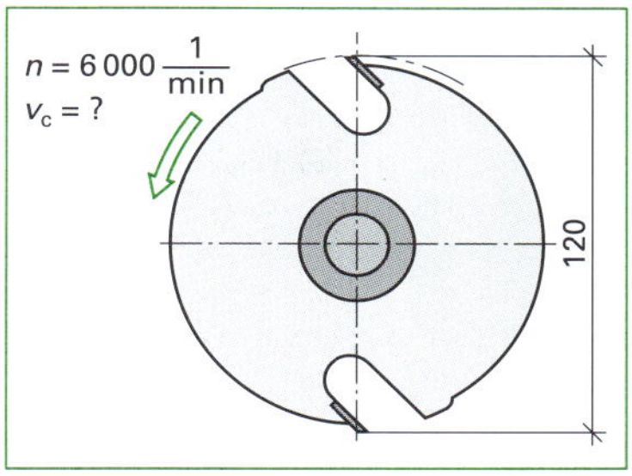

Aufgabe 187.2

187.3 Ein Fräser hat einen Durchmesser $d = 125$ mm. Es soll mit einer Schnittgeschwindigkeit von $v_c = 40$ m/s gearbeitet werden.

Auf welche Drehfrequenz ist die Fräse einzustellen?

187.4 Eine Tischfräse lässt sich auf folgende Drehfrequenzen schalten: $n = 3\,000$ 1/min; 4 500 1/min; 6 000 1/min; 9 000 1/min; 12 000 1/min und 18 000 1/min.

a) Welche Schnittgeschwindigkeiten erhält man für einen einteiligen Nutfräser mit $d = 100$ mm **(siehe Bild)**?

b) Welche Drehfrequenz ist richtig, wenn mit einer Schnittgeschwindigkeit von 60 m/s gearbeitet werden soll?

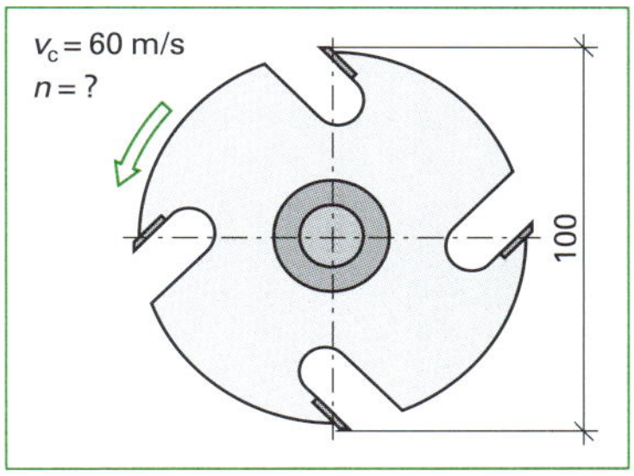

Aufgabe 187.4

187.5 Mit einem Kreissägeblatt, Durchmesser $d = 350$ mm, soll mit einer Schnittgeschwindigkeit von 55 m/s gearbeitet werden.

a) Wie groß muss die Drehfrequenz n in 1/min sein?

b) Mit welcher Geschwindigkeit in km/h würde ein vom Kreissägeblatt erfasstes Holzstück Ihnen entgegenfliegen, wenn man die Geschwindigkeit mit der des Schneidenflugkreises gleichsetzt?

187.6 Die Schnittgeschwindigkeit für einige nicht gestempelte Fräswerkzeuge darf höchstens 40 m/s betragen. Geben Sie die einzuschaltenden Drehfrequenzen für die aufgeführten Werkzeugdurchmesser an.

a) $d = 120$ mm, b) $d = 145$ mm, c) $d = 180$ mm, d) $d = 280$ mm

187.7 Es soll ein Schnittgeschwindigkeits-Drehfrequenz-Diagramm aufgestellt werden. Auf der x-Koordinate sollen die Drehfrequenzen von 0 bis 9 000 1/min abgetragen werden, Abstand 2 cm pro 1 000 1/min. Auf der y-Koordinate ist die Schnittgeschwindigkeit von 0 bis 60 m/s abzutragen, Abstand von 0 bis 10 m/s = 4 cm. Zeichnen Sie in das Diagramm die Geraden für folgende Werkzeugdurchmesser ein:

a) $d = 100$ mm, b) $d = 150$ mm, c) $d = 200$ mm, d) $d = 250$ mm und e) $d = 300$ mm (Schema: **siehe Bild**).

Hinweis: Berechnen Sie zunächst die Schnittgeschwindigkeiten für z. B. $n = 6\,000$ 1/min.

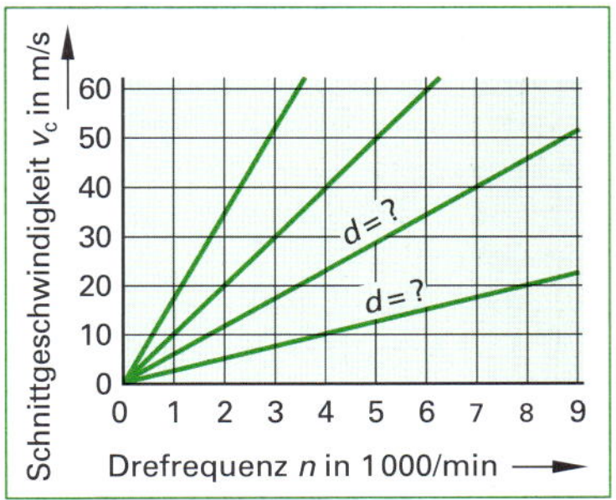

Aufgabe 187.7

187.8 Eine Schleifscheibe mit 180 mm Durchmesser darf als höchstzulässige Umfangsgeschwindigkeit bei Handvorschub 25 m/s, bei maschinellem Vorschub 35 m/s erreichen.

Mit welcher Drehfrequenz darf die Schleifscheibe in beiden Fällen höchstens laufen **(siehe Bild)**?

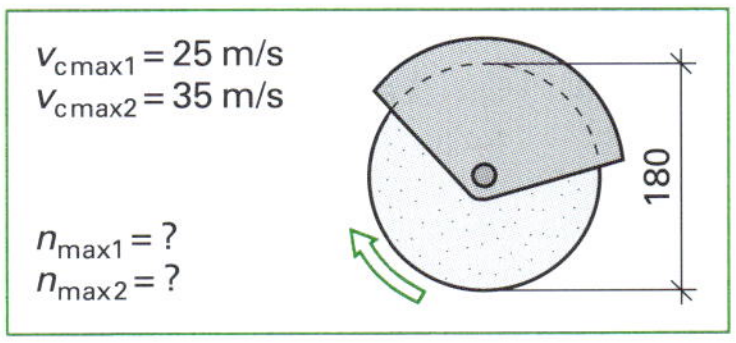

Aufgabe 187.8

187.9 Berechnen Sie für die in Aufgaben a bis c der **Tabelle** fehlenden Werte.

	a)	b)	c)
d in mm	150	200	?
n in 1/min	6 000	?	4 000
v_c in m/s	?	40	55

Aufgabe 187.9

13.3 Schnittgüte – Zahnvorschub

Da die durchschnittliche Spaltgeschwindigkeit des Holzes mit 40 m/s angenommen wird, sollte die maschinelle Schnittgeschwindigkeit über diesem Wert liegen **(Tabelle 1)**.

Die Spanabnahme muss schneller als das Spalten des Holzes erfolgen.

Neben einer unteren Grenze der maschinellen Holzbearbeitung gibt es auch eine obere Grenze. Drehen die Werkzeuge zu schnell, besonders Werkzeuge mit großen Durchmessern, werden die Zentrifugalkräfte zu groß, so dass Messer herausfliegen oder Werkzeuge zerplatzen können.

Stets nur zugelassene Werkzeuge verwenden! Die zugelassene Drehfrequenz niemals überschreiten!

Außerdem ist bei hoher Drehfrequenz des Werkzeugs und bei zu geringer Vorschubgeschwindigkeit des Werkstücks ein Verbrennen der Schnittfläche und ein geringer Standweg der Schneiden, besonders beim Eingriff mehrerer Schneiden, zu befürchten.

Drehfrequenz, Vorschubgeschwindigkeit und Zahnvorschub sind für die Schnittgüte einer maschinell bearbeiteten Holzoberfläche entscheidend und deshalb aufeinander abzustimmen.

Zahnvorschub

Der Zahnvorschub f_z ist die Größe der Einschläge der Messer in die Werkstückoberfläche in mm. Aus vorgenannten Gründen sollte der Zahnvorschub auch bei feinen Arbeiten 0,3 mm nicht unterschreiten und bei groben Arbeiten nicht mehr als 2 mm betragen **(Tabelle 2)**.

Dieser Zahnvorschub ist abhängig von der Anzahl der Messer z im Werkzeug, der Drehfrequenz n in 1/min und der Vorschubgeschwindigkeit v_f in m/min **(Bild 1)**. Weil der Zahnvorschub in mm angegeben wird, ist die Formel mit 1 000 mm/m zu multiplizieren (Umrechnung von m in mm).

Beispiel 1: Wie groß ist der Zahnvorschub einer gefrästen Holzoberfläche, wenn sich das Werkzeug mit 6 000 1/min Umdrehungen dreht, es zwei Schneiden aufweist und mit einer Vorschubgeschwindigkeit von 4,5 m/min gearbeitet wird?

Lösung: $f_z = \frac{v_f}{z \cdot n} = \frac{4{,}5\ \text{m/min} \cdot 1\,000\ \text{mm/m}}{2 \cdot 6\,000\ \text{1/min}} = \mathbf{0{,}375\ mm}$

Beispiel 2: Ein Fräswerkzeug hat $z = 4$ Schneiden und die Drehfrequenz beträgt $n = 6\,000$ 1/min. Der Zahnvorschub sollte nur $f_z = 0{,}3$ mm betragen.

Welche Vorschubgeschwindigkeit ist einzustellen?

Lösung: $v_f = z \cdot n \cdot f_z = \frac{4 \cdot 6\,000\ \text{1/min} \cdot 0{,}3\ \text{mm}}{1\,000\ \text{mm/m}} = \mathbf{7{,}2\ \frac{m}{min}}$

Formelzeichen	Bezeichnung	Einheit
f_z	Zahnvorschub	mm
v_f	Vorschubgeschwindigkeit	m/min
z	Schneidenzahl	–
n	Drehfrequenz	1/min

Tabelle 1: Übliche Schnittgeschwindigkeiten

Bandsägen	30–60 m/s
Kreissägen	60–120 m/s
Hobelmaschinen	40–80 m/s
Tischfräsen	40–90 m/s

Tabelle 2: Zahnvorschub

Zahnvorschub f_z	Oberflächengüte
0,3–0,5 mm	sehr sauber
0,5–1,0 mm	mittel sauber
1,0–1,5 mm	grob

Zahnvorschub = $\frac{\text{Vorschubgeschwindigkeit}}{\text{Schneidenzahl} \times \text{Drehfrequenz}}$

$$f_z = \frac{v_f}{z \cdot n}$$

$$v_f = z \cdot n \cdot f_z$$

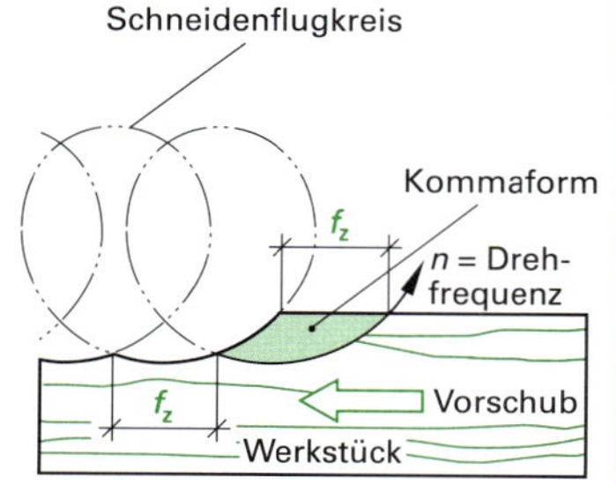

Bild 1: Zahnvorschub

13 Maschinelle Holzbearbeitung

13.3 Schnittgüte – Zahnvorschub

■ Aufgaben zu 13.3 Schnittgüte – Zahnvorschub

189.1 Die Messerwelle der Abrichte hat zwei Schneiden und die Drehfrequenz $n = 4\,500$ 1/min. Der Zahnvorschub soll für eine mittelsaubere Hobelfläche $f_z = 0{,}5$ mm betragen.

Mit welcher Vorschubgeschwindigkeit müssen die Werkstücke über den Abrichttisch geschoben werden?

189.2 Ein Fräser mit drei Schneiden läuft mit der Drehfrequenz $n = 6\,000$ 1/min. Die Vorschubgeschwindigkeit des Vorschubapparates beträgt 4,5 m/min.

Berechnen Sie den Zahnvorschub und beurteilen Sie die Oberfläche.

189.3 Der Zahnvorschub eines durch eine Dickenhobelmaschine gelaufenen Brettes beträgt $f_z = 0{,}5$ mm. Die Messerwelle hat zwei Schneiden und arbeitet mit einer Drehzahl $n = 6\,000$ 1/min.

Wie groß war die Vorschubgeschwindigkeit der Dickenhobelmaschine?

189.4 Der Zahnvorschub soll für ein Werkzeug mit vier Schneiden und einer Vorschubgeschwindigkeit $v_f = 9$ m/min, $f_z = 0{,}5$ mm betragen.

Wie groß muss dann die Drehfrequenz n in 1/min sein?

189.5 Ein Fräser mit zwei Schneiden darf nach Angabe mit $n = 10\,000$ 1/min laufen. Auf dem Vorschubapparat lassen sich folgende Vorschubgeschwindigkeiten schalten:

a) $v_f = 2{,}5$ m/min, b) $v_f = 4{,}5$ m/min,

c) $v_f = 8$ m/min, d) $v_f = 12$ m/min.

Welcher Zahnvorschub ergibt sich für die einzelnen Vorschubgeschwindigkeiten?

189.6 Gegeben:
Drehfrequenz 8 000 1/min (10 000 1/min);
Vorschubgeschwindigkeit 8 m/min (12 m/min);
Schneidenzahl 2 (4)

Gesucht: Zahnvorschub in mm (Diagramm).

Anwendungsbeispiel (Bild 1)

Gegeben:

Drehfrequenz $n = 6\,000$ 1/min, Schneidenzahl $z = 4$, Vorschubgeschwindigkeit $v_f = 12$ m/min.

Gesucht: Zahnvorschub in mm

Lösung: $6\,000 \frac{1}{\text{min}} \cdot 4 = 24\,000 \frac{1}{\text{min}}$

Waagerechte von 24 000 auf Vorschublinie 12 m/min ziehen. Senkrechte durch erhaltenen Schnittpunkt nach unten, ergibt einen „f_z-Wert" (Zahnvorschub) von 0,5 mm im „günstigen Bereich".

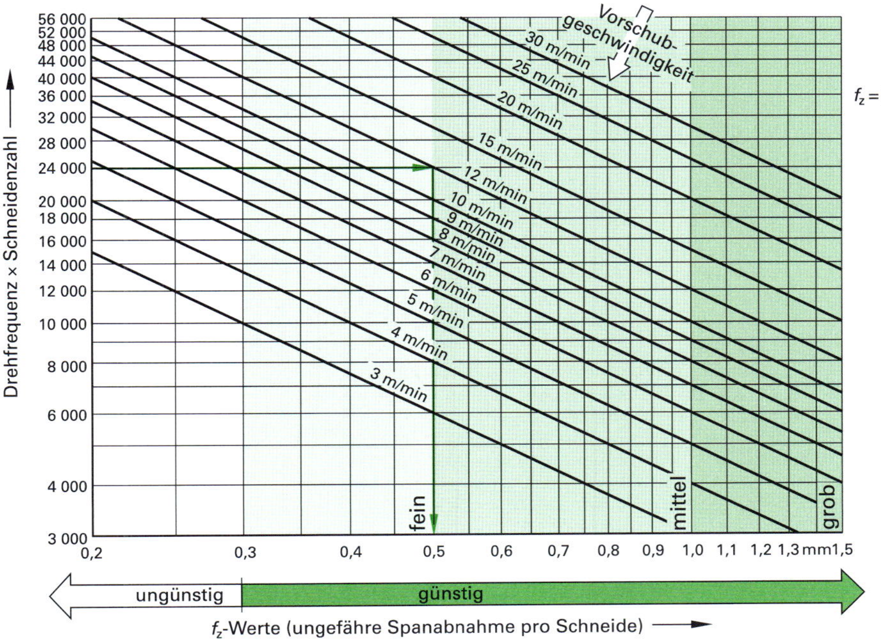

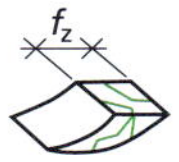

f_z = Zahnvorschub (Spanabnahme pro Schneide)

Bild 1: Richtwerte für Werkzeugeinsatz (Zahnvorschub)

13.4 Riementrieb und Zahnradtrieb

Durch Riemen oder Zahnräder kann die Drehfrequenz der Werkzeugwelle gegenüber der Drehfrequenz des Motors verändert werden. Man nennt dies eine Übersetzung und unterscheidet zwischen einer Übersetzung ins Schnelle, einer Übersetzung ins Langsame und einer Übersetzung ohne Drehfrequenzveränderung. Außerdem ist zwischen einer einfachen und einer mehrfachen Übersetzung zu unterscheiden. Bei einer einfachen Übersetzung sind in der Regel nur zwei Riemenscheiben oder Zahnräder beteiligt. Bei einer mehrfachen Übersetzung sind es mehr als zwei Riemenscheiben oder Zahnräder, sodass die getriebene Welle wieder zur treibenden werden kann (**Bild 1**).

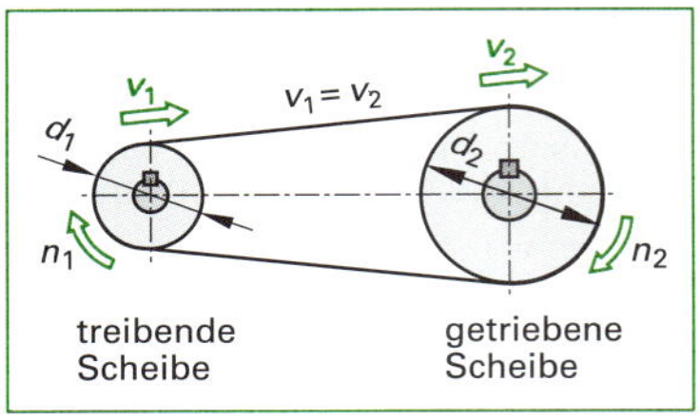

Bild 1

13.4.1 Riementrieb – einfache Übersetzung

Der Treibriemen umschließt die treibende und die getriebene Scheibe, sodass die Umfangsgeschwindigkeiten der beiden Scheiben gleich groß sind. Aufgrund der bekannten Formeln für Umfangsgeschwindigkeiten (**Seite 186**) lässt sich folgendes sagen:

$$v_1 = v_2$$
$$n_1 \cdot \pi \cdot d_1 = n_2 \cdot \pi \cdot d_2 \quad | : \pi$$
$$n_1 \cdot d_1 = n_2 \cdot d_2$$

Produkt aus Drehfrequenz und Durchmesser der **treibenden** Scheibe	=	Produkt aus Drehfrequenz und Durchmesser der **getriebenen** Scheibe

als Verhältnisgleichung: $\frac{n_1}{n_2} = \frac{d_2}{d_1}$

Die Drehfrequenzen der Riemenscheiben verhalten sich umgekehrt wie ihre Durchmesser.

Die kleinere Scheibe hat stets die größere Drehfrequenz.

Formelzeichen und Bezeichnungen

für die treibende Riemenscheibe:
d_1 = Durchmesser
n_1 = Drehfrequenz
v_1 = Umfangsgeschwindigkeit

für die getriebene Riemenscheibe:
d_2 = Durchmesser
n_2 = Drehfrequenz
v_2 = Umfangsgeschwindigkeit

für den Riementrieb:
i = Übersetzungsverhältnis

$$n_1 \cdot d_1 = n_2 \cdot d_2$$
$$\frac{n_1}{n_2} = \frac{d_2}{d_1}$$
$$i = \frac{n_1}{n_2} = \frac{d_2}{d_1}$$

Das Verhältnis der Drehfrequenzen $n_1 : n_2$ der durch Riemen verbundenen Riemenscheiben bezeichnet man als Übersetzungsverhältnis i. Es kann auch aus den Durchmessern der Riemenscheiben ermittelt werden. Das Übersetzungsverhältnis wird als Dezimalbruch angegeben oder auf 1 bezogen (**Bild 2**).

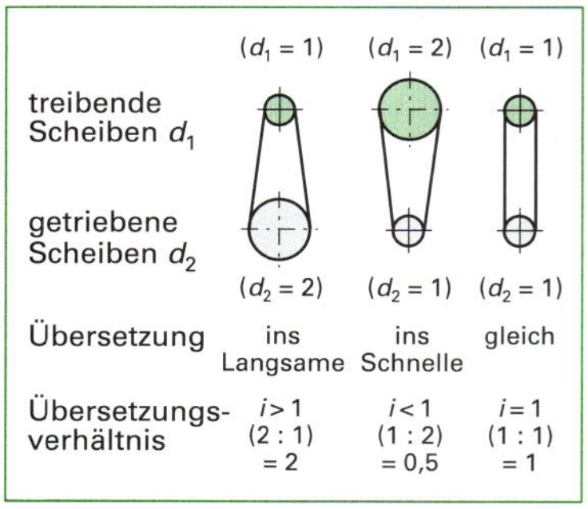

Bild 2

Beispiel 1: a) d_1 = 120 mm; d_2 = 80 mm b) d_1 = 80 mm; d_2 = 160 mm

Lösung: $i = \frac{d_2}{d_1}$

a) $i = \frac{80\text{ mm}}{120\text{ mm}} = \mathbf{0{,}6 : 1 = 0{,}6}$ (Übersetzung ins Schnelle)

b) $i = \frac{160\text{ mm}}{80\text{ mm}} = \mathbf{2 : 1 = 2}$ (Übersetzung ins Langsame)

Beispiel 2: Bei einem Flachriementrieb beträgt die Drehfrequenz der treibenden Scheibe n_1 = 1 800 1/min. Die getriebene Scheibe mit d_2 = 120 mm hat eine Drehfrequenz von n_2 = 4 000 1/min (**Bild 3**).

a) Wie groß ist der Durchmesser d_1 der treibenden Scheibe?
b) Wie groß ist das Übersetzungsverhältnis i?

Lösung: a) $n_1 \cdot d_1 = n_2 \cdot d_2$

$$\Rightarrow d_1 = \frac{n_2 \cdot d_2}{n_1} = \frac{4\,000\text{ 1/min} \cdot 120\text{ mm}}{1\,800\text{ 1/min}} = \mathbf{267\text{ mm}}$$

b) $i = \frac{n_1}{n_2} = \frac{1\,800\text{ 1/min}}{4\,000\text{ 1/min}} = \mathbf{0{,}45}$ (Übersetzung ins Schnelle)

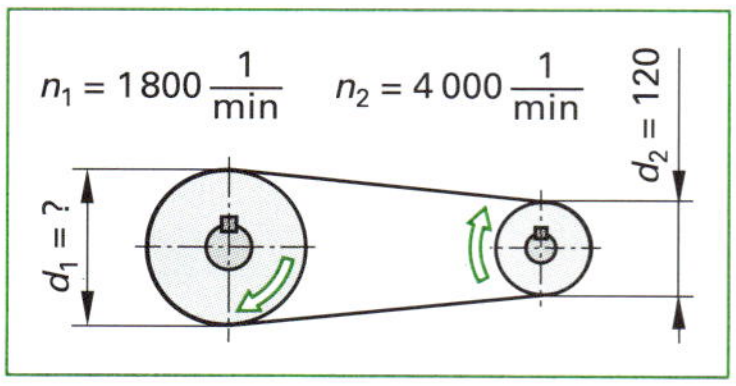

Bild 3

13.4.2 Keilriementrieb

Bei Keilriemen wird die Kraft über die Flanken des Riemens übertragen. Deshalb ist bei den Berechnungen nicht der Durchmesser der Riemenscheiben einzusetzen, sondern der wirksame Riemenscheibendurchmesser, d_1, d. h. vom tatsächlichen Riemenscheibendurchmesser ist ein Korrekturwert zweimal abzuziehen **(Bild 1)**. Die Korrekturwerte c sind für jede Riemenbreite verschieden **(Tabelle 1)**.

Sonst können für die Berechnungen die gleichen Regeln wie für die Flachriemen angewendet werden.

Beispiel 3: Eine treibende Keilriemenscheibe für einen 13 mm breiten Normalriemen hat einen Durchmesser d_1 = 130 mm, die Drehfrequenz beträgt n_1 = 2 500 1/min.

Gesucht werden die wirksamen Durchmesser d_{w1} und d_{w2}, wenn n_2 = 4 500 1/min groß ist, und das Übersetzungsverhältnis i?

Lösung: $d_{w1} = d_1 - 2 \cdot c$ (Korrekturwert c = 2,8 mm aus Tabelle)

$= 130\text{ mm} - 2 \cdot 2{,}8\text{ mm} = \mathbf{124{,}4\text{ mm}}$

$$d_{w2} = \frac{n_1 \cdot d_{w1}}{n_2} = \frac{2\,500\text{ 1/min}}{4\,500\text{ 1/min}} \cdot 124{,}4\text{ mm} = \mathbf{69\text{ mm}}$$

$$i = \frac{n_1}{n_2} = \frac{2\,500\text{ 1/min}}{4\,500\text{ 1/min}} = \mathbf{0{,}556}$$ (Übersetzung ins Schnelle)

Zusätzliche Formelzeichen und Bezeichnungen am Keilriementrieb

d_{w1} = Wirkdurchmesser der treibenden Keilriemenscheibe
d_{w2} = Wirkdurchmesser der getriebenen Keilriemenscheibe
c = Korrekturwert
b_0 = obere Keilriemenbreite

Tabelle 1: Korrekturwerte c für Keilriemenbreite b_0 in mm

b_0	6	10	13	17
c	1,3	1,6	2,8	3,5

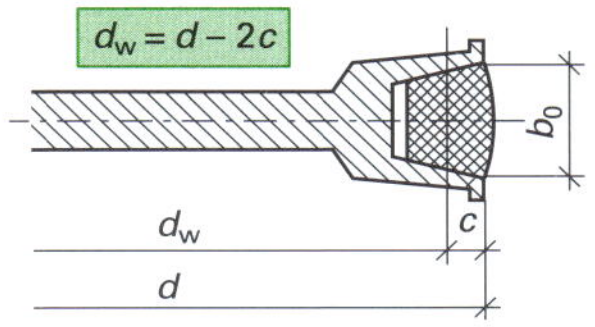

Bild 1

13.4.3 Zahnradtriebe – einfache Übersetzung

Bei Zahnradtrieb fassen die unterschiedlichen Radgrößen durch ihre Verzahnung ineinander. Der wirksame Durchmesser ist auch hier kleiner als der äußere Umfang der Zahnräder **(Bild 2)**. Es gelten die gleichen Rechenregeln wie beim Riementrieb, jedoch setzt man statt der Durchmesser die Zähnezahl der Zahnräder in die Formeln ein.

Produkt von Drehfrequenz und Zähnezahl des **treibenden** Zahnrades = Produkt von Drehfrequenz und Zähnezahl des **getriebenen** Zahnrades

Die Drehfrequenzen der Zahnräder verhalten sich umgekehrt wie ihre Zähnezahlen.
Das kleinere Zahnrad hat stets die größere Drehfrequenz.

Beispiel 4: In einem Zahnradtrieb hat das treibende Zahnrad z_1 = 24 Zähne und eine Drehfrequenz von 800 1/min.
Wie groß ist die Drehfrequenz des getriebenen Zahnrades, das z_2 = 56 Zähne hat, und das Übersetzungsverhältnis i?

Lösung: $n_1 \cdot z_1 = n_2 \cdot z_2$

$$\Rightarrow n_2 = \frac{n_1 \cdot z_1}{z_2} = \frac{800\text{ 1/min} \cdot 24}{56} = \mathbf{343\text{ 1/min}}$$

$$i = \frac{n_1}{n_2} = \frac{800\text{ 1/min}}{343\text{ 1/min}} = \mathbf{2{,}33}$$ (Übersetzung ins Langsame)

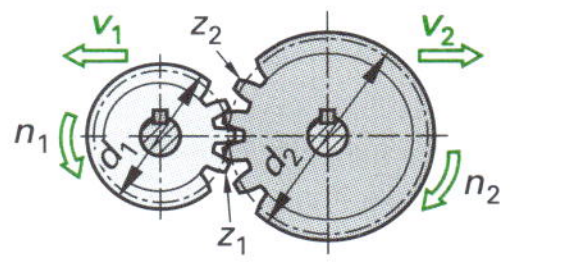

Bild 2

Formelzeichen und Bezeichnungen

für die treibenden Zahnräder:
d_1 = Teilkreisdurchmesser
z_1 = Zähnezahl
n_1 = Drehfrequenz
v_1 = Umfangsgeschwindigkeit

für die getriebenen Zahnräder:
d_2 = Teilkreisdurchmesser
z_2 = Zähnezahl
n_2 = Drehfrequenz
v_2 = Umfangsgeschwindigkeit

für den Zahnradtrieb:
i = Übersetzungsverhältnis

$$n_1 \cdot z_1 = n_2 \cdot z_2$$

$$\frac{n_1}{n_2} = \frac{z_2}{z_1}$$

$$i = \frac{n_1}{n_2} = \frac{z_2}{z_1}$$

13 Maschinelle Holzbearbeitung

13.4 Riementrieb und Zahnradtrieb

■ Aufgaben zu 13.4.1 – Riementrieb und Zahnradtrieb

Flachriementrieb – einfache Übersetzung

192.1 Ein Elektromotor mit einer Drehfrequenz n_1 = 1 440 1/min hat eine Riemenscheibe von d_1 = 180 mm **(siehe Bild)**.

a) Wie groß ist die Drehfrequenz an der getriebenen Scheibe, wenn diese einen Durchmesser von d_2 = 80 mm hat?

b) Wie groß ist das Übersetzungsverhältnis i?

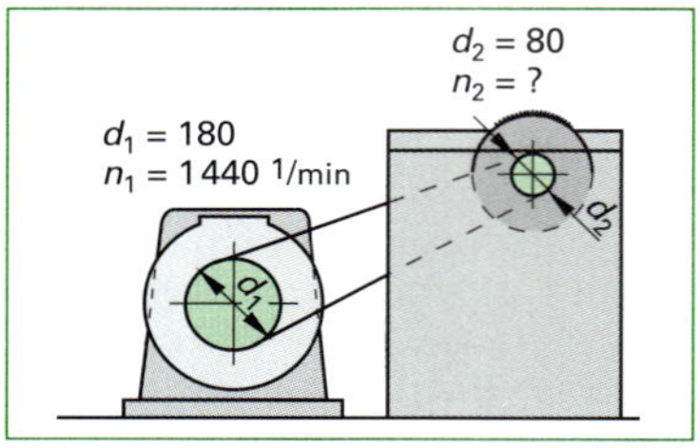

Aufgabe 192.1

192.2 Eine Tischfräse hat einen Stufenscheibenantrieb, der bei konstanter Motordrehzahl n_1 = 2 880 1/min drei verschieden große Drehfrequenzen der Werkzeugwellen ermöglicht.

a) Welche Durchmesser müssen die drei getriebenen Riemenscheiben haben, um folgende Drehfrequenzen zu erreichen: 2 250 1/min, 4 500 1/min und 6 000 1/min **(siehe Bild)**?

b) Wie groß sind die einzelnen Übersetzungsverhältnisse?

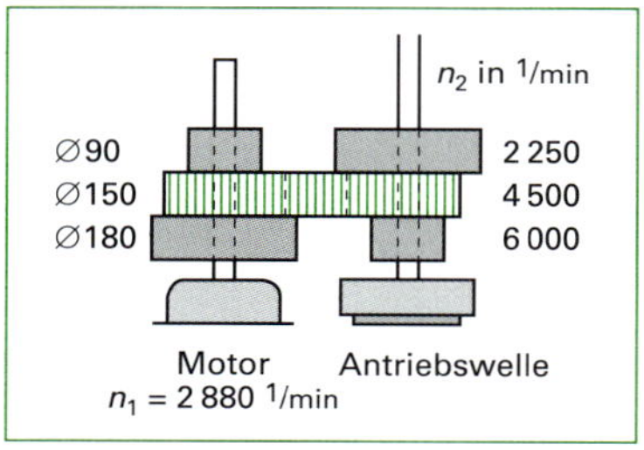

Aufgabe 192.2

192.3 Die Motordrehzahl einer Kreissäge beträgt n_1 = 1 440 1/min, der Motor hat eine Riemenscheibe mit dem Durchmesser d_1 = 240 mm.

a) Wie groß muss die Riemenscheibe an der Kreissägewelle sein, wenn eine Drehfrequenz von n_2 = 3 600 1/min erreicht werden soll?

b) Wie groß ist das Übersetzungsverhältnis i?

192.4 In den Aufgaben a bis c der **Tabelle** sind die fehlenden Werte zu berechnen.

	a)	b)	c)
d_1 in mm	180	165	120
d_2 in mm	120	?	185
n_1 in 1/min	1 440	2 880	?
n_2 in 1/min	?	4 500	850
i	?	?	?

Aufgabe 192.4

192.5 Die Drehzahl eines Bandsägemotors beträgt n_1=2880 1/min. Die Riemenscheibe des Motors hat einen Durchmesser von 125 mm. Die getriebene Riemenscheibe an der unteren Bandsägerolle hat dagegen einen Durchmesser von 400 mm.

Wie groß ist die Drehfrequenz n_2 der Bandsägerolle?

192.6 Ein Schleifstein hat einen Durchmesser von 200 mm. Seine Umfangsgeschwindigkeit soll v_2 = 30 m/s betragen. Sie wird durch einen Elektromotor mit einer Drehfrequenz von n_1 = 1 440 1/min angetrieben. Die Riemenscheibe des Motors hat einen Durchmesser d_1 = 160 mm.

a) Welche Drehfrequenz n_2 in 1/min muss die Werkzeugwelle des Schleifsteins haben?

b) Welchen Durchmesser d_2 muss die getriebene Scheibe der Werkzeugwelle erhalten?

Flachriementrieb – mehrfache Übersetzung

192.7 Bei einem doppelten Riementrieb **(siehe Bild)** ist die Drehfrequenz n_4 in 1/min zu berechnen. Um die Drehfrequenz n_4 zu berechnen, wird die Riementriebgleichung zweimal angewendet. Da zwei Scheiben auf einer Achse sitzen, ist n_2 = n_3.

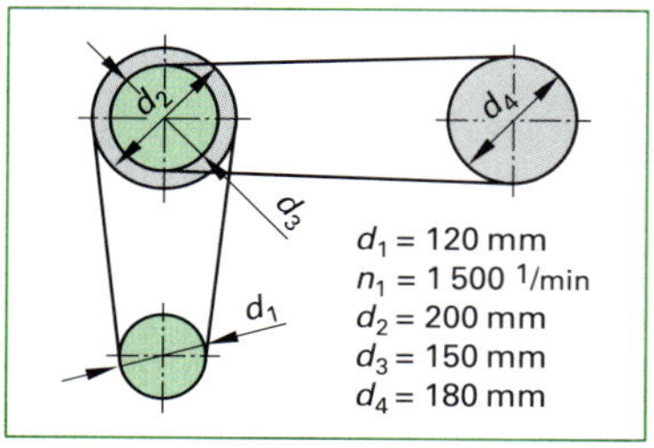

Aufgabe 192.7

192.8 Bei einem doppelten Riementrieb **(siehe Bild)** haben die Riemenscheiben folgende Durchmesser: d_1 = 100 mm, d_2 = 400 mm, d_3 = 80 mm, d_4 = 360 mm.

a) Berechnen Sie die Drehfrequenz n_1, wenn die Drehfrequenz n_4 = 65 1/min betragen soll.

b) Wie groß ist das Übersetzungsverhältnis i?

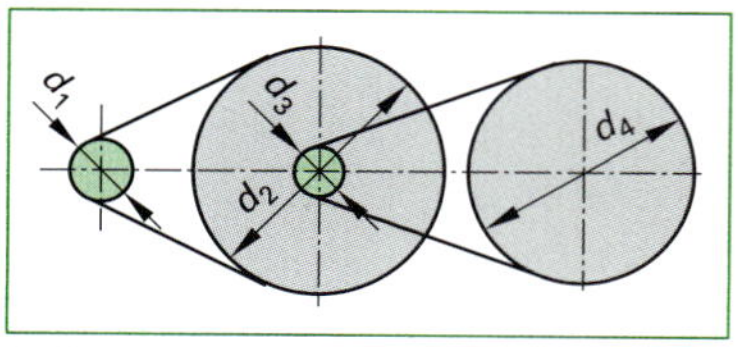

Aufgabe 192.8

13 Maschinelle Holzbearbeitung

13.4 Riementrieb und Zahnradtrieb

Aufgaben zu 13.4.2 – Keilriementrieb

193.1 Ein Förderband wird über einen Normalkeilriemen mit der Riemenbreite b_0 = 17 mm mittels Elektromotor angetrieben. Die treibende Scheibe hat einen wirksamen Durchmesser d_{w1} = 90 mm und die getriebene Scheibe einen wirksamen Durchmesser d_{w2} = 360 mm. Der Antriebsmotor hat eine Drehfrequenz n_1 = 800 1/min **(siehe Bild)**.

a) Wie groß sind die Außendurchmesser der Keilriemenscheiben?

b) Wie groß ist die Drehfrequenz n_2 der getriebenen Keilriemenscheibe?

c) Wie groß ist das Übersetzungsverhältnis i?

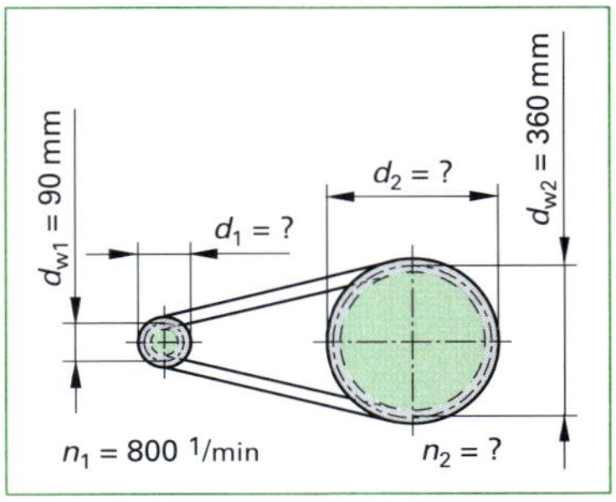

Aufgabe 193.1

193.2 Eine Holzbearbeitungsmaschine wird über mehrere Normalkeilriemen mit der Breite b_0 = 10 mm angetrieben. Die treibende Scheibe hat einen Außendurchmesser von 184 mm, der Antriebsmotor eine Drehfrequenz n_1 = 1 440 1/min.

a) Wie groß sind die wirksamen Durchmesser der Keilriemenscheiben, wenn die Drehfrequenz der Arbeitswelle n_2 = 3 000 1/min betragen soll?

b) Wie groß ist das Übersetzungsverhältnis i?

13.4.3 Zahnradtrieb

193.3 Die Drehzahl eines Motors beträgt n_1 = 720 1/min. Diese Drehzahl wird über zwei Zahnräder mit z_1 = 18 und z_2 = 48 Zähne auf eine Antriebswelle übertragen **(siehe Bild)**.

a) Welche Drehfrequenz hat die Antriebswelle?

b) Wie groß ist das Übersetzungsverhältnis?

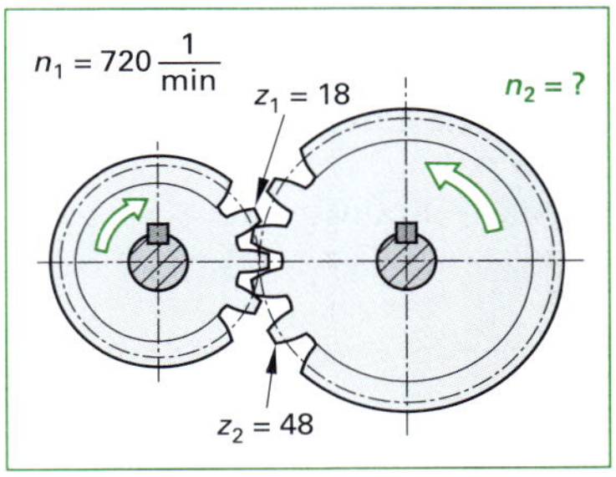

Aufgabe 193.3

193.4 In den Aufgaben a bis c der **Tabelle** sind die fehlenden Werte zu berechnen.

	a)	b)	c)
z_1	18	?	?
z_2	46	24	24
n_1 in 1/min	350	720	?
n_2 in 1/min	?	2 450	1 850
i	?	?	2,4

Aufgabe 193.4

193.5 Das Übersetzungsverhältnis zweier Zahnräder ist i = 1,2. Das treibende Rad hat 80 Zähne und der Teilkreisdurchmesser des getriebenen Rades ist 120 mm **(siehe Bild)**.

a) Wie viel Zähne hat das getriebene Rad?

b) Wie groß ist der Achsabstand e der beiden Räder?

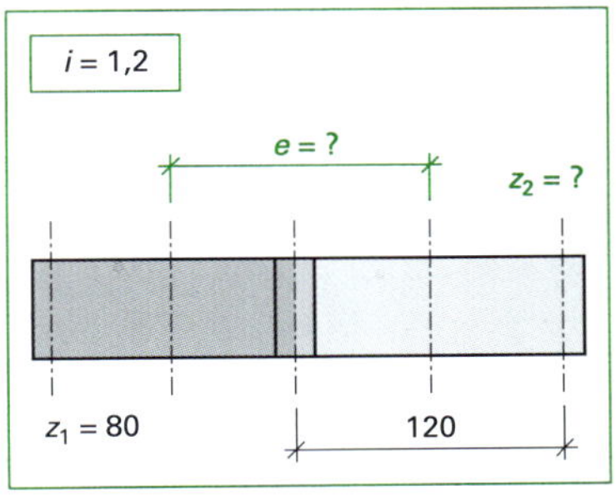

Aufgabe 193.5

193.6 Bei einer Handbohrmaschine wird die Motordrehzahl mit n_1 = 2 880 1/min über zwei Zahnräder mit z_1 = 9 und z_2 = 36 auf die Bohrspindel übertragen.

a) Wie groß ist die Drehfrequenz n_2 des Bohrers?

b) Wie groß ist das Übersetzungsverhältnis?

193.7 Der Motor eines Vorschubapparates hat die Drehfrequenz n_1 = 720 1/min. Diese wird mit zwei Zahnrädern z_1 = 6 und z_2 = 96 auf die Antriebswelle einer Gummiwalze mit dem Durchmesser d = 60 mm übertragen.

a) Berechnen Sie die Drehfrequenz n_2 der Gummiwalze.

b) Wie groß ist die Vorschubgeschwindigkeit in m/min?

193.8 Das treibende Zahnrad hat 50 Zähne und eine Drehfrequenz von 400 1/min. Das getriebene Zahnrad hat 80 Zähne.

a) Welche Drehfrequenz hat das getriebene Rad?

b) Wie groß ist das Übersetzungsverhältnis?

14 Elektrotechnik

14.1 Das Ohmsche Gesetz

Die Bewegung elektrisch geladener Teilchen nennt man **elektrischen Strom**. Er besteht in metallischen Leitern aus gerichtet bewegten Elektronen.

Im elektrischen Stromkreis wird in einem Generator (Spannungsquelle) elektrische Spannung erzeugt; der Elektronenstrom (Stromstärke) betreibt zum Beispiel ein Heizgerät (Widerstand).

Die Einheit der Stromstärke I ist das **Ampere (A)**[1].

Die Einheit der Spannung U ist das **Volt (V)**[2].

Die Einheit des elektrischen Widerstandes R ist das **Ohm (Ω)**[3].

Zwischen der Stromstärke, der Spannung und dem Widerstand in einem geschlossenen Stromkreis besteht ein Zusammenhang, den man als **das ohmsche Gesetz** bezeichnet **(Bild 1)**.

Im Stromleiter wird der Elektronenbewegung, der Stromstärke, ein Widerstand entgegengebracht.

Bei einem elektrischen Gerät ist die Stromstärke I dann umso größer, je größer die anliegende Spannung U und je kleiner der Widerstand R ist.

Beispiel: In einem Stromkreis liegt ein Widerstand $R = 20\ \Omega$ an einer Spannung $U = 230$ Volt. Wie groß ist die Stromstärke I?

Lösung: $I = \frac{U}{R} = \frac{230\text{V}}{20\ \Omega} = \mathbf{11{,}5\ A}$

Aufgaben zu 14.1 – Das Ohmsche Gesetz

194.1 In einer Glühlampe für eine Spannung $U = 230$ V wird ein Widerstand $R = 350\ \Omega$ gemessen.

Wie groß ist die Stromstärke I **(siehe Bild)**?

194.2 Ein Strom mit einer Gleichspannung $U = 230$ V durchfließt einen Widerstand von 5 Ω.

Berechnen Sie die Stromstärke I.

194.3 Durch einen Verbraucher fließen 8,5 A, er liegt an einer Spannung von 230 V.

Welchen Widerstand hat der Verbraucher **(siehe Bild)**?

194.4 Der Widerstand einer elektrischen Heizschiene ist mit $R = 40\ \Omega$ angegeben, die Spannung beträgt $U = 230$ V.

Wie groß ist die Stromstärke I?

194.5 Eine Elektroheizplatte liegt an $U = 230$ V an. Der Widerstand der Heizdrähte in der Platte beträgt $R = 88\ \Omega$.

Berechnen Sie die Stromstärke I.

194.6 Bei einer Spannung $U = 400$ V fließen durch einen Widerstand $I = 0{,}76$ A.

Wie groß ist der Widerstand?

1) André Marie Ampère, französischer Physiker und Mathematiker (1775–1836)
2) Graf Alessandro Volta, italienischer Physiker (1745–1827)
3) Georg Simon Ohm, deutscher Physiker (1789–1854)

Formelzeichen	Bezeichnung	Einheiten
I	Stromstärke	A (Ampere)
U	Spannung	V (Volt)
R	Widerstand	Ω (Ohm)

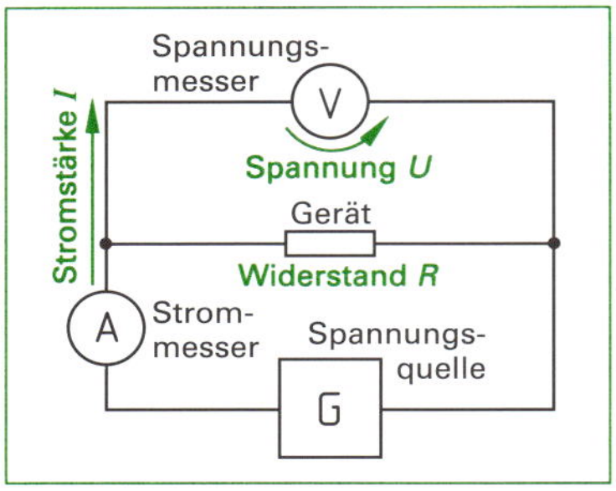

Bild 1

Ohmsches Gesetz

$$\text{Stromstärke (A)} = \frac{\text{Spannung (V)}}{\text{Widerstand }(\Omega)}$$

$$I = \frac{U}{R}$$

$$U = I \cdot R$$

$$R = \frac{U}{I}$$

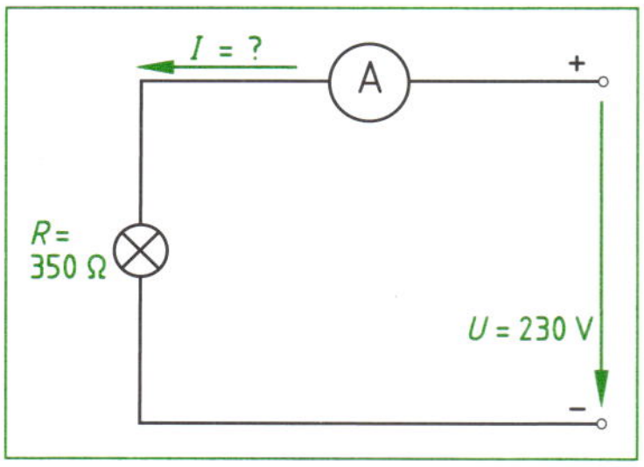

Aufgabe 194.1

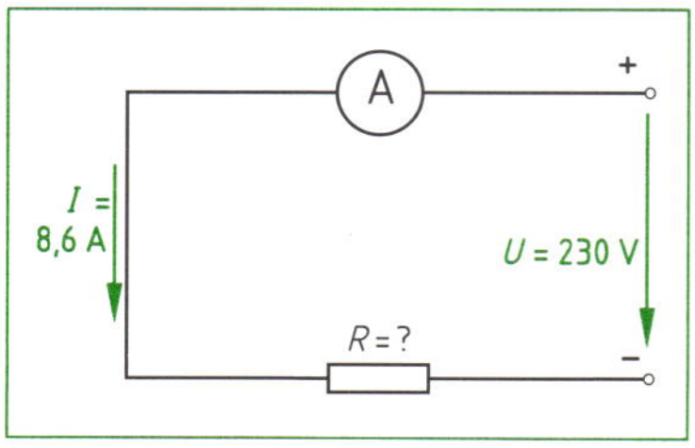

Aufgabe 194.3

14.2 Leiterwiderstand

Elektrische Leiter, in der Regel Kabel oder Drähte, übertragen elektrische Energie nicht ohne Verlust. Sie besitzen einen Widerstand, der von der Leiterlänge l, vom Querschnitt A des Leiters und vom spezifischen Widerstand des Leiterwerkstoffs ϱ (sprich ro) abhängen.

Die spezifischen elektrischen Widerstände ϱ werden für eine Leiterlänge l = 1 m und eine Querschnittsfläche A = 1 mm² für den Werkstoff angegeben **(Bild 1)**.

Der Widerstand eines Leiters R ist das Produkt aus spezifischem Widerstand des Leiters ϱ und der Länge l in Metern, dividiert durch die Querschnittsfläche A in mm².

Die elektrische Leitfähigkeit γ (sprich gamma) ist der Kehrwert des spezifischen Widerstandes. Sie gibt an, wie viel Meter eines Leiters von 1 mm² Querschnitt benötigt werden, um den Leiterwiderstand von 1/Ω zu erhalten.

$$\gamma = \frac{1}{\varrho}$$

Beispiel: Welchen Leiterwiderstand hat ein Widerstandsdraht aus Kupfer mit einem Durchmesser von 1,2 mm und 13 m Länge?

Lösung: $A = d^2 \cdot 0{,}785 = (1{,}2\text{ mm})^2 \cdot 0{,}785 = \mathbf{1{,}13\ mm^2}$

$$R = \frac{\varrho \cdot l}{A} = \frac{0{,}0178\ \Omega \cdot \text{mm}^2/\text{m} \cdot 13\text{ m}}{1{,}13\text{ mm}^2} = \mathbf{0{,}20\ \Omega}$$

Aufgaben zu 14.2 – Leiterwiderstand

195.1 Welchen Widerstand hat ein elektrischer Leiter aus Kupferdraht mit l = 36 m und einem Querschnitt A = 1,8 mm² **(siehe Bild)**?

195.2 Eine 32 km lange Freileitung aus Aluminiumdraht hat einen Querschnitt von 35 mm².
Wie groß ist der Widerstand R der Leitung?

195.3 Die Spule in einem Widerstand ist aus einem CuNi44-Draht gewickelt. Er hat einen Durchmesser von 0,45 mm.
Welche Länge l muss er haben, wenn der Widerstand R der Spule 120 Ω beträgt?

195.4 Berechnen Sie für einen Widerstand R den Querschnitt eines Drahtes aus Aluminium, der eine Länge von 260 m hat und dessen Widerstand R = 1,65 Ω beträgt.

195.5 Im Bürohaus sind 6 800 m elektrische Leitungen aus Kupferdraht verlegt worden. Der Durchmesser des Kupferdrahtes beträgt 0,6 mm.
Wie groß ist der Gesamtwiderstand dieser Leitungen?

Formelzeichen	Bezeichnung	Einheiten
ϱ	spezifischer Widerstand	$\frac{\Omega \cdot \text{mm}^2}{\text{m}}$
R	Widerstand	Ω (Ohm)
l	Länge des Leiters	m
A	Querschnittsfläche des Leiters	mm²

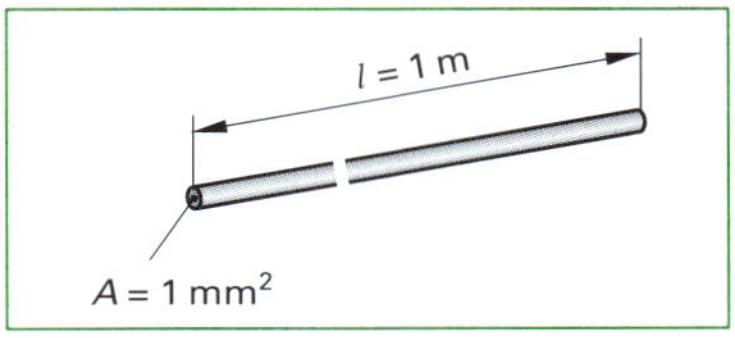

Bild 1: Spezifischer Widerstand ϱ des elektrischen Leiters

Widerstand

Widerstand = $\frac{\text{spezifischer Widerstand} \times \text{Länge}}{\text{Querschnittsfläche}}$

$$R = \frac{\varrho \cdot l}{A}$$

$$l = \frac{R \cdot A}{\varrho} \qquad A = \frac{\varrho \cdot l}{R}$$

Tabelle 1: Spezifischer Widerstand für elektrische Leiter ϱ in $\frac{\Omega \cdot \text{mm}^2}{\text{m}}$	
Kupfer	0,0178
Aluminium	0,028
Zink	0,0625
CuNi44	0,49

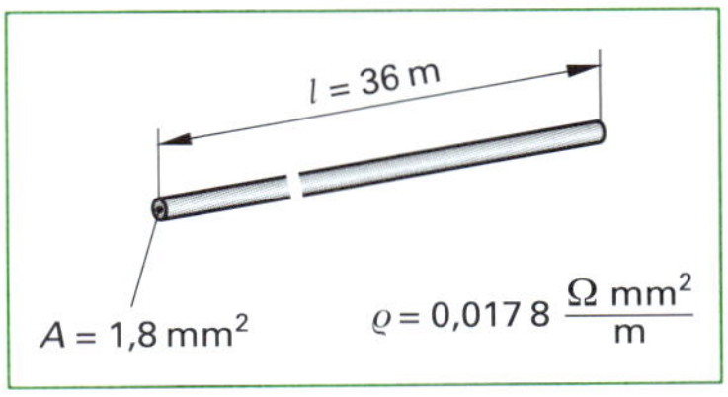

Aufgabe 195.1

14 Elektrotechnik

14.3 Reihen- und Parallelschaltung von Widerständen

Reihenschaltungen

Bei einer Reihenschaltung sind in einem Stromkreis mehrere Einzelwiderstände hintereinander geschaltet. Im gesamten Stromkreis fließt durch jeden einzelnen Widerstand derselbe Strom.

$I = I_1 = I_2 = I_3 = \dots$ (siehe **Bild 1**)

Nach dem ohmschen Gesetz gilt dann:

$$\frac{U}{R} = \frac{U_1}{R_1} = \frac{U_2}{R_2} = \frac{U_3}{R_3} = \dots$$

Die Gesamtspannung U ist gleich der Summe der Teilspannungen $U_1 + U_2 + \dots$.

Der Gesamtwiderstand R ist gleich der Summe der Teilwiderstände $R_1 + R_2 + \dots$.

Beispiel 1: Zwei Einzelwiderstände $R_1 = 20\ \Omega$ und $R_2 = 40\ \Omega$ werden in der Reihe hintereinander geschaltet. Sie liegen an einer Gesamtspannung $U = 230$ V **(Bild 1)**.

Wie groß ist der Gesamtwiderstand R, die Stromstärke I und die Teilspannungen U_1 und U_2?

Lösung: $R = R_1 + R_2 = 20\ \Omega + 40\ \Omega = \mathbf{60\ \Omega}$

$I = \frac{U}{R} = \frac{230\text{V}}{60\ \Omega} = 3{,}83$ A 2 **3,8 A**

$U_1 = I \cdot R_1 = 3{,}83\text{ A} \cdot 20\ \Omega = \mathbf{76{,}6\ V}$

$U_2 = I \cdot R_2 = 3{,}83\text{ A} \cdot 40\ \Omega = \mathbf{153{,}2\ V}$

Kontrollrechnung: 76,6 V + 153,2 V = **230 V**

Parallelschaltung

Bei einer Parallelschaltung sind die Einzelwiderstände in einem Stromkreis parallel nebeneinander geschaltet. Dadurch liegt an jedem Zweig und führt zu jedem Einzelwiderstand die gleiche Spannung.

$U = U_1 = U_2 = U_3 = \dots$ (siehe **Bild 2**).

In jedem Stromverzweigungspunkt ist die Summe der zufließenden Ströme gleich der Summe der abfließenden Ströme.

Die Gesamtstromstärke I ist gleich der Summe der Teilstromstärken $I_1 + I_2 + \dots$.

Da die Spannung an jedem Zweig gleich ist, kann für U gleich 1 eingesetzt werden. Nach dem ohmschen Gesetz kann für $I = 1/R$ geschrieben werden. Da die Gesamtstromstärke I gleich der Summe der Teilstromstärken ist, ergibt sich, dass der Kehrwert des Gesamtwiderstandes $1/R$ gleich der Summe der Kehrwerte der Teilwiderstände ist.

Formelzeichen	Bezeichnung	Einheiten
I	Gesamtstromstärke	A
$I_1, I_2, \dots$	Teilstromstärke	A
R	Gesamtwiderstand	Ω
$R_1, R_2, \dots$	Einzelwiderstände	Ω
U	Gesamtspannung	V
$U_1, U_2, \dots$	Teilspannungen	V

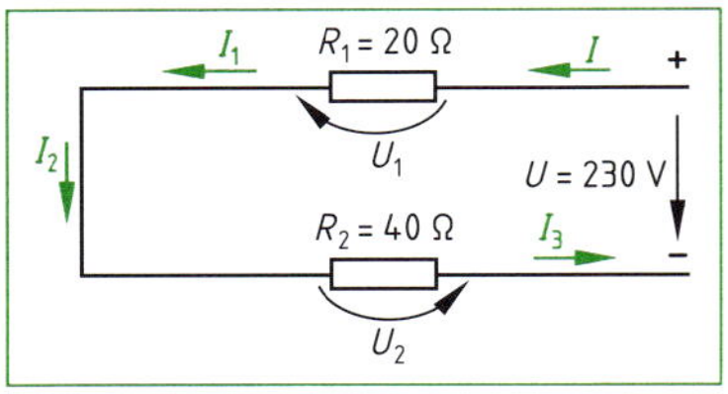

Bild 1: Reihenschaltung

Gesamtspannung = Summe der Teilspannungen

$U = U_1 + U_2 + \dots$

Gesamtwiderstand = Summe der Teilwiderstände

$R = R_1 + R_2 + \dots$

$R = n \cdot R_1$ (gleiche Widerstände)

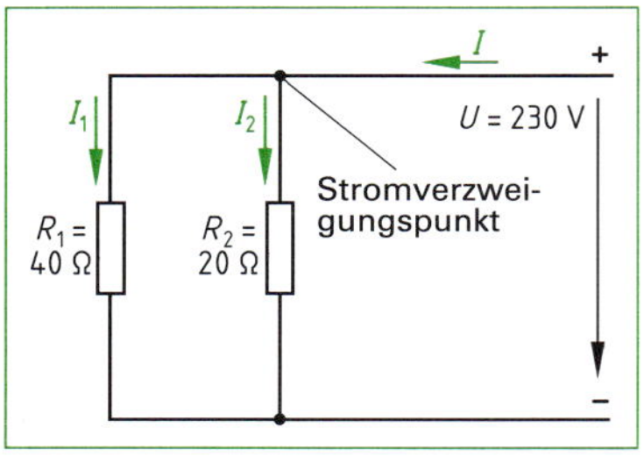

Bild 2: Parallelschaltung

Gesamtstromstärke = Summe der Teilstromstärken

$I = I_1 + I_2 + \dots$

Kehrwert des Gesamtwiderstandes = Summe der Kehrwerte der Teilwiderstände

$$\frac{1}{R} = \frac{1}{R_1} + \frac{1}{R_2} + \dots$$

14.3 Reihen- und Parallelschaltung von Widerständen

Beispiel 2: Zwei Widerstände $R_1 = 20\ \Omega$ und $R_2 = 40\ \Omega$ sind parallel geschaltet. Sie liegen an einer Spannung von 230 V an.
Wie groß ist der Gesamtwiderstand R, die gesamte Stromstärke I und die Teilstromstärken I_1 und I_2?

Lösung: a) $\frac{1}{R} = \frac{1}{R_1} + \frac{1}{R_2} = \frac{1}{20\ \Omega} + \frac{1}{40\ \Omega} = \frac{3}{40\ \Omega} = \frac{1}{\mathbf{13{,}3\ \Omega}}$

$R = \frac{13{,}3\ \Omega}{1} = \mathbf{13{,}3}$

b) $I = \frac{U}{R} = \frac{230\ \text{V}}{13{,}3\ \Omega} = \mathbf{17{,}3\ A}$

c) $I_1 = \frac{U}{R_1} = \frac{230\text{V}}{20\ \Omega} = \mathbf{11{,}5\ A}$

$I_2 = \frac{U}{R_2} = \frac{230\text{V}}{40\ \Omega} = \mathbf{5{,}8\ A}$

Aufgaben zu 14.3 – Reihenschaltung

197.1 Zwei Widerstände $R_1 = 80\ \Omega$ und $R_2 = 60\ \Omega$ liegen in Reihenschaltung hintereinander an einer Spannung von 230 V **(siehe Bild)**.
Wie groß ist die Gesamtstromstärke I, der Gesamtwiderstand R und die Teilspannungen U_1 und U_2?

197.2 In einem Stromkreis sind drei Einzelwiderstände $R_1 = 800\ \Omega$; $R_2 = 25\ \Omega$ und R_3 als veränderbarer Widerstand in Reihe geschaltet. Der Gesamtwiderstand soll $R = 1\,600\ \Omega$ betragen.
Auf welchen Widerstand ist der regelbare Einzelwiderstand R_3 einzustellen?

197.3 In einem Stromkreis mit einer Spannung von 230 V sollen drei Einzelwiderstände in Reihe eingebaut werden. Der Gesamtwiderstand R soll $1\,000\ \Omega$ betragen. Zwei Einzelwiderstände sind schon installiert. $R_1 = 350\ \Omega$ und $R_2 = 420\ \Omega$ **(siehe Bild)**.
a) Wie groß muss der dritte Widerstand R_3 sein?
b) Wie groß ist die Gesamtstromstärke I?
c) Wie groß sind die Teilspannungen U_1, U_2 und U_3?

Aufgaben zu 14.3 – Parallelschaltungen

197.4 Zwei Widerstände von $R_1 = 30\ \Omega$ und $R_2 = 20\ \Omega$ sind parallel geschaltet und liegen bei einer Spannung von 230 V an **(siehe Bild)**.
Gesucht werden:
a) die Größe des Gesamtwiderstandes R,
b) die Größe der Gesamtstromstärke I,
c) die Größe der Teilstromstärken I_1 und I_2.

197.5 Vier Widerstände sind parallel dargestellt geschaltet **(siehe Bild)**.
a) Wie groß ist der Gesamtwiderstand R?
b) Wie groß ist die Gesamtstromstärke I?
c) Wie groß sind die Teilstromstärken I_1, I_2, I_3 und I_4?

197.6 Zwei Widerstände sind parallel nebeneinander geschaltet und liegen einer Spannung von 115 V an **(siehe Bild)**. Die Größe der Teilstromstärken betragen $I_1 = 5{,}5$ A und $I_2 = 2{,}75$ A.
Wie groß sind die einzelnen Widerstände R_1 und R_2?

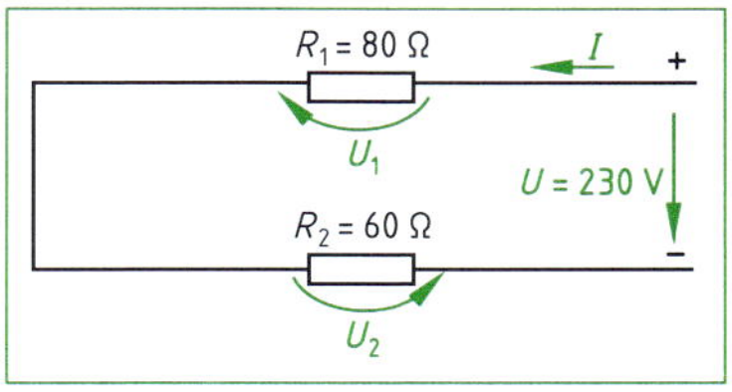

Aufgabe 197.1

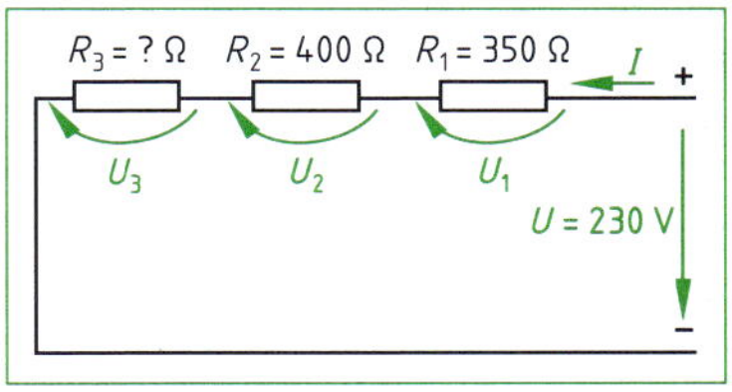

Aufgabe 197.3

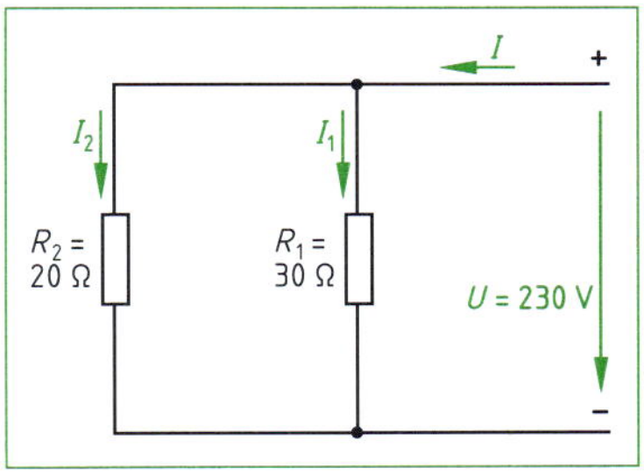

Aufgabe 197.4

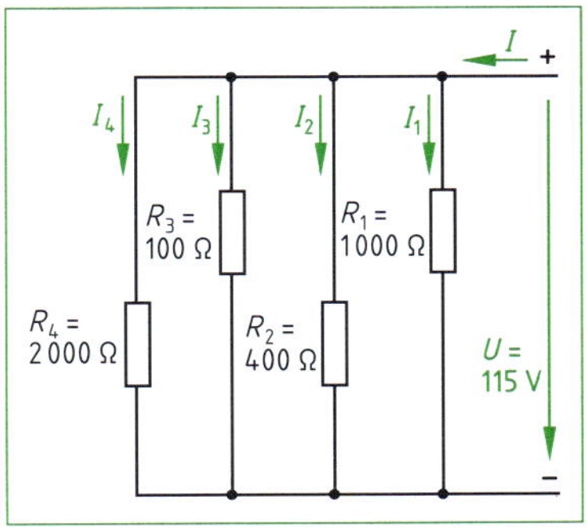

Aufgabe 197.5

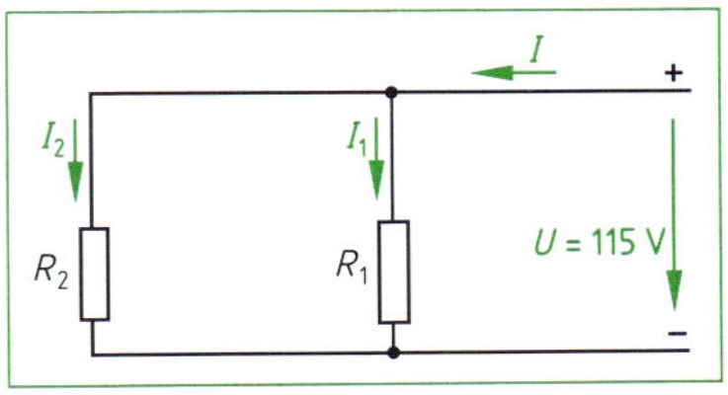

Aufgabe 197.6

14.4 Elektrische Leistung

Die elektrische Leistung, die von Spannungserzeugern abgegeben oder von elektrischen Geräten und Maschinen aufgenommen wird, lässt sich auf Grund der Spannung U und der fließenden Stromstärke I pro Zeiteinheit (Sekunde) berechnen. Die elektrische Leistung wird je nach Stromart unterschiedlich berechnet.

Die Leistung wird auf den Leistungsschildern **(Bild 1)** angegeben.

Bei elektrischen Geräten wie Heizgeräten und Heizplatten ist dies die zugeführte elektrische Leistung, bei elektrischen Maschinen wie Motoren die abgegebene elektrische Leistung.

Die elektrische Leistung hat die **Einheit** Watt (W) oder Kilowatt (kW).

Elektrische Leistung bei Gleichstrom

Die elektrische Leistung bei Gleichstrom ist das Produkt aus Spannung und Stromstärke. Je größer die Spannung oder die Stromstärke sind, desto größer ist auch die elektrische Leistung.

Gemäß dem ohmschen Gesetz kann man für $U = I \cdot R$ einsetzen, sodass man die Formel für die elektrische Leistung $P = I^2 \cdot R$ erhält. In dieser Formel kann man wiederum die Stromstärke I durch U/R ersetzen, sodass man nun für $P = U^2/R$ erhält.

Beispiel 1: Das Leistungsschild eines Gleichstrommotors **(Bild 1)** enthält folgende Angaben: $U = 230$ V, $I = 9$ A.

Berechnen Sie die aufgenommene elektrische Leistung P in W.

Lösung: $P_1 = U \cdot I = 230\ \text{V} \cdot 9\ \text{A} = \mathbf{2\,070\ W}$

Beispiel 2: Ein Widerstand mit 8 000 Ω wird von Gleichstrom mit einer Stromstärke $I = 0{,}25$ A durchflossen.

Wie groß ist die zugeführte elektrische Leistung in W?

Lösung: $P_1 = I^2 \cdot R = (0{,}25\ \text{A})^2 \cdot 8\,000\ \Omega$

$P_1 = 0{,}062\,5\ \text{A}^2 \cdot 8\,000\ \Omega = \mathbf{500\ W}$

Beispiel 3: Auf dem Leistungsschild einer elektrischen Heizplatte ist nur noch die Leistung $P = 1\,800$ W zu lesen. Als Widerstand werden 30 Ω gemessen **(Bild 2)**.

Für welche Netzspannung U ist die Heizplatte zugelassen?

Lösung: $P = \frac{U^2}{R} \Rightarrow U = \sqrt{P \cdot R} = \sqrt{1\,800\ \text{W} \cdot 30\ \Omega} \approx \mathbf{230\ V}$

■ Aufgaben zu 14.4 – Elektrische Leistung bei Gleichstrom

198.1 Ein Gleichstrommotor wird an das Stromnetz mit 230 V angeschlossen.

Wie groß ist die zugeführte elektrische Leistung in kW, wenn eine Stromstärke $I = 70$ A gemessen wird?

Formelzeichen	Bezeichnung	Einheiten
P	Leistung	W; kW
$P_1 = P_{zu}$	zugeführte Leistung	W; kW
$P_2 = P_{ab}$	abgeführte Nennleistung	W; kW
U	Spannung	V
I	Stromstärke	A
η	Wirkungsgrad	–
$\cos \varphi$	Leistungsfaktor	–

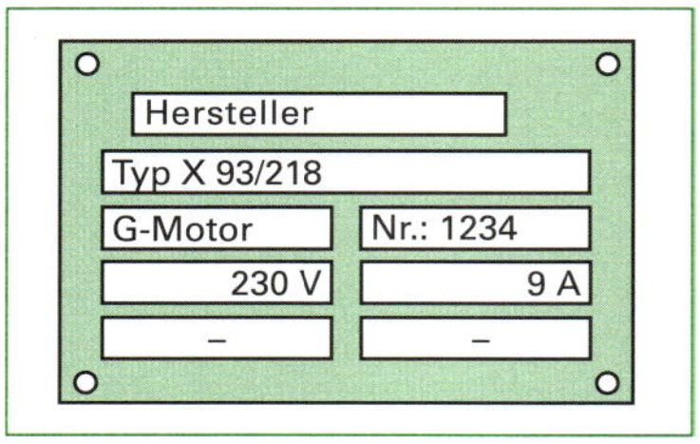

Bild 1: Leistungsschild

Elektrische Leistung bei Gleichstrom

Leistung = Spannung × Stromstärke
$P = U \cdot I$

Leistung mit ohmschem Gesetz

$P = I^2 \cdot R$	$P = \frac{U^2}{R}$

Einheiten	
1 W (Watt)	$= 1\ \text{V} \cdot 1\ \text{A} = 1\ \frac{\text{N} \cdot \text{m}}{\text{s}} = 1\ \frac{\text{J}}{\text{s}}$
1000 W	= 1 kW (Kilowatt)
$1 \cdot 10^6$ W	= 1 MW (Megawatt)

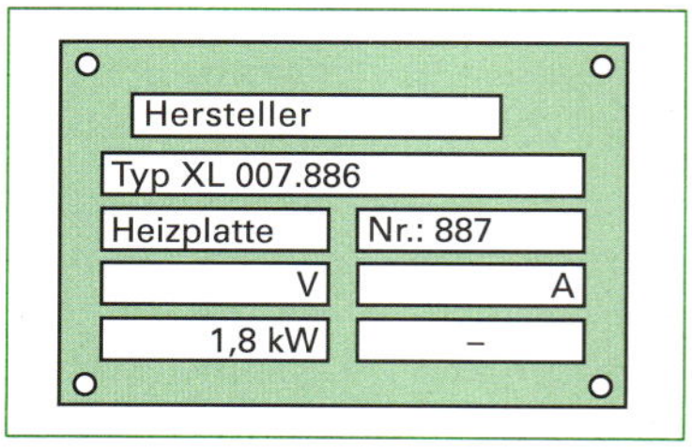

Bild 2: Leistungsschild

14 Elektrotechnik

14.4 Elektrische Leistung

199.1 Eine Halogenlampe ist an einer Spannung von 12 V angeschlossen.

Wie groß ist der Betriebswiderstand R und die Nennleistung P der Lampe, wenn der Strommesser 5,0 A anzeigt **(siehe Bild)**?

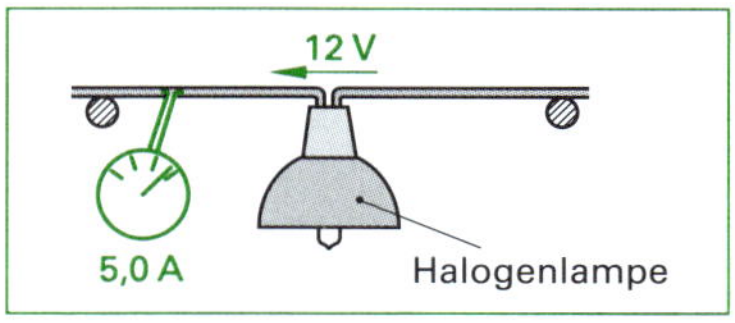

Aufgabe 199.1

199.2 An welche Netzspannung kann ein Lötkolben angeschlossen werden, wenn bei einer Leistung von 50 W ein Strom von 0,227 A fließt?

199.3 Auf dem Leistungsschild einer elektrischen Heizplatte ist die Leistung mit 1 500 W angegeben **(siehe Bild)**.

Überprüfen Sie die Stromstärke, wenn die Heizplatte an einer Spannung mit 230 V anliegt.

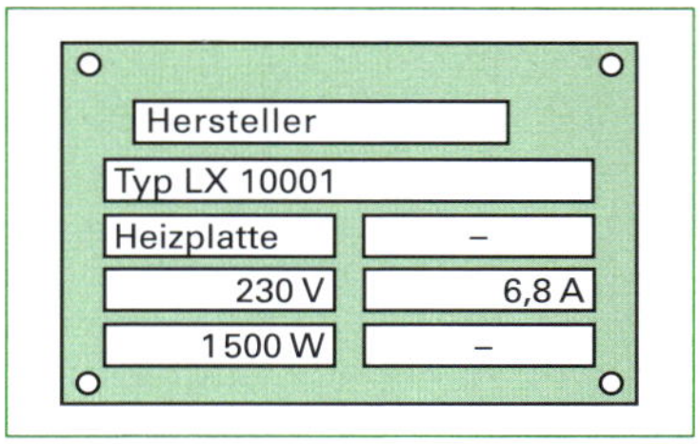

Aufgabe 199.3

199.4 An einem Gleichstrommotor ist das abgebildete Leistungsschild angebracht **(siehe Bild)**.

Ermitteln Sie die zugeführte elektrische Leistung des Motors und errechnen Sie den Wirkungsgrad.

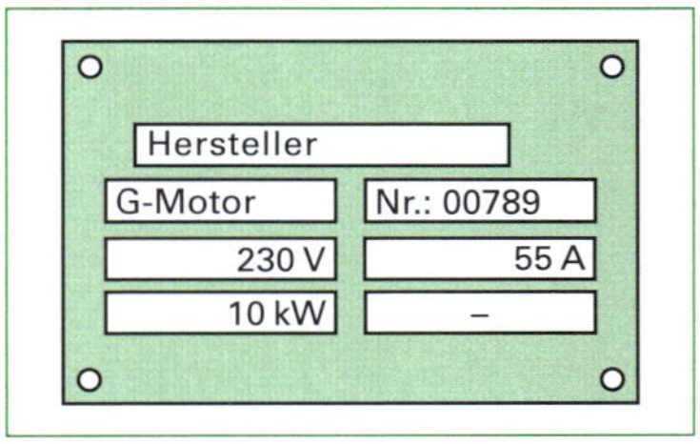

Aufgabe 199.4

Elektrische Leistung bei Wechselstrom

Im Gegensatz zum Gleichstrom, der in einer Richtung fließt und in der Regel konstant groß ist, wechselt der Wechselstrom seine Richtung. Es gibt einen sinusförmigen Verlauf der Spannungsphasen des Stromes. Da der zeitliche Verlauf der Stromstärke gegenüber dem der Spannung phasenverschoben ist, ergibt sich eine Leistungsminderung, die mit dem Leistungsfaktor $\cos \varphi$ („Cosinus Phi") bezeichnet wird. Der Leistungsfaktor liegt nach induktiver und kapazitiver Belastung zum Beispiel bei Wechselstrommotoren zwischen 0,5 und 0,9.

Beispiel 1: Ein Wechselstrommotor für 230 V entnimmt dem Netz 8,5 A. Der Leistungsfaktor $\cos \varphi$ wird mit 0,85 angegeben.

Welche Leistung in kW wird dem Motor zugeführt?

Lösung: $P_1 = U \cdot I \cdot \cos \varphi = 230\ \text{V} \cdot 8{,}5\ \text{A} \cdot 0{,}85 = \mathbf{1\,662\ W} \approx \mathbf{1{,}7\ kW}$

Leistung bei Wechselstrom

Leistung
= Spannung × Stromstärke
× Leistungsfaktor

$$P_1 = U \cdot I \cdot \cos \varphi$$

$$U = \frac{P_1}{I \cdot \cos \varphi}$$

$$I = \frac{P_1}{U \cdot \cos \varphi}$$

$$\cos \varphi = \frac{P_1}{U \cdot I}$$

Elektrische Leistung bei Drehstrom

Drehstrom ist ein Dreiphasen-Wechselstrom. In jedem einzelnen der drei Leiter fließt Einphasen-Wechselstrom mit einer bestimmten Wechselstromleistung. Durch den Verkettungsfaktor $\sqrt{3}$ wird in der Formel die Zusammenfassung der drei Einzelleistungen berücksichtigt.

Beispiel 2: Ein Drehstrommotor ist an 400 V angeschlossen und nimmt 31,5 A Strom auf.

Wie groß ist seine Leistungsaufnahme in kW, wenn der Leistungsfaktor $\cos \varphi$ gleich 0,85 beträgt?

Lösung: $P_1 = \sqrt{3} \cdot U \cdot I \cdot \cos \varphi$
$= \sqrt{3} \cdot 400\ \text{V} \cdot 31{,}5\ \text{A} \cdot 0{,}85 = \mathbf{18\,550\ W} \approx \mathbf{18{,}6\ kW}$

Leistung bei Drehstrom

Leistung
= $\sqrt{3}$ × Spannung × Stromstärke
× Leistungsfaktor

$$P_1 = \sqrt{3} \cdot U \cdot I \cdot \cos \varphi$$

$$U = \frac{P_1}{\sqrt{3} \cdot I \cdot \cos \varphi}$$

$$I = \frac{P_1}{\sqrt{3} \cdot U \cdot \cos \varphi}$$

14 Elektrotechnik

14.4 Elektrische Leistung

Aufgaben zu 14.4 – Elektrische Leistung bei Wechselstrom

200.1 Ein Verbraucher wird an 230 V Wechselstrom angeschlossen. Er nimmt bei einem Leistungsfaktor $\cos \varphi = 0{,}8$ eine Leistung von 100 W auf.

Wie groß ist seine Stromstärke?

200.2 Ein Wechselstrommotor trägt das Leistungsschild wie im **Bild** dargestellt.

Berechnen Sie die dem Netz entnommene Leistung in kW und den Wirkungsgrad des Motors.

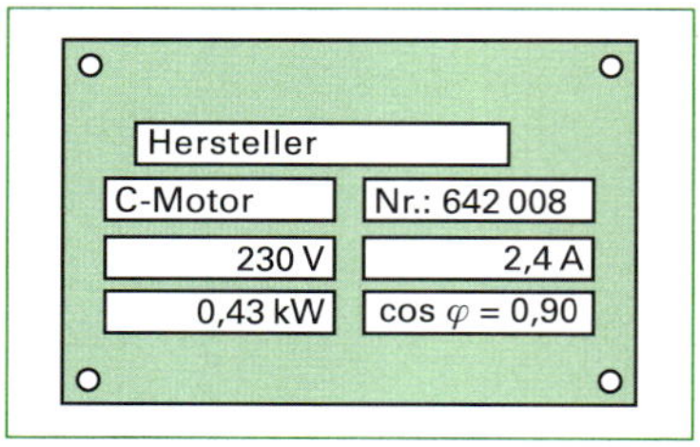

Aufgabe 200.2

200.3 In dem Leistungsschild eines Wechselstrommotors **(siehe Bild)** fehlt der Eintrag der abgegebenen Leistung des Motors.

Wie groß ist die zugeführte Leistung in kW und die abgegebene Leistung in kW des Motors, wenn der Wirkungsgrad 0,86 beträgt?

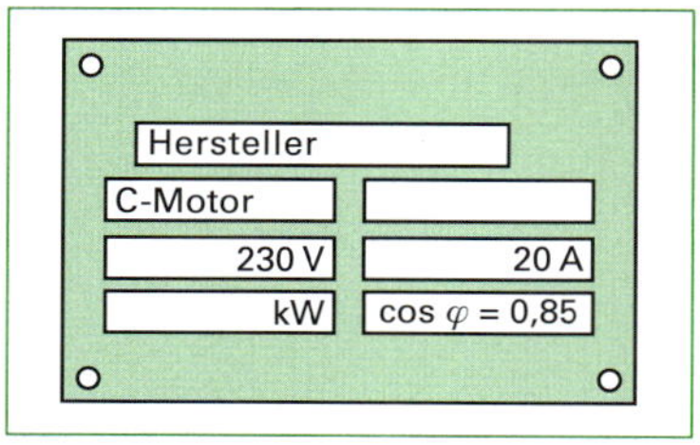

Aufgabe 200.3

200.4 Auf dem Leistungsschild eines kleinen Motors kann man nicht mehr die Spannung entziffern. Lesbar ist $\cos \varphi = 0{,}72$; 0,7 A und 6 W.

An welche Spannung darf der Motor höchstens angelegt werden?

Aufgaben zu 14.4 – Elektrische Leistung bei Drehstrom

200.5 Ein Drehstrommotor ist an 400 V angeschlossen. Die Stromstärke wird mit 30 A angegeben und der Leistungsfaktor beträgt $\cos \varphi = 0{,}78$.

Welche Leistung in kW nimmt der Motor auf?

200.6 Ein Drehstrommotor eines Zerspaners trägt das im **Bild** gezeigte Leistungsschild.

Welche Leistung in kW nimmt der Motor auf?

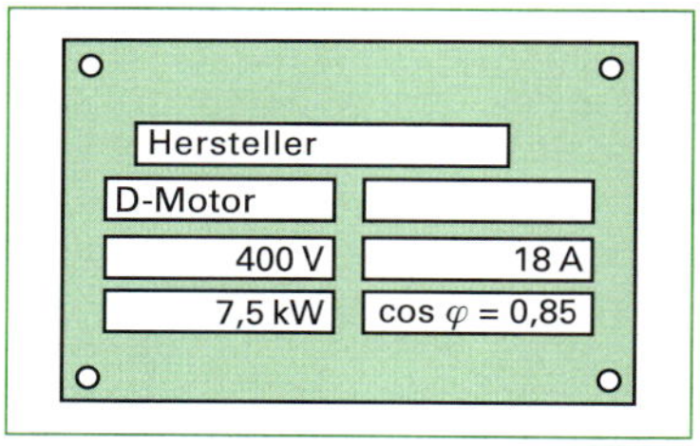

Aufgabe 200.6

200.7 Der Drehstrommotor einer Dickenhobelmaschine wird mit 400 V Drehstrom betrieben und hat eine Leistungsabgabe von 8,5 kW.

Wie groß ist der Strom in der Leitung, wenn $\cos \varphi = 0{,}87$ und der Wirkungsgrad $\eta = 0{,}86$ beträgt?

200.8 Das Leistungsschild eines Drehstrommotors zeigt die im **Bild** aufgeführten Daten.

Berechnen Sie die aufgenommene Leistung und den fehlenden Stempelaufdruck der abgegebenen Leistung in kW, wenn der Wirkungsgrad $\eta = 0{,}90$ beträgt.

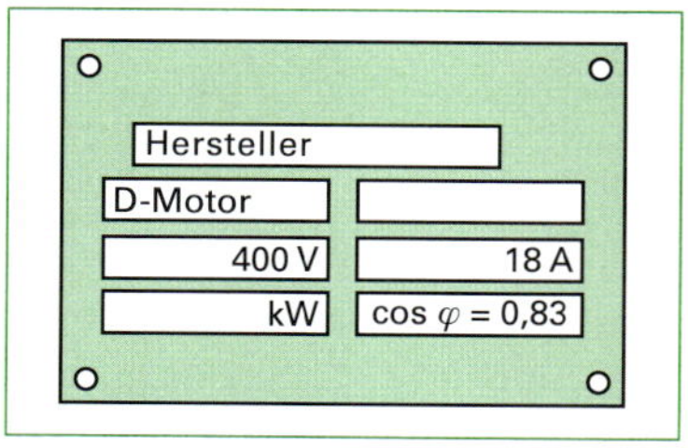

Aufgabe 200.8

200.9 Für die Absicherung des Netzes fehlt die Angabe der Stromstärke im Leistungsschild **(siehe Bild)**.

Berechnen Sie diese, wenn mit einem Wirkungsgrad von 0,85 von aufgenommener zur abgegebenen Leistung zu rechnen ist.

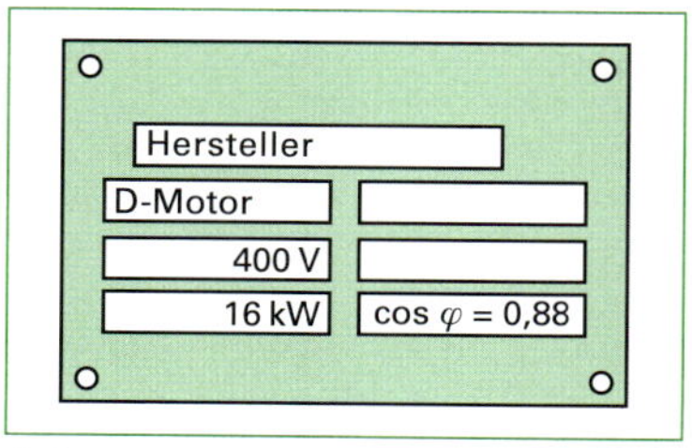

Aufgabe 200.9

14 Elektrotechnik

14.5 Elektrische Arbeit

Die Energie-Versorgungs-Unternehmen (EVU) berechnen dem Abnehmer die Kosten für die elektrische Arbeit. Meistens sind diese Kosten in die Grundgebühren bzw. den Bereitstellungspreis und in den Arbeitspreis aufgeteilt. Die elektrische Arbeit ist abhängig von der aufgenommenen Leistung des Verbrauchers und der Betriebszeit. Je länger ein Verbraucher mit Stromaufnahme in Betrieb ist und je größer die Leistungsaufnahme des Verbrauchers ist, desto größer ist auch die elektrische Arbeit in Wattsekunde oder in Kilowattstunde.

Die elektrische Arbeit ist das Produkt aus Leistung und Zeit.

Beispiel 1: Ein Heizlüfter mit der Leistung 2 000 Watt ist 8 Stunden lang eingeschaltet. Wie groß ist die elektrische Arbeit?

Lösung: $W = P \cdot t = 2\,000\ \text{W} \cdot 8\ \text{h} = \mathbf{16\,000\ Wh} = \mathbf{16\ kWh}$

Beispiel 2: Durch den Ausfall der Warmwasserheizung muss der elektrische Heizlüfter aus Beispiel 1 nun acht Tage mit je 8 h eingeschaltet bleiben. Wie viel kostet die elektrische Arbeit, wenn ein Arbeitspreis von 0,12 € pro Kilowattstunde zu zahlen sind?

Lösung: $W = P \cdot t = 2\ \text{kW} \cdot 64\ \text{h} = \mathbf{128\ kWh}$

$K = W \cdot K_A$

$= 128\ \text{kWh} \cdot 0{,}12\ \text{€/kWh} = \mathbf{15{,}36\ €}$

Aufgaben zu 14.5 – Elektrische Arbeit

201.1 Eine elektrische Furnierpresse entnimmt dem Netz 12,5 kW. Sie hat eine Heizzeit pro Betriebsschicht von 5,5 h.

Wie groß ist die elektrische Arbeit?

201.2 Ein Wechselstrommotor hat das im **Bild** gezeigte Leistungsschild. Er ist unter Vollast im Monat 120 h in Betrieb.

Wie groß ist die elektrische Arbeit und wie hoch sind die Kosten, wenn 0,12 € pro kWh zu zahlen sind?

201.3 Im Werksgelände befinden sich 4 Leuchten mit je zwei Glühlampen von 100 W. Eine Zeitschaltuhr ist so eingestellt, dass sie täglich jede Nacht von abends 22 Uhr bis morgens 5 Uhr brennen.

a) Wie groß ist die elektrische Arbeit pro Tag?

b) Wie hoch sind die Kosten für die Hofbeleuchtung im Jahr bei 0,12 €/kWh?

201.4 Ein Drehstrommotor trägt das Leistungsschild wie im **Bild** aufgeführt.

Wie groß ist seine elektrische Arbeit bei 6,5 h unter Volllast pro Arbeitsschicht?

201.5 Ein Drehstrommotor hat das Leistungsschild im **Bild**.

Berechnen Sie die Kosten, wenn der Motor 5,5 h pro Betriebsschicht läuft und für die kWh 0,14 € zu zahlen sind.

Formelzeichen	Bezeichnung	Einheiten
P	Leistung	W; kW
W	Arbeit	Ws; kWh
t	Zeit	s; h
K	Kosten	€
K_A	Arbeitspreis	€/kWh

Einheiten
1 Ws = 1 J
1 kWh = 3 600 kJ
$1\ \text{kWh} = 3{,}6 \cdot 10^6\ \text{Ws}$

Arbeit = Leistung × Zeit

$$W = P \cdot t$$

$$P = \frac{W}{t} \qquad t = \frac{W}{P}$$

Kosten = Arbeit × Arbeitspreis

$$K = W \cdot K_A$$

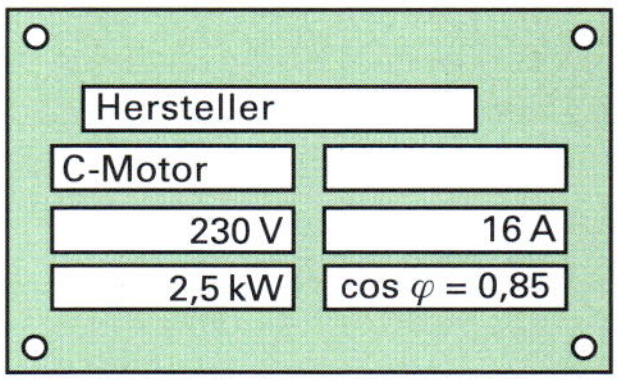

Aufgabe 201.2

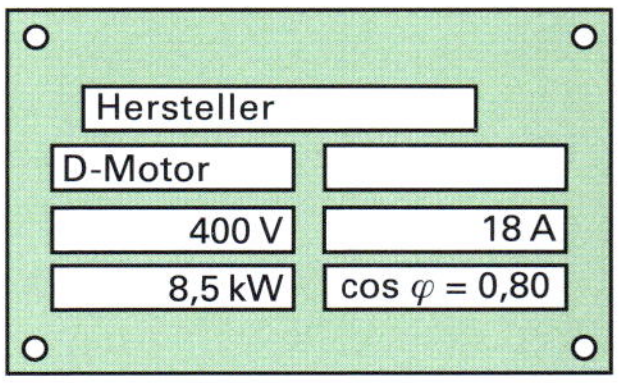

Aufgabe 201.4

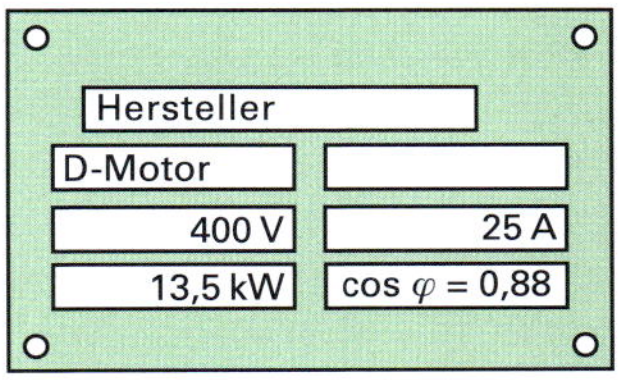

Aufgabe 201.5

15 Holztrocknung

15.1 Holzfeuchte – Luftfeuchte

15.1.1 Holzfeuchte

Die Holzsubstanz enthält in den Zellwänden gebundenes Wasser und in den Zellhohlräumen freies Wasser. Sind die Holzzellwände mit Wasser gesättigt, ist eine Holzfeuchte von etwa $u_F \approx 28\,\%$, Mittelwert der Fasersättigung (Fasersättigungsbereich) aller Holzarten, erreicht.

Bei der Feuchtigkeitsbindung unterscheidet man folgende Grenzwerte:

— darrtrocken $u_0 = 0\,\%$
— lufttrocken $u_{15} = 15\,\%$
— Fasersättigung $u_F \approx 30\,\%$ im Mittel
— wassergesättigt u_{max} abhängig von Holzart

Bei den Prozentangaben bezieht man sich auf die Masse (Gewicht) der trockenen Holzsubstanz, dem sog. Darrgewicht, das 100 % entspricht. Bei einer Holzfeuchte von $u = 50\,\%$ sind zusätzlich zum Darrgewicht = 100 % noch 50 % Wasser vorhanden. Daraus folgt: Ein Stamm mit einer Masse von 900 kg und 50 % Holzfeuchte besteht aus 600 kg Holzsubstanz und 300 kg Wasser.

Die hygroskopische Eigenschaft, Wasser aufzunehmen und Wasser abzugeben, hat neben der Gewichtsveränderung auch eine Volumenänderung und damit verbunden eine Formveränderung zur Folge. Diese Veränderungen werden als das „Arbeiten des Holzes" bezeichnet.

Die Folge der Feuchtigkeitsabgabe ist eine **Volumenabnahme – das Schwinden.**

Die Folge der Feuchtigkeitsaufnahme ist eine **Volumenzunahme – das Quellen.**

Formelzeichen	Bezeichnung	Einheit/Anteil
u	Holzfeuchte (allgemein)	%
u_a	Anfangsholzfeuchte (fällfrische, „grün")	%
u_e	Endholzfeuchte (getrocknet)	%
u_{gl}	Holzfeuchtegleichgewicht	%
u_F	Holzfeuchte bei Fasersättigung	%
u_0	0 % Holzfeuchte, darrtrockenes Holz	%
m_u	Masse der nassen Holzprobe	g
m_0	Masse der wasserfreien Holzprobe (darrtrocken)	g
β_r	Schwindung radial	%
β_t	Schwindung tangential	%
β_l	Schwindung längs (axial)	%
l_{ua}	Feuchtemaß (Grünmaß)	mm
l_{ue}	Trockenmaß	mm
q	Schwundverlust pro 1 % Holzfeuchteänderung	%
φ	relative Luftfeuchte	%
f_{abs}	absolute Luftfeuchte	g/m³
$f_{sätt}$	maximale Luftfeuchte	g/m³

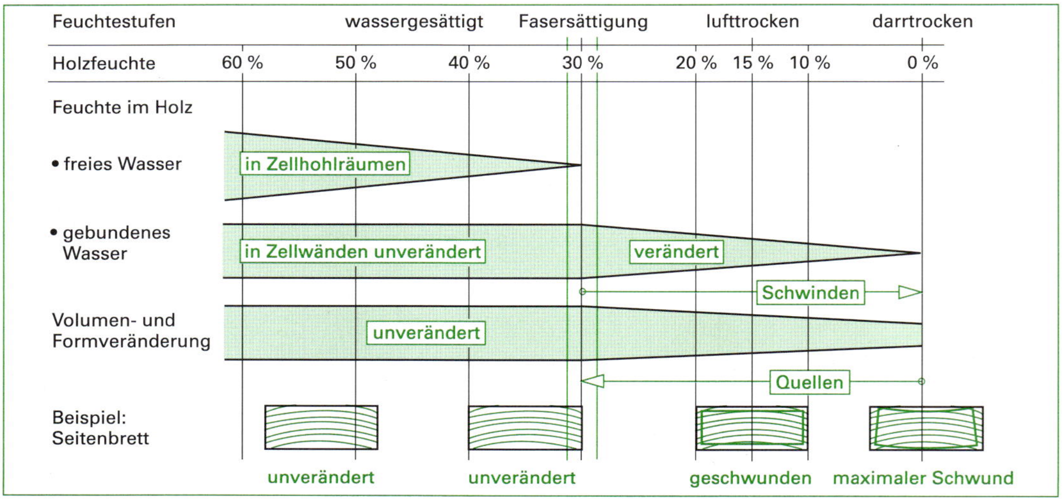

Bild 1: Feuchteveränderungen im Holz

15 Holztrocknung

15.1 Holzfeuchte – Luftfeuchte

Tabelle 1: Anfangs-Holzfeuchte von frisch gefälltem (grünem) Holz	
mäßig feuchtes Holz	Kernholz von Nadelholz 30 %–40 %
feuchtes Holz	Esche, Nussbaum 40 %–50 %
nasses Holz	Ahorn, Birke, Buche, Eiche, Erle, Linde 80 %–115 %
sehr nasses Holz	Ulme, Kastanie, Pappel 90 %–140 % Splintholz von Nadelhölzern 130 %–200 %

15.1.2 Bestimmung der Holzfeuchte

Die Holzfeuchte kann über die Darrmethode oder mittels Feuchte-Messgeräte, auf der Basis des elektrischen Widerstandes des Holzes, ermittelt werden.

Die genaueste Bestimmung der Holzfeuchte erfolgt über die Darrmethode durch Verdampfen des im Holz vorhandenen Wassers. Hierbei wird eine Holzprobe im nassen Zustand gewogen. Anschließend wird die Probe in einem Darrofen bei ca. 103 °C solange getrocknet bis das ganze Wasser aus der Holzsubstanz entfernt ist. Die abschließende Wägung ergibt die Masse der darrtrockenen Holzsubstanz.

Die Holzfeuchte *u* in % gibt den Wassergehalt (Masse des Wassers) einer Holzprobe, bezogen auf ihre Trockenmasse (Gewicht der Probe im Darrzustand = 100 %) an **(Bild 1)**.

Die Berechnung der Differenz von der Masse der feuchten Holzprobe (m_u) und der Darrmasse (m_0) ergibt die Masse des Wassers (m_W) des im Holz enthaltenen Wassers.

Beispiel: Eine Holzprobe einer im Freien gelagerten Eichenbohle wiegt im nassen Zustand m_u = 386 g und darrtrocken m_0 = 308 g.

a) Wie groß ist die Masse des Wassers in g?

b) Welche Holzfeuchte in % hat die Holzprobe?

Lösung: a) $m_W = m_u - m_0 = 386\text{ g} - 308\text{ g} = \mathbf{78\text{ g}}$

b) Lösung mit dem Dreisatz:

$$308\text{ g} \mathrel{\hat=} 100\,\%$$

$$1\text{ g} \mathrel{\hat=} \frac{100\,\%}{308}$$

$$78\text{ g} \mathrel{\hat=} \frac{100\,\% \cdot 78}{308} = \mathbf{25{,}3\,\%}$$

Lösung nach der Holzfeuchte-Formel:

$$u = \frac{m_u - m_0}{m_0} \cdot 100\,\%$$

$$= \frac{386\text{ g} - 308\text{ g}}{308\text{ g}} \cdot 100\,\% = \mathbf{25{,}3\,\%}$$

Tabelle 2: Fasersättigungsfeuchte	
Holzart	u_F in %
Nadelhölzer mit Farbkern Kiefer, Lärche, Douglasie	26–28
Nadelhölzer ohne Farbkern Fichte, Tanne	30–34
Laubhölzer, ringporig mit Kern Eiche, Esche, Kirschbaum, Nussbaum	23–25
Laubhölzer, zerstreutporig ohne Kern Birke, Buche, Linde, Pappel	29–35
vereinfachter Mittelwert	30

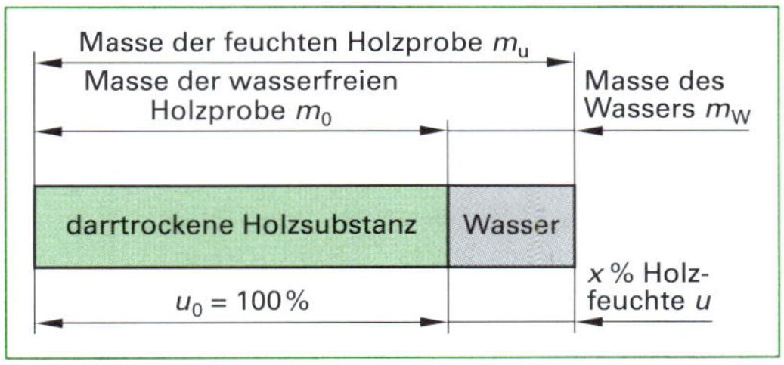

Bild 1: Bestimmung der Holzfeuchte

Masse des Wassers
= Masse der feuchten Holzprobe –
Masse der wasserfreien Holzprobe

$$m_W = m_u - m_0$$

Holzfeuchte *u* in %

$$= \frac{\text{Masse, feucht (g)} - \text{Masse, darrtrocken (g)}}{\text{Masse, darrtrocken (g)}} \times 100\,\%$$

$$u = \frac{m_u - m_0}{m_0} \cdot 100\,\%$$

Tabelle 3: Richtwerte der Verarbeitungs-Holzfeuchte	
Erzeugnisse	*u* in %
Bauholz im Freien	16–25
Gegenstände im Freien	12–16
Außenfenster, Außentüren	12–15
Möbel, Innenausbauteile, Parkett a) in Räumen mit Ofenheizung b) in dauerbeheizten Räumen	 10–12 7–10
Musikinstrumente	5–7
Holzwerkstoffplatten	5–7
Furniere	8–10

15 Holztrocknung

15.1 Holzfeuchte – Luftfeuchte

15.1.3 Luftfeuchte

Bei der Luftfeuchte werden drei Arten unterschieden:

1. Die **absolute Luftfeuchte** (f_{abs} in g/m^3) (effektiv vorhandene Feuchtigkeit) gibt an, wieviel Gramm Wasserdampf in 1 m^3 Luft enthalten ist.
2. Die **maximale Luftfeuchte** ($f_{sätt}$ in g/m^3) oder gesättigte feuchte Luft gibt an, wie viel Gramm Wasserdampf 1 m^3 Luft bei einer bestimmten Lufttemperatur höchstens aufnehmen kann. Je wärmer die Luft ist, desto mehr Feuchtigkeit kann sie aufnehmen.
3. Die **relative Luftfeuchte** φ in % (Aufnahmefähigkeit an Feuchtigkeit) ist das Verhältnis der im Raum wirklich vorhandenen Wasserdampfmenge (absolute Luftfeuchte) zu der bei gleicher Temperatur möglichen Höchstmenge (maximale Luftfeuchte). Sie gibt also an, wie viel Prozent von der möglichen Wasserdampfhöchstmenge bei einer bestimmten Lufttemperatur tatsächlich vorhanden ist. Sie kann 0 % bis 100 % betragen **(Bild 1)**.

Beispiel: Bei 25 °C Lufttemperatur beträgt die relative Luftfeuchte 80 %. Wie groß ist die absolute Luftfeuchte und die maximale Luftfeuchte?

Lösung: nach dem Diagramm:

a) $f_{abs} \approx 17$ g/m^3

b) $f_{sätt} \approx 25$ g/m^3

15.1.4 Holzfeuchtegleichgewicht u_{gl}

Das Holz soll entsprechend seinem Verwendungszweck eine bestimmte Holzfeuchte haben. Die Holztrocknung kann im Freien oder durch technische Holztrocknung erfolgen. Für die Trocknung des Holzes auf Soll-Feuchte-Werte ist das hygroskopische Verhalten des Holzes ausschlaggebend. Holz passt seine Holzfeuchte nach einer Ausgleichszeit der relativen Luftfeuchte bei gegebener Lufttemperatur an und die Holzfeuchte steht dann im Gleichgewicht.

Beträgt z. B. die Lufttemperatur 10 °C und die relative Luftfeuchte 75 %, so erreicht ein in diesem Klima vorhandenes Holz ein Holzfeuchtegleichgewicht u_{gl} von 15 %. Herrscht in einer Trockenkammer eine Temperatur von 60 °C und eine relative Luftfeuchte von 40 %, so würde das Holz in der Kammer nach einer gewissen Zeit ein u_{gl} von 6 % erreichen **(Bild 2)**.

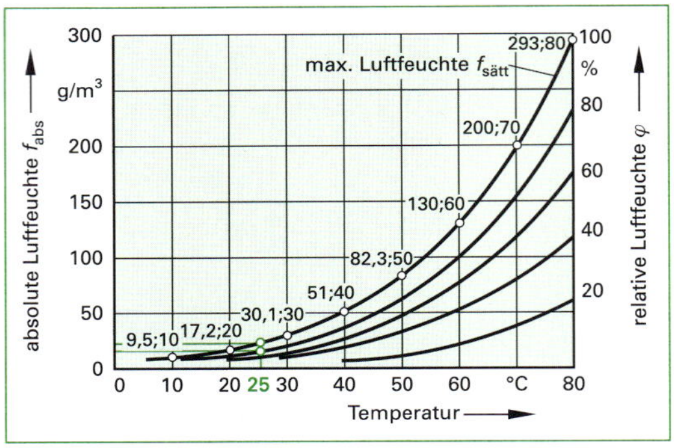

Bild 1: Wasseraufnahmefähigkeit der Luft

Relative Luftfeuchte

$$= \frac{\text{abs. Luftfeuchte (g/m}^3\text{)} \times 100\,\%}{\text{max. Luftfeuchte (g/m}^3\text{)}}$$

$$\varphi = \frac{f_{abs}}{f_{sätt}} \cdot 100\,\%$$

Tabelle: Holzfeuchtegleichgewicht u_{gl} in %

rel. Luftfeuchte φ							
100 %	33,0	31,0	30,0	29,0	28,0	27,0	26,0
90 %	21,0	21,0	20,0	19,0	18,0	17,0	16,0
80 %	16,3	16,0	15,7	15,0	14,2	13,2	12,4
70 %	13,4	13,0	12,7	12,1	11,5	10,8	10,0
60 %	11,2	10,8	10,5	10,0	9,5	8,8	8,2
50 %	9,4	9,0	8,8	8,4	7,9	7,3	6,7
40 %	7,8	7,5	7,3	7,0	6,5	6,0	5,4
30 %	6,4	6,2	5,9	5,5	5,1	4,7	4,3
Lufttemperatur °C	10	20	30	40	50	60	70

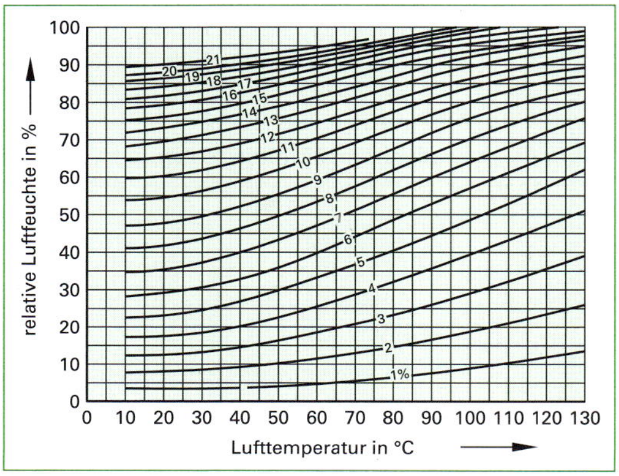

Bild 2: Holzfeuchtegleichgewicht u_{gl} in %

15 Holztrocknung

15.1 Holzfeuchte – Luftfeuchte

Aufgaben zu 15.1.2 Bestimmung der Holzfeuchte

205.1 Eine Holzprobe wiegt im feuchten Zustand 475 g. Darrgetrocknet wiegt sie 22 % weniger.

Berechnen Sie

a) den Wassergehalt in der Holzprobe in g,

b) die Holzfeuchte u in Prozent.

205.2 Nach der Trocknung in einem Darrofen wiegt eine Holzprobe 345 g. Die Holzfeuchte im feuchten Zustand betrug $u = 28\,\%$.

Wie viel Gramm wog die Holzprobe im feuchten Zustand?

205.3 Eine Holzprobe mit einer Masse von 185 g besitzt eine Holzfeuchte von 18 %.

Berechnen Sie

a) die darrtrockene Masse der Holzprobe in Gramm,

b) die Holzfeuchte u in % bei einer Masse der darrtrockenen (a) Probe von 169 g.

205.4 Ein elektrisches Holzfeuchte-Messgerät zeigt bei einer Eichenholzbohle aus einem Freiluftstapel eine Holzfeuchte von 17 % an. Zur Kontrolle des Messergebnisses wird eine Darrprobe durchgeführt. Hierbei ergab sich ein $m_u = 134$ g und $m_0 = 109$ g.

Ist das Messgerät richtig geeicht?

205.5 Für eine Haustür werden die Blockrahmen aus Eschebohlen hergestellt. Die Darrprobe ergibt für die Holzprobe folgende Ergebnisse: $m_u = 115$ g und $m_0 = 95$ g. Kann das Holz ohne künstliche Trocknung eingebaut werden?

205.6 Für den Innenausbau eines Verwaltungsgebäudes sind Buchenbohlen mit einer angeblichen Holzfeuchte von 10 % eingekauft worden. Aus Gewährleistungsgründen wird eine Darrprobe mit folgendem Ergebnis durchgeführt:

Feuchter Zustand: $m_u = 54{,}6$ g
Darrtrockener Zustand: $m_0 = 47{,}2$ g

a) Welche Holzfeuchte in % hatte das Holz tatsächlich beim Einkauf?

b) Kann es mit dieser ermittelten Holzfeuchte für die Innenausbauarbeiten verwendet werden?

205.7 In einer Trockenkammer werden 2,7 t Eichenholz mit 75 % Holzfeuchte auf 8 % getrocknet.

a) Wie groß ist der Wassergehalt des nassen Holzes in Litern?

b) Wie viel Liter Wasser werden dem Holz entzogen?

c) Wie viel Tonnen wiegt das Holz nach der Trocknung?

Aufgaben zu 15.1.3 – Luftfeuchte

205.8 Wovon hängt es ab, wie viel Wasser 1 m³ Luft aufnehmen kann?

205.9 Wasserdampf kann bis zur Sättigung von der Luft aufgenommen werden.

Wovon ist dies abhängig?

205.10 Wie viel Gramm Wasser kann 1 m³ Luft bei 20 °C aufnehmen?

205.11 Ein Kubikmeter Luft bei 20 °C enthält 8,6 g Wasserdampf.

Wie groß ist die relative Luftfeuchte in %?

205.12 In der Werkstatt werden einige Holzstücke gelagert. Die Luftfeuchte beträgt im Durchschnitt 48 % und die Lufttemperatur 17 °C.

Welches Holzfeuchtegleichgewicht u_{gl} wird sich im Durchschnitt einstellen?

205.13 Zur Trocknung wird Holz im Heizraum gelagert. Es herrscht dort eine durchschnittliche relative Luftfeuchte von 30 % und eine Durchschnittstemperatur von 28 °C.

a) Welches Holzfeuchtegleichgewicht wird sich über eine gewisse Zeit theoretisch einstellen?

b) Ist diese Trockenmethode richtig?

c) Welche Gefahr besteht?

205.14 Ermitteln Sie mithilfe des Feuchtediagramms **(Bild 204/2)** die nicht angegebenen Werte in der nachfolgenden Tabelle.

	a)	b)	c)	d)	e)
Lufttemperatur in °C	15	20	25	?	40
rel. Luftfeuchte in %	55	?	70	85	?
Holzfeuchte u_{gl} in %	?	9	?	20	15

205.15 Bei einer Deckenverkleidung aus Fichte-Profilbrettern mit der Deckbreite 90 mm, Brettbreite 96 mm, mit vorwiegend liegenden Jahresringen, ist einige Zeit nach dem Einbau jede Schattenfuge um 3 mm größer geworden. Die Messung des Raumklimas ergab eine relative Luftfeuchte von 45 % und eine Lufttemperatur von 20 °C.

a) Berechnen Sie das Holzfeuchtegleichgewicht.

b) Wie groß war die Holzfeuchte der Bretter bei der Montage?

15 Holztrocknung

15.2 Holzschwund

15.2.1 Schwindung und Quellung

Das Schwinden und Quellen des Holzes findet im wesentlichen zwischen dem Fasersättigungsbereich (30 % Feuchte) und dem darrtrockenen Zustand (0 % Feuchte) statt. Die Schwindmaße eines zugeschnittenen Holzes sind abhängig von der Lage der Jahresringe und der Faserrichtung sowie von der Holzart **(Bild 1)**.

Wird zum Beispiel ein Stück Eichenholz mit einer fasergesättigten Holzfeuchte von u_F = 25 % auf u_0 = 0 % gedarrt, stellt man fest, dass die Schwindmaße des Stückes prozentual nicht in allen Richtungen gleich groß ist.

Beim abgebildeten Stück ergab sich folgender Schwund:

in Richtung der Holzfasern: 0,1 mm ≙ 0,1 %
in Richtung der Jahresringe: 3,9 mm ≙ 7,8 %
in Richtung der Markstrahlen: 2 mm ≙ 4 %

Schwindrichtungen und Schwindmaße

Die Schwindmaße sind auf die jeweiligen Schwindrichtungen zu den Jahresringen bezogen **(Bild 2)**. Man unterscheidet drei Schwind- bzw. Quellrichtungen:

Schwindrichtung	max. Schwindmaße
in Faserrichtung axial (längs)	$\beta_l \approx$ 0,1 %–0,3 %
in Richtung der Markstrahlen radial	$\beta_r \approx$ 3 %–8 %
in Richtung der Jahresringe tangential	$\beta_t \approx$ 5 %–12 %

Bei den Schwindmaßen wird zwischen **maximalem Schwund** und tatsächlichem Schwund unterschieden **(Tabelle 1)**.

Maximaler Schwund. Die absoluten Schwindmaße β in % geben den maximalen Schwund bei einer Feuchteänderung des Holzes von der Fasersättigung (30 % Feuchte) bis zum Darrzustand (0 % Feuchte) an.

Tatsächlicher Schwund. Das differentielle Schwindmaß q in % gibt den tatsächlichen Schwund je 1 % Holzfeuchteabnahme an (nur für Holzfeuchtebereich 5 %–25 %).

Der tatsächliche Schwund ergibt sich z. B. wenn luftrockenes Holz mit 15 % Holzfeuchte in beheizten Räumen auf 8 % nachtrocknet.

Mit der Anfangsfeuchte u_a und der Endfeuchte u_e ergibt sich bei einer Holzfeuchtedifferenz von $\Delta u = u_a - u_e$ = 15 % – 8 % = 7 % aus dem Diagramm **Bild 3** ein tatsächlicher Schwund in Richtung der Jahresringe von q_t = 1,9 %.

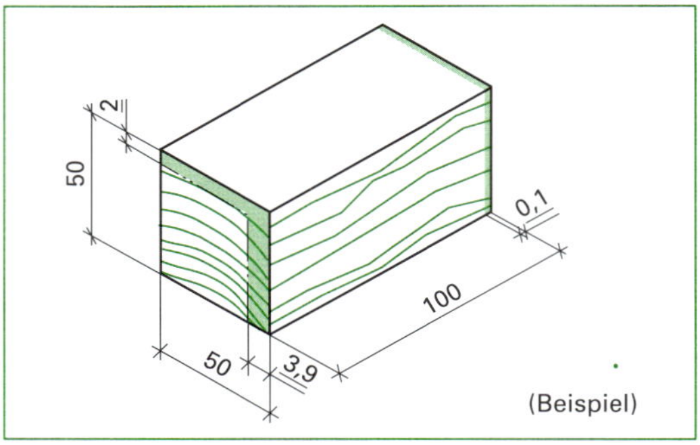

Bild 1

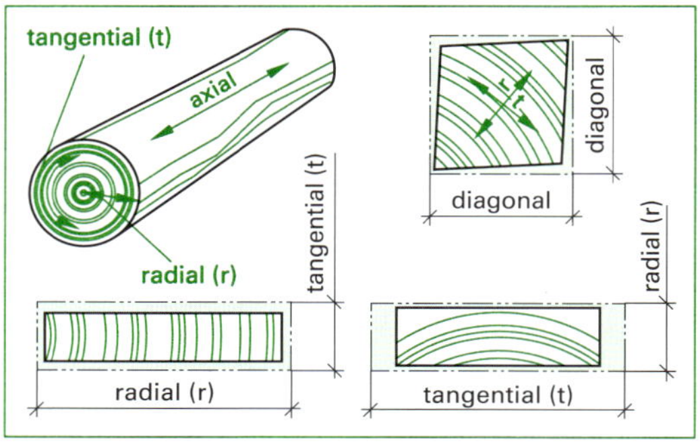

Bild 2

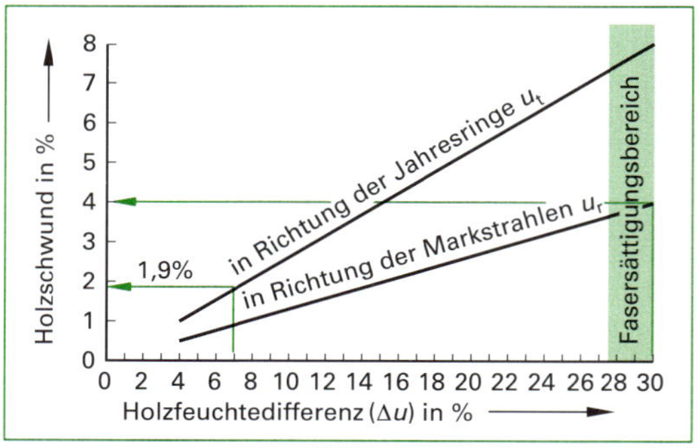

Bild 3

Tabelle 1: Durchschnittswerte zur überschlägigen Ermittlung des Holzschwundes

Schwindrichtung	maximales Schwindmaß β in %	tatsächliches Schwindmaß q in % pro 1 % Feuchteänderung
axial	β_l = 0,3 %	q_l = 0,01 %
radial	β_r = 4 %	q_r = 0,13 %
tangential	β_t = 8 %	q_t = 0,27 %
diagonal*	β_d = 6 %	q_d = 0,20 %

*Mittelwert zwischen radial und tangential

15 Holztrocknung

15.2 Holzschwund

15.2.2 Holzfeuchtegleichgewicht

Die Schwind- und Quellmaße verschiedener Hölzer lassen sich auf Grund des Holzfeuchtegleichgewichts bei bekannter relativer Luftfeuchte berechen **(Tabelle 1)**.

Im Bereich der Holzfeuchte $u = 5\,\%$ bis $u = 25\,\%$ kann das differentielle Schwind- und Quellmaß (q) als konstant angesehen werden. Es wird in % je 1 % Holzfeuchteänderung angegeben. Auch für Holzwerkstoffe lassen sich die Schwind- und Quellmaße berechnen **(Tabelle 2)**.

Tabelle 1: Holzfeuchtegleichgewicht, Schwind- und Quellmaße verschiedener Hölzer nach DIN 68 100

	Holzart	deutsche Kurzzeichen	Holzfeuchtegleichgewicht u_{gl} in % bei relativer Luftfeuchte		differenzielles Schwindmaß q in % je 1 % Holzfeuchteänderung		absolutes Schwindmaß β_{abs} in %			
							$u_F \rightarrow u = 12\,\%$		$u_F \rightarrow u = 17\,\%$	
			$\varphi = 37\,\%$	$\varphi = 83\,\%$	radial	tangential	radial	tangential	radial	tangential
Nadelhölzer	Fichte	FI	7,0	16,4	0,19	0,39	2,0	4,0	1,0	2,0
	Kiefer	KI	7,0	15,3	0,19	0,36	3,0	4,5	2,0	2,7
	Lärche	LA	8,4	17,1	0,14	0,30	3,0	4,5	2,3	3,0
	Tanne	TA	7,1	16,9	0,14	0,28	2,0	5,0	1,3	3,6
Laubhölzer	Afzelia	AFZ	7,3	13,7	0,11	0,22	1,0	1,5	0,4	0,5
	Ahorn	AH	7,0	16,0	0,21	0,30	2,5	4,5	2,0	4,0
	Birke	BI	6,9	16,1	0,29	0,41	5,0	8,0	3,5	5,9
	Buche	BU	7,3	15,7	0,20	0,41	4,5	9,5	3,5	7,4
	Eiche	EI	8,9	17,2	0,16	0,36	4,0	7,5	3,2	5,7
	Esche	ES	7,3	16,5	0,21	0,38	4,5	7,0	3,4	5,1
	Khaya-Mahagoni	MAA	8,5	18,3	0,12	0,22	2,5	4,5	1,9	3,4
	Makoré	MAC	–	19,0	0,22	0,27	3,0	4,5	1,9	3,2
	Meranti-gelb	MEG	8,3	18,0	0,12	0,43	2,5	7,0	1,9	4,8
	Meranti-rot	MER	8,3	18,0	0,11	0,25	3,0	5,5	2,4	4,2
	Nussbaum	NB	6,7	14,8	0,18	0,29	3,0	5,5	2,1	4,0
	Pappel	PA	7,1	16,7	0,13	0,31	2,0	5,5	1,3	3,9
	Sapelli	MAS	7,9	15,8	0,24	0,32	2,5	4,5	1,3	2,9
	Sipo	MAU	8,4	17,0	0,20	0,25	3,0	3,5	2,0	2,3
	Teak	TEK	7,2	13,4	0,16	0,26	1,5	2,5	0,7	1,2
	Wenge	WEN	7,1	12,3	0,22	0,34	1,5	2,6	0,4	0,6

* Zum besseren Verständnis sind die deutschen Holznamen und deren Kurzzeichen verwendet worden

Tabelle 2: Holzfeuchtegleichgewicht, Schwind- und Quellmaße von Holzwerkstoffen nach DIN 68 100

Holzwerkstoff	u_{gl} in % (Durchschnittswerte)			q in % (Durchschnittswerte)	
	$\varphi = 30\,\%$	$\varphi = 65\,\%$	$\varphi = 85\,\%$	in der Dicke	in der Fläche
Spanplatte P2	6	10	15	0,70	0,035
Sperrholz	5	10	15	0,30	0,015
Hartfaserplatte HB	4	7	11	0,80	0,035

15.2.3 Schwundberechnungen

Die Berechnung des Schwindmaßes erfolgt durch Vergleich der Abmessungen des Holzes bei der Anfangsfeuchte (Grünmaß oder Feuchtemaß) und bei der Endfeuchte (Trockenmaß). Die Differenz beider Messungen ergibt das Schwindmaß. Es kann der Breiten-, Dicken- oder Längenschwund von Holzteilen oder Platten in Millimetern oder Prozent ermittelt werden **(Bild 1,2 und 3)**.

Der Schwund in % ist das Verhältnis von Schwindmaß in mm und Grünmaß in mm (= 100 %).

Beispiel: Ein Seitenbrett hat vor dem Trocknen eine Breite von 244 mm und nach der Holztrocknung eine Breite von 235 mm.

Wie groß ist das Schwindmaß in mm und in %?

Lösung:

Schwindmaß in mm = Grünmaß – Trockenmaß

$l_\beta = l_{ua} - l_{ue} = 244\text{ mm} - 235\text{ mm} = \mathbf{9\text{ mm}}$

Lösung mit dem Dreisatz:

$244\text{ mm} \mathrel{\hat{=}} 100\,\%$

$1\text{ mm} \mathrel{\hat{=}} \frac{100\,\%}{244}$

$9\text{ mm} \mathrel{\hat{=}} \frac{100\,\% \cdot 9}{244} = \mathbf{3{,}7\,\%}$

Lösung mit der Formel:

$$\text{Schwund } \beta \text{ in } \% = \frac{\text{Schwindmaß in mm} \times 100\,\%}{\text{Grünmaß in mm}} = \frac{9\text{ mm} \cdot 100\,\%}{244\text{ mm}} = \mathbf{3{,}7\,\%}$$

Schwindmaßberechnung bei Holzfeuchteänderung

Will man das Schwindmaß ermitteln, das sich nach einer Holzfeuchteänderung einstellt, so müssen die Breite (Dicke oder Länge) im feuchten Zustand (Feuchtemaß) und die Holzfeuchtedifferenz (Differenz von der Anfangsholzfeuchte u_a und der Endholzfeuchte u_e) sowie der Schwund q in % pro 1 % Holzfeuchteänderung bekannt sein.

Beispiel: Ein luftgetrocknetes Eichenbrett mit liegenden Jahresringen hat eine Breite von 385 mm und eine Holzfeuchte von $u_a = 16\,\%$. Es soll auf eine Holzfeuchte von $u_e = 7{,}5\,\%$ getrocknet werden.

Welches Breitenmaß hat das Brett nach dem Trocknen?

Lösung:

Holzfeuchtedifferenz: $\Delta u = u_a - u_e = 16\,\% - 7{,}5\,\% = \mathbf{8{,}5\,\%}$

$$\text{Schwindmaß: } b_\beta = \frac{b \cdot \Delta u \cdot q/1\,\%_{\Delta u}}{100\,\%} = \frac{385\text{ mm} \cdot 8{,}5\,\% \cdot 0{,}36\,\%/1\,\%_{\Delta u}}{100\,\%} = \mathbf{11{,}8\text{ mm}}$$

Breitenmaß: $b = 385\text{ mm} - 11{,}8\text{ mm} = \mathbf{372{,}2\text{ mm}}$

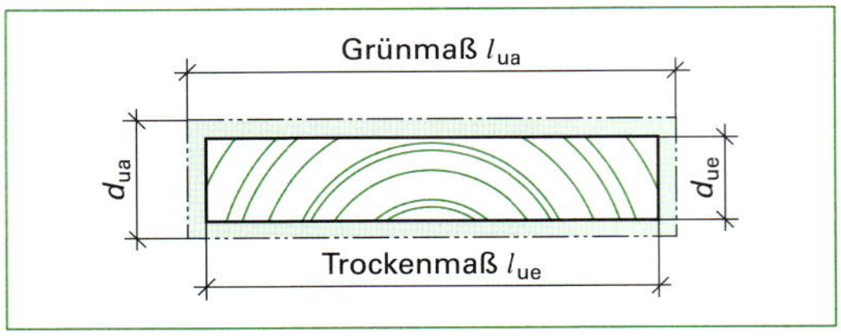

Bild 1: Schwindmaßberechnung

Schwindmaß in mm = Grünmaß – Trockenmaß
$l_\beta = l_{ua} - l_{ue}$

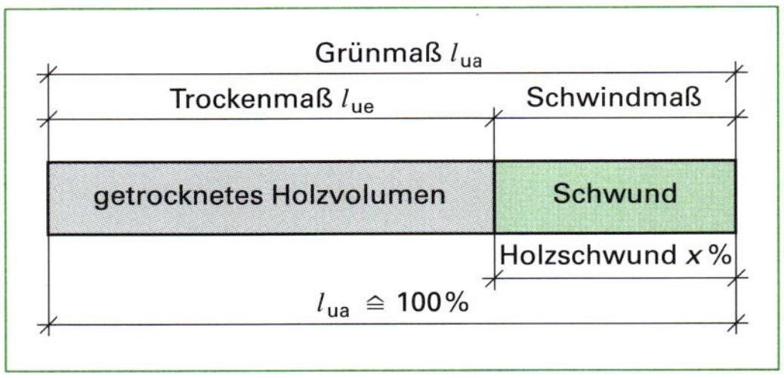

Bild 2

$$\text{Schwund } \beta \text{ in } \% = \frac{\text{Schwindmaß in mm} \times 100\,\%}{\text{Grünmaß in mm}}$$

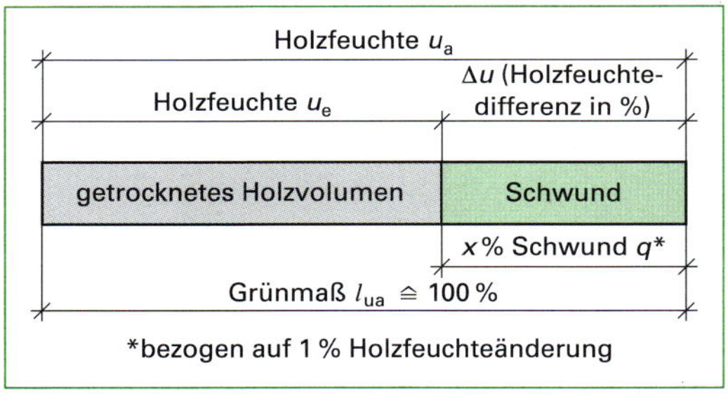

Bild 3

Holzfeuchtedifferenz = Anfangsholzfeuchte – Endholzfeuchte
$\Delta u = u_a - u_e$

Schwindmaß in mm = [Feuchtemaß in mm × Feuchtedifferenz in % × (Schwund in %/1 % Feuchteänderung)] / 100 %
$b_\beta = \frac{b \cdot \Delta u \cdot q/1\,\%_{\Delta u}}{100\,\%}$

Aufgaben zu 15.2.3 – Schwundberechnungen

209.1 Stimmt die Behauptung, den größten Schwund (in %) weisen Bretter in der Breite auf?

Begründen Sie Ihre Antwort.

209.2 Ein 180 mm breites Seitenbrett mit liegenden Jahresringen **(siehe Bild)** hat im lufttrockenen Zustand eine Holzfeuchte von 15 %. Es wird in einer Trockenkammer auf eine Holzfeuchte von 8 % getrocknet. Der maximale Schwund β_t beträgt in Richtung der Jahresringe für diese Holzart 9 %.

Wie groß ist der tatsächliche Schwund in der Breite des Brettes in Prozent und in mm?

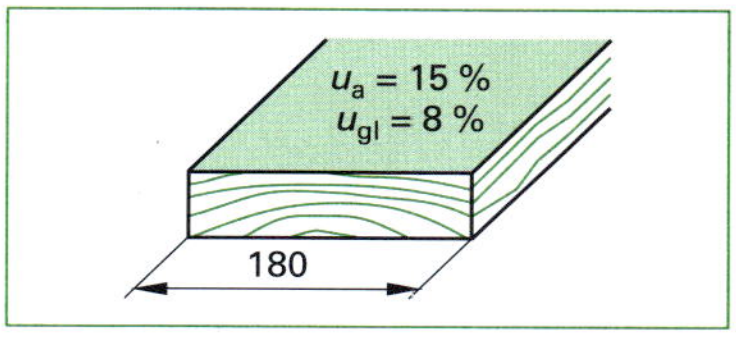

Aufgabe 209.2

209.3 Eine parallel besäumte Bohle mit Kern ist bei 18,5 % Holzfeuchte 320 mm breit **(siehe Bild)**. Sie wird auf 10 % getrocknet. Der maximale Schwund in Richtung der Markstrahlen beträgt 4 % bei einer Feuchtedifferenz von 28 % von der Fasersättigung bis zum darrtrockenen Zustand.

Wie groß ist der tatsächliche Schwund der Bohle in mm?

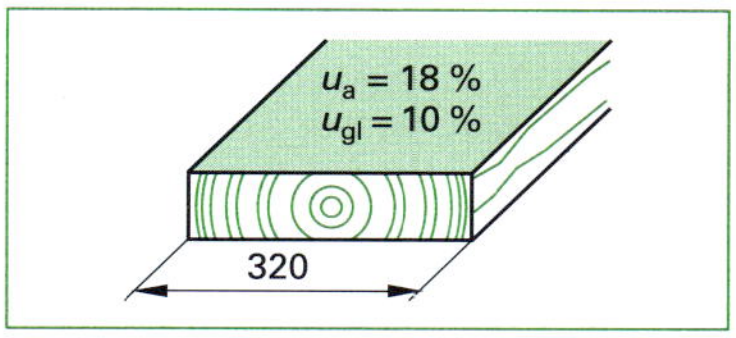

Aufgabe 209.3

209.4 Für eine Heizkörperverkleidung wird Holz mit 9 % Holzfeuchte eingebaut. Der maximale Schwund beträgt β_t = 11,8 %. Bei hoher Heizkörpertemperatur trocknet das Holz auf 3 % Holzfeuchte.

Wie groß ist der Holzschwund in mm der 85 mm breiten Rahmenhölzer der Verkleidung?

209.5 Eine Vollholztischplatte aus Ahorn **(siehe Bild)** wird aus Kernbrettern verleimt und mit einer Gratleiste gegen Werfen gesichert. Die Platte hat bei einer Holzfeuchte von 12 % eine Breite von 850 mm. Im Raum trocknet die Platte auf 7,5 % Holzfeuchte nach.

a) Wie viel mm beträgt der Schwund in mm (siehe Tabelle 207/1)?

b) Berechnen Sie den Schwund in mm bei der Verwendung von Seitenbrettern.

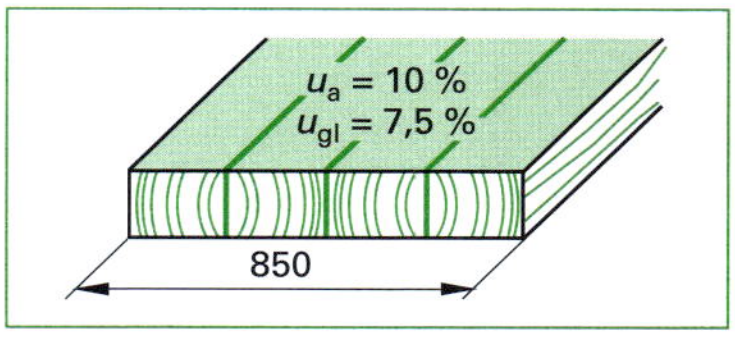

Aufgabe 209.5

209.6 Bei einer Altbausanierung werden gespundete Fußbodendielen aus Kiefernseitenbrettern **(siehe Bild)** mit einer Breite von 137 mm bzw. einer Deckbreite von 130 mm und einer Länge von 3,50 m eingebaut. Nach einiger Zeit zeigen die Dielen durchschnittlich 4 mm breite Fugen im Breitenstoß. Eine Feuchtigkeitsmessung ergibt ein Holzfeuchtegleichgewicht u_{gl} von 7 %.

Welche Holzfeuchte hatten die Dielen beim Einbau?

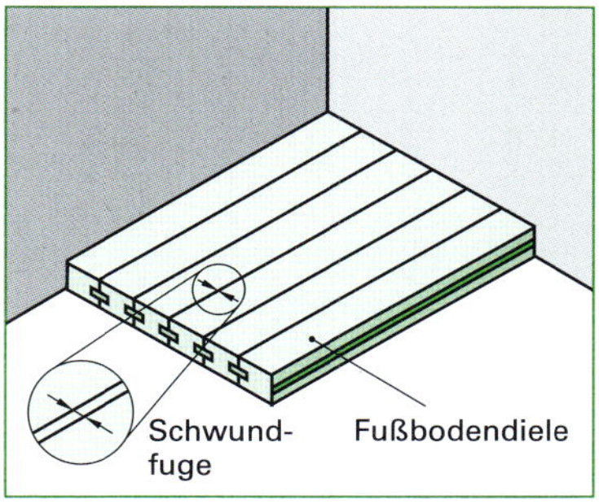

Aufgabe 209.6

209.7 Ein Schubkasten, 450 mm lang, 380 mm breit und 115 mm hoch, aus lufttrockenen Mittelbrettern aus Buchenholz, 14 mm dick, soll klassisch geführt werden **(siehe Bild)**.

Mit wie viel mm Spiel ist oben und seitlich zu rechnen, wenn der Schubkasten mit 12 % Holzfeuchte eingebaut wird und das Holz auf 7 % heruntertrocknet?

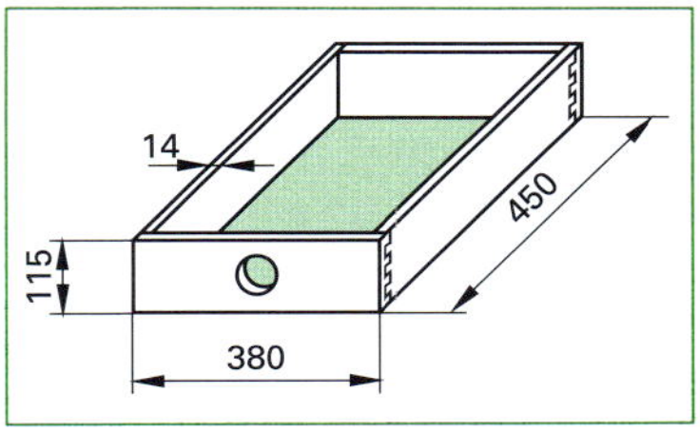

Aufgabe 209.7

Aufgaben zu 15.2.3 – Schwundberechnungen

210.1 Die aufrechten Rahmenstücke einer Außentür aus Eiche haben bei 15 % Holzfeuchte eine Breite von 210 mm. Sie sind aus Bohlen aus dem Kernbereich gefertigt **(siehe Bild)**. Durch den Klimawechsel im Laufe des Jahres trocknet das Holz bis auf 8 % herunter. Das Schwindmaß β pro 1 % Feuchtigkeitsänderung ist der Tabelle 207/1 zu entnehmen.

Mit wie viel Millimeter Breitenschwund muss gerechnet werden?

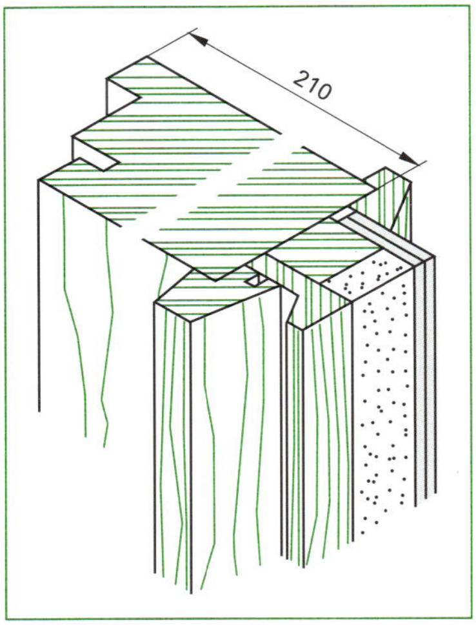

Aufgabe 210.1: Haustür

210.2 Die Vollholz-Füllung, die in den Rahmen der Außentür (Aufgabe 210.1) eingebaut ist, wurde aus Seitenbrettern gefertigt und hat eine Breite von 654 mm.

Berechnen Sie den Breitenschwund in mm.

210.3 Eine gestemmte Rahmentür aus Fichtenholz hat 124 mm breite Rahmenfriese, die aus Seitenbrettern hergestellt sind. Nach dem Einbau zeigt sich einige Zeit später, dass die Zapfen der Querfriese 1,4 mm gegenüber den Längsfriesen vorstehen **(siehe Bild)**.

Berechnen Sie

a) den Breitenschwund in % der Längsfriese,

b) die Holzfeuchte der Rahmentür bei der Herstellung, wenn bei der Tür ein Holzfeuchtegleichgewicht von 8 % festgestellt wurde.

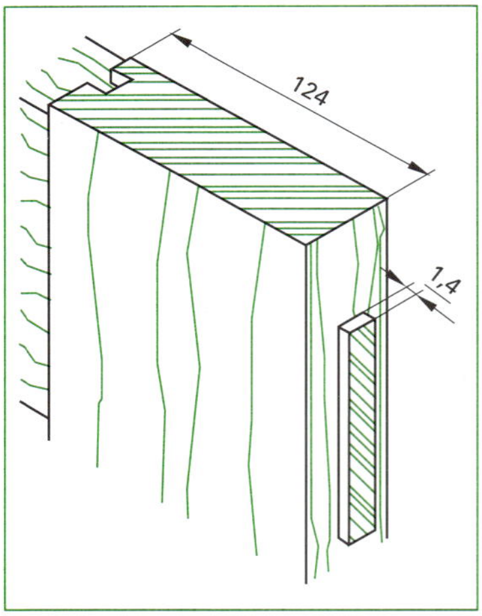

Aufgabe 210.3: Gestemmte Rahmentür

210.4 Eine Deckenverkleidung aus 5,50 m langen Profilbrettern aus Douglasie wurde fugenlos in den Längsstößen eingebaut. Nach einer längeren Zeit zeigen sich 1,0 mm breite Fugen.

Berechnen Sie das Schwindmaß in %.

210.5 In einer Halle wurde eine Wand mit einer Länge von 12,8 m mit Nut-Federbrettern aus Fichte mit einer Deckbreite von 115 mm verkleidet. Die Bretter sind nach dem Einbau um 2,8 % geschwunden.

a) Wie viel Bretter wurden für die Verkleidung gebraucht?

b) Wie viel mm beträgt der Schwund pro Brett?

c) Wie viel Bretter hätte man gebraucht, wenn die Bretter schon beim Einbau die dem Raumklima entsprechende Holzfeuchte aufgewiesen hätten?

210.6 Für die Herstellung von Küchenfronten für eine Küchenfirma werden von einem Zulieferer auf einer CNC-Holzbearbeitungsmaschine Rahmenteile aus Buche mit Schlitz- und Zapfen-Verbindungen gefräst. Für die Passung der Verbindung wurde eine Toleranz von ±0,2 mm bei einer Holzfeuchte von 6 % vorgeschrieben. Die Lieferung von 1200 Teilen in die Firma erfolgte im feuchtwarmen August. In der Küchenfirma wurden bei der Qualitätskontrolle 10,5 % Holzfeuchte gemessen **(siehe Bild)**. Als Schwindmaß von Buchemittelbrettern wurden 0,33 % pro 1 % Holzfeuchteänderung zugrunde gelegt.

Um wie viel Prozent und Millimeter haben sich die Maße verändert?

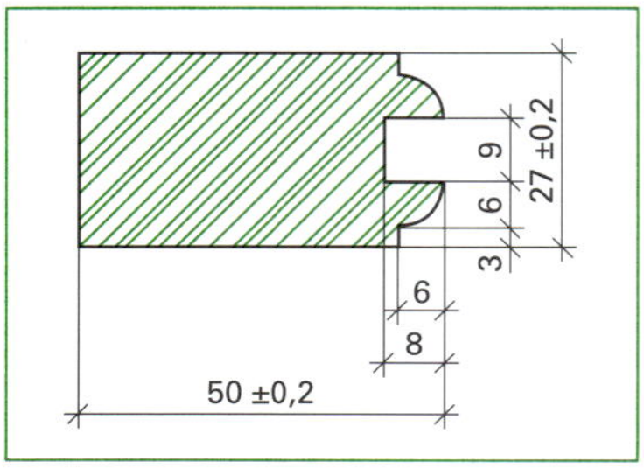

Aufgabe 210.6: Rahmenprofil für Küchenfronten

16 Wärme

16.1 Längenänderung infolge von Temperatureinflüssen

Alle Bauteile dehnen sich bei Erwärmung aus und ziehen sich bei Abkühlung zusammen, d. h. sie verändern bei Temperaturänderung ihre Abmessungen **(Bild 1)**. Bei Bauwerken ist vor allem die Längenänderung zu berücksichtigen.

Die Längenänderung Δl hängt ab von

— der Länge l des Bauteils,

— der Temperaturdifferenz ΔT (sprich: delta T) als Temperaturzunahme oder -abnahme und

— der Temperaturdehnzahl α des Baustoffes, aus dem das Bauteil besteht **(Tabelle 1)**.

Die Temperaturdehnzahl α gibt an, um wie viel Millimeter sich ein 1 Meter langer Körper bei einer Temperaturdifferenz von 1 Kelvin ausdehnt oder zusammenzieht.

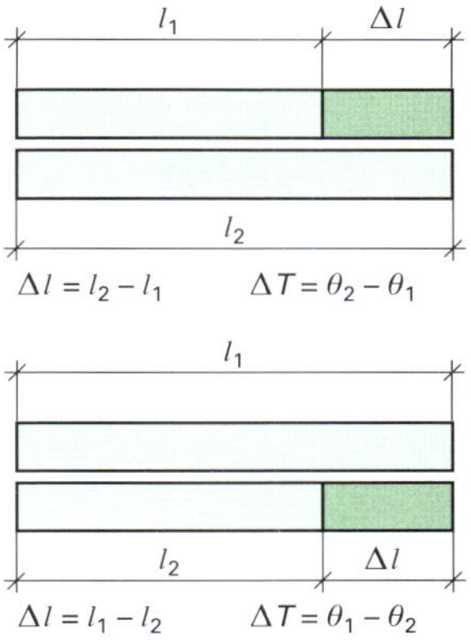

Bild 1: Längenänderung bei Temperaturänderung

Längenänderung
= Temperaturdehnzahl α ×
Ausgangslänge l_1 ×
Temperaturdifferenz ΔT

$$\Delta l = \alpha \cdot l_1 \cdot \Delta T$$

Ausgangslänge

$$l_1 = \frac{\Delta l}{\alpha \cdot \Delta T}$$

Temperaturdifferenz

$$\Delta T = \frac{\Delta l}{\alpha \cdot l_1}$$

Tabelle 2: Größen und Einheiten zur Berechnung von Längenänderungen

Formelzeichen	Bezeichnung	Einheiten
Δl	Längenänderung	mm
l_1, l_2	Länge des Bauteils	m
ΔT	Temperaturdifferenz	K
α	Temperaturdehnzahl	mm/(m · K)

Beispiel 1: Ein 4,50 m langer Stahlträger wird durch Sonneneinstrahlung von 10 °C auf 60 °C erwärmt. Um wie viel mm verändert er sich in der Länge (α für Stahl = 0,01 mm/[m · K])?

Lösung: $\Delta l = \alpha \cdot l_1 \cdot \Delta T$

$= 0{,}01 \frac{\text{mm}}{\text{m} \cdot \text{K}} \cdot 4{,}50\ \text{m} \cdot 50\ \text{K} = \mathbf{2{,}25\ mm}$

Beispiel 2: Die Länge der Stahlbetonplatte eines Garagendaches beträgt bei einer Temperatur von 45 °C im Sommer 7,70 m. Welche Länge hat sie im Winter bei –20 °C (α für Stahlbeton = 0,01 mm/[m · K])?

Lösung: $\Delta l = \alpha \cdot l_1 \cdot \Delta T$

$= 0{,}01 \frac{\text{mm}}{\text{m} \cdot \text{K}} \cdot 7{,}70\ \text{m} \cdot 65\ \text{K} = 5{,}0\ \text{mm}$

$l_2 = l_1 - \Delta l$

$= 7{,}70\ \text{m} - 0{,}005\ \text{m} = \mathbf{7{,}695\ m}$

Tabelle 1: Temperaturdehnzahlen von Baustoffen

Baustoff	Temperaturdehnzahl α in mm/(m · K)
Stahlbeton	0,01
Mauerwerk aus Klinker	0,01
Kalksandstein, Gasbeton, Leichtbeton	0,008
Mauerziegel	0,006
Glas, Fliesen	0,008
Baustahl	0,01
Kupfer	0,017
Aluminium	0,024
Zink, Blei	0,029
Holz, Holzwerkstoffe	–

■ Aufgaben zu 16.1 – Längenänderung

211.1 Eine Balkonbrüstung aus Stahlbeton hat bei einer Temperatur von +60 °C eine Länge von 5,80 m.

Wie lang ist die Brüstung bei einer Temperatur von –20 °C?

212.1 Eine gemauerte Fensterbrüstung aus Mauerziegel ist 3,75 m lang und mit einem Traufblech aus Kupfer versehen.

Welche Längenänderung muss berücksichtigt werden, wenn die Sommer/Wintertemperaturen des Kupferblechs +70 °C/–30 °C und die des Ziegelmauerwerks +30 °C / –10 °C betragen **(Bild 1)**?

212.2 Der Flügel eines Holzfensters **(Bild 2)**, der außen mit Aluminiumprofilen verkleidet ist, hat eine Höhe von 1,45 m und eine Breite von 0,95 m.

Welche Längenänderung tritt ein, wenn die Aluminiumprofile im Winter auf –35 °C abgekühlt und im Sommer auf +75 °C erwärmt werden?

Bild 1: Blechabdeckung

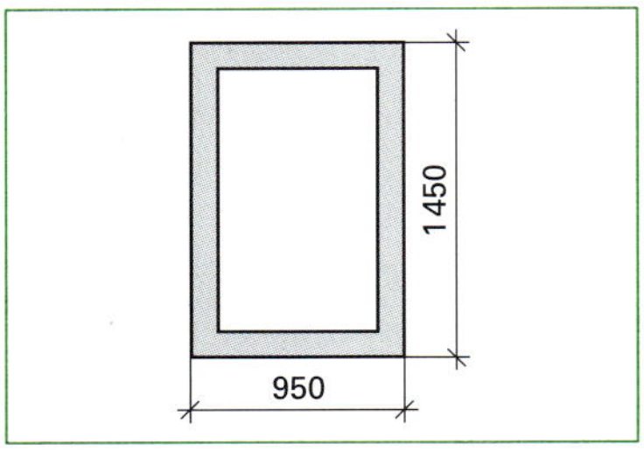

Bild 2: Fensterflügel

16.2 Wärmeschutz

Der Wärmeschutz bei Gebäuden ist rechnerisch nachzuweisen und mit den Mindestanforderungen nach DIN 4108 und nach der Wärmeschutz- bzw. Energieeinspar-Verordnung abzustimmen. Die beiden Vorschriften enthalten auch die wärmeschutztechnischen Größen und Einheiten **(Tabelle 1** und **Bild 213/1)** sowie die notwendigen Rechenverfahren.

Tabelle 1: Wärmeschutztechnische Größen und Einheiten

Formelzeichen	Bezeichnung	Einheit
m'	flächenbezogene Masse	kg/m²
ϱ (sprich: ro)	Rohdichte	kg/m³
T	Thermodynamische Temperatur	K
θ (sprich: theta)	Celsius-Temperatur	°C
ΔT (sprich: delta T)	Temperaturdifferenz	K
d	Schichtdicke	m
λ (sprich: lambda)	Bemessungswert der Wärmeleitfähigkeit	W/(m · K)
R	Wärmedurchlasswiderstand	m² · K/W
erf R	erforderlicher Wärmedurchlasswiderstand	m² · K/W
vorh R	vorhandener Wärmedurchlasswiderstand	m² · K/W
R_g	Wärmedurchlasswiderstand des Luftraums	m² · K/W
R_u	Wärmedurchlasswiderstand unbeheizter Räume	m² · K/W
R_s	Wärmeübergangswiderstand	m² · K/W
R_{si} (internal surface)	Wärmeübergangswiderstand innen	m² · K/W
R_{se} (internal surface)	Wärmeübergangswiderstand außen	m² · K/W
R_T	Wärmedurchgangswiderstand	m² · K/W
U	Wärmedurchgangskoeffizient	W/(m² · K)
erf U	erforderlicher Wärmedurchgangskoeffizient	W/(m² · K)
vorh U	vorhandener Wärmedurchgangskoeffizient	W/(m² · K)
U_m	mittlerer Wärmedurchgangskoeffizient	W/(m² · K)

16 Wärme und Wärmeschutz

16.2 Wärmeschutz

Die **Wärmeleitfähigkeit** λ eines Stoffes gibt diejenige Wärmemenge in Joule je Sekunde an, die durch eine 1 m^2 große Fläche eines Baustoffs von 1 m Dicke hindurchgeht, wenn der Temperaturunterschied zwischen beiden Oberflächen 1 Kelvin beträgt. Die Einheit ist Watt je Meter und Kelvin (W/(m · K)).

Die Wärmeleitfähigkeiten verschiedener Baustoffe sind in **Tabelle 1** angegeben.

Die Wärmedämmfähigkeit eines Bauteils wird mithilfe des Wärmedurchlasswiderstandes *R* oder des Wärmedurchgangskoeffizienten *U* bestimmt. Je größer der Wärmedurchlasswiderstand *R* bzw. je kleiner der Wärmedurchgangskoeffizient *U* ist, desto besser ist die Wärmedämmfähigkeit.

16.2.1 Wärmedurchlasswiderstand

Der Wärmedurchlasswiderstand *R* hängt von der Wärmeleitfähigkeit λ der verwendeten Baustoffe und von der Dicke *d* der einzelnen Bauteilschichten ab.

Tabelle 1: Rohdichten und Wärmeleitfähigkeiten verschiedener Baustoffe

Baustoffe	Rohdichte ϱ kg/m³	Wärmeleitfähigkeit λ W/(m · K)	Baustoffe	Rohdichte ϱ kg/m³	Wärmeleitfähigkeit λ W/(m · K)
Beton			**Wärmedämmstoffe**		
Normalbeton (unbewehrt und bewehrt)	2 400	2,00	Holzwolle-Leichtbauplatte (homogene Platte) (WW)**		
Leichtbeton	1 000	0,36	≥ 25 mm dick	360–460	0,09
Mauerwerk			15 mm bis 24 mm dick	460–570	0,15
Vollklinker	2 000	0,96	Mehrschicht-Leichtbauplatte (WW-C)**		
Vollziegel, Lochziegel	1 200	0,50			
Leichthochlochziegel, Typ W	700	0,21	– mit Polystyrolhartschaum		0,04
Kalksand-Vollsteine	1 800	0,99	– mit Mineralwolleschicht		0,045
Kalksand-Lochsteine	1 400	0,70	– mit Holzwolledeck-schichten	460–650	0,15
Leichtbeton-Vollsteine	1 200	0,54			
Leichtbeton-Hohlblocksteine (Dreikammersteine)	800	0,41	Polystyrolhartschaum (EPS) Wärmeleitfähigkeitsstufe		
Porenbetonsteine	600	0,19	WLS 035		0,035
Putze, Estriche, Mörtel			WLS 040		0,040
Kalkputz, Kalkzementputz	1 800	1,00	Polyurethanhartschaum (PUR)		
Zementmörtel	2 000	1,60			
Kalkgipsputz	1 400	0,70	Wärmeleitfähigkeitsstufe		
Gipsputz	1 200	0,51	WLS 025		0,025
Zementestrich	2 000	1,40	WLS 030		0,030
Gussasphaltestrich	2 100	0,70	WLS 035		0,035
Gipsbaustoffe			Mineralische und pflanzliche Faserdämmstoffe	8–500	
Gipswandbauplatten	1 200	0,58			
Gipskartonplatten	800	0,25	Wärmeleitfähigkeitsstufe		
			WLS 035		0,035
Holz und Holzwerkstoffe*			WLS 040		0,040
Hartholz	700	0,18	WLS 045		0,045
Weichholz	500	0,13			
Sperrholz	700	0,17	**Sonstige***		
Holzspanplatte	600	0,14	Glas	2 500	1,00
Holzfaserplatte, hart, HB	800	0,18	Stahl	7 800	50
Holzfaserplatte, porös, SB	250	0,07	Aluminium-Legierungen	2 800	160
OSB-Platten	650	0,13	Kupfer	8 900	380

*Nach DIN EN 12524, ** Nach DIN 1101

16.2 Wärmeschutz

Wärmedurchlasswiderstand bei **einschichtigen** Bauteilen

Beispiel: Eine Außenwand besteht aus Leichtbeton mit $\lambda = 0{,}36\ \text{W}/(\text{m} \cdot \text{K})$ und ist 24 cm dick.

a) Wie groß ist der Wärmedurchlasswiderstand?

b) Wie dick müsste die Wand sein, damit sie einen Wärmedurchlasswiderstand von $R = 0{,}79\ \text{m}^2\text{K/W}$ erreicht?

Lösung: a) $R = \dfrac{d}{\lambda}$

$$= \frac{0{,}24\ \text{m}}{0{,}36\ \text{W}/(\text{m} \cdot \text{K})} = \mathbf{0{,}67\ \frac{m^2 \cdot K}{W}}$$

b) $d = R \cdot \lambda$

$$= 0{,}79\ \frac{\text{m}^2 \cdot \text{K}}{\text{W}} \cdot 0{,}36\ \frac{\text{W}}{\text{m} \cdot \text{K}} = \mathbf{0{,}29\ m}$$

Wärmedurchlasswiderstand $= \dfrac{\text{Schichtdicke des Bauteils}}{\text{Wärmeleitfähigkeit}}$

$$R = \frac{d}{\lambda}$$

R in $\dfrac{\text{m}^2 \cdot \text{K}}{\text{W}}$	d in m	λ in $\dfrac{\text{W}}{\text{m} \cdot \text{K}}$

Schichtdicke:

$$d = R \cdot \lambda$$

Wärmeleitfähigkeit:

$$\lambda = \frac{d}{R}$$

Wärmedurchlasswiderstand bei **mehrschichtigen** Bauteilen

Beispiel: Eine 24 cm dicke Außenwand aus Leichthochlochziegeln mit $\lambda = 0{,}21\ \text{W}/(\text{m} \cdot \text{K})$ ist außen mit 2 cm Kalkputz mit $\lambda = 1{,}00\ \text{W}/(\text{m} \cdot \text{K})$ und innen mit 1,5 cm Gipsputz mit $\lambda = 0{,}51\ \text{W}/(\text{m} \cdot \text{K})$ verputzt.

Wie groß ist der Wärmedurchlasswiderstand R?

Lösung: $R = \dfrac{d_1}{\lambda_1} + \dfrac{d_2}{\lambda_2} + \dfrac{d_3}{\lambda_3}$

$$= \frac{0{,}02\ \text{m}}{1{,}00\ \text{W}/(\text{m} \cdot \text{K})} + \frac{0{,}24\ \text{m}}{0{,}21\ \text{W}/(\text{m} \cdot \text{K})} + \frac{0{,}015\ \text{m}}{0{,}51\ \text{W}/(\text{m} \cdot \text{K})}$$

$$= \mathbf{1{,}192\ \frac{m^2 \cdot K}{W}}$$

Wärmedurchlasswiderstand = Summe der Wärmedurchlasswiderstände der einzelnen Bauteilschichten

$$R = \frac{d_1}{\lambda_1} + \frac{d_2}{\lambda_2} + \frac{d_3}{\lambda_3} + \frac{d_4}{\lambda_4} + \ldots + \frac{d_n}{\lambda_n}$$

R in $\dfrac{\text{m}^2 \cdot \text{K}}{\text{W}}$	d in m	λ in $\dfrac{\text{W}}{\text{m} \cdot \text{K}}$

Tabelle 1: Belüftete Luftschichten nach DIN EN ISO 6946

Öffnungen in der Außenschale für den Luftaustausch zwischen Luftschicht und Außenumgebung	Querschnitte der Öffnungen bei		
	noch ruhende Luftschicht	schwach belüftete Luftschicht	stark belüftete Luftschicht
für vertikale Luftschichten je m Länge (z. B. in Wänden)	$\leq 500\ \text{mm}^2$	$> 500\ \text{mm}^2$ $\leq 1500\ \text{mm}^2$	$> 1500\ \text{mm}^2$
für horizontale Luftschichten je m² Oberfläche (z. B. in Decken)	$\leq 500\ \text{mm}^2$	$> 500\ \text{mm}^2$ $\leq 1500\ \text{mm}^2$	$> 1500\ \text{mm}^2$

Wärmedurchlasswiderstände von belüfteten Luftschichten:

Bei noch ruhenden Luftschichten: R_g-Werte nach Tabelle 2

Bei schwach belüfteten Luftschichten: R_g-Werte nach Tabelle 2 halbieren

Bei stark belüfteten Luftschichten: R_g-Werte entfallen (dafür $R_{se} = R_{si}$)

Tabelle 2: Wärmedurchlasswiderstand R_g von ruhenden Luftschichten[1] nach DIN EN ISO 6946 in m² · K/W

Luftschichtdicke in mm	Richtung des Wärmestroms		
	Aufwärts	Horizontal	Abwärts
5	0,11	0,11	0,11
7	0,13	0,13	0,13
10	0,15	0,15	0,15
15	0,16	0,17	0,17
25	0,16	0,18	0,19
50	0,16	0,18	0,21
100	0,16	0,18	0,22
300	0,16	0,18	0,23

[1] Die Werte gelten für Luftschichten, die nicht mit der Außenluft in Verbindung stehen. Werte unter horizontal gelten für Wärmestromrichtungen ± 30° zur horizontalen Ebene.

Wärmedurchlasswiderstände von Luftschichten

Der Wärmedurchlasswiderstand einer Luftschicht zwischen zwei Schalen eines Bauteils, die mit der Außenluft nicht in Verbindung steht, wird nicht berechnet, sondern den **Tabellen 1** und **2 (Seite 214)** entnommen.

Beispiel: Eine Außenwand ist von innen nach außen wie folgt aufgebaut: Gipsputz 15 mm, Lochziegel 240 mm, Mineralfaserdämmplatte 60 mm (WLS 040), schwach belüftete Luftschicht 40 mm, Vollklinker 115 mm **(Bild 1)**.

Wie groß ist der Wärmedurchlasswiderstand R der Wand?

Lösung: $R = \frac{d_1}{\lambda_1} + \frac{d_2}{\lambda_2} + \frac{d_3}{\lambda_3} + \frac{R_g}{2} + \frac{d_5}{\lambda_5}$

$$R = \frac{0{,}015\ \text{m}}{0{,}51\ \text{W/(m}\cdot\text{K)}} + \frac{0{,}24\ \text{m}}{0{,}50\ \text{W/(m}\cdot\text{K)}} + \frac{0{,}06\ \text{m}}{0{,}04\ \text{W/(m}\cdot\text{K)}} + \frac{0{,}18\ \text{m}^2\cdot\text{K}}{2\cdot\text{W}} + \frac{0{,}115\ \text{m}}{0{,}96\ \text{W/(m}\cdot\text{K)}} = \mathbf{2{,}219\ \frac{m^2\cdot K}{W}}$$

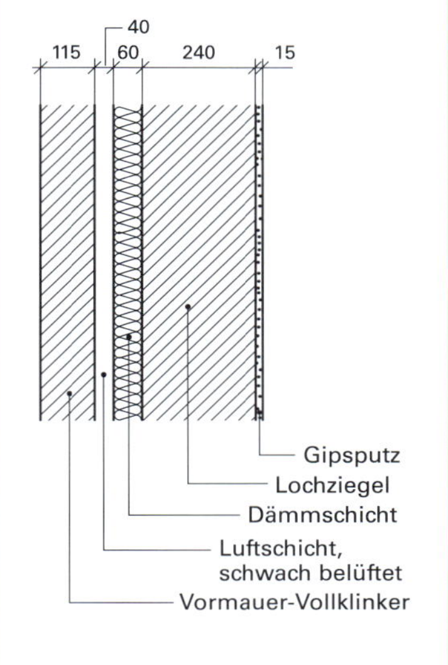

Bild 1: Zweischalige Wand

16.2.2 Wärmeübergangswiderstände

Beim Übergang der Wärme von der Luft zur Bauteiloberfläche ist ebenfalls ein Widerstand, der Wärmeübergangswiderstand R_s zu berücksichtigen. Dabei unterscheidet man den Wärmeübergangswiderstand innen R_{si} und den Wärmeübergangswiderstand außen R_{se} **(Tabelle 216/1)**. Die Einheit der Wärmeübergangswiderstände ist m² · K/W **(Bild 2)**.

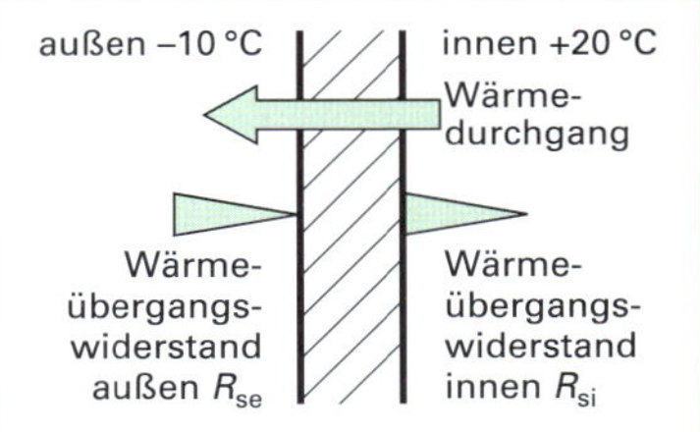

Bild 2: Wärmeübergang

16.2.3 Wärmedurchgangswiderstand

Findet eine Wärmeströmung von der warmen Raumluft zur kalten Außenluft statt, so sind dabei drei wärmespezifische Widerstände zu überwinden: Der Wärmeübergangswiderstand R_{si}, der Wärmedurchlasswiderstand R im Bauteil von Oberfläche zu Oberfläche und der Wärmeübergangswiderstand R_{se}.

Die Summe dieser drei Widerstände nennt man den Wärmedurchgangswiderstand R_T.

Wärmedurchgangswiderstand = Summe der Einzelwiderstände
$R_T = R_{si} + R + R_{se}$
R_T, R_{si}, R, R_{se} in $\frac{m^2\cdot K}{W}$

16.2.4 Wärmedurchgangskoeffizient

Der Wärmedurchgangskoeffizient U ist der Kehrwert von R_T und gibt an, welche Wärmemenge in Joule pro Sekunde (Watt) zwischen der Raumluft und der Außenluft über eine Fläche von 1 m² ausgetauscht wird, wenn der Temperaturunterschied zwischen Raumluft und Außenluft 1 K beträgt **(Beispiel Seite 216)**.

Wie der Wärmedurchlasswiderstand R dient auch der Wärmedurchgangskoeffizient U dem Nachweis des Wärmeschutzes **(Tabellen 218/1, 218/2** und **Tabelle 220/1)**.

Wärmedurchgangskoeffizient $= \frac{1}{\text{Wärmedurchgangswiderstand}}$
$U = \frac{1}{R_T} = \frac{1}{R_{si} + R + R_{se}}$
R_{si}, R, R_{se} in $\frac{m^2\cdot K}{W}$, U in $\frac{W}{m^2\cdot K}$

16 Wärme und Wärmeschutz

16.2 Wärmeschutz

Tabelle 1: Bemessungswerte der Wärmeübergangswiderstände nach DIN EN ISO 6946 und EN ISO 13370

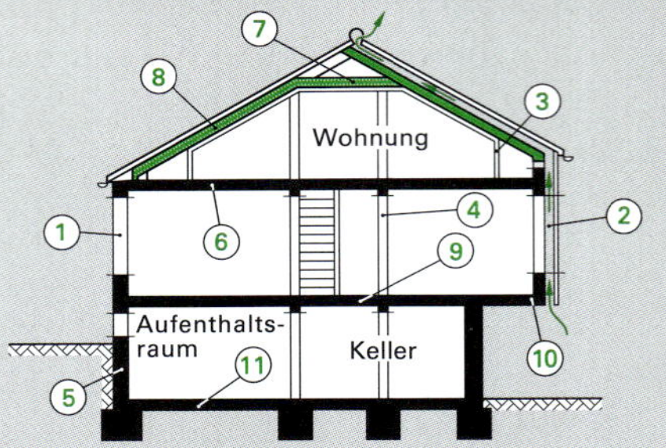

		Wärmeübergangswiderstand innen R_{si} (m² · K)/W	Wärmeübergangswiderstand außen R_{se} (m² · K)/W
1	Außenwand ohne hinterlüftete Außenhaut	0,13	0,04
2	Außenwand mit hinterlüfteter Außenhaut, Wände zu Garagen und offenen Hausfluren, Wände zu nicht wärmegedämmten Dachräumen	0,13	0,13
3	Wohnungstrennwände, Wände zu fremdgenutzten Räumen, zu dauernd unbeheizten Räumen, Abseitenwand zum wärmegedämmten Dachraum	0,13	0,13
4	Treppenraumwand zum Treppenraum	0,13	0,13
5	Wände, die an das Erdreich grenzen	0,13	0,04
6	Wohnungstrenndecken, Decken zwischen fremden Arbeitsräumen, Decken unter gedämmten Dachräumen allgemein und in zentralbeheizten Räumen	0,10	0,10
7	Decken unter nicht ausgebauten Dachräumen oder unter belüfteten Räumen (z. B. belüftete Dachschrägen)	0,10	0,04
8	Decken, die Aufenthaltsräume nach oben gegen die Außenluft abgrenzen (z. B. Flachdächer und Decken unter Terrassen)	0,10	0,04
	Wärmegedämmte Steildächer[1] Neigung ≥ 5° – Belüftet, Neigung ≤ 60°	0,10	0,10
	Wärmegedämmte Steildächer[1] Neigung ≥ 5° – Belüftet, Neigung > 60°	0,13	0,13
	Wärmegedämmte Steildächer[1] Neigung ≥ 5° – Nicht belüftet mit belüfteter Deckung ohne Zu- und Abluftöffnungen, Steildach mit Schalung, Neigung ≤ 60°	0,10	0,04
	Wärmegedämmte Steildächer[1] Neigung ≥ 5° – Nicht belüftet mit belüfteter Deckung ohne Zu- und Abluftöffnungen, Steildach mit Schalung, Neigung > 60°	0,13	0,04
9	Kellerdecken, Decken gegen abgeschlossene unbeheizte Hausflure	0,17	0,17
10	Decken, die Aufenthaltsräume nach unten gegen die Außenluft abgrenzen (z. B. über Garagen oder Durchfahrten)	0,17	0,04
11	Unterer Abschluss nicht unterkellerter Aufenthaltsräume, unmittelbar an das Erdreich grenzend	0,17	0,04

[1] Da die Richtung des Wärmestroms senkrecht zur Oberfläche des begrenzenden Bauteils verläuft, ist für Dächer bis zu einer Dachneigung von ≤ 60° ein nach oben gerichteter Wärmestrom, bei Dächern mit einer Dachneigung ≥ 60° ein horizontaler Wärmestrom anzunehmen.

Beispiel: Für eine Außenwand mit einem Wärmedurchlasswiderstand von $R = 0{,}844\ \text{m}^2 \cdot \text{K/W}$ ist der Wärmedurchgangskoeffizient U zu ermitteln.
Die Wärmeübergangswiderstände betragen $R_{si} = 0{,}13\ \text{m}^2 \cdot \text{K/W}$, $R_{se} = 0{,}04\ \text{m}^2 \cdot \text{K/W}$.

$$U = \frac{1}{R_{si} + R + R_{se}}$$

$$= \frac{1}{0{,}13\ \text{m}^2 \cdot \text{K/W} + 0{,}844\ \text{m}^2 \cdot \text{K/W} + 0{,}04\ \text{m}^2 \cdot \text{K/W}}$$

$$= \mathbf{1{,}014\ \frac{W}{m^2 \cdot K}}$$

16 Wärme und Wärmeschutz

16.2 Wärmeschutz

Aufgaben zu 16.2 – Wärmeschutz

217.1 Eine Stahlbetondecke mit $\varrho = 2\,400$ kg/m³ hat eine Dicke von 10 cm (14 cm, 25 cm).

Wie groß ist der Wärmedurchlasswiderstand?

217.2 Eine Wand aus Leichthochlochziegeln mit $\varrho = 700$ kg/m³ hat eine Dicke von 17,5 cm (24 cm, 36,5 cm).

Welchen Wärmedurchlasswiderstand hat die Wand?

217.3 Eine Holzspanplatte P2 hat einen Wärmedurchlasswiderstand $R = 0{,}271\,\text{m}^2 \cdot \text{K/W}$.

Wie dick ist die Platte?

217.4 Eine 12 cm dicke Dämmschicht hat einen Wärmedurchlasswiderstand von $R = 3{,}43\,\text{m}^2\text{K/W}$.

Wie groß ist die Wärmeleitfähigkeit der Dämmschicht?

217.5 Eine Wand aus Porenbetonsteinen ($\varrho = 600$ kg/m³) ist 30 cm dick.

a) Wie groß ist der Wärmedurchlasswiderstand?

b) Wie dick müsste eine Wand als Kalksand-Vollsteinen ($\varrho = 1\,800$ kg/m³) sein, damit sie den gleichen Dämmwert wie die Gasbetonwand hat?

217.6 Eine doppelschalige, nicht hinterlüftete Außenwand, 46,5 cm dick, hat von innen nach außen folgenden Aufbau: Kalksand-Lochsteine, 24 cm dick, $\varrho = 1\,400$ kg/m³; Polystyrol-Hartschaumplatte, 6 cm dick, Wärmeleitfähigkeitsstufe 040, Luftzwischenraum 5 cm, Vollklinker, 11,5 cm dick, $\varrho = 2\,000$ kg/m³.

a) Wie groß ist der Wärmedurchlasswiderstand der Wand?

b) Welchen Wärmedurchgangskoeffizienten hat die Wand?

217.7 Eine 24 cm dicke Wand aus Porenbetonsteinen hat eine Rohdichte von $\varrho = 600$ kg/m³. Eine Wand aus Beton ($\varrho = 2\,400$ kg/m³) hat ebenfalls eine Dicke von 24 cm, ist jedoch einseitig mit einer Dämmschicht ($\lambda = 0{,}04\,\text{W/(m} \cdot \text{K)}$) versehen.

Wie dick muss die Dämmschicht sein, damit beide Wandkonstruktionen den gleichen Wärmedurchlasswiderstand haben?

217.8 Wie dick müssten die folgenden Hölzer und Holzwerkstoffe sein, damit sie einen Wärmedurchlasswiderstand R von $0{,}15\,\text{m}^2 \cdot \text{K/W}$ haben?

Eiche, Tanne, Sperrholzplatte, Holzspanplatten, Holzfaserplatten hart (HB) und porös (SB).

217.9 Eine 2 cm dicke Wärmedämmschicht aus Styropor ist der Wärmeleitfähigkeitsstufe 035 zugeordnet.

a) Wie groß ist der Wärmedurchlasswiderstand der Dämmschicht?

b) Wie dick müsste eine Wand aus Leichtbetonvollsteinen ($\varrho = 1\,200$ kg/m³) mit dem gleichen Wärmedurchlasswiderstand sein?

217.10 Als Kellerdecke eines Gebäudes wurde eine 20 cm dicke Stahlbetonplatte ($\varrho = 2\,400$ kg/m³) eingebaut. Zur Wärmedämmung erhält sie an der Unterseite eine Wärmedämmschicht der Wärmeleitfähigkeitsstufe 035.

a) Wie dick muss die Wärmedämmschicht sein, wenn für die Decke ein Wärmedurchlasswiderstand von $R = 0{,}90\,\text{m}^2 \cdot \text{K/W}$ gefordert wird?

b) Wie groß ist der Wärmedurchgangskoeffizient U der so gedämmten Decke?

217.11 Eine 24 cm dicke Außenwand aus Vollziegeln ($\varrho = 1\,200$ kg/m³) ist außenseitig mit einem 2 cm dicken Kalkgipsputz ($\varrho = 1\,400$ kg/m³) verputzt. Innenseitig ist sie mit einer 20 mm dicken Sperrholzplatte ($\varrho = 700$ kg/m³) verkleidet, die auf einer 25 mm dicken Lattung montiert ist. Der entstehende Lufthohlraum ist nicht belüftet.

a) Welchen Wärmedurchlasswiderstand hat die Wand?

b) Wie groß ist deren Wärmedurchgangskoeffizient?

217.12 Wie groß ist der Wärmedurchlasswiderstand von Fensterglas mit der Dicke 4 mm, 5 mm und 8 mm?

217.13 Ein Verbundfenster-System DV 44/44 nach DIN 68 121 besteht aus 2×4 mm Glasscheiben mit einem Scheibenabstand von 36 mm (Luftschicht senkrecht). Blend- und Flügelrahmen (Kiefer) haben eine mittlere Holzdicke von 88 mm. Der Anteil der Glasfläche an der gesamten Fensterfläche beträgt 83 %, der Anteil der Holzfläche beträgt 17 %.

Wie groß ist der mittlere Wärmedurchgangskoeffizient U des Verbundfensters? Berechnung wie im Beispiel Seite 226c).

217.14 Wie groß ist der Wärmedurchgangskoeffizient U bei einer luftgefüllten, senkrecht stehenden Isolierglasscheibe mit 2×4 mm Floatglas und einem Luftzwischenraum von 12 mm?

16.3 Anforderungen an den Wärmeschutz

16.3.1 Anforderungen nach DIN 4108

In der DIN 4108 – Wärmeschutz und Energieeinsparung in Gebäuden – sind für den Wärmeschutz Mindestwerte für Wärmedurchlasswiderstände *R* von Bauteilen vorgegeben, die nicht unterschritten werden dürfen. Man unterscheidet dabei zwischen Bauteilen mit einer flächenbezogenen Gesamtmasse von ≥100 kg/m² und leichten Bauteilen mit einer flächenbezogenen Gesamtmasse von <100 kg/m² einschließlich der Rahmen- und Skelettbauarten. Die entsprechenden Mindestwerte der Wärmedurchlasswiderstände sind in den **Tabellen 218/1** und **218/2** angegeben.

Die zur Berechnung der flächenbezogenen Gesamtmasse erforderlichen Rohdichten sind in Tabelle 213/1 enthalten. Der Rechengang ist aus einem Ablaufplan ersichtlich **(Seite 219)**.

Tabelle 1: Mindestwerte der Wärmedurchlasswiderstände *R* für wärmeübertragende Bauteile mit einer flächenbezogenen Gesamtmasse von ≥ 100 kg/m² nach DIN 4108-2

	Bauteile		Wärmedurchlasswiderstand *R* m² · K/W
1	Außenwände einschließlich Nischen und Brüstungen unter Fenstern, Fensterstürzen und Wärmebrücken		1,20
2	Wände von Aufenthaltsräumen gegen Bodenräume, Durchfahrten, offene Hausflure, Garagen		1,20
3	Wohnungstrennwände, Wände zu fremdgenutzten Räumen		0,07
4	Treppenraumwände zum Treppenraum	mit Innentemperaturen $\theta \leq 10$ °C, aber Treppenraum frostfrei	0,25
		mit Innentemperaturen $\theta > 10$ °C, z. B. in Verwaltungsgebäuden, Geschäftshäusern, Unterrichtsgebäuden, Hotels, Gaststätten und Wohngebäuden	0,07
5	Wände von Aufenthaltsräumen, die an das Erdreich grenzen		1,20
6	Wohnungstrenndecken, Decken zwischen fremden Arbeitsräumen, Decken unter ausgebauten Dachräumen mit gedämmten Dachschrägen und Abseitenwänden	allgemein	0,35
		in zentralbeheizten Bürogebäuden	0,17
7	Decken unter nicht ausgebauten Dachräumen, Decken unter belüfteten Räumen zwischen Dachschrägen und Abseitenwänden bei ausgebauten Dachräumen, wärmegedämmte Dachschrägen		0,90
8	Decken und Dächer, die Aufenthaltsräume nach oben gegen die Außenluft abgrenzen, Decken und Dächer unter Terrassen, Umkehrdächer (mit zusätzlicher Zuschlagsberechnung)		1,20
9	Kellerdecken, Decken gegen abgeschlossene, unbeheizte Hausflure		0,90
10	Decken, die Aufenthaltsräume nach unten gegen die Außenluft abgrenzen, z. B. über Garagen, Durchfahrten und belüfteten Kriechkellern		1,75
11	Unterer Abschluss nicht unterkellerter Aufenthaltsräume, wenn unmittelbar an das Erdreich grenzend (bis zu einer Raumtiefe von 5 m) oder über einem nicht belüfteten Hohlraum an das Erdreich grenzend		0,90

Tabelle 2: Mindestwerte der Wärmedurchlasswiderstände *R* für leichte Bauteile mit einer flächenbezogenen Gesamtmasse von <100 kg/m² sowie für Rahmen und Skelettbauarten nach DIN 4108-2

	Bauteile		Wärmedurchlasswiderstand *R* m² · K/W
1	Außenwände, Decken unter nicht ausgebauten Dachräumen und Dächer (< 100 kg/m²)		1,75
2	Rahmen- und Skelettbauarten	im Gefachbereich	1,75
		für das gesamte Bauteil im Mittel (R_m)	1,00
3	Rolladenkästen		1,00
4	Deckel von Rolladenkästen		0,55
5	Nichttransparenter Teil der Ausfachungen von Fensterwänden und Fenstertüren	bei > 50 % der Gesamtausfachungsfläche	1,20
		bei < 50 % der Gesamtausfachungsfläche	1,00

16.3 Anforderungen an den Wärmeschutz

Ablaufplan für die Lösungen der Aufgaben über Anforderungen an den Wärmeschutz

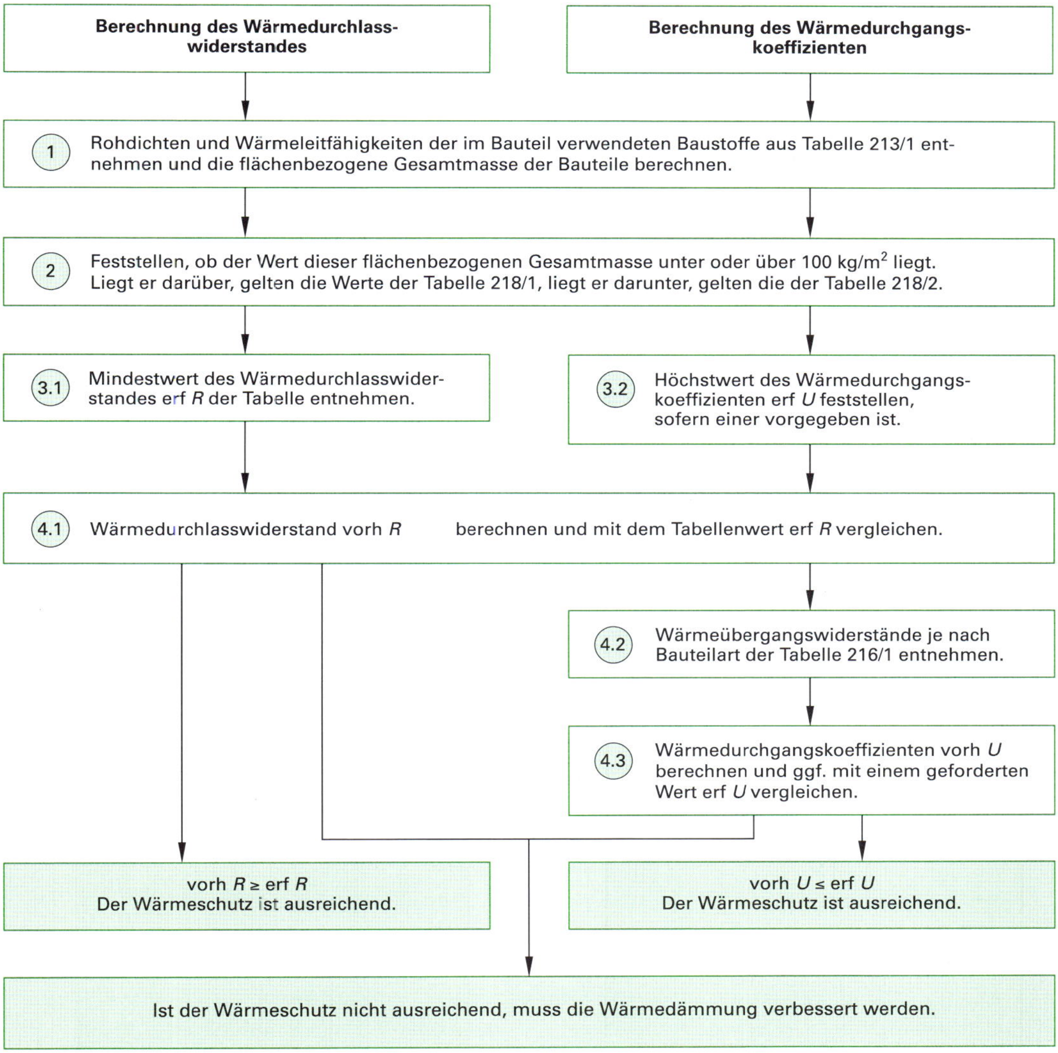

16.3.2 Anforderungen nach der Energieeinsparverordnung (EnEV)

Der Nachweis der Energieeinsparung erfolgt durch ein umfangreiches Rechenverfahren, in dem alle Möglichkeiten zur Energieeinsparung bei der Beheizung eines Gebäudes einbezogen sind, um einen maximalen Jahres-Primärenergiebedarf nicht zu überschreiten. Diese Anforderungen gelten vor allem für den Neubaubereich.

Bei der Änderung von Außenbauteilen bestehender Gebäude, z. B. bei erstmaligem Einbau, bei Ersatz und Erneuerung von Bauteilen, dürfen für diese Bauteile die in **Tabelle 220/1** festgelegten Wärmedurchgangskoeffizienten U nicht überschritten werden.

16.3 Anforderungen an den Wärmeschutz

Tabelle 1: Höchstwerte der Wärmedurchgangskoeffizienten *U* bei erstmaligem Einbau, Ersatz und Erneuerung von Bauteilen in bestehenden Gebäuden nach der Energiesparverordnung (EnEV)

	Bauteile	Wärmedurchgangskoeffizient U_{max} W/(m² · K)
1	Außenwände, allgemein	0,45
2	Außenwände, a) wenn außen Platten, Verschalungen oder Mauerwerks-Vorsatzschalen angebracht werden oder die Innenseite mit Bekleidungen versehen wird b) wenn Dämmschichten eingebaut oder der Außenputz mit $U > 0{,}9$ W/(m² · K) erneuert wird	0,35
3	Decken unter nicht ausgebauten Dachräumen sowie Decken, Wände und Dachschrägen, die beheizte Räume nach oben gegen die Außenluft abgrenzen a) bei Neueinbau oder Ersatz von außenseitigen oder innenseitigen Bekleidungen oder Verschalungen und Dämmschichten b) bei Einbau von zusätzlichen Bekleidungen und Dämmschichten in Wände zum unbeheizten Dachraum	0,30
4	Flachdächer a) bei Erneuerung von Dachhaut und Dämmschicht b) bei Anbringung von innenseitigen Bekleidungen oder Verschalungen	0,25
5	Decken und Wände gegen unbeheizte Räume bei Anbringung von Wand- und Deckenbekleidungen auf der Kaltseite	0,40
6	Decken und Wände von beheizten Räumen gegen Erdreich a) bei Anbringung von innenseitigen oder außenseitigen Wandbekleidungen einschließlich Feuchtigkeitssperre oder Drainagen b) bei Anbringung von Fußbodenaufbauten auf der beheizten Seite und Einbau von Dämmschichten	0,50
7	Erneuerung von Außentüren (Türfläche)	2,90

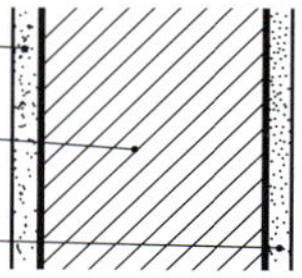

Bild 1: Verputzte Wand

Beispiel: Außenwand, nicht hinterlüftet

a) Eine 24 cm dicke Außenwand aus Lochziegeln (ϱ = 1 200 kg/m³) ist außen mit einem 2 cm dicken Kalkputz, innen mit einem 1,5 cm dicken Gipsputz versehen **(Bild 1)**. Wird der Mindestwärmeschutz nach DIN 4108 erreicht (*R*)?
Wie groß ist der Wärmedurchgangskoeffizient *U*?

(1) Ermittlung von Rohdichte, Wärmeleitfähigkeit und flächenbezogener Masse:

Lösung:

Bauteilschichten	Rohdichte	Wärmeleitfähigkeit	flächenbezogene Masse
Kalkputz	1 800 kg/m³	1,00 W/(m · K)	36 kg/m²
Lochziegel	1 200 kg/m³	0,50 W/(m · K)	288 kg/m²
Gipsputz	1 200 kg/m³	0,51 W/(m · K)	18 kg/m²
			= 342 kg/m²

(2) Feststellung der zutreffenden Tabelle:

Die flächenbezogene Masse von 342 kg/m² liegt über 100 kg/m². Somit gelten die Dämmwerte der **Tabelle 218/1**.

(3.1) Mindestwert des Wärmedurchlasswiderstandes:

$$\text{erf } R = 1{,}20 \, \frac{m^2 \cdot K}{W}$$

(3.2) Höchstwert des Wärmedurchgangskoeffizienten:

Kein Höchstwert gefordert.

(4.1) Berechnung des Wärmedurchlasswiderstandes vorh R:

Ergebnis: vorh $R = 0{,}529 \frac{m^2 \cdot K}{W}$

vorh $R <$ erf $R = 1{,}20 \frac{m^2 \cdot K}{W}$

Der Mindestwärmeschutz nach DIN 4108 ist nicht erreicht!

$$\text{vorh } R = \frac{d_1}{\lambda_1} + \frac{d_2}{\lambda_2} + \frac{d_3}{\lambda_3}$$

$$= \frac{0{,}02\,m}{1{,}00\,W/(m \cdot K)} + \frac{0{,}24\,m}{0{,}50\,W/(m \cdot K)} + \frac{0{,}015\,mm}{0{,}51\,W/(m \cdot K)}$$

$$= \mathbf{0{,}529} \, \frac{\mathbf{m^2 \cdot K}}{\mathbf{W}}$$

(4.2) Ermittlung der Wärmeübergangswiderstände:

$R_{si} = 0{,}13\ m^2 \cdot K/W$; $R_{se} = 0{,}04\ m^2 \cdot K/W$

(4.3) Berechnung des Wärmedurchgangswiderstandes vorh U:

Ergebnis: vorh $U = 1{,}43 \frac{W}{m^2 \cdot K}$

$$\text{vorh } U = \frac{1}{R_{si} + R + R_{se}}$$

$$= \frac{1}{0{,}13\,m^2 \cdot K/W + 0{,}529\,m^2 \cdot K/W + 0{,}04\,m^2 \cdot K/W}$$

$$= \mathbf{1{,}43} \, \frac{\mathbf{W}}{\mathbf{m^2 \cdot K}}$$

b) Wie dick müsste eine zusätzliche Wärmedämmschicht aus Holzwolle-Leichtbauplatten mit $\lambda = 0{,}09\ W/(m \cdot K)$ sein, um den Mindestwärmeschutz von $R = 1{,}20\ m^2 \cdot K/W$ zu erreichen **(Bild 1)**?

Lösung:

Wärmedurchlasswiderstand: erf $R = 1{,}20 \frac{m^2 \cdot K}{W}$

Wärmedurchlasswiderstand: vorh $R = 0{,}529 \frac{m^2 \cdot K}{W}$

Fehlender Wärmedurchlasswiderstand: $R = 0{,}671 \frac{m^2 \cdot K}{W}$

Dicke der Dämmschicht:

$$d = R \cdot \lambda = 0{,}671 \frac{m^2 \cdot K}{W} \cdot 0{,}09 \frac{W}{m \cdot K} = \mathbf{0{,}06\,m = 6\,cm}$$

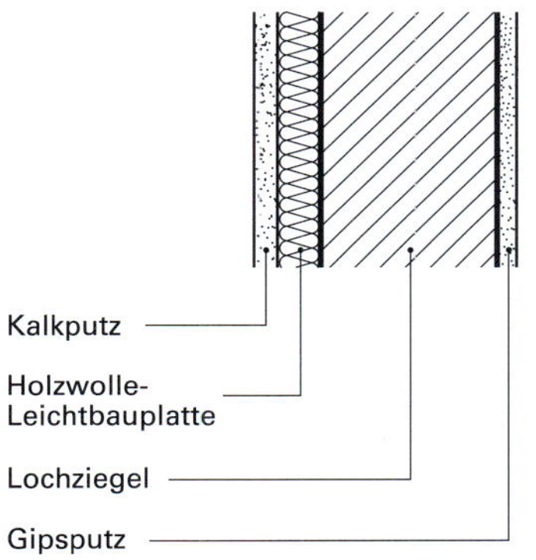

Bild 1: Wand mit Wärmedämmschicht

Beispiel: Fachwerkwand

Die Außenwand eines Fachwerkhauses hat von innen nach außen folgenden Aufbau **(Bild 2)**:

— Vertäfelung mit Nut- und Federbrettern aus Kiefer, 1,5 cm
— Dampfsperre (wird wärmeschutztechnisch nicht berücksichtigt)
— Mineralfaserplatten, WLG 040, 4 cm
— Rahmenhölzer als Unterkonstruktion aus Fichte, 4/6 cm
— Fachwerk aus Fichte, 14/16 cm
— Ausfachung mit Leichtbeton-Vollsteinen (ϱ = 1 200 kg/m³), 14 cm dick
— Kalkputz, 2 cm dick

Ist der geforderte Mindestwärmeschutz nach DIN 4108
a) im Gefachbereich (Bereich A),
b) im Bereich der ungünstigsten Stelle (Bereich B) erreicht?
Wie groß ist der Wärmedurchgangskoeffizient U?

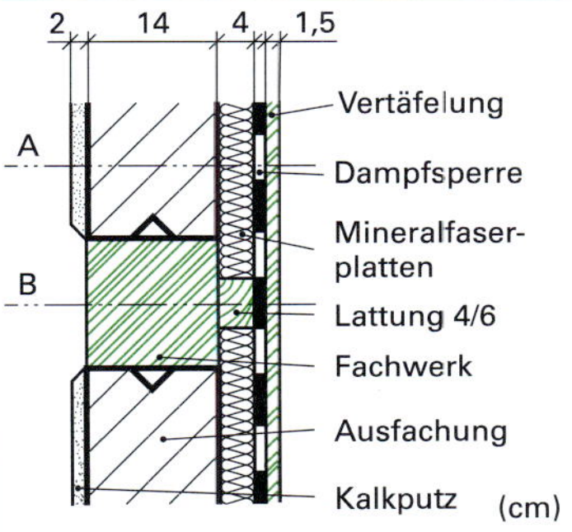

Bild 2: Schnitt durch eine Fachwerkwand

16 Wärme und Wärmeschutz

16.3 Anforderungen an den Wärmeschutz

Lösung:

(1) Ermittlung von Rohdichte, Wärmeleitfähigkeit und flächenbezogener Gesamtmasse:

a) Gefachbereich (Bereich A):

Bauteilschichten	Rohdichte	Wärmeleitfähigkeit	flächenbezogene Masse
Holzvertäfelung (Kl)	500 kg/m³	0,13 W/(m · K)	7,5 kg/m²
Mineralfaserplatte	87,5 kg/m³	0,04 W/(m · K)	3,5 kg/m²
Leichtbeton-Vollsteine	1 200 kg/m³	0,54 W/(m · K)	168,0 kg/m²
Kalkputz	1 800 kg/m³	1,00 W/(m · K)	36,0 kg/m²
			215,0 kg/m²

(2) Feststellung der zutreffenden Tabelle:

Die flächenbezogene Masse von 215,0 kg/m² liegt über 100 kg/m². Somit gelten die Dämmwerte der **Tabelle 218/1**.

(3.1) Mindestwert des Wärmedurchlasswiderstandes:

$$\text{erf } R = 1{,}20 \frac{\text{m}^2 \cdot \text{K}}{\text{W}}$$

(3.2) Höchstwert des Wärmedurchgangskoeffizienten:

Ein Höchstwert wird nicht gefordert

(4.1) Berechnung des Wärmedurchlasswiderstands vorh R:

$$\text{vorh } R = \frac{d_1}{\lambda_1} + \frac{d_2}{\lambda_2} + \frac{d_3}{\lambda_3} + \frac{d_4}{\lambda_4}$$

$$= \frac{0{,}015 \text{ m}}{0{,}13 \text{ W/(m} \cdot \text{K)}} + \frac{0{,}04 \text{ m}}{0{,}04 \text{ W/(m} \cdot \text{K)}} + \frac{0{,}14 \text{ m}}{0{,}54 \text{ W/(m} \cdot \text{K)}} + \frac{0{,}02 \text{ m}}{1{,}00 \text{ W/(m} \cdot \text{K)}}$$

$$= \mathbf{1{,}395 \frac{m^2 \cdot K}{W}}$$

Ergebnis:

$$\text{vorh } R = 1{,}395 \frac{\text{m}^2 \cdot \text{K}}{\text{W}}$$

$$\text{vorh } R > \text{erf } R = 1{,}20 \frac{\text{m}^2 \cdot \text{K}}{\text{W}}$$

Der Wärmeschutz ist nach DIN 4108 ausreichend!

(4.2) Ermittlung der Wärmeübergangswiderstände:

$$R_{si} = 0{,}13 \frac{\text{m}^2 \cdot \text{K}}{\text{W}}; \ R_{se} = 0{,}04 \frac{\text{m}^2 \cdot \text{K}}{\text{W}}$$

(4.3) Berechnung des Wärmedurchgangswiderstandes vorh U:

$$\text{vorh } U = \frac{1}{R_{si} + R + R_{se}}$$

$$= \frac{1}{0{,}13 \text{ m}^2 \cdot \text{K/W} + 1{,}395 \text{ m}^2 \cdot \text{K/W} + 0{,}04 \text{ m}^2 \cdot \text{K/W}}$$

$$= \mathbf{0{,}64 \frac{W}{m^2 \cdot K}}$$

Ergebnis:

$$\text{vorh } U = 0{,}64 \frac{\text{W}}{\text{m}^2 \cdot \text{K}}$$

(1) Ermittlung von Wärmeleitfähigkeit und Schichtdicke:

b) Ungünstigste Stelle (Bereich B):

Bauteilschichten	Wärmeleitfähigkeit	Schichtdicke
Holzvertäfelung (Kl)	0,13 W/(m · K)	0,015 m
Unterkonstruktion (Fl)	0,13 W/(m · K)	0,04 m
Fachwerk (Fichte)	0,13 W/(m · K)	0,14 m
		d_{ges} = 0,195 m

(2) Feststellung der zutreffenden Tabelle:

Für ungünstige Stellen (Wärmebrücken) sind ebenfalls die Anforderungen der **Tabelle 218/1** maßgebend, ohne Rücksicht auf die flächenbezogene Masse des Bauteils.

(3.1) Mindestwert des Wärmedurchlasswiderstandes:

$$\text{erf } R = 1{,}20 \frac{\text{m}^2 \cdot \text{K}}{\text{W}}$$

(3.2) Höchstwert des Wärmedurchgangskoeffizienten:

kein Höchstwert gefordert

(4.1) Berechnung des Wärmedurchlasswiderstandes vorh R:

$$\text{vorh } R = \frac{d_{ges}}{\lambda} = \frac{0{,}195 \text{ m}}{0{,}13 \text{ W/(m} \cdot \text{K)}} = \mathbf{1{,}50} \frac{\mathbf{m^2 \cdot K}}{\mathbf{W}}$$

Ergebnis:

$$\text{vorh } R = 1{,}50 \frac{\text{m}^2 \cdot \text{K}}{\text{W}}$$

$$\text{vorh } R > \text{erf } R = 1{,}20 \frac{\text{m}^2 \cdot \text{K}}{\text{W}}$$

Der Wärmeschutz ist nach DIN 4108 ausreichend!

(4.2) Ermittlung der Wärmeübergangswiderstände:

$$R_{si} = 0{,}13 \frac{\text{m}^2 \cdot \text{K}}{\text{W}}; \; R_{se} = 0{,}04 \frac{\text{m}^2 \cdot \text{K}}{\text{W}}$$

(4.3) Berechnung des Wärmedurchgangskoeffizienten vorh U:

$$\text{vorh } U = \frac{1}{R_{si} + R + R_{se}} = \frac{1}{0{,}13 \text{ m}^2 \cdot \text{K/W} + 1{,}5 \text{ m}^2 \cdot \text{K/W} + 0{,}04 \text{ m}^2 \cdot \text{K/W}} = \mathbf{0{,}60} \frac{\mathbf{W}}{\mathbf{m^2 \cdot K}}$$

Ergebnis:

$$\text{vorh } U = 0{,}60 \frac{\text{W}}{\text{m}^2 \cdot \text{K}}$$

Beispiel: Decke unter einem nicht ausgebauten Dachraum

Eine 16 cm dicke Stahlbetondecke unter einem nicht ausgebauten Dachraum ist unten mit einem 1,5 cm dicken Gipskalkputz versehen. Die Deckenauflage besteht aus einer 3 cm dicken Mineralfaser-Trittschalldämmplatte (WLS 035) und einem 4 cm dicken Zementestrich **(Bild 1)**. Die Trennlage wird wärmeschutztechnisch nicht berücksichtigt.

Wird der Mindestwärmeschutz (R) nach DIN 4108 erreicht?

Wie groß ist der Wärmedurchgangskoeffizient U?

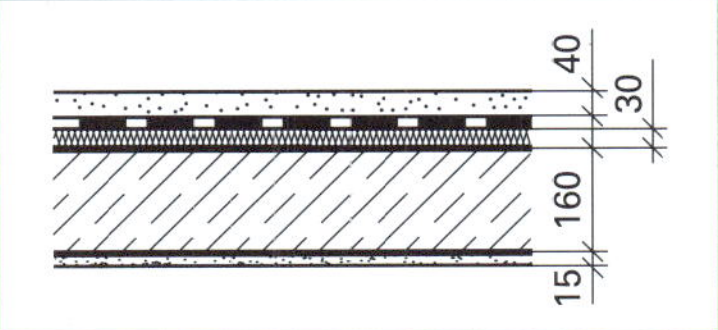

Bild 1: Massivdecke mit schwimmendem Estrich

Lösung:

(1) Ermittlung von Rohdichte, Wärmeleitfähigkeit und flächenbezogener Masse:

Bauteilschichten	Rohdichte	Wärmeleitfähigkeit	flächenbezogene Masse
Zementestrich	2 000 kg/m³	1,40 W/(m · K)	80 kg/m²
Mineralfaserplatte	70 kg/m³	0,035 W/(m · K)	2 kg/m²
Stahlbetondecke	2 400 kg/m³	2,00 W/(m · K)	384 kg/m²
Gipsputz	1 200 kg/m³	0,51 W/(m · K)	18 kg/m²
			484 kg/m²

(2) Feststellung der zutreffenden Tabelle:

Die flächenbezogene Masse von 484 kg/m² liegt über 100 kg/m². Somit gelten die Dämmwerte der **Tabelle 218/1**.

16.3 Anforderungen an den Wärmeschutz

(3.1) Mindestwert des Wärmedurchlasswiderstandes:

erf $R = 0{,}90\ \text{m}^2 \cdot \text{K/W}$

(3.2) Höchstwert des Wärmedurchgangskoeffizienten:

kein Höchstwert gefordert

(4.1) Berechnung des Wärmedurchlasswiderstandes vorh R:

Ergebnis:

vorh $R = 0{,}995\ \dfrac{\text{m}^2 \cdot \text{K}}{\text{W}}$

vorh $R >$ erf $R = 0{,}90\ \dfrac{\text{m}^2 \cdot \text{K}}{\text{W}}$

Der Wärmeschutz ist nach DIN 4108 ausreichend!

$$\text{vorh } R = \frac{d_1}{\lambda_1} + \frac{d_2}{\lambda_2} + \frac{d_3}{\lambda_3} + \frac{d_4}{\lambda_4}$$

$$= \frac{0{,}04\ \text{m}}{1{,}4\ \text{W/(m} \cdot \text{K)}} + \frac{0{,}03\ \text{m}}{0{,}035\ \text{W/(m} \cdot \text{K)}} + \frac{0{,}16\ \text{m}}{2{,}0\ \text{W/(m} \cdot \text{K)}} + \frac{0{,}015\ \text{m}}{0{,}51\ \text{W/(m} \cdot \text{K)}}$$

$$= \mathbf{0{,}995\ \frac{m^2 \cdot K}{W}}$$

(4.2) Ermittlung der Wärmeübergangswiderstände:

$R_{si} = 0{,}10\ \dfrac{\text{m}^2 \cdot \text{K}}{\text{W}}$; $R_{se} = 0{,}04\ \dfrac{\text{m}^2 \cdot \text{K}}{\text{W}}$

(4.3) Berechnung des Wärmedurchgangskoeffizienten vorh U:

Ergebnis:

vorh $U = 0{,}88\ \dfrac{\text{W}}{\text{m}^2 \cdot \text{K}}$

$$\text{vorh } U = \frac{1}{R_{si} + R + R_{se}}$$

$$= \frac{1}{0{,}10\ \text{m}^2 \cdot \text{K/W} + 0{,}995\ \text{m}^2 \cdot \text{K/W} + 0{,}04\ \text{m}^2 \cdot \text{K/W}}$$

$$= \mathbf{0{,}88\ \frac{W}{m^2 \cdot K}}$$

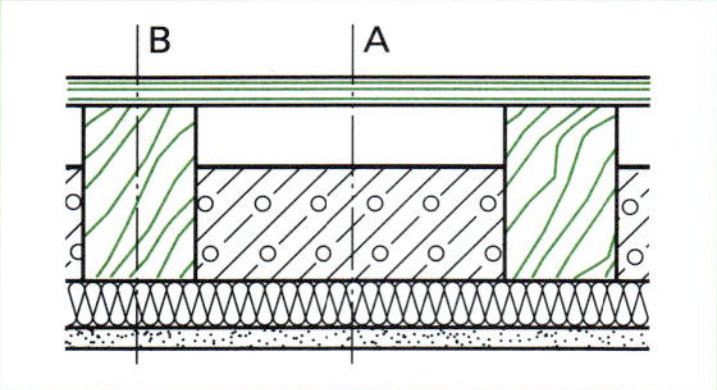

Bild 1: Schnitt durch eine Holzbalkendecke

Beispiel: Holzbalkendecke

Unter einem nicht ausgebauten Dachraum eines Einfamilienhauses ist eine Holzbalkendecke vorgesehen. Sie hat von oben nach unten folgenden Aufbau **(Bild 1)**.

Nut- und Federbretter, Fichte, 2,2 cm; Luftschicht, 8 cm; Porenbetonplatten, 10 cm; Holzwolle-Leichtbauplatten, 3,5 cm; Gipsputz, 1,5 cm; Deckenbalken, Fichte, 14/18 cm.

Wird der Mindestwärmeschutz nach DIN 4108 erreicht

a) im Gefachbereich (Bereich A),

b) im Balkenbereich (Bereich B)?

Berechnen Sie zu a) und b) jeweils den U-Wert!

c) Wie groß ist der Mittelwert U_m, wenn der Flächenanteil der Balkenlage an der gesamten Deckenfläche 22 % beträgt?

Lösung:

(1) Ermittlung von Rohdichte, Wärmeleitfähigkeit und flächenbezogener Masse:

a) Gefachbereich (Bereich A):

Bauteilschichten	Rohdichte	Wärmeleitfähigkeit	flächenbezogene Masse
Nut- und Federbretter	500 kg/m³	0,13 W/(m · K)	11,0 kg/m²
Luftschicht	–	R_g = 0,16 m² · K/W	–
Porenbetonplatten	600 kg/m³	0,19 W/(m · K)	60,0 kg/m²
WW-Platten	450 kg/m³	0,09 W/(m · K)	15,8 kg/m²
Gipsputz	1 200 kg/m³	0,51 W/(m · K)	18,0 kg/m²
			104,8 kg/m²

(2) Feststellung der zutreffenden Tabelle:

Die flächenbezogene Masse von 104,8 kg/m² liegt über 100 kg/m². Somit gelten die Dämmwerte der **Tabelle 218/1**.

(3.1) Mindestwert des Wärmedurchlasswiderstandes:

$\text{erf } R = 0{,}90 \dfrac{m^2 \cdot K}{W}$

(3.2) Höchstwert des Wärmedurchgangskoeffizienten:

kein Höchstwert gefordert

(4.1) Berechnung des Wärmedurchlasswiderstandes vorh R:

$$\text{vorh } R = \frac{d_1}{\lambda_1} + R_g + \frac{d_3}{\lambda_3} + \frac{d_4}{\lambda_4} + \frac{d_5}{\lambda_5}$$

$$= \frac{0{,}022 \text{ m}}{0{,}13 \text{ W/(m} \cdot \text{K)}} + 0{,}16 \frac{m^2 \cdot K}{W} + \frac{0{,}1 \text{ m}}{0{,}19 \text{ W/(m} \cdot \text{K)}} + \frac{0{,}035 \text{ m}}{0{,}09 \text{ W/(m} \cdot \text{K)}} + \frac{0{,}015 \text{ m}}{0{,}51 \text{ W/(m} \cdot \text{K)}}$$

$$= \mathbf{1{,}274 \frac{m^2 \cdot K}{W}}$$

Ergebnis:

$\text{vorh } R = 1{,}274 \dfrac{m^2 \cdot K}{W}$

$\text{vorh } R > \text{erf } R = 0{,}90 \dfrac{m^2 \cdot K}{W}$

Der Mindestwärmeschutz ist nach DIN 4108 ausreichend!

(4.2) Ermittlung der Wärmeübergangswiderstände:

$R_{si} = 0{,}10 \dfrac{m^2 \cdot K}{W}$; $R_{se} = 0{,}04 \dfrac{m^2 \cdot K}{W}$

(4.3) Berechnung des Wärmedurchgangskoeffizienten vorh U:

$$\text{vorh } U_A = \frac{1}{R_{si} + R + R_{se}}$$

$$= \frac{1}{0{,}10 \text{ m}^2 \cdot \text{K/W} + 1{,}274 \text{ m}^2 \cdot \text{K/W} + 0{,}04 \text{ m}^2 \cdot \text{K/W}}$$

$$= \mathbf{0{,}71 \frac{W}{m^2 \cdot K}}$$

Ergebnis:

$\text{vorh } U = 0{,}71 \dfrac{W}{m^2 \cdot K}$

Lösung:

b) Balkenbereich (Bereich B):

(1) Ermittlung von Rohdichte, Wärmeleitfähigkeit und flächenbezogener Masse:

Bauteilschichten	Rohdichte	Wärmeleitfähigkeit	flächenbezogene Masse
Nut- und Federbretter	500 kg/m³	0,13 W/(m · K)	11,0 kg/m²
Deckenbalken	500 kg/m³	0,13 W/(m · K)	90,0 kg/m²
HWL-Platten	450 kg/m³	0,09 W/(m · K)	15,8 kg/m²
Gipsputz	1 200 kg/m³	0,51 W/(m · K)	18,0 kg/m²
			134,8 kg/m²

(2) Feststellung der zutreffenden Tabelle:

Die flächenbezogene Masse von 134,8 kg/m² liegt über 100 kg/m². Somit gelten die Dämmwerte der **Tabelle 218/1**.

(3.1) Mindestwert des Wärmedurchlasswiderstandes:

$\text{erf } R = 0{,}90 \dfrac{m^2 \cdot K}{W}$

(3.2) Höchstwert des Wärmedurchgangskoeffizienten:

kein Höchstwert gefordert

16.3 Anforderungen an den Wärmeschutz

(4.1) Berechnung des Wärmedurchlasswiderstandes vorh R:

$$\text{vorh } R = \frac{d_1}{\lambda_1} = \frac{d_2}{\lambda_2} + \frac{d_3}{\lambda_3} + \frac{d_4}{\lambda_4}$$

$$= \frac{0{,}022\ \text{m}}{0{,}13\ \text{W/(m}\cdot\text{K)}} + \frac{0{,}18\ \text{m}}{0{,}13\ \text{W/(m}\cdot\text{K)}} + \frac{0{,}035\ \text{m}}{0{,}09\ \text{W/(m}\cdot\text{K)}} + \frac{0{,}015\ \text{m}}{0{,}51\ \text{W/(m}\cdot\text{K)}}$$

$$= \mathbf{1{,}972\ \frac{m^2 \cdot K}{W}}$$

Ergebnis:

$\text{vorh } R = 1{,}972\ \frac{\text{m}^2 \cdot \text{K}}{\text{W}}$

$\text{vorh } R > \text{erf } R = 0{,}90\ \frac{\text{m}^2 \cdot \text{K}}{\text{W}}$

Der Mindestwärmeschutz ist nach DIN 4108 ausreichend!

(4.2) Ermittlung der Wärmeübergangswiderstände:

$$R_{si} = 0{,}10\ \frac{\text{m}^2 \cdot \text{K}}{\text{W}};\ R_{se} = 0{,}04\ \frac{\text{m}^2 \cdot \text{K}}{\text{W}}$$

(4.3) Berechnung des Wärmedurchgangskoeffizienten vorh U:

$$\text{vorh } U = \frac{1}{R_{si} + R + R_{se}}$$

$$= \frac{1}{0{,}10\ \text{m}^2 \cdot \text{K/W} + 1{,}972\ \text{m}^2 \cdot \text{K/W} + 0{,}04\ \text{m}^2 \cdot \text{K/W}}$$

$$= \mathbf{0{,}47\ \frac{W}{m^2 \cdot K}}$$

Ergebnis:

$\text{vorh } U_B = 0{,}47\ \frac{\text{W}}{\text{m}^2 \cdot \text{K}}$

c) Berechnung des Mittelwerts U_m:

Der Mittelwert U_m wird aus vorh U_A und vorh U_B errechnet. Flächenanteil des Gefachbereichs: 78 %
Flächenanteil der Balkenlage: 22 %

$$U_m = U_A \cdot 78\,\% + U_B \cdot 22\,\%$$

$$= 0{,}71\ \frac{\text{W}}{\text{m}^2 \cdot \text{K}} \cdot 78\,\% + 0{,}47\ \frac{\text{W}}{\text{m}^2 \cdot \text{K}} \cdot 22\,\%$$

$$= \mathbf{0{,}66\ \frac{W}{m^2 \cdot K}}$$

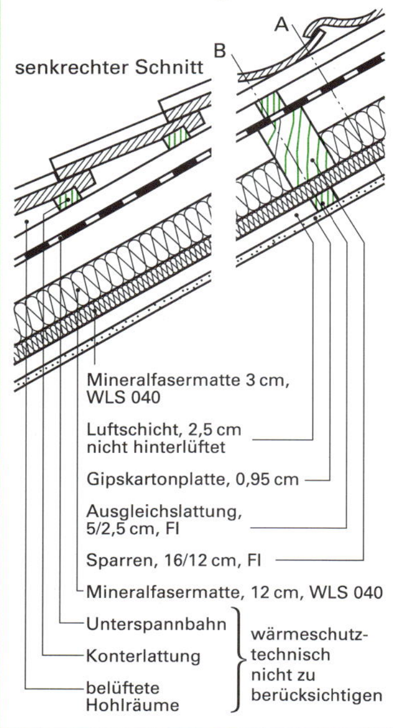

Bild 1: Schnitte durch ein hinterlüftetes Steildach

Beispiel: Steildach, hinterlüftet

Das Dach über einem ausgebauten Dachraum (Dachneigung 35°) hat von innen nach außen den in **Bild 1** gezeigten Aufbau.

Ist der erforderliche Mindestwärmeschutz erreicht

a) im Gefachbereich (bei A),

b) im Bereich der ungünstigen Stellen (bei B)?

Berechnen Sie auch jeweils den Wärmedurchgangskoeffizienten U!

c) Wie groß ist der Mittelwert U_m, wenn der Anteil der Sparrenfläche an der gesamten Dachfläche 15 % beträgt?

16.3 Anforderungen an den Wärmeschutz

(1) Ermittlung von Rohdichte, Wärmeleitfähigkeit und flächenbezogener Masse:

Lösung:

a) Gefachbereich (Bereich A):

Bauteilschichten	Rohdichte	Wärmeleitfähigkeit	flächenbezogene Masse
Gipskartonplatte	800 kg/m³	0,25 W/(m · K)	7,6 kg/m²
Luftschicht	–	R_g = 0,16 m² · K/W	–
Mineralfasermatte	70 kg/m³	0,04 W/(m · K)	8,4 kg/m²
			16,0 kg/m²

(2) Feststellung der zutreffenden Tabelle:

Die flächenbezogene Masse liegt mit 16,0 kg/m² unter 100 kg/m². Somit gelten die Dämmwerte der **Tabelle 218/2**.

(3.1) Mindestwert des Wärmedurchlasswiderstandes:

$$\text{erf } R = 1{,}75\,\frac{\text{m}^2\cdot\text{K}}{\text{W}}$$

(3.2) Höchstwert des Wärmedurchgangskoeffizienten:

kein Höchstwert gefordert

(4.1) Berechnung des Wärmedurchlasswiderstandes vorh R:

$$\text{vorh } R = \frac{d_1}{\lambda_1} + R_g + \frac{d_3}{\lambda_3}$$

$$= \frac{0{,}009\,5\text{ m}}{0{,}25\text{ W/(m}\cdot\text{K)}} + 0{,}16\,\frac{\text{m}^2\cdot\text{K}}{\text{W}} + \frac{0{,}03\text{ m}}{0{,}04\text{ W/(m}\cdot\text{K)}} + \frac{0{,}12\text{ m}}{0{,}04\text{ W/(m}\cdot\text{K)}}$$

$$= \mathbf{3{,}948\,\frac{m^2\cdot K}{W}}$$

Ergebnis:

$$\text{vorh } R = 3{,}948\,\frac{\text{m}^2\cdot\text{K}}{\text{W}}$$

$$\text{vorh } R > \text{erf } R = 1{,}75\,\frac{\text{m}^2\cdot\text{K}}{\text{W}}$$

Der Mindestwärmeschutz ist nach DIN 4108 ausreichend!

(4.2) Ermittlung der Wärmeübergangswiderstände:

$$R_{si} = 0{,}10\,\frac{\text{m}^2\cdot\text{K}}{\text{W}};\; R_{se} = 0{,}10\,\frac{\text{m}^2\cdot\text{K}}{\text{W}}$$

(4.3) Berechnung des Wärmedurchgangskoeffizienten vorh U:

$$\text{vorh } U = \frac{1}{R_{si} + R + R_{se}}$$

$$= \frac{1}{0{,}10\text{ m}^2\cdot\text{K/W} + 3{,}948\text{ m}^2\cdot\text{K/W} + 0{,}10\text{ m}^2\cdot\text{K/W}}$$

$$= \mathbf{0{,}24\,\frac{W}{m^2\cdot K}}$$

Ergebnis:

$$\text{vorh } U_A = 0{,}24\,\frac{\text{W}}{\text{m}^2\cdot\text{K}}$$

(1) Ermittlung der Wärmeleitfähigkeit und der Schichtdicke:

b) Ungünstigste Stelle (Bereich B):

Bauteilschichten	Wärmeleitfähigkeit	Schichtdicke
Gipskartonplatte	0,25 W/(m · K)	0,95 cm
Ausgleichslattung	0,13 W/(m · K)	2,5 cm
Mineralfaserplatte	0,04 W/(m · K)	3,0 cm
Sparren	0,13 W/(m · K)	12,0 cm

(Der Sparren wird wärmeschutztechnisch nur bis zur Außenfläche der Dämmschicht berücksichtigt.)

(2) Feststellung der zutreffenden Tabelle:

Da der Mindestwärmeschutz an jeder Stelle vorhanden sein muss, sind auch für ungünstige Stellen die Dämmwerte der **Tabelle 218/2** maßgebend.

16.3 Anforderungen an den Wärmeschutz

(3.1) Mindestwert des Wärmedurchlasswiderstandes:	erf $R = 1{,}75 \frac{m^2 \cdot K}{W}$
(3.2) Höchstwert des Wärmedurchgangskoeffizienten:	kein Höchstwert gefordert
(4.1) Berechnung des Wärmedurchlasswiderstandes vorh R: Ergebnis: vorh $R = 1{,}903 \frac{m^2 \cdot K}{W}$ vorh $R >$ erf $R = 1{,}75 \frac{m^2 \cdot K}{W}$ **Der Mindestwärmeschutz ist nach DIN 4108 ausreichend!**	vorh $R = \frac{d_1}{\lambda_1} + \frac{d_2}{\lambda_2} + \frac{d_3}{\lambda_3} + \frac{d_4}{\lambda_4}$ $= \frac{0{,}0095}{0{,}25\,W/(m \cdot K)} + \frac{0{,}025\,m}{0{,}13\,W/(m \cdot K)} + \frac{0{,}03\,m}{0{,}04\,W/(m \cdot K)} + \frac{0{,}12\,m}{0{,}13\,W/(m \cdot K)}$ $= \mathbf{1{,}903 \frac{m^2 \cdot K}{W}}$
(4.2) Ermittlung der Wärmeübergangswiderstände:	$R_{si} = 0{,}10 \frac{m^2 \cdot K}{W}$; $R_{se} = 0{,}10 \frac{m^2 \cdot K}{W}$
(4.3) Berechnung des Wärmedurchgangskoeffizienten vorh U: Ergebnis: vorh $U_B = 0{,}48 \frac{W}{m^2 \cdot K}$	vorh $U_B = \frac{1}{R_{si} + R + R_{se}}$ $= \frac{1}{0{,}10\,m^2 \cdot K/W + 1{,}903\,m^2 \cdot K/W + 0{,}10\,m^2 \cdot K/W}$ $= \mathbf{0{,}48 \frac{W}{m^2 \cdot K}}$
(1) Flächenanteile von Gefachbereich und ungünstigen Stellen an der gesamten Dachfläche:	**c) Berechnung des Mittelwerts U_m:** Anteil des Gefachbereichs = 85 %. Anteil der ungünstigen Stellen (Sparren) = 15 %.
(2) Höchstwert des Wärmedurchgangskoeffizienten im Mittel:	keine Anforderung
(3) Berechnung des Mittelwerts vorh U_m: Ergebnis: vorh $U_m = 0{,}28 \frac{W}{m^2 \cdot K}$	vorh U_m = vorh $U_A \cdot 0{,}85$ + vorh $U_B \cdot 0{,}15$ $= 0{,}24 \frac{W}{m^2 \cdot K} \cdot 0{,}85 + 0{,}48 \frac{W}{m^2 \cdot K} \cdot 0{,}15$ $= \mathbf{0{,}28 \frac{W}{m^2 \cdot K}}$

16 Wärme und Wärmeschutz

16.3 Anforderungen an den Wärmeschutz

Aufgaben zu 16.3.1 Anforderungen an den Wärmeschutz

229.1 Aus Tabellen sind jeweils die erforderlichen Wärmedurchlasswiderstände für folgende Bauteile mit einer flächenbezogenen Masse über 100 kg/m² nach DIN 4108 zu ermitteln!

Bauteile:

a) Außenwand mit hinterlüfteter Außenhaut

b) Decke über eine Durchfahrt

c) Kellerdecke

d) Decke unter einer Terrasse

e) Decke unter einem nicht ausgebauten Dachraum

f) Außenwand ohne hinterlüfteter Außenhaut

229.2 Es sind für nachfolgende Bauteile mit einer flächenbezogenen Masse unter 100 kg/m² die erforderlichen Wärmedurchlasswiderstände nach DIN 4108 zu bestimmen.

Bauteile:	flächenbezogene Masse
a) Außenwand, nicht hinterlüftet	90 kg/m²
b) Außenwand, hinterlüftet	75 kg/m²
c) Decke unter einem nicht ausgebauten Dachraum	80 kg/m²
d) Rolladenkasten	
e) Nichttransparenter Teil (60 %) einer Fensterwandausfachung	

229.3 Eine gemauerte Fensterbrüstung besteht aus 11,5 cm dicken Leichtbeton-Vollsteinen (ϱ = 1 200 kg/m³). Sie ist innen mit 1,5 cm dickem Gipsputz verputzt, außen mit einer 4 cm dicken Dämmschicht aus Polystyrol-Hartschaumplatten und 2 cm dickem Kalkputz versehen **(siehe Bild)**. Wird der Mindestwärmeschutz nach DIN 4108 erreicht?

Wie groß ist der Wärmedurchgangskoeffizient?

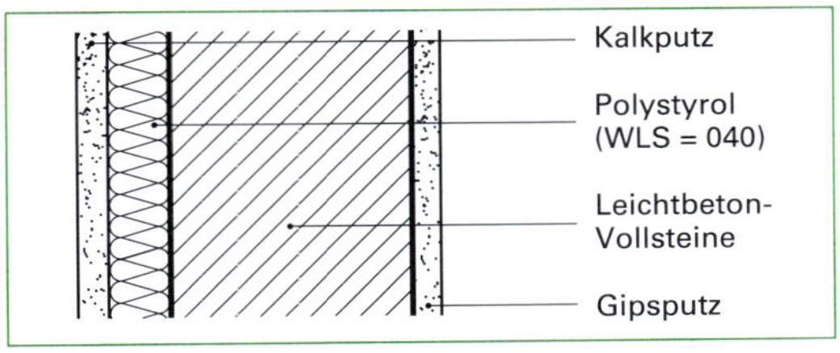

Aufgabe 229.3: Fensterbrüstung mit Wärmedämmschicht

229.4 Eine Außenwand in einem Altbau muss erneuert werden. Wegen der hohen Anforderungen der Energieeinsparverordnung ist folgender Wandaufbau vorgesehen: 36,5 cm dicke Porenbetonsteine, außen mit 2 cm dickem Kalkputz verputzt, innen mit einer 16 mm dicken furnierten Tischlerplatte verkleidet, die auf einer Unterkonstruktion aus Fichteleisten (3/5 cm) befestigt ist. Zwischen Mauerwerk und Leisten befindet sich ein 2 cm dicker Mineralfaserstreifen. Im Hohlraum zwischen Tischlerplatte und Mauerwerk ist eine 4 cm dicke, mit Alu-Folie kaschierte Mineralfasermatte (WLS = 040) eingebaut **(siehe Bild)**.

Wird der Mindestwärmeschutz (U) nach der Energieeinsparverordnung erreicht **(Tabelle 220/1)**

a) im Gefachbereich (bei A),

b) an den ungünstigen Stellen (bei B)?

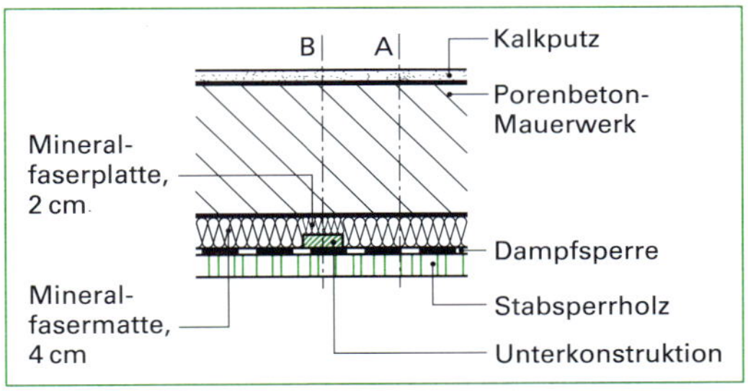

Aufgabe 229.4: Außenwand

229.5 Eine Haustür **(siehe Bild)** hat eine Dicke von 86 mm. Sie ist zwischen den Friesen mit 35 mm dicken Polystyrol-Hartschaumplatten (WLS 035) ausgefüllt. Der prozentuale Anteil der wärmegedämmten Türfläche an der gesamten Türfläche beträgt 55 %.

Wie groß ist der mittlere Wärmedurchgangskoeffizient U_m der Tür?

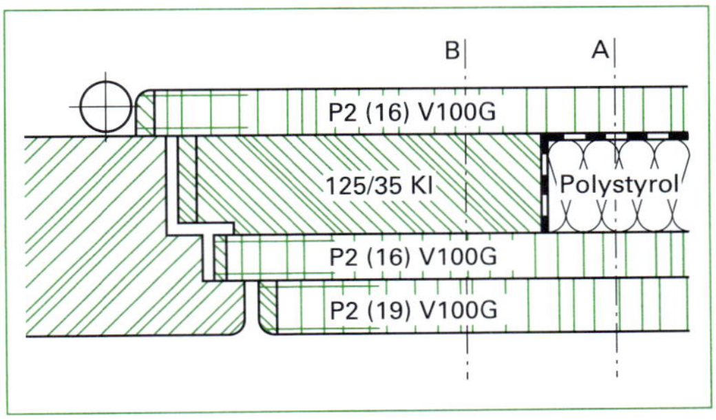

Aufgabe 229.3: Waagerechter Schnitt durch eine Haustür

Aufgaben zu 16.3.1 Anforderungen an den Wärmeschutz

230.1 Eine aufgedoppelte Haustür in Eichenholz hat eine Dicke von 85 mm. Sie ist zwischen den Friesen mit einer Mineralfaserplatte (35 mm dick, WLS 040) gedämmt. Nach innen wird die Wärmedämmschicht mit einer 10 mm dicken Delignit-Dampfsperrplatte ($\lambda = 0{,}20$ W/(m · K) abgedeckt. Der mit Wärmedämm-Material versehene Flächenanteil an der gesamten Türfläche beträgt 46 % **(siehe Bild)**.

Wie groß ist der mittlere Wärmedurchgangskoeffizient U_m der Tür?

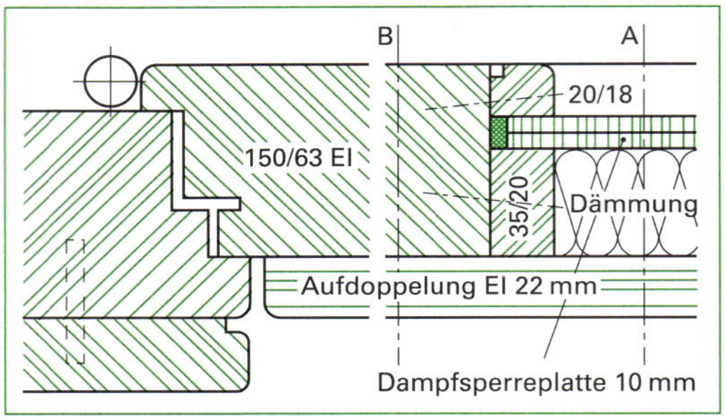

Aufgabe 230.1: Schnitt durch eine Haustür

230.2 Als Außenwandelement ist eine Leichtbaukonstruktion mit dem im **Bild** gezeigten Aufbau vorgesehen (Rahmenbauart).

Werden die geforderten Wärmedurchlasswiderstände nach DIN 4108 erreicht

a) im Gefachbereich bei A,

b) im Bereich der ungünstigsten Stelle bei B,

c) für das gesamte Bauteil im Mittel, wenn der Rahmenanteil an der gesamten Wandfläche 10 % beträgt?

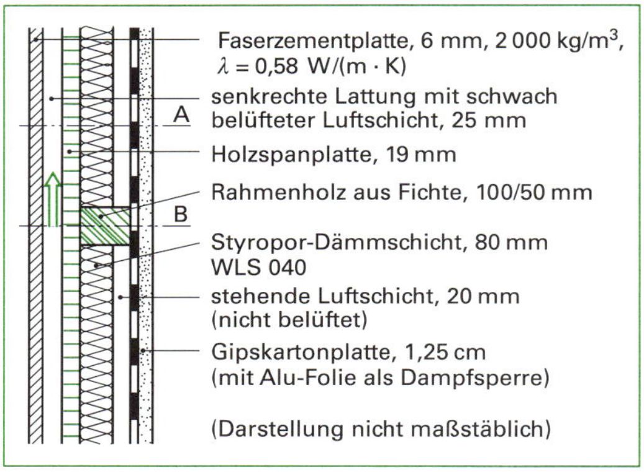

Aufgabe 230.2: Schnitt durch eine Leichtbauwand

230.3 Eine Kellerwand, die an das Erdreich angrenzt, besteht aus Beton. Sie ist 30 cm dick und innen mit 1,5 cm dickem Kalkputz verputzt. Da der Raum als Aufenthaltsraum (Hobbyraum) genutzt werden soll, ist an der Außenseite der Wand eine Dämmschicht aus geschlossenzelligem Polystyrol (WLS 040) vorgesehen **(siehe Bild)**.

Wie dick muss die Dämmschicht sein, wenn erf $R = 1{,}20\ m^2 \cdot K/W$ erreicht werden muss?

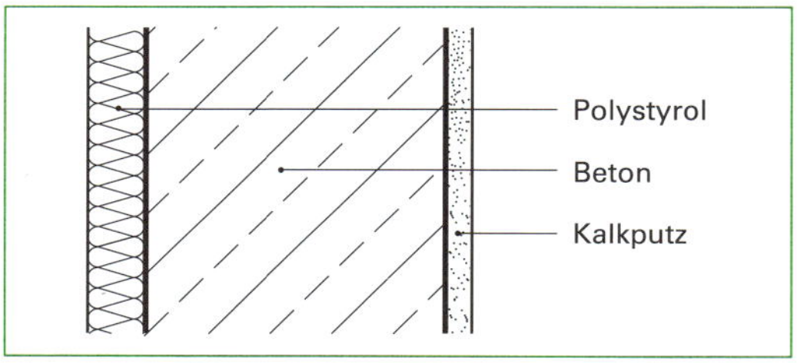

Aufgabe 230.3: Kellerwand mit Wärmedämmschicht

230.4 Die Decke unter einem nicht ausgebauten Dachraum hat von oben nach unten den im **Bild** gezeigten Aufbau:

Wird der Mindestwärmeschutz nach DIN 4108 erreicht

a) im Gefachbereich (bei A),

b) an ungünstigen Stellen (bei B)?

Wie groß ist der Wärmedurchgangskoeffizient bei A und B?

c) Wie groß ist U_m, wenn der Flächenanteil der Kanthölzer an der Gesamtbodenfläche 8 % beträgt?

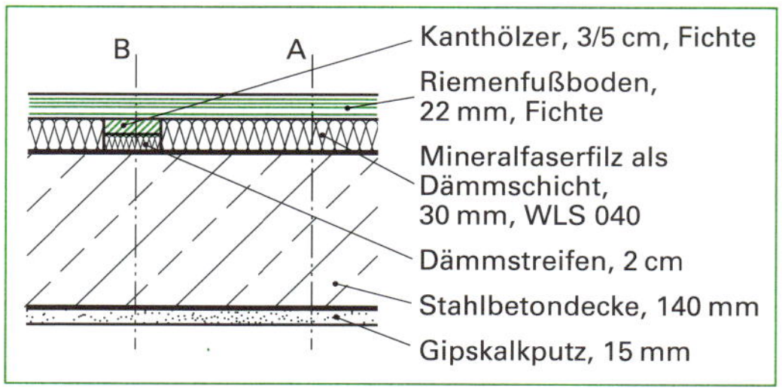

Aufgabe 230.4: Decke unter nicht ausgebautem Dachraum

16.3 Anforderungen an den Wärmeschutz

Aufgaben zu 16.3.1 Anforderungen an den Wärmeschutz

231.1 In einem Gebäude befindet sich unter einem Wohnraum eine offene Durchfahrt. Die Decke, die diesen Aufenthaltsraum nach unten gegen die Außenluft abgrenzt, hat von oben nach unten folgenden Aufbau **(siehe Bild)**:

① Eiche-Mosaikparkett, 8 mm
② Zementestrich, 4 cm
③ Trennlage (wird wärmeschutztechnisch nicht berücksichtigt)
④ Mineralfaserplatte, 2 cm, WLS 040
⑤ Stahlbetondecke, 16 cm
⑥ Mehrschicht-Leichtbauplatte, Wärmedämmschicht 5 cm
⑦ Kalkputz, 2 cm

Wird der Mindestwärmeschutz (R) nach DIN 4108 erreicht?
Wie groß ist der Wärmedurchgangskoeffizient U?

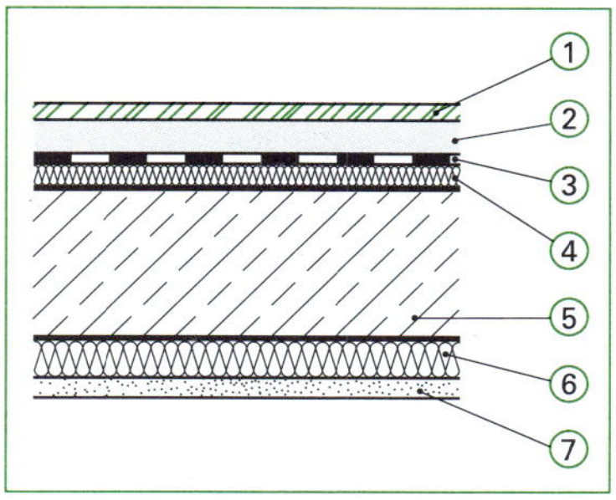

Aufgabe 231.1: Decke über offener Durchfahrt

231.2 Der Fußboden eines Hobbyraumes im Kellergeschoss eines Gebäudes grenzt unmittelbar an das Erdreich. Er hat von oben nach unten folgenden Aufbau **(siehe Bild)**:

① Parkettfußboden, Buche, 22 mm
② Zementestrich, 4 cm
③ Trennlage (wird wärmeschutztechnisch nicht berücksichtigt)
④ Polyurethan-Hartschaumplatte, WLS 030
⑤ Sperrschichten } werden wärmeschutztechnisch nicht berücksichtigt
⑥ Betonplatte
⑦ Rollierung

Wie dick muss die Wärmedämmschicht (Polyurethan-Hartschaum-Platte) sein, damit der Mindestwärmeschutz erf R erreicht wird?

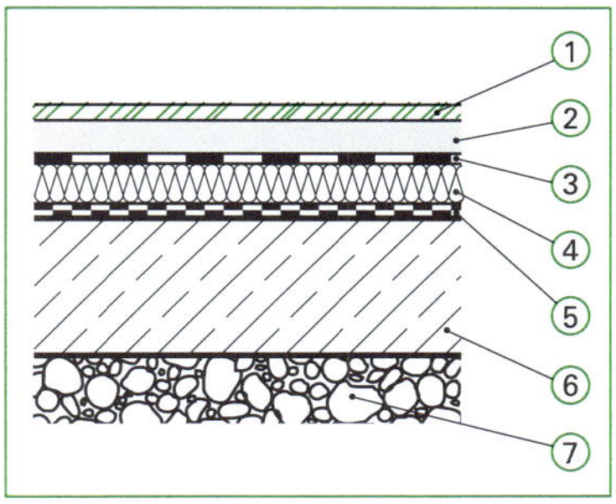

Aufgabe 231.2: Fußboden im Kellergeschoss

231.3 Das belüftete Flachdach (Kaltdach) eines Einfamilienhauses hat von oben nach unten folgenden Aufbau **(siehe Bild)**:

① Dachhaut mit Kiesschüttung } werden wärmeschutztechnisch nicht berücksichtigt
② Holzschalung
③ belüfteter Hohlraum
④ Dachbalken, Fichte, 12/18 cm
⑤ Mineralwollematte, WLS 040, 10 cm
⑥ Mineralfaserplatte, WLS 040, 3 cm
⑦ Holzschalung, Fichte, 2,2 cm
⑧ Gipskartonplatte, 1,25 cm, mit Aluminiumfolie als Dampfsperre kaschiert

Es ist rechnerisch nachzuprüfen, ob der Mindestwärmeschutz nach DIN 4108 erreicht wird

a) im Gefachbereich (bei A),
b) an ungünstigen Stellen (bei B).

Berechnen Sie auch jeweils den U-Wert!

c) Wie groß ist U_m, wenn der Flächenanteil der Dachbalken an der gesamten Dachfläche 16 % beträgt?

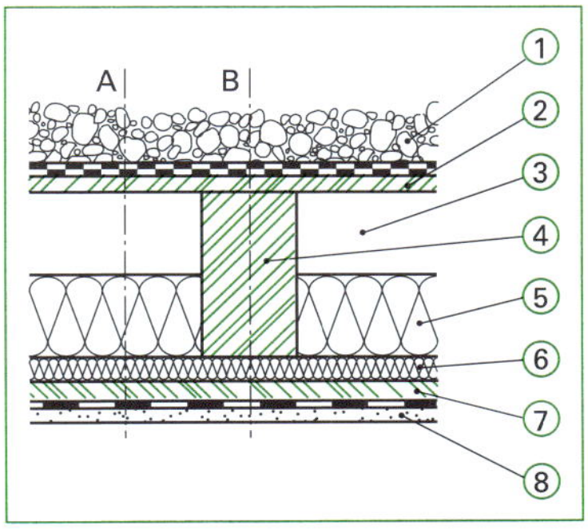

Aufgabe 231.3: Flachdach (Kaltdach)

17 Kostenrechnen, Kalkulation

17.1 Kostenbegriffe

Die **Kostenrechnung** erfasst die Kosten und Leistungen, die mit der Fertigung von Erzeugnissen zusammenhängen und gibt Aufschluss über die Kostenstruktur des Betriebes. Die Kostenrechnung gliedert sich in die Kostenartenrechnung, Kostenstellenrechnung und die Kostenträgerrechnung.

Kosten sind der in Geld ausgedrückte Einsatz des arbeitenden Menschen, der Werkstoffe, der Betriebsmittel, der Anlagen usw., die zur Erstellung eines Erzeugnisses benötigt werden. Diese Kosten werden entweder für eine Rechnungsperiode, z. B. pro Stunde, Monat bzw. Jahr, oder für eine Mengeneinheit, z. B. pro Stück bestimmt.

Kostenarten

Die im Betrieb anfallenden Kosten lassen sich verschiedenen Kostenarten **(Bild 1)** zuordnen. Man unterscheidet Materialkosten (siehe 17.2), Lohnkosten (siehe 17.3), Gemeinkosten (siehe 17.5) und sonstige Kosten.

Bei der **Kostenartenrechnung** geht es darum, **welche** Kosten anfallen.

Ausgaben sind zeitpunktbezogene Zahlungen jeglicher Art und bedeuten einen Geldabfluß aus einem Unternehmen.

Beispiel: Montagefahrzeug wird am 11.05.2011 betankt und es wird bar bezahlt. **Einnahmen** sind zeitpunktbezogene Zahlungen jeglicher Art. Sie bedeuten einen Geldzufluss in das Unternehmen. Beispiel: Kunde Holzwarth bezahlt am 25.07.2011 die Rechnung.

Aufwand ist jeglicher Verbrauch von Gütern und Leistungen in einer Rechungsperiode. Aufwand und Ausgaben müssen also nicht direkt zur Erstellung der betrieblichen Leistung dienen. Sie unterscheiden sich dadurch von den Kosten.

Ertrag ist der in Geld bewertete Wertzuwachs eines Unternehmens innerhalb einer Rechnungsperiode und steht somit dem Aufwand gegenüber.

Kostenstellen

Kostenstellen **(Bild 2)** sind die verschiedenen Bereiche des Betriebes wie der Bankraum, der Maschinenraum oder die Maschinengruppe, die Oberflächenräume, die Montage usw.

Die **Kostenstellenrechnung** befasst sich mit der Frage, **wo** die Kosten anfallen, die Kostenrechnerisch einzeln zu erfassen und abzurechnen sind.

Kostenträger

Kostenträger **(Bild 3)** sind Erzeugnisse, Aufträge oder Dienstleistungen, für die Kosten anfallen.

Die **Kostenträgerrechnung** ist die eigentliche Kalkulation, hier wird ermittelt, **wofür** die Kosten anfallen.

Preis ist der in Geld ausgedrückte Wert eines Erzeugnisses oder einer Leistung. Die Höhe des Preises kann durch das Zusammenspiel von Angebot und Nachfrage auf dem Markt gebildet werden. Dies ist der **Marktpreis**. Die Unternehmen müssen die Preise kalkulieren. Dies ist der **kalkulatorische Preis** (s. 17.8).

Bild 1: Kostenarten

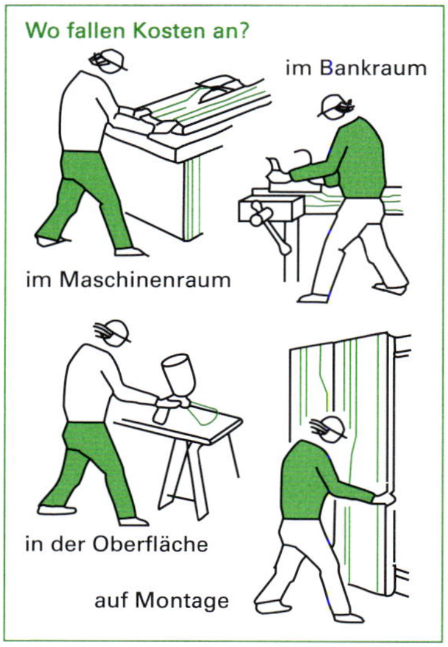

Bild 2: Kostenstellen

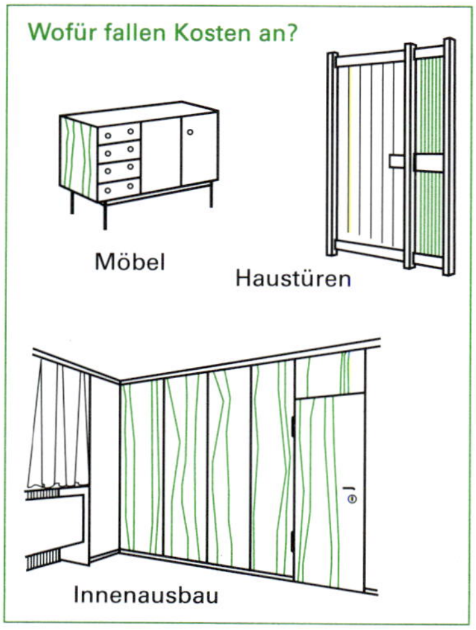

Bild 3: Kostenträger

17.2 Materialeinzelkosten

Bei den **Materialeinzelkosten** handelt es sich um die Kosten der unmittelbar für die Fertigung eines Erzeugnisses benötigten Werkstoffe wie Vollholz, Holzwerkstoffe und Furniere sowie um die Hilfswerkstoffe wie Beschläge, Verbindungsmittel, Leime und Lacke **(Bild 1)**.

Die benötigten Materialien werden in eine Materialliste eingetragen und hier möglichst nach Materialart und Größen sortiert.

Für Vollholz, Holzwerkstoffe, Kunststoffplatten und Furniere werden die Längen und Breiten der Fertigmaße in mm oder in cm angegeben, die daraus errechnete Nettomenge (Flächeninhalt) in m².

Während bei Plattenwerkstoffen nur die Fertigdicke in die Materialliste eingetragen wird, muss für Vollholz auch die Rohdicke in mm angegeben werden. Die Rohdicke wird bei Vollholz deshalb benötigt, um aus dem Kubikmeterpreis den Quadratmeterpreis errechnen zu können.

$$\text{Preis/m}^2 = \text{Preis/m}^3 \times \text{Rohdicke in m}$$

Leisten- und Profillängen können in Metern angegeben werden.

Auf die errechneten Nettomengen in m², m³ oder m ist dann noch der Verschnitt aufzuschlagen. Die Menge einschließlich des Verschnitts ist mit dem Preis je Einheit (€/m, €/m², €/m³) zu multiplizieren, um die Materialeinzelkosten zu erhalten.

Materialeinzelkosten
= (Nettomenge + Verschnitt) × Preis je Einheit

Die Kosten für Leime und für Oberflächenbehandlungsmittel werden meistens über den Verbrauch in kg/m² mal dem Preis je Kilogramm errechnet. Die Kosten für Beschläge lassen sich aus der Stückzahl mal den Stückkosten ermitteln. Für Montageleim, kleine Verbindungsmittel wie Heftklammern, Nägel und Schrauben, wird meistens ein Pauschalpreis eingesetzt.

Materialeinzelkosten = Menge × Preis je Einheit

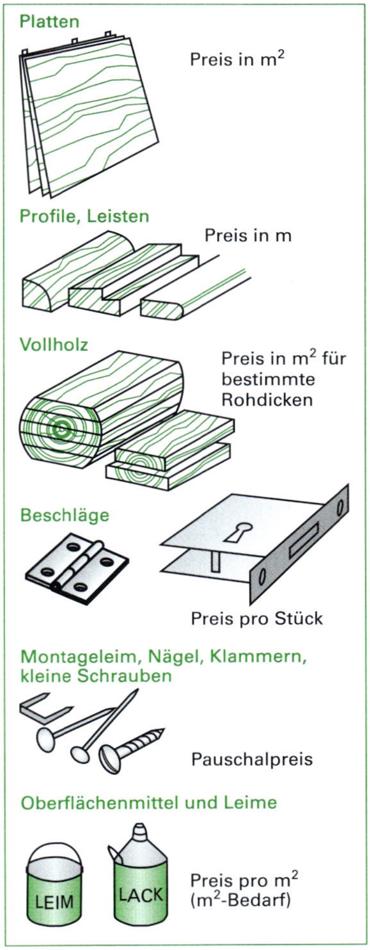

Bild 1: Materialeinzelkosten

Hinweis: Zur Berechnung der Materialkosten werden immer Nettopreise Verwendet.

MATERIALLISTE für die Vorkalkulation

Gegenstand: ______________________ Auftraggeber: ______________________

Stückzahl: ______________________ Auftragnummer: ______________________

Lfd. Nr.	Verwendung	Material	Stück	Fertigmaße		Flächeninhalt	Rohdicke/ Fertigdicke	Nettomenge	Verschnitt	Menge mit Verschnitt	Preis je Einheit	errechneter Preis
				Länge cm/mm	Breite cm/mm	in m²	in mm	in m² in m	in %	in m² in m	in €	in €
1												
2												

Kopf einer Materialliste (Beispiel)

17 Kostenrechnen, Kalkulation

17.2 Materialeinzelkosten

Beim Einsatz von Computern können die Materialien aus der Zeichnung entnommen und in den Computer wahlfrei eingegeben werden. Das installierte Stücklistenprogramm wird die Materialien nach Art, Größe und Menge ordnen und die Preise einschließlich vorgegebener Verschnittsätze errechnen. Diese Materiallisten werden dann mit den angegebenen Daten ausgedruckt.

Beispiel: Von der nebenstehend gezeichneten Spielzeugkiste mit ausziehbarem Deckel sollen 5 Stück gefertigt werden. Die Kastenseiten werden aus 20 mm dicken Buchenbrettern zugeschnitten. Die Eckverbindungen sollen sichtbar gezinkt werden. Für das Buchenholz ist ein Preis von 480 €/m³ und für die 5 mm dicke Furnierplatte ein Preis von 3,80 €/m² einzusetzen. Als Verschnitt wird für das Buchenholz 70 % und für die Furnierplatte 20 % berechnet.

a) Berechnen Sie den Preis pro m² für das Buchenholz.

b) Stellen Sie die Materialliste auf und ermitteln Sie die Materialeinzelkosten für alle fünf Spielzeugkästen.

Lösung:

a) Preis/m² = Preis/m³ × Rohdicke in m
= 480 €/m³ · 0,02 m
= 9,60 €/m²

b) Siehe Materialliste, unten.

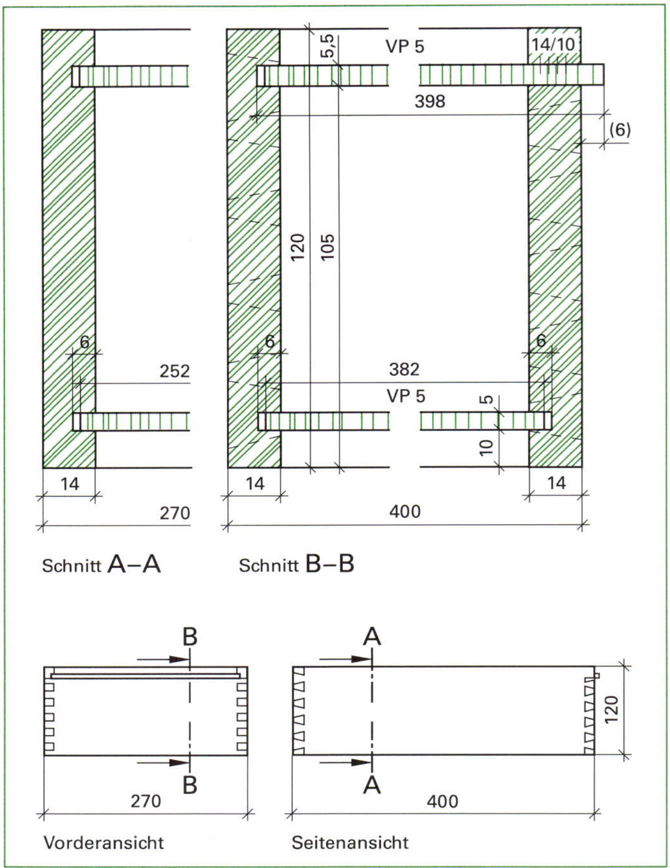

Bild 1: Spielzeugkiste

MATERIALLISTE für die Vorkalkulation

Gegenstand: Spielzeugkiste
Auftraggeber: Kindergarten
Stückzahl: 5
Auftragnummer: 65.543

lfd. Nr.	Verwendung	Material	Stück	Fertigmaße Länge in mm	Fertigmaße Breite in mm	Flächeninhalt in m²	Rohdicke/ Fertigdicke in mm	Nettomenge in m² in m	Verschnitt in %	Menge mit Verschnitt in m² in m	Preis je Einheit in €	Errechneter Preis in €
1	Seiten	BU	10	400	120	0,480	20/14					
2	Seiten	BU	5	270	105	0,142	20/14					
3	Seiten	BU	5	270	120	0,162	20/14					
4	Griffleiste	BU	5	240	10	0,012	20/14	0,796	70 %	1,353	9,60	12,99
5	Böden	VP	5	382	252	0,481	5					
6	Deckel	VP	5	398	252	0,501	5	0,982	20 %	1,178	3,80	4,48
7												17,47

17.2 Materialeinzelkosten

Aufgaben zu 17.2 Materialeinzelkosten

235.1 Es soll ein Reißbrett für DIN A2-Zeichnungen angefertigt werden. Die Zeichenplatte soll aus Pappelholz, die Gratleisten aus Buchenholz bestehen **(Bild 1)**.

Materialpreise und Verschnittsätze:
Pappelholz 447,50 €/m³,
Verschnitt 30 %;
Buchenholz 490 €/m³,
Verschnitt 40 %;
Moosgummistreifen 1,60 €/m,
Verschnitt 5 %.

Stellen Sie die Materialliste auf und berechnen Sie die Materialeinzelkosten für 1 Reißbrett.

235.2 Für einen Kunden sind 10 Tabletts aus Eichenholz herzustellen **(Bild 2)**. Die Böden werden 7 mm tief eingenutet.

Materialpreise und Verschnitt:
Eichenholz 975 €/m³,
Verschnitt 70 %;
Furnier, Eiche, 7,10 €/m²,
Verschnitt 50 %;
Furnierplatte 8 mm, 6,60 €/m²,
Verschnitt 20 %.

Ermitteln Sie die Materialeinzelkosten für alle zehn Tabletts bei den angegebenen Materialpreisen und Verschnittsätzen.

235.3 Die gezeichneten Satztische sollen aus Kirschbaumholz gefertigt werden **(Bild 3)**. Die Tischplatten sind in die Oberkanten der Zargen um 20 mm so eingefälzt, dass sie mit diesen bündig sind und nur eine 5 mm breite Kante von Zargen und Füßen in der Fläche sichtbar bleibt.

Innerbetriebliche Materialpreise und Verschnittsätze:
Kirschbaumholz 1 200 €/m³,
Verschnitt 80 %;
Spanplatte, 10 mm, 3,30 €/m²,
Verschnitt 15 %;
Furnier, Kirschbaum 9,15 €/m²,
Verschnitt 85 %;
Dübel 0,03 €/Stück.

Stellen Sie die Materialliste auf und ermitteln Sie die Materialeinzelkosten für einen Satz Tische.

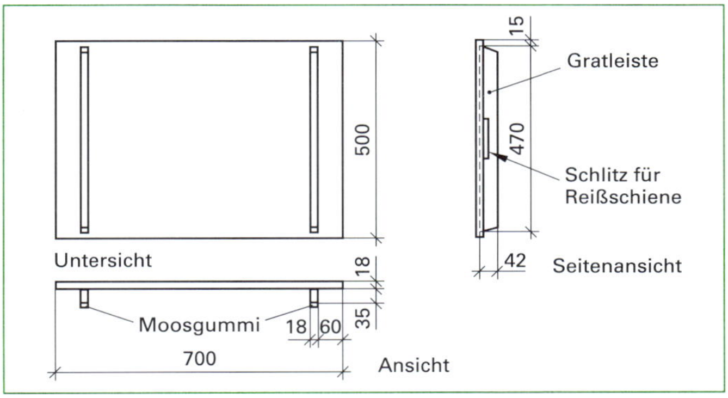

Bild 1: Reißbrett

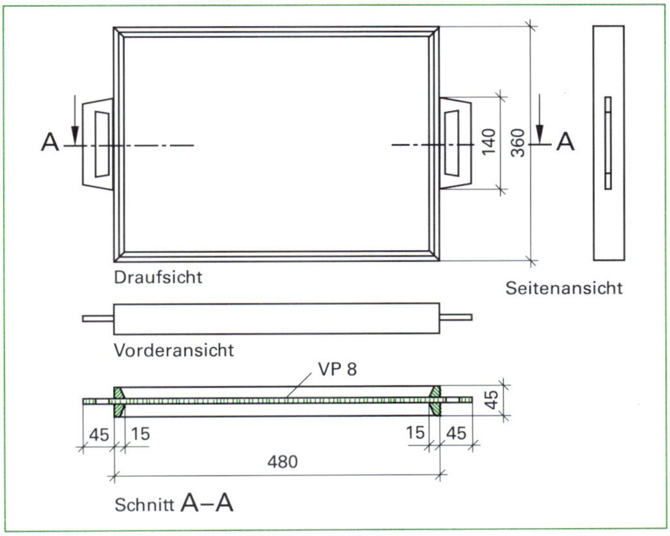

Bild 2: Tablett

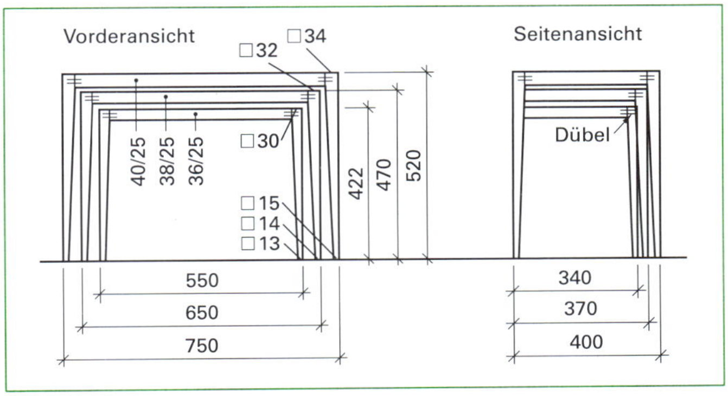

Bild 3: Satztische

17 Kostenrechnen, Kalkulation

17.2 Materialeinzelkosten

■ Aufgaben zu 17.2 Materialeinzelkosten

236.1 Zwei Hängeschränkchen mit Schiebetüren, außen in Nussbaum und innen in Ahorn, sollen kalkuliert werden **(siehe Bild)**.

Materialpreise und Verschnittsätze:

Stabsperrholz 19 mm, 9,10 €/m², Verschnitt 20 %; Stabsperrholz 16 mm, 7,75 €/m², Verschnitt 20 %; Furniersperrholz 6 mm, 4,60 €/m², Verschnitt 20 %; Spanplatte 10 mm, 2,90 €/m², Verschnitt 15 %; Furnier, Nussbaum, 9,15 €/m², Verschnitt 90 %; Furnier, Ahorn 3,80 €/m², Verschnitt 70 %; Nussbaumholz 1 945 €/m³, Verschnitt 100 %; Ahornholz 925 €/m³, Verschnitt 100 %; Winkeldübel 0,04 €/Stück; Rollgleiter 0,90 €/Stück; Laufschiene 0,65 €/Stück; Bodenträgerhülsen 0,02 €/Stück; Bodenträgerstecker 0,06 €/Stück; Bettbeschläge 0,60 €/Stück; Muschelgriffe 1,42 €/Stück; Kleinmaterial 2,25 €.

Stellen Sie die Materialliste auf und berechnen Sie die Materialeinzelkosten für die zwei Hängeschränkchen.

236.2 Ein Kunde möchte ein kleines Nähtischchen, Korpus innen und außen in Rüster furniert, Schubkasten und Fußgestell in Rüster massiv, bestellen und benötigt einen Kostenvoranschlag **(siehe Bild)**.

Materialpreise und Verschnittsätze:

Rüster-Vollholz 825 €/m³, Verschnitt 65 %; Rüsterfurnier 6,35 €/m², Verschnitt 70 %; Spanplatten 19 mm, 6,60 €/m², Verschnitt 15 %; Furniersperrholz 5 mm, 4,90 €/m², Verschnitt 15 %; Furniersperrholz 4 mm, 3,35 €/m², Verschnitt 15 %; Flachpressplatte 16 mm, 5,88 €/m², Verschnitt 15 %; Dübel 0,05 €/Stück; Zysa-Scharniere 1,93 €/Stück; Kleinmaterial 2,00 €.

Stellen Sie die Materialliste auf und ermitteln Sie für die Vorkalkulation und die Materialeinzelkosten für das Nähtischchen.

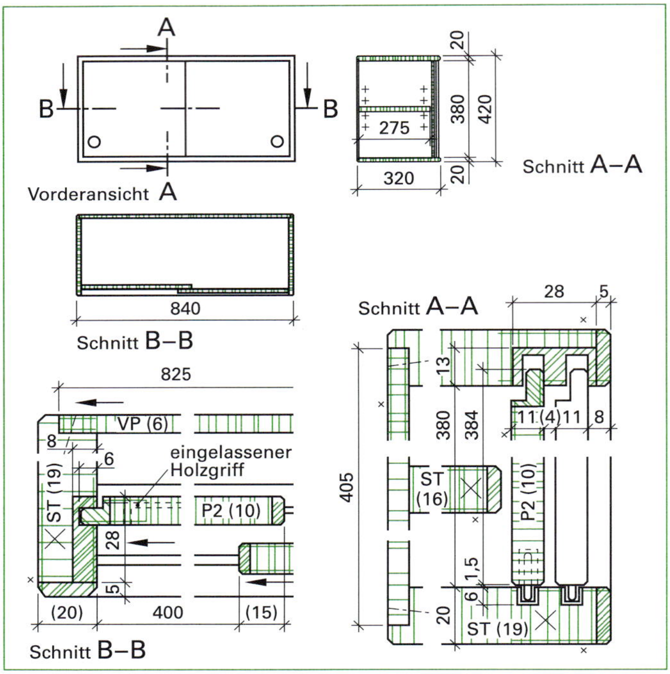

Aufgabe 236.1: Hängeschränkchen

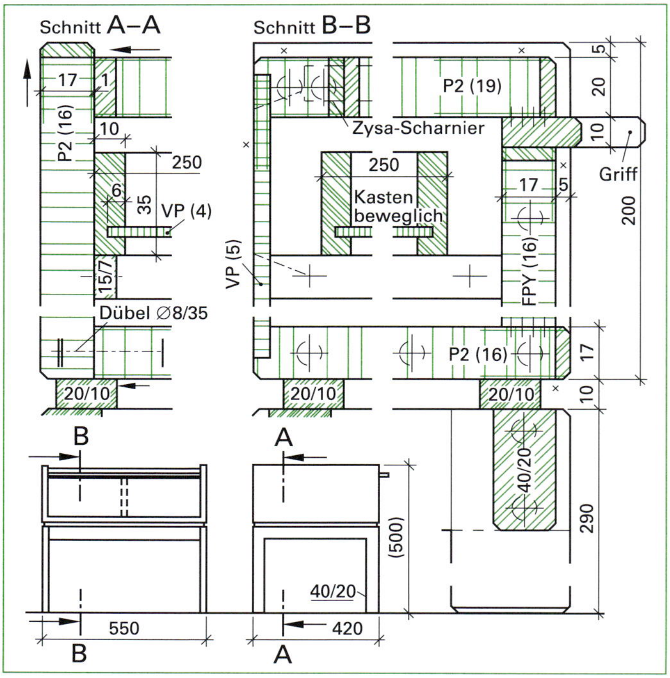

Aufgabe 236. 2: Nähtischchen

17.2 Materialeinzelkosten

Aufgaben zu 17.2 – Materialeinzelkosten

237.1 Seiten, Böden und Sockelblende des skizzierten Regals bestehen aus 22 mm Kiefer-Vollholz, die Rückwand aus 6 mm Furniersperrholz, das beidseitig in Kiefer furniert wird. Die Böden werden in die Regalseiten eingegratet, die Rückwand in Böden und Seiten eingefälzt **(siehe Bild)**.

Materialpreise und Verschnittsätze:

Kiefer Stammware 790 €/m³, Verschnitt 45 %;
Furniersperrholz 6,40 €/m², Verschnitt 15 %;
Kieferfurnier 7,90 €/m², Verschnitt 35 %;

Furnierleim 0,23 €/m² zu furnierende Nettofläche bei beidseitigem Leimauftrag.

Stellen Sie die Materialliste auf und ermitteln Sie die Materialeinzelkosten für ein Regal.

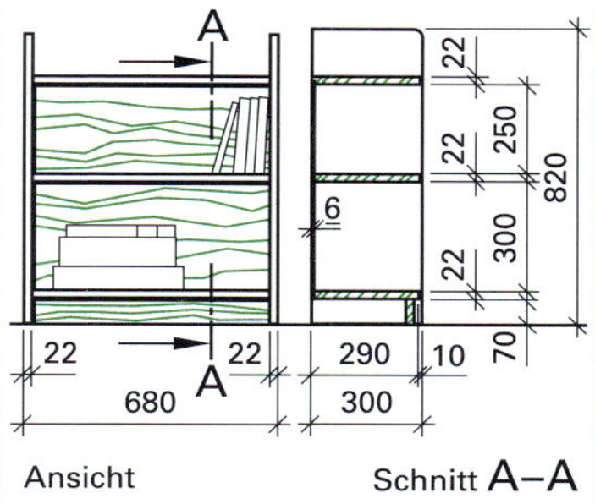

Aufgabe 237.1: Regal

237.2 Wie hoch sind die Materialeinzelkosten eines Regals der gleichen Serie wie in Aufgabe 237.1 beschrieben, das jedoch 1 600 mm hoch ist und statt der drei Böden nun sechs Böden hat.

237.3 Das skizzierte Zimmertürblatt **(siehe Bild)** besteht aus einem an den Ecken gedübelten Rahmen aus Eiche-Vollholz und einer mit Eiche furnierten Sperrholzfüllung, die in den Rahmen eingefälzt und verleistet wird.

Materialpreise und Verschnittzusätze:

Eiche-Vollholz 1 625 €/m³, Verschnitt 60 %;
Furnierplatte 10 mm, 6,90 €/m², Verschnitt 15 %;
Eichenfurnier 8,40 €/m², Verschnitt 50 %;
Türbänder 4,15 €/Stück;
Aufsteckhülsen in Messing 1,10 €/Paar;
Einsteckschloss 11,40 €;
Drückergarnitur 19,30 €;
Dübel 0,12 €/Stück.

Die Holzabmessungen sind aus der nebenstehenden Zeichnung **(siehe Bild)** zu entnehmen.

Stellen Sie die Materialliste für ein Türblatt auf und ermitteln Sie die Materialeinzelkosten.

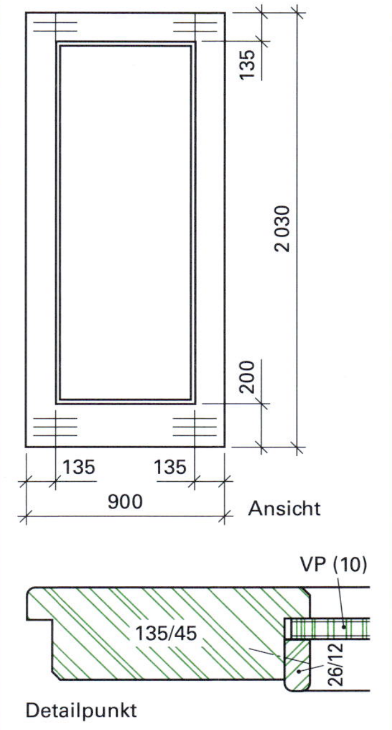

Aufgabe 237.3: Zimmertür

237.4 In gleicher Ausführung wie in Aufgabe 237.3 beschrieben, werden noch zwei weitere Zimmertürblätter hergestellt, die jedoch nun 760 mm und 1 000 mm breit sein sollen. Alle weiteren Abmessungen sind aus der Zeichnung zu entnehmen.

Stellen Sie die Materialliste für die beiden Türblätter auf und ermitteln Sie die Materialeinzelkosten.

237.5 Ein Fensterbaubetrieb legt sich für die Fensterfertigung folgende ausgehobelte Rahmenhölzer und Glashalteleisten auf Lager: 250 Stück 2,05 m lang, 120 mm breit, 68 mm dick; 1 000 lfm Glashalteleisten 28 mm breit, 18 mm dick **(siehe Bild)**.

Wie hoch sind die Materialeinzelkosten des eingelagerten Materials, wenn die Rahmenhölzer aus Kiefernholz 760 €/m³ mit 65 % Verschnitt und die Glashalteleisten aus Macoré 925 €/m³ mit 100 % Verschnitt gefertigt werden?

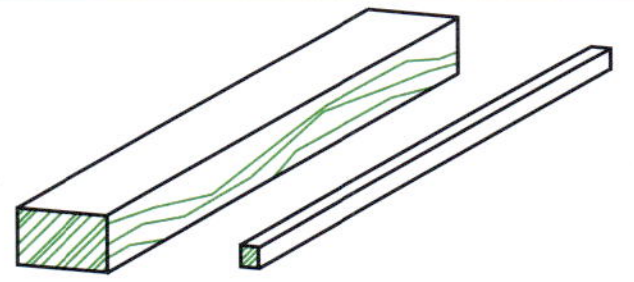
Aufgabe 237.5: Rahmenhölzer und Glashalteleisten

17.2 Materialeinzelkosten

Preisliste (Auswahl)

Vollholz	1. Qualität	2. Qualität	unser Preis
	€/m³	€/m³	€/m³
Abachi	789,00	460,50	
Ahorn	1 112,50	462,50	
Birke	975,00	675,00	
Birnbaum	1 525,00	1 280,00	
Buche	734,00	392,50	
Eiche	1 925,00	960,00	
Esche	1 325,00	632,50	
Fichte	690,00	399,00	
Kambala	1 380,00	770,00	
Kiefer	761,00	488,00	
Kirschbaum	2 475,00	1 270,00	
Lärche	875,00	490,00	
Limba	1 810,00	925,00	
Macoré	1 282,50	617,50	
Nussbaum, amerik.	3 437,50	1 937,50	
Nussbaum, franz.	3 750,00	1 950,00	
Oregon	865,00	560,00	
Rüster	4 112,50	1 062,50	
Sen	975,00	700,00	
Sipo	1 425,00	865,00	
Teak	4 937,50	2 634,00	
Wenge	3 437,50	1 882,50	

Furniere	€/m²	€/m²	€/m²
Abachi	5,10	3,05	
Ahorn	6,90	3,45	
Birke	8,38	4,25	
Birnbaum	13,25	6,13	
Buche	5,70	2,63	
Carolina	7,25	4,10	
Eiche	12,90	5,25	
Esche	11,30	5,10	
Fichte	9,30	5,37	
Gabun	2,55	1,90	
Kambala	8,50	3,95	
Kiefer	9,10	4,88	
Kirschbaum	19,37	12,60	
Lärche	8,10	4,05	
Limba	4,90	2,75	
Macoré	3,05	1,77	
Makassar	22,50	10,14	
Mooreiche	41,00	20,60	
Nussbaum, amerik.	18,10	9,10	
Nussbaum, franz.	30,25	15,14	
Oregon	7,50	3,68	
Palisander, Rio	49,00	29,00	
Rüster	10,25	5,13	
Sen	9,10	5,10	
Sipo	6,45	2,90	
Teak	16,13	7,56	
Wenge	15,10	8,40	
Zebrano	18,10	8,70	

Leime und Oberflächenmittel	€/l	€/l	€/l
Beize	6,15	4,90	
Aufhellgrund	3,62	3,13	
Lack DD	4,15	3,10	
Lack SH	3,15	2,80	
Härter	12,88	10,25	
Lack NC	3,60	2,55	
Leim PVAC	3,13	2,70	
Furnierleim	2,37	2,05	

Platten	1. Qualität	2. Qualität	unser Preis
	€/m²	€/m²	€/m²
ST 16 mm	12,80	10,10	
ST 19 mm	13,75	12,65	
ST 22 mm	14,38	13,25	
ST 25 mm	16,20	15,13	
ST 28 mm	19,40	17,25	
ST 32 mm	20,60	19,37	
STAE 16 mm	17,10	16,10	
STAE 19 mm	17,60	16,65	
STAE 22 mm	18,00	17,12	
STAE 25 mm	21,10	20,25	
STAE 28 mm	23,25	21,87	
P2 8 mm	3,60	2,90	
P2 10 mm	4,10	3,62	
P2 13 mm	4,37	4,08	
P2 16 mm	5,10	4,55	
P2 19 mm	6,75	6,10	
P2 22 mm	7,10	6,55	
P2 25 mm	7,60	6,88	
P2 28 mm	8,08	7,10	
P2 32 mm	9,12	8,10	
P2 38 mm	9,55	8,87	
MDF-Platte 19 mm	8,63	7,98	
MDF-Platte 22 mm	10,28	9,35	
MDF-Platte 25 mm	11,65	10,60	
VP 4 mm	3,75	3,50	
VP 5 mm	5,40	4,75	
VP 6 mm	5,67	5,13	
VP 8 mm	6,90	6,37	
VP 10 mm	8,40	7,12	
HB 3,2 mm	3,25	2,90	
MFB, weiß 3,2 mm	3,62	3,35	
HPL 0,9 mm	15,10	12,90	
HPL 1,3 mm	16,37	13,75	

Beschläge	€/Stück	€/Stück	€/Stück
Topfscharnier	2,90	2,60	
Klappenscharnier	2,55	2,60	
Klappenhalter	1,75	1,25	
Magnetschnäpper	0,63	0,48	
Einlassschloss	2,55	2,10	
Stangenschloss	7,80	6,38	
Bodenträger	0,04	0,03	
Einfachauszug	5,10	3,75	
Vollauszug	19,12	17,37	
Bügelgriffe	1,12	0,90	
Türschloss	21,08	14,25	
Haustürschloss	29,25	22,60	
Türbänder, Messing	29,10	27,10	
Haustürbänder	31,15	16,25	
Drückergarnitur	41,37	12,88	

Hilfswerkstoffe	€/Einheit	€/Einheit	€/Einheit
Holzdübel 8/40	0,02	0,01	
Schrauben 4,5/50	0,13	0,10	
Isolierglas	84,45	62,75	

17 Kostenrechnen, Kalkulation

17.3 Lohnarten

Lohnarten

Man unterscheidet den Zeitlohn und den Leistunglohn **(Bild 1)**. Bei beiden Lohnarten unterscheidet man zwischen dem Bruttolohn und dem Nettolohn. **Bruttolohn** ist der vollständige Lohn in einer Zeiteinheit zuzüglich besonderer Zuschläge, der für den Arbeitseinsatz des Mitarbeiters aufgrund seiner Anwesenheit bzw. seiner Leistung als Kosten anfallen. **Nettolohn** ist der durch die gesetzliche Abzüge verminderte Bruttolohn, der in der Regel zur Auszahlung kommt (Seite 242).

Zeitlohn. Beim Zeitlohn wird dem Mitarbeiter die Zeit vergütet, die er am Arbeitsplatz anwesend war. Zeitlohn wird als Lohnform in der Regel im Handwerk angewendet. In größeren Betrieben und in der Industrie wird nur dann im Zeitlohn abgerechnet, wenn die Arbeitsleistungen der Mitarbeiter nur mit großem Aufwand oder nur sehr ungenau vorher erfasst werden können.

Die Grundeinheit für den Zeitlohn ist € pro Stunde (€/h) = Stundenlohn, der im Tarifvertrag als **Tariflohn** verankert ist.

Der **Tariflohn** wird auch als **Grundlohn oder Ecklohn** bezeichnet, weil er die Basis für die Berechnung verschiedener Zulagen bzw. Zuschläge ist. So wird zum Beispiel in der Industrie für die Zeitlohnarbeit eine Zeitlohnzulage von 10 % auf den Tariflohn (Grund- oder Ecklohn) gewährt (siehe Lohntabelle S. 240).

$$\text{Zeitlohn (€)} = \text{Stundenzahl (h)} \times \text{Stundenlohn (€/h)}$$

Leistungslohn. In größeren Betrieben werden die Mitarbeiter oft nach Leistung entlohnt. Der Akkordlohn wie Zeitakkordlohn und Geldakkordlohn sowie der Prämienlohn sind die wichtigsten Formen des Leistungslohnes. Um eine Arbeit im Leistungslohn vergeben zu können, muss die bei normaler Leistung notwendige Arbeit bzw. die zu fertigende Menge oder auch die Qualität vorher zu ermitteln sein. Der **Zeitakkordlohn** lässt sich dann berechnen, wenn man die Vorgabezeit für die Fertigung einer Produktionseinheit (Stück, 100 Stück, m, m^2) hat, der Geldfaktor (Minutenfaktor) nach Manteltarif festgelegt ist und die Produktionsmenge ermittelt ist. Über die Erhöhung der Produktionsmenge während der Arbeitszeit kann ein Akkordarbeiter seinen Verdienst erhöhen.

$$\text{Zeitakkordlohn (€)} = \frac{\text{Einzelvorgabezeit (min/Stück)} \times \text{Geldfaktor(Cent/min)} \times \text{Produktionsmenge (Stück, m, m}^2\text{)}}{100\ ¢/€}$$

Der Geldfaktor, auch Minutenfaktor genannt, ist der 60. Teil des Akkordrichtsatzes. Der Akkordrichtsatz liegt 15 % (Akkordzuschlag) über dem tariflichen Ecklohn bzw. Grundlohn der jeweiligen Lohngruppe.

$$\text{Geldfaktor (Cent/min)} = \frac{\text{Tariflohn (€/h)} + 15\ \%\ \text{Zuschlag}}{60\ \text{(min/h)}} \times 100\ ¢/€$$

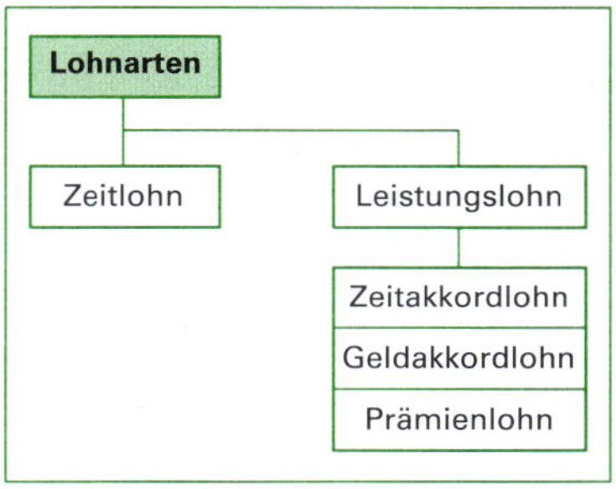

Bild 1: Lohnarten

Beispiel: Zeitlohn

Der Stundenlohn eines Monteurs beträgt 9,17 €. Wie groß ist sein Zeitlohn, wenn er 38 Stunden auf der Baustelle war?

Lösung:

Zeitlohn

$= \text{Stundenzahl} \times \text{Stundenlohn}$

$= 38\ \text{h} \cdot 9{,}17\ \text{€/h}$

$= \mathbf{348{,}46\ €}$

Beispiel: Zeitakkordlohn

Der Tariflohn eines Mitarbeiters beträgt in der Lohngruppe 4 z. B.: 7,04 €. Er fertigt in 8 Stunden 880 Werkstücke an. Die Vorgabezeit beträgt 0,6 Minuten/Stück.

Berechnen Sie den Geldfaktor bzw. Minutenfaktor und den Zeitakkordlohn.

Lösung:

Geldfaktor

$$= \frac{\text{Tariflohn} + 15\ \%\ \text{Zuschlag}}{60\ \text{min/h}} \times 100\ ¢/€$$

$$= \frac{7{,}04\ \text{€/h} + 1{,}06\ \text{€/h}}{60\ \text{min/h}} \cdot 100\ ¢/€$$

$= \mathbf{13{,}5\ ¢/min}$

Zeitakkordlohn

$= \text{Vorgabezeit} \times \text{Geldfaktor} \times \text{Menge}$

$$= \frac{0{,}6\ \frac{\text{min}}{\text{Stück}} \cdot 13{,}5\ \frac{¢}{\text{min}} \cdot 880\ \text{Stück}}{100\ ¢/€}$$

$$= \frac{7\,128\ ¢}{100\ ¢/€} = \mathbf{71{,}28}\ €$$

17.3 Lohnarten

Zeitgrad. Der Zeitgrad ist das Verhältnis aus vorgegebener **Soll-Zeit** und der tatsächlich gebrauchten **Ist-Zeit.** Der Zeitgrad wird häufig in Prozent ausgedrückt. Er wird für die Fertigungsplanung und die Kalkulation benötigt.

$$\text{Zeitgrad (\%)} = \frac{\text{Vorgabezeit je Einheit (min/Stück)} \times 100\,\%}{\text{gebrauchte Zeit je Einheit (min/Stück)}}$$

Tabelle 1: Lohntabelle (Beispiel)

Lohngruppe (mit 18 Jahren) Nummer	Tariflohn (Grundlohn) €/h	bei Zeitlohnarbeit (Tariflohn + 10 % Zeitlohnzulage) €/h	Akkordrichtsätze (Tariflohn + 15 % Akkordzuschlag) €/h	Minutenfaktor ¢/h
3 (91 %)	10,67	11,73	12,27	20,45
4 (96 %)	11,26	12,38	12,94	21,56
5 (100 %)	11,73	12,90	13,48	22,46
6 (115 %)	13,49	14,84	15,51	25,85
7 (125 %)	14,66	16,12	16,85	28,09

Geldakkordlohn. Der Geldakkordlohn ist ein zu zahlender fester Geldbetrag für eine bestimmte Mengenleistung. Für das Einsetzen einer Zimmertür bekommt ein Montagearbeiter zum Beispiel einen bestimmten Geldbetrag, den so genannten **Geldakkordsatz**.

$$\text{Geldakkordsatz (€/Einheit)} = \frac{\text{Tariflohn (€/h)} + 15\,\%\ \text{Zuschlag}}{\text{Einheiten/h}}$$

Geldakkordlohn (€)
= Mengenleistung (Einheit) × Geldakkordsatz (€/Einheit)

Prämienlohn. Dem Zeitlohn, mehr jedoch dem Akkordlohn, können Prämien für gute Qualität, Verschnitteinsparung, Termineinhaltung, Ausnutzung der Betriebsmittel usw. zugeschlagen werden. Bei dieser Lohnform kann bei den vielfach auftretenden Mängeln den im Zeit- oder im Geldakkordlohn ausgeführten Arbeiten entgegengewirkt werden.

Prämienlohn (€/h)
= Zeit- oder Akkordlohn (€/h) + Prämie (€/h)

Arbeitswertlohn. Höhere Anforderungen wie vermehrtes Können, größere Verantwortung, höhere Arbeitsbelastung und ungünstigere Umgebungseinflüsse werden durch einen Arbeitswertzuschlag prozentual oder als fester Betrag auf den Zeit- oder Akkordlohn zugeschlagen.

Beispiel: Zeitgrad

Für den vorgenannten Mitarbeiter (S. 239) ist der Zeitgrad zu berechnen.

Lösung:

Gebrauchte Zeit/Einheit

$$= \frac{8\ \text{h} \cdot 60\ \text{min/h}}{880\ \text{Stück}} = \mathbf{0{,}545\ \frac{min}{Stck}}$$

Zeitgrad

$$= \frac{\text{Vorgabezeit/Stück} \times 100\,\%}{\text{gebrauchte Zeit/Stück}}$$

$$= \frac{0{,}6\ \text{min/Stück} \times 100\,\%}{0{,}545\ \text{min/Stück}} = \mathbf{110\,\%}$$

Beispiel: Geldakkordsatz – Geldakkordlohn

Ein Monteur benötigt zum Einsetzen einer Zimmertür im Normalfall 40 Minuten. Der Tariflohn beträgt für ihn 14,66 €/h. Wie hoch ist der Geldakkordlohn, wenn der Monteur 14 Zimmertüren pro Arbeitstag mit 8 Stunden einsetzt?

Lösung:

Geldakkordsatz

$$= \frac{\text{Tariflohn} + 15\,\%\ \text{Zuschlag}}{\text{Stück/h}}$$

$$= \frac{14{,}66\ €/\text{h} + 2{,}19\ €/\text{h}}{60/40\ \text{Stück/h}}$$

$$= \frac{16{,}85\ €/\text{h}}{1{,}50\ \text{Stück/h}} = 11{,}23\ €/\text{Tür}$$

Geldakkordlohn

= 14 Türen · 11,23 €/Tür = **157,22** €

157,22 € : 8 h = **19,65 €/h**

Beispiel: Prämienlohn

Ein Mitarbeiter hat aufgrund der geringen Ausschusszahlen ein Anrecht auf 80 % der gewährten Qualitätsprämie. Diese beträgt 0,80 €/h. Sein Akkordlohn wurde auf 10,38 €/h festgestellt. Wie hoch ist sein Prämienlohn, wenn er 38 h gearbeitet hat?

Lösung:

Prämie

$$= \frac{80\,\% \cdot 0{,}80\ €/\text{h}}{100\,\%} = 0{,}64\ €/\text{h}$$

Prämienlohn

= Akkordlohn + Prämie

= 10,38 €/h + 0,64 €/h = **11,02 €/h**

11,02 €/h · 38 h = **418,76** €

17.3 Lohnarten

Aufgaben zu 17.3 – Lohnarten

Zeitlohn

241.1 Der Stundenlohn eines Tischlers beträgt 6,77 € (7,04 €; 8,43 €; 7,83 €).
Wie hoch ist sein Wochenlohn, wenn er nach der Wochenarbeitskarte 38 Stunden gearbeitet hat?

241.2 Durch Tarifvertrag hat sich der Ecklohn von 6,43 € auf 6,77 € erhöht.
Wie viel Prozent betrug die Lohnerhöhung?

241.3 Der Mitarbeiter Walter Schreiner hat auf seiner Wochenarbeitskarte für den Montag 8,5 Stunden, für den Dienstag 9 Stunden, den Mittwoch 6 Stunden, den Donnerstag 9 Stunden und den Freitag 5,5 Stunden eingetragen.
Wie hoch war sein Wochenlohn, wenn sein Stundenlohn 7,33 € (8,43 €) beträgt?

241.4 Die nachstehend aufgeführten Facharbeiter haben laut Wochenarbeitskarte folgende Stunden gearbeitet:

Wochenarbeitskarte (Auszug)						
Name	Lohn €/h	Arbeitszeit in Std. pro Tag				
		Mo	Di	Mi	Do	Fr
Schnell	8,43	8,5	8,5	8,5	8,5	5,5
Kurz	7,33	8,0	8,5	9,0	8,0	5,5
Lang	7,04	8,5	8,0	9,0	8,5	4,5
Klein	6,77	9,0	8,5	9,0	8,0	5,0

Wie hoch sind die Wochenlöhne für jeden Facharbeiter und wie hoch ist die gesamte Lohnsumme?

241.5 Die Wochenarbeitskarten des Mitarbeiters Werner Baumgart vom Monat November kommen zur Abrechnung. In der 44. Kalenderwoche hat er 10 Stunden, in der 45. KW = 38, in der 46. KW = 40, in der 47. KW = 38 und in der 48. KW = 39 Stunden eingetragen.
Wie hoch ist der für den Monat November ausgezahlte Lohn, wenn Baumgart einen Tariflohn von 9,17 €/h (8,43 €/h) bekommt?

241.6 In der 43. KW sind in der Firma Hölzle folgende Wochenarbeitskarten zur Verrechnung abgegeben worden. Von zwei Mitarbeitern der Lohngruppe 3 mit 32 und 34 Stunden, von drei Mitarbeitern mit der Lohngruppe 5 mit 37, 40 und 39 Stunden und von einem Mitarbeiter mit der Lohngruppe 7 mit 40 Stunden.
Ermitteln Sie die Löhne im Einzelnen und insgesamt bei den in der Lohntabelle (Seite 240) angegebenen Tariflöhnen.

Leistungslohn

241.7 Für die nachfolgend aufgeführten Tariflöhne ist jeweils der Geldfaktor (Minutenfaktor) auszurechnen: 8,23 €/h; 8,68 €/h; 9,78 €/h und 10,12 €/h.

241.8 In einem Industriebetrieb wird im Zeitakkord gearbeitet. Die für eine Arbeit ermittelte Vorgabezeit beträgt 0,8 min/Stück.
Wie groß ist der Zeitakkordlohn, wenn der Arbeiter in der Woche 3 360 Stück (3 100 Stück) fertigt und der Geldfaktor für diesen Beschäftigten 14,04 Cent/min (17,57 Cent/min) beträgt?

241.9 Berechnen Sie den Zeitakkordlohn pro Woche für die folgenden Arbeitnehmer.

Wochenarbeitskarte (Auszug)			
Arbeitnehmer Namen	Vorgabezeit min/Stck	Geldfaktor (Minuten)-faktor) Cent/min	Produktionsmenge Stck/Wo.
Holzwarth	0,8	12,97	3 250
Schreiner	1,2	14,04	2 200
Bretterle	5,0	17,57	520
Drechsler	1,8	16,16	1 560

241.10 Wie hoch ist der Zeitgrad der in Aufgabe 241.9 aufgeführten Arbeiter, wenn deren Arbeitszeit 38 Stunden betrug?

241.11 Berechnen Sie den Zeitgrad eines Arbeiters, der in der Woche 1580 Teile gefertigt hat, für die eine Vorgabezeit von 1,8 min/Stück gegeben wurde. Die Arbeitszeit betrug 40 Stunden.

241.12 Für das Verleimen von Schubkästen in einer besonderen Vorrichtung erhält ein Arbeitnehmer 0,40 €/Stück. Er verleimt in der Woche 940 Schubkästen.
Wie hoch ist sein Geldakkordlohn in dieser Woche?

241.13 Für die Montage von Beschlägen an hölzerne Klappsitze erhält ein Arbeiter einschließlich Ausfräsen und Befestigen eine Vorgabezeit von 1,2 min/Klappsitz.

a) Wie hoch ist der Akkordrichtsatz, wenn der Tariflohn 8,76 €/h (9,65 €/h) beträgt und für Akkordarbeit ein Zuschlag von 15 % zu zahlen ist?
b) Wie hoch ist der Geldakkordlohn dieses Arbeiters, wenn er in der Woche 2 450 (2 520) Klappsitze montiert?

17 Kostenrechnen, Kalkulation

17.4 Lohnzuschläge, Zulagen, Lohnabzüge

Lohnzuschläge. Für Mehrarbeitsstunden über ein gewisses Maß hinaus, für Nachtarbeitsstunden, für Arbeitsstunden an Sonn- und Feiertagen usw. sind gemäß Tarif auf den normalen Stundenlohn Zuschläge zu zahlen. Lohnzuschläge werden dem Tariflohn prozentual zugeschlagen.

$$\text{Lohnzuschlag (€/h)} = \frac{\text{Stundenlohn (€/h)} \times \text{Zuschlagsatz (\%)}}{100\,\%}$$

Beispiel: Die wöchentliche Arbeitszeit eines Facharbeiters beträgt 38 Stunden. Laut Wochenarbeitskarte sind ihm noch zusätzlich für 5 Stunden ein Mehrarbeits-Zuschlag in Höhe von 25 % zu zahlen. Wie hoch ist der Zuschlag pro Stunde? Wie viel hat er in der Woche verdient, wenn sein Stundenlohn 14,66 €/h beträgt?

Lösung: $\text{Lohnzuschlag} = \frac{14{,}66\ \text{€/h} \cdot 25\,\%}{100\,\%} = \mathbf{3{,}67\ €/h}$

Bruttolohn insgesamt

$= 14{,}66\ \text{€/h} \cdot 43\ \text{h} + 3{,}67\ \text{€/h} \cdot 5\ \text{h} = \mathbf{648{,}73\ €}$

Zulagen, wie zum Beispiel die Weihnachtsgratifikation, werden jeweils einmalig je Zeitabschnitt mit dem Lohn ausgezahlt.

Lohnabzüge. Vom **Bruttolohn** sind die gesetzlichen Abzüge wie Steuern und Versicherungen noch abzuziehen. Der durch die gesetzlichen Abzüge verminderte Bruttolohn wird als **Nettolohn** bezeichnet. Dieser Nettolohn wird in der Regel dann ausgezahlt, wenn keine weiteren Abzüge wie Beiträge zu Bausparkassen noch einbehalten werden.

$$\text{Nettolohn (€)} = \text{Bruttolohn (€)} - \text{gesetzliche Abzüge (€)}$$

Beispiel: Ein lediger Meister erhält einen Bruttolohn von 2 934,00 €.

a) Berechnen Sie den Nettolohn, wenn folgende Abzüge anfallen: Lohnsteuer Steuerklasse I (436,91 €); Solidaritätszuschlag 5,5 % von der Lohnsteuer; Kirchensteuer 8 % von der Lohnsteuer; Krankenversicherung 6,5 % vom Bruttolohn; Pflegeversicherung 0,85 % vom Bruttolohn; Rentenversicherung 9,55 % vom Bruttolohn; Arbeitslosenversicherung 3,25 % vom Bruttolohn.

b) Wie viel bekommt der Meister ausgezahlt, wenn für die Bausparkasse noch 125,00 € im Monat abzuführen und für einen bereits gezahlten Vorschuss 65,00 € einzubehalten sind?

Lösung: Gesetzliche Abzüge:

Lohnsteuer	=	436,91 €
+ Solidaritätszuschlag 5,5 % von 436,91 €	=	24,03 €
+ Kirchensteuer 8 % von 436,91 €	=	34,95 €
+ Krankenkasse 6,5 % v. 2 934,00 €	=	190,71 €
+ Pflegeversicherung 0,85 % v. 2 934,00 €	=	24,94 €
+ Rentenvers. 9,55 % v. 2 934,00 €	=	280,20 €
+ Arbeitslosenvers. 3,25 % v. 2 934,00 €	=	95,36 €
Summe der gesetzlichen Abzüge	=	**1 087,10 €**

a) Nettolohn = Bruttolohn – gesetzliche Abzüge

= 2 934,00 € – 1 087,10 € = **1 846,90 €**

b) Ausgezahlter Lohn:

= Nettolohn – vereinbarte oder angeordnete Lohnabzüge

= 1 846,90 € – (125,00 € + 65,00 €) = **1 656,90 €**

Zuschläge für Mehrarbeitsstunden	
bis zu 2 h täglich	25 %
ab der 3. h täglich	60 %
ab der 11. h/Woche	50 %
an Samstagen bis 13.00 Uhr	25 %
an Sonntagen bis 13.00 Uhr	50 %

(Die Angaben sind nur beispielhaft. Genaueres ist den jeweils geltenden Tarifverträgen zu entnehmen.)

Zulagen

Weihnachtsgratifikationen
Jubiläumszuwendungen
Erschwernis-, Gefahren-, Leistungszulagen

Gesetzliche Lohnabzüge

Lohnsteuer gem. Lohnsteuer-Tabelle
Solidaritätszuschlag z. Zt. 5,5 % der Lohnsteuer
Kirchensteuer z. Zt. 8 % der Lohnsteuer
Krankenkasse ca. 6,5 % v. Brutto
Rentenvers. z. Zt. 9,65 % v. Brutto
Arbeitslosenvers. z. Zt. 3,25 % v. Brutto
Pflegeversicherung z. Zt. 0,85 % v. Brutto

Grundlohn oder Tariflohn
+
evtl. tariflich festgelegte Zuschläge oder zugesicherte Prämie
=
Bruttolohn
×
Einheit in Stunden oder Mengen
+
Lohnzuschläge
+
Zulagen
=
Gesamt-Bruttolohn
–
gesetzliche Abzüge
=
Nettolohn
–
sonstige Abzüge
=
ausgezahlter Lohn

17.4 Lohnzuschläge, Zulagen, Lohnabzüge

Aufgaben zu 17.4 Lohnzuschläge, Zulagen, Lohnabzüge

243.1 Ein Tischlergeselle hat laut Wochenarbeitskarte 44 Stunden gearbeitet.

Wie hoch beläuft sich sein Brutto-Wochenlohn, wenn 38 Stunden mit 8,43 € und 4 Stunden als Mehrarbeitsstunden mit 25 % Zuschlag und 2 Mehrarbeitsstunden mit 50 % berechnet werden?

243.2 Ein Arbeitnehmer eines Holzverarbeitungsbetriebes hat in seiner Wochenarbeitskarte 50 Stunden eingetragen. Am Montag, Dienstag und Mittwoch waren es statt der tariflich festgelegten 8 Stunden pro Tag 10 Stunden, am Donnerstag 12 und am Freitag 8 Stunden.

Wie hoch ist sein Brutto-Wochenlohn, wenn der Tariflohn 9,17 €/h beträgt und bei der Abrechnung die tariflich abgesicherten Zuschläge für die Mehrarbeitsstunden berücksichtigt werden?

243.3 Der Monat November hatte 19 Arbeitstage mit je 8 Stunden. Ein Arbeitnehmer hatte in diesem Monat 180 Stunden gearbeitet und diese in die Wochenarbeitskarte eingetragen. An zwei Tagen hatte er 4 Mehrarbeitsstunden, sonst immer nur zwei Mehrarbeitsstunden pro Tag geleistet. Mit dem Novemberlohn wurde auch gleich die Weihnachtsgratifikation in Höhe von 675 € ausgezahlt.

Wie hoch war der Gesamt-Bruttolohn für diesen Arbeiter im Monat November, wenn der Stundenlohn 8,78 € beträgt?

243.4 Berechnen Sie die Bruttolöhne der nachfolgend aufgeführten Arbeitnehmer:

Name	Stundenlohn in €	gearbeitete Std.	Mehrarbeitsstunden	Lohn + Zulagen in €
Leicht	8,43	44	4 (25 %) + 2 (50 %)	?
Meißner	8,78	46	4 (25 %) + 4 (50 %)	?

243.5 Ein Arbeitnehmer hat laut Wochenarbeitskarten im Monat März 180 Stunden gearbeitet. Sein Stundenlohn beträgt 9,17 € (8,78 €). 12 Stunden davon sind noch mit einem Mehrarbeits-Zuschlag von 25 % und 10 Stunden mit einem Mehrarbeitszuschlag von 50 % zu berechnen. Auf 57 Stunden, die keine Mehrarbeitsstunden sind, wird noch eine Erschwerniszulage von 40 % gewährt.

Wie hoch ist der Gesamt-Bruttolohn für diesen Mitarbeiter im Monat März?

243.6 Ein lediger Arbeitnehmer hat ein Grundgehalt von 1 825 € im Monat.
Wie hoch ist das ausgezahlte Nettogehalt, wenn folgende Abzüge zu berücksichtigen sind?
Lohnsteuer, Steuerklasse IV (315,04 €); Solidaritätszuschlag 5,5 % von der Lohnsteuer; Kirchensteuer 8 % von der Lohnsteuer; Krankenversicherung 6,5 %; Pflegeversicherung 0,85 %; Rentenversicherung 9,65 %; Arbeitslosenversicherung 3,25 %; Beiträge zur Bausparkasse 62,50 €; Rückzahlung für einen gezahlten Vorschuss 25 €.

243.7 Laut Wochenarbeitskarten hat ein Arbeitnehmer im Monat Juni 165 Stunden gearbeitet. Sein Stundenlohn beträgt 8,78 €. 15 Stunden sind davon mit 25 % Mehrarbeits-Zuschlag und weitere 8 Stunden mit 50 % Mehrarbeitszuschlag zu berechnen. Außerdem ist in diesem Monat das Urlaubsgeld in Höhe von 475 € auszuzahlen. Die Lohnabzüge betragen: Lohnsteuer, Steuerklasse I (ca. 18,2 % vom Bruttolohn); Solidaritätszuschlag 5,5 % von der Lohnsteuer; Kirchensteuer (8 % der Lohnsteuer), Krankenversicherung (6,5 % vom Bruttogehalt), Pflegeversicherung 0,85 %; Rentenversicherung (9,65 % vom Bruttolohn) und Arbeitslosenversicherung (3,25 % vom Bruttolohn).
Wie hoch ist der Nettolohn des Arbeitnehmers für den Monat Juni?

243.8 Ein Arbeitnehmer ist in eine neue Gehaltsklasse aufgestiegen. Vorher verdiente er 1 825 €/Monat, nun 2 025 €/Monat.

a) Wie viel € und Prozent beträgt die Gehaltserhöhung?

b) Wie hoch ist die reale Gehaltserhöhung in € und Prozent, wenn die Lohnsteuer 18 % auf altes Gehalt und 18,5 % auf neues Gehalt, der Solidaritätszuschlag 5,5 % von der Lohnsteuer und 9 %ige Kirchensteuer, die Lohnabzüge für Krankenversicherung 6,5 %, die Pflegeversicherung 0,85 %, für Rentenversicherung 9,55 % und für Arbeitslosenversicherung 3,25 % berücksichtigt werden?

243.9 Wie hoch ist der Nettolohn/Monat der nachstehend aufgeführten Arbeitnehmer?

Arbeitnehmer	gearbeitete Stunden				Stundenlohn
Namen	April	Mai	Juni	Juli	€/h
Walter	180	160	175	158	8,40
Kraft	175	165	172	158	8,78
Werner	178	182	173	168	9,17
Klein	182	184	172	180	9,60
Behnert	170	168	170	171	9,33
Graf	172	170	168	173	9,78

Die Lohnsteuer wird mit 18,2 % angenommen. Sonst gelten für alle Arbeitnehmer die gleichen Abzüge (siehe Aufgabe 243.8b).

17.5 Gemeinkosten

Gemeinkosten

Gehälter für kaufmännische Angestellte, Gehalt für Unternehmer, Hilfslöhne für Transportarbeiten sowie Lager- und Reinigungsarbeiten, Kosten für innerbetriebliche Reparaturen, für Kraftfahrzeuge, für gesetzliche und freiwillige Sozialleistungen, für betriebliche Steuern und Gebühren, Beiträge für Berufsorganisationen und für Versicherungen, Ausgaben für Fachliteratur, Raumkosten, Bürokosten, Miete, Abschreibungen und Verzinsungen von Betriebsmitteln und betriebstechnischer Einrichtungen usw. sind Gemeinkosten.

In einer Zuschlagskalkulation werden zunächst die Einzelkosten bestimmt, dann die Gemeinkosten diesen Einzelkosten prozentual zugeschlagen. Die Gesamtkosten des Materials zum Beispiel sind also die Summe aus den Materialeinzelkosten und den Materialgemeinkosten.

Gesamtkosten = Einzelkosten + Gemeinkosten

Der **allgemeine Gemeinkostensatz** eines Betriebes ist der prozentuale Anteil der Summe aller Gemeinkosten im Jahr an der Summe aller Fertigungslöhne im Jahr **(siehe Beispiel 1)**.

$$\text{Gemeinkostensatz (\%)} = \frac{\text{Summe der Jahresgemeinkosten (€)} \times 100\,\%}{\text{Summe der Jahresfertigungslöhne (€)}}$$

Bei Kalkulationen ist den Fertigungslohn(einzel)kosten dieser Gemeinkostensatz prozentual zuzuschlagen **(siehe Beispiel 2)**.

$$\text{Fertigungslohn-Gemeinkosten (€/h)} = \frac{\text{Fertigungslohn(einzel)kosten (€/h)} \times \text{Gemeinkostensatz (\%)}}{100}$$

Fertigungskosten (€/h)
= Fertigungslohneinzelkosten (€/h) + Gemeinkosten (€/h)

Gemeinkostensätze getrennt für die Kostenstellen Bank-, Maschinenraum und Montage

Die Gemeinkostensätze sind in den einzelnen Bereichen sehr unterschiedlich. Aus diesem Grunde müssen aus den Zahlen der Buchhaltung alle Gemeinkosten der Kostenstelle Bankraum, Maschinenraum und der Montage sowie die hierfür anfallenden Löhne getrennt ermittelt werden. Aus diesen Zahlen lassen sich dann die Gemeinkostenzuschläge einzeln errechnen, die für die zukünftigen Kalkulationen gelten **(siehe Beispiel 3)**.

$$\text{Gemeinkostensatz Kostenstelle (\%)} = \frac{\text{Summe der Jahresgemeinkosten Kostenstelle (€)} \times 100\,\%}{\text{Summe der Jahresfertigungslöhne Kostenstelle (€)}}$$

Beispiel 1:

Ermitteln Sie den allgemeinen Gemeinkostensatz des Betriebes, wenn die Jahresgemeinkosten im vergangenen Jahr 265 000 € und die Fertigungslöhne 156 000 € betrugen.

Lösung:

Allgemeiner Gemeinkostensatz

$$= \frac{265\,000\text{ €} \cdot 100\,\%}{156\,000\text{ €}} = \mathbf{170\,\%}$$

Beispiel 2:

Die Fertigungslohn(einzel)kosten betragen 12,50 €/h, der ermittelte allgemeine Gemeinkostenzuschlag beträgt 170 %.

Wie hoch sind die Fertigungskosten in der Kalkulation für eine Stunde anzusetzen?

Lösung:

Fertigungslohngemeinkosten

$$= \frac{12{,}50\text{ €/h} \cdot 170\,\%}{100\,\%} = \mathbf{21{,}25\text{ €/h}}$$

Fertigungskosten

= 12,50 €/h + 21,25 €/h = **33,75 €/h**

Beispiel 3:

Im Bankraum sind Gemeinkosten in Höhe von 65 000 € und Lohnkosten von 80 000 € für den Maschinenraum Gemeinkosten von 252 000 € und Lohnkosten von 115 000 €, für die Montage Gemeinkosten von 120 000 € und Lohnkosten von 100 000 € im Jahr angefallen.

Wie hoch sind die Gemeinkostensätze für diese drei Bereiche des Betriebes?

Lösung:

Gemeinkostensatz Bankraum

$$= \frac{65\,000\text{ €} \cdot 100\,\%}{80\,000\text{ €}} = \mathbf{81{,}25\,\%}$$

Gemeinkostensatz Maschinenraum

$$= \frac{252\,000\text{ €} \cdot 100\,\%}{115\,000\text{ €}} = \mathbf{219{,}13\,\%}$$

Gemeinkostensatz Montagearbeiten

$$= \frac{120\,000\text{ €} \cdot 100\,\%}{100\,000\text{ €}} = \mathbf{120\,\%}$$

17.5 Gemeinkosten

Aufgaben zu 17.5 – Gemeinkosten Allgemeiner Gemeinkostensatz

245.1 Die Aufrechnung der Fertigungslöhne des vergangenen Jahres in einem Holzverarbeitungsbetrieb ergab insgesamt 245 000 €, die Summe der Jahresgemeinkosten 482 000 €.

Welchen allgemeinen Gemeinkostensatz muss der Unternehmer bei seinen Kalkulationen berücksichtigen?

245.2 In einem Holz verarbeitenden Betrieb betragen die Fertigungslohneinzelkosten im Schnitt 12,78 €/h, der ermittelte allgemeine Gemeinkostensatz beträgt 185 %.

Wie hoch sind die Fertigungslohngemeinkosten in €/h und die in den Kalkulationen einzusetzenden Fertigungskosten in €/h?

245.3 Ein kleiner Montagebetrieb kann 88 000 € Gemeinkosten und eine Summe von 120 000 € für Fertigungslöhne ausweisen.

Wie hoch ist der in der Kalkulation anzusetzende Stundensatz, wenn der Fertigungseinzellohn 9,88 € beträgt?

245.4 Eine Bau- und Möbeltischlerei verlangt für Reparaturarbeiten 36,50 €/h vom Kunden. Der durchschnittliche Tariflohn der Mitarbeiter beträgt 12,88 €/h.

Wieviel % ist der Verrechnungssatz höher als der Tariflohn?

245.5 Ein Kunde beschwert sich, dass der Meisterbetrieb für seine Leistungen 37,50 €/h in Rechnung gestellt hat, denn vom Gesellen hat er erfahren, dass er lediglich 9,17 €/h brutto verdient.

a) Mit welchen Argumenten muss der Meister dem Kunden die Höhe des verrechneten Stundensatzes erklären?

b) Wie hoch ist der Verrechnungssatz in % des Betriebes?

245.6 Der allgemeine Gemeinkostensatz einschließlich Wagnis und Gewinn des Betriebes beträgt 210 %. Die durchschnittlichen Stundenlöhne der Mitarbeiter liegen bei 9,17 €/h.

Welchen Stundensatz muss der Meister für Reparaturarbeiten dem Kunden in Rechnung stellen?

245.7 Ein kleiner Tischlereibetrieb hat an Gemeinkosten 350 000 € und an Fertigungslohneinzelkosten 182 000 € im letzten Jahr ausgewiesen.

a) Wie hoch ist der allgemeine Gemeinkostensatz?

b) Wie hoch ist der zu verrechnende Stundensatz, wenn das Lohnniveau der Beschäftigten bei 10,82 €/h liegt?

Gemeinkosten für Bank-, Maschinen- und Montagearbeiten

245.8 Welche Stundensätze muss ein Unternehmer in der Kalkulation für die Handarbeitsstunde und für die Maschinenstunde ansetzen, wenn der Stundenlohn der Gesellen bei 8,78 €/h liegt und als Gemeinkostensätze im Bankraum 120 % und im Maschinenraum 320 % zu verrechnen sind?

245.9 In einem Betrieb der Holzbranche sind die Gemeinkostensätze für die Bankarbeit und die Maschinenarbeit zu ermitteln. Die Buchhaltung gibt hierfür folgende Werte an:

Jahresfertigungslöhne Bankraum = 180 000 €,
Jahresgemeinkosten Bankraum = 200 000 €,
Jahresfertigungslöhne Maschinenraum = 355 000 €,
Jahresgemeinkosten Maschinenraum = 724 000 €.

Wie hoch sind die Gemeinkostensätze für den Bankraum und den Maschinenraum dieses Betriebes?

245.10 Berechnen Sie die Gemeinkostensätze für die Löhne im Bankraum, im Maschinenraum und für die Montage.

	Bankraum €	Maschinenraum €	Montage €
Jahresfertigungslöhne	480 000	220 000	340 000
Jahresgemeinkosten	500 000	620 000	420 000

245.11 Ein Handwerksbetrieb hat für den Bereich Maschinenraum bisher einen Gemeinkostensatz von 280 % verrechnet. Durch die Anschaffung einer CNC-Maschine haben sich die Gemeinkosten von 220 000 € auf 280 000 € erhöht. Die Fertigungslöhne pro Jahr sind in diesem Bereich auf gleicher Höhe geblieben.

a) Wie hoch ist der Gemeinkostensatz für den Bereich Maschinenraum nun anzusetzen?

b) Um wie viel € ist der Stundensatz für die Maschinenarbeit jetzt gegenüber früher gestiegen, wenn der Fertigungseinzellohn des Betriebes 9,90 € beträgt?

245.12 Eine Möbeltischlerei hat für den Bankraum einen Gemeinkostensatz von 135 %, für den Maschinenraum von 320 % und für die Montage von 170 % ermittelt.

Wie hoch sind die zu verrechnenden Stundensätze in €/h, wenn der tarifliche Bruttolohn 9,64 €/h beträgt?

17 Kostenrechnen, Kalkulation

17.6 Betriebsabrechnungsbogen – BAB

In größeren Betrieben wird der Gemeinkostensatz der einzelnen **Kostenstellen** wie für die Furniere, den Maschinensaal, die Oberfläche, die Montage und auch für größere Maschinengruppen gesondert ermittelt. Außerdem sind hier noch die Gemeinkostensätze für die Verwaltung und den Vertrieb sowie für die Materialbeschaffung zu berechnen. Die Gemeinkosten werden im **Betriebsabrechnungsbogen** (BAB) auf die einzelnen Kostenstellen **(Bild 1)** verteilt.

Beispiel: BAB – Betriebsabrechnungsbogen

Materialstelle	
Materialeinzelkosten	1 620 000 €
Materialgemeinkosten	210 000 €
Materialkosten	**1 830 000 €**
Fertigungsstelle I	
Fertigungseinzelkosten	662 000 €
Fertigungsgemeinkosten	520 000 €
Fertigungsstelle II	
Fertigungseinzelkosten	205 000 €
Fertigungsgemeinkosten	482 000 €
Fertigungsstelle III	
Fertigungseinzelkosten	252 000 €
Fertigungsgemeinkosten	323 000 €
Fertigungskosten gesamt	**2 444 000 €**
Herstellkosten	**4 274 000 €**
Verwaltungsstelle	
Verwaltungsgemeinkosten	453 000 €
Vertriebsstelle	
Vertriebsgemeinkosten	203 000 €
Selbstkosten	**4 930 000 €**

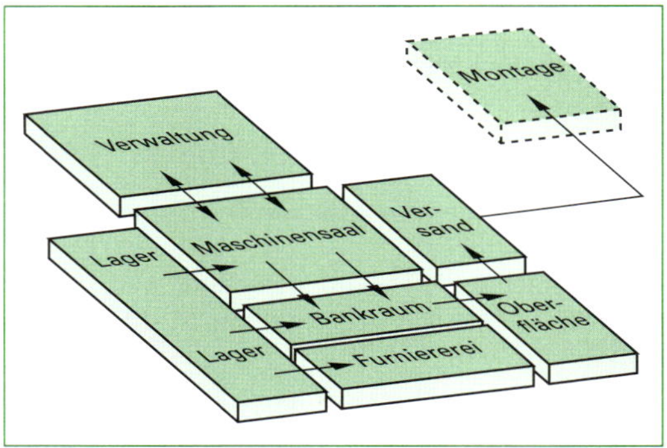

Bild 1: Blockdiagramm eines Betriebes

Herstellkosten
= Materialkosten + Fertigungskosten (gesamt)

Selbstkosten
= Herstellkosten + Verwaltungsgemeinkosten + Vertriebsgemeinkosten

BAB – Betriebsabrechnungsbogen

Kostenstellen / Kostenarten	Zahlen der Buchhaltung €	Materialstelle €	Fertigungsstellen I €	II €	III €	Verwaltungsstelle €	Vertriebsstelle €
Gemeinkosten:							
Löhne und Gehälter	995 000	105 000	210 000	113 000	142 000	320 000	105 000
Sozialabgaben	389 000	63 000	100 000	65 000	80 000	45 000	36 000
Hilfs- und Betriebsstoffe	223 000	13 000	110 000	60 000	30 000	8 000	2 000
Steuern, Versicherungen, Beiträge	132 000	8 000	28 000	40 000	10 000	28 000	18 000
Büromaterial	35 000	4 000	–	1 000	–	15 000	15 000
Abschreibungen, Zinsen	315 000	15 000	35 000	180 000	42 000	25 000	18 000
Strom, Wasser, Heizung	102 000	2 000	37 000	23 000	19 000	12 000	9 000
Summe der Gemeinkosten	2 191 000	210 000	520 000	482 000	323 000	453 000	203 000
Fertigungsmaterial Gemeinkostensatz (1)	1 620 000	1 620 000 13 %					
Fertigungslöhne I, II, III Gemeinkostensätze (2)	1 119 000		662 000 79 %	205 000 235 %	252 000 128 %		
Herstellungskosten	4 274 000					4 274 000	4 274 000
Verwaltungsgemeinkosten (3)						10,6 %	
Vertriebsgemeinkosten (4)							4,8 %

17.6 Betriebsabrechnungsbogen – BAB

Berechnung der Gemeinkostensätze für das Fertigungsmaterial der einzelnen Kostenstellen, der Verwaltung und des Vertriebs mit den Daten des BAB.

1. Ermitteln Sie den Gemeinkostensatz für das Fertigungsmaterial des Betriebes mit den Daten des BAB.

Gemeinkostensatz Fertigungsmaterial = $\frac{\text{Summe der Jahresgemeinkosten Materialstelle (€)} \times 100\,\%}{\text{Summe des Fertigungsmaterials im Jahr (€)}}$

Gegeben: Summe der Jahresgemeinkosten der Materialstelle
= 210 000 €

Gesucht: Gemeinkostensatz für das Fertigungsmaterial in %

Lösung: Gemeinkostensatz Fertigungsmateial
$= \frac{210\ 00\ € \cdot 100\,\%}{1\,620\,000\ €} = \mathbf{13\ \%}$

2. Ermitteln Sie den Gemeinkostensatz für die Kostenstelle I mit den Daten des BAB.

Gemeinkostensatz Kostenstelle I (%) = $\frac{\text{Summe der Jahresgemeinkosten Kostenstelle I (€)} \times 100\,\%}{\text{Summe der Jahresfertigungslöhne Kostenstelle (€)}}$

Gegeben: Summe der Jahresgemeinkosten der Kostenstelle I
= 520 000 €
Summe der Jahresfertigungslöhne der Kostenstelle I
= 662 000 €

Gesucht: Gemeinkostensatz der Kostenstelle I

Lösung: Gemeinkostensatz der Kostenstelle I
$= \frac{520\ 00\ € \cdot 100\,\%}{662\,000\ €} = \mathbf{79\ \%}$

3. Ermitteln Sie den Gemeinkostensatz der Kostenstelle II in % aus den Daten des BAB.

Gemeinkostensatz Kostenstelle II (%) = $\frac{\text{Summe der Jahresgemeinkosten Kostenstelle II (€)} \times 100\,\%}{\text{Summe der Jahresfertigungslöhne Kostenstelle (€)}}$

Gegeben: Summe der Jahresgemeinkosten der Kostenstelle II
= 482 000 €
Summe der Jahresfertigungslöhne der Kostenstelle II
= 205 000 €

Gesucht: Gemeinkostensatz der Kostenstelle II in %

Lösung: Gemeinkostensatz Kostenstelle II
$= \frac{482\,000\ € \cdot 100\,\%}{205\,000\ €} = \mathbf{235\ \%}$

Vergleichen Sie die einzelnen Werte und Prozentsätze im Betriebsabrechnungsbogen. Sie sind die Grundlage für die zukünftigen Kalkulationen.

4. Ermitteln Sie den Gemeinkostensatz der Kostenstelle III in % aus den Daten des BAB.

Gemeinkostensatz Kostenstelle III (%) = $\frac{\text{Summe der Jahresgemeinkosten Kostenstelle III (€)} \times 100\,\%}{\text{Summe der Jahresfertigungslöhne Kostenstelle (€)}}$

Gegeben: Summe der Jahresgemeinkosten der Kostenstelle III
= 323 000 €
Summe der Jahresfertigungslöhne der Kostenstelle III
= 252 000 €

Gesucht: Gemeinkostensatz der Kostenstelle III

Lösung: Gemeinkostensatz Kostenstelle III
$= \frac{323\,000\ € \cdot 100\,\%}{252\,000\ €} = \mathbf{128\ \%}$

5. Ermitteln Sie den Gemeinkostensatz für die Verwaltung in % aus den Daten des BAB.

Gemeinkostensatz Verwaltung (%) = $\frac{\text{Summe der Verwaltungsgemeinkosten im Jahr (€)} \times 100\,\%}{\text{Summe der Herstellkosten im Jahr (€)}}$

Gegeben: Summe der Verwaltungsgemeinkosten im Jahr
= 453 000 €
Summe der Herstellkosten im Jahr
= 4 224 000 €

Lösung: Gemeinkostensatz Verwaltung
$= \frac{453\,000\ € \cdot 100\,\%}{4\,224\,000\ €} = \mathbf{10{,}7\ \%}$

6. Ermitteln Sie den Gemeinkostensatz für den Vertrieb in % aus den Daten des BAB.

Gemeinkostensatz Vertrieb (%) = $\frac{\text{Summe der Vertriebsgemeinkosten im Jahr (€)} \times 100\,\%}{\text{Summe Herstellkosten im Jahr (€)}}$

Gegeben: Summe der Vertriebsgemeinkosten im Jahr
= 203 000 €
Summe der Herstellkosten im Jahr
= 4 224 000 €

Gesucht: Gemeinkostensatz für den Vertrieb

Lösung: Gemeinkostensatz Vertrieb
$= \frac{203\,000\ € \cdot 100\,\%}{4\,224\,000\ €} = \mathbf{4{,}8\ \%}$

17.6 Betriebsabrechnungsbogen – BAB

Aufgaben zu 17.6 Betriebsabrechnungsbogen

248.1 Ein Handwerksbetrieb hat im vergangenen Jahr 56 000 € für Plattenmaterial, 45 000 € für Vollholz, 12 000 € für Hobelware, 25 000 € für Beschläge, 15 000 € für Lacke, 9 000 € für andere Hilfswerkstoffe wie Nägel, Schrauben, Leim usw. ausgegeben. Die Gemeinkosten für die Materialstelle wurden auf 36 500 € ermittelt.

a) Wie hoch ist die Summe des Fertigungsmaterials im vergangenen Jahr?

b) Ermitteln Sie den Gemeinkostensatz Fertigungsmaterial.

248.2 Die CNC-Plattenzuschnittsäge war für den Betrieb eine teure Anschaffung. Außerdem benötigt sie wegen des horizontalen Zuschnitts einen großen Platz und verursacht hohe Wartungskosten. Deshalb ist der Plattenzuschnitt eine gesonderte Kostenstelle, in der die Gemeinkosten im vergangenen Jahr 450 000 € betrugen. Allerdings kann die gesamte Anlage mit zwei Beschäftigten bedient werden, sodass die Löhne lediglich 210 000 € ausmachten.

Ermitteln Sie den Gemeinkostensatz der Kostenstelle Plattenzuschnitt.

248.3 In einem Holz verarbeitenden Betrieb beliefen sich die Materialkosten im vergangenen Jahr auf 25 000 000 €, die Fertigungskosten aller Kostenstellen insgesamt auf 52 675 000 €. (Siehe Seite 252).

a) Wie hoch sind die Herstellkosten des Betriebes?

b) Ermitteln Sie den Gemeinkostensatz der Verwaltung, wenn hier Verwaltungsgemeinkosten in der Höhe von 9 768 000 € im vergangenen Jahr angefallen sind.

248.4 In einer Möbelfabrik beliefen sich die Jahresgemeinkosten des vergangenen Jahres für die Kostenstellen I, II, III und IV auf 78 076 300 €. Durch den BAB konnten die Anteile wie folgt auf die einzelnen Kostenstellen verteilt werden: Kostenstelle I = 15 %, Kostenstelle II = 35% , Kostenstelle III = 32 % und Kostenstelle IV = 18 %.

a) Wie hoch sind die Gemeinkosten in € je Kostenstelle?

b) Wie hoch sind die Gemeinkostensätze der einzelnen Kostenstellen, wenn für Löhne der Kostenstelle I = 5,6 Mill. €, der Kostenstelle II 12,2 Mill. €, der Kostenstelle III = 8,5 Mill. € und der Kostenstelle IV = 4,4 Mill. € im vergangenen Jahr gezahlt wurden?

248.5 Die Herstellkosten wurden im BAB für einen Holz verarbeitenden Betrieb mit 42,56 Millionen € ausgewiesen. Die Verwaltungsgemeinkosten beliefen sich in diesem Jahr auf 3,78 Millionen €, die Vertriebsgemeinkosten auf 0,98 Millionen €.

a) Wie hoch ist der Gemeinkostensatz für die Verwaltung?

b) Mit welchem Vertriebsgemeinkostensatz ist in den Kalkulationen zu rechnen?

248.6 In einem BAB werden folgende Beträge für die einzelnen Kostenstellen und die Materialstelle des vergangenen Jahres ausgewiesen:

	Betrieb 1 €	Betrieb 2 €
Materialstelle		
Fertigungsmaterial	2 000 000	4 568 000
Gemeinkosten für Materialstelle	420 000	965 000
Kostenstelle I		
Fertigungslöhne	875 000	1 978 000
Gemeinkosten der Kostenstelle I	95 000	2 345 000
Kostenstelle II		
Fertigungslöhne	3 045 000	2 568 000
Gemeinkosten der Kostenstelle II	8 685 000	7 876 000
Kostenstelle III		
Fertigungslöhne	1 208 000	2 592 000
Gemeinkosten der Kostenstelle III	2 895 000	9 456 000
Verwaltung		
Gemeinkosten der Verwaltung	1 328 000	2 982 000
Vertrieb		
Gemeinkosten des Vertriebs	978 000	1 192 000

Ermitteln Sie die Gemeinkostensätze der beiden Betriebe:

a) für die Materialstellen,

b) für die Kostenstellen I, II und III

c) Wie hoch ist jeweils der Verwaltungsgemeinkostensatz, bezogen auf die Herstellkosten?

d) Wie hoch ist jeweils der Vertriebsgemeinkostensatz, bezogen auf die Herstellkosten?

e) Vergleichen Sie die beiden Betriebe anhand der unterschiedlichen Gemeinkostensätze.

17.7 Kosten der Maschinenarbeit

In größeren Betrieben möchte man die Maschinenstundensätze der einzelnen Betriebsmittel wissen, um die Kosten je Betriebsstunde bestimmter Maschinen genauer berechnen zu können. Man benötigt dazu den Anteil der fixen Kosten, auch feste Kosten oder zeitabhängige Kosten genannt, und den Anteil der variablen Kosten, auch bewegliche oder mengenabhängige Kosten genannt.

Fixe Kosten (Fixkosten) sind alle Kosten, die dem Betrieb durch die Installation der Maschinen entstehen, egal ob die Maschine sehr häufig oder gar nicht genutzt wird. Hierzu gehören: Abschreibung, Verzinsung, Raumkosten und feste Gemeinkosten **(Bild 2)**. Sie sind unabhängig von der Auslastung und in einem bestimmten Zeitraum konstant.

Abschreibung ist die Minderung der Anschaffungskosten pro Jahr, bezogen auf die Nutzungsdauer der Maschine. Die Abschreibung wird meistens als Abschreibungssatz in Prozent ausgedrückt (**AfA**-Satz = Abschreibung für Anschaffungen in Prozent).

Verzinsung ist der Betrag, den der Anschaffungswert der Maschine bringen würde, wenn man das Geld bei der Bank angelegt hätte. Da sich der Anschaffungswert durch die Abschreibung während der Nutzungsdauer von Jahr zu Jahr verringert, wird bei der Verzinsung vom Mittelwert der Anschaffungskosten ausgegangen, d. h. während der gesamten Nutzungsdauer der Maschine ist immer die Hälfte des Anschaffungswertes zu verzinsen **(Bild 1)**.

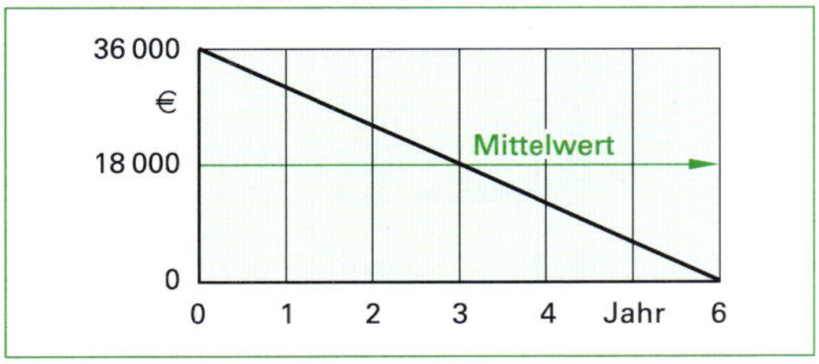

Bild 1: Abschreibung

Raumkosten sind die Kosten, die anteilig für den Raum- und Platzbedarf der Maschine pro Jahr anzusetzen sind wie Miete, Instandhaltungskosten des Gebäudes, Heizung, Gewerbesteuern, Gebäudeversicherung usw. Die Raumkosten werden in der Regel auf den Quadratmeter des Raumes umgelegt.

Fixe Gemeinkosten sind die Kosten für die Reinigung und Pflege der Maschine, Grundgebühren für die Installation usw.

Fixe Kosten K_f

= Abschreibung + Verzinsung + Raumkosten + anteilige feste Gemeinkosten

Bild 2: Fixe Kosten

Beispiel: Abschreibung

Die Nutzungsdauer eines Breitbandschleifautomaten wird mit 6 Jahren angenommen. Die Anschaffungskosten betrugen 36 000 €.

a) Wie groß ist der Abschreibungssatz in Prozent?

b) Wie hoch ist noch der Buchwert nach 4 Nutzungsjahren bei linearer Abschreibung?

$$\text{Abschreibungssatz (\%)} = \frac{100\,\%}{\text{Lebensdauer in Jahren}}$$

$$\text{Abschreibung (€/Jahr)} = \frac{\text{Anschaffungswert (€)}}{\text{Lebensdauer in Jahren}}$$

oder

$$\text{Abschreibung (€/Jahr)} = \frac{\text{Anschaffungswert (€)} \times \text{AfA (\%)}}{100\,\%}$$

Lösung a: Abschreibungssatz

$$= \frac{100\,\%}{6\text{ (Jahre)}} = 16{,}6\,\% \mathrel{\hat{=}} \mathbf{17\,\%}$$

Lösung b: Abschreibung

$$= \frac{36\,000\text{ €} \cdot 17\,\%}{100\,\%} = \mathbf{6\,120\text{ €/Jahr}}$$

Buchwert nach 4 Jahren

= 36 000 € – 6120 €/J · 4 Jahre

= 36 000 € – 24 480 € = **11 520 €**

Beispiel: Verzinsung

Die Anschaffungskosten der Maschine betragen 36 000 €. Der Zinssatz kann mit 8 % angenommen werden.
Wie hoch wäre die Verzinsung?

$$\text{Verzinsung} = \frac{\text{Mittelwert d. Anschaff.kosten (€)} \times \text{Zinssatz (\%)}}{100\,\%}$$

Lösung: Verzinsung

$$= \frac{18\,000\text{ (€)} \cdot 8\text{ (\%)}}{100\,\%} = \mathbf{1\,440\text{ €}}$$

17.7 Kosten der Maschinenarbeit

Variable Kosten sind alle veränderlichen, mengenabhängigen Kosten, die von der Betriebsdauer der Maschine abhängen. Hierzu gehören die Energiekosten für das Betreiben der Maschine, die Werkzeugkosten, die Wartungs- und Reparaturkosten sowie die Lohn- und Lohngemeinkosten.

Energiekosten sind die Kosten für Strom-, Wasser-, Gas-, Wärme oder Luftverbrauch einer Maschine.

Werkzeugkosten sind die Kosten von Werkzeugverbrauch und Werkzeugpflege sowie für die Vorrichtungen und deren besonderen Fördereinrichtungen.

Instandhaltungskosten sind die Kosten für die Wartung der Maschine sowie für erforderliche Ersatzteile.

Lohn- und Lohngemeinkosten sind die Lohnkosten für die Bedienungspersonen der Maschine und die Lohngemeinkosten in € pro Stunde für diesen Maschinenarbeitsplatz.

Die variablen Kosten einer Maschine ergeben sich aus der Summe der genannten variablen Kosten. Variable Kosten werden auf eine Zeiteinheit z. B. pro Stunde umgerechnet.

Variable Kosten K_v

= Energiekosten + Werkzeugkosten + Instandhaltungskosten + Lohn- und Lohngemeinkosten

Bild 1: Variable Kosten

Kosten der Maschinenarbeit – Maschinenstundensatz

Die Kosten der Maschinenarbeit hängen von der Belegungszeit der Maschine ab. Während die variablen Kosten für jede Maschinenstunde gleich hoch sind, wird der Anteil der fixen Kosten bei steigender Benutzungsdauer immer kleiner.

Die Kosten der Maschinenarbeit werden für einen bestimmten Zeitabschnitt wie Jahr, Vierteljahr oder Monat ermittelt. Sie sind die Summe aller fixen Kosten und aller variablen Kosten während dieses Zeitabschnitts.

Kosten der Maschinenarbeit (€)
= Fixe Kosten (€) + Variable Kosten (€) × Belegungszeit (h)

Maschinenstundensatz sind die Kosten der Maschinenarbeit pro Zeiteinheit, in der Regel pro Stunde. Für die Kalkulation wird hier die durchschnittliche Belegungszeit der Maschine eingesetzt.

Beispiel: Maschinenstundensatz

Es wird eine Holzbearbeitungsmaschine im Wert von 24 000 € angeschafft. Mit folgenden Kosten ist zu rechnen:

Lineare Abschreibung 10 %, Verzinsung 8 % vom Mittelwert, Raumkosten 250 €/Jahr, fixe Gemeinkosten 300 €/Jahr, Energiekosten 1,80 €/h, Werkzeugkosten 220 €, wenn die Maschine 1 000 Stunden im Jahr belastet wird.

Wartungs- und Reparaturkosten 500 €, wenn die Maschine 1 000 Stunden im Jahr belastet wird.

Lohnkosten 8,25 €/h sowie Lohngemeinkosten 120 %.

Wie hoch sind die Kosten für die Maschinenarbeit pro Stunde anzusetzen, wenn die Maschine 100, 200, 500 und 1 000 Stunden im Jahr genutzt wird?

Lösung:

a) Ermittlung der fixen Kosten:

Abschreibung 10 % von 24 000 €	=	2 400 €
Verzinsung 8 % von 12 000 €	=	960 €
Raumkosten	=	250 €
Anteil fixer Gemeinkosten	=	300 €
fixe Kosten der Maschine (K_f)	**=**	**3 910 €**

b) Ermittlung der variablen Kosten:

Energiekosten	=	1,80 €/h
Werkzeugk. = 220 €/1 000 h	=	0,22 €/h
Wartungs- u. Reparaturkosten = 500 €/1 000 h	=	0,50 €/h
Lohnkosten	=	8,25 €/h
Lohngemeinkosten $= \frac{8{,}25\ €/h \cdot 120\ \%}{100\ \%}$	=	9,90 €/h

variable Kosten der Maschnine K_v = 20,67 €/h

c) Ermittlung des Maschinenstundensatzes in Bezug auf die Benutzungsdauer:

Benutzungsdauer (t)	100	200	500	1 000	h/Jahr
K_f	3 910	3 910	3 910	3 910	€/Jahr
$K_v \cdot t$	2 067	4 134	10 335	20 670	€/Jahr
Maschinenkosten $K_f + K_v \cdot t$	5 977	8 044	14 245	24 580	€/Jahr
Maschinenstundensatz $\frac{K_f + K_v \cdot t}{t}$	59,77	40,22	28,49	24,58	€/h

17.7 Kosten der Maschinenarbeit

Aufgaben zu 17.7 Kosten der Maschinenarbeit

251.1 Wie hoch sind die Abschreibungssätze (AfA-Satz) in Prozent, bei der Nutzungsdauer in Jahren folgender Maschinen:

a) Oberfräse, 5 Jahre

b) Furnierfügemaschine, 8 Jahre

c) elektrische Handhobelmaschine, 4 Jahre?

251.2 Eine Holzbearbeitungsmaschine kostete 24 000 €. Sie hat nach AfA-Tabelle eine Nutzungsdauer von 8 Jahren.

a) Wie hoch ist die zulässige Abschreibung der Maschine pro Jahr in €?

b) Wie hoch ist der Zinsverlust pro Jahr, wenn die Verzinsung mit 8 % vom Mittelwert der Anschaffungskosten berechnet wird?

251.3 Eine Maschine kostete 39 600 €, die Nutzungsdauer beträgt buchungsmäßig 8 Jahre, als Verzinsung werden 6 % vom Mittelwert eingesetzt, die Raumkosten betragen 650 €/Jahr.

a) Wie hoch sind die fixen Kosten im Jahr?

b) Wie hoch ist der Anteil der fixen Kosten pro Maschinenstunde, wenn die Maschine 300, 800 oder 1 000 Stunden im Jahr eingesetzt werden kann?

Fertigen Sie hierzu eine Tabelle an.

251.4 Ein Betriebsmittel benötigt elektrischen Strom für 0,86 €/h, für Wartung und Pflege werden 0,12 €/h und der allgemeine Gemeinkostensatz des Betriebes beträgt 115 %, für Werkzeuge und Werkzeugpflege werden 4,20 € auf die Betriebsstunde verrechnet.

Ermitteln Sie die variablen Kosten der Maschine pro Stunde und die Höhe der gesamten variablen Kosten im Jahr, wenn mit der Maschine 960 Stunden gearbeitet wird. Der Lohn für den Maschinenarbeiter beträgt 9,45 €/h

251.5 Aus der Buchhaltung wurden für das Arbeiten mit dem Breitbandschleifautomat folgende Kosten genannt:
Anschaffungskosten = 32 000 €,
Nutzungsdauer = 6 Jahre,
Verzinsung = 8 % vom Mittelwert,
Raumkosten = 60 €/Monat,
Anteil fixer Verwaltungskosten = 250 €/Jahr,
Kosten für Schleifbänder = 1 360 €/Jahr,
Kosten für Energie = 1 500 €/Jahr,
Kosten für Wartung und Pflege = 185 €/Jahr,
Reparaturkosten = 1 350 €/Jahr.

a) Wie hoch sind die fixen Kosten der Maschine?

b) Wie hoch sind die variablen Kosten der Maschine im Jahr?

c) Wie hoch ist der Maschinenstundensatz ohne Lohnkosten für die Bedienungsperson, wenn die Maschine wie im vergangenen Jahr mit 1 000 Stunden ausgelastet wird?

251.6 Für die Kosten der Maschinenarbeit an der Formatkreissäge wurden aus der Buchhaltung folgende Werte angegeben:
Anschaffungskosten = 23 000 €,
Nutzungsdauer nach AfA-Tabelle = 6 Jahre,
Verzinsung vom Mittelwert = 8 %,
Raumkosten = 480 €/Jahr,
fixe Verwaltungskosten = 420 €/Jahr.
Für die Nutzung der Maschine wurden folgende Kosten umgerechnet:
Energiekosten = 0,80 €/h,
Werkzeugkosten = 1,20 €/h,
Wartungs- und Reparaturkosten = 0,60 €/h,
Lohnkosten = 9,25 €,
Lohngemeinkosten = 120 %.

a) Ermitteln Sie die fixen Kosten der Maschine.

b) Wie hoch sind die variablen Kosten der Maschine pro Stunde?

c) Wie hoch sind die Maschinenstundensätze, wenn die Maschine 200, 500, 1 000 oder 2 000 Stunden im Jahr ausgelastet wird?

c) Vergleichen Sie die Maschinenstundensätze, wenn die Maschine mit 200 Stunden im Jahr oder mit 2 000 Stunden im Jahr ausgelastet ist.

251.7 Für eine Kantenanleimmaschine sollen die Maschinenstundensätze ohne Lohnkosten für die Bedienungsperson ermittelt werden. Die Werte aus der Buchhaltung betragen:
Anschaffungskosten = 28 000 €,
Nutzungsdauer = 8 Jahre,
Verzinsung vom Mittelwert = 7 %,
Raumkosten = 240 €/m² im Jahr,
Platzbedarf der Maschine = 12,5 m²,
Anteil fester Verwaltungskosten = 360 € pro Jahr,
Kosten für Energie = 1 250 € pro Jahr,
Wartung und Pflege = 250 € im Monat,
Reparaturkosten = 1 200 € im Jahr.

a) Wie hoch sind die fixen Kosten und die variablen Kosten der Maschine?

b) Wie hoch ist der Maschinenstundensatz ohne Lohnkosten für die Bedienungsperson, wenn mit Nutzungszeiten von 200, 500 und 1 000 Stunden pro Jahr zu rechnen ist?

17 Kostenrechnen, Kalkulation

17.8 Zuschlagskalkulation für Tischlerarbeiten

Die **Kalkulation** hat die Aufgabe, die Kosten für die Anfertigung eines Erzeugnisses zu erfassen und den Preis des Erzeugnisses zu ermitteln. Nach der zeitlichen Folge des Kalkulierens ist zwischen der Vorkalkulation und der Nachkalkulation zu unterscheiden.

Die **Vorkalkulation** ist für die Preisabgabe eines zu fertigenden Erzeugnisses, zum Beispiel für die Abgabe eines Angebotes an einen Kunden vor Beginn der Arbeiten wichtig.

Die **Nachkalkulation** wird nach der Fertigung des Erzeugnisses durchgeführt. Dem Kalkulator stehen die Daten der tatsächlich benötigten Zeiten und Materialen zur Verfügung, so dass er die genauen Lohn- und Materialkosten für den Auftrag ermitteln kann. Die Nachkalkulation hat die Aufgabe, die beim Angebot abgegebenen Preise zu kontrollieren und genauere Unterlagen für die Vorkalkulation künftiger gleichartiger Aufträge zu erhalten. Im Handwerk wird die Zuschlagskalkulation angewendet.

Bei der **Zuschlagskalkulation** werden die Materialkosten, die Fertigungskosten, die Sondereinzelkosten der Fertigung, Wagnis/Gewinn, die Sondereinzelkosten des Vertriebs und die Mehrwertsteuer addiert, um den Bruttopreis zu erhalten.

Die **Materialkosten** setzen sich aus den Materialeinzelkosten und den Materialgemeinkosten zusammen. Es sind die Kosten für die **Hauptwerkstoffe** wie Vollholz, Holzwerkstoffe, Furniere, Kunststoffe, für **Hilfswerkstoffe** wie Beschläge, Leim, Verbindungsmittel, Oberflächenmaterial und für Halbfabrikate wie Glasschiebetüren, Kunststoffeinsätze usw. (siehe 17.2).

Die **Fertigungskosten** setzen sich aus den Fertigungslohnkosten und den Fertigungsgemeinkosten zusammen. Sie können nach Kostenstellen, mindestens aber nach Handarbeit und Maschinenarbeit getrennt ermittelt werden (siehe 17.3 bis 17.7).

Sondereinzelkosten der Fertigung können Kosten für Geräte und Vorrichtungen, Montagemittel, besondere Versicherungsprämien usw. sein.

Herstellkosten sind die Summe der Materialkosten, Fertigungskosten und Sondereinzelkosten der Fertigung.

Selbstkosten sind die Herstellkosten, plus der Entwicklungs- und Konstruktionseinzelkosten und der Verwaltungs- und Vertriebsgemeinkosten.

Wagnis/Gewinn ist ein Zuschlag von 10 % – 15 % zur Abdeckung des Risikos, für eine Rücklage und für den Unternehmergewinn.

Sondereinzelkosten des Vertriebs sind Zuschläge, falls erforderlich, für Fracht, Transportversicherung, Provision usw.

Barverkaufspreis ist der Angebotspreis ohne Mehrwertsteuer, die Summe aller bis hier aufgeführten Kosten.

Mehrwertsteuer ist Bestandteil der Preisabrechnung. Sie beträgt zur Zeit 19 %. Sie ist an das Finanzamt abzuführen.

Bruttopreis ist der Angebotspreis einschließlich Mehrwertsteuer. Dies ist der Rechnungsbetrag.

Kalkulationsschema

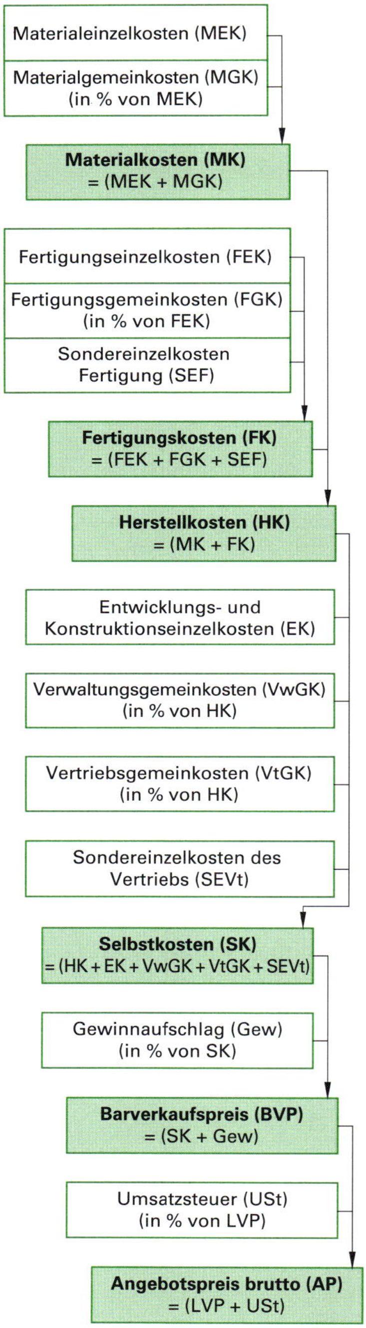

17.8 Zuschlagskalkulation für Tischlerarbeiten

Aufgaben zu 17.8 Zuschlagskalkulation für Tischlerarbeiten

253.1 Aus welchen Kostenarten setzt sich der Nettopreis zusammen?

253.2 In einer Kalkulation betragen die Fertigungskosten 1 566 €, die Materialkosten 827 €, die Entwicklungskosten 320 €, Wagnis bzw. Gewinn 15 % und die Mehrwertsteuer 19 %.

Wie hoch sind die Herstellkosten, die Selbstkosten und der Bruttopreis?

253.3 Für die Herstellung eines Erzeugnisses entstanden dem Unternehmer laut Materialliste Materialkosten und laut Wochenarbeitskarte folgende Kosten: Für Holzwerkstoffe 150,00 €, Vollholz 60,00 €, Furniere 125,00 €, Oberflächenmaterial 20,00 €, Leime 10,00 €, und Beschläge 22,00 €.

Für Fertigungslöhne im Bankraum 283,84 €, im Maschinenraum 95,36 €.

a) Ermitteln Sie durch die Nachkalkulation den Bruttopreis, wenn in dem Unternehmen mit einem Gemeinkostensatz von 120 % für die Fertigungslöhne im Bankraum und 250 % für die Löhne im Maschinenraum gerechnet wird sowie für Wagnis und Gewinn 15 % und für die Mehrwertsteuer 19 %.

b) Hat sich der Unternehmer verkalkuliert, wenn er in der Vorkalkulation einen Angebotspreis von 1 500 € errechnet hatte?

253.4 Zur Herstellung eines Bücherregals werden laut Materialliste für 187,20 € Flachpressplatten, 92,60 € Furniere, 14,20 € Leim, 7,80 € Hilfswerkstoffe, 18,20 € Beschläge und für 38,40 € Oberflächenbehandlungsmittel benötigt. An Arbeitszeit schätzt man für die Maschinenarbeit 8,5 Stunden und für die Bankarbeit 32,5 Stunden. Als Stundenlohn wird 7,70 € gezahlt, die Gemeinkostensätze betragen 140 % für den Bankraum und 280 % für den Maschinenraum. Materialgemeinkosten betragen 10 %.

Wie hoch ist der Nettopreis, wenn hier mit einem Wagnis- und Gewinnzuschlag von 15 % gerechnet wird?

253.5 Für einen Schreibtisch in Eiche benötigt man laut Materialliste (Materialkosten)für 485,26 € Holzwerkstoffe, für 32,80 € Beschläge, für 15,00 € Leim, für 26,20 € Schleifmittel und für 52,10 € Oberflächenmaterial. Für die Herstellung werden im Bankraum 62,5 Stunden und im Maschinenraum 25,5 Stunden benötigt.

Wie hoch ist der Nettopreis, wenn für die Löhne 9,28 €/h, für die Gemeinkostenzuschläge auf Materialeinzelkosten 10 %, auf die Bankraumlöhne 140 % und auf die Maschinenlöhne 270 % sowie Wagnis und Gewinn 15 % zu verrechnen sind?

253.6 Ein Meister hat für einen Einbauschrank ein Angebot abgegeben. Er ermittelt das Material aus der Zeichnung und schätzt die Arbeitsstunden wie folgt:

Materialeinzelkosten:
Holzwerkstoffe 420,00 €
Vollholz 85,00 €
Furniere 235,60 €
Oberflächenmaterial 280,00 €
Hilfswerkstoffe 52,00 €
Leime 64,00 €
Beschläge 58,00 €
Glasschiebetüren 122,50 €.

Arbeitszeit und Fertigungslöhne:

Bankraum	32 Stunden	7,80 €/h
Maschinenraum	15 Stunden	8,20 €/h
Montage	6 Stunden	7,10 €/h

Gemeinkostenzuschläge:
Material 20 %
Bankraum 110 %
Maschinenraum 280 %
Montage 120 %
Wagnis und Gewinn 15 %
Mehrwertsteuer 19 %.

Wie hoch ist der Angebotspreis für den Einbauschrank?

253.7 Kalkulieren Sie die Angebotspreise der bei der Materialkostenberechnung skizzierten Tabletts auf Seite 235.

In dem Betrieb sind folgende Kosten bei Vorkalkulationen einzusetzen:

Furnierleim 0,41 €/m²
Oberflächenbehandlungsmaterial 2,40 €/m²
Fertigungslohnkosten im Bankraum 8,40 €/h
Fertigungslohnkosten im Maschinenraum 9,10 €/h
Gemeinkosten für Material 25 %
Gemeinkostenzuschlag im Bankraum 140 %
Gemeinkostenzuschlag im Maschinenraum 280 %
Wagnis und Gewinnzuschlag 15 %
Mehrwertsteuer-Zuschlag 19 %

a) Errechnen Sie den Angebotspreis für 10 Tabletts aus, indem Sie die benötigten Stunden schätzen.

b) Vergleichen Sie Ihren Angebotspreis mit denen Ihrer Mitschüler.

c) Stellen Sie die Preisstreuung in Prozent fest.

17.8 Zuschlagskalkulation für Tischlerarbeiten

Auftrag Nr. 280291 – 56

Auftraggeber F. TORSTENSEN

KALKULATION

Auftrag SCHREIBTISCH

Materialart EICHE

Oberfläche NATUR – MATT

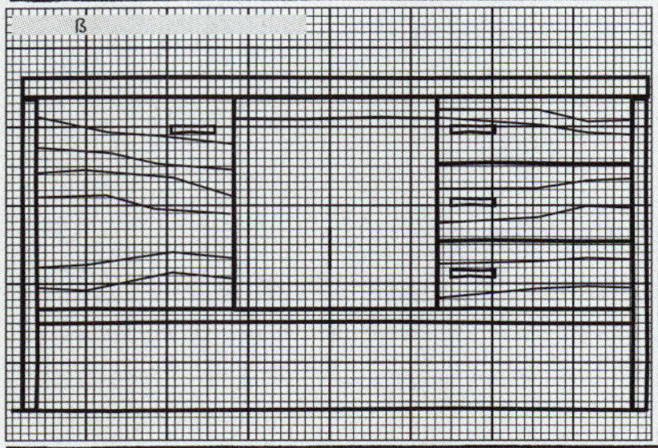

Hauptwerkstoffe		je Einheit	Vorkalkulation €	Nachkalkulation €
lt. Materialliste			373,16	
Hilfswerkstoffe				
Beschläge:				
lt. Beschlagliste				
TOPFSCHARN.	6	2,90	17,40	
EINB. MAGNET	3	0,68	2,04	
FACHTR. BUCHSE	24	0,05	1,20	
FACHTRÄGER-STECKER	8	0,10	0,80	
Leim (Kleber)	1,5 kg	3,50	5,25	
Schrauben	Stück			
Schleifmittel, Kleinmaterial			25,–	
Dichtungsmaterial				
Oberflächenmaterial				
SCHLEIFGR.	4,5	4,20	18,90	
MATTLACK	3,0	5,60	16,80	
Halbfabrikate Fremdleistungen				
Fertigungsmaterial			460,55	

Tag: 10.3.2011 Zeichen: [Unterschrift]

	Vorkalkulation €	%	Nachkalkulation €	%
❶ **Fertigungsmaterial** Übertrag	460,55			
❷ **Fertigungseinzelkosten** (Vor-K. / Nach-K.)				
Masch'raum 24,5 Std. à 9,30	227,85			
Bankraum 79,5 Std. à 9,30	739,35			
Montage – Std. à				
Std. à				
	967,20			
❸ **Gemeinkosten**				
12 % auf die Materialeinzelkosten	55,27			
270 % auf Maschinenraum-Löhne	615,20			
140 % auf Bankraum-Löhne	1035,09			
% auf Montage-Löhne				
% auf				
	1705,56			
❹ **Sondereinzelkosten d. Fertigung**				
Zuschläge				
auf Baustunden à				
auf Überstunden à				
auf				
% lohngeb. Gemeink. auf Zuschl.				
Gerätevorhaltung:				
Selbstkosten (Herstellkosten) (1+2+3+4)	3133,31	100		100
❺ **Wagnis + Gewinn** Vor- 16 % / Nach-Kalkulation % der Selbstkosten	501,33			
❻ **Sondereinzelkosten d. Vertriebs**	100,–			
Ausgangsfrachten				
Provisionsverpflichtungen				
Summe	3734,64			
Netto-Preis	3750,–			
Gewinn/Verlust				

Umsatzsteuer bei der Angebotsabgabe, bzw. bei der Rechnungsstellung, nicht vergessen!

17.8 Zuschlagskalkulation für Tischlerarbeiten

MATERIALLISTE für die Vorkalkulation

Lfd. Nr.	Verwendung	Material Qualität	Stück	Fertigmaße Länge cm/mm	Fertigmaße Breite cm/mm	Flächen-Inhalt in m²	Roh-dicke mm	Netto-Menge m² in m³ lfdm	Ver-schnitt %	Menge mit Verschnitt m² in m³ lfdm	Preis je Einheit €	Errechneter Preis €
1	GESTELL											
2	UND STEG	EICHE	9	371,5	7,2	0,54	65	0,035	70	0,060		
3	ANLEIMER	"	4	354	1,9	0,02						
4	STREIFLEISTE	"	1	650	2,0	0,01						
5	ANLEIMER	"	13	1185	2,0	0,07						
6	SCHUBK. ST.	"	12	247	8,8	0,21						
7	EINLEIMER	"	7	20	5	0,02						
8	LAUFRAHM.	"	2	179	4	0,07						
9						0,41	65	0,027	100	0,054		
10										0,114	1450,–	165,30
11	PLATTEN	P2	13	339	12	5,15	19		15	5,92	6,75	39,96
12	DOPPEL +											
13	BÖDEN	P2	5	79	11	0,32	16		15	0,37	5,45	2,02
14	TISCHPLATTE	P2	1	147	79	1,16	13		15	1,33	4,35	5,80
15	WÄNDE	P2	2	39	34	0,27	8		15	0,31	3,60	1,12
16	SCHUBK. B.	VP	3	36	49	0,52	5		15	0,60	5,10	3,06
17	FURNIER	EICHE	44	191	214	10,39			50	15,59	10,–	155,90
18												
19												
20												
21												
22												
												373,16

ZEITGLIEDERUNG für die Vorkalkulation

Arbeitsgänge im **Maschinenraum**	Min	Std
Arbeit vorbereiten	30	
Massivholz zuschneiden	10	1
Platten zuschneiden	30	
Abrichten	20	1
Dickenhobeln	10	1
Formatsägen	20	3
Kanten anleimen		
Kanten bündig fräsen	30	2
Furnier fügen u. verkleben	20	2
Pressen		1
Schlitzen, Stemmen		
Dübeln, Zinken	20	3
Profilieren		
Fälzen, Nuten	10	5
Obenfräsen		
Vierseitenfräsen, Kehlen		
Rahmen maschinell verleimen		
Flächen/Kanten schleifen	10	2
	210	21

= 24,5 Std.

Arbeitsgänge im **Bankraum**	Min	Std
Arbeit vorbereiten	30	1
Verleimen, Umleimen	20	13
Furnier zurichten	10	4
Furnieren		
Sonst. Beläge aufbringen		
Rahmen/Korpus verleimen	40	4
Zusammenbauen	20	3
Beschläge einlassen	10	3
Anschlagen	20	5
Schubkästen, Züge einbauen	40	12
Innenausstattung	10	2
Putzen schleifen	20	16
Glasleisten einsetzen		
Oberfläche innen		
Oberfläche außen		
	20	9
Fertigmachen	30	3
	270	75

= 79,5 Std.

Arbeitsgänge auf **Montage**	Min	Std
Arbeit vorbereiten		
Liefern und		
Aufstellen von Einzelmöbeln		
Verladen		
Transportzeit		
Abladen		
Verteilen		
Einbaustelle vorbereiten		
Montieren		
Beschläge anbringen		
Evtl. nacharbeiten		
Wegezeiten der Monteure		
Aufmaß nehmen		

17.9 Zuschlagskalkulation für Fenster

Fensterprofile weisen je nach Fensterart und Fenstergröße verschiedene, meist genormte Querschnitte und Profilierungen auf. Deshalb lässt sich die Kalkulation von Fenstern vereinfacht durchführen.

Innerbetrieblich wird aus den Zahlen der Nachkalkulation festgelegt, wie viel die **Herstellung eines bestimmten Fensterprofils**, Blendrahmen mit Flügelrahmen oder Pfosten mit zwei Flügelrahmen usw., kostet. Diese Kosten beinhalten die Materialkosten (Materialeinzelkosten plus Materialgemeinkosten) und die Fertigungskosten (Fertigungslohneinzelkosten plus Fertigungsgemeinkosten) und werden auf den (laufenden) Meter umgerechnet. Da die Profile noch an den Ecken durch Schlitz und Zapfen verbunden werden müssen, kommt zusätzlich noch für die Rahmeneckverbindungen der so genannte **Eckenzuschlag** hinzu. Weitere **Zuschläge** sind der **Einbau von Dichtungen, der Holzschutz**, **der Beschlageinbau, die Verglasung** und **die Montage (Bild 1)**. Die Firmen legen sich in der Regel Tabellen an, aus denen sie die Kosten der Rahmenherstellung, des Beschlageinbaus, der Verglasung und der Montage ablesen können.

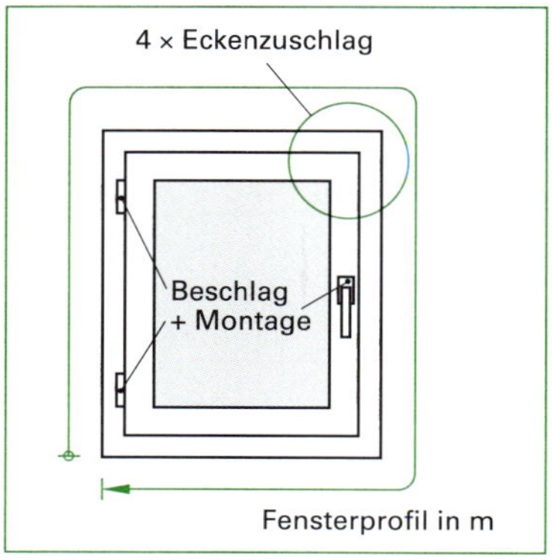

Bild 1

Kosten der Rahmenherstellung

Sie setzen sich zusammen aus den **Kosten der Herstellung des Fensterprofils** wie Blendrahmen plus Flügelrahmen, oder Pfosten und Flügelrahmen in **€/m**, den **Eckenzuschlägen** in **€/Stück** für die Herstellung der Rahmeneckverbindungen, den Kosten für den **Holzschutz** für das Fensterprofil in **€/m** und den Kosten der **Dichtungen** einschließlich Einbau in **€/m**.

Kosten des Beschlags und des Beschlageinbaus

Die **Kosten des Beschlags** und dessen Einbaus in **€/Stück**; die **Kosten der Wetterschutzschiene** und deren Einbau in **€/m**.

Kosten der Verglasung

Sie setzen sich zusammen aus den **Kosten der Glasscheibe** in **€/Stück** , den **Einsetzkosten** (Einsetzen, Vorklotzen, Verleisten) in **€/m**, Randeinspannung der Glasscheibe und den **Versiegelungskosten** in **€/m**.

Kosten der Montage

Montagekosten sind die Material- bzw. Herstellkosten und Einbaukosten des **Dichtungsmaterials**, der **Bauverfugung** und der **Deckleisten** in **€/m**.

Selbstkosten

Selbstkosten sind die Summe aller Material- und Fertigungskosten.

Wagnis und Gewinn

Ein Zuschlag von 10 % bis 15 % als Unternehmergewinn bzw. als Rücklage zur Abdeckung des Risikos.

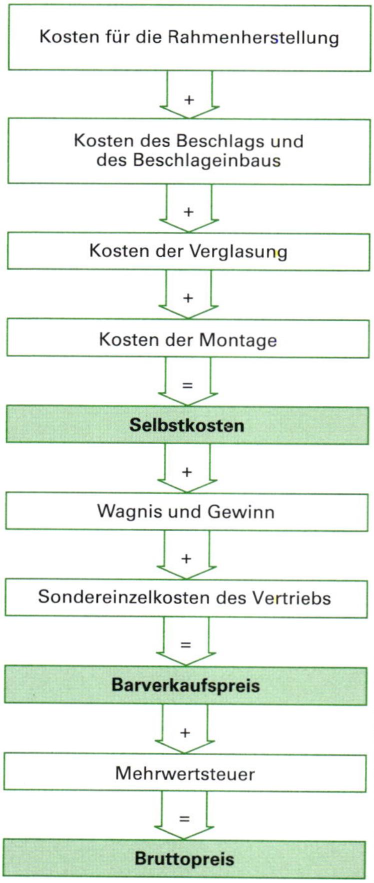

17.9 Zuschlagskalkulation für Fenster

Sonderkosten des Vertriebs

Zuschläge, falls erforderlich, für **Frachtkosten**, **Transportversicherung**, **Anteil der Bauschildkosten** usw.

Nettopreis

Der Nettopreis ist der **Angebotspreis ohne Mehrwertsteuer**.

Mehrwertsteuer

Sie ist ein besonderer Bestandteil der Preisberechnung, zur Zeit beträgt die **Mehrwertsteuer 16 %**.

Bruttopreis

Der Bruttopreis ist der **Angebotspreis mit Mehrwertsteuer**. Dies ist der Rechnungsbetrag.

Die Kosten der Rahmenherstellung, die Kosten der Verglasung und der Montage sowie die Kosten des Beschlageinbaus sind innerbetriebliche Kennzahlen, die man in einem Kennzahlenkatalog oder in Diagrammen für die Kalkulation aufführt. Diese Kennzahlen müssen durch Nachkalkulationen laufend kontrolliert und gegebenenfalls wieder neu festgesetzt werden. Nur dann kann gewährleistet sein, dass die künftigen Kalkulationen marktgerecht und für den Betrieb kostendeckend sind.

Beispiel: Einflügeliges Drehkippfenster

Es sind 12 Dreh-Kippflügel-Fenster mit Isolierverglasung in Kiefer in der Größe von 1,12 m × 1,38 m herzustellen und einschließlich Verglasung zu liefern und fachgerecht einzusetzen. Die Fenster müssen mit Holzschutz versehen werden und sollen eine umlaufende doppelte Lippendichtung erhalten. Die Verglasung ist innen und außen zu versiegeln. Die Blendrahmen sind in eine gemauerte Öffnung mit Innenanschlag einzusetzen, mit Dichtungsmaterial im Anschlagbereich zu dichten, außen zu verfugen und innen zu verleisten. Für Wagnis und Gewinn werden 15 % angenommen.

	Einzelkosten:
Fensterprofil	14,25 €/m
Herstellung der Fensterecke	5,40 €/Stück
Holzschutz des Fensterprofils	1,70 €/m
Dichtungsprofil	1,40 €/m
Beschlag und Beschlageinbau	36,80 €/Stück
Wetterschutzschiene	9,10 €/m
Isolierglasscheibe	75,30 €/Stück
Einsetzen der Glasscheibe	3,60 €/m
zusätzliche Versiegelung	2,60 €/m
Montage	5,30 €/m
Dichtungsmaterial	1,08 €/m
Bauverfugung	4,70 €/m
Deckleisten	1,95 €/m

a) Ermitteln Sie die Selbstkosten für ein Fenster.

b) Wie hoch ist der Angebotspreis ohne Mehrwertsteuer (Barverkaufspreis) für alle 12 Dreh-Kippflügel-Fenster?
(Lösung auf besonderem Formular, siehe Seite 258).

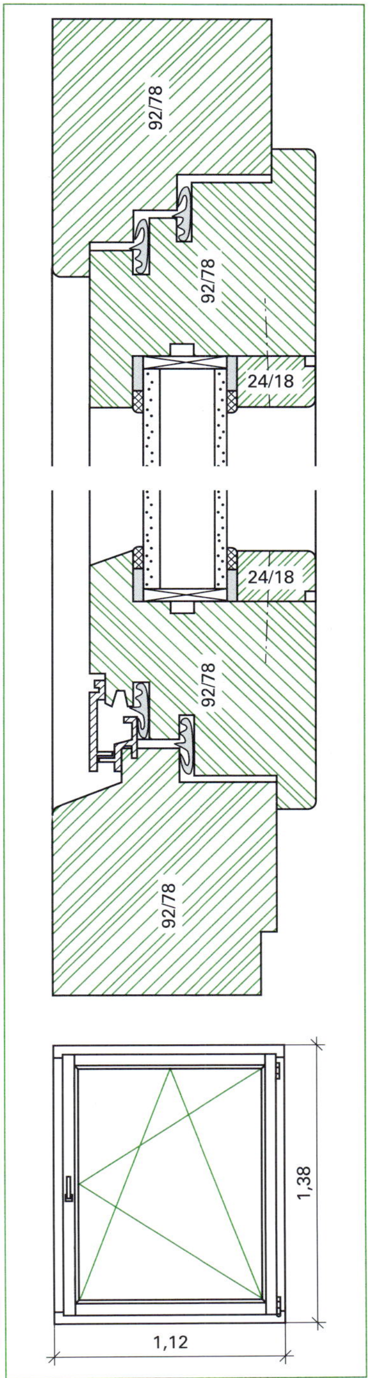

Bild 1

17.9 Zuschlagskalkulation für Fenster

Skizze

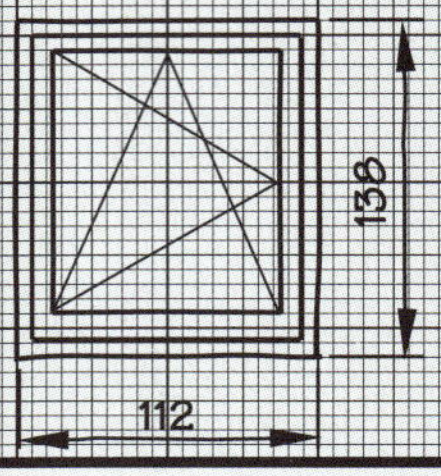

SCHALL-
SCHUTZ-
FENSTER
IV 78

Objekt DAVID-RÖNTGEN-SCHULE
Architekt KLE – FR. KERN
Ang. Nr. 1234 Datum 10.07.01
Position 5 Stück 12
BESCHLAG: DREH- KIPP
SF.– 301/REG. SCHUTZSCH.
VERGLASUNG: IV 10-24-4

			Menge	Einzel	Ges. 1	Ges. 2
			STCK/m	€	€	€
1	**RAHMENHERSTELLUNG**					
	1.1 FENSTERPROFILE (BLENDR. + FLÜGER. + GLASLEISTE)	m	5,00	14,25	71,25	
	1.2 ECKENZUSCHLAG (INSGES.)	STCK	4	5,40	21,60	
	1.3 HOLZSCHUTZ (3x)	m	5,00	1,70	8,50	
	1.4 ZUS. DICHTUNG	m	8,94	1,40	12,51	113,86
2	**BESCHLAGEINBAU**					
	2.1 DREH-KIPP/SF – 301	STCK	1		36,80	
	2.2 WETTERSCHUTZSCHIENE	m	0,97	9,10	8,83	45,63
3	**VERGLASUNG**					
	3.1 SCHALLSCHUTZ-ISOLIERGLAS 10–24–4 / 88 x 113	STCK			75,30	
	3.2 EINSETZKOSTEN	m	4,02	3,60	14,47	
	3.3 ZUSÄTZL. VERSIEGELUNG (I+A)	m	8,04	2,60	20,90	110,67
4	**MONTAGE**					
	4.1 MONTAGEKOSTEN LT. TAB.	m	5,00	5,30	26,50	
	4.2 DICHTUNGSWOLLE	m	5,00	1,08	5,40	
	4.3 DECKLEISTEN INNEN (25/20)	m	5,00	1,95	9,75	
	4.4 BAUVERFUGUNG (10x10)	m	5,00	4,70	23,50	65,15
5	**SELBSTKOSTEN**	€/STCK				335,31
6	**WAGNIS + GEWINN**	15%				50,30
7	**BARVERKAUFSPREIS**	€/STCK				385,61
8	**ANGEBOTSPREIS** FÜR 12 STÜCK OHNE MWST.	€				**4 627,32**

17.9 Zuschlagskalkulation für Fenster

Aufgaben zu 17.9 – Zuschlagskalkulation für Fenster

259.1 Aus welchen Kostenarten setzen sich die Selbstkosten bei einer Zuschlagskalkulation für Fenster zusammen?

259.2 Warum ist eine Nachkalkulation bei dieser Kalkulationsart unbedingt erforderlich?

259.3 Es sind 8 Dreh-Kippflügel-Fenster IV 68 mit Isolierverglasung in Kiefer in der Größe von 1,25 m × 150 m herzustellen und einschließlich Verglasung zu liefern und fachgerecht einzusetzen. Die Fenster müssen mit Holzschutz versehen werden und sollen eine umlaufende einfache Lippendichtung erhalten. Die Verglasung ist innen und außen zu versiegeln. Die Blendrahmen sind in eine gemauerte Öffnung mit Innenanschlag einzusetzen, mit Dichtungswolle im Anschlag zu dichten, außen zu verfugen und innen zu verleisten **(siehe Bild)**. Für Wagnis und Gewinn werden 15 % angenommen.

	Einzelkosten:
Fensterprofil	13,10 €/m
Herstellung der Fensterecke	4,35 €/Stück
Holzschutz des Fensterprofils	1,90 €/m
Dichtungsprofil	1,35 €/m
Beschlag und Beschlageinbau	40,10 €/Stück
Wetterschutzschiene	4,55 €/m
Isolierglasscheibe	60,15 €/Stück
Einsetzen der Glasscheibe	3,55 €/m
zusätzliche Versiegelung	2,60 €/m
Montage, laut Tabelle	27,50 €/Stück
Dichtungswolle	1,30 €/m
Bauverfugung	4,80 €/m
Deckleisten	2,05 €/m

a) Ermitteln Sie die Selbstkosten für ein Fenster.

b) Wie hoch ist der Angebotspreis einschließlich Mehrwertsteuer für alle 8 Dreh-Kippflügel-Fenster?

259.4 Ermitteln Sie den Angebotspreis einschließlich Mehrwertsteuer für Dreh-Kippflügel-Fenster in gleicher Ausführung wie in Aufgabe 259.3 angegeben, jedoch für folgende Fenstergrößen:

a) 1,38 m × 1,63 m, 5 Stück, Isolierglasscheibe kostet 25 % mehr als in Aufgabe 3;

b) 1,12 m × 1,25 m, 7 Stück, Isolierglasscheibe kostet 12 % weniger als in Aufgabe 3 angegeben.

259.5 Ermitteln Sie den Angebotspreis einschließlich Mehrwertsteuer für 2 Dreh-Kippflügel-Fenster in gleicher Ausführung wie in Aufgabe 259.3 beschrieben, jedoch in der Größe von 0,75 m × 1,00 m. Die Montagekosten verringern sich auf 25 €/Stück, die Kosten für den Dreh-Kipp-Beschlag mit Einbau auf 32,70 €/Stück und die Kosten der Isolierglasscheibe auf 40,25 €/Stück

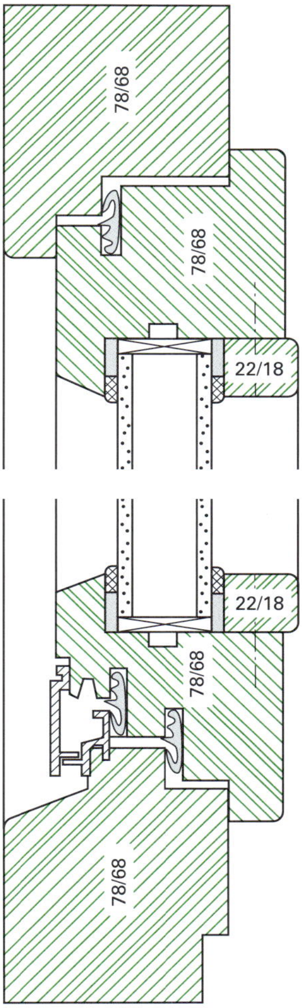

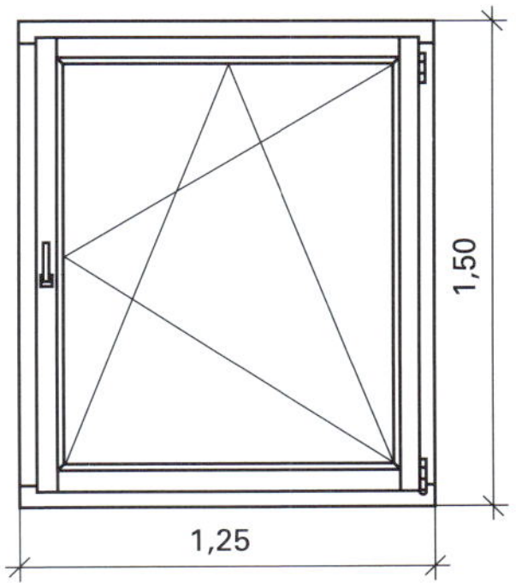

Aufgabe 259.3

18 CNC-Technik

18.1 Koordinatenmaße

NC-gesteuerte Maschinen führen nach numerisch codierten Anweisungen, den sog. Programmen, die Arbeitsgänge selbsttätig aus. Werden diese Anweisungen noch computerunterstützt, spricht man von CNC gesteuerten Maschinen.

Sämtliche Punkte im Arbeitsraum einer CNC-Maschine können über das Koordinatensystem erfasst werden. Die Bezeichnung der Achsen erfolgt mit der „Rechten-Hand-Regel" **(Bild 1)**. Dabei liegt *x* in Richtung des Daumens, bei der Maschine von links nach rechts parallel zur Maschinentischvorderkante, die *y*-Achse in Richtung des Zeigefingers, bei der Maschine rechtwinklig zur Maschinentischvorderkante und die *z*-Achse in Richtung des Mittelfingers, die entspricht der Bewegung des Fräsaggregats in der Höhe.

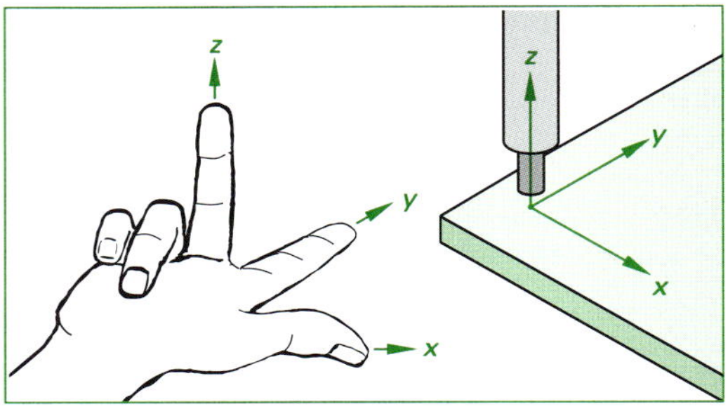

Bild 1: Rechte-Hand-Regel

18.1 Koordinatenmaße

Die Weginformationen des Werkzeuges werden aus der Teilzeichnung entnommen und in die Maschine eingegeben. Es sind rechtwinklige Koordinaten und Polarkoordinaten zu unterscheiden.

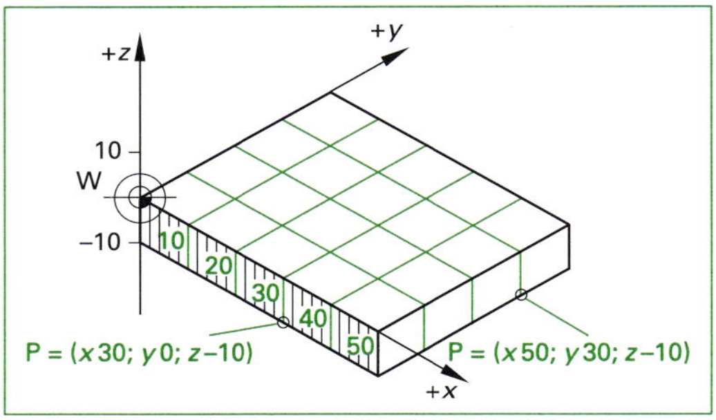

Bild 2: Rechtwinklige Koordinaten

Rechtwinklige Koordinaten

Durch Beschreibung eines Punktes in *x*-Richtung und *y*-Richtung kann wie bei einer Parallelogramm-Zeichenmaschine jeder Punkt in der Ebene erreicht und fixiert werden. Die Lage der *x*-Achse und der *y*-Achse sind auf die Hauptachsen der Maschine eingestimmt. Die *z*-Achse ist bei den Maschinen die Verstellung des Werkzeugs in der Höhe **(Bild 2)**.

Die Koordinatenmaße gehen in der Regel vom Werkstücknullpunkt aus. Der Maschinennullpunkt ist nur selten mit dem Werkstücknullpunkt identisch, so dass es für die Bearbeitung eines CNC-Programms vorher zu einer Nullpunktverschiebung kommen muss **(Bild 3** und **Bild 4)**.

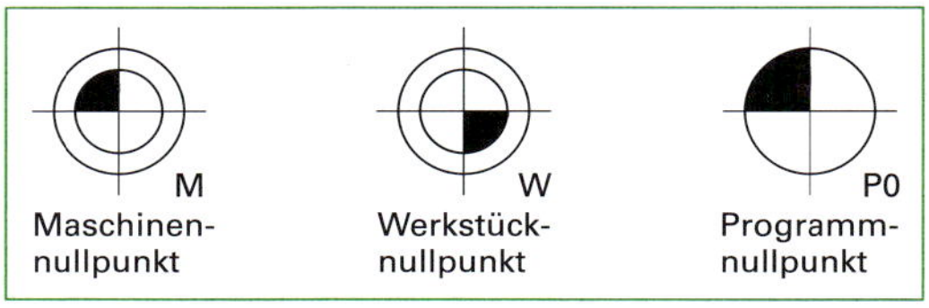

Bild 3: Symbole verschiedener Nullpunkte

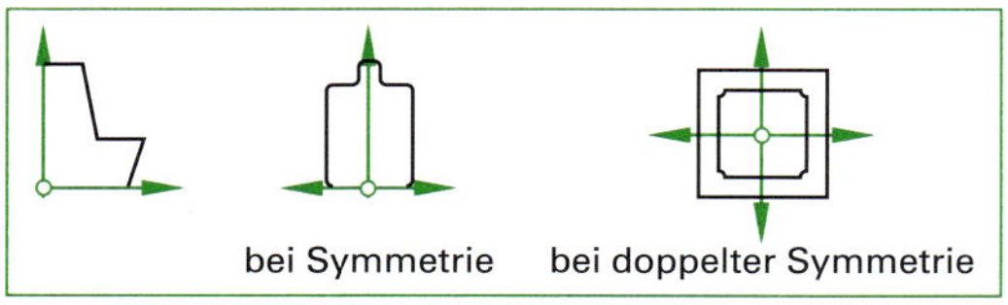

Bild 4: Lage des Werkstücknullpunktes

Polarkoordinaten

Bei Polarkoordinaten liegt der Werkstücknullpunkt in der Mitte des Werkstücks. Die Punkte werden durch den Abstand *R* vom Pol und durch den Richtungswinkel *A*, der in der Regel auf die positive *x*-Achse bezogen wird, bestimmt. Winkel gegen den Uhrzeigersinn sind positiv und Winkel im Uhrzeigersinn negativ **(Bild 5)**.

Bei der Bemaßung im Koordinatensystem sind die Absolutbemaßung und die Ketten- oder Inkrementalbemaßung zu unterscheiden.

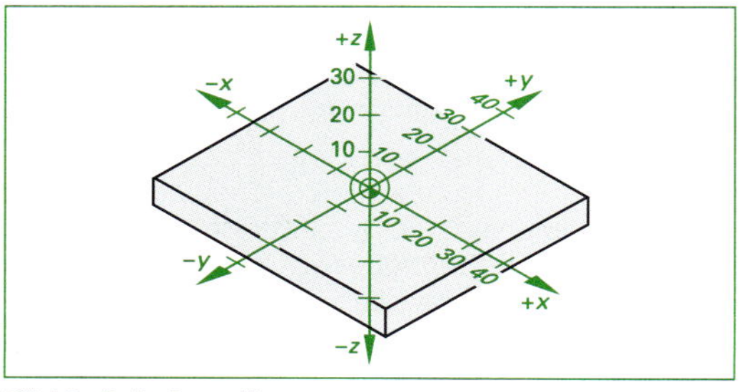

Bild 5: Polarkoordinaten

18 CNC-Technik

18.1 Koordinatenmaße

Absolutbemaßung

Bei der Absolutbemaßung gehen alle Koordinatenmaße von einem Bezugspunkt z. B. dem Werkstücknullpunkt aus. Die Richtungswinkel beziehen sich auf eine Achse, meistens auf die positive *x*-Achse, im Koordinatensystem.

Kettenbemaßung

Bei der Kettenbemaßung (Inkrementalbemaßung) sind die Koordinatenmaße so aneinander verkettet, dass der Endpunkt des letzten Maßes wieder Ausgangspunkt des neuen Maßes ist.

Bei der Inkrementalbemaßung wird also die jeweilige Maßveränderung, bezogen auf den zuletzt programmierten Punkt, angegeben. Bei diesem Wegmesssystem muss die Maschine vor dem Einschalten auf den Nullpunkt des Messsystems, zum Beispiel auf den Referenzpunkt, ein fiktiver Ausgangspunkt des Progamms, gefahren werden.

Beispiel 1:
Für die im **Bild 1** gezeichnete Regalseite 400 mm breit und 800 mm lang sind die rechtwinkligen Koordinatenmaße für die Punkte P_1 bis P_9 als Absolut- und als Kettenmaße anzugeben.

Lösung:
Bei den **Absolutmaßen** liegen die einzelnen Punkte vom Werkstücknullpunkt wie folgt entfernt:

P_1 mit $x = -400$ mm und $y = -200$ mm
P_2 mit $x = +300$ mm und $y = -200$ mm usw.

Bei **Kettenmaßen** liegen die einzelnen Punkte vom Werkstücknullpunkt wie folgt entfernt:

P_1 vom Werkstücknullpunkt mit
$x = -400$ mm und $y = -200$ mm
P_2 von P_1 mit $x = 700$ mm und $x = 0$ mm
P_3 von P_2 mit $x = 100$ mm und $y = 100$ mm usw.
(Die Lösung der anderen Punkte siehe **Tabelle 1**).

Beispiel 2:
Viertelkreisförmige Böden **(Bild 2)** sollen auf der CNC-Maschine gefräst und gebohrt werden. Zunächst sind nur für die Bohrungen die Mittelpunkte P_1 bis P_5 in Absolutmaßen und in Kettenmaßen im Polarkoordinatensystem anzugeben. Der Werkstücknullpunkt liegt im Mittelpunkt der Radien für die Kreisbögen.

Lösung:
Bei Angabe in **Absolutmaßen** gilt:
P_1: $x = 350$ mm und $y = 0$ mm
P_2: $R = 350$ mm und $A = 22{,}5°$
P_3: $R = 350$ mm und $A = 45°$ usw.

Bei Angabe in **Kettenmaßen** gilt:
P_1: x = 350 mm und $y = 0$ mm
P_2: R = 350 mm und $A = 22{,}5°$
(Lösung der anderen Punkte siehe **Tabelle 2**).

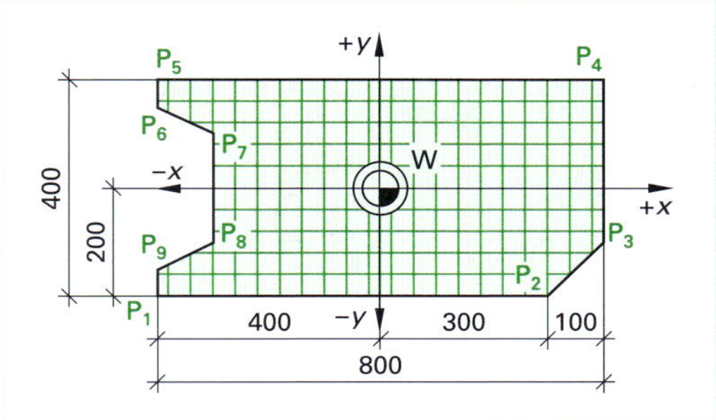

Bild 1: Regalseite

Tabelle 1

Punkt	Absolutmaße		Kettenmaße	
P_1	x – 400	y – 200	x – 400	y – 200
P_2	x 300	y – 200	x 700	y 0
P_3	x 400	y – 100	x 100	y 100
P_4	x 400	y 200	x 0	y 300
P_5	x – 400	y 200	x – 800	y 0
P_6	x – 400	y 150	x 0	y – 50
P_7	x – 350	y 100	x 50	y – 50
P_8	x – 350	y – 100	x 0	y – 200
P_9	x – 400	y – 150	x – 50	y – 50

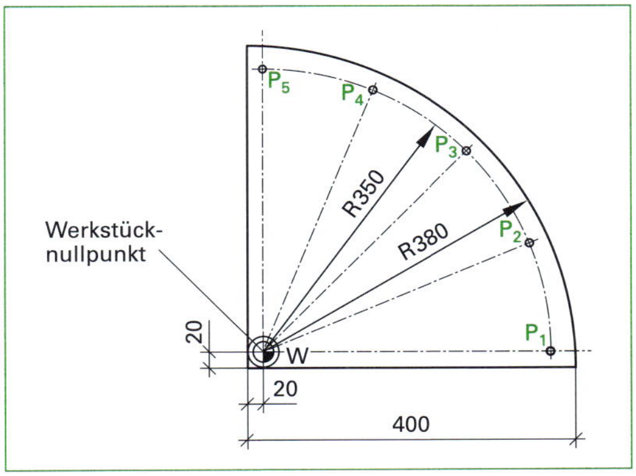

Bild 2: Böden

Tabelle 2

Punkt	Absolutmaße		Kettenmaße	
P_1	x 350	y 0	x 350	y 0
P_2	R 350	A 22,5	R 350	A 22,5
P_3	R 350	A 45	R 350	A 22,5
P_4	R 350	A 67,5	R 350	A 22,5
P_5	R 350	A 90	R 350	A 22,5

18 CNC-Technik

18.1 Koordinatenmaße

Aufgaben zu 18.1 – Koordinatenmaße

262.1 Topfuntersetzer in dem Grundmaß 220 × 220 mm mit abgeschrägten Kanten sollen auf einer CNC-Maschine gefräst und gefast werden **(siehe Bild)**.

Stellen Sie eine Tabelle mit den Absolutmaßen und den Kettenmaßen für die Punkte P_1 bis P_8, ausgehend vom Werkstücknullpunkt, auf.

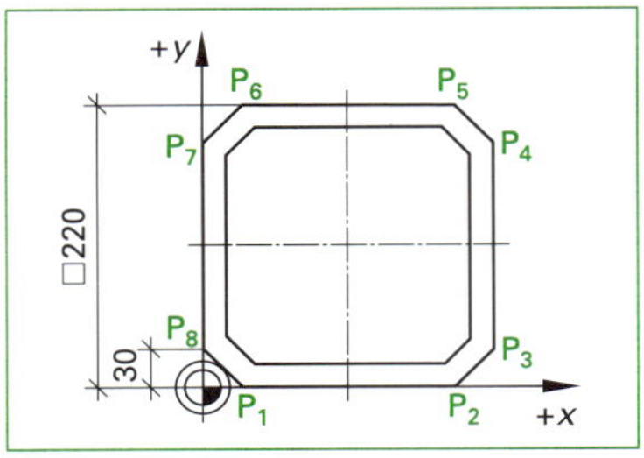

Aufgabe 262.1

262.2 Einfache Frühstücksbretter sollen auf einer CNC-Maschine gefräst werden. Das Grundmaß beträgt 220 × 140 mm. Die Ecken sind mit R = 20 mm abgerundet **(siehe Bild)**.

Ermitteln Sie für die Punkte P_1 bis P_9 die Absolutmaße vom Werkstücknullpunkt aus und tragen Sie diese in eine Tabelle ein.

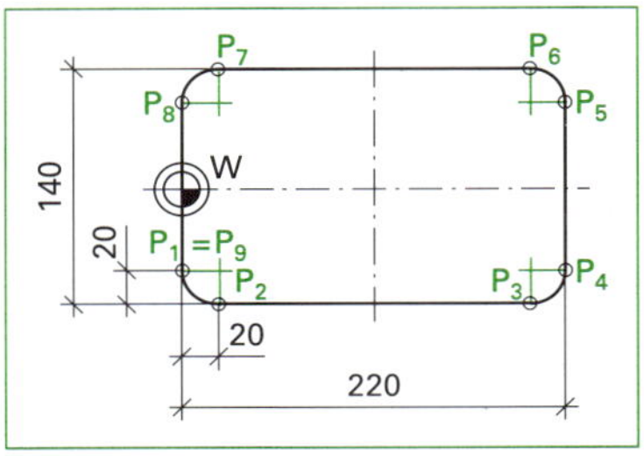

Aufgabe 262.2

262.3 Das skizzierte Frühstücksbrett soll auf der CNC-Maschine gefräst werden. Für die Erstellung des Programmes benötigt man für die Bahnsteuerung des Fräsers die Lage der Punkte P_1 bis P_n und den Punkt für die Lage der Bohrung im Griff **(siehe Bild)**.

Stellen Sie die Absolutmaße und die Kettenmaße, ausgehend vom Werkstücknullpunkt, in einer Tabelle zusammen und geben Sie die einzelnen Punkte in der Fräsrichtung an.

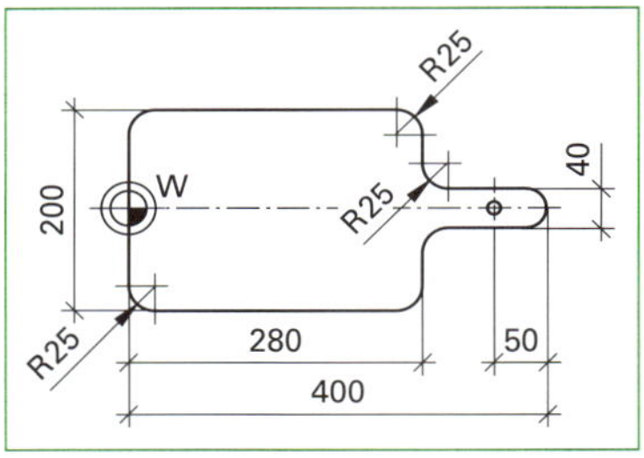

Aufgabe 262.3

262.4 Für das Steckspiel **(siehe Bild)** sind für die Außenkonturfräsungen die Absolutmaße und die Kettenmaße zu ermitteln und in eine Tabelle einzutragen. Der Werkstücknullpunkt liegt in der Mitte des Brettes.

262.5 Für das Steckspiel **(siehe Bild)** sind die Mittelpunkte der 33 Bohrungen als Absolutmaße nach dem rechtwinkligen Koordinatensystem zu ermitteln und in einer Tabelle aufzuführen.

262.6 Viertelkreisförmige Böden sollen für Stäbe auf R = 350 mm alle 15° gebohrt werden.

Stellen Sie die Tabelle mit den Absolutmaßen und den Kettenmaßen nach dem Polarkoordinatensystem auf (sinngemäß **Bild 2 auf Seite 261**).

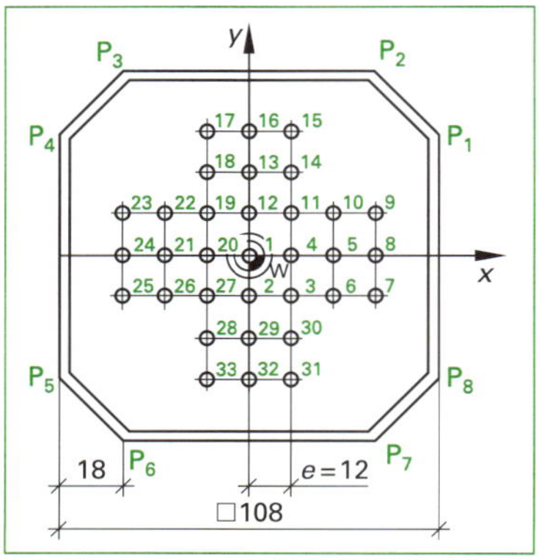

Aufgabe 262.4/5

18 CNC-Technik

18.2 Programmieren von Werkstückkonturen

Durch Programme werden der CNC-Maschinensteuerung die Informationen zur Bearbeitung der Werkstücke gegeben. Jeder Programmschritt wird in einem Satz zusammengefasst. Diese erhalten Satznummern, die mit dem Buchstaben N beginnen. Die Satznummern sollen nach Möglichkeit in Zehnerschritten aufgelistet werden, um später noch fehlende Sätze einfügen zu können.

Die Informationen bestehen hauptsächlich aus Weginformationen für das Werkzeug. Weitere Informationen für die Maschine sind z. B. ob der Fräser innerhalb oder außerhalb der Werkstückkontur laufen soll, welchen Durchmesser der Fräser hat, ob mit Linkslauf oder Rechtslauf zu fräsen ist, ob die Vorschubgeschwindigkeit an den Ausgangspunkten vermindert werden muss, die Bestimmung der Fräserdrehzahl usw. **(Tabelle 1)**.

Tabelle 1: Wichtige Weginformationen für CNC-Maschinen

Information	Bedeutung
G00	Bewegung des Werkzeugs im Eilgang
G01	Bewegung des Werkzeugs, geradlinig
G02	Kreisbewegung des Werkzeugs im Uhrzeigersinn
G03	Kreisbewegung des Werkzeugs gegen den Uhrzeigersinn
G40–G42	Werkzeugradiuskorrekturen
G53–G59	Nullpunktverschiebungen
G60–G64	veränderte Vorschubgeschwindigkeit
G90	Absolutmaße
G91	Relativmaße (Inkrementalmaße)
X, Y, Z	die Koordinaten in mm
U	Radius in mm
N	Satznummer

Beispiel 1: Aufbau eines Programms

Satznummer	Weginformation	weitere Informationen
N10 Satznummer	G01 Weg gerade; X40Y0 nach X40; auf Y0	F1800 Vorschub 1,8 m/min; S16 Drehfrequenz 16000 1/min; T2 Werkzeug-Nr. 2
N20 Satznummer	G02 Kreis im Uhrzeigersinn; X20Y0 Zielpunkt; U20 Radius R20	(wird hier nicht behandelt)
N30	usw.	

Beispiel 2:

Küchenmöbeltüren aus MDF-Platten sollen auf einer CNC-Maschine gefertigt werden **(Bild 1)**.

a) Ein Fräser übernimmt das Fräsen der Türkontur der Punkte 1.1 bis 1.4.

b) Fräser 2 fräst das Zierprofil in die Fläche der Punkte 2.2 bis 2.6, Tiefe 12 mm.

c) Ein Bohrer übernimmt das Bohren der Knopfbohrung Punkt 3.1 (18 mm tief).

Stellen Sie in Programmiersätzen die Weginformationen für die Arbeitsgänge a bis c auf.

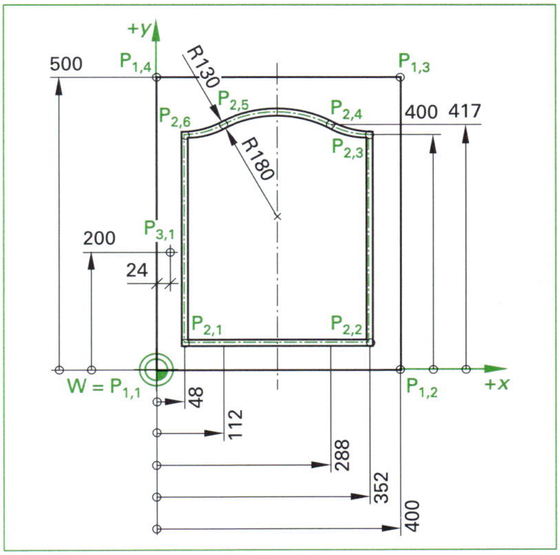

Bild 1

Lösung a: Fräsen der Außenkontur (ohne *z*-Achse)

N10	G01	X400	Y0	
N20	G01	X400	Y500	
N30	G01	X0	Y500	
N40	G01	X0	Y0	

Lösung b: Fräsen des Zierprofils

N100	G00	X48	Y48	
N105	G01			Z –12
N110	G01	X352	Y48	
N120	G01	X352	Y400	
N130	G02	X288	Y417	U130
N140	G03	X112	Y417	U180
N150	G02	X48	Y400	U130
N160	G01	X48	Y48	
N170	G01			Z12

Lösung c: Bohren der Knopfbohrung

N200	G00	X24	Y200	
N210	G01			Z–18
N220	G01			Z18
N230	G00	X0	Y0	

Aufgaben zu 18.2 Programmieren von Werkstückkonturen

264.1 Eine Küchenfront erhält Segmentbogentüren aus MDF-Platten, in die eine Profilnut eingearbeitet werden soll.

Stellen Sie für die Fräserwege die Programme auf **(siehe Bild)**. Die Außenmaße der Türen betragen 450 mm × 650 mm, die Rahmenbreite 60 mm.

264.2 Türen aus MDF-Platten erhalten Ziernuten mit oberem doppeltem Karniesverlauf.

Stellen Sie für die Fräserwege die Programme auf **(siehe Bild)**. Außenmaße der Türen 450 mm × 550 mm, Mitte der Ziernut 50 mm vom Rand.

264.3 Eine rechteckige Tür aus MDF-Platten erhält durch Einfräsen von Nuten quadratische Felder **(siehe Bild)**.

Welche Weginformation muss die Maschinensteuerung erhalten (ohne Z-Achse)?

264.4 Eine rechteckige Tür aus MDF-Platte erhält ein Kantenprofil und eine Ziernut in der Vorderfront **(siehe Bild)**.

Stellen Sie lediglich die für das Programm erforderlichen Weginformationen der Konturfräsungen auf.

264.5 Erstellen Sie für das im Bild der Aufgabe 262.2 gezeigte Frühstücksbrett die Programmsätze für das Konturfräsen dieser Werkstücke.

264.6 Für das im Bild der Aufgabe 262.3 gezeigte Frühstücksbrett sollen die einzelnen Sätze des Programms für das Fräsen der Außenkonturen und die Bohrung im Griff erstellt werden.

264.7 Stellen Sie die Programmsätze für das Konturenfräsen und für die Positionen der Bohrungen des im Bild der Aufgabe 262.4/5 gezeichneten Steckspiels auf.

264.8 Für ein anderes Küchenmöbelprogramm sind die Türen zu fräsen. Es sind Segmentbogentüren wie im **Bild der Aufgabe 264.1** abgebildet, jedoch mit den Außenmaßen 420 mm × 850 mm und einer Rahmenbreite von 55 mm. $R = 280$ mm.

Stellen Sie für die Fräserwege der Außenkonturen und der Profilkontur das CNC-Programm auf (ohne *z*-Achse).

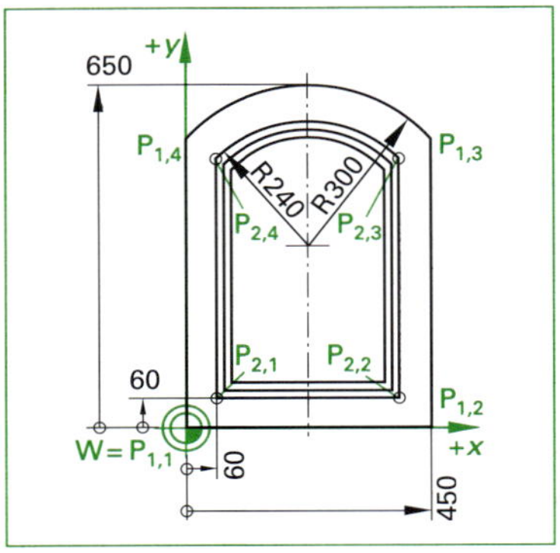

Aufgabe 264.1

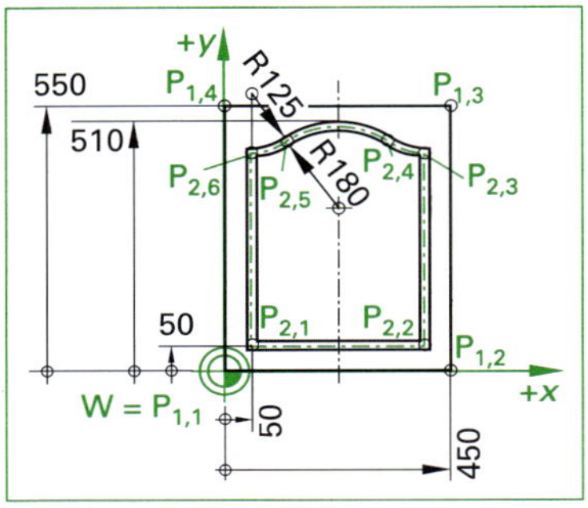

Aufgabe 264.2

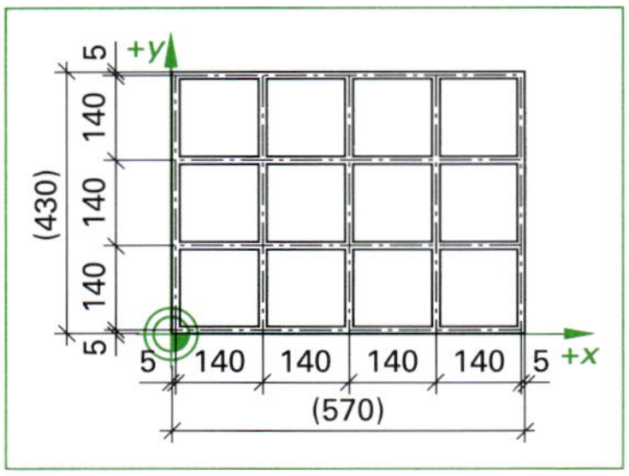

Aufgabe 264.3

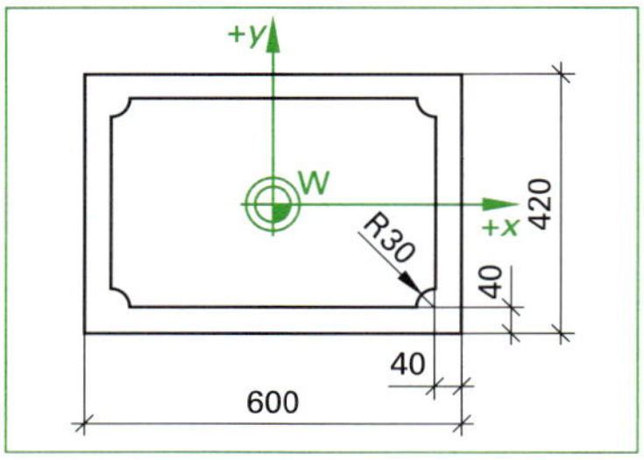

Aufgabe 264.4

19 Wichtige Größen, Formelzeichen und Einheiten

Art	Formelzeichen	Physikalische Größe	Basiseinheit *SI-Einheit	Einheitenzeichen	Abgeleitete Einheiten, gebräuchliche Umrechnungen
Längen-, Flächen- und Volumengrößen	l	Länge*	Meter*	m	1 m = 10 dm = 100 cm = 1 000 mm 1 km = 1 000 m
	b	Breite			
	h	Höhe			
	d	Dicke (oder *t* von *thick*)			
	r	Radius			
	∅	Durchmesser			
	s	Sehne (Weg- oder Seitenlänge)			
	A	Fläche *(Area)*	Quadratmeter	m^2	$1\ m^2 = 100\ dm^2 = 10\,000\ cm^2$ $= 1\,000\,000\ mm^2$
	V	Volumen (Rauminhalt)	Kubikmeter	m^3	$1\ m^3 = 1\,000\ dm^3 = 1\,000\,000\ cm^3$; $1\ dm^3 = 1\ l$
	α, β, γ	Winkel (Gradmaß)	Grad	°	1° (1 Grad) = 60′ (Winkelminuten) 1′ (Winkelminute) = 60″ (Winkelsekunden)
Zeitgrößen	t	Zeit* *(time)*	Sekunde*	s	1 min = 60 s; 1 h = 60 min = 3 600 s; 1 d = 24 h; 1 a = 365 d
	v	Geschwindigkeit	Meter je Sekunde	$\frac{m}{s}$	m/min bei Vorschubgeschwindigkeit
	n	Umdrehungsfrequenz (Drehfrequenz)	Anzahl der Umdrehungen je Minute	$\frac{1}{min}$	$1\frac{1}{min} = 1\ min^{-1} = \frac{1}{60}\frac{1}{s} = \frac{1}{60}\ s^{-1}$
Mechanische Größen	m	Masse*	Kilogramm*	kg	1 kg = 1 000 g; 1 t = 1 000 kg
	ϱ	Dichte *(rho)*	Kilogramm je Kubikmeter	$\frac{kg}{m^3}$	$1\frac{kg}{dm^3} \mathrel{\hat=} 1\,000\frac{kg}{m^3}$; $1\frac{kg}{dm^3} \mathrel{\hat=} 1\frac{g}{cm^3}$
	F	Kraft *(Force)*	Newton	N	$1\ N = \frac{1\ kgm}{s^2}$; 10 N = 1 daN; 1 kN = 100 daN
	M	Drehmoment	Newtonmeter	Nm	1 kNm = 100 daNm = 1 000 Nm
	p	Druck *(pressure)*	Pascal	Pa	$1\ Pa = 1\frac{N}{m^2}$
			bar	bar	$1\ bar = 10^5\ Pa = 10\ N/cm^2 = 1\ daN/cm^2$
	W	Arbeit *(Work)*	Joule	J	1 J = 1 Nm (Newtonmeter) = 1 Ws (Wattsekunde)
	P	Leistung *(Power)*	Watt	W	1 W = 1 J/s = 1Nm/s; 1 kW = 1 000 W; 1 MW = 1 000 000 W
	T	Thermodynamische Temperatur*	Kelvin*	K	0 K = –273,15 °C
	θ	Celsius-Temperatur	Grad Celsius	°C	0 °C = 273,15 K
Elektrische Größen	I	Elektr. Stromstärke*	Ampere*	A	1 A = 1 000 mA; 1 kA = 1 000 A
	U	Elektr. Spannung	Volt	V	1 V = 1 000 mV; 1 kV = 1 000 V
	R	Elektr. Widerstand	Ohm	Ω	1 Ω = 1 000 mΩ; 1 kΩ = 1 000 Ω

20 Zeichen und Symbole

20.1 Rechenzeichen

Zeichen	Bedeutung	Beispiele
+	plus, und	$4 + 7 = 11$
–	minus, weniger	$13 - 5 = 8$
±	plus-minus	±0.00 OFF
·	multipliziert, mal	$4 \cdot 3 = 12$
×	mal (im Text)	$4 \times 3 = 12$
:	dividiert durch	$3 : 4 = 0{,}75$
—	Bruchstrich	$\frac{3}{4} = 0{,}75$
/	Bruchstrich bei Platzmangel	$3/4 = 0{,}75$
=	gleich, ist gleich	$7 + 5 = 16 - 4$
≠	ungleich, nicht gleich	$7 \neq 9$
≈	ungefähr gleich	$100 : 3 \approx 33{,}333$
<	kleiner als	$5 < 7$
>	größer als	$13 > 9$
≤	kleiner oder gleich	Schnittgeschwindigkeit $v_c \leq 90$ m/s
≥	größer oder gleich	Dicke $d \geq 22$ mm
...	und so weiter	$l_1 + l_2 + l_3 + \ldots$
Σ	Summe	$\sum A_0 = 2A + A_M$
()	runde Klammer	$(36 + 12) : 6 = 8$
[]	eckige Klammer	$6 \cdot [(15 - 3) : 12 + 1] = 12$
∥	parallel	p ∥ zur Faserrichtung
⊥	rechtwinklig zu	p ⊥ zur Faserrichtung
⊾	rechter Winkel	
∢	Winkel	∢ = 45°
°	Grad	60°
≙	entspricht	42 kg ≙ 7 %
%	Prozent, von Hundert	19 % MwSt
‰	Promille, von Tausend	0,8 ‰
√	Wurzelzeichen	$\sqrt{25} = 5$
Δ	Delta	Differenz (z. B.: ΔT = Temperaturdifferenz)

20.2 Gebräuchliche griechische Buchstaben

Zeichen	Name	Anwendungsbeispiele
α	Alpha	Winkelgröße
β	Beta	Winkelgröße
γ	Gamma	Winkelgröße
δ	Delta	Temperatur
ε	Epsilon	Längenausdehnung
η	Eta	Wirkungsgrad
Λ	Lambda (groß)	Wärmedurchlasskoeffizient
λ	Lambda (klein)	Wärmeleitfähigkeit
μ	My	Mikrometer (µm)
π	Pi	Konstante (Kreis) 3,14
ϱ	Rho	Dichte
Σ	Sigma (groß)	Summe
σ	Sigma (klein)	Spannung
Ω	Omega (groß)	Einheit für elektrischen Widerstand
θ	Theta (klein)	Celsius-Temperatur

20.3 Vorsilben im metrischen System

Symbol	Vorsilbe	Bedeutung	Zahl	Faktor
G	Giga	Milliarde	1 000 000 000	10^9
M	Mega	Million	1 000 000	10^6
k	Kilo	Tausend	1 000	10^3
h	Hekto	Hundert	100	10^2
da	Deka	Zehn	10	10^1
d	Dezi	Zehntel	0,1	10^{-1}
c	Zenti	Hundertstel	0,01	10^{-2}
m	Milli	Tausendstel	0,001	10^{-3}
µ	Mikro	Millionstel	0,000 001	10^{-6}
n	Nano	Milliardstel	0,000 000 001	10^{-9}

Beispiele:

1 MWh (MW-Std.) ≙ eine Megawattstunde ≙ 1 000 000 Wh
1 kg (Kilogramm) ≙ eintausend Gramm ≙ 1 000 g
1 hl (Hektoliter) ≙ einhundert Liter ≙ 100 l
1 daN (Dekanewton) ≙ zehn Newton ≙ 10 N
1 dl (Deziliter) ≙ einzehntel Liter ≙ 0,1 l
1 cm (Zentimeter) ≙ einhundertstel Meter ≙ 0,01 m
1 mm (Millimeter) ≙ eintausendstel Meter ≙ 0,001 m
1 µW (Mikrowatt) ≙ einmillionstel Watt ≙ 0,000 001 W

Sinus 0 ... 45°

Min. / Grad	0′	10′	20′	30′	40′	50′	60′	
0	0,0000	0,0029	0,0058	0,0087	0,0116	0,0145	0,0175	**89**
1	0,0175	0,0204	0,0233	0,0262	0,0291	0,0320	0,0349	**88**
2	0,0349	0,0378	0,0407	0,0436	0,0465	0,0494	0,0523	**87**
3	0,0523	0,0552	0,0581	0,0610	0,0640	0,0669	0,0698	**86**
4	0,0698	0,0727	0,0756	0,0785	0,0814	0,0843	0,0872	**85**
5	0,0872	0,0901	0,0929	0,0958	0,0987	0,1016	0,1045	**84**
6	0,1045	0,1074	0,1103	0,1132	0,1161	0,1190	0,1219	**83**
7	0,1219	0,1248	0,1276	0,1305	0,1334	0,1363	0,1392	**82**
8	0,1392	0,1421	0,1449	0,1478	0,1507	0,1536	0,1564	**81**
9	0,1564	0,1593	0,1622	0,1650	0,1679	0,1708	0,1736	**80**
10	0,1736	0,1765	0,1794	0,1822	0,1851	0,1880	0,1908	**79**
11	0,1908	0,1937	0,1965	0,1994	0,2022	0,2051	0,2079	**78**
12	0,2079	0,2108	0,2136	0,2164	0,2193	0,2221	0,2250	**77**
13	0,2250	0,2278	0,2306	0,2334	0,2363	0,2391	0,2419	**76**
14	0,2419	0,2447	0,2476	0,2504	0,2532	0,2560	0,2588	**75**
15	0,2588	0,2616	0,2644	0,2672	0,2700	0,2728	0,2756	**74**
16	0,2756	0,2784	0,2812	0,2840	0,2868	0,2896	0,2924	**73**
17	0,2924	0,2952	0,2979	0,3007	0,3035	0,3062	0,3090	**72**
18	0,3090	0,3118	0,3145	0,3173	0,3201	0,3228	0,3256	**71**
19	0,3256	0,3283	0,3311	0,3338	0,3365	0,3393	0,3420	**70**
20	0,3420	0,3448	0,3475	0,3502	0,3529	0,3557	0,3584	**69**
21	0,3584	0,3611	0,3638	0,3665	0,3692	0,3719	0,3746	**68**
22	0,3746	0,3773	0,3800	0,3827	0,3854	0,3881	0,3907	**67**
23	0,3907	0,3934	0,3961	0,3987	0,4014	0,4041	0,4067	**66**
24	0,4067	0,4094	0,4120	0,4147	0,4173	0,4200	0,4226	**65**
25	0,4226	0,4253	0,4279	0,4305	0,4331	0,4358	0,4384	**64**
26	0,4384	0,4410	0,4436	0,4462	0,4488	0,4514	0,4540	**63**
27	0,4540	0,4566	0,4592	0,4617	0,4643	0,4669	0,4695	**62**
28	0,4695	0,4720	0,4746	0,4772	0,4797	0,4823	0,4848	**61**
29	0,4848	0,4874	0,4899	0,4924	0,4950	0,4975	0,5000	**60**
30	0,5000	0,5025	0,5050	0,5075	0,5100	0,5125	0,5150	**59**
31	0,5150	0,5175	0,5200	0,5225	0,5250	0,5275	0,5299	**58**
32	0,5299	0,5324	0,5348	0,5373	0,5398	0,5422	0,5446	**57**
33	0,5446	0,5471	0,5495	0,5519	0,5544	0,5568	0,5592	**56**
34	0,5592	0,5616	0,5640	0,5664	0,5688	0,5712	0,5736	**55**
35	0,5736	0,5760	0,5783	0,5807	0,5831	0,5854	0,5878	**54**
36	0,5878	0,5901	0,5925	0,5948	0,5972	0,5995	0,6018	**53**
37	0,6018	0,6041	0,6065	0,6088	0,6111	0,6134	0,6157	**52**
38	0,6157	0,6180	0,6202	0,6225	0,6248	0,6271	0,6293	**51**
39	0,6293	0,6316	0,6338	0,6361	0,6383	0,6406	0,6428	**50**
40	0,6428	0,6450	0,6472	0,6494	0,6517	0,6539	0,6561	**49**
41	0,6561	0,6583	0,6604	0,6626	0,6648	0,6670	0,6691	**48**
42	0,6691	0,6713	0,6734	0,6756	0,6777	0,6799	0,6820	**47**
43	0,6820	0,6841	0,6862	0,6884	0,6905	0,6926	0,6947	**46**
44	0,6947	0,6967	0,6988	0,7009	0,7030	0,7050	0,7071	**45**
	60′	**50′**	**40′**	**30′**	**20′**	**10′**	**0′**	Grad / Min.

Cosinus 0 ... 45°

Sinus 45 ... 90°

Min. / Grad	0′	10′	20′	30′	40′	50′	60′	
45	0,7071	0,7092	0,7112	0,7133	0,7153	0,7173	0,7193	**44**
46	0,7193	0,7214	0,7234	0,7254	0,7274	0,7294	0,7314	**43**
47	0,7314	0,7333	0,7353	0,7373	0,7392	0,7412	0,7431	**42**
48	0,7431	0,7451	0,7470	0,7490	0,7509	0,7528	0,7547	**41**
49	0,7547	0,7566	0,7585	0,7604	0,7623	0,7642	0,7660	**40**
50	0,7660	0,7679	0,7698	0,7716	0,7735	0,7753	0,7771	**39**
51	0,7771	0,7790	0,7808	0,7826	0,7844	0,7862	0,7880	**38**
52	0,7880	0,7898	0,7916	0,7934	0,7951	0,7969	0,7986	**37**
53	0,7986	0,8004	0,8021	0,8039	0,8056	0,8073	0,8090	**36**
54	0,8090	0,8107	0,8124	0,8141	0,8158	0,8175	0,8192	**35**
55	0,8192	0,8208	0,8225	0,8241	0,8258	0,8274	0,8290	**34**
56	0,8290	0,8307	0,8323	0,8339	0,8355	0,8371	0,8387	**33**
57	0,8387	0,8403	0,8418	0,8434	0,8450	0,8465	0,8480	**32**
58	0,8480	0,8496	0,8511	0,8526	0,8542	0,8557	0,8572	**31**
59	0,8572	0,8587	0,8601	0,8616	0,8631	0,8646	0,8660	**30**
60	0,8660	0,8675	0,8689	0,8704	0,8718	0,8732	0,8746	**29**
61	0,8746	0,8760	0,8774	0,8788	0,8802	0,8816	0,8829	**28**
62	0,8829	0,8843	0,8857	0,8870	0,8884	0,8897	0,8910	**27**
63	0,8910	0,8923	0,8936	0,8949	0,8962	0,8975	0,8988	**26**
64	0,8988	0,9001	0,9013	0,9026	0,9038	0,9051	0,9063	**25**
65	0,9063	0,9075	0,9088	0,9100	0,9112	0,9124	0,9135	**24**
66	0,9135	0,9147	0,9159	0,9171	0,9182	0,9194	0,9205	**23**
67	0,9205	0,9216	0,9228	0,9239	0,9250	0,9261	0,9272	**22**
68	0,9272	0,9283	0,9293	0,9304	0,9315	0,9325	0,9336	**21**
69	0,9336	0,9346	0,9356	0,9367	0,9377	0,9387	0,9397	**20**
70	0,9397	0,9407	0,9417	0,9426	0,9436	0,9446	0,9455	**19**
71	0,9455	0,9465	0,9474	0,9483	0,9492	0,9502	0,9511	**18**
72	0,9511	0,9520	0,9528	0,9537	0,9546	0,9555	0,9563	**17**
73	0,9563	0,9572	0,9580	0,9588	0,9596	0,9605	0,9613	**16**
74	0,9613	0,9621	0,9628	0,9636	0,9644	0,9652	0,9659	**15**
75	0,9659	0,9667	0,9674	0,9681	0,9689	0,9696	0,9703	**14**
76	0,9703	0,9710	0,9717	0,9724	0,9730	0,9737	0,9744	**13**
77	0,9744	0,9750	0,9757	0,9763	0,9769	0,9775	0,9781	**12**
78	0,9781	0,9787	0,9793	0,9799	0,9805	0,9811	0,9816	**11**
79	0,9816	0,9822	0,9827	0,9833	0,9838	0,9843	0,9848	**10**
80	0,9848	0,9853	0,9858	0,9863	0,9868	0,9872	0,9877	**9**
81	0,9877	0,9881	0,9886	0,9890	0,9894	0,9899	0,9903	**8**
82	0,9903	0,9907	0,9911	0,9914	0,9918	0,9922	0,9925	**7**
83	0,9925	0,9929	0,9932	0,9936	0,9939	0,9942	0,9945	**6**
84	0,9945	0,9948	0,9951	0,9954	0,9957	0,9959	0,9962	**5**
85	0,9962	0,9964	0,9967	0,9969	0,9971	0,9974	0,9976	**4**
86	0,9976	0,9978	0,9980	0,9981	0,9983	0,9985	0,9986	**3**
87	0,9986	0,9988	0,9989	0,9990	0,9992	0,9993	0,9994	**2**
88	0,9994	0,9995	0,9996	0,9997	0,9997	0,9998	0,99985	**1**
89	0,99985	0,99989	0,99993	0,99996	0,99998	1,00000	1,00000	**0**
	60′	**50′**	**40′**	**30′**	**20′**	**10′**	**0′**	Grad / Min.

Cosinus 45 ... 90°

Tangens 0 ... 45°

Grad \ Min.	0′	10′	20′	30′	40′	50′	60′	
0	0,0000	0,0029	0,0058	0,0087	0,0116	0,0145	0,0175	**89**
1	0,0175	0,0204	0,0233	0,0262	0,0291	0,0320	0,0349	**88**
2	0,0349	0,0378	0,0407	0,0437	0,0466	0,0495	0,0524	**87**
3	0,0524	0,0553	0,0582	0,0612	0,0641	0,0670	0,0699	**86**
4	0,0699	0,0729	0,0758	0,0787	0,0816	0,0846	0,0875	**85**
5	0,0875	0,0904	0,0934	0,0963	0,0992	0,1022	0,1051	**84**
6	0,1051	0,1080	0,1110	0,1139	0,1169	0,1198	0,1228	**83**
7	0,1228	0,1257	0,1287	0,1317	0,1346	0,1376	0,1405	**82**
8	0,1405	0,1435	0,1465	0,1495	0,1524	0,1554	0,1584	**81**
9	0,1584	0,1614	0,1644	0,1673	0,1703	0,1733	0,1763	**80**
10	0,1763	0,1793	0,1823	0,1853	0,1883	0,1914	0,1944	**79**
11	0,1944	0,1974	0,2004	0,2035	0,2065	0,2095	0,2126	**78**
12	0,2126	0,2156	0,2186	0,2217	0,2247	0,2278	0,2309	**77**
13	0,2309	0,2339	0,2370	0,2401	0,2432	0,2462	0,2493	**76**
14	0,2493	0,2524	0,2555	0,2586	0,2617	0,2648	0,2679	**75**
15	0,2679	0,2711	0,2742	0,2773	0,2805	0,2836	0,2867	**74**
16	0,2867	0,2899	0,2931	0,2962	0,2994	0,3026	0,3057	**73**
17	0,3057	0,3089	0,3121	0,3153	0,3185	0,3217	0,3249	**72**
18	0,3249	0,3281	0,3314	0,3346	0,3378	0,3411	0,3443	**71**
19	0,3443	0,3476	0,3508	0,3541	0,3574	0,3607	0,3640	**70**
20	0,3640	0,3673	0,3706	0,3739	0,3772	0,3805	0,3839	**69**
21	0,3839	0,3872	0,3906	0,3939	0,3973	0,4006	0,4040	**68**
22	0,4040	0,4074	0,4108	0,4142	0,4176	0,4210	0,4245	**67**
23	0,4245	0,4279	0,4314	0,4348	0,4383	0,4417	0,4452	**66**
24	0,4452	0,4487	0,4522	0,4557	0,4592	0,4628	0,4663	**65**
25	0,4663	0,4699	0,4734	0,4770	0,4806	0,4841	0,4877	**64**
26	0,4877	0,4913	0,4950	0,4986	0,5022	0,5059	0,5095	**63**
27	0,5095	0,5132	0,5169	0,5206	0,5243	0,5280	0,5317	**62**
28	0,5317	0,5354	0,5392	0,5430	0,5467	0,5505	0,5543	**61**
29	0,5543	0,5581	0,5619	0,5658	0,5696	0,5735	0,5774	**60**
30	0,5774	0,5812	0,5851	0,5890	0,5930	0,5969	0,6009	**59**
31	0,6009	0,6048	0,6088	0,6128	0,6168	0,6208	0,6249	**58**
32	0,6249	0,6289	0,6330	0,6371	0,6412	0,6453	0,6494	**57**
33	0,6494	0,6536	0,6577	0,6619	0,6661	0,6703	0,6745	**56**
34	0,6745	0,6787	0,6830	0,6873	0,6916	0,6959	0,7002	**55**
35	0,7002	0,7046	0,7089	0,7133	0,7177	0,7221	0,7265	**54**
36	0,7265	0,7310	0,7355	0,7400	0,7445	0,7490	0,7536	**53**
37	0,7536	0,7581	0,7627	0,7673	0,7720	0,7766	0,7813	**52**
38	0,7813	0,7860	0,7907	0,7954	0,8002	0,8050	0,8098	**51**
39	0,8098	0,8146	0,8195	0,8243	0,8292	0,8342	0,8391	**50**
40	0,8391	0,8441	0,8491	0,8541	0,8591	0,8642	0,8693	**49**
41	0,8693	0,8744	0,8796	0,8847	0,8899	0,8952	0,9004	**48**
42	0,9004	0,9057	0,9110	0,9163	0,9217	0,9271	0,9325	**47**
43	0,9325	0,9380	0,9435	0,9490	0,9545	0,9601	0,9657	**46**
44	0,9657	0,9713	0,9770	0,9827	0,9884	0,9942	1,0000	**45**
	60′	**50′**	**40′**	**30′**	**20′**	**10′**	**0′**	Min. \ Grad

Cotangens 0 ... 45°

Tangens 45 ... 90°

Grad \ Min.	0′	10′	20′	30′	40′	50′	60′	
45	1,0000	1,0058	1,0117	1,0176	1,0235	1,0295	1,0355	**44**
46	1,0355	1,0416	1,0477	1,0538	1,0599	1,0661	1,0724	**43**
47	1,0724	1,0786	1,0850	1,0913	1,0977	1,1041	1,1106	**42**
48	1,1106	1,1171	1,1237	1,1303	1,1369	1,1436	1,1504	**41**
49	1,1504	1,1571	1,1640	1,1708	1,1778	1,1847	1,1918	**40**
50	1,1918	1,1988	1,2059	1,2131	1,2203	1,2276	1,2349	**39**
51	1,2349	1,2423	1,2497	1,2572	1,2647	1,2723	1,2799	**38**
52	1,2799	1,2876	1,2954	1,3032	1,3111	1,3190	1,3270	**37**
53	1,3270	1,3351	1,3432	1,3514	1,3597	1,3680	1,3764	**36**
54	1,3764	1,3848	1,3934	1,4019	1,4106	1,4193	1,4281	**35**
55	1,4281	1,4370	1,4460	1,4550	1,4641	1,4733	1,4826	**34**
56	1,4826	1,4919	1,5013	1,5108	1,5204	1,5301	1,5399	**33**
57	1,5399	1,5497	1,5597	1,5697	1,5798	1,5900	1,6003	**32**
58	1,6003	1,6107	1,6212	1,6319	1,6426	1,6534	1,6643	**31**
59	1,6643	1,6753	1,6864	1,6977	1,7090	1,7205	1,7321	**30**
60	1,7321	1,7437	1,7556	1,7675	1,7796	1,7917	1,8040	**29**
61	1,8040	1,8165	1,8291	1,8418	1,8546	1,8676	1,8807	**28**
62	1,8807	1,8940	1,9074	1,9210	1,9347	1,9486	1,9626	**27**
63	1,9626	1,9768	1,9912	2,0057	2,0204	2,0353	2,0503	**26**
64	2,0503	2,0655	2,0809	2,0965	2,1123	2,1283	2,1445	**25**
65	2,1445	2,1609	2,1775	2,1943	2,2113	2,2286	2,2460	**24**
66	2,2460	2,2637	2,2817	2,2998	2,3183	2,3369	2,3559	**23**
67	2,3559	2,3750	2,3945	2,4142	2,4342	2,4545	2,4751	**22**
68	2,4751	2,4960	2,5172	2,5386	2,5605	2,5826	2,6051	**21**
69	2,6051	2,6279	2,6511	2,6746	2,6985	2,7228	2,7475	**20**
70	2,7475	2,7725	2,7980	2,8239	2,8502	2,8770	2,9042	**19**
71	2,9042	2,9319	2,9600	2,9887	3,0178	3,0475	3,0777	**18**
72	3,0777	3,1084	3,1397	3,1716	3,2041	3,2371	3,2709	**17**
73	3,2709	3,3052	3,3402	3,3759	3,4124	3,4495	3,4874	**16**
74	3,4874	3,5261	3,5656	3,6059	3,6470	3,6891	3,7321	**15**
75	3,7321	3,7760	3,8208	3,8667	3,9136	3,9617	4,0108	**14**
76	4,0108	4,0611	4,1126	4,1653	4,2193	4,2747	4,3315	**13**
77	4,3315	4,3897	4,4494	4,5107	4,5736	4,6382	4,7046	**12**
78	4,7046	4,7729	4,8430	4,9152	4,9894	5,0658	5,1446	**11**
79	5,1446	5,2257	5,3093	5,3955	5,4845	5,5764	5,6713	**10**
80	5,6713	5,7694	5,8708	5,9758	6,0844	6,1970	6,3138	**9**
81	6,3138	6,4348	6,5606	6,6912	6,8269	6,9682	7,1154	**8**
82	7,1154	7,2687	7,4287	7,5958	7,7704	7,9530	8,1443	**7**
83	8,1443	8,3450	8,5555	8,7769	9,0098	9,2553	9,5144	**6**
84	9,5144	9,7882	10,0780	10,3854	10,7119	11,0594	11,4301	**5**
85	11,4301	11,8262	12,2505	12,7062	13,1969	13,7267	14,3007	**4**
86	14,3007	14,9244	15,6048	16,3499	17,1693	18,0750	19,0811	**3**
87	19,0811	20,2056	21,4704	22,9038	24,5418	26,4316	28,6363	**2**
88	28,6363	31,2416	34,3678	38,1885	42,9641	49,1039	57,2900	**1**
89	57,2900	68,7501	85,9398	114,5887	171,8854	343,7737		**0**
	60′	**50′**	**40′**	**30′**	**20′**	**10′**	**0′**	Min. \ Grad

Cotangens 45 ... 90°

Sachwortverzeichnis